U0218230

About Face 4
交互设计精髓

About Face 4:
The Essentials of Interaction Design

纪念版

[美] Alan Cooper
Robert Reimann
David Cronin   著
Christopher Noessel
Jason Csizmadi
Doug LeMoine

倪卫国 刘松涛 薛菲 杭敏 译

电子工业出版社
Publishing House of Electronics Industry
北京•BEIJING

内容简介

本书是《About Face 4：交互设计精髓》的纪念版，以向经典致敬。《About Face 4：交互设计精髓》是对《About Face 3：交互设计精髓》的升级，此次升级把全书的结构重组优化，更加精练和易用；更新了一些适合当下时代的术语和实例，文字全部重新编译，更加清晰易读；增加了更多目标导向设计过程的细节，更新了现行实践，重点增加了移动和触屏平台交互设计，尽管本书多数内容适用于多种平台。

本书是一本数字产品和系统的交互设计指南，全面系统地讲述了交互设计的过程、原理和方法，涉及的产品和系统有个人计算机上的个人软件和商务软件、Web 应用、手持设备、信息亭、数字医疗系统、数字工业系统等。运用本书的交互设计过程和方法，有助于了解使用者和产品之间的交互行为，进而更好地设计出更具吸引力和更具市场竞争力的产品。

本书结构清晰、深入浅出，是一本难得的大师经典之作。本书的读者对象包括数字产品和系统的交互设计师、用户界面设计师、项目经理、可用性工程师等，以及目前正在学习交互设计和用户界面设计的本科生和研究生等。

About Face 4: The Essentials of Interaction Design, 978-1-118-76657-6, Alan Cooper, Robert Reimann, David Cronin, Christopher Noessel, Jason Csizmadi, Doug LeMoine

Copyright © 2014 by Alan Cooper

版权贸易合同登记号　图字：01-2015-2369

图书在版编目（CIP）数据

About Face 4：交互设计精髓：纪念版/（美）艾伦·库伯（Alan Cooper）等著；倪卫国等译. —北京：电子工业出版社，2020.5

书名原文：About Face 4: The Essentials of Interaction Design

ISBN 978-7-121-38538-4

Ⅰ. ①A… Ⅱ. ①艾… ②倪… Ⅲ. ①软件设计—研究 Ⅳ. ①TP311.5

中国版本图书馆 CIP 数据核字（2020）第 031792 号

责任编辑：孙学瑛
印　　　刷：北京盛通数码印刷有限公司
装　　　订：北京盛通数码印刷有限公司
出版发行：电子工业出版社
　　　　　北京市海淀区万寿路 173 信箱　　　邮编：100036
开　　本：787×980　　1/16　　印张：36.25　　字数：741 千字
版　　次：2020 年 5 月第 1 版
印　　次：2025 年 2 月第 14 次印刷
定　　价：128.00 元

凡所购买电子工业出版社图书有缺损问题，请向购买书店调换。若书店售缺，请与本社发行部联系，联系及邮购电话：（010）88254888，88258888。

质量投诉请发邮件至 zlts@phei.com.cn，盗版侵权举报请发邮件至 dbqq@phei.com.cn。

本书咨询联系方式：（010）51260888-819，faq@phei.com.cn。

献给 Sue，我在人生冒险之路上的挚友。——Alan

献给 Alex 和 Max，献给 Julle。——Robert

献给 Jasper、Astrid 和 Gretchen。——David

献给 Ben 和 Miles，感谢你们的耐心和鼓舞。——Christopher

献给业内的所有设计师和工程师，你们正在设想并构建一个更加美好的未来。

About the Authors

40 多年来，**艾伦·库伯（Alan Cooper）**一直是软件世界的先驱。今天，他依然影响着新一代开发者、企业家和用户体验专家。

1976 年，艾伦创建了自己的第一家公司，打造了"微型计算机上第一款真正的商业软件"。1988 年，他发明了一种动态可扩展视觉化编程工具，卖给了比尔·盖茨。盖茨把这套工具向全世界发布，这套工具就是 Visual Basic。这一成就为艾伦赢得了"Visual Basic 之父"的称号。

1992 年，艾伦和妻子 Sue 联合创立了第一家交互设计咨询公司 Cooper。到 1997 年，Cooper 公司已经开发了一套核心设计方法，这些方法如今在业内被广为应用。艾伦在自己的两本畅销书《交互设计精髓》和 *The Inmates Are Running the Asylum* 中创造了"人物模型"（Persona）一词，随后该词普及开来，几乎为所有的用户体验从业者所采用。

罗伯特·莱曼（Robert Reimann）是位设计师、作家、战略家和咨询顾问。20 多年来，他一直在拓展数字产品的边界。他在消费、商业、科学以及专业领域，牵头开发了大量桌面、移动、网络和嵌入式设计项目，客户既有初创公司，也有《财富》500 强企业。

罗伯特是 Cooper 公司最早的一批设计师之一，他带领开发并优化了本书讲述的"目标导向设计"（Goal-Directed Design）方法的诸多方面。2005 年，罗伯特成为交互设计协会的创始主席。罗伯特一直带领着 Cooper 公司、Bose 公司、Frog 公司和 Sonos 公司的用户体验团队，现为 PatientsLikeMe 公司的首席交互设计师。

戴维·克罗宁（David Cronin）是通用电气（GE）的设计主管，也是通用电气设计与体验工作室领导小组的成员。在此之前，他是 Smart Design 旧金山工作室的交互设计主管，曾任 Cooper 交互设计总经理。

戴维曾协助设计大量产品，以满足外科医生、博物馆游客、投资组合经理、护士、司机、牙医、金融分析师、放射科医生、现场工程师、制造规划者、营销人员、摄像师，以及慢性病人的需求。他在 Cooper 公司工作期间，为面向目标设计的原则、模式和实践做了大量贡献。

克里斯托弗·诺埃塞尔（Christopher Noessel）是 Cooper 公司的第一位设计研究员，为保健、金融和消费领域设计产品、服务和战略。他曾为可视化未来反恐出过力，为微软（Microsoft）的新科技产品构建原型，并为适应现代医疗保健那不可思议的现实情况而设计了远程保健设备。

在加入Cooper公司之前，克里斯托弗联合创立过一家小型交互设计室，为博物馆设计展示和环境。他还曾担任marchFirst公司的信息设计主管，在那里建立了"卓越交互设计中心"。2012年，克里斯托弗参与编著了Make It So: Interaction Design Lessons from Science Fiction一书。他经常在Cooper Journal上发表文章，一直在世界各地演说、教学。

读者服务

微信扫码回复：38538

·获取博文视点学院20元付费内容抵扣券。

·获取免费增值资源。

·加入设计读者交流群，切磋读书感想。

·获取精选书单推荐。

Acknowledgments
致　　谢

我和其他作者为本书第 4 版的出版感到非常自豪。我们与其他很多人竭尽全力地为本书配插图、更新改进。但如果没有 Wiley 的 Mary James 的努力，本版不可能问世。在 Mary 安静却始终如一的支持下，这项庞大的工程似乎立刻可行了。我们开始以后，Mary 继续调集各种必要的资源，鼓励所有人把本书制作出来。Mary 召集了很多 Wiley 的一流人才，为本书这样的项目争取到大量支持资源。项目编辑 Adaobi Obi Tulton 则非常出色地把各种资源协调起来，让工作顺利展开。营销经理 Ashley Zurcher 最初对本项目的支持帮助我们争取到了想要的纸张、颜色、图形，以及宣传。她的热情给了我们全力以赴的信心。

罗伯特·莱曼一直温和地敦促我更新《交互设计精髓》一书。当我反过来要求他承担大部分内容的写作后，他毫不犹豫地答应了。本版多数改动是罗伯特做的，因此大部分功劳也归他。克里斯托弗·诺埃塞尔慷慨地答应担任技术编辑，他的贡献在初稿中处处可见。戴维·克罗宁和道格·勒莫因（Doug LeMoine）的精彩文笔让这一版本更有深度、更加完善。

视觉上看，这一版本比之前的版本进步太多。Cooper 公司的设计员工中有很多人贡献了他们的才华。才华横溢的视觉设计师 Jason Csizmadi 带头组织协调，更别提作图、修图到深夜了。从（包括）封面到封底，读者都可以在本书中看到他优美的劳动果实。其他设计师的作品在本书中也举足轻重，包括 Cale Leroy、Christina Beard、Brendan Kneram、Gritchelle Fallesgon，以及 Martina Maleike、James Laslavic、Nick Myers 和 Glen Davis。

在本书长达一年的写作过程中，其他 Cooper 人也在很多时刻贡献了各自的心得和才华。特别感谢 Jayson McCauliff、Kendra Shimmell 和 Susan Dybbs，尽管生活和工作总在分散精力，但他们付出的巨大努力，让本项目得以正常前进。同样，在本项目开展期间，Steve Calde 和 Karen Lemen 也随时乐于出手相助。

我们还想感谢以下同事和 Cooper 公司的设计师，十分感谢他们对本版和此前版本的贡献：Kim Goodwin 为开发和表述第 1 部分讲述的概念和方法做出了巨大贡献；Hugh Dubberly 帮助拓展了第 7 章末尾介绍的原则，用第 1 章中出现的早期版本图示协助阐明了目标导向的过程；Gretchen Anderson 和 Elaine Montgomery 为第 2 章用户和市场研究做了贡献；Rick Bond 为第 5 章的可用性测试提供了真知灼见；Chris Weeldreyer 为第 19 章中嵌入式系统设计提供了自己的深刻见解；Wayne Greenwood 为第 12 章的控件映射做了贡献；Nate Fortin 和 Nick Myers 为第 17 章可视化界面设计和品牌推广做了贡献。我们还想感谢 Elizabeth Bacon、Steve Calde、John Dunning、David Fore、Nate Fortin、Kim Goodwin、Wayne Greenwood、Noah Guyot、Lane Halley、Ernest Kinsolving、Daniel Kuo、Berm Lee、Tim McCoy、Elaine Montgomery、Nick Myers、Ryan Olshavsky、Angela Quail、Suzy Thompson 以及 Chris Weeldreyer 为本书所列的 Cooper 设计图和图示所做的贡献。还要说明的是，第 3 章所提及的认知处理最初出现在 Robert Reimann 的一篇文章中，本书已获许使用。

我们感谢以下客户许可本书使用 Cooper 设计项目的内容做例子：Shared Healthcare Systems 的 David West、Fujitsu Softek 的 Mike Kay 和 Bill Chang、CrossCountry 的 John Chaffins、Teradata 的 Chris Twogood 以及 McKesson 的 Chris Dollar。我们还想感谢其他众多客户，承蒙厚爱，与我们合作，在他们各自的机构中支持我们。

我们还要感谢如下作者和业界同仁，他们多年来或影响、或阐明了我们的思想：Christopher Alexander、Edward Tufte、Kevin Mullet、Victor Papanek、Donald Norman、Larry Constantine、Challis Hodge、Shelley Evenson、Clifford Nass、Byron Reeves、Stephen Pinker 和 Terry Swack.

感谢我的代理人 Bill Gladstone，他再次创造了一套成功的商业框架，才能促成一切。

一如既往，长期以来对本书这样的作品奉献最多的还是作者们的家人。我们感谢各自的另一半和孩子为作者写作本书所做的牺牲。

Foreword

前　言

20 年前我开始写作本书的第 1 版。当时我颇为应景地写了一篇宣言——向沮丧的从业者发出挑战，督促他们前进，开始创造让人们喜爱的软件。那个时候，没几个设计师的作品让人用起来不头疼，易用的软件则更加寥寥。改变现状，需要强有力的措施。

现在，科技环境已经大为不同。因此，本书第 4 版也大不相同了。在 1994 年，最先进的个人软件不过是一个通讯录或电子表格。如今，各种媒介纷纷数字化，消费者完全沉浸在科技中。业余人士和非技术用户手里拿着强大的手持设备——用于听音乐、做音乐；用于拍照、摄像、看新闻和交流；用于家庭安全和安静控制；用于保健、健身和个人追踪；用于游戏和教育；用于购物。

逾 10 亿人的口袋里装着功能齐全的手持设备，能访问数以百万计的应用程序和网站。让这些面向用户的产品更易理解、更易使用，其价值不言而喻。我们交互设计师已经赢得了自己的一席之位，站稳了脚跟。团队要做出广为使用的数字产品，交互设计师不可或缺。

交互设计发展前 20 年的首要挑战是发明取胜所必需的流程、工具、角色和方法。如今既然我们已经展示了自己的成功，那么与组织中其他角色的关系也在变化。随着交互设计师把技能进一步融入团队之中，这些最佳实践也在演变。具体来说，交互设计师需要更有效地与商界人士和开发者合作。

20 年前，开发者也为得到接纳、认可而奋斗过。尽管开发人员牢牢地嵌入在公司层级中，但是他们缺乏公信力和权威性。随着消费数字化日益加剧，开发者日益不满的是，他们的产品给用户带来诸多痛苦。他们知道，自己能做得更好。

敏捷运动和最近发展起来的精益实践，都是软件开发者为进一步掌控自己的命运所做的努力。不管是开发者还是设计师，都对数字交互的悲惨状态感到沮丧，他们想要改善现状。他们认识到，软件建构流程一直套用工业化原型，但工业时代的模式并不适用于新数字媒介。

一部分勇敢的开发者，在与客户维持更密切的联系之际，开始试验用非正统的方法小规模渐增式地打造软件。他们想要避免漫长的开发周期，因为这种"死亡行军"式的努力只会让用户不高兴。他们在内心愿望的驱动下，去寻找新的流程，能够更加可靠地开发、令他们自豪的更好的产品。

尽管每种方法都有其拥护者和诋毁者。但这些新方法永远地改变了软件开发之路。老办法不敢用的观念已经深入人心，寻找新方法的探索仍在继续。

开发者这种新的自我意识给交互设计师带来了巨大的机遇。之前，开发者认为交互设计师跟他们争夺稀缺资源。如今，开发者认为交互设计师是有用的助手，能够给开发者带来其自身所不具备的技术、经验和视角。开发者和交互设计师开始由竞争转为合作，他们发现携手并肩，能让大家的力量放大数倍。

不管是开发者还是交互设计师，每一位从业者都想要创造让自己自豪的产品。为了改善结果，两方人员一直在重新思考整个开发流程，要求有更好的工具、更好的指南、更高的权限。不过，历史上，开发者和交互设计师各自独立地追求共同的目标，开发出了用于各自世界的工具和流程。双方的实践在很多方面大不相同，很难为对方所用。这就带来了挑战：在共同工作时，要学会如何有效、成功地相互支持。

在最具前瞻性的企业中，已经出现这种苗头：开发者和设计师坐在一起，协同工作。当设计师和开发者，以及与他们一起工作的众多从业者全方位合作时，结果比我们尝试过的任何方法都好。完成工作的速度加快了，最终产品的质量提高了，用户则更加满意。

在业务方面，高管常常误解交互设计的作用。有时似乎只有小型初创企业才明白交互设计的价值。尽管规模较大的企业可能有很多交互设计师，但管理人员始终未能把设计师的专业知识整合到整体流程中，而醒悟过来则为时已晚。

没有企业文化支持交互设计及其目标，世界上的任何设计技术和流程都难以成功。苹果公司（Apple）成为用户体验的典范，不是因为苹果员工的设计技术高超，而是因为苹果的前任领导史蒂夫·乔布斯（Steve Jobs）不遗余力地拥护设计的力量。

拥有乔布斯这样大胆领导者的企业不多。即便有，也往往是小型初创企业。大家会发现，很难说服商业人士去相信合作设计工作的价值。但每年都涌现出的更多的成功故事，则进一步证明了这种新工作范式的价值。我记得，苹果和微软都是从充满诸多质疑的小公司发展起来的，

Google 和 Facebook 更是如此。

交互设计现在面临着两个机遇：在商业层面发现或创造自己的拥护者；学会与开发者进行合作。

交互设计的强大力量不容置疑：

它能够让用户在工作、娱乐和交流之际，获得难忘、有效、简单，以及有益的体验。

——艾伦·库伯

Foreword

第 4 版前言

　　本书讲述的是交互设计——设计交互式数字产品、环境、系统和服务的实践。正如大多数设计学科一样，交互设计关注的是形态。不过，最重要的是，交互设计的焦点是传统设计学科往往不曾探讨的：如何设计行为。

　　多数设计影响人类行为：建筑关注的是人们如何使用物理空间，图形设计往往尝试诱发或推动响应。但现在，硅芯片驱动的产品无所不在——从电脑到汽车，从电话到家电，人们经常创造出展现复杂行为的产品。

　　以微波炉这样的基本产品为例。在数字时代之前，操作微波炉很简单：只要把旋钮拧到正确的位置即可打开，有一个位置是关闭，旋钮可以拧到的其他每一个位置可以达到唯一的温度。每次将旋钮拧到一个特定位置，反应都一模一样。这可以称为一种"行为"，不过无疑是一种简单的行为。

　　将旧式微波炉和现代微波炉比较一下。现代微波炉装有微芯片，配有 LCD 屏幕、嵌入式操作系统。微波炉上布满按钮，按钮上标着各种与烹饪无关的词汇，如"开始""取消"和"编程"，当然还有预料之中的"烘培"和"烧烤"。按下其中一个按钮的结果，比拧开旧式煤气灶的结果难预测多了。事实上，按下其中一个按钮的结果往往取决于微波炉的操作状态，以及在按下最后一个按钮之前，其他按钮是以什么顺序按下的。这就是我们所说的复杂行为。

　　复杂行为产品的浮现催生了一个新的学科。交互设计借鉴了传统设计、可用性以及工程学科的理论和技术。但交互设计的作用又远超各组成部分之和，有着自己的方法和实践。而且需要明确，交互设计是一门"货真价实"的设计学科，与科学和工程学大为不同。尽管交互设计在必要时采用了分析方法，但交互设计更多的是综合，需要想象事物可能如何，而不必局限于现有的状态。

交互设计本身就是一项人文事业。与产品和服务互动的是人，交互设计的首要目标是满足人的需求和欲望。理解这些目标和需求的最佳方式是把它们当成故事——逻辑和情感随时间而演变。要回应用户的这些故事，数字产品必须表达自身的行为故事，不仅要在逻辑、数据条目和展示层次做出恰当的回应，还要在更加人性化的层面有所响应。

本书描述了学习交互设计的一种特殊方式，我们称之为"面向目标的设计"方法。我们发现，如果设计师专注于人们的目标（即人们一开始使用一种产品的原因），以及期望、态度、天资，就能设计出让人用起来既有效又愉快的解决方案。

即便最漫不经心地观察科技发展的人也一定注意到了，交互设计很快就会变得复杂起来。尽管一件机械装置能展现出十几种可见状态，但一件数字产品可能有数千种（甚至更多！）不同状态。如此复杂，对用户和设计师来说都是一场噩梦。我们采用系统合理的方法来驯服这种复杂性，但并不意味着我们不鼓励发明创造。相反，我们发现，建立一套方法论，有助于清晰地抓住创造性思维的灵感，从而实现我们的想法。

格式塔心理学理论（Gestalt Theory）认为，人们观察事物，并不是把观察对象当作一组单独特性和属性的加总，而是处在特定环境中的统一整体。因此，设计交互产品时，把设计目标的需求分解成最小单位列在表中，针对每种需求拿出解决方案，这种方法很难有效地设计出一件交互产品。即便是一件相对很简单的产品，也必须根据周边环境从总体上考虑。此外，我们发现，如果方法有条理，就有助于形成整体观，而要创造出有用、吸引人的产品，整体观不可或缺。

交互设计简史

20 世纪 70—80 年代，旧金山湾区一群敬业而有远见的研究员、工程师和设计师正在忙于发明未来人们与电脑交互的方式。从施乐帕克研究中心（Xerox Parc）到斯坦福国际研究院（SRI），最后到苹果电脑公司，人们开始讨论，为数字产品创造出可用、易用的"人性化界面"到底意味着什么。20 世纪 80 年代中期，两位工业设计师比尔·莫格里奇（Bill Moggridge）和比尔·韦普朗克（Bill Verplank）着手设计第一台笔记本电脑——GRiD Compass。他们为自己所做的工作创造了"交互设计"一词。但是，这个词要等到 10 年以后才被其他设计师重新发现，并进入主流。

《交互设计精髓》最初出版于 1995 年，交互设计世界仍是一片尚未开拓的边疆荒原。一小拨勇敢地顶着用户界面设计师头衔的人在软件工程的阴影下工作，就像渺小机智的哺乳动物潜伏在庞大的霸王龙阴影下一样。《交互设计精髓》第 1 版所说的"软件设计"不为人们所理解，也不为人们所欣赏。付诸实践时，也往往由开发者实施。一小撮不安分的技术作者、培训师、产品支持人员，以及来自另一个新生领域——可用性的实践者，认识到必须做出改变。

网络惊人地增长和流行，似乎在一夜之间推动了这场变革。忽然之间，"易用性"成了街谈巷议的词汇。曾在 20 世纪 90 年代"多媒体"短暂流行时期浅谈过数字产品设计的传统设计专家，此时大举进入互联网领域。新的设计头衔似乎如雨后春笋般冒出来：信息设计师、信息架构师、用户体验战略师、交互设计师。企业首次设立了总裁级职位，如首席体验官，专注于打造以用户为中心的产品和服务。高校争相开设课程，培训这些学科的设计师。同时，可用性和人体工程学实践者的地位也提高了，他们倡导改进设计的产品，如今也得到了认可。

尽管网络用了 10 多年时间吸收交互设计术语，但网络无疑把用户要求永远地带进了企业商界的视野。2003 年，数字产品的用户体验登上了《时代》《新闻周刊》等期刊的封面。哈佛商学院和斯坦福等机构认识到，必须培养下一代 MBA 和技术人员，把设计思维融入商业可开发计划中。人们厌倦了新科技本身。消费者发出了清晰的信息，表示他们想要优秀的科技：旨在提供迷人高效的用户体验的科技。

2003 年 8 月，即《交互设计精髓》第 2 版宣告交互设计这一新兴设计学科存在后的 5 个月，布鲁斯·托尼亚齐尼（Bruce Tognazzini）充满激情地呼吁新生的社区创建一个非营利专业组织。随后不久，查理斯·霍奇（Challis Hodge）、戴维·马卢夫（David Malouf）、里克·塞西尔（Rick Cecil）和吉姆·贾勒特（Jim Jarrett）成立了一个督导委员会和邮件列表。

2005 年 9 月，交互设计协会（IxDA）成立了。2008 年 2 月，在《交互设计精髓》第 3 版出版后不到一年，IxDA 在佐治亚州萨瓦纳主办了第一届国际设计会议 Interaction08。2012 年，IxDA 推出了首次年度"交互设计奖"，奖励全世界提交的杰出设计。目前，IxDA 的成员超过70 000 人，分布在 20 多个国家。我们可以高兴地说，不管是作为一门设计学科还是一个职业，交互设计均已真正地确立起来。

IxD 与用户体验

《交互设计精髓》第 1 版讲述了称为"软件设计"的学科，把软件设计与另一门称为"用户界面设计"的学科等同视之。这两个词中，用户界面设计存在的时间更长。本书偶尔使用这个词，尤其特指屏幕上的小工具布局。在数字技术的世界中，形式、功能、内容和行为密不可分，设计一件交互产品的诸多挑战直接牵涉数字产品的定位和功能。

如前所论，交互设计师借鉴了更加成熟的设计学科中的实践做法，但也逐步发展，有所超越。工业设计师曾尝试处理数字产品的设计。但正如图形设计领域的同行一样，工业设计师传统上专注于静态形式的设计，而不是设计上的交互性，即随着时间变化而针对输入所形成的变化和响应。既有学科没有可以用来讨论如何设计丰富、动态的行为和变化的用户界面所需要的语言。

过去 10 年来尤为流行的一个词是"用户体验（UX）设计"。很多人提倡使用"用户体验设计"一词，以此涵盖几种不同的设计和可用性学科一起创造产品、系统和服务的情况。这一目标值得称赞，极具吸引力；但"用户体验设计"一词本身没有直接解决本书所论述的交互设计核心问题：如何明确地设计复杂交互系统的行为。考虑一下在实体店打造顾客体验与创造交互产品用户体验之间的相似性和协同效应，会有裨益。不过，我们认为，为比特的世界做设计，采用特定的设计方法更加合适。

我们还想，体验是否真的可以设计。各界设计师希望管理并影响人们的体验，但这要精心操控手中媒介内在的每个变量才能做到。图形设计师创建海报时，要安排字体、照片以及图示，来帮助创造一种体验；家具设计师设计椅子时，用材料和建筑技巧来打造体验；室内设计师使用布局、灯光、材料甚至身影来打造体验。

把这种思维延伸到数字产品的世界时，我们发现，有益的思考方式是，设计师设计出与一件产品交互的方式，来影响人们的体验。因此，我们选择了莫格里奇的"交互设计"（现在很多业内人士缩写为 IxD）一词，来表示本书所描述的这种设计。

当然，一个设计项目往往要求精心安排许多设计学科，才能实现恰当的用户体验，如图 1 所示。在这种情况下，我们认为用户体验设计更加适用。

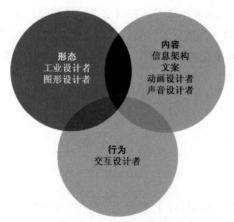

图1　用户体验（UX）设计有三个重叠的关注点：形态、行为和内容。交互设计的重点是行为设计，但也关注行为与形态和内容之间的关联。同样，信息架构的重点是内容结构，但也关注采用什么行为，以及内容如何呈现给用户。工业设计和图形设计关注的是产品和服务的形态，但也必须保证形态支撑使用，这又要求关注行为和内容。

本书涵盖范围

本书尝试为交互设计提供有效实用的工具。这些工具由原则、模式和过程构成。设计原则包括设计实践的广泛思考，以及关于如何充分利用具体的用户界面和交互设计术语的规则和提示。设计模式讲述了一套交互设计术语，这些术语常常用来处理具体的用户要求和设计关注点。设计过程讲述了如何理解和定义用户需求，如何把需求翻译成设计框架，最后在具体环境中充分应用设计原则和模式。

尽管很多书中讨论了设计原则和设计模式，但很少有讨论设计过程的书，而同时讨论三种工具以及三者协同工作打造高效设计的书，就更加少之又少了。我们的目标是写就一本融合三种工具的书。本书在帮助读者设计更加高效实用的对话框和菜单的同时，也帮助读者理解：用户如何理解设计师的数字产品，如何与产品交互。此外，本书还帮助读者理解如何使用这些知识来推动设计。

将设计的原则、过程和模式融合起来，是设计高效的产品交互与界面的关键。世上没有所谓客观的优秀用户界面。质量取决于环境：用户是什么人、在做什么、动机是什么。采用一套一刀切的原则创造用户界面会更加容易，但并不一定会产生更好的最终结果。如果读者想打造优秀的设计方案，不可避免地要下功夫去理解与产品实际互动的人。只有这样，才能驾驭原则和模式组成的工具箱并应用到具体情况中。希望本书既能鼓励读者深入理解产品的用户，也能教会读者如何把自己的理解转换成一流的产品设计。

本书没有尝试呈现一份样式指南或者一组界面标准。事实上，第 17 章将介绍此类工具的局限。尽管如此，我们希望，本书所介绍的过程和原则能与读者选择的样式指南相匹配。样式指南倾向于回答是什么，但通常难以回答为什么。本书尝试解决这些尚无答案的问题。

本书讨论了设计互动系统的 4 个步骤：研究目标领域，理解用户及其需求，定义解决方案框架，丰满设计细节。很多从业者会加上第 5 步：验证——测试解决方案对用户的效率。这是广为人知的可用性学科的一部分。

尽管验证和可用性是很多交互设计方案重要且有价值的组成部分，但它本身也是一门学科和实践。第 15 章将简要讨论设计验证和可用性测试。笔者还会敦促读者参考重要且日益增多的可用性文献，寻找更多详细信息，了解如何开展和分析可用性测试。

本书结构

本书介绍了各种概念，其组织结构易于参考。本书分为三部分：

- 第 1 部分详细介绍并讲解了目标导向设计构成，以及如何建设设计团队，如何把设计团队融入项目团队。
- 第 2 部分介绍了高级交互设计原则，该原则几乎可以应用到所有平台的任何交互设计问题。
- 第 3 部分涵盖了底层和针对移动、桌面、网页，以及其他具体平台的交互设计原则和术语。

本版变化

2007 年 6 月，也就是《交互设计精髓》第 3 版出版后两个月，苹果推出了 iPhone 和 iOS，永久地改变了数字世界。2010 年，苹果又推出了第一款商业上成功的平板电脑 iPad。这些布满传感器的触屏产品，以及随之竞相仿效的竞争者，给交互设计领域带来了崭新的术语和设计模式。《交互设计精髓》第 4 版直接涵盖了这些及其他现代交互设计术语。

本版保留了依然适用的内容，更新了已经变化的部分，提供了反映过去 7 年间行业变化的新材料。本书还讨论了笔者实践过程中发展出来的新概念，以应对变化的时代。

以下是本版《交互设计精髓》重大变化的部分亮点：

- 本书结构重组优化，以更加精练、更加容易使用的结构和顺序展示概念。部分章节重排，更加流畅；部分章节合并，少数章节压缩，并增加了部分新章节。
- 更新了术语和实例，以反映业内交互设计艺术的碰撞。文字全部重新编辑，更加清晰易读。
- 第 1 部分增加了更多目标导向设计过程的细节，更加精确地反映 Cooper 公司的大多数现行实践；还包含了对于如何建设设计团队，如何把设计团队融入开发和项目团队的指导。
- 第 2 部分调整幅度较大，更加清晰地展示概念和原则，包括了如何整合视觉设计的更新信息。
- 第 3 部分进行了大幅重写、更新和扩展，以反映新涌现的移动和触屏平台上使用的交互术语；还更加详细地覆盖了网络交互以及其他类型设备和系统上的交互。笔者希望，这些新增内容和改动可使《交互设计精髓》比以往版本更加切题、更加有用。

本书示例

本书内容是关于设计各种互动数字产品的。不过，因为交互设计的根基来自桌面电脑上的软件，而如今多数 PC 运行的是微软 Windows 操作系统，因此讨论桌面软件必然有所偏重。同样，很多原生移动应用开发者的重点会首选 iOS，所以本书移动示例来自 iOS 平台。

尽管如此，本书多数材料不受平台限制，可以同样应用于不同平台——macOS、Windows、iOS、Android 以及其他平台。即便对于售货亭、嵌入式系统、10 英尺界面这样的独特平台，多数也适用。

本书中的大量示例取自微软 Office 套件和 Adobe 的 Photoshop 和 Illustrator。我们尽量采用这些主流应用作为示例，原因有二：首先，读者对这些示例可能比较熟悉；其次，即便最精雕细琢的产品，如果采用了目标导向的设计方法，其用户界面也有很大的改善余地。这一版本还有很多取自移动应用和网络的新例子，以及一些更加异乎寻常的应用。

这一版本的少量示例取自如今已经消亡的软件或者操作系统版本。这些例子展示某些要点，笔者认为很有用处，因此予以保留。多数示例取自现代软件和操作系统。

本书读者

尽管本书主题大体面向学生和交互设计从业人员，但任何关注用户与数字科技互动的人士阅读本书，均可有所领悟。开发者、从事产品设计的各色设计师、可用性专家，以及项目经理都能从本书中找到有用的内容。如果读者读过《交互设计精髓》之前的版本或者 The Inmates Are Running the Asylum，会发现本版中的交互设计方法既有新增内容，也更新了旧内容。

笔者希望本书能让读者有所收获，激起兴趣。最重要的是，笔者希望本书可以让读者用崭新的方式思考数字产品设计。交互设计实践一直在演变，崭新多变的实践活动，足以让人们围绕这个主题提出各种广泛意见。如果读者能提出有意思的观点，或者只想谈谈，笔者很高兴聆听。请发邮件至 alan@cooper.com、rmreimann@gmail.com、davcron@gmail.com 或 chrisnoessel@gmail.com。

Contents

目　　录

第 2 部分　设计行为和形式

第 3 部分　交互细节

第 **1** 部分

目标导向设计

第1章

数字产品的设计过程

本书有一个简单的前提：如果我们设计的数字产品能够让人们方便地达成目标，他们会感到满意，提高效率，心情愉快。如此一来，人们会高兴地购买这款产品，还会推荐他人购买。假设我们能够以低成本实现上述目标，就能取得商业上的成功。

表面上，这个前提一目了然。只要用户满意，产品就会成功。可是为什么仍有那么多的数字产品难以使用，用起来让人痛苦呢？为什么不能皆大欢喜、双方共赢？尽管我们一直在更快、更廉价、更便捷技术的创新道路上稳步迈进，为什么人们仍会感到沮丧？

一言以蔽之，答案是因为在产品规划和开发的过程中，没有把设计作为同等重要的基础环节。

工业设计师维克多·帕帕奈克（Victor Papanek）认为，设计是"为赋予有意义的秩序，做出有意识或直觉的努力。"我们建议把它更加具体地定义为一种以人为本的设计活动。

- 理解用户的期望、需求、动机和使用情境。
- 理解商业、技术及行业的机会、需求和制约。
- 以上述知识规划为基础来创造产品，让产品的形式、内容、行为可用、易用、令人满意，无论经济还是技术上均切实可行。

这一定义适用于许多设计领域，尽管形式、内容与行为的确切焦点因设计对象而有所不同。例如，信息类网站可能格外关注内容，而设计简单的电视机遥控器，则主要考虑形式。正如前言所述，交互数字产品的独特之处在于，复杂的行为渗透其中。

运用恰当的方法，设计能够弥合人类与科技产品之间的缺口。但是目前多数数码产品的设计方法并不能像宣传得那样奏效。

2

产品行为恶劣的后果

自本书第一版问世以来近 20 年里，软件和交互数字产品取得了长足进展。很多公司开始关注如何让自己的产品满足用户，投入了必要的时间和资金支持产品设计。然而，还有更多公司没有做到，后果堪忧。只要企业继续只关注技术和市场数据，无视设计，就只能不断创造出令人鄙夷的数字产品。

以下几节讨论了如果产品没有进行恰当设计，忽视用户的需求和期望所带来的某些后果。可看一下，您的数字产品中包含了如下哪些特征。

数字产品粗鲁无礼

数字产品常常责怪用户犯了错，事实上错误不在用户，或者本不该发生。图 1-1 中显示的错误消息如野草般不停地弹出来，宣称用户又一次操作失败。这些消息还命令用户单击"OK"按钮，承认自己失误。

数字产品和软件经常用一串短促的问题，连珠炮似地审问用户，"你把文件藏在哪儿了？"，而用户往往不愿意回答，或者没有准备好回答，或者高人一等地问"你确定吗？""你真要删除这个文件还是因为其他原因按了 Delete 键？"

图 1-1　谢谢分享。为什么应用程序没有通知库？为什么它想通知库？
为什么告诉我们这个？我们究竟在确认什么？程序出错了，一点也不 OK。

这些软件驱动的产品也缺少基本的礼貌。它们记不住我们告诉它们的信息，也无法很好地预测我们的需要。即使是 iPhone 这种通常能提供良好用户体验的数字设备，也没想到参加商业会议时人们不想被随便打进的电话所打扰这一点，即便这场会议就在 iPhone 的日历表上写着。为什么 iPhone 就不能安静地将家人以外的人拨打的电话转入语音信箱？

数字产品要求人们像计算机一样思考

数字产品经常假设人们非常了解技术，例如，在微软的 Word 中，如果用户想重命名正在编辑的文件名，就必须知道，要么关闭文件后再改，要么就在菜单中选择"另存为…"（还必须要记得随后删除旧文件）。这些行为与正常人所认为的重命名方式不一致，而是要求人们改变自己的思维方式来迎合计算机。

数字产品常常也晦涩费解，把真实含义、意图和动作隐藏起来，让用户无从知晓。应用程序经常使用一些正常用户无法理解的莫名其妙"行话"（如"您的 SSID 是什么"），有时甚至连专家也不明白（如"请指定 IRQ"）。

数字产品马虎大意

如果一个 10 岁孩子的行为像某些软件应用或者设备一样，就肯定被关进房间，不准吃晚饭了。这些产品会忘记关冰箱门，把鞋子随便丢在地板中央，记不住五分钟前才告诉他的事情。例如，如果保存了一份微软 Word 文档，然后打印文档，接着尝试关闭文档时，程序会再次问是否想要保存！显然，打印动作让程序以为文档又被修改了，尽管文档没做改动。妈妈，对不起，我刚才没听到。

软件经常要求人们脱离主任务流，执行一些本不需要另外打开一个界面或额外导航才能完成的功能。然而，某些危险的命令却会放在眼前，不小心就会触发。例如，DropBox 的上下文菜单中，删除选择项位于下载和重命名这两个选择项之间，非常容易让人不小心误删掉原本为安全起见上传到云端的文件。

此外，软件——尤其是商业和科技应用程序的外观复杂混乱，使导航和理解变得困难，这完全没必要。

数字产品要求人来干重活

计算机和硅基设备原本是为了让人省事的。但当我们每次到现场观察人们在这些技术的辅助下工作时，都震惊于，仅仅为了恰当地操作软件，人们被迫做大量的工作。这些工作无处不在，从简单的窗口间复制数值（或者更糟糕的是重新输入），到尝试（通常会失败）在无法沟通的应用程序之间粘贴数据，再到我们无处不在的点击、拖曳窗口和小部件，仅仅是为了访问天天都使用的隐藏功能来完成工作。

随处可见的事实证明，数字产品需要好好解释一下这些拙劣的行为。

为何数字产品表现如此糟糕

开发过程中诞生的多数数字产品，就像从冒泡容器中浮出的科幻怪物。企业规划和研发产品时，重点不是满足使用产品的用户的需求，而是创造出技术先进却难以使用和控制的产品。和科学怪人一样，它们失败是因为没有在作品中注入人性。

真正的问题到底在哪里？为什么整个技术行业设计不好数字产品的交互部分呢？目前创造软件驱动产品过程中哪个环节出错，导致现在这种混乱的局面？

原因有以下四点：

- **重点错置**：产品管理和开发团队工作重点错置。
- **无视产品的真实用户**：不了解用户哪些基本需求能推动产品成功。
- **利益冲突**：开发团队在既要设计又要打造用户体验时有利益冲突。
- **设计流程缺失**：对客户需求进行收集、分析和利用，从而以此来驱动产品的终端体验。

重点错置

数字产品的问世，容易受到市场营销人员与开发人员这两个经常对立阵营的左右。市场营销人员长于理解和估计商机，精于向市场推出和定位产品，但他们对产品设计过程的贡献通常仅限于一点需求列表而已。这些需求通常与用户的真正需求和期望关系不大，而更多是为了追逐竞争、用任务列表管理 IT 资源，他们不过是根据市场调查（人们说自己想买什么）进行猜测罢了。（与读者所认为的观点相反，很少有用户能够清晰地描述自己的需求。直接问他们使用产品的感受，大都倾向于关注产品的次要功能或者弥补缺陷的小窍门，或者用户认为他们要买什么样的产品，并未透露他们如何或者是否会使用这种产品。）

遗憾的是，把一件交互产品描述为数百种特征的列表，也无法用复杂技术编配出优雅产品。即便在列表上加上"易用"也无济于事。

另一方面，开发人员在产品最终形式和行为上的投入从来不少，因为他们负责产品的构造过程，决定构造什么样的产品。而开发人员的任务诉求与产品最终用户的完全不同。优秀的开发人员关注的是解决技术难题带来的挑战、遵循优秀的工程实践准则、如期完成任务。他们收到的指示往往不完整、缺乏远见、有时甚至相互矛盾，还要在极为紧迫的时间内或不了解人们将如何使用产品的情况下，被迫做出事关用户体验的重要决定。

因此，最直接负责创造数字产品的人员很少考虑到用户的目标、需求或动机。同时，他们更关心市场潮流和突破技术限制。这样非但于事无补，而且产品还会缺乏连贯的用户体验。我们稍后会讨论目标对解决这一问题为何如此重要。

很遗憾，缺乏产品远见的结果是，数字产品不但无法取悦用户，还惹人恼火，不能提高反而降低效率，无法满足用户需求。图 1-2 描述了软件开发过程的演变，从中可以看出各个历史阶段，设计在产品开发过程中所处的位置（如果占有一席之地的话）。目前，多数数字产品的开发仍然滞留在进化的第一、第二和第三阶段。此时，设计要么没有实际作用，要么只是劣质交互的表面补丁。正如下面将要探讨的，为了确保产品真正满足用户需要，设计过程应当先于写代码和测试工作。

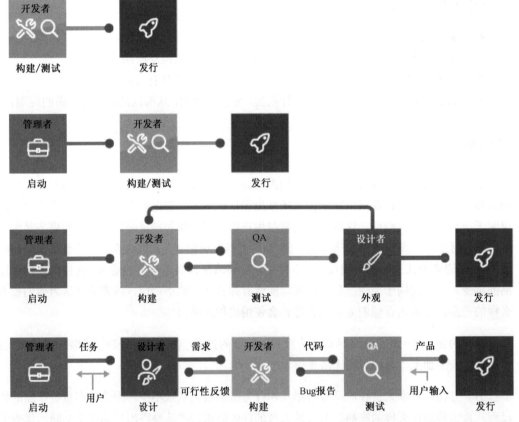

图 1-2　软件开发流程的演变。第一幅图描述了软件产业早期，聪明的程序员首先构思产品，然后编码和测试。后来，专业管理人员介入协作，将市场商机转化为产品需求。第三幅图中，随着产业发展不断成熟，测试逐渐成为一个独立的流程。随着图形用户界面（GUI）的日趋流行，图形设计师参与创作图标和其他视觉元素。最后一幅图展示了以目标为导向的软件开发方法，即在昂贵且极富挑战性的构建阶段前，首先确定产品的性能、形式和行为。

无视产品的真实用户

数字技术产业并未很好地理解如何取悦用户，这是一个不幸的事实。实际上，大部分技术产品都是在不太了解用户的情况下制造出来的。我们或许知道用户群处于哪个细分市场，收入多少、周末怎么度过，以及买什么车。我们甚至对他们从事的职业及他们例行的主要工作任务有个大致的了解。但是知道这些就能了解如何取悦他们吗？或者就能知道他们如何使用我们正在制造的产品吗？这能告诉我们用户为什么会用到产品的这些功能？为何他们会选择我们的产品而不是我们竞争对手的产品，或者如何能让他们选择我们的产品？很可惜，我们无从知晓。

不过我们也不能放弃希望。有可能做到足够了解用户，从而打造出他们喜爱的产品。本书将在第 2 章和第 3 章中谈到如何了解用户及其使用产品的行为模式。

利益冲突

第三个问题是利益冲突，它影响着产品制造商和经销商取悦用户的能力。数字产品开发领域存在严重的利益冲突。制造产品的程序员，通常也是设计产品的人。不难理解，他们对产品的设计往往具有最终决定权。因此，开发者需要在易于编程和易于使用之间做出选择。由于程序员的业绩评估主要取决于其编程效率，以及能否在极其紧张的时间内完成任务，这样一来，大多数软件产品设计方向就显而易见了。正如在法庭上我们绝不能让原告来裁定案件一样，数字产品也应该确保设计师和开发人员不是同一批人。即使程序员有足够的设计能力和设计意愿，也无法有效地兼顾用户、商业及技术各方利益。

本书将在第 6 章谈到如何建设设计团队，以及如何将他们融入整个规划和设计流程。

设计流程缺失

数字产品产业无法创造出设计精良的成功产品的最后一个原因是，缺少可靠的生产设计流程，或者更准确地说，是工程部门没有完整的设计流程可遵照，再或者说是应该遵照严格的工程方法，从而确保技术的可行性和质量。同样，市场部门、营销部门和其他商业部门也遵照各自已有的准则，来保证新产品的商业可行性。然而，其中遗漏了一个重要环节，即确保产品能吸引用户的一个可重复的、可预见的分析过程，它能把对用户的了解转化为满足用户专业化、个性化和情感化需求的数字产品。

最糟糕的是，数字产品能做什么、如何与用户交流的决定，仅仅是构建过程中的副产品。开发人员每天绞尽脑汁地思考着算法和代码，最后"设计"出的产品行为，就像矿工"设计"

出满是深坑和碎石堆的地貌风景一样。在闭塞的开发部门，数字产品的交互设计要么心血来潮偶然为之，要么根本就不存在。

有些部门的确会采取设计过程，但效果并不是很好。现在许多公司认为让用户（或者他们理论上的代理人，该领域的专家们）直接融入开发过程能够解决人类交互设计方面的问题。虽然这能有效地让用户来分担设计责任，却忽视了方法上的一个严重的缺陷：将设计知识同领域知识混为一谈。

虽然用户或许能够阐述交互中的问题，但往往想不出问题的解决方案。正如软件开发一样，设计也是一门专业技能。开发者从来不会让用户帮忙写代码，设计问题同样不应该丢给用户去解决。况且，购买产品的人并不一定是每天使用产品的人，这是一个细微却非常重要的区分。最后，一个领域内的专家在确定任务流时，不见得能够完全站在不那么专业的用户的立场上。有趣的是，在创建信息系统时，法律和医学这两个行业似乎最容易把行业知识和设计知识混为一谈，它们的产品难用程度，大家都有目共睹。这仅仅是巧合吗？或不尽然。

当然，设计师们的确应该从用户和产品团队那里，收集拟议解决方案的反馈。不过，对设计师和产品来说，听一听用户反馈的问题，远比直接从用户得到的拟议解决方案更有价值。这样的类比有助于说明反馈的用处：设想一个胃痛病人去看医生的情形。"大夫！"病人说，"真是疼死我了，我觉得是阑尾炎，您得赶紧帮我把它切除了。"当然，不管病人多着急，任何有责任心的外科大夫都不会立刻就做手术。病人可以描述症状，但医生最终要靠自己的专业知识来正确诊断并制订治疗方案。

规划并设计产品行为

规划复杂的数字产品，尤其是直接与人交互的数字产品，需要专业设计师前期的大量努力，如同规划与人交互的复杂物理结构需要专业建筑师付出巨大努力一样。就建筑而言，做规划需要了解建筑中的人如何在其中生活、工作，设计的空间要配合、方便这些行为。对于数字产品，做规划需要了解使用这些产品的用户如何生活和工作，所设计的产品的行为和形式能够支持和方便用户的这些行为。建筑业是一个传统而成熟的行业。产品和系统行为设计——交互设计则是一新型学科，它已经从根本上改变了产品赢得市场的方式。

工业制造早期，只需工程和营销过程，就足以生产出让人满意的产品。只要工艺精湛、价格合理，便可以生产出人们乐意购买的锤子、柴油机或者牙膏。随着时代发展，消费产品的制造商意识到，产品功能需要与竞争者完全相同的产品有所区分。这样，就引入了设计，用以增强产品对用户的吸引力。制造商开始雇用图形设计师创造更有效的包装和广告，以及工业设计师，创建更舒适、更有用、更让人兴奋的形式。

有意识地引入设计，标志着现代产品开发三原则开始形成：功用性（Capability）、可行性（Viability）和称许性（Desirability）（见图 1-3），这是由 Doblin Group 公司的拉里·基利（Larry Keeley）提出的。三原则中任何一个的弱化，都不可能使产品经受住时间的考验。

现在进入通用计算机时代，通过软件编程能做出几乎无限行为（Behavior）的计算机时代，这种复杂行为，或者说交互性的有趣之处在于完全改变了它所触及的产品的性质。交互性如此让人着迷，以至于产品的其他特性变得没那么重要。谁会注意桌子底下的计算机主机呢？用户关注的是屏幕、键盘和鼠标。随着 iPad 及类似的触屏设备的出现，唯一显眼的硬件就是交互表面。然而，本应受到最多设计关注的软件和其他数字产品的交互行为，却经常被忽略。

过去，企业依赖的以产品称许性为所关键支撑的设计传统，在交互世界里，并未奏效。行为设计是一个不同的问题，需要更了解情境，而不仅仅是视觉组合和品牌规则。行为设计需要了解用户在从购买到使用完整过程中与产品的关系。最重要的是，要了解用户希望如何使用该产品、以什么样方式使用产品，以及使用产品的目的是什么。

交互设计不仅仅是审美选择，更要建立在对用户和认知原则的了解上。这是一个好消息，因为如此一来，行为设计就能够反复进行分析和综合。这并不意味着行为的设计可以自动化，就像形式和内容的设计不能自动化一样。但这的确意味着可能存在系统化的方法。当然，不能抛弃形式和美学规则。这些规则必须与更宏观的目标相配合：通过恰当地设计行为，实现用户目标。

本书提供了一组方法来解决这种以行为为导向的新型设计，并提供完整的设计过程，从而更好地理解用户目标、需求和动机，我们称为"目标导向设计"。要理解目标导向设计的过程，首先需要更好地了解用户目标的本质、产生用户目标的心理模型，以及用户目标如何成为设计交互行为的关键。

识别用户目标

那么，什么是用户目标呢？我们该如何识别这些目标？又该如何区分哪些是真正的目标，而不是因设计工具或业务流程低劣而强迫用户执行的任务？所有用户的目标都一样吗？会随时间变化吗？本章余下的内容将尝试回答这些问题。

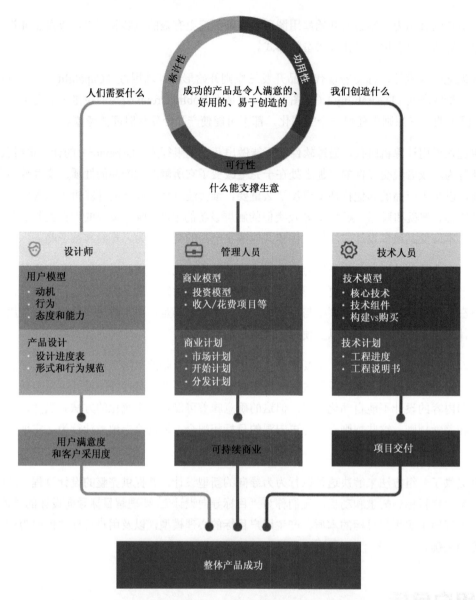

图 1-3　创造成功的数字产品。开发成功的科技产品需要连续遵从的 3 个原则。

本书解决了首要和最重要的问题：如何创造人们愿意使用的产品。

可以把这一原则应用到努力想要找到平衡的企业身上：

苹果	微软	Novell
苹果强调称许性，但犯了很多商业错误。不过，由于苹果关注用户体验，用户忠诚度高，所以能持续下去	微软是有史以来经营最好的企业之一，但一直无法打造出高度称许的产品。这让竞争者乘虚而入	Novell 强调技术，不太关注称许性。因此在竞争中相对脆弱

用户目标通常与我们的猜测大相径庭。例如，我们可能认为，会计的目标是高效处理发票。事实可能不然。高效处理发票更有可能是会计老板的目标。会计关注的可能是在例行公事和重复性任务时，让自己看上去更胜任工作，更专心致志——虽然他不会承认（甚至不会意识到）这一点。

无论我们从事何种工作，必须完成何种任务，多数人都有这种简单的个人目标。即使人们有更高的志向，也更多的是从个人而非工作出发，如晋升、了解更多行业知识、为别人树立良好的榜样等。

只为实现商业目标而设计和开发的产品终会失败，因为并未解决用户的个人需求。当产品设计能够满足用户个人目标需求的时候，商业目标也会更有效地实现，其原因我们会在后面的章节中更详细地探讨。

仔细研究大多数商业性软件、网站和数字产品，就会发现它们的用户界面经常无法满足用户目标。这些问题经常是：

- 让用户感觉自己很愚蠢。
- 导致用户犯大错。
- 费很大力气才能有效操作。
- 无法带来愉快的体验。

这些软件大多数也同样无法达到其商业目标。发票无法得到高效处理；顾客不能及时获得服务；决策难以得到恰当支持。这一切不是巧合。

开发这些产品的公司没有分清重点。多数只狭隘地关注产品的实现问题，分散了对用户需求的关注。

即使公司对用户变敏锐了，他们也无力改变产品。传统的软件开发流程过程假定用户界面应该在开始写代码之后再解决——有时甚至推迟到程序写完以后。但正如大楼开始建造以后就无法再有效设计大楼一样，编写了大量重要且不容变更的代码以后，想让程序服从于用户目标就不那么容易了。

最后，当公司确实关注用户时，往往把过多注意力放在用户要完成的任务上，而没有给予用户执行任务的目标以足够的关注。软件可能技术先进，能很好地完成每一个任务，但仍会成为商业败笔。虽然我们不能忽视技术和任务的重要性，但在以满足用户目标为目的的更宏伟的设计蓝图中，它们只是其中一个部分。

目标 vs. 任务和活动

目标不等于任务或活动（Activity）。目标是对最终情况的预期，而任务和活动只是达成一个或者一组目标的中间步骤（在组织中的不同层次上）。

唐纳德·诺曼[①]（Donald Norman）描述了一种层级结构，在这种结构中，活动由任务构成，任务由动作（Action）组成，动作又由操作组成。按照这种结构，诺曼提倡"以活动为中心的设计"（Activity-Centered Design，ACD），强调首先要理解和重视活动。他认为，理解人们如何适应手头的工具，以及使用工具展开的活动，就能更好地进行工具的设计。诺曼这一思想的基础来源于"活动理论"（Activity Theory），这一理论是苏联时期的心理学理论，强调通过了解人们与世界的互动来了解人们的身份。近年来，人们改造了这一理论，用来研究人机交互，其中尤以邦尼·纳迪[②]（Bonnie Nardi）所起的作用最大。

诺曼断言，以基于任务的传统数字产品设计产生的结果有缺陷，他说得没错。许多开发人员和可用性专家在设计界面时，仍然采用询问"任务是什么"的方法。尽管这也能完成设计任务，但不过是一点点渐进改进而已，不会产生让产品独树一帜的解决方案，通常不能满足用户。

诺曼的 ACD 方法强调用户情境的重要性，尽管此举朝着正确道路迈进了一步，但我们认为这远远不够。虽然 ACD 之类的方法对于恰当地分解用户的行为"是什么"非常有效，但实际上并未解决每个设计者首先要提出的问题：用户一开始为什么要展开某个活动、任务、动作或者操作？目标驱动人们开展活动，理解目标可以帮助你理解用户的预期和渴望，反过来又会帮你决定哪些行动的确和设计相关。只有对用户目标进行分析后，任务和行动分析才会在细节处理上起作用。多问问"用户的目标是什么？"能够让你理解活动对于用户的意义，从而创造出更加恰当、更加令人满意的设计。

如果你仍不确定目标和活动或任务之间的区别，有一个简单的方法可以看出二者之间的差异。由于目标受人类动机驱使，因此随时间的推移变化很慢，甚至没有变化。行动和任务则易于变化，因为几乎完全依赖于手头的技术水平。例如，某人要从圣路易斯去旧金山，他的目标很可能是快速、舒适、安全地抵达目的地。而如果一名移民在 19 世纪想要快速并舒适地出行，则会选择乘坐有遮蔽的四轮马车。考虑到安全问题，他会随身携带一把贴身的来复枪。而当今，商务人士从圣路易斯到旧金山，会乘坐飞机出行。出于安全考虑，他必须把枪支留在家里。移民和商务人士的目标是相同的，没有变化，但由于科技的进步，他们的活动和任务则迥然不

---

① Norman, 2005

② Nardi, 1996

同，有时甚至截然相反。

完全按照对活动和任务的理解来设计存在很大风险，极有可能让设计束缚于早已过时的技术模式中，或者采用的模式只能满足公司目标却无法满足用户需求。通过目标来看问题，便可以利用现有科技消除不相关的任务，从而极大地便利活动。更先进的技术会使人们此前展开的任务和活动毫无必要，理解用户目标可以帮助设计者消除这一类任务和活动。

设计要满足情境中的目标

很多设计者认为，让用户界面和产品交互更加易于学习，应该始终是一个设计目标。易于学习是一条重要的指导原则，但事实上，设计目标依赖于具体的情境——用户是谁、在做什么、目标是什么。一味地遵循与用户目标和需求不相关的规则，是无法设计出好产品的。

以自动呼叫分配系统为例，用户使用该产品，按照处理呼叫的次数付费。用户最关心的不是产品是否易于学习，而是转接呼叫的效率，以及完成呼叫的速度。不过易于学习也很重要，因为这会影响雇员的幸福感，最终影响人员更替率，所以设计中应该同时考虑易用性和处理能力。但毋庸置疑，吞吐能力是用户对该系统的重要需求。所以，在必要时，易于学习应该位列其次。一旦用户学会使用这一系统后，如果程序仍然如一开始一样指导用户一步一步地执行，那么只能让用户感到厌烦。

另一方面，如果产品是公司大堂用来帮助来访者寻找路线的公用信息亭，那么很明显，便于新用户使用就是一个重要的目标。

尤为适用于效率工具的交互设计的通用指导准则是，优秀的设计让用户更有效率。这一指导准则考虑到了人们的普遍目标、更具体的商业目标，以及易用性这一与大多商业环境相关的目标。

如何让用户更有效率，决定权在设计师手上。如果软件让用户完成任务，却没有解决用户的目标，则几乎无法提高效率。如果任务是在数据库中输入 5 000 个名字和地址，那么一款顺利运行的数据输入程序，远不如从发票系统中自动提取名字的自动化程序更能满足用户目标。

虽然任务是用户的关注点，但设计者要关注任务之外的问题，明确最重要的用户是谁，进而确定用户目标是什么，为什么是这个目标。

实现模型和心理模型

计算机领域仍然使用"计算机素养"一词，权威人士经常谈到为何一些人有这种素养，而一些人没有。具有这种素养的人又如何会在信息经济中取得成功，而缺乏这种素养的人则不可避免地落入社会经济学的裂缝中。然而，所谓的计算机素养不过是一种委婉的说法，是为了迫使人们理解应用逻辑的内在工作原理，而不是让数字产品适应人们普遍的思考方式。

接下来我们将探讨人们试图使用数字产品时到底发生了什么，以及设计在将编码转化为用户可理解、可接受的产品体验当中扮演的角色。

实现模型

任何机器都有一套机制来达成目标。例如，电影放映机运用错综复杂的部件创造视觉幻像。它在一瞬间发出一束很亮的光线穿过半透明的微缩图像。然后在下一幅微缩图像就位前挡住光线，下一幅图像就位后再次投放光线。电影放映机以每秒 24 次的频率重复这个过程，每次一幅图像。软件驱动的产品没有类似的机制，取而代之的是算法和相互通信的代码模块。唐纳德·诺曼和其他人用"系统模型"来指代这种有关机器和程序实际的运作方式。我们更倾向于使用"实现模型"这个术语，因为它描述了代码实现程序的细节。

设计出能反映实现模型的软件更为简单。从开发人员的角度出发，为每个功能设计一个按钮，每个数据输入设计一个字段，每一步交易设计一个页面，每个代码模块设计一个对话框，是完全符合逻辑的。虽然这充分体现了工程上的基础结构，但没有为用户提供连贯机制，来完成其目标。最终，设计出的产品只会远离客户所需，让用户感到迷惑，就像特里·吉列姆（Terry Gilliam）导演电影《巴西》中反乌托邦式的设定，都是纵横交错的外置管道系统（对用户界面设计完全不认真）。

心理模型

从电影观众的角度来说，在观看一部引人入胜的电影时，很容易忘记影片齿孔间的细微差别和光线干扰。很多看电影的人根本不知道放映机的工作原理，或者与电视机的工作原理有何不同。在观众看来，放映机不过是在大屏幕上投射出移动的图片而已，这被称作用户的"心理模型"（Mental Model）或者"概念模型"（Conceptual Model）。

人们使用产品时，不需要了解复杂机制工作原理的所有细节，因此可创造出一种快捷的认知方式来解释复杂的机制。这种方式足以应付人们与产品的交互，但不一定能够反映产品实际的内部工作机制。例如，很多人认为，把真空吸尘器或者搅拌机接上电源时，电流就会像水一样顺着细细的黑线管从墙里流向电器。这种心理模型适用于家电。但实际上，家用电力的实现模型与管子中流动的液体毫无形似之处，而且电势每秒钟转换 120 次，这些都与用户无关，只不过电力公司必须了解细节。

对于软件应用来说，实现模型与心理模型之间的差异非常明显。人们总是无视手机和座机工作方式的不同：手机用的不是电话线，而是无线收发器，通话两分钟，可能就在好几个不同的蜂窝基站天线之间切换了数次连接。但了解这一点无助于人们明白如何使用手机。

实现模型异常复杂，以致用户几乎难以看到自己的动作与应用程序回应之间的机械联系。人们用电脑编辑数字音乐，或者创建数字视频特效（如变形）时，就根本看不到与机械世界的关联，所以人们的心理模型必然与实现模型不同。即便二者之间的关系明显，对多数人来说也很费解。

力求完美：呈现模型

软件（以及其他任何依赖软件的数字产品）有一个表示层，它告诉世界，软件是由开发人员或者设计者创造的，它并不一定精确地描述了计算机内部实际上是如何工作的，但往往反映了内部机制。软件呈现的计算机功能独立于计算机的真实动作，这一特点在比其他媒介都明显得多。如此一来，聪明的设计师就能隐藏某些令人讨厌的事实——计算机世界上完成工作的方式。实现与呈现结果分离，产生了数字世界里的第三种模型，即设计师的呈现模型（Represented Model）——设计师选择如何向用户表现程序的功能。唐纳德·诺曼称之为"设计师模型"。

在软件世界，程序的呈现模型可以（也常常应该）与程序的实际处理结构不同。例如，操作系统能够使网络文件服务器看起来像本地磁盘一样。这种模型并没有呈现出物理磁盘可能在数公里之遥的事实。机械世界普遍没有这种呈现模型的概念。图 1-4 展示了三种模型的关系。

呈现模型越趋近于用户的心理模型，用户就会感觉程序越容易使用和理解。通常，呈现模型越趋近实现模型，用户学习和使用应用软件的能力就越低。这是因为用户的心理模型往往与软件的实现模型存在差异。

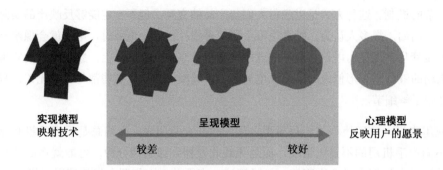

图 1-4　实现模型、呈现模型与心理模型的对比。工程师往往必须按照既定的方式开发软件，受制于技术和业务。软件如何工作的模型称作"实现模型"。用户认为必须用什么方式完成工作，以及应用程序如何帮助用户完成工作的方式称为用户与软件交互的心理模型。这种模型基于用户对自己如何完成工作和计算机工作原理的理解。设计师将软件运行机制呈现给用户的方式称为"呈现模型"。不同于其他两个模型，设计师对呈现模型有更大的控制权。设计者的一个重要目标应当是努力让呈现模型尽可能地匹配用户的心理模型。因此，设计师详细理解目标用户对软件使用方法的看法非常关键。

我们倾向于采用比实际更简单的心理模型。因此，如果创造的呈现模型比实现模型更为简单，就能帮助用户更好地理解。在软件中，我们想象单击滚动条时，电子表格软件把新的单元格滚动进视图中。实际上并没有真正的滚动动作。视野之外也没有一张单元格，而是由数值构成的紧凑数据结构，结构之间有指针，软件把这些内容综合起来，实时地生成新的图像显示出来。

电脑能够协助人类的一个重要途径就是以简单、易于理解的方式呈现复杂的数据和操作。因此，与用户心理模型相符的用户界面，要远远优越于仅能反映实现模型的界面。

设计原则

用户界面应该基于用户的心理模型，而不是实现模型。

在 iPad 版 Adobe Photoshop Express 中，用户可以调整一组 10 种不同的视觉滤镜，包括对比、阴影曝光、底色等。这款应用的界面输入数据不是采用数字字段或者各种控件（实现模型），而是显示一组已编辑照片的缩略图，每一张缩略图上都应用了不同的滤镜（参见图 1-5）。用户可以直接选择最能代表想要效果的图像，用一个大滑动条就能进行调整。界面紧紧贴合用户的心理模型，因为用户（很可能是业余摄影者）想的是照片看上去什么样子，而不是一堆抽象的数字。

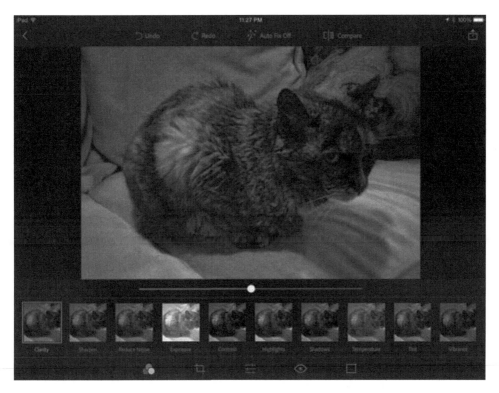

图 1-5　iPad 上的 Adobe Photoshop Express 将软件设计得很好地契合了用户心理模型。界面展示了一组待编辑照片的缩略图。用户可以单击代表期望设置的缩略图，拖动图片下方的滑块调整效果。界面符合摄影者的心理模型，用户想要的是某种视觉效果，而不是一组抽象的数值。

如果软件的呈现模型接近用户的心理模型，那就提供一套认知框架，使用户清楚地了解其目标和需求是如何实现的，从而消除用户界面中不必要的复杂度。

设计原则

目标导向的交互设计反映了用户的心理模型。

现在我们知道，设计流程缺失，导致多数数字产品无法真正成功。设计流程把功能的实现转化为直观的、用户想要的产品行为，使其符合人们为实现目标而完成任务的心理预期。但是，我们具体要怎么做？如何知道用户目标？用户对活动和任务的心理模型是什么？

本章的剩余部分以及第 1 部分的剩余部分，将探讨以目标为导向的设计过程，它为解决以上问题提供了一种结构，按照这一结构能够系统地找出基于这一信息的解决方案。

目标导向设计概论

大多数技术型公司没有一个用于产品设计的适当过程。即便是一些较为前瞻性的、自诩已经建成一套设计过程的机构，也会因采用传统的方法解决研究和设计中存在的问题而在一些重点上有争执。

近年来，企业界已经认识到，用户研究对创造优质产品必不可少，但在很多机构中，这种研究的恰当与否仍然存疑。市场研究和市场划分对销售产品来说大有益处，但无法为人们提供关于实际上如何使用产品（尤其是具有复杂行为的产品）方面的重要信息（更深入的探讨参见第 2章）。分析有了结果以后就会出现第二个问题：多数传统方法无法将研究结果转化为设计方案。长篇累牍的用户调查数据无法轻而易举地转化为一组产品需求，更无法转换为有意义、恰当的界面结构。设计仍是黑匣子："这里有奇迹出现……"。研究结果和最终设计方案之间的隔阂就是未能连接用户与最终产品而导致的。本书稍后会讨论如何用目标导向方法解决这一问题。

消除隔阂

正如前面简要讨论的，设计在软件开发过程中的角色需要转变。我们开始用新方式来思考设计，用不同的方式思考如何做出产品决策。

作为产品定义的设计

很遗憾，设计在技术工业领域已经成为限制性的代名词。对许多开发者和管理者来说，设计代表意味着在图 1-2 中的第三个流程示意图的内容：只是装点一下实现模型的视觉效果而已。但是恰当地运用设计时（如图 1-2 所示的第四个示意图的进程），不仅可以发现用户需求，还能规范产品的行为和外观。换句话说，设计在用户目标、业务需求和技术制约的基础上，提供了真正意义上的产品定义。

作为研究者的设计师

如果设计要定义产品，设计师就必须发挥比传统设计更广泛的职责，尤其当设计的对象是复杂的交互系统时。

当前开发过程的主要问题之一是，大家各司其职，分工过度专业化：研究者只负责研究，设计者只负责设计（参见图 1-6）。可用性和市场研究者分析用户和市场研究结果，将转换结果丢给设计师或者程序员。这种模式缺失了如何系统地把研究转化合成设计方案这一环节。解决这一问题的一个方法是让设计者学着成为研究者。

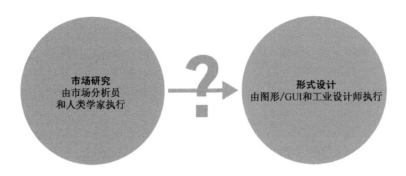

图 1-6　有问题的设计过程。传统过程中，研究和设计是分离的，各由不同的专业人员处理。近年来，研究仍然主要还是指市场研究，而设计则局限于视觉设计或表面层次上的工业设计。直到最近，用户研究范围扩大到包括定性及人类学的调查数据。然而，如果没有让设计者加入研究过程中来，数据研究和设计方案之间的关联依然薄弱。

将设计师引入用户研究过程中还有一个重要原因。设计师所带来的最强有力的工具之一是所谓的同理心（Empathy）：能够体会到他人所想的能力。恰当的用户研究要求直接、深入地了解用户，设计师提出解决方案之前，就需要设计师早早地沉浸在用户的世界中，为用户考虑。产品开发过程中一个最大的危险是将设计师隔离于用户之外，这样做就泯灭了通感能力。

此外，纯粹的研究人员通常很难知道，哪些用户信息对设计才是真正重要的。让设计师直接从事研究则能解决上述两个问题。

在笔者的实践中，设计师经过了研究技巧的培训，不需要更多的支持和协作就可以开展用户研究工作。这个解决方法令人满意，但前提是产品团队要有时间和资源来对设计师进行技术上的全面培训。如果不能，恰当的办法就是组建一个有设计师和专门的用户研究人员组成的跨学科团队共同协作。

尽管设计师参与研究能够在某种程度上帮助我们获取目标导向的设计方案，但是研究结果和设计细节之间的差距仍然存在。这里也缺失了一些环节，接下来会将讨论。

研究与蓝图之间：模型、需求和框架

当前的设计方法中，很少能够将研究阶段收集的信息高效而系统地转化为详细的设计说明。部分原因已经明确了：长期以来，设计师不参与用户研究过程，只能依赖第三方对用户行为和期望所做的描述。

不过，另外一个原因则是，捕捉用户行为并且恰当地知道产品定义的方法并不多。多数方法不是提供有关用户目标的信息，而只是提供了一些任务层次上的信息。这类信息能够帮助确定界面布局、工作流程、把功能转化为界面控件，但是在确定有关产品是什么、能够做什么，

以及应当如何满足用户的广泛需求的基本框架方面，却没多大用处。

相反，我们需要一个明确而系统的过程，弥合研究与设计的差距，定义用户模型，确定设计需求，并把这些内容转换为高层次的交互框架（见图1-7）。目前，数字产品开发过程中，仍然存在设计和研究之间的隔阂，而目标导向设计旨在综合采用一些新技术和已有方法，更有效地弥合这一隔阂。

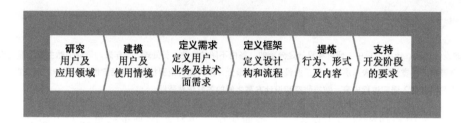

图1-7 目标导向设计过程。

设计过程概述

目标导向的设计方法综合了各方面的技术：人种学研究、利益相关者访谈、市场研究、详细用户模型、基于场景的设计，以及一组核心的交互设计原则和模式。这种设计方法提供的解决方案不仅能够满足用户需求和目标，还能解决业务/阻止和技术需求。这一过程大致分为以下六个阶段：研究、建模、定义需求、定义框架、提炼和支持（见图1-7）。这些阶段遵循交互设计的五个组成部分：理解、抽象、架构、呈现和细节。这是吉利恩·克兰普顿·史密斯（Gillian Crampton Smith）和菲利普·泰伯（Philip Tabor）提出的。不过此处更强调对用户行为建模和定义系统。

本章的剩余部分高屋建瓴地概述了目标导向设计的 6 个阶段，第 2 章到第 6 章详细讨论每个阶段中涉及的方法。图1-8 更为详细地展示了这一过程，包括关键的合作点和设计关注点。

研究

研究阶段运用人种学实地研究技术（观察和情境访谈），来获取有关产品的真正用户和/或潜在用户的定性数据，还包括考察对手产品，对市场研究、技术白皮书和品牌战略的分析，以及对产品的利益相关者、开发人员、行业专家和特定领域的技术专家进行访谈。

实地观察和用户访谈的一个主要成果是，能从中找出一组行为模式，帮助我们对现有或正在开发的产品的使用方式进行分类。这些模式指出了用户使用产品的目标和动机（即用户使用产品希望达到的具体或一般性的结果）。在商业和科技领域，这些行为模式往往对应某种职业角色；对于消费品来说，这一模式则对应着生活方式的选择、行为模式，以及与行为模式用户目标在建模阶段创造出的相关人物模型。市场研究有助于选择和过滤适合业务模型的有效的人物模型。利益相关者访谈、文献研究，以及产品审核能够加深设计师对领域的理解，阐明设计必须支持的商业目标、品牌属性及技术限制等。

第 2 章详细探讨目标导向研究技巧。

初始	设计	构建		测试	发布
目标导向设计工作				利益相关者的协作	阶段性工作成果
活动		关注点			
研究	研究范围 定义项目目标和日程	目标、时间进度、财务限制、进程、里程碑	会议 能力和范围的确定	文档 工作内容描述	
	审计 审查现行工作和现有产品	商业和营销计划、品牌战略、市场研究、产品线计划、竞争对手、相关技术			
	利益相关者访谈 了解产品前景规划和各种限制	产品前景规划、风险、限制、机遇、后勤、用户	访谈 和利益相关者及用户的访谈		
	用户访谈和观察 了解用户需求和行为	用户、潜在用户、行为、态度、能力、动机、环境、工具、挑战	记录 初期研究发现		
建模	人物模型 用户和客户模型	用户和客户行为、态度、能力、目标、环境、工具、挑战	记录 人物模型		
	其他模型 表示产品在所处领域的因素，而非关于用户和客户的因素	多个人群、多个环境、多个工具间的工作交流			
定义需求	情境场景剧本 讲述关于完美用户体验的故事	产品如何贴近用户生活和环境，如何帮助用户实现目标	记录 场景剧本和需求		
	需求 描述产品必备的能力	功能需求、数据需求、用户心理模型、设计需求、产品前景、商业需求、技术	演示 用户和领域分析	文档 用户和领域分析	
定义框架	元素 定义信息和功能如何实现	信息、功能、机制、动作、领域对象模型	记录 设计框架		
	框架 设计用户体验整体框架	对象关系、概念分组、导航序列、原则和模式、流程、草图、故事板			
	关键路径和验证场景 描述人物模型和产品的交互方式	产品如何适应用户理想行为顺序，以及如何适应其他类似情况	演示 设计愿景		

续表

提炼 ↓	细节设计 将细节细化并具体化	外观、习语、界面、小部件、行为、信息、视觉化、品牌、体验、语言、故事板	🖾 记录 设计细化	🗐 文档 形式和行为规范
支持	设计修正 适应新的限制条件和时间表	在技术限制改变的情况下，保持设计概念的完整性	🖾 协同设计	🗐 修正 形式和行为规范

图 1-8　目标导向设计流程详图。

建模

在建模阶段，可将在分析实地研究和访谈结果中发现的行为和工作流模式，综合到领域和用户模型中。领域模型包括信息流和工作流程的图表。用户模型（或说人物模型）则是一种详细、混合的用户原型，代表研究阶段找出来的行为、态度、天赋、目标及动机的明确分组。

人物模型是基于场景的叙述式方法中的主角。这种方法能够在"定义框架"阶段迭代式地生成设计概念，提供反馈，以保证"提炼"阶段的设计一致、恰当。它还是强大的交流工具，能够帮助开发人员和管理人员理解设计背后的考虑，基于用户需求来确定不同功能的优先级。在建模阶段，设计师采用多种方法工具来对人物模型综合、区分角色及其优先级，研究不同种类的用户目标，将人物模型映射到一系列行为中，来保证不缺失或重复。

基于每个人物模型和其他人物模型目标的交叉程度，对不同目标进行对比，确定优先级，通过这一过程，从一组人物模型中挑出具体的设计目标。选定人物角色类型的过程就决定了不同人物模型对产品最终设计形式和行为的影响程度。

第 3 章将详细讨论人物模型和目标开发。

定义需求

设计团队在"定义需求"阶段所采用的设计方法，为用户和其他模型之间提供了急需的联系，也提供了设计框架。这一阶段主要采用以场景为基础的设计方法，其重要突破在于，将满足具体人物模型的目标和需求置于首位，而不是关注抽象的用户任务。人物模型能够帮助我们确定哪些任务重要，原因何在，从而使创造出的界面尽可能减少完成任务所花的力气，同时保证回报最大化。人物模型成为这些场景的主角，而设计师则通过角色扮演的形式探索设计空间。

对每个界面/主要人物模型来说，"定义需求"阶段的设计过程要分析人物模型的数据和功能性需求（术语为"对象"、"动作"和"情境"）。根据不同情景下人物模型的目标、行为，以及与其他人物模型的交互来对这些数据和需求进行优先级排序、获取信息。

这种分析通常通过一种反复提炼的情境场景（Context Scenario）过程来完成。这一过程从人物模型在日常生活中使用产品开始，描述高层次的产品接触点，从而持续地一层一层地深化下去，不断定义细节。除了这些在场景中产生的需求，设计师还要考虑人物模型使用产品的技巧和体能状况，以及与使用环境有关的问题。商业目标、所期待的品牌属性和技术限制也是考虑因素，而且要与人物模型的目标和需求相平衡。这个过程就是定义需求，起到平衡用户、业务和技术需求的作用，这些需求都是设计需要遵循的。

第 4 章将探讨如何通过使用情境场景来定义需求。

定义框架

在"定义框架"阶段，设计者创建整体的产品概念，为产品的行为、视觉设计，以及（如果适用的话）物理形态定义基本的框架。交互设计团队采用两种重要的方法论工具，加上情境场景，整合成了一套交互框架。第一种是一组通用的交互设计原则，指导了在各种情境下，如何确定恰当的系统行为。本书的第 2 部分专门讨论适用于"定义框架"阶段的高级交互设计原则。

第二种重要的方法论工具是一组交互设计模式，对以前分析过的问题中得出的通用解决方案（根据情境的不同会有所差异）进行分类。这些模式类似于克里斯托弗·亚历山大[1]（Christopher Alexander）提出的建筑设计模式，该模式后来由埃里克·加马[2]（Erich Gamma）等人引入编程领域。交互设计模式是按照层级组织的，随新情境的出现而不断演化。这些模式不仅没有遏制设计师的创造力，反而总能用已经检验过的设计知识，提供解决问题所必需的知识。

数据和功能性需求在这种高度上进行描述后，设计师就按照交互原则将其转变为设计元素，然后使用模式和原理组织为设计草图和行为描述。这个过程就是交互框架定义（Interaction Framework Definition），即一种固定的设计概念，为后续设计细节提供了逻辑和高层次的形式结构。接下来反复迭代，情境的重点不断收缩集中，在"提炼"阶段给出了设计细节。这种方法论工具通常是自上而下（基于模式）的设计和自下而上（基于原则）的设计之间的平衡。

当产品具有了物理形态后，交互设计师和工业设计师便开始针对产品可能具有的各种输入方式和大概的形态因素紧密协作，采用场景来考虑每种可能的利弊。最后筛选出最有希望的几种选择，工业设计师开始着手制作初期物理原型，来确保整体交互概念可用。工业设计初期不能脱离产品的行为来创造概念，这一点非常关键。

---

[1]　Alexander, 1979

[2]　Gamma, et al, 1994

当设计一项服务时，我们将与服务设计者协作，初步设计出服务版图和蓝图，实现各接触点和不同渠道产品体验之间的协调，包括后台服务供应商和前台用户产品体验。

一旦交互框架浮现出来，视觉设计者便开始着手创建一些视觉框架，有时这也称为"视觉语言策略"。视觉设计者运用品牌属性和对整体界面结构的理解来开发字体、调色板和视觉风格。

提炼

"提炼"阶段类似于"定义框架"阶段，但更关注细节和实现。交互设计师此时专注于任务一致性，使用关键路径场景（即走查，walkthrough）和验证场景，重点在于界面上的更详细的故事板路径。视觉设计者定义一个类型风格、大小、图标以及其他视觉元素的系统，以清晰的能供性和视觉层级，提供了吸引人的体验。在恰当的时候，工业设计师会确定材料并与工程人员密切合作，完成装配方案和其他技术事宜。"提炼"阶段的顶点是详细的设计文档——一份形式和行为规范或蓝图，这一文档按照情境需要，以书面文字或者交互媒体方式来呈现。

第5章会在"定义框架"和"提炼"阶段详细讨论人物模型、情境、原则和模式的使用。

支持

即使是精心构思并经过验证的设计，也无法预料到开发中的每个困难和技术问题。在实践中，我们认识到在开发者构建产品的过程中及时回答他们随时提出的问题，很重要。开发团队经常会为了赶工期而将其工作按优先级排列，做些取舍，因此必须调整设计，这时他们会缩减设计方案。如果交互设计团队不能调整设计，那么开发人员有可能因时间紧迫而自行改动，这样有可能会严重地损害产品设计的完整性。

第6章讨论了如何把交互设计活动和过程整合进更大的产品团队。

产品成功的关键是目标，不是特性

开发人员和市场销售人员往往用产品的特点和功能这样的语言来讨论产品。把产品定义简化为一个特性和功能列表，而忽略了真正的机会——充分利用科技的力量，满足人类的需求和目标。司空见惯的是，产品的特性不过是围绕市场营销的需求文档，或者开发团队用一流技术创新拼凑出来的大杂烩，无视整体用户体验。

不管压力多大，产品开发周期多么混乱，成功的交互设计师始终将其注意力放在用户目标上。尽管本书讨论了许多交互设计的技巧和工具，我们始终要回归到用户目标。用户目标是实践交互设计的前提和基石。

目标导向设计过程及其为设计决策提供的理论基础，能更容易地让设计者与开发者、市场与管理人员协同工作，还能确保正在考虑的设计不是凭空臆想的，也不是某个突发奇想的创意，或团队成员个人偏好的体现。

设计原则

> 交互设计不是凭空猜测。

目标导向设计是一个强有力的工具，能够回答定义和设计数字产品过程中出现的最重要的问题：

- 用户是谁？
- 用户在试图实现什么目标？
- 用户如何看待他们要实现的目标？
- 用户认为哪种体验具有吸引力并且是值得的？
- 产品应当如何工作？
- 产品应该采用何种形式？
- 用户如何与产品实现交互？
- 产品功能如何能最有效地组织在一起？
- 产品以何种方式面向首次使用的用户？
- 产品如何在技术上实现易于理解、让人喜欢且易于操控？
- 产品如何处理用户遇到的问题？
- 产品如何帮助不常使用或者生手用户实现其目标？
- 产品如何为骨灰级用户提供足够的深度和力度？

本书剩余的内容将专门回答以上问题。我们将同大家分享数百个产品设计中、经过多年经验测试过的工具，帮助大家识别产品的关键用户，理解用户及其目标，并将其转化为有效且吸引人的设计方案。

第 2 章

理解问题：设计研究

任何设计成果的评判标准，都要看产品最终满足用户或委托开发组织需求的程度。不管设计师技艺多高超，多有创造力，如果没有清晰而详细地了解其目标用户、问题限制及推动设计的商业或组织目标，那么成功的机会就不大。

仅仅筛选一下从市场调查（尽管这对回答其他类型问题十分重要）之类的定量研究得到的数字和图表，很难轻易地深入把握这些主题。这种行为和组织知识需要通过定性研究方法来收集。定性研究方法有很多种，每种方法对理解产品设计轮廓都十分重要。本章将着力探讨定性研究方法，定性研究是后续章节所述的各类设计方法的基础。我们还将讨论，定性研究和一些定量研究之间是如何相得益彰的。在本章结尾，我们会简要地讨论一些补充的定性研究方法及其适用场景。

设计研究中的定性研究与定量研究

多数人会把"研究"一词与科学和客观联系起来，这种联系并没有错，但是让很多人认为，只有产生所谓客观事实（定量数据）的研究才是有效的研究。数字代表真相这一观念在商业和工程领域非常普遍。然而，数据——尤其是描述人类活动的数据，只有解读才能够轻易操控，就像文本数据一样。

像物理学这样的自然科学所收集的数据与人类活动中收集的数据不同。电子不会有情绪，不会起起伏伏。物理学家严格控制实验，分离被观察的行为，社会科学几乎不可能采用这样的方法。任何试图将人类行为简化为统计学的尝试，都会忽略一些重要的细微差别，这些差别会对产品设计产生巨大的影响。定量分析只能回答那些少数简化轴上的"多与少"问题。而定性研究能够以丰富多元的形式回答"是什么"、"怎么样"和"为什么"等问题，真实反映人类现实情况的复杂性。

长久以来，社会科学家已经意识到人类行为异常复杂，变量过多，无法只依赖定量数据来理解。设计师和可用性从业人员利用人种学和其他学科的技术，发展了很多定性的方法，来收集用户行为相关的有用数据，从而实现更为实用的目标：创造能够更好地为用户需求服务的产品。

定性研究的价值

与定量研究不同，对于帮助我们理解产品的领域、情境和受约束的方式，定性研究更加有用，能比定量研究更快速、更简便地帮助我们发现产品现有及潜在用户的行为模式。定性研究尤其能帮助我们理解以下问题：

- 产品现有和潜在用户的行为、态度与能力。
- 待设计产品的技术、业务和环境情境，即产品的领域。
- 目标领域的词汇和其他社会问题。
- 已有产品的使用方式。

定性研究也有助于设计项目的进展：

- 为设计团队提供可信性和权威性方面的依据，因为有研究结果作为设计决定支撑。
- 让团队对目标领域和用户关切达成统一认识。
- 帮助管理人员在产品设计问题上做出更全面科学的决策，而不是基于猜测和个人偏好做决定。

我们的经验显示，相比之下，定性研究方法实现更快、成本更低，并且更有可能为如下所述的重要的问题提供有用的答案，从而产生一流设计：

- 产品如何融入用户生活的大背景之中？
- 用户使用该产品的基本目标是什么？哪些基本任务能够帮助人们达成这些目标？
- 哪些体验能够吸引用户？如何将这些体验融入正在设计的产品之中？
- 用户采用当前方法进行设计时会遇到哪些问题？

定性研究的价值不限于对设计流程的支持。根据我们的经验，花时间深入了解用户人群，能够提供传统市场研究无法揭示的宝贵商业见解。

例如，一家客户要求我们为一款消费级入门视频编辑产品进行用户研究，该软件针对Windows平台。客户是一家成熟的视频编辑和制作软件开发商，使用传统的市场研究技术发现了重大商机，打算为同时拥有数码摄像机和电脑、但尚未把二者连接起来的用户开发一款产品。

我们对目标市场的12名用户进行实地访谈，第一个发现并不出乎意料：为人父母的用户拍摄的视频最多，并且希望将剪辑好的视频与其他人分享。然而第二个发现却令我们吃惊：在我们访谈的12名用户中，只有一人能够成功地连接摄像机和电脑，这还要仰仗一位IT专业人士。产品取得成功的一个必要前提是，人们能够把视频传输到电脑上进行编辑。但在当时的技术条件下，让火线接口或者视频采集卡在基于英特尔芯片的PC上正常运作是极为困难的。

经过4天的用户研究，我们帮助客户决定，搁置开发这一产品。这一决定很可能帮他们省下了大笔投资。

定量研究的利弊

在确定用户的购买动机时少不了市场营销专业人士的帮助。其中一个最有力的工具是市场划分（Market Segmentation）。焦点小组和市场调研的数据可以按照人口统计的标准对潜在客户分组，如年龄、性别、教育程度、邮编等。这有助于生产商确定某种特定产品或市场信息对何种类型的消费者最具吸引力。更复杂的消费者数据可能包括消费心态学和行为变量，如态度、生活方式、价值观、意识形态、风险厌恶和决策模式等。斯坦福研究院（SRI）的"价值、态度和生活方式"（VALS）、乔纳森·罗宾（Jonathan Robbin）的地理人口统计法PRIZM群等市场划分法，能够通过预测消费者的购买力、购买动机、自我倾向和资源，从而使数据更加明晰。

然而，了解某人是否会购买某商品，并不等于了解用户购买后如何使用产品。市场划分是确定和量化市场机会并确认市场划分的实用工具，但在定义什么产品能够抓住市场机遇时，效果不好。

同样，量化研究，如网络分析和其他用数字描述人类行为的举措，无疑能够为等式中的"是什么"（或至少"有多少"）提供有洞察力的答案。但是，若缺少基本的定性分析，不能解释这些行为的原因，这样的统计数据带来的问题的数量只会超过所能提供的答案。

定量分析能指导设计研究

定性分析几乎始终是收集行为知识的最有效工具。行为知识能够帮助设计者为用户定义和设计产品。然而，量化数据在设计研究中也并非一无是处。例如，市场建模技术能够准确地预测产品和服务在市场上的接受程度。因此，市场建模技术是评估产品可行性的宝贵工具，也是说服管理人员开发某个产品的有力手段。毕竟，知道购买者的数量以及愿意购买产品或服务的价格，就更容易评估潜在的投资回报。市场研究能够确定并量化商机，因此确定投资某项设计创意一般都始于对市场的研究。

除此之外，如果设计师计划采访和观察的目标用户，则可以参考市场研究（如果有的话）来帮助选择访谈目标。尤其对消费产品和服务来说，生活方式选择和人生阶段这类人口统计属性，对用户行为的影响更大。我们将在第 3 章详细地讨论市场划分模型与用户模型的区别。

同样，网络和其他有价值的数据分析是发现设计问题的绝佳途径，这些问题可能需要解决方案。如果客户流连忘返于网站的某个区域，或者不访问其他区域，这便是在产品重新设计前需要掌握的重要信息。但这可能需要定性研究帮忙确定，统计方式收集的这些行为产生的根本原因是什么，从而推动潜在的解决方案。当然，只有在已有产品上采用这种分析法才有意义。

用户研究有益于市场研究

在描述用户行为和潜在需求方面，定性研究几乎始终是不二之选。但是，也有一种信息（商业利益相关者至关重要）单靠定性研究是无法获取的行为模型的市场规模。这可采用量化技术的理想场合（比如调查）来填补缺失。

一旦行为模型（人物模型，详见第 3 章）能够成功地代表用户，就可以构建调查。调查要区分用户类型，收集传统市场人口统计数据，这些数据与行为数据相关。调查结束后，就可以确定（尤其对于消费产品而言）在设计产品特性和整体体验时哪一类用户是重点。第 3 章将进一步讨论这种基于人物模型的市场规模调查。

图 2-1 展示了本章讨论的各类定量分析研究和定性目标导向设计技术之间的关系。

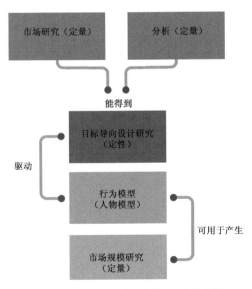

图 2-1　定量研究与定性目标导向设计研究的关系

目标导向设计研究

社会科学和可用性教程中有很多各种开展定性研究的方法和技术，我们鼓励读者阅读这些文献。本章的重点是讲述了过去 10 年来实践中已经证明行之有效的技术，偶尔会涉及设计和可用性领域中广泛实践的类似技术。我们避免陷入理论的泥潭，而以清晰、实用的方式呈现这些技术。

我们发现，如下定性研究活动在目标导向涉及实践中最有用（大致按照执行顺序排列）：

- 启动会
- 文献综述
- 产品/原型和竞争者审核
- 利益相关者访谈
- 主题专家（SME）访谈
- 用户和客户访谈
- 用户观察/人种学实地研究

图 2-2 显示了这些活动。

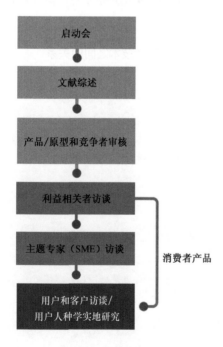

图 2-2　目标导向设计研究活动

启动会

尽管项目启动会并非严格意义上的研究活动，却包含了研究的一项重要内容——这是设计师聚集利益相关者提出初始关键问题的好机会：

- 产品是什么？
- 用户是谁？
- 用户最需要什么？
- 从业务上来说，哪些客户和用户最重要？
- 设计团队和商业上面临何种挑战？
- 谁是最大的竞争对手？为什么？
- 为了熟悉产品、业务和技术领域知识，需要了解何种内外部文献资料？

尽管这些问题看起来很基本，但这么做不仅能让设计团队深入了解产品本身，还能了解产品利益相关者、用户，以及会面临的设计问题。这些问题还能为设计师后期访谈利益相关者和用户提供线索，为理解产品领域提供参考。（如果领域很狭窄或者技术性很强，这些问题就尤为重要。）

文献综述

在访谈利益相关者之前或同时，设计团队就应该查阅产品或产品所在领域相关的文献。其中应该包括以下类型的资料：

- 内部资料，包括产品市场规划、品牌策略、市场研究、用户调查、技术规范和白皮书、竞争性研究、可用性研究和指标、呼叫中心统计数据或记录等客户支持数据，以及用户论坛存档。
- 行业报告，如商业和技术期刊等。
- 网络搜索，从网上搜索来的相关产品和竞争产品、新项目、独立用户论坛、博客文章，以及社会媒体讨论话题等内容。

设计团队应该收集以上文献，以此为基础，设计针对利益相关者和主题专家提出的问题。之后可以使用文献来提供领域补充知识和词汇表，检查汇编的用户数据。

产品/原型和竞争者审核

在访谈利益相关者和主题专家之前或同时，产品设计团队检查产品的现有版本或者原型，以及主要的竞争对手，是大有帮助的。如此一来，设计团队能够树立一流尖端的意识，为访谈期间的问题增添动力。理想情况是，设计团队能够参与当前产品（如果有的话）和竞争产品界面的非正式或专家评审（有时称作启发式评审）。他们应该按照交互和视觉设计原则进行比较（本书后面章节会讨论这些内容）。这一过程让设计团队能够熟悉当前产品对用户而言有哪些优势与局限，总体上了解产品当前的功能范围。

利益相关者访谈

任何新产品设计的研究工作都应当从了解产品的业务环境和技术背景开始。多数情况下，产品设计（或再设计）是为了实现一个或者多个商业目标（赚钱是其中最常见的）。设计师有责任在开发出解决方案的同时，又不会忘记这些目标。因此，设计团队务必理解设计摘要背后的机会与限制。

唐纳德·舍恩（Donald Schön）的比喻恰到好处："设计就是与材料对话。"[1]这意味着，设计师要打磨出合适的解决方案，必须理解用于构建产品的"材料"有哪些优势和劣势，这种材料可以是程序代码，也可以是挤压成型的塑料。理解原材料的最佳方式就是访谈负责管理或构建产品的相关人员。

一般而言，利益相关者是指对所设计产品有权利或有责任的任何人。具体说，利益相关者是委托设计的组织方的所有关键成员，通常包括高管、经理，以及开发、销售、产品管理、市场营销、顾客支持、设计和可用性各方面的代表成员，可能也包括与委托方组织有业务合作的其他组织的类似人员。

访谈利益相关者应该在其他用户研究开始之前进行。访谈利益相关者有助于启发展开用户研究。

访谈利益相关者最有效的方式是单独进行，而不是大规模跨部门间交流。一对一的设定能促使一些利益相关者畅所欲言，确保个人观点不会淹没在人群中（这种访谈中最有意思的发现，莫过于了解到一个产品团队中的所有人对共同愿景的接近或不接近程度）。访谈不要超过一小时。如果确认某个利益相关者是极有价值的信息来源，还可以召开后续会议。

从利益相关者那里收集某些类型的信息尤为重要：

● 产品初期设想——和盲人摸象的故事一样，你可能会发现，每个业务部门对将要设计的产品，看法都略有不同，都不太完整。因此，设计工作的任务之一，必须把这些看

---

[1] Schön, D. and Bennett, J., 1996

法与用户和顾客的看法协调统一起来。如果利益相关者之间存在严重的分歧，那么这种情况就是亮起了黄灯，需要在早期阶段就进行监管、跟进。

- 预算和日程计划——讨论这一问题通常能够对设计工作的范围进行现状核实。如果用户研究表明需要更大（或更小）的范围，这就给管理者提供了决策点。

- 技术限制和机遇——设计范畴的另一个重要决定因素是，在给定财政预算、时间和技术的限制条件下，对技术可行性的坚实理解。另外，研发产品有时是为了利用一项新技术。理解该技术蕴藏的商机有助于规划产品的方向。

- 商业驱动——设计团队要了解商业目标，这一点非常重要。如果用户研究指出了业务需求和用户需求之间存在冲突，这就又产生了一个新的决策点。设计必须尽可能地在产品、用户、顾客和供应商之间打造共赢的局面。

- 利益相关者对用户的看法——同用户有关的利益相关者（诸如顾客支持代表）可能有一些重要的真知灼见，有助于制订用户研究计划。你也可能会发现，一些利益相关者对用户的理解与你在研究中的发现有很大差别。这些信息会成为过程后期与管理层的讨论重点。

理解这些问题及其对设计方案的影响，有助于设计师更好地开发出成功的产品。无论设计多受用户和顾客的期待，如果忽视拟议设计方案的可行性和实行性，产品都不可能畅销。

讨论上述话题，有助于在设计团队、管理人员和工程团队之间发展出共同语言和认识。设计师的任务就是开发出整个团队都信仰的愿景。如果不花时间了解每个人的想法，大家就会认为，拟议解决方案可能没有体现他们各自的重点。因为这些人有责任、有权力把产品投入现实世界，他们就必须获得重要知识，表达各自意见。如果你没有坦诚提问，后面就可能陷入被动，往往拟议解决方案会遭到批评。

要记住，尽管从利益相关者那里收集意见很重要，也不能照单全收。在随后的用户访谈中很可能发现，一些用户会通过提出解决方案的方式来表达问题。设计师就要仔细斟酌字里行间的意思，找出真正的问题所在，并提出适应商业和用户需求的解决方案。

主题专家（SME）访谈

在一个设计项目初期，找到并会见几位主题专家（产品所在领域的权威人士），十分宝贵。对于一些高度复杂，或者技术性极强，又或是需要考量法律因素的领域来说，这么做至关重要（医疗保健领域就同时涵盖以上三点）。

许多主题专家本身就是产品或者上一代产品的用户，现在则可能是培训、管理或者咨询人员。他们通常是利益相关者聘请的专家，但本身不是利益相关者。主题专家与利益相关者一样，都会对产品和用户提供有价值的看法。设计师应该小心地认识到，主题专家的看法可能有所歪曲，因为通常他们不可避免地会加入自己对产品/所在领域的理解。这种对产品怪癖和所在领域限制条件的深入看法，既可能是福祉，也可能会阻碍创新设计。

借助主题专家时应该考虑以下几点：

● **主题专家通常是专业用户。** 他们对产品或领域的长期经验，意味着他们可能已经习惯了当前的交互。他们可能倾向于专家级用户，而不是为永久的中级用户设计交互产品（理解这一考量，请参见第 10 章）。主题专家通常不是产品的当前用户，他们更倾向于从管理的角度思考问题。

● **主题专家知识渊博，但不是设计师。** 他们可能对改进产品有很多想法，其中也不乏行之有效、有价值的意见，但从这些建议中收集的最重要的信息是找出哪些问题诱发了他们的拟议解决方案。和用户访谈一样，对方提出解决方案时，要询问这对用户或者设计师有什么帮助。

● **主题专家在复杂或者专业领域必不可少。** 如果为技术领域做设计，如医疗、科技或金融服务等，可能需要主题专家的指导——除非你自己就是主题专家。借助主题专家收集行业最佳实践和复杂规则相关的信息。主题专家对用户角色特点的了解，对复杂领域中用户研究的规划非常关键。

● **确保设计过程中能够得到主题专家的帮助。** 如果产品所在领域需要主题专家协助，就能在不同设计阶段依赖于他们，完成设计细节的现状检查。务必在早期访谈中获得这种人脉。

客户访谈

用户和客户这两个概念容易被混淆。对于消费品来说，客户通常就是用户。但在公司或技术领域，用户和客户通常指不同的人。尽管两组人员都是访谈对象，但他们对产品的观察角度不同，在产品最终设计的反映也有所不同。

客户指购买产品的人。对消费品来说，客户往往也是产品的用户。对面向儿童或者青少年的产品来说，客户就是父母或监护人。对于大多数企业、医疗或技术产品来说，客户则通常是一名高管或 IT 经理，两者有着截然不同的目标和需求。为了确保产品的可行性，理解客户及其目标就非常重要。同样要意识到这些客户实际上很少使用产品，当他们使用时，也和用户的使用方式不同。

访谈客户时，要了解以下内容：

● 购买产品的目的。

- 当前解决方案中遇到的难题。
- 购买正在设计的这类产品时的决策过程。
- 在安装、维护、管理产品时的角色。
- 产品所在领域相关问题和词汇。

同主题专家一样，客户对于改进产品可能会有许多意见。分析这些意见背后存在的问题也非常重要，就像针对主题专家的情况一样，这样才能确定所提想法背后的问题，因为在设计过程后期，可能会产生更好、更完整的解决方案。

用户访谈

设计的主要关注点是用户，他们（而不是经理或产品支持团队）是亲自使用产品来达成目标的人。如果要重新设计或改良现有产品，与现有用户和潜在用户交流就很重要。而潜在用户虽然目前并未使用产品，但因为产品能够满足他们的需求，所以他们将来很有可能会使用，属于产品的目标市场。对现有用户和潜在用户进行访谈，可以发现产品当前版本的体验对用户行为和思维有何影响。

我们需要从客户访谈中了解的信息：

- 产品（如果目前产品还未面世，则指类似系统）如何适应用户生活和工作的流程：用户何时、因何原因，以及如何使用产品。
- 用户角度的领域知识：用户完成工作需要知道的信息。
- 当前任务和活动：包括现有产品需要完成和不能完成的。
- 使用产品的动机与期望。
- 心理模型：用户对于工作、活动的看法，以及对产品的期望。
- 现有产品（如果目前产品还未面世，则指类似系统）的问题和不尽完美之处。

用户观察

大多数用户不能准确评估自己的行为[①]，尤其是行为脱离了人类活动范畴时。的确，由于害怕显得愚蠢、无能或者缺乏礼貌，许多人不会谈论他们觉得有问题或者难以理解的软件行为。

因此，如果在设计师希望了解的场景之外进行访谈，收集到的信息将会不完整和不精确。访谈时，可以与用户讨论他们对自身行为的看法，或者可以直接观察用户。后者效果更佳。

---

① Pinker, 1999

或许，对于收集定性用户数据，最有效的技巧是将访谈和观察结合起来，允许设计师实时提出问题澄清，直接询问观察到的情形。

许多可用性专家利用技术辅助手段，如录音或摄像来记录用户的言行。采访者应切记，使用这些技术不要太过明显，否则用户会分神，或者表现得与没有被记录时有所不同。根据经验，一个笔记本和一台数码相机足以捕捉我们需要的全部信息，同时不会有损信息交流的真实性。通常只有在我们觉得同被访者建立信任关系后，才拿出数码相机，用来捕捉环境一些难以速记的元素和对象。如果使用恰当，视频可以成为强有力的表现工具，用以说服利益相关者接受有争议或者超出预料的研究结果。在一些不适合做笔记的场所，如在行驶的车中，视频也有用武之地。

对消费品而言，很难获得用户行为的真实画面，尤其是户外或者公众场合使用产品的话。这种情况下，采取路人的方式观察用户十分有效。这样，设计团队能够在公开场合轻松地观察产品相关的人类行为。这一技巧有助于理解传统企业商业相关行为，这些行为可以解释成网络行为、移动相关的各类行为，或者主题公园、博物馆等与特定环境的有关行为。

访谈并观察用户

根据多年的设计研究实践，我们认为，把观察和一对一访谈结合起来，对于收集用户及其目标方面的定性数据来说，是设计师兵器库里最有效的工具。人种学访谈方法结合了沉浸式观察和有导向的访谈法。

休·拜耳（Hugh Beyer）和卡伦·霍尔茨布拉特（Karen Holtzblatt）开创了被他们称之为"情境调查"（Contextual Inquiry）的人种学调查法。这种方法已经在工业界发展迅速，为定性用户研究提供了坚实基础。详细内容可参考其著作《情境设计》（*Contextual Design*）的前 4 章。情境调查方法和下面将要描述的方法类似，但也有细微且重大的区别。

情境调查

根据拜耳和霍尔茨布拉特的观点，情境调查基于"师傅带徒弟"的学习模式，即将用户当成师傅，而访谈者是新的学徒，徒弟观察师傅，提出与用户相关的问题。拜尔和霍尔茨布拉特还列举了人种学调查的 4 个基本原理：

- **情境**——同用户交流和观察的地点尽量选择用户正常的工作环境，或是适合产品的物理环境，不要选择干净洁白的实验室，这点很重要。观察用户的活动，提出问题，要在用户自己熟悉的环境中展开，他们自己的环境中布满了日常使用的物品，这有利于挖掘出他们行为相关的所有重要细节。

- **伙伴关系**——访谈和观察时，要采取合作的方式探索用户，对工作的观察和对工作架构、细节的讨论可以交替进行。

- **解读**——设计师的大部分工作就是研究收集到的用户行为、环境和谈话内容，进行综合分析，解读信息，发现设计意义。不过，访谈者必须谨慎，还要避免不经过用户证实而做出主观臆测。

- **焦点**——设计师应该巧妙地引导访谈，利于捕捉与设计问题相关的数据，而不是用调查问卷提问回答，或者让访谈自由发挥。

改进情境调查

情境调查为定性研究奠定了坚实的理论基础，但作为一种具体的方法，它也有局限性和效率不高的问题。据我们的经验，下面的过程改进措施可以产生更加有利的研究阶段，为成功的设计创造更好的条件。

- **缩短访谈过程**：情境调查假定用户访谈需要一天的时间。作者发现，只要保证足够的访谈数量（每个假定的人物模型或类型大约需要 6 个精心挑选出来的用户），一个小时足以收集必要的用户数据。找到一组愿意与设计师相处一个小时的多类型用户，比找到愿意花一整天的单一用户，更加容易、更加高效。

- **适用小规模设计团队**：情境调查假定有一个庞大设计团队同时进行多项访谈，随后所有团队成员开会讨论调查内容。我们发现，由同一组设计师依此进行每一场访谈的效果更好。这样设计团队可以保持较小规模（两三名设计师）。更重要的是，这意味着整个团队可以与所有访谈的用户直接交互，从而可以更有效地分析和综合用户数据。

- **首先找出用户目标**：情境调查的设计过程从根本上讲是以任务为重点。我们建议，在确定与目标相关的任务前，采用人种学调查首先找出用户目标，再确定目标的轻重缓急。

- **超越商业情境**：情境调查呈现的是产品和企业环境，但在消费者领域进行人种学调查也是可行的。不过提问的重点会略微不同，这一点我们会在本章后面部分提到。

为人种学访谈做准备

人种学是借用人类学中的一个术语，意味着系统深入地研究人类文化。在人类学中，人种学研究人员花费数年的时间生活在他们所研究和记录的文化中。人种学访谈借用了这种研究的精髓，应用在一个微观层面。这里的目的不是试图理解整个文化的行为和社会利益，而是理解与个体产品相关的人的交互行为和习惯。

确定候选人

因为设计师必须捕捉产品相关的所有用户行为，所以设计师在规划一系列访谈时，要确定合适的、多样化的用户样本和用户类型，这点非常重要。在从利益相关者、主题专家和文献调研中收集信息的基础上，设计师需要做出假设，以此为起点，确定采访哪种现有用户和潜在用户。

人物模型假设

我们将这一起点称作"人物模型假设"（Persona Hypothesis），因为它是确定和综合人物模型（下一章将详细讨论行为用户原型）的第一步。人物模型假设应当基于的是可能的行为模式及区分这些行为模式的因素，而非单纯的人口统计学因素。消费类产品的情况往往是，采用人口统计学因素筛选访谈对象。

产品所在领域的性质决定了人物模型假设的方式。商业用户与消费品用户的行为模式和动机大不相同，因此构造人物模型假设使用的技巧也各不相同。

人物模型假设是为产品定义不同用户（有时是客户）类型的第一步。这一假设是确定一系列初期访谈规划的基础。随着访谈展开，如果数据显示存在一开始没有发掘的用户类型，则可能需要安排新的访谈。

人物模型假设试图在较高层面上解决以下问题：

● 哪些不同类别的人可能会使用这些产品？
● 他们的需求和行为可能会有何变化？
● 需要探索哪些行为范畴和环境类型？

商业和消费领域的角色

对于商业产品来说，角色（Role）（不同类别用户相关的共同任务和信息需求）提供了重要的初始组织原则。例如，就办公室电话系统而言，我们大致可能会发现这些角色：

● 在办公桌前使用和接听电话的人。
● 经常出差，需要远程访问电话系统的人。
● 接听许多电话的接待员。
● 管理电话系统的技术人员。

在商业和技术情境中，角色通常大致等于工作描述。所以通过理解系统中用户（或潜在用户）担任的职位类别，获得一些合理的初始访谈用户类型相对来说要容易。

不同于商业用户，消费者没有具体的职位描述，并且他们使用产品时通常跨越多个情境。

因此，对于消费品而言，使用角色来作为消费品人物模型假设的组织原则毫无意义。最重要的用户类型往往源于用户态度、能力、生活方式选择或者生活阶段等因素，所有这些都会影响用户的行为。

行为和人口统计学变量

除了角色，人物模型假设应该建立在不同变量的基础上，这些变量能够根据用户的需求和行为来区别不同的用户群体。这往往是区分用户类别最有效的方式（人物模型也构成了下一章所描述的人物模型创建过程的基础）。尽管不进行研究很难完全预测变量，但变量常常成为针对消费品的人物模型假设的依据。例如，对于在线商店来说，我们能够找到如下与购物相关的行为范围：

- 购物频率（从经常到不经常）。
- 购物的喜好程度（从喜欢到厌恶购物）。
- 购物动机（从买便宜货到只买需要的）。

消费品用户类型通常大致可以通过组合用户类型所对应的行为变量来区分，但行为变量对于确定业务和技术用户类型也很重要。同一业务角色定义中的人可能存在不同的需求和动机。这些都可以在收集用户数据后，通过行为变量捕捉到。

鉴于收集用户数据之前，很难精准地预测行为变量，建立人物模型假设的另一个有效途径就是使用人口统计学变量。制订访谈计划时，可以利用市场研究确定产品目标人群的年龄、区域、性别和收入。被访者应该分布在这些人口统计学变量的范围之内，以期访问的人群足够多样化，从而确定显著的行为模式。

技术专业知识与行业专业知识

行为区分的一个重要类型是技术专业知识（数字技术知识）和行业专业知识（与产品相关的特殊主题领域知识）之间的不同。不同用户有不同程度的技术专业知识。同样，产品的一些用户可能不太了解产品的行业知识（例如，通用的分类账户应用中的会计知识），因此，根据产品的设计目标，领域支持及技术易用性也可能是产品设计的必要部分。如果界面没有提供领域支持，经验较少的用户只会使用特定领域产品的很小一部分功能。如果这些用户是某领域产品目标市场的一部分，则必须考虑对领域经验缺乏的行为给予支持。

环境因素

最后要考虑一点，就是用户就职的组织之间的文化差异，对商业产品来说尤其如此。例如，小公司中的职员工作职责较广，人际交往更频繁。而大公司往往有层层的组织机构，员工分工高度专业化。这样的环境变量示例如下：

- 公司规模（从小型公司到跨国公司）。
- 公司位置（北美、欧洲或亚洲等）。
- 产业、部门（电子制造业或消费性包装产品等）。
- IT 部门规模设置（从非正式到正式或严格）。
- 安全级别（从松到严）。

同行为变量一样，没有领域方面的研究支持，这些环境变量很难识别出来，因为行业和地理区域不同，相应模式也会有显著不同。

做好计划

创建人物模型假设之后，加上潜在角色和行为、人口统计学及环境变量，就需要制订访谈计划，与负责协调和安排访谈的人员进行沟通。

我们在实践中发现，对于企业或者专业产品，每个假设的行为模式都要经过大约 6 次访谈才能得到证实或者证伪（如果领域较为复杂，有时需要更多次访谈）。也就是说，在具体实施过程中，每一个在人物模型假设中找出来的角色、行为变量、人口统计变量和环境变量都应该在 4～6 次访谈中进行探索（如前所述，有时访谈次数更多）。

然而，这些访谈可能重叠。假设我们认为某个企业产品的使用情况因地理位置、行业和公司规模不同而有差异。中国台湾地区某一小型电子制造商的研究能够同时涵盖多个变量。通过将变量合理地映射到被访者筛选过程之中，完全可以将访谈数目控制在可控的范围内。

通常消费品的行为变量更多，因此要确切描绘出区别需要更多次访谈。关于访谈次数的一条经验法则是将之前讨论的次数翻倍，即人物模型假设中每个用户类型需要 8～12 次访谈。复杂的消费品有时可能需要更多次的访谈，才能准确地掌握其行为范围和动机。需要记住的一点是，对某些消费品来说，用户生活方式选择和生活阶段（单身、已婚、儿童、青少年、鳏寡离异）会使得访谈次数数倍于其他产品的访谈次数。

进行人种学访谈

在构造了人物模型假设，并从中拿出访谈计划后，就可以开始访谈了——假设你能够接触到访谈对象！在制订访谈计划时，设计师应该与可以接触到用户的利益相关者密切合作。利益相关者的参与通常是实现访谈的最佳方式，尤其对业务和技术产品而言。

对于企业或者技术产品来说，直接同利益相关者一起合作，通常能够帮助访谈者接触到大量的被访者。然而这一点对消费型产品来说更具挑战性（当前现在合作的企业与用户的关系不好时尤其如此）。

若利益相关者无法帮忙接触用户，可以联系专门寻找调查人群和目标群体的市场或可用性研究公司寻求帮助。他们能够帮助寻找不同类型的消费者。这一方法的难点在于，有时很难找到允许在自己家里或者工作场所接受访谈的被访者。

消费品访谈的最后一招是，设计师招募朋友或亲属进行访谈。这样很容易在一个自然的环境中观察受访者，但考虑到人口统计和行为变量的多样性，这种方式也有很大的局限性。

访谈团队和时间

作者倾向于每次访谈由两位设计师参加：一个负责引导访谈并适当做些笔记，另外一位负责详细记录访谈内容，查找提问的漏洞。访谈期间，如果团队同意，二者角色可以互换。每场用户访谈一小时左右就够了，但医疗、科技和金融服务等复杂领域除外，这些领域需要花更多时间才能完理解用户想要达成的目标。要将不同访谈地点间的交通时间预算在内，尤其是在居住社区访谈时，或者访谈需要在用户转换地点与某产品（通常是移动设备）交互时跟踪访问。团队应该将访谈控制在每天 6 次以内，这样设计师能够有足够的时间进行总结，做访谈策略调整，并且也不会太累。

人种学访谈的阶段

一个项目的完整人种学调查按时间顺序排列可以分为 3 个阶段。不同阶段的调查所采用的方法都会和上一阶段有所不同，这反映出每次访谈的用户行为知识都在增加。开始时，访谈的关注点比较广泛，针对的是总体结构和目标相关问题。后期关注的范围则逐渐缩小，逐步锁定某些特定功能及与任务相关的问题。

- **早期访谈**具有探索性质，重点是从用户角度收集领域知识。问题通常较为广泛、开放，较少探究细节。
- **中期访谈**中用户模式初步显现，设计师开始提出开放式问题，形成初步轮廓。既然设计师已经掌握了领域的基本规则、结构和领域词汇表，这时问题通常更关注于行业细节设计。
- **后期访谈**确认先前观察到的模式，进一步阐明用户角色和行为，并对任务和信息需要的假设进行细微调整。提问更多侧重封闭型问题，对数据进行收尾工作。

了解访谈对象后，同利益相关者一起安排访谈各个阶段的最佳人选对访谈大有裨益。比如，在复杂的技术领域，最好首先访问有耐心、表达清楚的受访者。有时在访谈的最后阶段，你可能希望回过头来对某个知识丰富且表达清楚的受访者重新访谈，处理某些前期访谈没有意识到的问题。

基本方法

人种学访谈的基本方法简单直接，没太大技术含量。尽管掌握访谈对象的细微差别需要一段时间，如果访谈者遵循以下建议，就能获得大量有用的定性数据。

- 在交互发生的地方进行访谈。
- 避免按照固定的问题提问。
- 假装成门外汉，而非专家。
- 采取开放式和封闭式问题相结合引导提问。
- 首先关注目标，任务其次。
- 避免把用户当设计师。
- 避免讨论技术问题。
- 鼓励讲故事。
- 请求演示和讲解。
- 避免诱导性问题。

我们将在以下部分对每种方法进行详细阐述。

在交互发生的地方进行访谈

遵照情境调查的首要原则，在用户使用产品的场所访谈受访者，这一点很重要。这不仅让访谈者有机会观察正在使用的产品，也让访谈团队有机会了解交互发生的环境，从而深入地洞察产品的局限性，以及用户需求与目标。

仔细观察环境有可能发现访谈对象没有提到的任务线索。例如，注意一下他们需要的信息类型（桌面上的纸张或者屏幕边缘贴的便条）、不适当的系统（备忘单和用户手册）、任务频率和优先级（收件箱和发件箱），以及他们遵循的工作流类型（备忘录、图表及日历）。未经许可不要偷窥，但若看到有趣的事情，可以请受访者聊一聊。

避免按照固定的问题提问

如若用固定的调查问卷进行访谈，不但有可能疏远访谈对象，还有可能错失丰富而有价值的用户数据。人种学访谈（和情境调查）的整个前提条件是，我们作为调查者，事先并不了解产品所在领域，无法预设提问的问题，必须从访谈对象那里了解哪些是重要的。尽管如此，心里有问题类型对访谈很有帮助。根据领域不同，有一组标准化的话题准备在访谈期间使用，或许有用。话题清单可能随着访谈进程而演变，但可以保证从每次访谈中收集足够多的细节，发现明显的行为模式。

以下是需要考虑的一些目标导向型问题。

- **目标**——哪些事会让你愉快？或者糟糕？
- **机会**——目前哪些事情在浪费你的时间？
- **优先级**——哪些是最重要的事？
- **信息**——什么帮助你做决定？

另一类有用的问题是系统导向型问题。

- **功能**——使用产品时做得最多的事情是什么？
- **频率**——产品哪个部分使用频率最高？
- **偏好**——你最喜欢产品的哪些方面？最讨厌的是什么？
- **失败**——你如何解决遇到的问题？
- **经验**——你使用什么样的快捷键？

对于商业产品，工作流程导向型问题很有帮助。

- **过程**——一早起来做的第一件事是什么？之后呢？
- **频率**——这件事多久做一次？什么事情每周或每月都要做，而不是每天都做的？
- **特殊情况**——通常一天是怎么过的？什么事情是不寻常的？

为了更好地了解用户动机，可以提问态度导向型问题。

- **期望**——未来五年的规划是什么？
- **避免**——你不愿意做什么？哪些事在拖延？
- **动机**——工作（或者生活方式）中最满意的是什么？哪些问题是你常常会最先解决的？

假装成门外汉，而非专家

访谈中，要摘掉专业设计师或者顾问的帽子，以学徒的角色提问。你的目标是广泛而客观地听取受访者的谈话内容，并鼓励受访者积极地给予详细深入的讨论。不要害怕问一些肤浅的问题，这样有助于帮助人放松，你会发现有时貌似愚蠢的问题反而能够进一步深化之前的想法，引导出真知灼见。做一个富有同理心、善于倾听的访谈者，你会发现人们愿意分享他所知道的任何类型的信息。

采取开放式和封闭式问题相结合引导提问

正如金·古德温（Kim Goodwin）在《数字时代的设计》（*Designing for the Digital Age*）一书中描述的，访谈中采取开放式与封闭式问题相结合的方式提问有助于提高用户访谈效率，确保朝着正确的方向迈进。

43

开放式问题鼓励受访者详尽地回答问题。用这些类型的问题来为某一主题引导出更多细节，从而获得更多的信息。典型的开放式问题一般以"为什么""如何"和"是什么"开始。

封闭式问题则鼓励简短的回答。封闭式问题用来关闭询问，或者在受访者朝着无意义的防线偏离时将其拉回访谈正轨。封闭式问题一般期望回答是或否，通常以"你是""你会"开头。

受访者回答了封闭式问题后，对话之间通常会有暂停。接着你就可以用开放式问题重新引导讨论新的专项问题。

首先关注目标，任务其次

与情境调查和其他大多数定性研究方法不同，人种学调查的首要问题并非要执行的任务是什么，而是理解用户行为的原因，即什么激发了不同角色个体的行为，以及他们希望最终如何达成目标。当然，理解任务是重要的，并且必须详细地记录任务。但最终还要对这些任务进行调整，以便在最后的设计中更好地配合用户目标。

避免把用户当设计师

引导访谈对象审视问题所在，但要避免受访者提出解决方案。大多数时候，这些方案都带有个人色彩，反映的是用户个人的侧重点。对用户个人来说可能不错，但方案大多肤浅、片面，也缺少平衡和改良，而这正是交互设计师凭借充分研究和多年经验能够达到的。尽管如此，受访者提出的解决方案可以作为有效的跳板，把讨论从用户目标引向他们在当前系统使用中遇到的问题。如果用户不假思索地冒出一个有趣的想法，则询问他："这样可以解决哪些问题"或者"这个方案好在哪里"。

避免讨论技术问题

正如不能把用户看成设计师一样，你也不想把他们当成软件工程师。不了解技术决策背后的目的就讨论技术问题没有任何意义。对于技术型或科学型产品来说，技术始终是个问题，这时要分清领域相关技术和产品相关技术，并在讨论中避免讨论后者。如果受访者执着于探讨产品的实现方式，可以询问"这对你有什么帮助"这一问题把话题拉回来。

鼓励讲故事

不论是已有产品的重新设计还是类似产品设计，鼓励受访者讲述关于使用产品的体验的具体事例，远比请他们给出设计建议更有效。询问他们如何使用产品，对产品的看法如何，使用产品时同什么人交互，在哪些场合使用产品等，这类细节性问题通常是了解用户如何与产品交互的最好方式。访谈中要鼓励讲述使用产品的典型和特殊案例。

请求演示和讲解

在了解了用户活动和交互的流程和结构，并完成其他问题后，可以请求受访者演示和讲解，或者展示与设计问题的相关内容。这些内容可以是领域相关技术、软件界面、文件系统、工作环境浏览等技术，当然最好能包括以上所有内容。确保不光要记录内容本身（使用数字或摄影机较为方便），还要留意受访者的描述方式，并且要问足够多的问题弄清楚其表述意思。

在用户环境中捕捉设计技术的同时，要格外留意现有设计中未碰到的需求或不足之处。例如，我们曾做过一个项目，主要对某件造价昂贵的科学设备进行软件界面的重新设计。在访谈以化学家们为主用户的过程中，我们观察到几乎每件设备旁边都放着一个纸质笔记本，记录着每项实验的细节，包括哪位科学家何时做的何种实验等信息。事实证明，尽管设备记录了每项实验的详细结果，但除了一连串的 ID 号码，并未记录试验箱的任何其他信息。若纸质笔记本遗失，所有实验结果都几乎作废，因为这一串数字对用户来说毫无用处。很明显，这个发现正是从未被满足的用户需求。

避免诱导性问题

访谈中要避免的一个重要事项就是避免使用诱导性问题。正如在法庭上，律师能够凭借其权威性，通过暗示答案促使证人产生偏见。设计师也可以通过暗示或者明示有关行为的解决方法和观点，从而无意间让受访者产生偏见。以下是某些诱导性问题的示例：

- X 功能对你是否有帮助？
- 你喜欢 X，对吗？
- 如果可能，你认为自己会使用 X 功能吗？
- X 对你来说是个不错的选择吗？

访谈之后

每次访谈后，设计团队都要比对笔记，讨论在最近访谈中观察到的任何有趣趋势或者出现的一些具体细节。如果有时间，还要回顾旧的笔记，查看其他访谈中未回答的问题和研究是否得到恰当的回答。这些信息应该用来为后续访谈中将采用的方法制订策略。

访谈阶段结束后，设计团队要通览所有笔记，标注或重点画出数据中的趋势和模式。这对下一步从累积的研究中创造人物模型来说用处很大。将标注出的反应整理为一组课题的行为被严肃的人种学家称作编码。尽管通常这一层次的编码有点小题大做，但在复杂或差别细微的领域中则十分有用。

如果有帮助的话，团队可以成册装订笔记，回顾视频记录，打印图像装入文件夹或者贴在墙上等其他公共区域，以便大家同时看到，这对后面的设计阶段大有裨益。

定性研究的其他方法

本章主要阐述了定性研究的技巧,这些技巧有助于构建有力的用户和领域模型(见第 3 章)。设计和可用性专家还融入了其他形式的研究,从目标群体的详细任务分析到可用性测试等内容。当然,这些都有助于创造有用和令人期待的产品,但我们发现本章所描述的目标导向方法对于数字产品设计的帮助最大。简言之,目标导向设计能够以相对较少的精力和财力,在产品的全局和功能细节两个层面回答产品的设计问题,其他研究技术还无法达到这种程度。

如果你对探索其他设计研究方法感兴趣,可以参考伊丽莎白•古德曼(Elizabeth Goodman)、迈克•库涅夫斯基(Mike Kuniavsky)和安德里亚•莫爱德(Andrea Moed)合著的《观察用户体验》(*Observing the User Experience*)一书,该书主要描述了用于设计和开发过程的一系列用户研究方法。

接下来,本章还将讨论其中几种比较突出的研究方法,以及如何使用这些方法切入整体开发活动。

焦点小组

市场部门钟情于使用焦点小组收集到的用户数据。首先,一般参照之前确定的目标市场人群划分来确定代表性用户,之后设计师将这些用户聚集在一间屋子,询问一组结构化问题,并提供一组结构化的选项供用户选择。通常,这种会议会以视频或音频的形式记录下来,以供日后查阅。焦点小组是传统产品营销的标准技术,有助于测定产品外观以及工业设计等产品的初始形状。焦点小组也有助于收集用户长时间使用某产品的反应。

尽管焦点小组看起来提供了必要的用户接触,但这种方法在很多方面不适合作为交互设计工具。焦点小组擅长收集人们拥有或愿意购买的产品方面的信息,但在收集用户使用产品做什么、如何使用产品,以及为何这么使用产品等信息的方面表现不佳。此外,焦点小组属于团队活动,倾向于达成一致意见。因此,讨论中大多数人的意见或呼声最高的观点最终成为小组的整体观点。这对交互设计过程来说很可怕,因为设计师必须了解产品要表达的所有行为模式。焦点小组倾向于抑制行为和观念的多样性,而这些正是设计师所需要接纳的。

可用性测试

可用性测试(又称用户测试,这个叫法有点可惜)是测量用户与产品交互特点的一系列技术的总称。测试的目标通常是评估产品的可用性。一般来说,可用性测试的重点是衡量用户完成具体的、标准化的任务的好坏程度，以及在此过程中所遇到的问题。测试结果通常能够揭示用户在理解和使用产品时遇到的问题，同样也能展现用户哪些方面更易成功。

可用性测试需要在较为完善和连贯的设计成品上进行。不论测试的对象是生产软件，还是可点击的产品原型甚或纸质模型，测试的关键在于验证某个产品的设计。这就意味着，可用性测试会放在设计周期的后期，在有了连贯的设计概念和充分的细节来构造原型后再展开。将在第 5 章中将可用性测试作为设计修正的部分进行讨论。

在重新设计开始时可以将可用性测试作为一个案例。可用性测试技术肯定能在此类项目中发现改进机会。然而，我们发现，通过定性研究，能够更好地评估产品的不足之处。或许预算有限，在一款产品的初始设计中，只允许进行一次可用性测试。如果情况如此，那么在形成候选方案后展开测试更有价值，以此来测试新设计的某个方面。

卡片分类

卡片分类是信息架构师推广开来的技术，有助于理解用户组织信息和概念的方式。尽管该方法存在多种变体，但通常的做法是要求用户对一叠卡片进行分类，每张卡片都包含关于网站或产品的一些功能或信息。卡片分类最棘手的是结果分析，可以通过探索趋势或者统计分析来揭示各种模式及其关联。

卡片分类的确有助于理解用户心理模型的某个方面，但前提是用户必须具备精湛的组织能力，并且默认抽象主题的分类与期望的产品使用方式之间存在一定的关联。然而，根据我们的经验，事实并非总是如此。

克服上述潜在问题的一种方法是让用户根据完成任务的情况，对卡片进行排序，而产品就是设计用来支持这些任务的。另一种增强卡片分类研究效果的方式是事后交流，理解用户采用的分类方法依据哪些组织原则（同样是为了理解其心理模型）。

最后，我们相信，展开恰当的开放式访谈能够更有效地探索用户心理模型的上述方面。通过提出正确的问题，以及密切关注受访者对其活动和领域的解释，能够解读用户心里如何把不同功能与信息间联系起来。

任务分析

任务分析是指使用问卷调查或者开放式访谈来深入理解人们目前如何执行具体的任务。该研究包括以下内容：

- 用户执行任务的原因（任务背后的目标）。
- 任务的执行频率和重要程度。
- 提示——推动或促使任务执行的因素。
- 依赖关系——执行任务的要素和完成任务的必备条件。
- 相关人员有哪些，他们的职责和角色分别是什么。
- 执行的具体动作。
- 做出的决定。
- 支持决策的信息。
- 有哪些问题——失误和意外。
- 如何纠正这些失误和意外。

问卷调查完成或访谈结束后，任务通常会被分解或分析。通常，结果会融入流程图中，或者类似的图表中，这些图表能够传达动作之间的关系，往往还能传达人与流程之间的关系。

我们发现此类调查应当纳入人种学用户访谈范畴。另外，下一章会讲到，任务分析是建模工作的有效环节。任务分析是了解用户当前行为、识别难点所在，以及改进机会的重要途径。然而，任务分析对明确用户目标帮助不大。人们目前的行为方式通常是不得不与落后的系统和组织交互而遗留的产物。人们做某件事，往往与他们愿意怎么做或者如何有效地完成之间，没有多少相似之处。

用户研究是好设计的关键

用户研究是设计的重要基础。花费时间规划用户研究，并在开发周期的合适阶段采取恰当的技术，产品将会最终受益，同时也可以避免浪费时间和资源。在实验室里测试产品是否成功可能会提供大量数据，但不一定很有价值。而开发过程早期的人种学访谈能够帮助设计师真正理解用户及其需求、动机。一旦基于定性用户研究及其产生的模型建立起坚实的设计概念，可用性测试将成为评判设计是否有效的高效工具。目标导向设计研究过程的初期在整个过程举足轻重。

第3章
为用户建模：人物模型和目标

一旦花了大量时间进行实地调查，研究用户的生活、动机和环境，接着问题自然而然地产生了：如何利用如此巨大的研究数据打造成功的产品？一本一本的记事本里充满了对话记录和观察结果，很可能我们交流过的每个人都有些许不同。很难想象，每次做出设计决策时，都要从数百页笔记中挖掘有用信息。即便有足够时间，这些笔记提供的信息是否有帮助还不一定。如何使这些数据变得有意义？如何辨明重点？

我们引入了建模（Model）这一强大概念解决上述问题。

为何要建模

在自然科学和社会科学中，模型通过有效的抽象来代表复杂的现象。好的模型强调所代表结构的显著特色关系，弱化不太重要的细枝末节。由于我们是为用户而设计的，因此重要的一点就是，要了解这些方面并将其视觉化：用户之间的关系、用户的期望、用户与社会及物理环境之间的关系，以及用户与我们所设计的产品之间的关系。

因此，正如经济学家创造模型来描述市场行为，物理学家创造模型描述亚原子粒子行为一样，我们发现，用我们的研究结果创建关于用户的描述性模型，是交互设计中一个独特而强有力的工具，我们把这些用户模型叫作"人物模型"（Persona）。

用户的行为如何？他们怎么思考？他们的预期目标是什么？为何制订这种目标？对于这些

问题，人物模型给我们提供一种精确思考和交流的方法。人物模型并非真正的人，但它们来源于研究中众多真实用户的行为和动机。换句话说，人物模型是"合成原型"（Composite Archetype），建立在调查过程中发现的行为模式基础上。合成原型，为产品设计提供支撑。通过使用人物模型，我们能理解特定情境下用户目标，这是构思并确定设计概念的重要工具。

和其他许多强有力的工具一样，人物模型虽然概念简单，使用起来却十分复杂，需要精心处理。按照固定套路来草草地拼凑出几个用户档案是不行的，更不能在职位旁边贴个头像图片就称之为"人物模型"。要想让人物模型成为设计利器，必须十分严格和细致地辨别用户行为中那些显著而有意义的模式，并且把它们转变成能够切实代表各色用户的原型。

当然，交互设计者还可以使用其他一些有用的工具，比如工作流程模型和物理模型等，但我们发现人物模型这个工具最为有效，而且可以将其他建模手段的优秀方法运用在人物模型上。

本章重点讨论人物模型及其目标，结尾处将简要谈谈其他模型。

人物模型的力量

要创建一个能够满足多样化用户受众的产品时，逻辑上讲，功能应该尽可能广泛，以满足最多的用户。然而这种逻辑有缺陷。满足广大用户需求的最佳方式是，为具有特定需要的特定个体类型设计。

任意扩展产品功能，涵盖很多受众时，只会增加所有用户的认知负担及导航成本。能够取悦某些用户的功能设置可能会对其他用户造成困扰，如图 3-1 所示。

图 3-1　想要设计一款让所有司机都满意的汽车，最后出来的车虽然囊括所有功能，却没人喜欢。今天的软件设计也是一样，企图满足过多的用户，结果导致满意度下降。图 3-2 提供了另外一种选择。

　　这种方法的关键在于首先要选择正确的设计对象，即能代表最广大关键人群需要的用户（参见图 3-2）。之后，将这些个体进行优先级排序，确保满足最重要人群需求的同时，不会损害次重要个体需求。人物模型为不同类型用户及其不同需求提供了强有力的交流手段，可帮助设计师决定哪些用户最为重要，从而在形式和行为上做出满足符合他们目标的设计。

图 3-2　针对不同人群的不同目标设计相应的汽车，创造出的设计会让与目标司机相似的人群感到满意。同样的道理也适用于数字产品和软件的设计开发。

人物模型作为设计工具的优势

　　人物模型是一种强有力、多用途的设计工具，有助于克服困扰数字产品开发过程中的若干难题，它能够在以下方面提供帮助：

- **确定产品的功能及行为。** 人物模型的目标和任务奠定了整个设计的基础。
- **同利益相关者、开发人员和其他设计师交流。** 人物模型为讨论设计决策提供了共同语言，并有助于确保设计流程的每一步都能以用户为中心。
- **就设计意见达成共识和承诺。** 共同语言铸就共同理解。有了人物模型，就减少了对图形模型阐释的需要，就更容易采用叙述式结构来理解用户行为的细微差别。简言之，人物模型和真人具有相似性，比起功能列表和流程图，它同真实用户的联系更容易。
- **衡量设计的效率。** 我们可以像在成形过程中面对真实用户一样，用人物模型对设计方案进行测试。尽管这并不能替代真实用户的需求，但它为设计者尝试解决设计难题提供了有力的现实依据。这使得设计能够在白板上反复、快速且低成本地进行，并为日

后进行实际用户测试奠定了更强大的设计基础

- **助力市场营销和销售规划等与产品相关的其他工作。**作者已经见过人物模型在作者客户的组织内发挥多种作用：人物模型为营销活动、组织架构、客户支持中心和其他战略规划活动提供信息。产品开发之外的其他业务部门也期望对用户有完善详细的了解，因此他们通常对人物模型也非常感兴趣。

人物模型有助于避免各种设计陷阱

人物模型能够解决产品开发过程中出现的以下三个设计问题：

- 弹性用户。
- 自我参考设计。
- 边缘功能设计。

弹性用户

虽然满足用户是我们的目标，但"用户"这一术语用于特定设计问题和场景时，很容易引发问题。"用户"一词并不精确严谨，作为一种设计工具来说存在一定危险，因为产品团队每个人对于用户及其需求都有自己的理解。到了做决定的时候，"用户"成了弹性概念，为了适应团队中强势者的观点和假设，很容易被扭曲变形。

当产品开发团队发现用户用树形结构来显示操作嵌套层次的文件夹感觉比较容易时，他们就会将这些用户定义为通晓计算机的"专家用户"。而当程序员发现用户借助向导工具才能克服最困难的过程时，他们又将这些用户定义为"无知的新手"。为弹性用户设计就像给了产品团队许可，可以随心所欲地构建产品，同时仍能明显地服务于"用户"。当然，我们的目标是设计出恰好满足实际用户需求的产品。而实际用户以及代表实际用户的人物模型并非弹性，相反他们有基于目标、能力和情境的特定需求。

即便聚焦在用户角色或职衔而非具体原型上，也有可能使设计工作的生产效率低下。设计医疗产品时，可能认为所有护士的需求类似。可是如果稍有一些相关知识的话，就知道外科护士、儿童重症护理护士，以及手术室护士之间差异巨大，有着不同的态度、专长、需求和动机。另外，新护士看待工作的角度也跟有经验的护士不同。缺乏对用户的准确了解会导致产品功能定位不清晰。

自我参考设计

自我参考设计指设计者或开发人员将自己的目标、动机、技巧和心理模型带入产品设计，许多很炫的产品设计就属于这种情况。用户不会超越设计者这样的专业人员，这种设计方式仅仅适合极少数产品，完全不适合大多数产品。同样，当开发人员创建实现模型产品的时候会采用自我参考设计。对于这类产品，他们能够很好地理解数据架构方式、软件运行方式，使用此类产品有满足感，但非开发人员却很少这么认为。

边缘功能设计

人物模型能够避免的另外一种问题就是设计边缘功能——这种情况偶尔发生，但通常不会发生在大多数人身上。一般来说，设计和编程时，必须考虑到边缘功能，但绝不应当成设计的重点。人物模型为设计提供了一次实际操作检查机会。我们会问："朱莉经常进行这种操作吗？""她会进行这种操作吗？"了解了这些，我们就能很清晰地对功能进行优先级排序。

人物模型为什么有效

人物模型是用户模型，能够代表具体个人。如前所述，它们并非现实中的人，而是从对真实用户的观察和研究中直接合成而来的。人物模型作为用户模型取得成功的原因之一是，人物模型就是用户的化身[①]：人物模型把设计和开发团队的同理心聚集在用户目标周围。

同理心对于设计师来说很关键。他们会基于人物模型的认知和情感元素（也是人物模型的目标）来做出设计框架和细节上的决定（本章稍后将讨论目标、行为和人物模型的重要关联）。然而，同理心的力量不应该为设计团队的其他成员而打折扣。人物模型不仅使得设计方案能够更好地服务于真实用户需求，而且也使得设计方案更吸引利益相关者。对人物模型进行仔细而恰当的打磨后，利益相关者和工程师们开始将自己视为真实用户，更有兴趣创造好的产品，赋予人物模型满意的产品体验。

我们都认识到书本、电影和电视节目中虚构人物对读者和观众的吸引。乔纳森·格鲁丁（Jonathan Grudin）和约翰·普鲁伊特（John Pruitt）曾经探讨过如何将这一现象与交互设计进行对比，找出相似之处[②]。他们也注意到，演员们会使用表演体验法（Acting Method）来理解和塑造实际的人物。实际上，从用户观察中创建人物模型的过程，以及从这些人物模型的角度去想象并开发场景，在很多方面都和表演体验法类似。我们的同事乔纳森·科曼（Jonathan Korman）曾把目标导向设计使用的人物模型称作交互设计的斯坦尼斯拉夫斯基[③]（Stanislavski Method）方法。

---

① Constantine and Lockwood, 2002

② Grudin and Pruitt, 2002

③ 译者注：康斯坦丁·斯坦尼斯拉夫斯基（Constantin Stanislavski，1863 年 1 月 5 日～1938 年 8 月 7 日），俄国著名戏剧和表演理论家，创造了自己独有的表演体系。代表作有《演员的自我修养》。

人物模型以研究为基础

如同许多模型一样，人物模型应该建立在对现实世界的观察上。上一章已经讨论过，用于综合人物模型的主要数据来自人种学研究、情境调查或者其他类似的与实际用户和潜在用户的对话和观察。按照设计顺序（见第 2 章）搜集的数据质量直接影响用于明晰和引导综合设计方案的人物模型的功效。其他数据能够支持和补充人物模型的创建（如下是按照效率从高到低大致排序的）：

- 脱离用户的情境进行访谈。
- 利益相关者和主题专家提供的用户相关信息。
- 焦点小组、调查等市场研究数据。
- 市场划分模型。
- 文献综述和前期研究收集的数据。

不过，以上补充数据都无法取代直接对用户进行的访谈和观察。一个开发良好的人物模型，几乎每个方面都能够在用户言行中找到依据。

人物模型代表特定产品的用户类型

因为人物模型起到原型的作用，所以可以被描述成某个具体人，尽管如此，人物模型代表的仍是特定交互产品的某一类用户群体。人物模型把使用某种产品（如果产品还不存在，则指类似活动）的一组明确的行为模式概括起来。通过分析访谈数据，就能找出这些行为。恰当的定性或定量数据也能起一定的支持作用。行为模式及具体动机或目标等因素定义了人物模型。人物模型有时也称为"合成用户原型"（Composite User Archetype），因为在某种意义上，[1]人物模型是组合出来的：在研究阶段，观察相似角色的个体，把观察到的使用模型按相关程度分组，汇集在一起。

跨产品人物模型

拥有不止一种产品的企业通常希望重复利用同一个人物模型。然而，为了有效，人物模型必须是针对具体情境的，应该专注于具体产品相关特定领域的行为和目标上。由于人物模型建立在特定情境中对用户交互的具体观察上，即便产品之间有密切联系，也很难在不同产品之间

---

① Mikkelson and Lee, 2000

重复使用同一人物模型[①]。

如果希望一组人物模型成为用于多种产品的有效设计工具，就必须先研究所有产品的使用情境，然后基于这些研究创造出相应的人物模型。除了要拓宽研究范围，更具挑战的任务是要归纳出适用于所有情境的、可操控且一致的行为模式。不能想当然地认为，因为两位用户使用统一产品的行为相似，两人在使用不同产品时，也会有相似的行为表现。

随着焦点涵盖的产品越来越多，创建一套简洁、一致而且能代表真实用户多样化的人物模型也越来越困难。我们发现，多数情况下，不同的产品应该单独研究和开发不同的人物模型。

原型与模式化形象

不要把人物模型的原型与模式化形象（Stereotypes）混为一谈。模式化形象大多是构建良好的人物模型的反面，它通常是设计者或产品团队偏见和臆想的产物，而非基于真实数据的创造。研究不充分，或者综合分析时缺乏对受访者的同理心和敏感度，人物设计就有可能会是滑稽模仿。人物模型应该根据其所代表的人来开发，也应得到如真人般的尊敬。若设计师都不尊重他的人物模型，其他人的态度就更不堪设想。

人物模型有时会将社会和政治意识问题推到风口浪尖[②]。人物模型提供了精确的设计目标，是设计团队的交流工具，因此，设计师在选择特定人群统计特征时要格外小心。理想的情况是，人物模型人群统计应该综合反映研究者在访谈人群中的观察，并且根据广泛的市场研究进行调节。人物模型应该具有代表性，值得信赖，但不能一成不变。如果数据不具备决定性作用，或者特征对于设计或者可接受性来说无关紧要，我们宁愿在性别、人种、年龄和地域差异性上犯错。

人物模型拓展了用户行为的范围

产品的目标市场描述了人种学信息和生活方式，有时也涉及职业角色，但没有描述目标市场成员展示的有关产品和相关情境下的行为范围。范围不同于平均值。人物模型不是要创建一般性用户，而是确定范围内具有典型性和确定性的行为模式。

产品必须适应用户的行为、态度和能力等，因此设计者必须明确指定产品相关的一组人物模型。多个人物模型将行为范围分割为不同的集合。不同人物模型代表不同的关联行为模式。这些关联是通过分析研究数据得到的。本章后面内容将详细讨论发现行为的过程。

[①] Grudin and Pruitt, 2002

[②] Grudin and Pruitt, 2002

人物模型有动机

每个人的行为背后都有动机，有些较为明显，更多的则较为微妙。人物模型要捕捉这些动机，把这些动机当成目标，这一点很重要。我们罗列的人物模型目标（本章稍后详述）正是动机的简称，它不仅指出了特定的使用模式，也表明了这些行为产生的原因。理解用户执行任务的原因给了设计师强大的动力，去改进甚至消灭某些不必要的任务，同时仍能完成同样的目标。多强调目标对人物模型的重要性也不为过。事实上，可以说，如果人物模型没有目标，那么你所拥有的就根本不是人物模型。

人物模型可以代表用户之外的相关人士

产品的既有用户和潜在用户都应该是交互设计师关注的重点。不过，有些人虽然使用产品但不是用户，而在设计过程中必须考虑这些人，因此在产品中体现这些人的需求和目标很有帮助。比如，购买企业软件或者儿童玩具的人通常并非产品的直接用户。在这种情况下，除了创建人物模型，创建一个或者多个不同于用户人物模型的顾客角色或许有用。当然，这些顾客角色应该和用户角色一样建立在通过人种学研究过程观察到的行为模式的基础之上。

同样，对于许多医疗产品，病人并不跟用户界面直接交互，但他们的动机和目标可能与医生有很大不同。在此情况下，创建一个接受服务的人物模型来代表病人的需求很有意义。本章后面将进一步讨论接受服务的人物模型和顾客人物模型。

几乎所有联网软件产品都要考虑到恶作剧者和恶意黑客。有时因为政治原因，必须设置一个产品要避免为其服务的人物模型。人物模型用户之外的所有类型都可以设为"反人物模型"（Anti-persona），以备战略、安全和设计讨论等之需。

人物模型是比其他用户模型更合适的设计工具

在交互产品设计过程中，会使用其他用户模型，如用户角色、用户信息和市场划分等。这些模型与人物模型都试图描述用户，以及用户同产品的关系。但在创建人物模型、把人物模型当成设计工具等几个关键的方面与其他用户模型有显著不同。

用户角色

正如拉里·康斯坦丁（Larry Constantine）所定义的，用户角色（User Role）或角色模型（Role Model）是个抽象的概念，是对一类用户及其问题之间关系的定义，包括需求、兴趣、期望和行为模式①。敏捷开发过程同样会将用户简化为角色②。作为抽象概念（一般采用一张属性列表），用户角色不会被当成真实用户，通常也不试图表达更广泛的人类动机和情境。

霍尔茨布拉特和拜耳是在统一流程中使用人物模型的，而且文化、物理和序列模型也相近，都企图从人群中将各种特点和关系提取并抽象化。

我们发现这些方法具有一定局限性，原因如下：

- 脱离了拥有行为和关系的人，很难明确传达人类的抽象行为和关系。人类同理心在抽象人群上没用。
- 两种方法几乎只专注于任务，忽视了使用目标是作为思考和综合设计的组织原则的。
- 霍尔茨布拉特和拜耳的强化模型虽然在特定范围内有用，且较为全面，但很难作为一个连贯的工具用于开发、交流和衡量设计决策。

人物模型能够解决以上问题。良好开发的人物模型不仅能像用户角色一样描述相同的行为类型和关系，而且能够以叙述目标和示例的方式表现出来。这样，设计者和利益相关者能够以自然语言来理解设计决策。描述一个人物模型的目标，就为人物提供了背景和结构，文化和工作流对行为的影响也就融入了进去。

此外，只关注用户角色而忽视更复杂的行为模式，会过分简化不同用户间重要的相似点和差异。创建一个代表不同角色需求的人物模型是可能的，例如，设计一款手机时，经常出差的销售人员同样能够代表总有外出的总裁的需求。拥有同样角色的人们的思维方式和行为方式有可能不同。例如，化工行业的采购经理与消费电子业的采购经理看待工作的态度或许大不相同。在消费领域，角色几乎没用。给汽车公司设计网站，"购车者"这个角色作为设计工具来说毫无意义，因为每个人购车的方式各不相同。

一般来说，人物模型提供了更为全面的用户及其情境模型，而许多其他模型则过于简化。在任何情况下，人物模型能够和其他建模技术综合使用。并且正如我们在本章结尾所讨论的，一些模型是对人物模型的极好补充。

人物模型与用户信息

许多可用性研究人员将人物模型和用户信息混为一谈。如果用户信息来源于人种学第一手数据，同时包括了作者已经描述的足够深度的信息，那么这两个概念没什么差别。然而遗憾的是，我们发现，很多时候用户轮廓是按照韦伯辞典对轮廓的定义，即"简略的传记性的简述"

---

① Constantine and Lockwood, 1999
② Steinberg and Palmer, 2003

而设计的。换句话说，用户轮廓通常只有一个名字和照片，加上一个几乎算得上人口统计数据的简短描述，还有一小段与手头的设计毫无关联的信息，例如描述这个人开什么类型的车、家中几个孩子、住在哪里、以何为生等。这种类型的用户信息更像基于模式化形象。虽然我们也赋予人物模型名字，甚至给车子和家庭成员起名，但很少有用。这些虚构的细节只是人物模型创建的很小部分。只要能让设计师和产品团队头脑中的人物模型丰盈起来就够了。

人物模型与市场划分

市场营销专家可能对人物模型创建的过程较为熟悉，因为这和市场定义过程有些类似。市场划分和人物模型设计之间的最大区别在于，前者基于人口统计数据、分销渠道和购买行为，而后者基于使用行为和目标。二者不是一回事，用途也不同。市场营销的人物模型有助于了解销售过程，而设计的人物模型有助于产品定义和开发过程的清晰化。

然而，市场划分在人物模型开发中发挥一些作用。市场划分有助于确定人群统计的范围，进而确定人物模型的框架（见第 2 章）。人物模型按照用户行为划分，而不是按照人口统计或购买行为来划分的，因此市场划分和人物模型很少存在一一对应的关系人物模型。而市场划分能够作为初始过滤器，把访谈限制在指定目标市场内的人群（见图 3-3）。并且，我们通常会使用人物模型的优先级来做出战略性的产品定义决策（见本章后面对人物模型类型的讨论）。这些决定应该包含市场情报。正确理解用户的人物模型和市场划分的关系，需要重点考量。

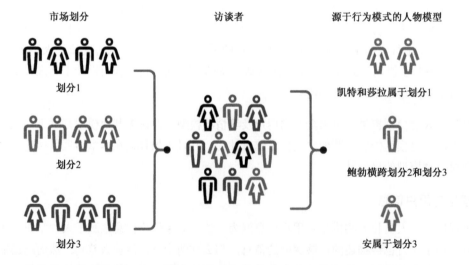

图 3-3 人物模型和市场划分。研究阶段，可以使用市场划分限制目标市场的人物模型范围。然而，市场划分和人物模型之间很少一一对应。

理解目标

假如人物模型为观察到的行为提供了情境，用户目标就是这些行为背后的驱动力。用户目标如同透镜，设计师必须通过目标来考虑产品的功能。产品的功能和行为必须通过任务来处理目标，通常任务越少越好。必须牢记，任务只是达到结果的手段，目标才是最终的目的。

目标驱动使用模式

人或者人物模型的目标驱动着行为。因此，目标不仅解释了人物模型为什么想要产品、怎么使用产品，而且还是设计者头脑中某些人物模型复杂行为和任务的简写。

目标必须来自定性数据

通常我们无法直接询问一个人的目标是什么，他要么无法清楚地表述出来，要么表述得不准确，或者没有实话实说。人们完全没有回答这种自省式问题的准备。因此，设计者和研究人员需要认真地从观察到的行为、他对问题的回答、非言语暗示，以及诸如书架上的书名等环境的暗示中重新构造目标。人物模型建模中的最关键任务之一是要找出目标，简明地表述出来：每个目标都要被表述成一个简单的句子。

用户目标和认知处理

唐纳德·A·诺曼在《情感化设计》（*Emotional Design*）一书中介绍，产品设计应该解决三个不同层次的认知和情感处理过程：本能、行为和反思。诺曼的理论建立在多年的认知研究基础上，提供了表述清晰的结构来给用户对产品和品牌的反应建模，也为专业设计师长期的直觉提供了合理的情境：

- 本能是最直接的处理层面。在与一件产品深入交互之前，人们会对能够观察到的视觉和感觉方面做出反应。本能处理帮助我们迅速判断出好还是坏、安全还是危险。这是人类行为中令人激动的一类，也是数字产品能否获得有效支持的最大挑战之一。马尔科姆·格拉德韦尔（Malcolm Gladwell）在其著作《决断毫秒间》（*Blink*）中研究了这个层次的认知处理。关于更详细深入的直觉决定的研究，可以参考加里·克莱因（Gary Klein）的《力量的源泉》（*Sources of Power*）或者盖伊·克拉克斯顿（Guy Claxton）的《兔脑龟心：慢活让你更聪明》（*Hare Brain, Tortoise Mind*）。
- 行为是处理的中间阶段。这一阶段可以帮助我们管理简单的日常行为。按照诺曼的观点，行为构成了人类活动的大部分。诺曼指出，以往的交互设计和可用性实践几乎全部都在解决这一层面的认知处理。行为处理可以增强和约束较低层次的本能反应，以及较高层次的反思反应。反过来，本能处理和反思处理也可以增强和约束行为处理。

● 反思是最不直接的处理过程。这一步包含有意识的思考和对以往经历的反思。反思处理能够增强或抑制行为处理过程，但不能直接访问本能反应。这个层次的认知处理只发生在记忆中，而不是通过直接交互或感知来产生的。在反思处理与设计的关联中，最有趣的方面是通过反思，将过去设计产品的经历与更广泛的生活经历相融合，并随着时间的推移，将实际意义和价值同产品本身联系起来。

为本能而设计

为本能而设计，是指设计初见产品时的感受，此时还没有与产品进一步交互。对于大多数人来说，这意味着设计视觉外观和动作，有时也包括声音，比如 Mac 电脑启动时的独特音效，还可能包括为触觉设计。

讨论为本能而设计时经常会有一种误解，即为本能而设计就是要设计漂亮的产品。美丽的外表可能不是产品的重点，军事软件和放射治疗设备就是两个很好的例子。本能设计实际上是为情感设计——在特定情境下引起人们心理和情感上的反应，而不只是美学设计。美观及由此产生的卓越和愉悦仅仅是情感设计调色板的一小部分。例如，MP3 播放器和网上银行系统需要不同的情感。关于情感，我们在建筑、电影院、舞台和工业设计中可以了解很多这方面的知识。

然而，对于消费品和服务来说，有吸引力的用户界面通常是恰当的。有趣的是，可用性研究人员证实，用户一开始通常会认为吸引人的界面会更有用，用户的这种观点会持续很久，直到对产品界面累积了足够的经验后才会推翻他们最初的观点。产生这种现象的原因有可能是表面看起来易于使用而受到鼓舞，因此花费很多精力学习本来可能很难用的界面迷惑了用户，而用户不愿意承认他们的投入根本不值得。这对于细心的设计者意味着，如果用户界面在本能层次上承诺了易于使用，或者在交互设计上有任何其他本能的承诺，就要在行为上实现这些承诺。

为行为而设计

为行为而设计是指设计出的行为可以补充用户自己行为、隐含假设和心理模型的产品行为。在诺曼提出的设计三层次理论中，行为层次设计基本上是交互设计师和可用性专家最为熟悉的。

在诺曼提出的设计三层次理论中，最有意思的是，他断定行为层次处理最为独特，直接影响其他两个层次的处理，也受其他两个层次的影响。这似乎暗示着交互设计的日常行为应该成为设计的主要关注点，而本能和反思层次设计起辅助作用。在足够关注其他两个层次的前提下，只有把行为层次设计好，才最有机会积极影响用户构建产品体验的方式。

不遵循这样的原则，有可能导致用户的最初印象和现实脱节。此外，很难想象没有坚实的目标和行为，如何为反思而设计。因此，理想情况下，用户对产品和物品的体验，应该以行为设计为基础，实现本能设计和反思设计的和谐统一。

为反思而设计

为反思而设计，尤其是它对设计的意义，可能是诺曼三层处理模型中最具挑战性的一个。有一点很清楚，反思层次设计意味着打造长期的产品关系。不清楚的是，确保反思层次设计成功的最佳方式（如果有的话）是什么？这里是否是机遇推动了成功——在正确的时间出现在正确的地点？设计在其中发挥作用了吗？

在描述反思层次设计时，诺曼列举了一些用于商品的高度概念化的设计做例子，比如形状奇怪的茶壶，以及设计师菲利普·斯塔克（Phillipe Starck）设计的榨汁机。从本质上讲，这些设计的价值和目的就是它们的美学表述，很容易看到这些产品如何强烈地迎合了人们对独特性和文化复杂性的反思欲望，这种反思可能源于艺术性或极具风格的自我形象。

产品有真正的使用目的，在优雅漂亮和功能之间保持平衡，就更难了。而苹果的 iPhone 已经很接近这种平衡：直接操作的触屏设计与光润的工业设计无缝融合。同时，产品的反思潜力也很显著，这要归功于用户在个人交流和音乐体验之间产生的强大情感共鸣（iPhone 本身当然也是一款 iPod）。这种成功的组合，很少有竞争者可以与之匹敌。

很少有产品能够像索尼 Walkman 或 iPhone 一样，成为人们日常生活的标志。显然，有些产品，如以太网路由器，无论外观多漂亮，功能表现多好，几乎永远不可能成为人们生活中的符号象征。但是，如果某个产品或服务的设计满足了用户的目标和动机，甚至超越产品的主要目标，而用户以某种方式通过个人或文化关系与产品联系起来，那么引发具有反思意义的可能性就大大提高了。

用户目标的三种类型

在《情感化设计》一书中，诺曼提出了认知过程的三层次理论，讨论了它们对设计的潜在重要性。不过，诺曼并未用什么方法可以系统地把认知模型和情感应用到设计实践或者用户研究中。我们在工作实践中发现，将这一理论付诸实践的关键在于将三种类型的用户目标相对应地用人物模型的定义过程恰当地描述出来，并建立相应的模型。

三种类型的用户目标分别对应诺曼提出的本能、行为和反思三个层次（如图 3-4 所示）。

● 体验目标。
● 最终目标。

● 人生目标。

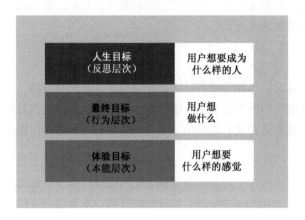

图 3-4　用户目标的三种类型。

体验目标

体验目标是简单、通用且个人化的。矛盾的是，这使得很多人很难讨论这一目标，尤其是在客观的商业情境下。体验目标表达了人们在使用产品所期望的感受或者与产品交互时期的感觉。这一目标让人们关注于产品的视听特性以及交互感（如动画过渡、延迟、触摸反应和按钮的可点击性）、物理设计，以及微交互。这一目标还能让人洞察人物模型在本能层次上表达出来的以下动机：

● 感觉灵敏、掌控事物。
● 有趣。
● 再次确保安全性和敏感性。
● 感觉很酷或很时髦或者放松。
● 保持专注警醒。

产品一旦使用户感到自己笨拙、不舒服、不愉快，用户使用产品的效率和乐趣就会骤降，即便有其他目标也无济于事，用户对产品的怨恨情绪也会增加。如果用户受够了遭到如此对待的感觉，那么用户就会准备逃离这一系统。任何严重违背体验目标的产品最终都会失败，不管这些产品声称自己如何出色地实现了其他类型的用户目标。

交互、视觉和工业设计师必须将人物模型的体验目标转化为可以传递恰当感觉、感情、情感和情调的形态、行为、动作和听觉元素。视觉语言及情绪和激励研究试图按照人物模型的态度和行为来打造视觉主题，这些都是定义人物模型情感期望的有力工具。

最终目标

最终目标代表用户使用某个具体产品时执行任务的动机。当你拿起手机或者使用文字处理软件打开一个文档时，心中很可能有一个期望的结果。产品和服务可以帮助用户直接或间接地完成这些期望目标，这些目标是产品的交互设计、信息架构和工业设计的功能方面需要关注的焦点。行为处理过程会影响本能和反思过程，因此最终目标成为决定产品整体体验较为显著的因素之一。必须满足用户的最终目标，让用户感觉他们值得为此付出时间和金钱。

以下是最终目标的一些例子：

● 将问题消灭在萌芽状态。

● 和朋友家人保持联系。

● 每天早上 5 点前清空待办事项列表。

● 搜寻我喜爱的歌曲。

● 完成最划算的交易。

交互设计者必须将最终目标作为产品行为、任务、外观和感受的基础。情境或日常场景和认知演练可以有效地帮助我们发掘用户的目标和心理模型，有助于进行恰当的行为设计。

人生目标

人生目标代表用户的个人期待，这通常超越了所要涉及的产品的情境。这些目标代表着深层次的驱动力和动机，有助于解释用户为什么试图完成他们寻求完成最终的目标。人生目标描述了人物模型长期的欲望、动机和自我形象的特征，正是这些元素将人物模型和产品联系起来。以下目标就是产品整体设计、战略和品牌的关注点：

● 过美好的生活。

● 成就自己的抱负。

● 成为某个方面的行家。

● 在同辈中有魅力、受欢迎、被尊重。

交互设计师需要将人生目标转换为高层次的系统功能、正式的设计概念和品牌战略。在探索产品概念的不同方面时，情绪板和情境场景会很有帮助。广泛的人种学研究和文化建模，对于发现用户行为模式和深层次动机至关重要。人生目标很少会直接关系到具体元素的设计或者界面行为。不过，还是有必要谨记在心：如果用户发现，某个产品不仅帮助他实现最终目标，还有助于他向人生目标迈进，那么这一点必将比任何营销活动更能决然地赢得该用户。假设其他类型用户目标达成的前提下，能否达成用户的人生目标，将决定用户成为普通的满意用户还是狂热的忠实用户。

用户目标是用户的动机

总之，要记住，了解人物模型不仅要理解具体任务和人口统计数据，更要了解用户的动机和目标。高层次的用户动机把人物模型目标与诺曼的模型连接起来，包括如下内容：

- 体验目标同本能处理过程相关，即用户想要感受什么。
- 最终目标同行为处理过程相关，即用户想要做什么。
- 人生目标同反思处理过程相关，即用户想要成为什么。

运用人物模型、目标和情境场景（接下来的章节将会谈到）是发挥本能、行为及反思设计力量的关键，也将三者凝聚为一个和谐的整体。一些优秀的设计师似乎明白了这一点，凭着直觉将其运用于设计，但有意识地从人类认知和情感层次上设计有助于更好地创造令人满意和愉快的用户体验。

非用户目标

用户目标并非设计者们需要考虑的唯一目标类型。客户目标、商业和组织目标，以及技术目标属于非用户目标（Nonuser Goal）。通常，必须承认并考虑这些目标，但这些目标并不能作为设计方向的基础。尽管必须解决这些目标，但目标的实现不能以用户为代价。

客户目标

如上所述，客户与用户的目标不同。消费型产品和企业产品的客户目标本质上有很大不同。消费型性产品的客户通常是父母亲友，主要关注的是，他们给为使用者购买了产品以后，使用者是否得到安全感和幸福感。而企业产品的客户通常是信息管理人员或采购专员，主要关注产品安全、维护难易程度、定制难易程度和价格。客户人物模型如果用产品，也会有人生目标、体验目标，尤其是最终目标。客户目标需要纳入整体设计中的范畴，但是客户目标不能凌驾于最终目标之上。

商业和组织目标

商业和其他组织对产品、服务和系统也有自己的需求，需要在计划设计方案时予以考虑和建模。商业目标通常通过人物模型、客户人物模型（Customer Persona），以及组织人物模型（Organizational Personas）来捕捉。重要的是，在设计阶段早期，要找出委托设计、开发和销售（或其他分销）产品的组织的商业目标。显而易见，这些组织希望使用产品来完成某项工作（这也是为何他们愿意花费金钱和精力投入设计和研发的原因）。

商业和组织目标包括：

- 增加利润。
- 提高市场占有率。
- 留住现有客户。
- 打败竞争对手。
- 更高效地使用资源。
- 提供更多产品和服务。
- 保证知识产权安全。

设计师或许会发现，委托设计的组织不一定是企业，而是博物馆、非营利组织或者学校等（尽管如今这些组织也像企业一样运营）。因此，还必须考虑这些组织的另一些目标，如：

- *教育大众。*
- 筹集足够的资金维持运转。

技术目标

我们日常生活中使用的大多数软件产品设计中都考虑了技术目标。这些目标旨在降低软件创建、维护、伸缩性、扩展性等任务的难度，这也是设计者的目标。遗憾的是，这些目标的实现通常以牺牲用户目标为代价。技术目标包括如下内容：

- 能够在不同浏览器中运行。
- 保护数据完整性。
- 提高应用程序的执行效率。
- 使用特定开发语言或库。
- 保持跨平台一致性。

技术目标对于开发人员来说尤为必要。技术目标最终要为用户和商业目标服务，这一点在教育阶段的早期就要强调。如果技术目标不是为了满足他人的需求，不是为了满足其他更人性化的目标，那么产品的成功就不是很重要，可能仅为了使用新技术或许是完成某个软件公司的任务而很少为了满足用户目标。大多数时候，用户并不关心完成他们的工作是用层级数据库、关系数据库，还是面向对象数据库，或者平面文件系统等黑魔法之类的东西，他们只关心能否快速、高效、轻松而又自信地完成。

成功的产品首先要满足用户目标

产品只有能够满足用户的某种使用目的，"优秀的设计"只对那些因某种目标而使用产品的用户才变得有意义。没有用户，你在设计中便会失去目标。人和目标二者不可分割。这也是为什么人物模型在设计中是重要的工具：人物模型代表着特定目的或目标的特定人群。

设计产品需要考虑的最重要一点就是产品实际用户的目标，而不是购买者或开发者的目标。与产品交互的是现实中的人，而不是公司或者 IT 经理。因此，相比用户所属的公司或提供支持的 IT 经理，或者构建产品的产品开发人员的目标，用户目标更为重要。产品用户竭尽所能在完成雇主的商业目标时，还会尝试实现自身目标。用户最重要的目标永远是维护自己的尊严，不让自己感到蠢笨。

可以肯定地说，如果产品让用户犯大错，让用户无法顺利完成足够的工作，或者让用户感到厌烦，我们就是在让用户感觉自己很愚笨。

 设计原则

不要让用户感觉自己愚笨。

这基本上是交互设计最重要的指导原则。本书检验了当前多种让用户感觉愚蠢的软件设计，也探索了多种避免落入此类陷阱的方法。

优良交互设计的精髓在于设计出的交互，既能够满足制造商、服务提供商或其合作伙伴的目标，又能支撑用户目标。

构造人物模型

如前所述，人物模型源于定性研究，尤其从访谈和观察产品用户、潜在用户（有时是客户）中观察到的行为模式。其他的补充数据可以通过主题专家、利益相关者、定量研究，以及其他可用文献提供的补充研究和数据获得。我们构造一组人物模型的目的，是用其代表各种各样观察到的动机、行为、态度、能力、约束、心理模型、工作或者活动流程、环境，以及对现有产品和系统的不满之处。

创建可信且有用的人物模型需要同样程度的详细分析和创造性合成综合工作。本节所描述的这一标准化的过程对这两种活动有重大帮助，它是数百个交互设计项目的实践发展出来的结果，由罗伯特·莱曼（Robert Reimann）、金·古德温（Kim Goodwin）和莱恩·哈利（Lane Halley）三位业内资深专家在 Cooper 公司任职期间开发。

有很多有效的方法能够把在研究中发现的行为模式转变成有用的用户原型。我们发现，这种透明而严格的过程对于接触人物模型的设计师而言，是学习如何恰当地构建人物模型的理想人物模型。同样，这一过程也有助于经验丰富的设计者专注于实际行为模式，尤其是在消费品领域。图 3-5 展示了主要步骤。

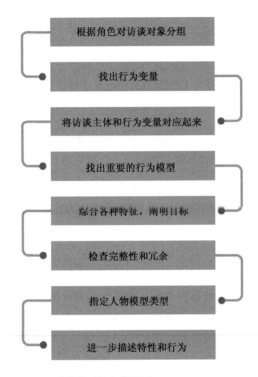

图 3-5　人物模型创建过程概览

第 1 步：根据角色对访谈对象分组

完成研究工作并将数据大致分类后，根据角色不同对受访者进行分组。对于企业应用程序来说，角色通常同工作角色或职责相对应，因此容易描述。消费型产品的角色区分更细微，包括家庭角色、态度、相关活动的方法、兴趣和选择生活方式的能力等。

第 2 步：找出行为变量

根据角色不同对受访者进行分组后，把从每种角色身上观察到的一些显著的行为列成不同的几组行为变量。年龄或者地理位置等人口统计学变量有时似乎也会影响行为。但要注意，不能将重点放在人口统计方面，因为在开发有效的用户原型时，行为变量更有用。

一般来说，关注如下类型的变量，就会看到不同行为模式之间最重要的差别浮现出来：

● **活动**——用户做什么；频率和工作量。

67

- **态度**——用户看待产品所在领域和采用的技术。
- **能力**——用户所受教育和培训、学习能力。
- **动机**——用户涉足产品领域的原因。
- **技能**——用户与产品领域和技术相关的技能。

尽管每个项目的变量各不相同，但通常从每个角色上可以发现 15～30 个变量。

这些变量可能会和你在人物模型假设时发现并确定下来的变量差不多。比较实际数据中找出来的行为与人物模型假设中的设想：找出来的各种角色是否完全不同？找出来的这些行为变量（见第 2 章）是否有效？是否还有其他未预料到的？或者尽管预料到了，却缺乏数据支持的？

列出所观察到的行为变量的完整集合。如果结果和假设有出入，就需要添加、删减或者更改预期的行为和角色；如果出入很大，就要考虑增加一些新的用户访谈，弥补新发现的行为区间中的空白。

第 3 步：将访谈主体和行为变量对应起来

从访谈对象身上挖掘出重要的行为变量后，就可以进行下一步，将每个访谈对象和行为变量对应起来。有些变量可能会代表一个连续的行为区间，例如使用技术的信心。有些变量可能会代表多个不连续的选择，例如使用数字相机相对于使用胶卷相机。

将访谈者精确映射到区间的某个点上不如确定受访者之间相对的位置关系那么重要。换句话说，受访者是精确地落在 45% 还是 50% 的比例刻度上并不重要。通常没有精确的方式来度量，你必须依靠自己的直觉，而直觉则建立在对主体的观察上。执行这一步骤的结果是精确地呈现出，多个主体如何聚集在各种重大变量周围，如图 3-6 所示。

图 3-6　把访谈对象映射到行为变量上。本例来源于一家网店。访谈对象映射到行为轴上。每位受访者在轴上的位置是否精确并不重要，重要的是他们之间的相对位置。主体在多个轴上的聚集情况指明了显著的行为模式。

第 4 步：找出重要的行为模型

把访谈对象映射完以后，寻找落在多个区间或者变量上的主体群。如果一组主体聚集在 6～8 个不同的变量上，很可能代表一种显著的行为模式，而这个模式构成了人物模型的基础。一些特殊角色可能仅仅会展现一种重要的模式，但通常会发现 2～3 个此种模式。

若模式有效，那么在聚集的行为间就必然会有逻辑或者因果联系，而不仅仅是假想的关联。例如，如果数据显示经常购买 CD 的人也可能下载 MP3 文件，那么二者就存在明显的逻辑关联。但如果数据显示经常购买 CD 的访谈者也是素食者，那么二者之间可能就没有逻辑关联。

第 5 步：综合各种特征，阐明目标

我们从人物模型的行为中发现其目标及其他特性。这些行为是从研究过程中观察/挖掘出来的结果综合出来的，这些行为代表了在一段时间内对产品有意义的典型使用情况，恰当地捕捉了相关的用户动作集合。我们称其为"日常生活"，但时间长短实际上取决于所用的产品或服务，以及人物模型用产品干什么。例如，高管人物模型通常随着季度或年度报告的发布而有特别的行为；消费者经常在其文化节日有相关的行为，这些情况应该进行调查。

对于每个找出来的重要行为模型，要综合数据中的细节。细节应该包含如下内容：

- 行为本身（活动及其动机）。
- 使用环境。
- 使用当前解决方案遇到的挫折和痛苦。
- 行为相关联的人口统计学。
- 行为相关的技巧、经验或能力。
- 行为相关的态度和情感。
- 同其他人、产品或服务相关的交互。
- 做同样事情的替代或者竞争方案，尤其是类似技术。

在这一步中，列出描述行为特征的简短要点就足够了，尽量坚持贴近所观察到的行为。有一两个凸显出人物模型个性的描述能够将人物模型变得栩栩如生。不过，虚构描述过多，尤其是歪曲性细节描写，不仅会分散精力，还会降低人物模型自身的吸引力。要记住，你创造的是设计工具，而不是小说里的人物梗概。只有真实的数据才能支持团队最终做出设计和商业决策。

在这一阶段，有一个虚构细节很重要：人物模型的姓名。姓名要能够代表人物模型所代表的人群，但又不会弱化其独特性，或者不会偏向漫画式、刻板化。也可以添加一些人口统计信息，如年龄、地理位置、相对收入（如果合适的话），以及职位头衔。这些信息主要帮你在汇编

行为细节时，更好地视觉化呈现人物模型。

定义目标

目标是从访谈和行为观察中综合信息的最关键细节。最好通过分析每个人物模型行为得出。通过确定每个受访者集合行为之间的逻辑关系，可以推断出这些行为背后的目标，推断方式包括对受访者动作的观察（每个人物模型集合中访谈主体试图完成的任务及其原因），以及对访谈主体对目标导向型访谈问题回答的分析（见第 2 章）。

要想成为有效的设计工具，目标在某种程度上必须与正在设计产品始终直接相关。对于人物模型来说，通常大部分有用的目标是最终目标。大多数人物模型会有 3～5 个最终目标。而对消费型产品的人物模型来说，人生目标是最有用的目标，这点同样适用于担任临时职务角色的组织人物模型。没有人生目标或者只有一个人生目标对大多数人物模型是恰当的。诸如"别觉得自己笨"和"不要浪费时间"等一般性经验目标可以当成每个人物模型的隐含目标。偶尔某些具体领域可能需要具体的体验目标，对大多数人物模型而言，0～2 个体验目标比较恰当。

人物模型和社会关系

有时某个产品的一组人物模型是同一个家庭或者同一公司的一部分，他们之间存在人际关系和社会关系。

考虑人物模型之间的社会或业务关系是否有意义时，可以思考以下两点：

(1)观察访谈主体是否有行为随着公司大小、产业或者家庭/社会关系发生变化而变化的（如果有这样的情况，就要确保你的人物模型集合代表了这些差异性，方法是放在几个不同的商业或社会环境中）。

(2)在同事、家庭或社会组织成员之间的工作流程或社交交互，非常关键。

如果创建的人物模型在同一个公司工作，或者相互间有着社会关系，如果你需要表达的重要目标不属于你预先建立的关系时，就会遇到麻烦。定义人物模型之间单一的社会关系，比定义人物模型集合之外的单个角色和次要角色之间的多个不同且不相关的社会关系要更容易。最初创建人物模型时，最好还是创建多样化的人物模型，这比冒险尝试将更多不同的场景塞进单个社会动态关系中要好得多。

第 6 步：检查完整性和冗余

走到这一步，人物模型应该开始有生命力了。应该检查建立起来的映射、人物模型的特征和目标，以确定是否存在重要的漏洞需要弥补。如果行为坐标轴上有缺漏，则可能需要进行额外的研究工作，找到特定的行为。有时可能也要检查笔记，看看是否需要针对同一目标加入政治人物模型，以满足利益相关者的设想或者要求。偶尔还要加入目标一致但不同区域的人物画像，只有满足客户组织在这些区域的分支机构的需求，才能保证听到机构的组成部分的声音体现在设计中。

如果发现两个人物模型仅在一些人口统计数据方面有区别，这就需要去掉其中一个重复的人物模型，或者调整人物模型特征使得差异更明显。每个人物模型都至少要有一个显著的行为与其他人物模型不同。映射工作做得好的话，这些就都不是问题。

只要保证人物模型集的完整性，以及各个人物模型具有差异性，就能确保人物模型可以充分代表现实世界中行为和需求的多样性，同时也保证了设计目标尽可能紧凑，开始交互设计时也会减少工作量。

第 7 步：指定人物模型的类型

到目前为止，人物模型应该很像你认识的真实人物了。构建人物模型的关键一步是将定性研究转换为一组强大的设计工具。

所有的设计都需要一个目标，即设计所关注的受众。目标越具体越好。试图创建出能够满足 3 个甚至 4 个人物模型的设计方案是一项异常艰巨的任务。

接下来，我们必须对人物模型进行优先级排序，确定主要的设计目标。我们的目的是从集合中找到一个人物模型，其需求和目的能够用一个界面就完全得到愉快满足，同时不会剥夺其他人物模型的权利。我们指定人物模型的类型来完成这一步骤。有 6 种人物模型，通常大致按照以下顺序选定：

- 主要人物模型。
- 次要人物模型。
- 补充人物模型。
- 客户人物模型。
- 接受服务的人物模型。
- 负面人物模型。

接下来，我们从设计的角度讨论每一种人物模型的类型及其重要性。

主要人物模型

主要人物模型（Primary Persona）是界面设计的主要标的。一个产品的一个界面只能有一个主要人物模型，但对于某些产品来说，可能存在多个不同界面，其中每个界面都针对不同的主要人物模型。例如，医疗信息系统中的诊所界面和财务界面可能是分开的，并且每个界面针对不同的人物模型。请注意，我们在这里说的"界面"（Interface）是抽象意义上的。有些情况下，两个独立的界面可能是使用同一数据的两个独立的应用程序；在有些情况下，两个界面可能就是两组不同的功能集合，按照角色或者定制化的不同而服务于两组不同的用户。

针对集合中任何其他人物模型的设计都不能满足主要人物模型的需求。不过，如果目标是主要人物模型，则至少能部分满足其他人物模型的需求。（我们要找出一种方式，在不妨碍主要人物模型的前提下，满足其他人物模型。）

 设计原则

> 界面设计的关注点在于单个主要人物模型。

选择主要人物模型是一个排除过程，必须通过比较人物模型的目的来测试每个人物模型。如果没有发现明显的主要人物模型，则意味着两种可能：产品需要多个界面，每个界面针对一个合适的主要人物模型（企业或技术型产品大多如此）；产品想实现的结果太多。如果一个消费型产品有多个主要人物模型，那么意味着产品的范围可能过宽。

避免这样的陷阱：哪个人物模型面向最大的市场板块最大，就选哪个。美国 OXO 公司 Good Grips 产品线最初是为了便于关节炎患者使用而设计的。结果证明，满足了这些动作最不灵便的用户（整个市场上的很小一块），也就满足了大部分客户的需求。因此，最大的市场有时未必是最主要或具影响力的人物模型。

次要人物模型

主要人物模型的通常大部分需求满足了次要人物模型。然而，次要人物模型还存在一些额外的特定需求，可以在不削弱产品能力，以服务主要人物模型的前提下得以满足。并非总是都有次要人物模型。如果一个产品的次要人物模型超过 3 或 4 个，则说明产品涉及的范围可能太大或者过于分散。我们应该采取的办法是先为主要人物模型设计，再调整设计来适应次要人物模型。

补充人物模型

既不是主要的也不是次要的人物模型就是补充人物模型。主要人物模型和次要人物模型二者的需求结合在一起完全可以代表补充人物模型的需求，也完全可以通过某个主要人物模型创建的方案满足。一个界面可以同任意多的补充人物模型相联系。政治人物模型（一般被归为利益相关者一类）通常会成为补充人物模型。

客户人物模型

如前所述，客户人物模型解决的是客户而不是终端用户的需求。通常，客户人物模型会被处理为次要人物模型。然而在某些企业环境下，一些客户人物模型可能会成为自己独有的管理界面的主要人物模型。

接受服务的人物模型

这一角色在某种程度上与我们之前讨论的人物模型有所不同。他们并非产品的用户，却会直接受产品使用的影响。接收放射性治疗机器治疗的病人就不是机器界面的使用者，但会因为一个好的界面设计接受更好的服务。接受服务的人物模型提供了一个跟踪产品产生的二次社会和物理影响的途径。这一类属于次要人物模型。

负面人物模型

负面人物模型（Negative Persona）又称作反人物（Anti-persona）角色，用来与利益相关者和产品团队成员沟通交流，告知产品不会为某类具体的用户服务。同接受服务的人物模型一样，负面人物模型并非产品的实际用户。它们只存在讨论中，用来帮助和团队中其他成员进行交流，让大家知道某种人物画像绝不是产品的设计目标。对于消费型产品来说，好的负面人物模型候选人通常是精通技术且很早就使用过该产品的人物模型。对于商业用户企业产品来说，负面人物模型通常是罪犯、危害较小的恶作剧者和"钓鱼"之徒，以及 IT 专家。

第 8 步：进一步描述特性和行为

第 5 步中列出的关键特征和目标指出了复杂行为的本质，但留下了许多需要澄清的问题。第三人称叙述的方式能够更有力地向其他团队成员传达人物模型的态度、需求和问题所在，也加深了设计者/作者与人物模型及其动机的联系和同理心。

人物模型描述

典型的人物模型描述应该综合了研究阶段所观察到的人物模型相关的最重要的细节。这个人物模型就成了沟通和交流的有效工具。理想情况下，多数用户研究发现人物模型应该能够包含在人物模型描述中。这样一来，人物模型描述就能够直接激活设计工作（接下来的几章中会提到）。

人物模型描述长度不应长过 1 或 2 页（或 PPT 张数）。（第 5 步中的特征的每一或两个小点用一段描述比较合适。）人物模型描述不必包含每个观察到的细节。理想情况下，设计师参与了用户研究。

本质上，描述必须包含某些虚构情况。但正如前面所讨论的一样，这不是一篇小故事。最好的描述方式就是快速介绍人物模型的职业或生活方式，简略地描绘他一天的生活，包括抱怨、关切和兴趣等与产品直接相关的信息。细节应该是特征列表的扩充，额外数据来自观察和访谈。描述应该用总结的方式，表达人物模型对产品的需求。

描述中要认真考虑细节的篇幅。细节不应超过研究的深度。在自然科学中，如果记录了一个 35.421m 的度量，这意味着度量精确到了 0.001m。同样，详细的人物模型描述意味着你在研究中也有相似精度的观察。

要确保在人物模型描述不引入暗含设计解决方案的线索。描述是描绘人物模型的行为和痛点，而不是介绍计划如何解决。具体解决方法是设计过程的下一步，我们将在第 4 章中论述。

总之，要记住以下几点：

● 描述中务必包括所有重要行为类型的总结。
● 不要包含过多虚构描述。细节描述要恰到好处，只要能涵盖基本的人口统计数据，能将行为类型编成一个故事就足够了。
● 不能将未观察到的细节加入行为描述中。
● 不要在人物画像描述中引入解决方案，而是突出痛点。

最后，不要为人物画像列出区间或均值。人物模型是个体，永远不可能出现"1.5 个孩子，一年挣 35000～45000 美元"这种描述。这些是市场划分所需的数值。如果这些细节对于人物模型来说很重要，那就挑选具体细节。

人物模型照片

开始展开描述的时候，可以为人物模型选择一些照片。在展开叙述时，或者完成叙述时让团队的其他人参与进来，照片有助于使叙述更加真实。照片的选择要倍加小心。最好的照片不仅能捕捉人口统计信息及环境线索（护士人物模型应该身着护士服，置身于医院环境，或许还要有个病人），还要捕捉人物模型的一般态度（承受大量文书工作的秘书照片可能看起来很有压力）。我们保存了几个可检索的照片库，以及带 Creative-Commons 许可的仓库源，用以查找合适的人物模型图片。以下是挑选人物模型照片时需注意的其他事项：

● 不要选择拍摄角度奇怪或者扭曲的照片。这会分散注意力，让人物模型看起来像漫画。
● 不要选择表情夸张的照片，这同样看起来像漫画。
● 不要选择有明显造型或冲着镜头笑的照片。
● 选择像普通人而不是模特的相片。
● 照片中的人是在现实背景中从事一项合适的活动。

● 各个人物模型照片的选择风格和修剪要保持一致。

我们也发现，有时为每个人物模型创建照片拼贴画更有用，可以传递更富情感和经验力量来塑造人物画像（见图 3-7）。把大量的小图片放在一起，可以更好地表达一些文字难以描述的内容。有时我们发现创建人物模型所在环境的模型也很有用（比如楼层平面图等）。这同样会使环境因素更加真实可见。

图 3-7　如图所示的拼贴画，加上精心撰写的叙述，可以有效传递人物模型的感情和经验。

创建此类沟通助手的时候，要记住人物模型是设计和决策工具，完美自身描述并不是目的，这点很重要。虽然有时力量来自创造人物模型的整体形象，但太多的装饰和剧情有可能让人感觉在无聊地浪费时间。这样最终可能会降低人物模型作为用户模型的有效性。

实践中的人物模型

自从本书第二版提到人物模型创建过程以来的 10 余年间，关于如何合理使用人物模型的问题就层出不穷。本节将努力回应针对人物模型为基础设计方法的批评，还将讨论我们在实践中使用的其他人物模型相关的概念。

关于人物模型的误解

1998 年，*The Inmates Are Running the Asylum* 一书第一次引入了人物模型，用这种方法生成目标导向设计的概念。从那时起，人物模型就成为一些设计师和用户研究者口中的争议话题。遗憾的是，很多时候有人奋力地反驳人物模型方法，其实是误解的结果。这种误解包括不明白人物模型如何创建、怎样才能最好加以利用人物模型或者对错误应用人物模型方法的反应。我们将努力澄清一些错误理解，为人物模型这种方法正名。

设计者"虚构"人物模型

关于人物模型，我们听到的最严重批评就是"他们都是编造的"。如果正确地构建人物模型的话，这种说法十分荒谬。通过人物模型捕捉到的用户行为模型是真实的，因其来源于从用户访谈和第一手观察中所获得的真实人种学数据。人物模型是设计师从解读数据所做出的分析和推断中构造出的。

造成误解很有可能是，因为人物模型虚构的名字、表面上的（但对实际收集的数据是真实的）人口统计数据信息，以及叙述式的讲故事技巧覆盖了行为数据。这些手段都是为了增强设计者的同理心，同产品团队成员沟通用户需求而采用的。这些叙述式的概念只是交流的辅助手段，并不会影响用于刻画人物模型的真实行为数据，不影响在此基础上最终形成的设计决策。

遗憾的是，使用人物模型时，并非所有人都遵循第 2 章所描述的数据收集的详细过程，或者本章讲述的人物模型创造过程。有时候，设计者在人口统计用户信息上添加一点叙述式的表面功夫，就当成人物模型使用。如果碰到声称使用人物模型的产品团队、设计团队或者客户，一定要问清楚他们的人物模型是如何创建的，收集了哪些用户信息，又是如何分析创造出来的。如果"人物画像"没有任何关联的目标，那就立刻亮出黄牌。尽管单是人口统计信息就能帮助团队了解用户基础的构成，但这些信息不足以构造出能够生成详细的设计概念的人物模型。

人物模型不如引入真人有用

人物模型是从真实或潜在用户中收集的信息基础上有意构造的。许多年来，业内一些人士质疑，将拥有真实照片、人口统计数据和真实独特行为的实际用户引入设计过程不是更有效、更真实吗？

这种方法被称为"参与式设计"，似乎能够从哲学和政治的角度解决一些问题，因为当实际用户在场，你就无法质疑他们的做法。不过，这么做实际上给设计的概念化带来了一些严重的问题。将许多人的行为集中并进行分析本质上是为了一个目的：设计师能够将大部分用户普遍存在的关键行为和需求同特定用户的特殊行为分离开来。关注个体用户而不是总的用户行为，同样有可能让你错失个别用户（有特殊行为）的关键行为，这些个别用户或许碰巧没做这样的行为，或者做法与大多数用户不同。

如果委托人或者产品团队坚持引入真实用户，可以首先解释人物模型是从观察真实用户中创建出来的。然后展示用户访谈环节的音频或视频记录（确保至少部分受访者可以接受这么做）。或者可以邀请一位利益相关者参加访谈。如果团队能够拿出证据，证明人物模型以实际用户行为类型为基础，就会发现问题迎刃而解。

如果上述办法都不管用，就需要让他们相信，任何用户的反馈都需要对研究中的广泛类型进行综合分析，或者与同一环节提供反馈的其他用户进行汇总。

人们并非为了任务而完成任务

可以说，人们很少从任务的角度来考虑产品，尤其是对于消费产品和社交系统而言。很少有人登录 Facebook、打开电视或者访问新闻网站是为了完成脑海中的某个具体任务。人们这么做，更多的是"就想看看有什么新鲜事"，然后做出回应。结果，一些设计师就倡导，基于任务的方法不适用于这些领域，因此应该摒弃人物模型，用灵感做设计。并非所有用户会以执行任务的形式思考问题，这么说没错，但不能一刀切。任务不是人物模型的核心，目标才是。"跟上潮流"就是完全合理的目标。

人物模型是可溯源的

尽管所有主要的人物模型特征都应该源于用户研究，但一些设计师只将那些在用户访谈中看到的特征融入人物模型特征中。如果一些组织想要确保设计遵循严格的以用户为中心的设计方法，保证设计师不是简单地虚构人物模型，则上述办法很有效。但是受访者很少能够清晰地陈述自己的目标。很多时候，人物模型最好的引述能够体现许多受访者都表达过的含义，但又没有任何一个受访者都把这种含义明确表述出来。如果有压力要求必须保证可以溯源，可以这样反驳说，人物模型可以追溯研究中发现的模式，而不是某个具体的特殊访谈。

人物模型的量化

一些设计师认为，需要用定量数据来验证人物模型。事实上，如果严格遵循第 2 章和本章描述的过程，就已经通过详细定性数据进行了验证。

信奉定量数据的利益相关者或团队通常会这样回应："你怎么确定这些人物模型能够真实地代表绝大多数用户？"这个问题源自混淆了人物模型与市场划分人物模型。市场划分根据人种学和心理学的差别对潜在客户进行分组。另一方面，人物模型代表使用产品的动作，就界面而言，并非始终代表某个独有的群体。主要人物模型决定界面的结构，特定的界面设计除了支撑主要人物模型的需求，还能满足一个或多个次要人物模型（或补充人物模型）的需求。因此，即便主要人物模型自身不能代表绝大多数的市场，一个界面所服务的主要、次要和补充人物模型三者加起来也足以代表大部分的市场。

即便如此，了解人物模型的市场份额也是有用的。开发团队在细节层面对各个特性进行优先级排序的时候，更是如此（非独有人物模型群体相关信息也纳入考虑范畴）。如前所述，可以开展"人物模型个性调查"，找出来每个参与者与哪个人物模型最相似。具体过程如下：

（1）回顾各个行为变量，以及受访者和行为变量的对应关系。
（2）针对每个变量，制订一个多项选择题，答案能够区分不同的人物模型。（请注意，有时多个人物模型针对特定变量会有相似行为表现。）
（3）针对每个变量制订 2~4 个问题，以不同的问法询问相同的问题。这样能够保证参与者回答问题的准确性。
（4）随机安排调查问题顺序。
（5）向参与者发放调查问卷。
（6）用表格记录每位参与者的反应，跟踪每个人物模型对应的答案个数。如果人物模型得到的某特定参与者的回应最多，那么该人物模型就与这个任务参与者最相似。
（7）用表格记录每个人物模型与多少名参与者相似，然后除以参与者总个数。这就是人物模型的市场份额（百分比）。

记住，主要人物模型不一定占最大的市场份额，还要权衡次要和补充人物模型的作用，每个角色都要单独进行设计。

组织人物模型

人物模型是描述人们行为模式的工具。不过，我们发现另外一个相似却更加简单的概念，也可以用于描述人物模型所属组织的行为。例如，如果你在设计一个薪酬系统，小公司的需求和人物模型与之交互的方式和跨国公司有很多不同。因此，二者的人物模型很可能不一样（或许跨国公司的角色比小企业更加专门化），因此交互方式也就不一样，此外企业自身的规则和行为都不同。可以想象，这个道理同样适用于其他类型的组织（你需要为它们做设计），甚至适用于处于不同生活阶段的家庭等之类的社会单位。

为人物模型收集信息时，无疑会捕捉到其所属或相关联的单位组织的相关信息。通常，可以使用类似的叙述方法，构造聚合的虚拟组织人物模型，你的人物模型就属于这一组织。人物模型通常起一个能引起共鸣的名字，用一两段话介绍一下，针对所要设计的产品和服务，该组织有哪些行为和痛点就足以提供必要的情境了。设计师可以不使用照片，而是创造组织的标志，用在展示材料中。

资源有限时使用临时人物模型

尽管我们非常希望人物模型建立在详细的定性数据基础上，但有时限于时间、资源、预算不足，或公司不愿意执行必要的现场工作，在这种情况下，可以使用临时人物模型（唐·诺曼称为"特殊人物模型"（Ad Hoc Persona））来清楚地传达设想：重要的用户是谁，他们需求是什么。这种任务画像还能迫使严格地思考如何满足具体的客户需求（即便这些需求未经验证）。

临时人物模型的架构类似真实的人物模型，依赖可获取数据，以及设计师对用户行为、动机和目标的仔细揣测。他们通常建立在利益相关者和主题专家对用户的了解，以及现有市场数据中对用户了解的基础之上。事实上，正如第 2 章所述，临时人物模型更像是有血有肉的人物模型。

根据我们的经验，在研究匮乏的情况下，使用临时人物模型比没有任何用户模型结果要好。就像真实的人物模型一样，临时人物模型有助于帮助产品团队聚焦产品特性和行为，并就此达成共识。然而，有几点需要注意。临时人物模型之所以有这个名称，是因为他们是建立在限定的定性数据基础上人物模型的替代品。尽管临时人物模型有助于设计和产品团队更好地聚焦，但是如果没有数据来支撑假设，则可能会导致以下结果：

- 聚焦于错误的设计目标。
- 尽管聚焦于正确的目标，但漏掉了使产品与众不同的关键行为。
- 要获得未参与产品创造的个体和组织的青睐，存在一定困难。
- 损害人物模型价值，导致所属组织长期拒绝使用人物模型。

使用临时人物模型，重点注意以下几点：

- 明确标示该人物模型，解释清楚。我们通常只给它们起个名字。
- 在视觉呈现上，选择素描而非照片作为代表，有助于加强角色临时性的提醒。
- 尽量使用现有的数据（市场调查、领域研究、主题专家、领域研究或者类似产品的人物模型）。
- 记录下使用了哪些数据，如何做出互动假设。
- 避免使用典型（没有领域数据更难避免）。
- 专注于行为和目标，而不是人口统计。

其他设计模型

人物模型是极为有用的设计工具，却不是对用户和环境进行建模的唯一有用工具。

霍尔茨布拉特和拜尔的《情境设计》一书中介绍了关于模型的大量信息，在此简要讨论。

工作流模型

工作流（Work Flow）或者**序列模型**（Sequence Model）有助于捕捉企业组织内的信息流和决策过程。通常表述为流程图或者有向图的形式，用以捕捉几种现象：

- 过程的目标或期望结果。
- 过程和每个动作的频率及重要性。
- 过程和每个动作的诱发和促进因素。
- 依赖关系——过程和每个动作执行必需的条件，以及什么依赖于过程和每个动作的完成。
- 参与者及其角色和责任。
- 具体执行的动作。
- 做出的决定。
- 用以支持决策的信息。
- 哪些地方会犯错——错误和例外情况。
- 如何纠正错误和意外情况。

一个完整的人物模型应该能够捕捉人物模型单独的工作流程，但是在捕捉详尽的人际间的或者组织间的工作流程时，工作流模型依然必要。主要建立在工作流上的交互设计往往会像“实现模型”的软件一样失败。“实现模型”软件的交互主要根据其内部技术结构建构。因为工作流之于业务如同框架之于编程，以工作流为基础的设计通常会创建出“业务实现模型”，功能齐备却没有人性。

人工制品模型

顾名思义，**人工制品模型**（Artifact Model）代表的是用户执行任务和工作流中使用的各种不同人工制品。通常，这些人工制品指的是在线或纸质的表格。人工制品模型通常捕捉类似人工制品之间的共同点和显著差异，目的是为了在最终设计中提取和复制最佳实践。人工制品在设计过程的后期可能比较有用。要注意，直接将纸质系统转换为数字系统时，如果不认真分析目标、运用设计原则（见本书第 2 部分），那么通常会导致发生可用性问题。

物理模型

物理模型（Physical Model）同人工制品模型一样，意在捕捉用户环境的元素。物理模型的关注点是捕捉构成用户工作空间的物理对象的布局，有助于发现用户使用频率问题和妨碍生产效率的物理障碍。好的人物模型描述囊括了这一信息的部分内容。但在复杂的物理环境中（如医院平面图或者生产线），针对用户环境创造离散、详尽的物理模型（地图或者平面图）或许有用。

人物模型和其他模型使得大量令人困惑的用户数据变得合理、有意义。既然已经拥有了作为设计工具的成熟模型，下一章将讨论如何使用这些工具将用户目标和需求转换为可行的设计方案。

第 4 章
设立愿景：场景和设计需求

在前两章中，我们讨论了如何收集关于用户的定性信息，如何利用信息创建模型。通过仔细分析用户研究结果及人物模型及其他模型的综合体，我们创造了一副清晰的画面来呈现用户及其各自的目标和用户目前的情况。接下来，就到了整个方法的关键部分：如何利用对用户的理解来制订设计方案，既能让用户满意、对用户有所激发，同时又能完成商业目标，突破技术上的限制。

弥合研究与设计之间的鸿沟

产品团队启动一个新项目后不久，通常会碰到一个严重的阻碍。开始的时候满怀壮志，收集了大量研究数据，或者更典型的做法是，雇人收集市场、用户或者竞争产品研究的相关数据。又或者是不做研究，直接进行头脑风暴，收集了一堆貌似很酷又很有用的点子。

研究固然能够深入理解用户，头脑风暴也的确很有趣，能够激发团队灵感，但一旦开始制订详细的设计和开发决策，团队很快就会意识到，遗漏了从理论研究到实际产品设计的过程的一个关键环节。没有指南针指明研究的道路，没有组织原则强调哪些特性和功能与实际用户相关，并描述如何才能把各种要素融合成一款连贯产品，从而同时满足用户需求和商业目标，最终是得不到任何清晰的解决方案的。

本章讲解弥合研究与设计之间鸿沟的过程的前半部分。这里采用的一系列技巧均以人物模型为主角。这些技巧以迭代、可重复和可测试的方式迅速推出设计方案。这一过程包含四个主要活动：

- 利用故事情节或场景剧本来设想理想的用户交互过程。
- 运用场景剧本提取设计需求。
- 依次使用这些需求来定义产品的基本交互需要。
- 在这个框架中不断增加设计细节。

叙事是这一过程的黏合剂，是研究数据和潜在产品特性的指南针：用人物模型创造故事，让故事指明用户满意的地方。

场景：以叙述为设计工具

叙事，或者说讲故事，是人类最古老的活动之一。关于用叙事传达思想的文字已经有很多。不过，叙事也是我们最强大的创造方法之一。从很小开始，我们就习惯了用故事来考虑各种可能，这也是为用户设想一个美好新未来的高效途径。想象一个用户如何使用产品的故事，远比仅仅设想一个更好的形式元素或者屏幕元素配置，更能充分地利用强大的创造力。此外，叙述固有的社交属性使它成为高效而吸引人的工具，用来在团队成员和利益相关者之间分享优秀创意。最终，围绕故事设计出的体验更易于用户理解并参与，因为所有设计是围绕故事构建的。

叙述是高效的设计工具，证据随处可见。著名的迪士尼幻想工程师（Disney Imagineer）[①]构建体验如果不以现代神话为基础，也会迷失方向。我们为数字产品创造的体验都有其自己的叙事结构（可能更有根据），交互设计就建立在这些叙事的基础上。

很多文字就是讨论这一想法。布伦达·劳雷尔（Brenda Laurel）在《计算机影院》（*Computers as Theatre*）一书中，探索了采用戏剧原则来构造交互设计的概念。她敦促我们"……将重点放在设计行动上。对象、环境和特征的设计都应该从属于这一中心目标。"约翰·莱因弗兰克[②]（John Rheinfrank）和谢利·埃文森（Shelley Evenson）也谈到了在开发概念复杂的交互系统时[③]"未来故事"的力量。约翰·卡罗尔（John Carroll）也围绕基于情境的设计创作了大量作品，我们稍后会在本章中讨论。

---

① 译者注：华特迪士尼幻想工程（Walt Disney Imagineering）是华特迪士尼公司旗下的一个开发部门，负责设计建造世界各地的迪士尼主题乐园。Imagineering 由"imagination"（想象）与"engineering"（工程）组合而成。

② Laurel, 2013

③ Rheinfrank and Evenson, 1996

叙述在交互产品的视觉描述方面也很有效。交互设计首先是对不断发生的行为进行设计。因此，叙事结构结合快速、灵活的视觉工具（比如不起眼的白板），能够完美地激发、想象、呈现和验证各种交互概念。

交互设计叙事顺序与用故事板的漫画书顺序非常类似，故事板用于动画产业中。它们都有两个重要特点：有故事情节、简单明快。正如故事板为电影脚本注入生命一样，设计方案的创造应该遵循故事情节的演绎。故事板中细节过多只会白费时间和金钱，还可能会让我们陷入次优的想法中，或许仅仅因为这些想法就耗费了大量重要资源（导致概念和行为层面改进时间不足）。

在过程的最初阶段，我们只关注情节中的各个点，这使得我们能在探索设计概念时保持灵活。好莱坞公司花费数百万美元在简单的铅笔画或线条画等基础设计中，因为这些足以传递动作和潜在的体验。把关注点放在叙事上，我们能够快速灵活地设计出高水准的方案，而不会在惰性和开支的泥潭中纠结，但惰性和大笔开支是高产值作品固有的部分。（不过，一旦设计框架确定后，这种作品无疑是合适的。）

场景 vs.使用案例、用户故事

场景和使用案例都是用来描述用户与系统交互的方法。不过，它们服务于不同的功能。目标导向的场景是从具体用户（人物模型）角度定义产品行为的迭代手段。其中不仅包括系统的功能，也包括功能的优先级排序，以及这些功能如何从用户所见、用户如何与系统交互的角度来表达。

另一方面，使用案例通常是一种技术，基于对系统功能需求的全面描述上，具有事务性（Transactional Nature），关注低层用户行为和相应的系统反应[1]。系统的精确行为——系统究竟如何回应——通常不是常规或具体使用案例的一部分。关于系统形式和行为的很多猜想仍然是不清晰的[2]。使用案例允许针对不同类型的用户，完整地归类用户任务，但很少或完全没有提到这些任务是如何呈现给用户的，或者在界面中孰重孰轻。根据我们的经验，传统使用案例作为交互设计基础的最大不足是，它们倾向于认为所有可能的用户交互都同样可能出现，都同样重要。这表明用例源于软件工程而不是交互设计。用例在确定极端例子及确定产品功能是否完整方面用处很大，但只适用于设计验证的后期。

敏捷编程方法中会采用用户故事的方式，但通常这些故事并非真实的故事或叙事。相反，用户故事由简短的词句组成，如"作为用户，我想登录我的网上银行账户。"一般说来，紧跟着

---

① Wirfs-Brock, 1993

② Constantine and Lockwood, 1999

会出现另一组句子，简单描述完这一交互所需的界面。用户故事更像是非正式的措辞要求，而不是场景。用户故事不会描述宏观层面的整个用户流程或用户最终目标。这些很重要，可以删除不必要的交互，锁定用户真实需求（更多内容参照第 12 章）。

场景更类似于敏捷方法所描述的叙事诗（Epic）。同场景一样，叙事诗不描述任务层面的交互，而是主要描述更广泛深远的交互集合，这里的交互旨在满足用户需求。叙事诗更关注功能和用户界面与交互的呈现，而不是用户行为。但在范围和粒度水平方面，比起用户故事，叙事诗与场景剧本的共同点更多。

基于场景的设计

20 世纪 90 年代，人机交互（HCI）社区围绕面向用户的软件（Use-oriented Software）设计概念做了大量工作。从这些工作中产生了场景（Scenario）这一概念，一般用来描述具体解决设计问题的方法：运用一个具体的故事构建并阐明设计方案。约翰·卡罗尔在 *Making Use* 一书中讨论这些概念：

"场景既具体又概括，既真实又灵活……场景含蓄地鼓励所有人以'如果……则会怎么样'的方式思考，允许人们在不削弱创新的前提下，清晰阐述各种设计可能……场景迫使人们关注使用，而使用则构成了设计的产品。场景能够针对多种不同的目的，描述各级细节的情况，有助于协调所设计项目的各个方面。"[①]

卡罗尔所采用的基于场景的设计（Scenario-based Design）描述了用户完成任务的方式。基于场景的设计由环境设定组成，包括抽象出来代替用户的代理人（Agent 或 Actor），还有基于角色的名字，如"会计"或"程序员"等。

尽管卡罗尔的确了解场景在设计过程中的力量和重要性，但是我们发现他的方法存在两个缺陷：

- 卡罗尔认为代理人是抽象出来、基于角色的模型，但这一概念还不够具体，不足以理解用户或者产生针对用户的同理心。不了解用户的具体细节，就不可能设计出拥有恰当行为的系统。
- 卡罗尔的场景概念迅速地跳转到任务阐述，却没有考虑是什么样的用户目标和动机在驱动和过滤这些任务。尽管卡罗尔的确简短地讨论了目标，但他所指的仅仅是场景的目标。这些目标被迂回地定义为具体任务的完成。根据我们的经验，在确定用户任务

---

① Carroll, 2001

并排列出优先级之前，应该先考虑用户目标。不解决人类行为的动机，很难进行高层次的产品定义，也很容易被误导。

卡罗尔基于场景的设计方法中缺少了一环，即使用人物模型。人物模型是用户的有形代表，是场景设定中的可靠代理人。人物模型除了反映当前的行为模式和动机，人物模型还能让人去探索未来用户动机如何影响任务，以及如何对任务进行优先级排序。因为人物模型仿效的是目标，而不仅仅是任务，因此场景解决的问题范围能够扩展到产品定义。人物模型帮助回答了以下问题："产品应该是什么样的"，以及"产品看起来应该像什么，有什么样的行为"。

基于人物模型的场景

基于人物模型的场景是用叙事的方式简明地描述运用产品或服务来实现具体目标的一个或多个人物模型。这种方法让我们能够从一个故事作为设计的开端，这个故事从人物模型的角度描述一种理想的体验，聚焦于人及其思考和行为方式，而不是关注科技或商业目标的实现。

场景能够捕捉随时间而出现的用户与产品、环境或系统之间的非语言对话，以及交互功能的结构和行为。目标能够对任务进行过滤，并能在构造场景剧本的迭代过程中对信息显示和控制的组织进行指导。

场景的内容和背景是从研究阶段收集并在建模阶段分析得到的信息中推导出来的。在创建场景剧本时，设计师执行一种角色扮演人物模型，带着人物画像排练日后如何与产品或服务交互，就像演员即兴表演一样。这一过程促使结构和行为的实时综合，通常绘制在白板或写字板上，然后再填补外观和细节。最后，使用人物模型和场景来验证整个过程中的设计创意和猜想是否有效。

在设计过程的不同阶段，目标导向设计的方法会采用三类基于人物模型的场景，每一类都相继有针对界面的焦点。第一类是情境场景，用于在更高层次探索产品如何更好地服务于人物模型的需求。情境场景在执行任何设计草图之前创建。情境场景从人物模型的角度撰写，关注人类活动、感知和期望。正是在开发情境场景时，设计师具有最大的自由来设想理想的用户体验。创造这类场景的更多细节请参考 "第 4 步：构建情境场景"。

一旦设计团队定义了对产品功能和数据，开发出设计框架（见本书第 5 章），情境场景就被修改了。通过更详细地描述用户与产品的交互、引入设计词汇，情境场景就成为关键路径场景（Key Path Scenario）。这些场景关注最重要的用户交互，始终注意人物模型如何使用产品以达到自身目标。随着越来越多的细节被开发出来，关键路径场景也会反复得到优化。

在此过程中，设计团队使用验证场景在各种情况下测试设计方案。这些场景往往不会那么详细，通常会使用"如果……会……"等问题质询拟议解决方案。第 5 章介绍如何开发和使用关键路径和验证场景。

设计需求：交互"什么"问题

需求定义阶段决定设计中的"什么"问题：人物模型需要哪些信息和能力来完成其目标。在进入下一个问题之前，阐明交互中需要"什么"并达成一致意见很关键：产品外观是什么样子、有什么样的行为、如何操作、感觉如何。混淆这两个问题是设计交互产品过程中最严重的陷阱之一。很多设计师都想直接跳到细节设计，拿出可能的解决方案。不论你多有创意、技巧多么娴熟，我们都希望你不要这么做，因为这么做有陷入死循环的风险。如果没有阐明问题并达成一致意见就提出解决方案，那么得到的就是没有清晰、客观的方法评估设计是否适当。这又会导致产品团队和利益相关者中产生"我喜欢"对抗"你喜欢"的主观差异。

不采用这种方法，设计师、利益相关者和客户基本上只能求助于本能和直觉，而这么做对于交互产品这么复杂的东西来说，成功率一向很低。

在其他创造性领域，首先定义"有什么"的重要性广为理解。图画小说家不会一上来就开始写作绘画，而是会研究故事中的人物模型，然后勾画轮廓，创作故事板，粗略勾勒叙述和形式。这也正是我们在定义数字化概念时需要做的。

 设计原则

设计产品行为前，首先定义产品会做什么。

设计需求不是特性

要注意，这里提到的需求（Requirement）概念不同于该词在业内的常规用法（我们认为业内误用了）。在许多产品开发组织中，"需求"已经成了产品特性或功能的同义词。需求和功能之间显然有关系（我们把这一点作为设计过程的关键部分，详见第 3 章）。但是我们建议把设计需求当成需要（Needs）的同义词。换句话说，在这一步，必须满足人类和商业的需要，这也是产品必须满足的目标。

设计需求不是规格说明

"需求"一词在业界的另一种用法是一张功能列表，这份功能列表通常是产品经理做出来的。

这些市场营销需求文档（MRD）和项目需求文档（PRD），在得到良好执行时，是在试图描述"产品是什么"问题，但也存在陷阱。首先，上述列表通常只和任意一种用户研究有着松散的联系，在制订时往往没有认真研究用户需求。尽管文档中描述的内容可能（幸运的话）反映的是一款连贯的产品，但也没法保证会是用户喜欢的产品。

其次，许多市场需求文档和产品需求文档容易将产品需求与实现方式混为一谈。诸如"应该有一个菜单包含……"之类详细的界面描述预先假定了一个解决方案，但可能不适用于用户及其工作流程。在设计过程之前命令制订解决方案只会引来麻烦，因为这样很容易导致笨拙杂乱的交互和产品。

例如，设想设计一款数据分析工具，帮助决策者更好地理解其业务状态。如果不了解需求，直接设计解决方案，你可能会很容易得出这样的结论：这个工具输出的应该是报告。如果执行过用户研究，可能会注意到，报告是普遍被接受的解决方案。不过，如果能够想象一些情节，分析用户的实际需求，那么可能会发现，决策者实际需要的是在错失机遇或者出现问题之前，认识到异常情况的办法。从这里不难看出，静态的平面报告不是满足这些需求的最好方法。用这个解决方案，决策者必须仔细查看数份报告，才能找到异常和趋势背后隐藏的重要数据。而更好的解决方案可能包括数据驱动的异常报告或实时趋势监控系统。

此类需求文件的最后一个问题是，文档自身对商业利益相关者和开发人员来说用处不大。这种文档无法将清单上的内容视觉化，无法看到能够反映清单所列需求的设计，利益相关者和开发人员都很难根据描述做出决定。

设计需求是战略性的

为了找出最佳方式来满足特定的人群需求，就要从需求着手，而不是从解决方案开始，这里交互设计师有大量的方法来创造强大诱人的产品。分离问题和解决方案是一种方法，这么做能在不断变化的技术和崛起的机遇面前，尽可能保持灵活性。通过明确定义用户需求，设计师能够同技术人员一道，找到切实可行的最佳方案，同时保证产品帮助人们达成目标的能力不会妥协。这样的话，执行出现问题时不会殃及产品定义。同样也就可能规划长期技术发展，从而能够提供日益先进的途径来满足用户需求。

设计需求来源广泛

我们已经讨论过，人物模型和场景是设计需求的主要来源。尽管人物模型可能是需求等式中最重要的部分，但设计还包括其他需求。人物模型商业需求和限制，以及技术和法律的约束通常是在采访产品的商业和技术利益相关者时收集到的。下一部分将详细地列出需求目录。

需求定义过程

把健壮的模型转化为设计方案需要经过两个主要阶段。如图 4-1 所示，需求定义回答了关于产品是什么以及要做什么的问题。框架定义则主要回答了产品行为方式和如何构建产品来满足用户目标等问题。

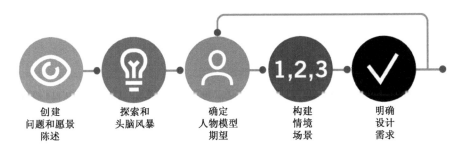

创建
问题和愿景
陈述

探索和
头脑风暴

确定
人物模型
期望

构建
情境
场景

明确
设计
需求

图 4-1　需求定义过程一览图

在本节中，我们要讨论的是需求定义的细节。第 5 章将讨论框架定义。这里讨论的方法以人物模型场景的方法论为基础，由罗伯特•莱曼、金•古德温、莱恩•哈利、大卫•克罗宁（David Cronin）和韦恩•格林伍德（Wayne Greenwood）创立，过去 10 年来经过了 Cooper 公司设计师们的不断优化。

需求定义过程由以下五个步骤组成（本章剩余部分详述）：

（1）创建问题和愿景陈述
（2）探索和头脑风暴
（3）确定人物模型期望
（4）构建情境场景
（5）明确设计需求

虽然上述步骤大致按执行的时间先后排列，但它们呈现的是一个循环往复的过程。设计师可能需要在步骤 3 和步骤 5 之间重复多次，直至需求稳定下来。这是本过程的必要环节，不能省略。每一步骤的详细描述如下。

步骤 1：创建问题和愿景陈述

在构思过程开始前，设计师要对前进方向有明确的指令，这点很重要。目标导向的方法旨在通过人物模型、场景和设计要求定义产品和服务，不过此刻定义场景和需求的方向通常是很有用处的。我们已经意识到针对哪些用户、目标是什么，但还缺乏清晰的产品要求，这样仍有很大的可能产生困惑。问题和愿景陈述提供了这种指令，非常有益于在设计过程向前推进之前，在利益相关者之间达成共识。

在较高层次上，问题陈述定义了设计启动的目标。设计的问题陈述应该同时为人物模型，以及提供产品给人物模型的企业简明地反映变化。通常企业和人物模型之间的关注点之间存在因果关系，例如：

X 公司的顾客满意率低。市场占有率去年下降了 10%，因为用户执行任务 X、Y 和 Z 时工具不趁手，而用户执行这些任务其实是为了满足目标 G。

把商业问题和可用性问题联系起来是推动利益相关者支持设计的关键，也是同时满足用户和商业目标而拟定设计框架的关键。

愿景陈述是问题陈述的倒转，是高层设计目标或委托。在愿景陈述中，将以用户需求为引领，将需求转化为如何让设计愿景满足商业目标。以下是前一个例子中产品重新设计的模板（类似的话语也适用于新产品）：

产品 X 的新设计能够提高用户执行任务 X、Y 和 Z 的准确性、效率等，避免他们当前面临的 A、B 和 C 问题，从而帮助用户完成目标 G。这能显著提高 X 公司的客户满意度，提高市场份额。

问题和愿景陈述中的内容应该直接从研究和用户模型中获得，用户目标和需求应该从主要和次要人物模型中得出，而商业目标则应该从利益相关者的访谈中提取。

当你重新设计已有产品时，问题和前景陈述很有用。对于新技术产品，或者尚未开发的针对市场设计的产品也有用。有了这些任务，把用户目标和挫折整理成问题和愿景陈述有助于团队建立共识，把精力专注于接下来设计活动的重点事项。

步骤 2：探索和头脑风暴

在需求定义的早期阶段，探索和头脑风暴有点讽刺的意味。项目到了现在，我们数日甚或数月以来一直在研究用户并建模，如果说对于解决方案应该像什么样子没有先入之见，那是不可能的。不过，理想情况下，我们希望不带臆断地创建情境场景，而是真正地关注人物模型更可能如何使用产品。在此阶段，我们展开头脑风暴，将脑海中的想法提炼出来，这样把这些创意记录下来，暂时先把想法放在那里。

这里的主要目的是尽可能地剔除先入之见。这么做允许设计师保持开放灵活，使用他们的想象力来构建场景，使用分析技能思维从场景中得到需求。此刻头脑风暴的另一个好处是将你的头脑切换到置于"解决方案模式"。在用户研究和建模阶段的大部分工作是分析性的，需要不同的思维模式才能想出创造性的设计。

探索（Exploration）一词表明，应该不受约束、不予批判。把所有考虑到的古怪想法（甚至那些没有想到）都说出来，并准备记录下来，妥善保管到过程的后期。你不知道哪些内容后期就能派上用场，但你可能会发现一些美妙的种子，能够放进后面创造的框架中。

也可挑选一些探索性概念与利益相关者或客户分享，帮助你发现他们关于创新解决方案和时间跨度的真正取向。如果利益相关者想要天马行空的想象，你可以仔细地挑选探索性概念来测试天马行空的想法，观察他们的反应。如果讨论看起来比较消极，你就知道随着场景推进，需要将想法调整得稍微保守一点。

卡伦·霍尔茨布拉特和休·拜耳描述了一个进行头脑风暴的方法，有助于开启探索会话，特别是团队中包括利益相关者、客户甚至急于开始考虑解决方案的开发人员时。

不要在头脑风暴中花费太多时间。简单的项目用几小时，有一定范围或复杂度的项目用几天时间，就足够让你和你的队员从系统中找出所有的疯狂想法了。如果发现想法已经开始重复，没什么新想法了，就是时候结束了。

步骤 3：确定人物模型期望

正如我们在第 1 章讨论的，人物模型的心理模型是其对现实的内部呈现——她自己如何思考事物、如何解释事物。心理模型是根深蒂固的，在一个人的自我意识中几乎是下意识的，往往是一生经历累积的结果。人们对产品及其工作方式的期望，心理模型透露着大量信息。

因此，界面的呈现模型——设计如何表现和呈现自己——应该尽可能地与我们对用户心理模型的理解相契合，这点很重要。呈现模型不应反映实现模型，即产品实际的内部构造方式。

为了达到这一目标，我们正式记录这些期望。这是需求的一个重要来源，对于每个主要和次要人物模型，我们要确定以下几点：

- 影响人物模型期望的态度、经历、渴望和其他社会、文化、环境，以及人物模型认知因素。
- 人物模型对使用产品的体验可能持有的一般期待和愿望。
- 人物模型对产品行为的期待和愿望。
- 人物模型如何看待数据的基本元素或单位（例如，在一款电子邮件应用程序中，数据的基本元素也许是信息和人）。

人物模型描述中可能包含了充分的信息，能够直接回答这些问题。不过，研究数据仍是极其丰富的资源。运用这些数据来分析访谈对象，如何定义和描述构成对象使用模式一部分的物体和动作，以及对象使用的语言和语法。这里有需要寻找的问题：

- 访谈对象首先提到什么？
- 使用了哪些动作单词（动词）？哪些名词？
- 在此过程中没有提及哪些中间步骤、任务或者物体？（提示：这些事情对他们如何看待事物也许没有那么重要。）

步骤 4：构建情境场景

所有的场景剧本都是关于人及其活动的故事，而情境场景是我们使用的三种场景类型中最像故事的一种。

情境场景讲述的是某个人物模型的故事，有着多样的动机、需求和目标，这个人物模型以自己最典型的方式，使用产品的未来版本。情境场景展现了人物模型使用场景，包括了环境和组织（对于企业系统而言）考量。

正如我们之前讨论的，设计由此而始。开发情境场景时，重点是如何才能使设计的产品最有效地帮助人物模型实现目标。情境场景建立在一天或者其他有意义的一段时间中，主要和次要人物模型与系统之间（或者与其他人物模型之间）的主要接触点。

情境场景应该范围广而浅，不应该描述产品或交互的细节，而应该从用户的角度专注于高层次的动作。重要的是首先制订出宏观轮廓，系统地找出用户需求。只有这样才能设计合适的交互动作和界面。

情境场景解决了以下问题：

- 产品在什么背景下使用？
- 是否会被超时使用？
- 人物模型是否经常被打断？
- 是否有多个用户使用单个工作站或者设备？
- 与其他产品一起使用吗？
- 人物模型要达到目标需要执行的首要活动是什么？
- 使用产品预期的最终结果是什么？
- 根据人物模型的技能和使用频率，允许的复杂程度有多大？

情境场景不应该像当前一样代表产品行为。这些场景代表的是目标导向产品这个美丽新世界，因此，特别是在初始阶段，重点是解决人物模型的目标。不要担心如何完成目标。最初要把设计当成某种有魔法的黑盒子。

多数情况下，可能不只需要一个情境场景。如果有多个主要人物画像，更是如此，但有时一个主要人物模型也可能有两个或者多个不同的使用场景。

场景也完全由文字构成。我们还没有讨论形式，仅仅讨论了用户和系统的行为。这种讨论最好用文本叙述来完成，"怎么做"的问题留到后面的改进阶段。

情景场景示例

以下是一个情景场景针对主要人物模型的第一次重复，产品是一款个人数字助理（PDA）式电话，这里所指的电话，既包括设备也包括设备的服务。薇薇安·斯特朗（Vivien Strong）是印第安纳波利斯市的一个房地产中介，她的目标是平衡工作和家庭生活、完成交易，让每个客户都感觉自己是她的唯一客户。

薇薇安的情境场景如下：

（1）早上梳洗完毕后，薇薇安用电话查收邮件。因为手机的屏幕足够大，网络连接速度也够快，所以在她急匆匆地为要上学的女儿爱丽丝做三明治之际便用手机收电子邮件，这可比启动电脑方便多了。

（2）薇薇安收到一封邮件，来自新客户弗兰克，他想下午去看房子。手机里有他的联系信息，所以现在在邮件中一个简单动作就可以呼叫对方。

（3）在与弗兰克通电话时，薇薇安切换到免提状态，这样她能够在谈话的同时看到屏幕。她查看自己的行程表，确定哪段时间还有空闲。当她做出新的安排时，电话会自动记录她与弗兰克的约会，因为电话知道她在同谁交流。谈话结束后，她快速输入那处房产的地址。

（4）把爱丽丝送到学校后，薇薇安前往房地产办公室收集另一个会面所需的材料。她的电话已经在 Outlook 里更新了她的预约信息，所以办公室里的人都知道她下午会在哪里。

（5）一天过得很快，结果薇薇安有点晚了。她朝着即将带弗兰克参观的房子出发时，电话提醒她，距离预约还有 15 分钟。打开电话后，不仅能看到预约，还能看到与弗兰克相关的所有文件，包括电子邮件、备忘录、电话留言和通话记录。薇薇安拨出电话，电话自动连接到弗兰克，因为电话知道薇薇安即将同弗兰克见面。她告诉弗兰克将在 20 分钟内到达。

（6）薇薇安知道那处房地产的地址，但不是很确定具体位置。她停靠在路边，点击预约中的地址。电话直接下载方向，还有缩略图显示她与目的地的相对位置。

（7）薇薇安准时到达目的地，开始向弗兰克介绍这处房地产。她听到钱包里电话响起。通常在见客户时，电话会自动转接到语音信箱，但爱丽丝有代码可以拨进来。电话知道是爱丽丝的电话，并使用了一个特殊铃声。

（8）薇薇安接起电话，爱丽丝错过了公交，需要有人过去接她。薇薇安给自己的丈夫打电话看他能否接女儿。可是拨通后被转入语音信箱，他肯定不在服务区内。她给丈夫留言，告诉他自己正在跟客户一起，能否抽空接一下爱丽丝。五分钟后，电话发出了一个简短的铃音。薇薇安认出是丈夫发的。她看到丈夫发过来一条即时消息："我会去接爱丽丝的，好运。"

需要注意的是，这里的场景剧本处于较高的层次，没有涉及太具体的界面和技术。在技术允许的范围内创建场景很重要，但在这一阶段，现实中的细节内容不是太重要。我们希望为真正的创新方案留有余地，总能缩减。我们最终是为了描述一个最佳且可行的体验。同样要注意，场景中的活动是如何与薇薇安的目标联系起来，尽量去除不必要任务的。

假装这有魔法

开发场景早期阶段的一个强大工具是，假定界面有魔法。如果人物模型有目标，产品有魔法来满足目标人物模型，设计交互会多简单？这种思考方式有助于设计师跳出框架看问题。魔法般的解决方案显然是不够的，但找出创意方法，用技术实现尽可能贴近魔法解决方案（从人物模型的角度来看）的交互，这就是伟大交互设计的精髓人物模型。产品以最少的骚扰完成目标，在用户看来几乎就是魔法。前面场景中的一些交互可能看起有点魔法色彩，但在当前的技术条件下都是可实现的。提供魔法的是目标导向的行为，而不仅仅是技术。

 设计原则

> 设计的早期阶段，假定界面有魔法。

步骤 5：明确设计需求

在对情境场景初稿满意后，可以分析草稿，提炼出人物模型的需要或设计需求。这些设计需求包括对象、动作和情境[①]。切记，如前所述，我们不倾向于将需求等同于功能和任务。因此从上一个场景来看，需求可以解读为：

直接从预约（情境）中拨打电话（动作）给某个人（对象）。

如果你习惯以这种方式提取需求，那很有效。不然，分解成数据、功能和情境的需求，或

---

① Shneiderman, 1998

许有用，如下所示。

数据需求

人物模型的数据需求是指必须在系统中呈现的对象和信息。利用上面的语义分析法，数据需求可以被看成对象以及与对象相关的宾语或形容词。常见例子有账号、人、地址、文件、消息、歌曲，以及如状态、日期、大小、创建者和主题等属性。

功能需求

功能需求对系统对象执行的操作或动作，通常会转换为界面控件，可以把功能当成产品的动作。功能需求也定义了界面中的对象或者信息必须显示在什么位置或容器中（位置和容器本身不是动作，但动作需要它们）。

情境需求

情境需求描述了系统中对象之间的关系或依赖。这包括系统中哪些对象必须显示在一起才能让工作流程有意义，或满足具体人物模型的目标（例如，购买商品时，选择购买的商品的列表价格总和应该是可见的）。其他情境需求包括考虑使用产品的物理环境（办公室、路上、恶劣环境），以及使用产品的人物模型使用产品的技能和能力。

其他需求

经历了假定界面有魔法这一步后，要对所设计的企业和技术的现实需求形成坚实的观点（但我们希望，如果选择影响用户目标，那么设计师能影响技术的选择）。

- 业务需求包括利益相关者的优先事项、开发时间表、预算和资源限制、规则和法律考虑、价格结构和商业模型。
- 品牌和体验需求反映体验的特性，你希望用户和客户把这些特性联系到你的产品、公司或者组织。
- 技术需求包括重量、大小、形式要素、显示、功率限制和软件平台的选择。
- 顾客和合作伙伴需求包括易于安装、维护和配置、支持成本和许可权协议。

遵循步骤 1～5，现在你应该有了粗略的创造性的概览：产品如何以情景场景的形式解决用户目标，以及从研究、人物模型及情境场景中提取的要求和需求构成简表。这些设计需求不仅指明了设计和开发方向，还提供了与利益相关者交流的工作范围。从这一点起，后面出现的任何新的设计需求，必然会改变工作范围。

现在，可以深入研究产品行为的细节了，开始考虑如何呈现产品及其功能。是时候定义交互框架了。

第 5 章
设计产品：框架和提炼

上一章中我们讨论了设计过程的前半部分，即利用故事情节或场景剧本来设想理想的用户交互过程，之后从这些场景和其他来源中对需求进行定义。现在我们终于做好准备，开始设计。

创建设计框架

在目标导向设计中，不要一上来就直接跳入细节设计，而应先站在一个高层次上关注用户界面和相关行为的整体结构，我们把这个阶段叫作设计框架。就好比设计一个房子，在这个阶段，我们应该关心房子各个房间的功能、布局和大概面积，而不必考虑每个房间的具体大小或者门把手、水龙头和厨房工作台之类的细节问题。

设计框架（Design Framework）定义了用户体验的整个结构，包括底层组织原则、屏幕上功能元素的排列、工作流程、产品交互、传递信息的视觉和形式语言、功能性和平牌识别等。从以往的经验看，形式设计和行为设计必须保持一致；设计框架包括交互框架及视觉设计框架，有时也包括工业设计框架。在此阶段中，交互设计者利用场景和需求来创建屏幕和行为草图，完成交互框架设计（Interaction Framework）。与此同时，视觉设计者使用视觉语言研究开发视觉设计框架（Visual Design Framework），它通常表现为详细的单个屏幕原型。

团队的其他成员则致力于他们自己的框架设计。工业设计师采用形式语言研究来开发大致的物理模型和工业设计框架（Industrial Design Framework）。服务设计师为服务框架（Service

Framework）中的每一个接触点构建信息交流模型。本章将详细讨论这些过程。

当设计复杂行为和产品交互时，我们发现过早地把重点放在小细节、小部件和具体的产品交互上，会妨碍框架设计，无法有效地开发出适合所有产品行为的整体框架。相反，我们应该采取自上而下的方式，首先关注总体，提出低保真而不包含具体细节的方案，保证设计师和利益相关者在开始阶段重点关注基本原则，满足人物模型的目标和需求。

修改是设计者生活的常态。通常，反复演示设计方案的过程有助于设计者和利益相关者丰富想象力，更好地理解产品满足人类需要的最佳方式。因此，这里的技巧在于，方案中的细节精细程度足以引起重视就够了，不必花费过多时间和精力阐释日后肯定还要修改或者放弃的细节。我们发现，夹杂叙事场景的故事板草图，是探索及讨论设计方案的有效方式，不会产生额外开支和惰性。

关于建筑渲染的可用性研究支持这种观点。关于人们对不同类型 CAD 图形反应的研究表明，铅笔素描图能够鼓励大家参与讨论设计方案，并能在演示当前工作时加强受众对渲染的理解[1]。卡罗琳·斯奈德（Carolyn Snyder）在其《纸质原型》[2]一书中大篇幅地讨论了这一概念，她探讨了这种低保真表现手段在收集用户反馈中所能体现的价值。我们则认为，在设计的提炼阶段中，用户反馈和可用性测试更具有建设性意义，当然有时早在框架阶段，它们就能够发挥巨大作用（本章稍后将对可用性测试展开讨论）。

定义产品交互框架

交互框架不仅要对高层次的屏幕布局进行定义，还要定义产品的工作流、行为和组织。以下 6 个步骤描述了交互框架的整个定义过程（如图 5-1 所示）。

（1）定义形式要素、姿态和输入方法。

（2）定义功能性和数据元素。

（3）确定功能组和层级。

（4）勾画交互框架。

（5）构建关键线路情境剧本。

（6）运用验证性场景来检查设计。

尽管我们把这个过程按照顺序分解为 6 个步骤，但实际上并不一定是线性过程，而经常是

---

① Schumann et al., 1996

② Morgan Kaufmann, 2003

反复的循环回路，尤其是第 3～5 步有可能因为设计者思维方式不同而顺序不同，接下来我们将详细地描述这 6 个步骤。

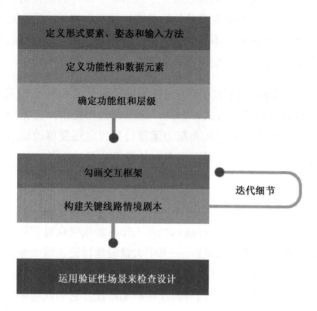

图 5-1　交互框架定义过程

步骤 1：定义形式要素、姿态和输入方法

创建交互框架的第 1 步是对设计产品的形式要素（Form Factor）进行定义。产品是高分辨率电脑屏幕上的 Web 应用？是小巧、轻便、低分辨率，无论强光还是黑暗处都能看清屏幕的手机？是嘈杂的公共场所中供众多容易分心的新手使用的信息亭？每种形式要素对设计暗含何种限制条件？每种产品的外观因素对于产品的设计都有明显的影响，对这些问题的回答为接下来的所有设计工作奠定了基础。如果回答不够清晰，可以回顾人物模型和场景，更好地了解理想的使用情境和环境。对于需要软硬件设计的产品，还需要进行工业设计考量。本章稍后将讨论如何实现交互设计和工业设计的协调。

定义外形时，也要考虑产品基本姿态（Posture），确定该系统的输入方法。产品姿态是指用户将会投入多大的注意力和产品互动，以及产品的行为将会对用户投入的注意力做出何种反应。这一决定取决于情境场景（见第 4 章）中描述的使用情境和环境。我们将在第 9 章中深入讨论姿态的概念。

输入方法是用户和产品互动的方式，同时也受到产品外形和姿态、人物模型的态度、能力和喜好的驱使。这一选择包括键盘、鼠标、小键盘、拇指板、触摸屏、声音、游戏杆、遥控器、专门按键等多种可能。确定何种组合更适合产品的主要人物模型和次要人物模型。在需要两种或以上不同输入方式的组合（如大多数电脑应用和网站访问都需要键盘和鼠标两种输入方法）时，要确定该产品的主要（Primary）输入方法。

步骤 2：定义功能性和数据元素

功能性和数据元素代表着界面中要展现给用户的功能和数据。正如第 4 章所描述，它们是需求定义阶段中所确定下来的功能和数据需求的具体表现形式。不过，如果需求的描述有意从人物模型的角度出发，采用日常词汇和语言，则功能和数据元素会以用户界面的表现语言来描述。每个元素的定义要针对先前定义的具体需求，才能保证产品的各方面都有清晰的意图，能够追溯某个使用场景或者业务目标。

数据元素通常是交互产品中的基本主体，比如照片、电子邮件、客户记录及订单等，是用户可以访问、反应及操作的基本个体。理想情况下，数据元素要符合人物模型的心理模型。在这点上，将数据对象分类十分关键，因为产品的功能定义通常与此相关。我们也关注对象的一些显著属性（比如电子邮件的发件人和照片的拍摄日期等），不过，在此阶段，对于属性的了解不必过于全面，只要对人物模型是否关心少数或者多数属性有大致了解即可。这时，可以着手构建团队软件原型，利用目标导向数据模型创建更多的正式数据模型，以供日后开发人员使用。我们将在第 6 章详细讨论开发接触点相关问题。

考虑数据元素间的关系也大有裨益。有时一个数据可能包含其他数据的信息，而更多的时候，不同数据间可能存在更紧密的联系。比如相册中的照片、播放列表中的歌曲或者客户数据中的某个账单等，都是不同数据相互联系的范例。对于简单联系可以通过创建子窗口记录，而针对复杂关系，使用方盒-箭头表示法来阐释更为合适。

功能元素是针对界面中的数据元素及其显示所做的操作。一般来说，功能元素包括数据元素操作工具，以及数据元素的视觉和结构化管理方式。功能需求向功能元素的转换，使得设计逐渐清晰具体。如果说情境场景是我们设想用户整体体验的载体，那么功能元素就让设想变得真实。

一个需求通常由多个界面元素来满足。例如，第 4 章中提到的智能电话人物模型薇薇安，需要能够拨通联系人电话的功能，则满足这一需求的功能元素如下：

- 声音激活控制（将声音数据同联系人相连）。
- 快速拨号键。
- 从目录中选择联系人。
- 从电子邮件、约会事项或备忘录中选择联系人。
- 在合适情境下的自动拨号键（比如下一个约会事项）。

再次强调，必须回到情境场景、人物模型目标和心理模型中，才能检验解决方案是否适合此刻的情形。此时，设计原则和模式开始成为创建有效解决方案的正确途径，避免了重复建设。这个阶段需要发挥创造力和设计决策能力。每个确定的用户需求，通常都需要创建多种解决方案，这时候就要审视哪个方案能够满足以下条件：

- 最有效满足用户目标。
- 最符合设计原则。
- 最适合当前的技术水平和成本考量。
- 最能满足其他条件。

假定产品是真人

第 4 章中，我们假定工具、产品或系统是有魔法的。这种假定有强大的力量，有助于想象概念层面情境场景中反映的理想用户体验是什么样子。同样，假定系统是有人性的，也能在构建交互层面的细节中发挥巨大作用。我们在第 8 章中将详细讨论这一简单的原则。简单来说，和数字系统打交道，就如同和一位彬彬有礼并乐于助人的人打交道一样[1]。当你在考虑产品交互、行为和产品的功能元素及其分类时，试想一下，如果是一位乐于助人的人，会怎么做？体贴周到的交互应该是什么样子？产品对待主要人物模型时是否有人情味？这个软件采用何种方式提供信息才不会妨碍人的正常操作？人物模型完成任务时如何尽可能地减少其工作量？

比如，如果一部手机表现得像一位体贴周到的人，当你和一个未在通讯录中的人打完电话后，它会知道你可能想要保存该电话号码，随即就应该提供一个简单而清楚的途径执行保存操作。相反，不周到的手机则只能逼得你把手机号码抄在手背上，然后再打开通讯录创建一个新的联系人。

采用设计原则和模式

对于需求向功能元素（以及这些元素的分组，在场景和故事板中探索细节的行为）的转变来说，一般性的设计原则和具体的交互模式很重要。这些工具都凝聚了设计师处理类似问题积累的多年设计经验，忽视这些常识就意味着会在早已熟知解决方案的问题上浪费不必要的时间。此外，偏离标准设计模式，可能会导致用户从零开始学习使用产品每一个特有的交互方式。这样就没有利用到用户在其他产品中早已熟知的操作，也没有利用到用户原有的经验（我们将在第 7 章中讨论设计模式）。当然，针对一般问题，有时候也需要尝试新的解决方案。但是正如第 17 章中将要讨论的，除非有充足的理由，否则不要轻易背离标准。

---

[1] Cooper, 1999

场景提供了一种一致且自上而下的交互设计方法，从主界面到细微的小窗口和对话框，场景反复运用在越来越细致的设计结构上。原则和模式则加入了一种自下而上的方法，用以平衡整个设计过程，可以用于每个设计层次上各元素的组织。具体使用和类型详情请参照第 7 章。本书的第二部分提供了大量有用并且适用于本步骤的交互原则。

步骤 3：确定功能组和层级

有了完善的高层次功能和数据元素后，就可以开始按照不同功能分组工作，确定各自的层级[①]。由于这些元素各自承担着具体任务，因此元素分组的目的在于更好地在任务中和任务间疏通人物模型的流程（参见第 11 章）。这时，要考虑的主要问题如下：

- 哪些元素需要大片的视频区域，哪些不需要？
- 哪些元素能够容纳其他元素？
- 容器如何组织才能优化工作流？
- 哪些元素需要捆绑使用？哪些不是？
- 相关联的元素使用时顺序如何？
- 哪些数据元素有助于人物模型做出决定？
- 采用何种交互模式和原则？
- 人物模型的心理模型如何影响元素组织？

在这个阶段，重要的一点是，要把数据和功能纳入屏幕、框架或网格等高层次容器元素。这些分组随着设计的推进可能会有变化（尤其当你草拟出界面后），不过这种临时的元素分组仍然有用，这将加快创建初步方案的进程。同样，这时，采用缩略图或者简单的韦恩图记录这些关联较为恰当。

对于产品所需的主要屏幕或状态（以后我们称之为"视图"），最初的情境场景会给你一个大概的感觉。如果用户仍有几个最终目标未能体现在现有数据和功能中，则需要考虑定义不同的视图来处理。相反，如果你发现有一些需求是相互关联在一起的（比如，创建预约条目时，搜寻周边饭店时，或者人物模型需要看到日历和通讯录时），就要考虑定义同一个视图来集成所有的需求。

在对功能和数据元素进行分组时，还要根据产品平台、姿态、屏幕大小、外形要素和输入方法等条件考虑如何组织和安排。如果要对容纳对象进行比较或者一起使用，则其应该是相邻的。一般来说，代表一个过程中的几个步骤的对象也应该相邻，并按照顺序排好。这种情况下，采用交互设计原则和模式是极其有用的，本书的第三部分讲述了多个原则，对本阶段各个元素

---

① Shneiderman, 1998

的组织有所帮助。

步骤 4：勾画交互框架

现在我们准备开始勾画大致的界面。首先，界面的视觉化工作应该是简单的。在我们的工作室中，我们称之为"方块图阶段"。勾画通常始于视图的细分工作，如图 5-2 所示，我们将视图细分为粗略的方块图，对应窗格、控制部件（如工具栏），以及其他高层次的容器。然后为每个方块图添加标签和注解，并描述每个分组或者元素如何影响其他分组和元素。方块间的箭头代表流程或状态的改变。

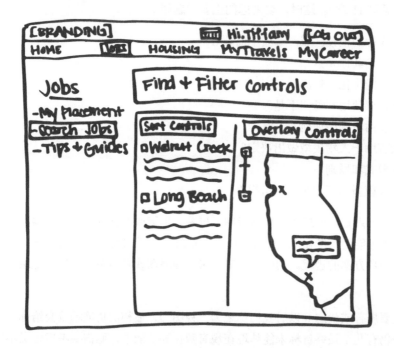

图 5-2　Cooper 公司为 Cross Country TravCorps 网站做的早期框架草图。框架草图要简单，开始采用方块图、名称及不同功能区关系的简短描述即可，可以加上一些视觉细节来表达其内容的大概意思，但是此阶段不要陷于细节设计中。

在界面上，你可以勾画不同草图，对这些高层次的容器进行排列组合。开始时，界面的视觉化应当简单明了，即每个功能组和容器用方块图表示，标注上名字和不同区域间关系的简单描述（见图 5-2）。

开始阶段一定要看到整体且高层次的框架，不要被界面上某个特殊区域的细节分散注意力（尽量设想一下每个容器的内容有助于你决定如何组织安排各个区域）。日后，有的是时间探索细节上的设计。试图过早涉足于此会带来风险，工作推进时会发现设计上缺乏一致性。在这个高层次的"方块图阶段"，必要的话，很容易探索表达信息和功能的不同方式，也非常容易进行彻底重组。在最终选择最佳方案前，尝试采用几种不同排列并用于验证性的场景（参见步骤 6），通常是有效的做法。在设计的初期花费过多精力研究复杂的细节，会阻碍设计者改变思路，选择更好的解决方案。在没有投入太多人力物力之前，要改变或者放弃现在的思路尝试新的方法，还是相对容易的。

勾画大致的框架是一个反复的过程，最好由一到两个交互设计者（理想情况下由一个交互设计者和一个"设计沟通者"，即根据设计叙述来思考的人组成）、一个视觉设计者或者工业设计师组成的合作小组来进行。

我们发现，框架勾画阶段中有几个很好用的工具。写字板可以促进协作和讨论。还有，上面的内容很容易被擦掉或者重画。此外，还可以用数字相机来轻松快速地捕捉想法，供日后参考。

近儿年来，在最初的框架勾画中，我们越来越喜欢使用配有微软 OneNote 数字笔记本并与可共享的监控器相连的平板电脑。无论使用什么工具，关键是要快速、协作性和可视性要强，并且易于迭代和分享。

一旦草图中细节足够多，就可开始运用计算机上的工具来制图。不同工具各有优缺点，常用的可以画高层次界面草图的工具有 Adobe Fireworks、Adobe Illustrator、Microsoft Visio、Microsoft PowerPoint，以及 Omni Group 的 OmniGraffle。关键是使用你自己顺手的工具，这样可以快速并简要地画出草图。根据以往的经验，我们发现，框架草图很有用处，它可以勾画出设计方案的梗概（我们先前说过，草图可以很好地促进我们展开对设计的讨论）。同样重要的是，要能够轻松地画出几个关联且按顺序排列的屏幕状态，这样就可以描述产品在关键路径场景剧本中的行为（Fireworks 软件中的 Frames 工具非常适合制作这种草图）。

步骤 5：构建关键线路情境剧本

人物模型如何使用交互框架词汇同产品进行交互，关键线路情境剧本对此进行了描述。人物模型最频繁使用界面的主要路径，通常是每天都使用的路径。比如，在电子邮件应用程序中，关键线路活动包括读写邮件，而不是配置邮件服务器。

这些场景通常从情境场景演变而来，但在此处的场景特别描述了人物模型和组成交互框架的不同功能和数据元素之间的交互。交互框架中细节越多时，我们越会反复运用关键线路情境，对用户动作和产品反应中更为具体的细节进行仔细考量。

与目标导向情境场景不同，关键线路场景以任务为导向，关注情境场景中广泛描述和暗含的任务细节。（这方面同敏捷用例类似。）这不意味着我们可以忽视目标，目标和人物模型需求始终都是整个设计过程的度量尺，用来删除不必要的任务，优化必要任务。不过，关键线路情境剧本必须在细节上严谨地描述每个主要交互的精确行为，并提供每个主要线路的走查。

故事板

采用低保真草图序列和关键线路情境剧本的叙述，你可以充分地描述设计方案如何帮助人物模型完成其目标。故事板借用了电影制作和动画片中的技巧，通过类似的过程对设计想法进行计划和评估，而无须花费大量的金钱和劳力拍摄真正的电影。产品和用户间的每个交互都可以用一个或多个框架或者幻灯片来描绘，通过故事板，我们可以使交互的连贯性和整个过程接受现实的检验。

过程变更和反复

创造性的人类活动往往都不是顺序且线性的过程，因此框架图阶段的步骤也不应被想象成简单的顺序过程。普遍做法是，在每个步骤之间前后移动，甚至把整个过程反复几次，直到产生出稳固的设计方案。根据思维方式的不同，上述的步骤3～5可以有多种不同的实现方式，你会发现其中比较适合你的一种。

语言思维者通常愿意使用场景来引导整个设计过程，按照如下顺序实现上述步骤3～5：

（1）关键线路情境剧本。
（2）进行口头上分组。
（3）勾画草图。

视觉思维者会认为从图解开始，有助于理解过程中的其他部分，倾向于按照如下顺序：

（1）勾画草图。
（2）关键线路情境剧本。
（3）查看分类在场景中是否行得通。

步骤 6：运用验证性场景来检查设计

用故事板完成关键线路情境剧本，并对交互框架进行调整，场景会逐渐变得流畅，你也更加确信自己正沿着正确的道路前进。这时，可以将重点转移到一些不太频繁使用和不太重要的交互设计上。这些验证性场景通常不像关键线路情境剧本一样详细，而是包含一系列假设性问题。本步骤的目标在于，指出设计方案的漏洞，并根据需要进行调整（或者完全抛弃或者重新开始设计）。这就需要按照如下顺序解决三类主要的验证性场景：

（1）**替代场景**：指的是人物模型决策过程中，关键路径某个点的替代或者分叉点，其中包括常见的例外情形、不常使用的工具和试图、基于次要人物模型需求和目标的其他场景或变体。回到第4章智能手机的场景中，如果薇薇安决定通过电子邮件而不是电话的方式回复弗兰克，就变成关键线路替代场景的一个例子。

（2）**必须使用的场景**：指那些必须要执行，但又不经常发生的动作。比如清空数据库、升级设备，以及其他特别请求等都属于这个类别。用户需要学习掌握必须使用的交互，因为这些情形很少会遇到，用户可能会忘记如何操作，或者如何执行相关任务。不过，由于很少用到这些功能，用户并不一定要有并行的交互方式，比如可以同时用键盘和鼠标来操作。而且这些功能也不一定要根据用户来定制化。譬如，智能手机设计的一个必备场景就是，如果用户买的是二手手机，就需要清除功能，来删除原用户所有的个人信息。

（3）**边缘情形场景**：顾名思义，指的是非典型的情形下一些产品必须要有却不太常用的功能。开发人员之所以关注边缘情形，是因为这反映出系统的不稳定性或者存在的漏洞，通常需要特别关注和投入。无论何时，边缘情形都不应该成为设计工作的重点。诚然，设计者不能忽视边缘情形和边缘功能，但这些情形和功能所需的交互，应该在设计工作优先级排序中靠后排列，处于界面的底层。代码在处理边缘情形时有成有败，产品在处理日常使用和必备情形时也是如此。再回到第 4 章薇薇安的例子中，如果薇薇安想添加两个重名的联系人，这就成为一个边缘情形场景。虽然这种情况薇薇安也不愿意碰到，但是如果存在这种情况，手机应该有能力处理。

定义视觉设计框架

交互框架建立了产品行为整体架构，至于和行为有关的外形，除非已经有了现成的视觉风格，否则，我们必须要有一个并行关注视觉设计和工业设计的过程，从而逐步细化，不断推进工作。这个过程遵循了交互框架类似路径，首先在高层次上考虑解决方案，然后逐步缩小范围，处理越来越精细的细节设计。第 17 章在视觉设计和交互设计一体化上提供了更为详尽的细节描述。

视觉设计框架通常包括以下过程：

（1）开发视觉体验特征。
（2）开发视觉语言研究。
（3）将已选择的视觉风格应用于屏幕原型。

步骤 1：开发视觉体验特征

定义视觉设计框架的第一步，选择三到五个形容词来定义产品的音调、语音和品牌承诺。（如果这些特性不符合人物模型的目标和利益，则需要进行战略性讨论。）这一组描述性的关键词统一被称作"体验特征"。

视觉设计者通常会主导体验特征的开发，而比起品牌来，交互设计者更倾向于思考产品的行为。这时，可以邀请涉众参与，或者至少在开始的时候就要获得涉众的支持。Cooper 公司构筑视觉体验特征的过程如下：

（1）收集并熟悉现有品牌纲要。围绕正在设计产品形成清晰的品牌大纲，能节省很多气力。

（2）收集拥有强大品牌特征的产品、界面、主体和服务示例，包括有助于涉众思考产品独特性的某一领域中的多样性例子。比如，收集汽车类示例，我们可能会涵盖宝马、丰田、法拉利和特斯拉等品牌。

（3）同涉众一道，确定直接或间接竞争。收集这些产品、提供服务的产品和界面相关的范例。

（4）留意定性研究中受访者提到的相关术语，尤其要注意提到的产品问题。比如，如果多次提到竞争者或产品的现在版本难以使用或"非直觉"的时候，你可能会想讨论"友好""容易"或者"可理解的"是否应该成为一种特性。

（5）有了品牌纲要、示例产品、竞争和用户笔记作为参考后，可以与涉众商讨所设计产品的次要品牌特征。我们通常会要求涉众使用红色或者绿色标签注明赞同或反对，然后讨论示例成功、失败或者存在争议。

（6）根据讨论结果，确定定义和区分产品所需要的最少数量的形容词。

（7）如果任何词语有多重词语，记录下需要的意思。比如英语"Sharp"一词，既可以指准确、轻薄，也可以形容聪明智慧。

（8）思考竞争对手。如果确定的特征无法将产品区分于对手产品，则需要重新进行定义，直至拥有自己的独特性为止。同时，还要确保个体特性是让人梦寐以求的，聪明固然不错，才华横溢则更佳。

（9）开始下一步活动前，要同涉众一起对提出的产品特征进行检查讨论，并做出最终决定。

步骤 2：开发视觉语言研究

第二步是要通过视觉语言研究（Visual Language Studies）探索多种视觉处理方案（参见图 5-3）。这些研究包括颜色、类型、小部件处理，以及整体的外形尺寸和界面的"材料"属性，比如，界面感觉起来像纸还是像玻璃。

研究表明，这些方面的展示应该是抽象的、独立于交互设计的，因为我们的目标是对一般性交互的整体基调和适用性进行评估，也想避免让粗略的交互设计对涉众造成不必要的干扰。

视觉语言研究应该同人物模型体验目标相关联，也要和需求定义阶段总结出来的任何体验和品牌关键字相关联（参见第 4 章）。通常，这项工作可以从公司品牌纲要开始，但要注意品牌纲要很少考虑交互体验，并且无法解释多媒体产品的不同之处。"品牌纲要"通常是一个文档，阐释如何通过视觉和文字传递公司的品牌和形象。

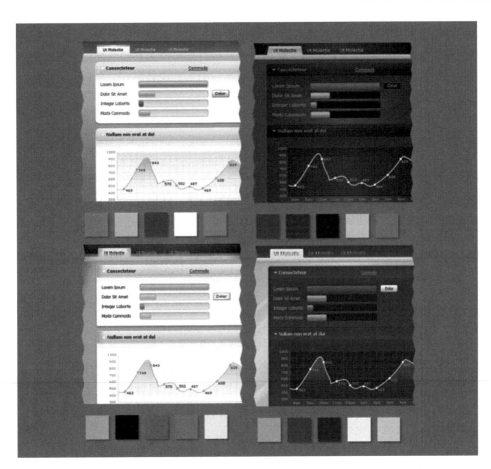

图 5-3　视觉语言研究用以探索多种抽象且一定程度上独立于交互设计的视觉风格。这样做很有意义，便于我们对视觉语言的最初探讨，又不至于过早陷入交互设计的细枝末节中。当然，最终视觉设计和交互设计工作是一定要紧密配合并互相依赖的。

实质性的工作通常要求将用于市场营销的风格指导转换成对用户交互产品或网站有意义的形式和感觉。此外，同样重要的是，在开发视觉样式时，要考虑环境因素和人物模型的能力。要让屏幕在强光和远距离情况下同样能看清楚，需要高对比度和更为饱和的色彩。老人和视力不好的人需要更大和更易读的屏幕显示。

在此阶段，交互设计通常只有一个最优的行为框架。与此不同，首次给涉众展现视觉设计时，我们通常会拿出 3～5 套方案。这些方案的视觉风格不同，但每种都包含了体验关键字和目标。使用体验特征进行设计方案的开发，能够在保持品牌含义一致性的同时，对体验进行描述，从而避免涉众根据个人喜好和偏见进行决策。

通常，我们会开发一两个极端的备选方案，在某一方向上把外观和感觉推向极致，这种方

107

法很奏效。这会使不同方案的特点更加鲜明，有助于涉众选择适当的设计方向。在接下来的过程中，我们还有很多机会和时间来修改。尽管如此，所有呈现给涉众的选择应该是合理、合适的。很多时候，你不希望客户或者涉众的选择，却是他们不喜欢的。

 设计原则

绝对不要向涉众展现你不满意的设计方案，那可能正是他们喜欢的。

在此步骤，你可以获得一系列能够反映人物模型体验目标、品牌纲要和体验关键词的视觉语言研究结果，然后就可以将其展示给涉众，看其有何反馈。在展现过程中，要注意将目标和关键词情境化，并对每一个方向的依据及各自的优缺点进行描述。我们通常会先让涉众表达对方案的最初情感反应，之后再进行理性的讨论。演示的最后，我们一般会对几个视觉风格的某些方面达成一致共识，继续向前推进。通常在开始下一步工作之前，还要反复进行视觉语言的研究工作，直到满意为止。

步骤 3：将已选择的视觉风格应用于屏幕原型

最后一步是，将一两个选定的视觉风格应用于关键屏幕上。我们通常会综合协调视觉设计和交互设计工作，而这个步骤是在交互框架设计后期进行的。这时，整个设计开始趋于定型，有足够多的具体细节能够反映视觉风格。我们进一步完善打磨，以使其体现关键行为和信息。这时设计比以前更具体、更清楚，不必为每个小细节花费大量时间，却能更好地评估建议方案的可行性，且更容易从涉众那里得到反馈。

定义工业设计框架

工业设计框架的开发同视觉设计框架的开发类似，但是由于形式要素和输入方法对工业设计和交互设计有很大影响，因此这两个方面的设计要尽早合作进行，以便及早发现有关问题。

工业设计框架通常遵循以下过程：

（1）与交互设计者就形式要素和输入方法进行合作。
（2）开发粗略的原型。
（3）开发形式语言研究。

步骤 1：与交互设计者就形式要素和输入方法进行合作

如果设计产品依赖于特定硬件（比如手机或者医疗设备），则交互设计者和工业设计师要在物理外形和输入方法上达成一致意见，这一点很重要。尽管在设计框架的过程中的确可以不断地完善设计，但在此阶段，还要做出相关决定，包括产品尺寸形状、屏幕尺寸（如果有的话）、软键硬键的数量和位置等一般性问题，以及其他类似问题，比如是否有触摸屏或多点触控屏、键盘及语音识别、动作/姿态跟踪等。这一阶段的协作，通常始于写字板和一套精简的场景，整个过程大约持续数天。

做决定时，要重点考虑人物模型的体验目标（见第 3 章）、态度、能力和环境因素，以及品牌和体验关键词、市场研究、制造成本及预期价格等。例如，小小的一个折页，就可能决定是否赢利，内部某个部件（比如电池）可能会对产品外形产生重大影响。因此，要在前期与机械和电子工程师一道，做好整体的检查工作。

用户体验会同时受物理形式和产品交互两方面的影响，因此二者的设计必须和谐。引用现代建筑界的一句格言来形容，就是"形式必须服从于功能"。交互设计的需求指导着工业设计，但制造和成本因素反过来又影响着交互设计的各种可能性。

 设计原则

用户体验只有一个，即形式和行为的设计必须相互和谐。

步骤 2：开发粗略的原型

即便整体形式和输入方法定义完成后，工业设计师通常也仍有多种不同方案可以选择。比如，我们设计办公室电话和医疗设备时，经常会讨论采用固定角度屏幕，还是可调节角度屏幕。选择确定后，如何实现这一功能？工业设计师会拟出草图，用泡沫板和其他材料创建出粗略的原型。很多情况下，出于成本和人体工学因素的考虑，我们可以把多个方案演示给利益相关者。

步骤 3：开发形式语言研究

同视觉语言研究过程相似，本步骤主要探索不同的物理风格。不同的是，这些并非抽象的组合。相反，这个过程主要是将步骤 1～2 中决定的特定形式要素和输入机制运用到不同的产品外观。形式语言研究内容包括形状、三维尺寸、材料、颜色和修饰。

和视觉风格研究一样，形式语言研究也要了解人物模型的目标、态度、能力、体验关键词、环境因素，以及制造和价格因素的制约。通常这些研究需要多轮的反复过程，最后才能形成一个令人满意且切实可行的方案。

定义服务设计框架

服务设计通常会影响组织的商业模型，因此服务设计框架（Service Design Framework）的构建要早于其他设计。

服务设计框架通常遵循如下过程：

（1）描述客户旅程。
（2）创建服务蓝图。
（3）创建体验原型。

Polane、Løvlie 和 Reason 合著的《服务设计》（*Service Design*）一书，对这一课题进行了更详尽的描述，并配有许多示例。

步骤 1：描述客户旅程

与交互设计情境场景类似，个体人物模型从初次露面到最终完成交易，对整个过程的描述就是客户旅程的内容。不同旅程对服务的强调点不同，代表了不同的人物模型目标。每个客户旅程还为设计者提供次要路径，帮助人物模型克服一些小的问题。

步骤 2：创建服务蓝图

服务蓝图指的是服务的宏大图景，人物模型凭借一系列触点，比如移动网站或店面等获得相关产品服务。它也指服务得以传递的后台过程，例如客户服务代表处理来电使用的界面。

早期的蓝图就是描述不同触点间联系的流程图。近来，人们越来越趋向于将其制作成泳道图，其中，用户置于顶端，服务组织位于下方，市场、营销和客服等渠道位于中间。

蓝图中水平的"可见线"通常用以区分前台和后台的触点。

一些设计人员可能倾向于先着手创建服务蓝图，而非客户旅程。尽管二者相互影响且在整个项目中重复出现，笔者还是认为，除非只是针对现有的、已成熟的服务进行更新，否则，最好先从客户及其替代，即人物模型开始。从客户体验开始，有助于识别服务蓝图中意料之外的触点，不然很容易忽视这些触点。

步骤 3：创建体验原型

尽管交互或视觉设计者为某一渠道的设计费尽心思，服务设计师还是选择通过体验原型阐述人物模型的体验（和触点间的连续性）。毋庸置疑，这些原型会包括诸如移动电话应用程序和网站等关键触点的模仿，当然，不止如此。通常，体验原型会以短视频的形式展示产品体验。

无论是简单侧重模仿的潜在客户访谈，还是对预期服务的全面试验，体验原型采取多种形式以实现不同程度的保真。

细化外形和行为

完成坚实、稳定的框架定义后，设计者会发现设计的剩余部分都变得明朗起来，关键线路场景的每一次重复都使得设计更加细化，产品的整体连贯性和流畅性也更加顺畅。这个阶段是转换到提炼阶段的过渡期，设计已经初具模型。

此阶段，对设计的最终形式和行为修饰来说，原则和类型依然很重要。针对提炼阶段，本书第 2、3 部分描述了许多实用的原则。另外一点也很重要，程序团队应密切参与提炼阶段工作。有了坚实的概念和行为基础，在遵从设计概念的同时，能否创造出最终成形的产品，开发人员的投入起着关键作用。

在提炼阶段中，草图故事板将变成全分辨率的屏幕，在像素级上来描绘用户界面。

设计细化的基本过程和开发设计框架的过程大体类似，只不过，现在我们要关注更深且更细微的方面（不过，如果不存在硬件设备的意外成本或者制造问题，当然没有必要再次考虑外形因素和输入方法）。前面提到的步骤 2~6，主要关注视图和窗格所在层次，完成不断细化的视觉和工业设计后，我们将采用场景来推动和解决产品中更为精细的部件。

此阶段，要尽可能考虑所有的主要视图和对话。在经历了整个提炼阶段后，视觉设计者应该发展并提出一套视觉风格指南。对于设计者没有时间和资源完成的界面中较低优先级的部分，程序员可以按照这份指南来运用视觉设计元素。同时，工业设计师和工程师一道来完成部件和组装部分的工作。

由于设计过程的终端产品形式各异，我们通常会制作一份可打印的外形和行为规格文档。这个文档包括带有详细编号的屏幕渲染说明，程序员可以依据这些信息编写程序，同时也包含用于描述行为的详细故事板。另外，用 HTML 或者 Flash 来制作交互原型也很有用，作为指南文档的补充，它可以更好地解释复杂的产品交互。不过要记住，不能只使用原型，因为仅仅使用原型不足以表达底层的模式风格、原则和基本原理，这些都是要和程序交流的重要内容。不管最后提交的设计方案如何，在开发和实施的整个过程中，设计团队都要继续和实施团队密切合作。我们需要保持清醒，从而保证设计规划可以严谨、忠实且精确地从设计文档变成最后的产品。

验证与测试设计

在交互设计项目过程中，除了人物模型和验证场景，还要在真实的使用者面前验证方案，看看到底效果如何。一旦解决方案足够细致，就可以向用户展现一些具体的内容，从而获得用户反馈。即便发现设计需要进一步修改，也仍有足够的时间操作。

根据我们以往的经验，用户反馈和可用性测试对于发现交互框架中的主要问题及某些方面的细化，比如按钮标签、操作顺序和优先级等，是很有帮助的，并且对于有些操作的微调也很有好处，比如拨动一个硬件的按钮时屏幕滚动的快慢响应等。不过，要想进行超出首次使用时的易学性的全方位评估，还很困难。对于针对中级和专家级用户的产品可用性评估的确有一些方法，但是大都很费时，而且精准度欠佳。

和用户一起验证设计方案的方法有很多，较为简单的比如与用户进行非正式的谈话。谈话中设计人员负责解释产品思路和草图，看看用户是如何想的。复杂一些的比如严格的可用性测试（Usability Test），让用户执行一些预先设计好的任务等。每种方法都有各自的优势，方法越非正式，进行起来越自然轻松，也越不需要准备。这种方法有些不足之处，因为设计者给用户做了大量的解释，因此会感觉到有"故意引导证人"之嫌。一般来说，我们发现这种方法对于技术型的用户比较适用，他们有能力从几幅草图中想象出产品的大概界面。如果设计团队没有足够的时间来准备正式的可用性测试，则这是一种非常好的替代方法。

如果时间充足，我们更倾向于正式的可用性测试，它可以用来判断设计能在多大程度上帮助用户完成具体任务。如果测试的范围足够大，则通过测试你还可以了解一个设计在多大程度上可以帮助用户实现其最终目标。

明确点说，可用性测试的本质是评估（Evaluate），并非创造（Create）。所以它不能代替交互设计，永远也不可能成为伟大创意的源泉，无法创造吸引人的产品。实际上，它是用来评估你既有设计思想的有效性及完整性的一种方法。

可用性测试也不同于用户研究，有些人认为"测试"也是一种研究活动，比如访谈、任务分析，甚至包括创造型的"参与式设计"活动，这就在一个活动中混淆了不同的需求和设计的不同阶段。

用户研究肯定是在构思阶段之前进行的，可用性测试一定在构思阶段之后。实际上，如果受时间限制，我们不得不在人种学研究和用户测试中做出选择，就会发现多花时间进行研究更有利于创造出令客户青睐的产品。同样，在时间和投资都有限的情况下，我们发现时间和金钱花费在产品设计进程中，比花费在测试上更有价值。在坚实的研究基础上，花费时间来精心考虑设计决定，比在没有目标用户及其目标和需求、没有完善清晰模型的情况下，对半生不熟的设计方案进行测试要重要得多。

测试"什么"

由于可用性测试的发现通常是定量的，因此可用性研究在比较具体设计变量从而选择最有效的解决方案这一方面尤其有用。当你需要验证或修正某种交互机制、形式或特定设计因素表达等时，可用性测试中收集的顾客反馈作用最大。

可用性测试在验证内容时尤为有效：

- **命名**——部件/按钮标签是否合理？某些词语反响是否更好？
- **组织**——信息是否进行有意义的分类？用户能否在想找的位置找到特定的部件？
- **初次使用和可发现性**——常用项目是否易于新用户的寻找？指令是否清晰、必要？
- **有效性**——用户能否有效完成具体任务？有没有犯错？哪里出错？是否经常发生？

值得注意的是，从属性上讲，可用性测试关注产品初次使用的评估。通常很难测评解决方案在若干次使用后的有效性，换句话说，很难满足永久的中级用户这一最常见的目标。对中级用户或骨灰级用户进行设计优先级排序的确是个难题。不过，也有一个小技巧，那就是使用日志研究方法，将产品交互细节按照记日记的方法记录下来。在《观察用户体验》（*Observing the User Experience*）一书中，伊丽莎白·古德曼等人对这一技巧进行了详细阐释。

进行可用性测试的时候，要确定测试的内容可被测量，测试能够得到正确管理，测试结果有助于改正设计问题，并且要确保能在可用性研究中发现问题所需要的资源。

何时测试：最终性评价和形成性评价

在 1993 年出版的《可用性工程》（*Usability Engineering*）一书中，雅各布·吉尔森对最终性评价和形成性评价（Formative Evaluations）进行了区分，二者间有一个重要的不同，前者是对已完成产品的测试，后者是对设计过程中交互过程的某一部分进行的测试。最终性评价用于产品的比较，在重新设计开始前找出问题，并对召回产品以及要求培训和支持的产品进行原因调查。最终性评价一般由第三方评估机构主导和最终记录。某些情况下，尤其是与对手产品比较的时候，最终性评价能够发布具有统计意义的定量数据。

遗憾的是，通常只是在产品开发过程接近尾声的时候，最终性评价才会作为质量保证过程的一部分被使用。而这时，要想做出有意义的设计改变时已晚。设计应该在编程开始之前进行评估，或者至少要有足够的时间进行调整。然而，如果要说服涉众或开发人员相信当前产品的确存在可用性方面的问题，最好让他们亲眼看看实际用户在操作基本任务时的挣扎。

形成性评价是设计过程中的一些快速且定性的测试，一般来说在提炼阶段进行。精心设计并运用得当的形成性评价可以开启一扇了解用户思想的窗户，让设计者看到目标用户群对于帮助他们完成任务的这些工具和信息的反应如何。

不过最终性评价也有其价值。作为产品和应用管理活动，他们能够为产品生命周期的规划提供信息。他们也是设计开发中有用的"灾难检查员"，排查隐患。但是要在这个阶段进行设计上的改变，在金钱、时间及士气等方面所付出的代价会很大。

进行可用性测试

如何解释和进行可用性测试，仁者见仁、智者见智。不过遗憾的是，我们发现其中很多方法不是试图取代正面的设计决定，就是过于量化，产生任务时间之类无法操作的数据。我们发现，卡罗琳斯奈德的著作《纸质原型》（*Paper Prototyping*）一书，介绍了可用性测试的多种方法。这些方法能够很好地配合目标导向交互设计方法。这本书并未讨论所有的测试方法，也没有讨论关于测试和设计的关系。但是它较好地覆盖了一些基本原则，提供了一些相对容易使用的可用性测试的技术。

简言之，要确保形成性测试成功进行，需要做到以下几点：

- 测试时间不能太早，要在基本的设计成型之后开始，这样才能有实质性的内容可供测试；也不能太晚，这样一旦发现问题，还能对设计和实现进行调整。
- 要挑选适合现有产品的测试任务和用户体验内容。
- 从目标用户群中招募参与人员，并以人物模型为指导。
- 让参与测试人员清晰地执行规定任务，并采用出声思考的方式。
- 直接让参与测试人员使用技术含量低的原型（也有一些例外，比如专业硬件的测试，这时候纸质原型无法将具体的交互一一反映出来）。
- 协调各个会议讨论，从而确定问题，找出问题的起因。
- 让之前未参与该项目的人充当协调者，从而尽可能减少偏见。
- 关注实验参与者的行为及其基本原理。
- 测试后和观察者一起听取报告，找出并确定所观察到的问题的原因。
- 在研究过程中要有设计者参与。

设计者参与可用性研究

　　设计者和用户之间存在相互不理解是导致可用性问题的常见原因。人物模型有助于设计者了解用户的目标、需要、观点和态度，为有效的沟通奠定了基础。可用性研究，为用户思考问题打开了一扇窗，让设计者了解到用户与产品互动时的真实想法。

　　设计者（或者更广泛些，包括哪些设计决策者）是可用性研究结果的主要受益者。尽管在研究中设计者的参与客观上很难完全保持中立，但是他们在研究计划阶段的参与、研究过程中的直接观察，并且参加分析和问题解决讨论等对于研究成败至关重要。我们发现，重要的是要让设计者采取以下参与方式：

- 将重点放在设计过程中的重要问题上。
- 使用任务角色及其特性制订实验参与者的标准。
- 运用场景开发用户任务。
- 观察测试过程。
- 和其他人一道共同分析研究中的发现。

115

第6章

创造型团队合作

在本书的介绍中，我们曾提到，目标导向方法包含三方面内容，即原则、类型和过程。然而，还有一点值得提及——实践。本书花费了大幅篇幅讲述上述三方面内容，我们希望能在本章跟大家分享一些关于目标导向设计的实践，以及设计团队如何融入更大的产品团队。

在设计和商业活动中，团队很常见，但鲜有成功或者有成效的团队。团队合作的奥妙之处不可言传。这些并非团队合作的先天之不足，但假若不仔细揣摩、细细看护，结果也只能是各方妥协后的折中方案。很多时候，团队成员不是过于迁就他人的想法，就是太过固执地坚持己见。

如果你有高效率团队合作的经验，就会知道协同工作出成效何其艰难，有时对单个个体来说简直是天方夜谭。在软件和服务开发的过程中，我们需要团队合作伙伴帮助我们解决相应的问题、有效地评估创意和解决方案，以及快速确定方案是否走入死胡同。运转良好的团队的确能够使产品开发过程更加高效，结果能够更利于用户。

本章主要讲述三方面内容：一是团队合作的战略；二是产品开发的正确方法；三是整合不同组织间团队合作的技巧。有些最有趣、最重要的设计问题太大以致无法单独解决。通常，这些问题牵扯过多，很难抛开其他问题而单个解决。

小而专注的团队

以下讨论主要在两个层面对团队的概念进行阐释：

- 核心团队小而专注。通常团队成员由各个领域的专业技术人员组成，确保团队能够掌握工程学技术、创造力、市场调查或商业领导力等领域知识。即便如此，在初始阶段，依旧可以组建小规模、跨功能的团队或小型产品团队。
- 扩展后的团队规模较大，有时按照地理位置分布，包括涉众在内，他们的工作虽然主要依赖设计结果却不对设计本身负责。几乎在每个产品的开发过程中，扩展团队都至少包括若干个核心团队，专注于市场、设计和工程各领域。

即便在大范围的产品团队中，大多数的实质工作也都在核心团队内完成。因此，本章主要讲述了能够提高小规模团队合作的若干技巧。不论团队是否是跨功能抑或专注于产品开发的某一具体环节，本章的战略都能通过一系列简单的实践加强团队的组织和建设。这些实践有助于保证创意和工作的高效完成，确保及时做出评论。

思想伙伴

小团队不断地进行优先排序，逐条完成工作任务单上列出的任务。有些不过是细枝末节的任务，但也要进行优先排序，对其给予适当的考虑。有效的功能性或跨功能性团队在碰到此类无止境的任务排序时，他们不仅会对任务分而治之，还会利用团队成员的思想火花甚至有时混乱的思绪，我们把这叫作"思想伙伴"。

你可以把思想伙伴想象成思想的补充，当成一位合作者，与你有共同的目标但掌握不同的技术，能从不同的角度考虑问题。在《思考，快与慢》（*Thinking, Fast and Slow*）一书中，作者丹尼尔·卡尼曼（Daniel Kahneman）描述了自己同阿莫斯·特维斯基（Amos Tversky）在学术领域的合作，在我们看来，这一种合作模式就是很好的思想伙伴关系。

"我们在一起工作中得到的乐趣让我们各自格外耐心；当你不感到枯燥之味的时候才更容易追求完美；阿莫斯和我两个人都很挑剔，也爱争论……但在多年的合作中，我们从未拒绝过另一个人的想法。"[①]

---

① Kahneman, 2011, p 5

About Face 4：交互设计精髓（纪念版）

思想伙伴如何演变而来？在 Gooper 公司早期的咨询实践中，其中有一个会议室逐渐被人们称作"吼叫室"。（这个名字就证明了简单地雇用想法类似的人并不能保证设计过程的永久和谐。）如今，设计者们参加竞选，大声说出自己的设计创意是一件很普通的事情。团队合作的精神实质是协作和思维的活跃性，但结果通常并不明朗："我们又做了什么决定来着？""谁的创意更胜一筹？""我们现在需要解决什么问题？"

随着时间的过去，一种新的合作战术出现了。两个设计师中，一个负责整理访谈内容，另一个则集中精力启发探索访谈对象。在实践中，我们对以下两种方法进行了更深层次的定义和区分。

- 创意创造——在以创造为基础的方法中，可以进行无边无际的创意构想，当人们能够自由地创造、思考和探索，结果才是最成功的。
- 创意综合——在以综合为基础的方法中，需要对创造进行指导和聚焦，这样的创造才最能结出硕果。只有用户需求得到满足，设计结果才能得到保证。

解决复杂问题时，团队如能灵活使用上述两种方法，就能快速取得进展。无论你在产品开发过程中扮演何种角色，都可以使用以下措施来寻找团队伙伴帮助你做出最好的构思和创意。

创造者和综合者

在 Cooper 公司的招聘过程中，我们试图寻找强大的思想伙伴，尤其是掌握创造者不同技术或心理的人才。我们称这类人为创造者和综合者。我们发现，在处理相对复杂的设计难题时，这两种不同风格的创新能够达到强有力的平衡。创造者和综合者肩负不同责任，而均必须用简单的方法取悦用户。最好的情况是，他们允许团队伙伴全身心地投入各种创造性的角色中，完全自如地表演。

如图 6-1 所示，创造和综合处于相同的创新光谱内。大多数设计者喜欢非此即彼地在二者中进行选择。厉害的创造者通常需要与同样优秀的团队伙伴合作，从而达到一种健康的平衡。当孤身奋战时，强大的创造者可能会不假思索地投入一个不完整的设计方案中或者过分沉湎于头脑风暴。他们需要一个综合者来帮忙在合适的时间合适的阶段做出决定，从而保证设计过程顺利进行。

图 6-1　创新光谱中的创造和综合

118

综合者会在团队内部开始对话。他们会针对已提出的创意提出一些意图和价值方面的问题,而非直接提出新创意和解决方案。随着谈话的进行,综合者会明晰思路,找出差距并建立联系。独自工作时,强大的综合者能够努力超越列表和场景进行思考。

创造与综合之间求得平衡时的对话会对评估和合理性探寻的设想有所启发,它为复杂交互问题的解决奠定了强大的团队伙伴基础。创造者的想法开始时可能比较模糊,或者激励人心,而能干的综合者能够快速发现其中内含的价值或者直接终结,而伙伴们会很快认识到这点,迅速了结。

下面一小节内容主要描述了不同角色的品质、特征和相互作用,将比较作为一种手段来寻找自己的创新战略,并描述能够将你最好一面展现出来的那类人。

如图 6-2 所示,在典型的设计讨论会上,不同角色的差别通常会在第一时间就显现出来。当遇到设计问题时,谁会立即拿起笔走向白板?

图 6-2 创造者和综合者相互补充

在设计会议进行期间,每个角色都倾向于停留在一定的物理和心理距离内。成功的创造者趋向于拿起笔将想法画出来,如图 6-3 所示。综合者则倾向于列出好的方案的优点或者重新了解问题、用户目标和使用情境。

图 6-3 创造者和综合者从不同的角度思考设计问题

创造者是构思具体化的不懈思想者,而最棒的综合者则倾向于讲故事和提示。

下面是想象性项目的示范讨论:

创造者：我有个想法可以添加到列表上去。（开始在白板的屏幕上写画。）这是一种姿态。当你在主列表上下拉列表时，你会看见一个控件，可以添加新内容。它就是一个空白域。

综合者：太棒了！不过这可能有点隐藏的感觉。在杰夫的情境中，他只是隔几周才添加一些新东西，对吗？

创造者：对，倒没错。他可能忘了这个东西。

综合者：不过我喜欢这个想法，它一直关注信息而不是用户界面的插件。

创造者：嗯。当主界面加载时，我们在显示这个空白域的同时加一个帮助文本"添加新内容"，随后界面会跳出来覆盖掉这一内容，这样如何？既能看到内容，又能继续关注列表。

综合者：我觉得不错。如果会议当中，它跳出好几次，我可能会觉得很烦，但是我想我们可以给它制订点规则。

随着设计会议的进行，创造者和综合者一道探索解决方案，思考各个创意。综合者能够帮忙组织整个讨论，轻微地控制域的深度。谈话通常以广泛讨论问题开始，接着会逐步加深讨论解决方案的细节问题。

正如图 6-4 所示，不同创造性思维方式之间通常存在矛盾，尤其是从不同角度思考问题时。思想伙伴关系确立的早期，要建立相互间的信任。创造者必须主导概念性方向，这意味着综合者必须有文字和象征意义上的主导权。同时，创造者必须相信综合者能够主导整个讨论，避免陷入细节泥淖，并且在必要的时候要对问题进行重新构思。这意味着，创造者必须习惯于介绍新想法，不惧怕合作伙伴对这些想法的评价和挑剔。毕竟，大多数想法不是什么好主意。思想伙伴的主要目标就是确定创意、想法的品质或者早点判定想法该继续还是摒弃。

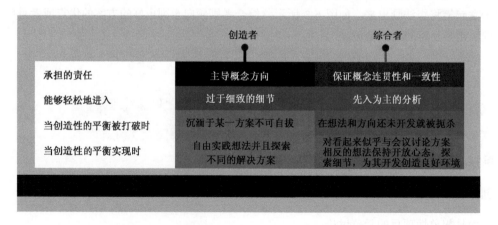

图 6-4 创造者和综合者有不同的责任和优缺点

如图 6-5 所示，在细节设计（Detailed Design）阶段，设计团队通常先一起工作，再各自处理自己负责的细节设计。创造者通常会取出画笔，开始用写画的形式捕捉设计决定。综合者对设计决定的捕捉则是通过图表方式帮助解释设计流程或者以文章的形式解释基本理论。设计团队记录的各个细节可以根据团队的规模大小和需求，通过多种方式进行交流。根据我们的经验，我们更喜欢急促、轻便、非正式的笔记而不是正式的文件记录方式。

图 6-5　创造者和综合者在白板前操作各自不同的任务

与思想伙伴的起始合作

当你在实践中想要建立思想伙伴关系的时候，你可以先开始创建创造者或综合者角色，然后寻找合适的人选。更简便一点，你可以先寻找一些小的方法，采用适合你的工作的一些实践方法。这种方式对于确定你所需要的伙伴来说花费时间较长，但优点是可以从简单处着手。

思想伙伴要满足以下几点：

- 开始工作前能够明晰你要解决的问题。
- 向具有创造能力的同事或者朋友求助："我需要一个伙伴帮我启动一些想法。"
- 如果事情在会议开始时行不通，直接走到白板前，写出一个烂主意。如果你的伙伴是位优秀的创造者，他/她会跳出来继续按照你的思路进行设计或者干脆给你提供一个相反的建议。

思想伙伴要会综合

在此之前，要确保"故事"或情境场景具有较高的水平。这有助于你的伙伴在会议过程中能够明了工作从何干起。鼓励伙伴发挥其评估能力："帮我看一下这个想法怎么样？"

如果事情没有立即解决，那就先关注整个故事，确保清晰地了解用户的行为及原因。

动态角色转换

在思想伙伴关系确立初期就要制定一些基本原则。综合者应该探查并引导；创造者应该探索和设想。进行会议过程中，二者可以互换角色，但是最好要简单明确地实现这一转换。当综合者有了一个好主意时，他必须抑制住冲动，停止创造者的角色演绎。相反，他可以简单地要求转换角色："能不能让我创造一下？"

脱离困境（15 分钟规则）

富有创造力的小团队有时会遇到诸如想法不连贯、谈话停滞或者纠缠于细节问题之类的挫折。根据我们的经验，如果讨论停滞超过 15 分钟，我们建议引入另外一位设计者参与讨论。核心团队应该简要地向新成员介绍情境设计的细节，如用户、场景、考虑的创意等。反过来，新成员也要探寻设计者的设计理论和依据，比如这一点好在哪里、有什么用，几乎无一例外，这种简单对话能够帮助设计者们从细节和困境中迅速抽离。

核心团队规模适度

两个成员基本合理，三个更好，四个就会令人惊叹，而十个估计可以扭曲时空了。对不对？构建团队的时候，团队无论大小都成为附加物的牺牲品。根据我们的经验，团队成员定位清晰、规模小而紧凑的团队效率最高。这也是我们使用"核心团队"这一称呼的原因，它们负责完成产品的设计工作。

《卓越升级》（*Scaling Up Excellence*）一书中，作者斯坦福商业学教授罗伯特·萨顿（Robert Sutton）和哈吉·拉奥（Huggy Rao）多次举例说明大规模的团队设计结果并不如意，他们把这一现象叫作"过犹不及"：

"规模较大的团队当中，团队成员给予其他人的支持和帮助更少，因为要维持如此众多的社会关系或同更多人进行协调难度更大……最重要的挑战是如何引入规则、工具和不具创造力的成员（膨胀）。"[1]

从我们在 Cooper 公司的实践来看，避免膨胀需要坚持四个原则：团队规模小、角色清晰、决策紧凑、与工作相关的最少工作量。最后一条原则指的是与产品开发核心目标没有直接促进关系的任何活动。诸如邮箱状态和快速、非应急登录之类的小任务都需要巨大努力和协调才能实现和结束。如果你正在某个不重要的会议上浏览本书内容，你就陷入了"与工作相关的工作"这一流沙中。

通过将决策本地化、规划重要活动和登记信息，我们可以为小型团队发挥创意天分提供空间。从具体数量上讲，单个问题的解决需要核心团队保持 2～4 个成员的规模。至少两人才能保

---

[1] Sutton and Rao, 2014

证快速评估和迭代。超过四个成员就会有过多的间接成本，太多要迎合的人，以及失去设计动
力的更大风险。

最后，要记住只有团队成员角色清晰、权责明确、能力互补，小规模团队才能发挥战斗力。
下面小节主要讨论大、小团队当中形色各异的参与者，以及发挥其最大作用的小技巧。

跨领域工作

在创意讨论过程中，任何专业人员都可以使用综合-创造模式。根据我们的实践，视觉设计
者和交互设计者、两个交互设计者、设计者和开发人员或交互设计者与创意指导等任何两个设
计者协作时，这一模式都能为其提供框架结构。当用户体验设计逐渐确定之后，工作人员通常
会发现他们又步入一种新的阶段，即同拥有众多背景的创意专业人员进行协作。综合-创造模式
能够有效运用于不同领域专业人员组成的各种核心团队。

产品的生命周期当中，不光需要跨领域设计者们的交流。交互设计者必须同视觉和行业设
计者进行合作，对决策进行筹划，确保每个领域都配备了各自所需要的材料，从而实现最高效
率的工作。以下小节为了解每一领域明确的责任提供了整体框架，同时还简要概述了如何确保
各个领域有效的协作。

交互设计

交互设计者负责了解及明确产品的行为方式。这一工作同视觉和工业设计师在很多重要方
式上有重叠之处。设计物理产品时，交互设计者必须尽早同工业设计师一起明确实物投入的需
求，了解其背后机制的行为影响。在设计项目过程中，交互设计者同视觉设计者总会不期而
遇。在实践中，他们的协作早在视觉设计者同用户和扩展团队间讨论品牌和体验的易感性时就
开始了。

视觉设计

在实践中，我们逐渐意识到视觉界面设计（Visual Interface Design）是一个重要而不同的领
域，必须同交互设计，或者合适的话，同工业设计保持一致。它能在很大程度上影响产品的有
效性和吸引力。但是，要确保这一点，设计者就不能在事后才考虑视觉设计的事情，它并非设
计结束后的锦上添花，而应该被看作满足用户和商业需求必不可少的一个工具。

视觉设计者的工作主要强调设计的组织方面，以及视觉暗示和启示同用户行为的交流方式。

视觉设计者必须同交互设计者们密切协作，了解信息重点、流程和界面的功能并确定产品正确的情感基调。

视觉设计者关注如何将用户心理模型和应用模型的界面视觉结构同逻辑结构相匹配。他们还关心用户交流应用的状态，如只读和可编辑，以及围绕用户功能概念方面的认知问题，譬如布局、视觉层次、图形-背景问题等。

视觉设计者们必须掌握基本的视觉特性，如颜色、排印、形式和组成等，并且必须知晓这些元素如何有效地传递启示、信息层次和情绪。视觉设计者们应该了解品牌心理学、平面设计的历史，熟悉当前的流行趋势，必须掌握可用性原则和人类感知的科学。视觉设计者们同样需要对界面规则、标准和惯例有初步的了解。（关于目标导向视觉界面设计的更多内容参见第 17 章。）

平面设计

直到大约 20 年前，平面设计领域一直被普通的油墨所控制，它被用于包装、广告、环境视觉设计和文档设计。这些传统实践无法满足以像素为基础的产品的需求。然而，在过去 20 年间，这一领域取得了相当大的进展，平面设计日益活跃、强大于数字和屏幕媒介的产品设计中。

既能够熟练运用数字技术又有才华的平面设计师精于创造丰富、符合审美需求并且激动人心的各种界面。他们能够设计出漂亮、恰当的界面，传递某种情绪或者同某一公司品牌建立联系。对于他们来说，设计首先是同品牌体验相关的一种基调、风格和框架，其次是易读性和信息的可读性，最后是通过视觉启示实现的交际行为（参见第 13 章）。

信息视觉设计

信息视觉设计关注的是数据、内容和导航的视觉化，而不是交互功能。不同于信息设计，它很少关注内容的可编辑性和信息的结构性问题，而是关注平面设计的展现。这一点在设计数据密集型应用时尤其重要，用户大部分时间用在复杂的内容上面。

信息视觉设计的主要目标是以一种易于理解的方式展现数据。通过使用排印、颜色、形状、位置和比例等视觉特性以及变幻方式可以控制信息层次，从而实现上述目标。视觉信息设计还包括显示信息的微观交互，它展现了一些细节或与其他信息之间的联系。视觉信息设计的应用通常包括表格、图形、迷你图和其他形式的定量信息的显示。爱德华·塔夫特（Edward Tufte）在包括《定量信息的视觉显示》（*The Visual Display of Quantitative Information*）等多本研讨性著作中曾详细讨论了这一问题。

工业设计

在趋同性产品的设计中，工业设计师必须定义物理产品的外形，利用形状和材质来展现品牌。为了实现交互设计的目的，他们还制定了实物投入机制。交互设计者能够从将用户整体需求和设备目标作为一个整体进行研究。工业设计师利用具有竞争力的分析和材料研究为其设计理念奠定坚实基础。实物投入机制的确定要晚于希冀的交互模式的确定。软件主要元素的交互迭代应该同工业设计理念一起执行，这样每一次输出都能预示相应的阶段。自始至终，交互设计者都受益于工业设计师在材料和人体工程学领域的专业知识，而工业设计师也受惠于交互设计者创造的整体设计体验理念。

同平面设计者和视觉界面与信息设计者技术上的区别类似，不同等级的工业设计师之间也有相似的差别。有些设计师擅长创造具有吸引力的、恰当的产品外观，而有些设计师则注重以用户目标和设备交际行为相匹配的方式实现产品逻辑性和人体工程学映射的物理控制。使用丰富视觉显示的软件设备的增加，需要交互设计者、视觉界面设计者，以及工业设计师一道努力创造完整而有效的设计方案。

许多优秀的著作都对这些角色之间细微的相互作用有所涉猎。金古德温在《数字年代的设计》（*Design for the Digital Age*）[①]（Wiley，2011）一书中，为角色定义和项目情境下思想伙伴的创建提供了实际操作的技巧和提示。

扩展团队

我们在前面章节对小型核心团队如何进行伟大的设计进行了讨论。但是要将设计转换为实实在在的产品，设计师们需要了解更多人的想法和心思。扩展团队的其他成员是否理解设计的价值？他们是否会仔细研究这一方案并对其进行评价以使其更加完善？即使能够通过早期的白板会议讨论环节，设计方案能否在展示阶段获得客户的赞同？假设客户赞同，这一方案又能否被产品工程师们理解、执行并有效地延展？

下面我们试图阐述将设计融入大部分产品设计团队的一些简单战略。我们不打算对产品或服务设计和开发的最佳实践进行整体概述。真正伟大的创意很少。这也是为什么无论核心团队还是扩展团队，都需要有能力的协作者给予及时、真诚反馈的原因。本节内容主要对产品团队中通常最重要的参与者进行讨论，重点讨论如何及何时与其合作，从而确保在恰当的时间获得

[①]

他们对产品设计的中肯评价。

责任和权威

创造伟大的交互体验不能光靠设计者一己之力。在数字产品组织中，工程师的专业经验、市场人员和商业涉众必须加入产品创造和开发的设计过程中。以下内容描述了不同领域设计人员的不同责任和相同的权威。

- 设计要对目前产品用户目标负责。当前，很多产品组织并未明确将用户目标列为某个个人或团队的责任范畴。要履行这一责任，设计师必须有权决定产品的外观、感觉和行为。他们还应该有权获得信息。设计师需要观察并同潜在用户进行访谈，了解其需求，向工程师了解技术机遇和限制条件，向市场人员了解市场机遇和需求，向管理人员了解组织期望的产品设计模式和结果。

- 可用性要对验证用户对设计预期的反应负责，并对验证整体体验和细节交互是否具有预期效果，即是否有用、可用和令人期待等负责。为确保设计的有效性，需要保持可用性的独立，但也要同设计团队进行协作。另外，可用性和设计都应该向决策者报告，决策者能够在正式、客观的角度上衡量各项结果，并有权对设计或者执行进行必要的修改。可用性的优势在于它能够确定问题所在，而设计的强项在于制订解决方案。只有合理分配人力，才能保证协作达到最佳效果。

- 工程师负责设计的建造。这意味着他们必须有权决定原材料的选择和建造过程，譬如开发平台和库，以及产品待办列表中相对困难的估价和物品的成本。当对这些物品进行了优先级排序时，工程和设计团队应该相互告知。设计师必须对产品形式和行为的执行进行回顾并做出反应。工程和设计两个团队必须评价产品开发和测试过程中整体体验的成与败。设计者们应该依赖工程师提供技术限制条件和机遇，以及所提供的设计方案的可行性方面的指导。

- 市场营销负责定义市场机遇，了解客户需求、喜好和动机。市场团队最终必须说服客户购买产品。要实现这一目的，市场团队必须有权从客户方面提倡最赚钱、最实惠的设计方式。团队成员必须为恰当的用户目标设计研究提供指导，并且有权获得设计研究相关的结果。（值得一提的是，正如我们在第 3 章所讨论的，客户和用户通常是不同的群体，有着不同的需求。）

- 商业领导通常负责定义商业机遇，因为他们也负责保证产品的赢利。这个群体必须决定何处为产品差异化的机遇所在，以及扩展性团队中重要的特性和功能是什么。要做出这些决定，商业领导们需要从其他团队中获得清晰的信息，比如设计研究和产品定义、市场研究和销售规划、工程师关于创造产品的时间和成本等。

有两个地方需要不同团队之间的协作：一是意识到经常性的、非正式的工作会议是对新想法进行探索、评价和阐述的地方；二是已建立设计过程中对应每个阶段结束的检查点。一旦设计确定，工作会议对工程师来说尤为重要。同样，在设计项目开始和后期阶段中，会议对于市场团队来说也至关重要。

随着产品设计理念的进化，每个团队都要不断寻求解决核心关注的方式：

- 设计者：打造用户体验的最简单、最连贯及最能激发快乐的机制是什么？
- 可用性专业人员：设计能否传递有用性、可用性和可期待性的承诺？实际情况中，用户是否按照设计预定的方式使用产品？
- 工程师：如何以快速、有活力、可升级并可延展性的方式传递体验？
- 市场人员：如何激发可采纳性？
- 商业领导：产品功能和市场需求最明显的重合点是什么？

当团队成员关注以上问题并保证其恰当的重要性后，扩展团队的交互就变得清楚、直截了当。

同敏捷开发人员协作

设计师设想并确定正确的体验：能够取悦用户的外观、感觉正确的体验、适合使用的行为。开发人员提供必要的结果：正确的体验应该以正确的方式进行构建。我们一度认为所有的设计工作应该早于编程完成，但我们逐渐认识到这既不合情理也不实际。有条不紊的测试及对设计假说的可行性证明能够带来实实在在的好处。

敏捷开发方法起源于"瀑布"方法缺点的回应，这一方法经过了数年的开发实践、拥有数百页的需求文档、经过了多种检验以确保其质量，也有几十位人员参与。敏捷方法试图优化时间和能量，减少浪费，保证这些概念能够确切向用户传达设计理念。它同本章开始时讨论的许多设计原则一样，鼓励建立规模较小的设计团队、专注工作、经常讨论。然而尽管软件开发实践不断进化发展，敏捷方法还是属于复杂的设计工作，并且在某些情况下，会发生短路。

本小节主要讨论使用敏捷方法保证设计师工作能够预示并塑造产品开发的方式。我们首先来了解一下敏捷设计方法的一些基本观点。

商业利益相关者倾向于敏捷开发的创意，因为听起来这种创意比较经济高效。然而商业利益相关者们通常不会意识到构建速度意味着思考的速度，而快速的思考需要坚实的认识基础和期望的结果。如果对于要构造和测试什么内容尚未形成认知基础或还未达成一致意见，那么敏捷设计也就失去方向，只会是无法兑现承诺，徒劳一场。

开发人员倾向于敏捷设计方法，因为这种方法支持他们的所爱（编程），反对他们的所恶（坐在会议室里开会、反复讨论需求相关文件）。然而，如果滥用这一方法，会出现看不清方向低头拉车的情况，使得设计进入如同瀑布式方法一样令人抓狂的死胡同。

在实践中，当核心产品元素阐释清晰、获得广泛理解并得到执行时，这些元素才能很好地被测试，敏捷开发也才能获得更大程度的成功。因此，我们发现应该在构建之前，就对产品体验的主要元素进行规划、视觉化处理和讨论。即便在高度迭代的过程中，也应该在构建前进行规划，三思而后行。比起对设计和构建的整齐而有序划分，这事实上更难处理，但是它可以在设计者、开发者和商业决策者之间启动有成效的对话。

本节的剩余部分在较高的层次上提出了一些简单问题：

- 在敏捷情境中，设计意味着什么？
- 设计者们应该如何以快节奏、敏捷的方式进行设计实践？

设计者在敏捷团队中的工作

交互设计者追求简单、一致，理解连贯的设计方案不会一蹴而就。这种方案需要经过时间磨砺才能出现，遵循着安东尼·德·圣-埃克苏佩里（Antoine de Saint-Exupéry）经常引用的一段设计格言："……完美的来临并非意味着无可附加，而是不可删减。"瀑布方法更喜欢这种工作方式，因为这使得他们有时间开发创意、展现并修改缺陷。敏捷方法珍视速度、关注小的迭代，但他们为设计者赢取了了解用户对进程中设计解读方式的一个机会。

在敏捷设计中，设计师必须分清重点、形成思维图像；他们可以让期待结果变得清晰具体，还可以围绕必须对何种元素进行开发从而实现期待结果这一话题进行对话。这听起来与许多其他方法的实际工作大同小异，但有一个重点是不同的：敏捷设计允许产品体验定义方面存在矛盾和完全不同的意见。设计者必须有能力对用户体验的重要因素进行定义，并能够同为其定义制造困难和限制条件的开发人员一道工作。

设计者必须对投入和产出进行不同的思考。敏捷开发允许用户在早期并且经常给予反馈。这是一种机会，设计人员应该庆幸。

设计人员很少有机会在敏捷设计中对用户体验设想进行完全的视觉化构思和完善工作。但是他们必须在产品定义和开发事项的优先级排序中提倡目标导向性。

定义敏捷团队中的用户体验

在同敏捷开发人员进行合作的早期，设计者会希望早点评估有多少体验已经被定义、明确或得到暗示。这种定义可以是由首席建筑师或者商业利益相关者创建的线框图形式一样的清楚定义，或者是对如何工作、实现技术使用等一致设想的暗示性定义。设计者应该期望塑造用户体验的主要元素，比如布局和导航隐喻、信息建筑、建立抛光感的转换和模仿等。因此，重要的是要应付这些预定的含义和限制。

在最佳的敏捷团队中，设计者确定基本体验的同时开发人员加入非用户面对的基本技术，次佳的情况是，设计者需要快速面对假定的规范，尤其这些早早决定的重要的体验内容。这些对话可能很难，但是用户体验设计的整体是为了通过用户界面表现产品设想。

从我们的实践经验看，在这个阶段，敏捷开发人员可以作为能干的思想伙伴。有天分的开发人员对基础设施和交互产品的连接问题思考较深，他们以一种健康的观点看待真正复杂的工程问题。最好的情形是，开发人员能为设计应用指出正确的方向并确保设计工作能有效地被执行。最糟糕的状况是，开发人员或设计人员都无法理解团队其他成员专长的价值所在。

敏捷团队做的有价值的工作同其他团队大体相似。一直都要清晰地表述用户目标、场景和流程；对期待的产品体验进行视觉化构思和迭代；驱使、收集并解析频繁使用产品或服务的用户所做出的反馈。在敏捷团队中，设计人员必须能够快速决定用户的最大体验挑战是什么，并确保能在产品开发前定义相关的元素流。

想要了解用户体验设计师和敏捷开发人员合作的案例研究，可以参考知名网站 Smashing Magazine 中杰夫·戈塞尔夫（Jeff Gothelf）与乔西·赛登（Josh Seiden）合著的《精益设计：摆脱交付业务》一文。这是用户体验设计应用于具体敏捷开发的首秀。

融合用户反馈

对于设计者来说，敏捷设计最具价值的副产品就是用户对体验的反馈。只要恰当的刺激、收集并给予解读，这种反馈会极为有用。如果你是设计者，重要的是在新特性或者功能发布时要确定希望从用户反馈中学到什么。

敏捷设计的反馈节奏虽快却不陌生。早期阶段，驱使用户做出反馈时要了解基本的用户假设是否正确。期待的用户能否得到期望的价值？主要因素为用户提供的服务如何？除了你希望的工作，确定哪些功能正在工作也同样重要。人们使用什么产品？为什么？

随着开发的继续，用户反馈更加聚焦：主要元素进展是否顺利？如何使用？是用什么？哪些地方用户会出错？哪些功能或设计令用户称奇？

创建创造性的文化

建立设计团队固然重要，但能干的人组成的团队不一定能产生好的设计结果。伟大的团队之所以出现并成功，是因为他们置身的现实和虚拟环境能够滋养他们。在实践中，设计团队的文化和社会活力与清晰的角色同样重要。团队成员是否愿意一起工作？工作中能否获得乐趣？他们的工作安排是否和谐？兴趣如何？工作方式如何？有没有幽默感？

著名录音师史蒂夫·阿尔比尼（Steve Albini）曾经给一个乐队写过一封信，信中表达了他对这支即将进入录音棚录音的乐队充满期待：

"我曾经录制过数百张唱片，我清楚地知道录音的结果同乐队录音过程中的情绪有直接关系。如果录音耗时过长，每个人都很烦躁、指责每个环节……最后的结果很少能让人满意。"

再著名的录音工作室也无法保证能够录制出好的唱片，再伟大的制片人也不能做出这种保证。这些因素很重要，但如果录音期间不产出，一切的投入都是徒劳。过程可以提供框架，但创意的出现和开发需要灵感和生命力。创造一个积极的、富有成效的组织文化是一个很大的话题，很难用较短的篇幅完全阐释清楚，但以下组织文化的基本元素却不容忽视，思考一下如何使用这些元素获得文化火光，激发创造力的火花。

- **环境的馈赠**——富于创造力的组织可能在环境设计中过于大胆，但有个方法看起来似乎很疯狂，那就是同人们、艺术品或者建筑之间随意的交互，它为创造力奠定了基调。小的环境惊喜——大胆的颜色、新材质、有趣的外表，都为创意的激发提供了外部动力。

- **小的工作场所**——理想的工作场所是对创造力友好和善的、有勾画白板和工具并且有足够空间可以走来走去的地方。没什么比分散注意力更能扼杀创意的了，因此工作场所应该能够尽量同外部世界隔离开来。门是实现这一隔绝最典型的方法，但是这一方法在开放的工作场所则行不通。遇到难题时，找个角落、竖起屏障，让自己与世界隔绝。

- **协作的行为准则**——团队对于如何开展工作应该达成一致。角色清晰、相互信任、责任感和工作习惯是最基本的。小的规矩是良好团队协作的基础。会议开始时间、持续时间、中场休息和议程看起来无足轻重，但处理不好，小问题会不断积累成大问题。团队成员必须一起明确设计重点，因此讨论时要关闭手机和电脑。如同厨房洗涤槽里不断积累的灰尘，一个小小的不注意就能轻而易举地毁掉良好的意愿。做好自己本分的工作，确保自己的团队伙伴承担起自己应该履行的责任。

- **容许积极正面的题外话**——题外话看起来不好，但却有可能给你意想不到的灵感。当团队时间不够，离题被看成浪费时间和能量。容许题外话的团队倾向于更广泛的讨论，制订的设计方案也更有趣、更贴心。法则：留点迷路的时间。

伙伴关系中至关重要的一点就是要留意社会活力。当团队当中存在矛盾时，进展就会迟缓，质量会下降，设计结果也不会讨喜。对于设计团队来说，解决方案质量不高应该是致命一击。

确定设计师的技术水平

设计师的技术水平必须满足设计问题的广度和深度。技术高手厌倦碰到简单问题；新手们则可能碰到自己技术无法解决的细微问题。这两种情形都会让产品受罪，让设计机构的声名蒙羞。在实践中，设计领导们必须确保设计师的能力与问题相匹配。这就要求在设计工作开始前就要对问题的位置、大小和影响有敏锐的观察和感受。

下面为我们如何思考体验的层次和每个层次需要的技巧提供了快速指导。

- **学徒**——处于设计师早期职业生涯需要跟师傅学习技巧。使学徒做出符合设计任务的判断还需要大量时间和努力。在成长过程中学徒必须在师傅的指导和支持下解决超出自己现有层次的问题。
- **技术高手**——随着时间流逝、手艺日益精湛，技术高手们越来越喜欢单打独斗。这使得他们在核心团队中扮演起领导角色，每天都有新创意、新想法。许多设计者终其一生停留在这个阶段，尤其当他们不愿承担起组织内领导角色的责任时。
- **领导者们**既掌握了高超的设计技术，又有意愿和能力承担领导责任。在大型产品公司中，设计领导至关重要，他要为设计团队提供指导和架构，鼓吹预算和权威，为项目确立范围、确定重点，推动设计开发，招聘设计师。

设计技巧不断进步归结为设计决策的制定。设计师能够多快速地意识到设计方案与任务是否相配？我们可以多大程度上依靠他/她引导设计团队做出更好方案或对问题有更深的了解？领导们必须有过硬的设计决策技巧、导师技巧和组织头脑。不是每一个设计师都希望培养这些能力，而领导者也并非技术高手们唯一或最重要的顶级追求。

协作是关键

创造型理念或优秀设计决策的实现没有捷径。即便你相信自己掌握了正确的理念，也需要大量辛苦的工作、毅力和技巧来实现它。这当中最具挑战性和复杂但又收获最丰厚的就是与产品和商业团队的协作。所有这些挣扎和挑战使我们眼花缭乱，促使我们采取一个有效果的解决方案。

我们发现设计者应该有能力同项目的其他团队成员开展合作，因为这些人能够对整体的用户体验产生影响。就项目而言，这包括设计战略制定者、用户和市场研究人员、用户文档编写人员、包装设计人员甚至可能包括商店和售货点设计者们。协作是为了确保用户体验的所有方面能够和谐。设计人员不能怀着多重目的或者使用不同的设计语言进行设计，因为这最终会使用户感到困惑或使产品信息变得混乱。

最终，能够设计出满足用户需求的产品，并实现成功交付，这个过程需要无数人的悉心合作。我们发现，设计者必须担负起责任，在无数产品势力的角逐中实现平衡，才能确保方案的有效性。我们希望本章描述的各种工具能够帮助你创造出伟大的数字产品，真正满足用户和客户的需求。

第 2 部分

设计行为和形式

第 7 章
良好产品行为的基础

第 1 部分中，我们讨论了如何恰当地定义和设计出令人期待且有效的产品。但是如何做出这些决定呢？是什么成就了好的设计方案呢？正如我们曾经讨论过的，测量设计质量的一个依据，就是产品满足用户目标和需求的能力，以及是否适应商业目标和技术限制。但是产品解决方案是否具有可识别、可实现性的特征？我们能否将类似问题的解决方案一般化？要成就好的设计是否要求设计过程具有普遍适用性？

答案就在交互设计价值、原则和模式的使用中。设计价值（design values）为成功、恰当的设计实践提供了指导方针。设计原则（design principles）为设计有用而令人期待的产品、系统和服务提供了向导。设计模式（design patterns）针对某些具体的设计问题给出了一般方案。

设计价值

设计价值描述了有效、合乎道德的设计实践所遵循的规则。这些规则启示并激发了设计的原则和模型，本章稍后会对二者进行讨论。价值是控制行动的规则，通常基于核心信仰。下列设计价值由罗伯特·莱曼（Robert Reimann）、休·达伯利（Hugn Dubberly）、金·古德温（Kim Goodwin）、大卫·伏尔（David Fore）和乔纳森·科尔曼（Jonathan Korman）共同开发，适用于任何致力于服务人类需求的设计领域，尤其适用于交互设计。

134

设计师创造的设计方案应该具备以下特点：

- 合乎伦理（有用、贴心）
  - 不造成伤害
  - 改善人类环境
- 目标明确（有用、可用）
  - 帮助用户实现目标和期望
  - 符合用户场景和能力水平
- 实用（切实可行）
  - 帮助设计机构实现目标
  - 满足商业和技术需求
- 优雅（高效、艺术性、能打动人）
  - 代表最简单而完整的方案
  - 内在一致性（自我表现、可理解的）
  - 恰当顺应、调动认知与情感

接下来我们将更详细地探索这些价值。

合乎伦理的交互设计

交互设计师对影响人类生活的系统进行设计时，会面临道德问题。这些设计会直接影响产品的用户，或者会对某种程度上接触产品的人产生间接影响。对交互设计者来说，这会成为一个特别的问题，因为不同于图文设计者，设计工作的产品不单单是与一项政策开展有说服力的交流或者对某样产品进行市场运作。事实上，设计就是执行政策的方式或者产品创造本身。简言之，交互产品是在做事，而作为设计者，我们必须确保我们费尽心力设计出的产品做的是好事。坦率地讲，产品设计是为用户做好事，但产品对其他人的影响有时很难去估算。

不造成伤害

产品不应该伤害任何人。或者，鉴于现实世界生活的复杂性，产品应该最低限度地减少伤害。交互系统可能造成的伤害主要集中在以下几个方面：

- 人际关系上的伤害（缺乏尊严、侵犯他人、羞辱他人）。
- 心理伤害（困惑、不舒服、烦躁、强迫性、无趣）。
- 身体伤害（疼痛、受伤、残疾、死亡、威胁安全）。
- 经济伤害（减少利润、降低生产力、失去财产或积蓄）。
- 社交和社会伤害（受到剥削或不公正的对待）。

- 环境伤害（污染、生物多样性灭绝）。

避免前两类伤害需要对用户有深刻的理解，并且要取得涉众的支持，将这些问题纳入项目的考虑范畴。第二部分和第三部分讨论的许多概念有助于设计师拟定适合人类智能和情感的解决方案。避免身体伤害要求设计师扎实地掌握人体工程学原理，并且合理使用界面元素。身体伤害的原因可能很简单，比如过多使用鼠标，引起重复性应激损伤。更严重点，不良设计还可能导致死亡，比如车内导航系统设计得过于复杂，容易分散注意力。

除了消费型产品，我们很容易想到与后三种类型相关的例子，比如股票交易应用、电子投票系统、离岸石油开采平台或者核能发电站。

军事或者赌博类应用的设计，或者某种程度上存在蓄意（deliberately）伤害他人的应用，抑或是通过提高劳动力效率降低劳动力数量的应用，都提出困难的挑战，考验设计者的良心（conscience）。对于这种道德灰暗地带很难做出简单的回答。

尽管表面上环境和社会伤害可能跟大部分消费型产品不相关，但细想一下，它关乎可持续性发展问题（sustainability）。设计师应该考虑设计产品整个生命周期，包括被人们丢弃之后。设计师还应该考虑用户使用产品的行为如何对更广大的环境产生影响。例如，苹果手机及其相关联的生态系统引起了蜂窝技术和其他网络技术中数据使用的巨大增加。这反过来促使更多蜂窝信号塔的建立、更广阔的服务器群组的扩张和对能源的更大需求。

尽管环境因素在消费型产品的影响中排名第二或第三，并且可能很难做出预估，但是最终的影响却是重大的。凯姆·劳伦·克莱默（Kem-Laurin Kramer）在《可持续时代中的用户体验》（*User Experience in the Age of Sustainability*）一书中，确定了产品生命周期中与可持续发展相关的几个关键阶段：

- 制造阶段：产品来源、类型、提取、细化过程及原材料的使用开始对环境产生影响。
- 运输阶段：产品到市场的运输方式以及相关的能源使用增加了对环境的影响。
- 使用和能源消耗阶段：产品生产、使用和维持服务所耗费的能源增加了对环境的影响。
- 回收阶段：材料的重新利用、维修便利性、升级路径和零部件可更换性也都会对环境产生影响。
- 服务阶段：设备、环境对产品制造、研发、销售、仓储、服务器群组和其他物理支持路径的要求，同样对整个环境产生了影响。

以上五个阶段看起来冗长，设计新产品，尤其是数字产品时需要考虑的东西似乎很多。

但其中只有少数几个真正适用于软件产品，比如传统网络服务的能源消耗和设备等。苹果等公司就把这些因素考虑在内。苹果最近的许多产品都进行了特别设计，以便尽可能地减少材料的使用、提高废弃材料的回收水平和降低能源消耗。苹果公司能否将硬件的可持续发展这一前瞻性方法应用于软件发展或许仍是个有争议的问题，是苹果、Facebook（脸书）和整个网络服务行业需要解决的一个问题。

改善人类处境

当然，真正合乎伦理的设计不仅无害，还应当造福人类。交互系统可以改善以下很多方面：

- 增进理解（个人、社会及文化）。
- 提高个人与团体的效率或效力。
- 促进个人与团体之间的沟通。
- 降低个人与团体之间的社会文化张力。
- 促进平等（经济、社会及法律）。
- 平衡文化多样性与社会凝聚力。

设计师应当始终将以上各类问题牢记在心，时刻考虑有益于人类的设计，哪怕需要打破常规。

目标明确的交互设计

本书的主题是基于用户目标与动机的理解，采取目标明确（purposeful）的设计。第一部分描述的目标导向的开发流程有助于实现这一点。目标明确不仅在于理解用户目标，还在于理解他们的局限性，人物模型和用户研究对此很有帮助。观察和交流的行为模式不仅要描述用户的能力，还应当包括他们的弱点与盲点。目标导向的设计流程帮助设计师创造出弥补缺憾且锦上添花的产品。

实用的交互设计

书架上尘封的设计说明书没有任何用处，设计只有问世才具有价值。一经制造，就需要为人所用；一经使用，就需要为用户带来好处。在设计过程中考虑商业目标、技术要求与限制条件十分重要，这并不是说设计师必须对涉众和程序员言听计从。但商业、工程与设计团队之间必须进行积极的对话，即产品定义的哪些部分是灵活可变的，哪里有着明确的界限。程序员们经常声称某个设计方案无法实现，其实他们的意思是根据目前的进度，该方案无法按时完成。市场机构可能根据综合的统计数据制定商业计划，而不详细考虑用户个体可能出现的行为。设计师收集具体用户的定性研究，对商业模型可能怀有独到的见解。如果设计、商业和工程三个团队相互信任与尊重，设计工作将顺利得多。

优雅的交互设计

字典上把优雅同时定义为"形式上的优美和婉约"，以及"科学上的精确和简洁"，我们相信优雅的设计，或者最起码是交互的设计，实现了二者的完美契合。

代表最简单而完整的设计方案

优秀设计的经典要素之一是形式的简约（economy of form），以简驭繁。对于界面设计，就是用最少的屏幕与器件来完成任务。简约同样适用于行为，在视觉设计中给予用户简单的工具，即运用最少的视觉区别明确传达想要表达的意思。对优秀的设计而言，少即是多。在解决设计难题时，设计师应当根据角色的心理模型尽量减少形式与行为的添加。程序员们应当十分熟悉简约的概念，他们知道好算法往往更简短、更清楚。

著名的户外探险家、户外服饰公司巴塔哥尼亚的创始人依冯·肖纳德说得最为贴切，他引用了法国作家、飞行员安东尼·德·圣-埃克苏佩里的话："完美不在于无以复加，而在于无可删减，万事莫不如此。"[1]

拥有内在一致性

优秀的设计让人感觉是一个整体，各部分平衡和谐。设计不佳，甚至没有经过设计的产品看起来像不同零件偶然拼合在一起。这通常是执行架构的产物。不同研发团队开发界面的不同模块，彼此缺乏交流，或者硬件与软件分别进行设计。目标导向的开发流程把产品概念作为核心，通过迭代精确细节为创造内在和谐提供了理想的环境，尤其是场景的应用，确保设计方案具有统一的叙述主线。

适当顺应、调动认知与情感

许多接受传统培训的设计师常常谈及期待，以及期望对于传达与产品设计的重要性。说得没错，但我们觉得，如此强调某个单一（模糊且复杂）的情绪，有时会导致一叶障目。

产品设计过程中，假如目标明确，或者高度技术化、专业化，则期望只是我们追求的一小部分情感。谁指望让操作放疗系统的技师喜欢她的设备呢？相反，我们希望她能够对设备潜在的危险心怀畏惧，小心谨慎。因此，作为设计师，我们竭尽全力地将操作者的注意力放在治疗和病人身上。较之期望，笔者认为优雅意味着在任何情况下适当地顺应、调动用户的认知与情感。

本书后面的章节中列举了我们认为最重要的交互设计与视觉设计原则。这些作为入门知识

---

[1] Saint-Exupéry, 2002

足矣。在第一部分中，我们已经介绍了目标导向交互设计工作背后的流程与概念。接下来，我们将提出若干有益的设计见解，帮助你将知识转化为各个领域的精彩设计。

交互设计原则

交互设计原则是关于行为、形式与内容的普遍适用法则，促使产品行为支持用户目标与需求，创建积极的用户体验。这些原则，能够解决行为、形式和内容方面的设计问题。事实上，这些原则也是一些设计中需要遵循的规则，以设计师价值和体验为基础，其核心价值在于秉承科技应当服务于人类智慧和想象这一理念。科技的使用体验应当根据人类的感知、认知与运动能力来创造。

原则要贯穿设计全过程，帮助我们将情境中的任务和需求转化为界面的形式结构和行为。

作用于不同层面细节的原则

设计原则作用于不同的层面，上至普遍的设计规则，下至交互设计的细节。不同层面之间的界限不是很分明，但大体可以归为以下几类：

- **概念原则：**用来界定产品定义，产品如何融入广泛的使用情境。第 8 章至第 13 章讨论概念层面的设计原则。
- **行为原则：**描述产品在一般情境与特殊情境中应有的行为，第 14 章至第 17 章将探讨行为层面的普遍设计原则。
- **界面原则：**描述行为及信息有效的视觉传达策略，第 18 章至第 21 章关注这一层面的交互设计原则。

大多数的交互设计与视觉设计原则是跨平台的。但是对于类似移动设备和嵌入式系统这样的产品，由于屏幕面积、输入方式及使用情境等因素的制约需要特殊考虑。

行为与界面层面的设计原则使工作负荷降至最低

设计原则的主要目的之一就是优化用户的产品体验。对于生产工具和其他非娱乐导向的产品而言，这意味着将工作负荷降至最低（minimizing work）。

本书描述的大多数原则旨在减少工作负荷，同时为用户提供更多层面的反馈和有用的情境信息。第 12 章主要描述需要最大限度降低负荷的不同工作类型，以及实现这一目标的具体战略。

游戏和其他类似娱乐产品则需要在某种程度上以不同的方式降低工作负荷，而不是简单地减少工作量。他们可以要求用户完成一定量的工作然后给予相应奖励。譬如开心农场之类的社交游戏之所以火爆，是因为人们逐渐沉迷于要完成的任务，为照料自己的虚拟农场（以及同其他人分享成功的骄傲感）而乐此不疲。当然，过多的任务或者太少的奖励都有可能使游戏变得乏味。此类交互设计需要把握得当。

交互设计模式

设计模式是捕捉有效设计方案并将其应用于类似问题的方法，尝试将设计理论形式化，记录最好的实践工作，有助于实现以下目标：

● 节省新项目的设计时间和精力。

● 提高设计方案的质量。

● 促进设计师与程序员的沟通。

● 帮助设计师成长。

尽管在设计教育和提高工作效率方面，模式的重要性不言而喻，但交互设计的模式发展却尤其令人兴奋；因为它们代表了用户体验和相关活动的优化成果。

建筑模式和交互设计

交互设计的模式理念源自克里斯特福·亚历山大（Christopher Alexander），他撰写了两本具有巨大影响力的著作，即《模式语言》（*A Pattern Language*）（Oxford University Press, 1977）和《永恒的建筑方式》（*The Timeless Way of Building*）（Oxford University Press, 1979）。书中首次描述了建筑设计模式这一概念。通过对建筑特征的一系列精确定义，亚历山大试图描述那些带给居民幸福感的建筑设计的精华。

亚历山大同交互设计师的最终目的十分相近，每一个模式对于人的关注使得建筑模式和交互设计模式及工程模式有所区别。后者的主要目的是实现程序代码的重复利用和标准化。

而交互设计模式和建筑设计模式有一个重要的区别，交互设计模式不仅关注结构和元素组织，还关注相应用户活动的动态行为与变化。简单地把它理解为随时间而变化听起来不错，但这些变化的趣味在于它们对软件状态和人类活动都会产生反应，因此与机械和电视及影片那种预定的时程变化有所不同（它们都有各自独特的设计模式）。

记录和使用交互设计模式

模式总是应用于特定情境的，它们适用于具有类似情境、限制、张力和拉力的设计场景。提取一个模式，重要的是记录方案应用情境的一个或多个具体案例、所有案例共有的特征，以及解决方案背后的理念（它好在哪里）。

为了达到使用效果，模式必须根据应用场景进行有条理的组织。这种模式通常称为"模式库"或者"类目表"（catalog）。如果类目表定义精确，并且充分涵盖了某个领域所有的解决方案，就能提升为一种模式语言（pattern language）。（考虑到数字产品的创新速度，这样的语言很难稳定。）

设计模式的运用，没有捷径，也没有立竿见影的解决方案。《设计交互界面》（*Designing Interfaces*）一书广泛收集了各种交互设计模式，作者珍妮弗·泰德维尔曾在书中发出这样的警告："模式不是拿来就能用的商品，每一次模式的运用都有所不同。"[1]

在软件设计领域，有一种观点很具有吸引力，即如果用户需求清晰，一套全面的模式类目表可以帮助设计新手迅速且轻松地整合出协调的设计方案。虽然我们发现，这一想法在一些资深设计师身上的确适用，但模式永远不能脱离应用背景而像饼干模具那样机械地拼凑使用。克里斯特福·亚历山大随即指出，情境在模式表现形式上具有决定性作用，因此，建筑模式是预制建筑的对立面。模式展开的环境极其重要，它的子模式、母模式，以及相近的其他模式同样十分关键，交互设计模式同样如此。每个模式的核心在于表现对象之间，以及对象与用户目标之间的关系（这就是为何一个概括的风格说明无法代替具体的设计方案的原因）。模式的精确形式在每一个设计方案中都会有或多或少的差别，定义模式的对象自然因产品领域的不同而不同，但对象之间的关系基本保持一致。

交互设计模式的类型

与许多其他设计模式类似，交互设计模式也可以有层次地组织在一起，从系统层面到个别界面的专用器件。与原则一样，模式可以应用于系统的各个层面（这些层面之间的界限同样十分模糊）。

定位模式应用于概念层面，帮助界定产品对于用户的整体定位。定位模式的实例之一就是"暂态"，即使用很短的时间服务于一个在别处实现的高级目标。产品定位的概念及最显著的模式都将在第 9 章中进行详细讨论。

---

[1] Tidwell, 2006

结构模式解答如何在屏幕上安排信息和功能元素之类的问题。尤其是随着 iOS 和安卓等移动用户界面和平台的广泛使用，结构模式越来越多地被记录下来。它包括视图、窗格，以及元素组合等，这些我们在第三部分中略有讨论。

行为模式旨在解决功能或数据元素的具体交互问题，大多数人所说的器件行为即属于此。还有很多类似的低层次模式，也在第三部分中有所讨论。

对于交互设计师来说，构建心理模式类目表是至关重要的一项培训内容。当我们逐渐了解了彼此工作的精华部分，我们就能够一道努力为用户提供更好的交互用语。通过利用现有工作，我们能够专注于解决新的问题，而避免重蹈覆辙。

交互设计模式示例

以下章节主要描述几个交互设计模式，其他详细内容参见本书第三部分内容。

桌面：组织者-工作区

最常用的高级结构模式之一即微软的 Outlook 界面，导航窗格在左侧，工作区在右侧，总览窗格位于上方，详情窗格位于下方（见图 7-1）。

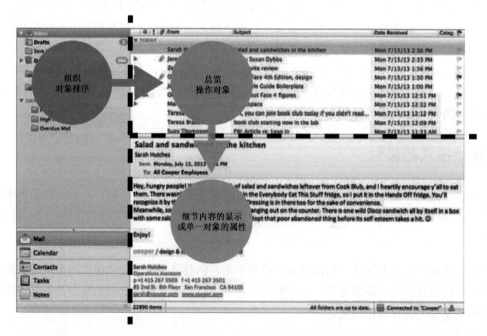

图 7-1　微软 Outlook 的基本结构模式在整个行业应用广泛，横跨多种不同的产品。左侧垂直窗格提供导航，驱动右上角的内容总览。选择总览窗格中的对象，右下方窗格中出现相应的细节或文件内容。

142

该模式适用于全屏软件。用户需要访问多种不同种类的对象，通过按组操作显示个别对象及文件的具体内容或属性，该模式确保上述操作在单一窗口中顺畅完成。许多电子邮件的客户端都采用了这种模式。不少写作和信息管理工具，因为经常需要迅速获取和处理各种对象，也使用了这种模式的变体。

智能手机：双层抽屉

以 Facebook 和 Path 手机 App 作为先驱者，首先使用新的功能，即通过向左滑动主界面展示右侧界面，向右滑动主界面显示左侧界面。这一功能在 iOS 和安卓系统的许多应用中都很常见。通常左侧抽屉包含手机应用的主要导航，而右侧抽屉通常用来进入某个软件的辅助列单（比如 Facebook 中的朋友名单）。

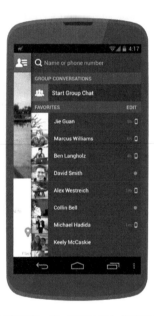

图 7-2　Facebook 双层抽屉则属于另一种结构模式，正如组织者-工作区对于桌面应用一样，双层抽屉也成为移动手机普遍使用的模式之一。左边的抽屉提供了导航，显示应用的内容。右边的窗格则提供了快速进入其他应用的快捷键，比如 Facebook 的朋友圈。

同组织者-工作区模式一样，双层抽屉在内容上实现了完美的优化，这样的话可以实现移动而不是桌面操作。通过滑动主界面窗格显示导航或者通信部件是一种简单的操作，一只手足以操作。从开放的抽屉里进行选择也是一种用拇指即可进行的简单操作。抽屉的类似开关也符合审美要求。不怪乎这种模式能够迅速并广泛地拓展开来。

143

第 8 章
数字产品的礼仪

在《媒介等同》（*The Media Equation*）一书中，斯坦福的两位社会学家克利福德·纳斯（Clifford Nass）和拜伦·里夫斯（Byron Reeves）在一个令人信服的案例中发现，人类与计算机及其他交互产品之间的对待和反应方式如同人与人之间的交往。因此，我们应该充分重视数字产品的人物模型和性格：它们是否有足够的竞争力？是否有用？是否会抱怨、焦虑、纠缠不休或者找借口？

纳斯和里夫斯研究发现，人类好像有一种本能，告诉他们如何与周围有意识的生物交往。一旦任何物体表现出足够的交互性——就像一般的软件程序那样——这些本能就会激活。我们与软件的交互也出于本能，是无意识行为，也是不可回避的。

这个研究的意义是深远的，如果希望用户喜欢我们的软件，那么当我们设计软件时，应该让它表现得像一位举止得体的人。如果希望用户能高效地使用我们的软件，那么就应该将它设计得像一个帮助和支持自己工作的同事。一句话，应当考虑人与计算机在工作上的角色分配。

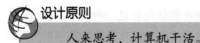

设计原则

人来思考，计算机干活。

理想的人机分工是很明确的，计算机就是用来做事情的，而人是考虑如何做事情的。科幻小说家和计算机科学家总是用人工智能来迷惑我们——计算机可以自我思考。然而，人类恰恰不需要思考方面的帮助——我们人类识别模式和解决复杂问题的能力是任何一个电子芯片产品无法媲美的。我们需要的是在信息管理上的帮助，比如访问、分析、组织以及将信息形象化等工作，而根据这些信息来做决策，最好由我们自己，即大脑来完成。

设计体贴的软件

纳斯和里夫斯认为，软件应该是礼貌的，但是我们更喜欢用"体贴的"这个词来形容。尽管礼貌可以解释为一种礼节，如"请""谢谢"等，但其他有用的方面我们做得还不够，真正的体贴意味着心里始终想着他人的需求。体贴的软件最关心的是用户的目标和需求，其次才是其基本功能。

如果软件缺乏信息，过程模糊，迫使用户到处寻找常用的功能，还因为软件自己的问题责备用户，那么这种软件就是低效的，用户体验不到愉快。即便软件多么有礼貌，多么有代表性，视觉隐喻多么好，内容多么充实或者多么拟人化，也是如此。

此外，如果交互是谦让的、大方的，对人有所帮助，那么就会对用户产生长期的正面影响。

设计原则

软件应该像人一样体贴。

通常，具有交互性质的产品惹怒我们的不是它缺少哪些功能，而是不体贴。其实，做一个体贴的产品不比做一个粗陋的产品难多少，你只需要想象一个关心他人的人士是如何与别人打交道的，效仿他就可以了。这些体贴的特征没有一个是和功能至上的数据处理的目标相违背的，这些数据处理都是针对含有电子芯片的产品来说的。事实上，产品表现得越有人情味，就越符合实用这个目的。如果这些富有人情味的特征适当地组织在一起，那么与用户间的对话便利于有效地使用软件的功能。

人有许多特征，让自己变得体贴。人们或多或少地也将这些特征赋予了具有交互性质的产品，以下列举了一些体贴的交互性质的软件产品/（和人）所具有的特点。

- 体贴的软件关心用户喜好。
- 体贴的软件是恭顺的。
- 体贴的软件是乐于助人的。
- 体贴的软件具有常识。
- 体贴的软件有判断力。

- 体贴的软件能预见需求。

- 体贴的软件是尽责的。

- 体贴的软件不会因为自己的问题增加你的负担。

- 体贴的软件会及时通知我们。

- 体贴的软件是敏锐的。

- 体贴的软件是自信的。

- 体贴的软件不问过多的问题。

- 体贴的软件即使失败也不失风度。

- 体贴的软件知道什么时候调整规则。

- 体贴的软件承担责任。

- 体贴的软件能够帮助你避免犯低级错误。

顺便说一下，以上特点与更加实用的功能数据处理过程（这是所有数字产品设计的核心）的目标一致，没有任何矛盾的地方。接下来我们将对以上特点进行详细阐述。

体贴的产品关心用户喜好

体贴的朋友希望加深对你的了解。他记得你的喜好，知道如何使你开心。每个人都希望得到个性化的体贴和照顾。

然而另一方面，大多数软件不知道也不关心自己的用户是谁。尽管我们一直在反复使用个人计算机中的软件，但它们好像也不记得关于我们个人的一些信息。举一个优秀的软件行为的例子，火狐或者微软浏览器能够记住用户定期登录网站的相关信息，比如用户名和收件地址。谷歌浏览器甚至能记住不同设备和会话的小细节。

软件应该努力记住我们的小习惯，尤其是我们告诉过它的事。对于编写程序的开发人员来说，从用户那里收集信息和从数据库里收集信息一样，是理所当然的。所以当程序需要信息时，就让用户提供。用完了之后，程序就将这些信息扔掉。等下次再需要时，就再询问用户。程序本来就比人更适合记忆信息，然而到头来，它却忘了这些信息，这就太不体贴用户了。记住用户的行为和偏好，是最好的方法了，它能对用户使用软件产生积极作用。我们将在这一章的后半部分详细讨论软件记忆这个问题。

体贴的软件是恭顺的

一个好的服务员是客户至上的，她明白正在接受服务的人就是老板。当餐馆服务员将我们带到一张桌子面前时，我们会认为他选择的座位只是一种建议，而不是命令。在人少的餐馆，我们如果礼貌地要求换另一个座位时，我们希望服务员接受我们的要求。如果餐馆服务员拒绝了我们的要求，我们可能就会选择另一家更尊重我们意愿的餐馆。

不体贴的软件监督并随意判断人的行动，当然软件可以认为我们犯了错。但是它随意判断或者限制我们的行为，就显得太不体贴了。在我们输入自己的电话号码之前，软件可以建议我们暂时不要提交，并解释原因。但如果我们坚持没有号码也要提交时，那么希望软件能够按照我们的意愿去做。"提交"这个词和它所代表的含义，有悖于软件应该扮演的恭顺角色。软件应该向用户提交，任何提供"提交"按钮的程序都是不礼貌的，是有歧义、让人困惑的。

体贴的软件是乐于助人的

如果问商店服务员询问在哪里可以找到某件商品，我们希望他不仅能回答我们的问题，还能主动向我们提供其他有用的信息，比如花差不多的价钱可以买到某种性价比更高的商品。

多数软件不会尝试提供其他相关信息；相反，它们只是狭隘地回答我们的问题。即使是与我们的目标明确相关的其他信息，它们也不愿提供。当我们告诉文字处理器打印一份文档时，它不会告诉我们打印纸不够了，也不会告诉我们前面有 40 份文档在排队等待打印，或附近另一台打印机空闲，而一个乐于助人的人会告诉我们这些信息。

给用户提供有用的信息，需要一个合适的途径，微软的剪贴小助手（Clippy）一直以来因为其自以为是的帮助而受到普遍的歧视。比如"你似乎正在打印一封信，需要帮助吗？"虽然我们很赞赏这种热心帮助的好意，但我们不需要其帮助时，希望它不要那么鲁莽，能够领会我们的暗示。毕竟一个好的服务员不会打断客人讲话而去询问是否需要加水，而是当杯子空了以后，就会给你倒上。他总是可以对你的暗示心领神会，而不是通过询问得到答案。

体贴的软件具有常识

在不合适的地方提供不合适的功能是交互产品设计失败的一大标志。多数交互产品将经常使用的控件和从不使用的控件放在一起，你很容易发现菜单中，简单、无害的功能与不可撤销的类似"弹射座椅控制杆"等专业级的功能紧邻，这就像坐在打开的烤肉炉边上的感觉一样。

一些可怕而让人恼怒的事是计算机系统反复地给用户发送金额为 0 的支票，或数字为957142039.58 美元的账单。我们认为此类事情发生，尤其是频繁发生时，系统应该提醒收账或付账部门人员，但大多数信息系统很少能有这种常识。

体贴的软件有判断力

一般来说，我们希望软件能够记住我们的操作和指令。但也有一些信息，比如密码、纳税人号码、银行账号和密码等，我们不希望在没有接受用户指令的情况下自动记录。相反，我们希望软件能够帮助我们保护此类个人隐私数据，比如选择安全的密码，及时报告不当的操作，类似于账户正在陌生电脑或地址上登录。

体贴的软件能预见需求

当你前往一个陌生城市旅行，你的助手能够在你没有提出任何要求时，主动帮你预定你所需要和喜欢的旅馆，说明她能够预见你的需求。

当我们仔细浏览网页时，网络浏览器浪费大量的时间闲置着，什么也不做。其实它可以在我们阅读时，轻松预测我们的需求并做好准备，也可以利用这些闲散的时间提前下载所有可见的链接。当我们要求浏览器检测一个或多个链接，它能够立即进入相应界面。要知道关闭一个不想要的请求很容易，但等待请求加载却很浪费时间。我们将在后半部分进一步讨论如何利用软件的空闲时间为我们办事。

体贴的软件是尽责的

一个尽责的人会从长远的角度来认识所执行任务的意义。例如，一个尽责的人会擦干净柜台，倒空垃圾，而不只是洗刷盘子，因为那些事情与清洁厨房这个更大的目标有关。一个尽责的人在起草报告时，还会在报告上加一个漂亮的封面，并为整个部门影印足够的份数。

举个例子，假设我们有一个助手叫罗德尼，我们让他把一个名为马尼拉的文件夹整理好。他检查了文件夹标签上的名字，比如说微晶石公司合同，然后在文件库里寻找。在 M 条目下，让他吃惊的是其中也含有一个同样的微晶石合同标签的马尼拉文件夹。罗德尼注意到它们之间的差别并进行研究。一方面，他发现先前的文件夹包含一份关于 17 个机械小部件的合同，这些机械小部件 4 个月前已经交付到微晶石公司；另一方面，新文件夹中是有关下个季度生产和交付 32 个齿轮部件的合同。有责任心的罗德尼将老的文件夹改名为 2013 年 7 月份微晶石小部件合同，然后将新文件夹改名为 2013 年 11 月份微晶石齿轮合同。这种主动做事的态度让我们觉得罗德尼很有责任心。

假设我们之前有个助手叫艾略特，他完全是个傻瓜，一点都不负责任。如果他遇到相同的情况，就会不假思索地将新的微晶石合同文件堆到旧的微晶石合同旁边。诚然，他也完成了任务，但他原本可以做得更好，让我们将来查找该文件更方便。这也是我们为什么不想让艾略特当助手的原因。

如果我们依靠文字处理软件草拟一份新的齿轮合同，然后想把它保存在微晶石目录下。程序提供的选择是要么毁掉原先的小部件合同重新拟定新合同，要么就根本不能保存。程序不仅没有罗德尼能干，甚至还不如艾略特（他比傻瓜还愚蠢）。软件如此笨拙，以至于仅仅因为文件的名字相同，就认为我们要把旧的文件扔掉。

最起码，程序应该将两个文件标上不同的日期，然后保存。即使程序拒绝单方面采取这种极端的行为，它至少应该在保存新文件之前，向我们显示旧文件，请我们重新命名该文件。程序完全可以采取更多负责任的行为。

体贴的软件不会因为自己的问题增加你的负担

在服务台前，人们总是希望服务员能够充分照顾自己的关注点，而不是她滔滔不绝地介绍她所关心的问题。也许这对他们来说有失公平，但这就是服务业的规则。交互产品也应该对自己的问题保持沉默，关注用户的需求。由于电脑没有自我意识或者敏感脆弱的情感，它们更应该胜任这种角色，然而事实正好相反。

交互产品总是用错误信息提示向我们抱怨，用确认对话框打断我们，用一些不必要的通知向我们炫耀（文档保存成功！软件先生，你太好了，你有过保存失败的时候吗）。我们对程序是否有信心清空垃圾箱不感兴趣，我们不想听到软件抱怨不知道将文件保存到磁盘的哪个位置。我们也不需要看到电脑的数据传输率和它的加载顺序，就像我们不需要知道客服代表不愉快的情感经历一样。软件不仅要对自己的事情保持沉默，还应该更聪明、自信并自主地解决自己的问题。我们将在第 15 章中详细地讨论这些问题。

体贴的软件会及时通知我们

虽然我们不希望交互产品因为小小的恐惧和成功不断纠缠我们，但我们却真心希望它能够及时通知我们所关心的事情。我们不希望酒吧招待向我们抱怨他最近离婚了，但我们会感谢他能在明显的地方标明酒类价格，在黑板上写明何时举行赛前晚会、谁将出场，以及当前的活动。获得这些信息时，没有人打断我们。无论何时，这些信息都在那里。同样，软件可以为我们提供大量运行状态的非模态反馈，这点我们将在第 15 章中谈到。

体贴的软件是敏锐的

现在大多数软件都不怎么敏锐，它们对多数问题的理解是狭隘的。它也许愿意执行艰难的任务，但这只是在正确的时间接收到准确的指令时才会这么做。比如，如果你请库存查询系统告诉你有多少小部件，它会忠实地查询数据库，并报告你截至目前库存的数量。但是，如果 20 分钟后，达拉斯分公司的人将库存的所有小部件都清走了，情况又会如何呢？当你的电脑傻在那里，运算着 10 亿次无用指令时，你的操作就有可能引起大麻烦，它完全没有意识到这些问题。当你查询过一次小部件的数量，难道这不意味着你很有可能会再次查询这一信息吗？虽然你不希望以后每一天都收到小部件库存情况的报告，但很有可能在查询后的一星期内你是希望看到这些信息的。敏锐的软件能够察觉用户的操作，并利用这些观察为用户提供相关的信息。

软件也应该观察我们的偏好，并且主动记录下来。如果我们总是将一个程序的屏幕设置为最大化，程序在几次之后就应该将这一模式设定为默认设置。对于调色板、默认工具、经常使用的模板设置和其他有用的设置也应该如此。

体贴的软件是自信的

交互产品应该坚定自己的信念，如果我们命令电脑删除一个文件，它不应该问"确定删除该文件吗？"我们当然确定，否则也不会提出这一请求，他不应该怀疑我们或自己。

另一方面，如果计算机怀疑我们可能出错（这也是常事），它应该做好准备恢复已删除的文件。

多少次，你点击完打印键后去喝杯咖啡，等你回来时却发现一个可怕的对话框在屏幕中央抖动："你确定要打印吗？"这种不安全感简直令人抓狂，它完全违背了体贴这一原则。

体贴的软件不问过多的问题

不体贴的软件总是问许多烦人的问题。过多的选择很快就让它丧失了优势，反而成了一种痛苦的经历。

问问题与提供选择完全是两码事。当你一个人在商店里逛时，你会有很多选择。当你参加工作面试时，面试官会询问你很多问题。这两个体验哪个更舒服呢？部分原因在于我们都明白提问题的人所处的位置要比被提问的人更优越，有权威的人提问，级别或职位稍低的人回答问题。当软件提问而不是提供选择时，用户会产生类似的胁迫感。

除了权力导致的这种结果，问题也会让人感觉受到烦扰和侵犯。你喜欢汤还是沙拉？沙拉。你喜欢卷心菜还是菠菜？菠菜。你喜欢法式、千岛还是意式沙拉酱？法式。你想要清淡点还是正常放盐量？够了，还是请你给我来一份汤吧！你想要玉米浓汤还是鸡肉面汤？

用户不喜欢产品问问题，尤其是一些愚蠢或不必要的问题。产品问问题会让用户觉得产品：

- 无知。
- 健忘。
- 软弱。
- 烦躁不安。
- 缺少主动性。
- 要求过多。

这些正是我们在人际交往中讨厌的毛病，又怎么会希望产品有这些特点呢？交互产品的应用程序不是像朋友在餐桌边上聊天一样，用好奇或者想聊天的方式询问问题，而是表现得很无知，同时还夹带着不该有的权威感问问题。它对我们的想法不感兴趣，只是需要得到一种信息，而通常这些信息压根儿就没必要询问我们。

许多自动取款机一直询问用户选择哪种语言："西班牙语、英语还是中文？"用户第一次做出选择后，以后使用时也不可能再改变答案。问题少的交互产品，不会询问问题而是会提供选择，并且能够记住用户的信息；这样的产品对用户来说更聪明，也更礼貌和贴心。

体贴的软件即使失败也不失风度

当你的朋友很没礼貌时，他会试图弥补，尽可能挽回损失。当程序发现一个致命问题时，它可以充分利用时间，努力弥补过失而不让用户受到损害，或者简单点让系统直接崩溃。

许多应用程序包含大量的数据和设置，一旦崩溃，信息就丢失了，而用户只能自认倒霉。比如说，程序运行良好，正从服务器下载电子邮件，此时内部子程序内存已满。和多数桌面软件一样，程序发出一个有效消息："你的程序完全瘫痪了"，在单击确定按钮后程序会立即结束。当你重新启动程序，或者重启电脑时，却发现电子邮件内容丢失了。当你向服务器查询时，又发现它已经删除了你的邮件，因为邮件已经移交给了程序。这些都不是我们所希望的好软件应该出现的情况。

在电子邮件的例子中，程序接收到服务器的电子邮件后立即删除了邮件副本，却没有确保电子邮件会被自动保存下来。如果邮件程序先确保那些邮件被写进了本地磁盘，然后通知服务器已经成功下载那些邮件，就不会出现这种问题。

有些优秀的设计软件，可以利用撤销缓冲从崩溃中恢复，比如专业音乐制作软件 Ableton Live。这是一个产品轻松追踪用户行为的极佳例子，这样即使在某些情况下出了问题，还是可以轻松地从困境中解脱。

即使程序没有崩溃，不体贴的行为也是很常见的。尤其是在网上，这种问题更加明显。用户经常需要在网页的一系列表单中输入详细信息。在填完 10 个或 11 个字段之后，用户可能单击提交按钮，但由于这部分输入有错误或者遗失，站点拒绝其输入并提示纠正。于是用户单击返回箭头回到页面，发现那些正确的输入连同那些无效的输入一起都被删除了。还记得那个不可理喻的可恶的初中地理老师吗？他把你那篇南美洲的报告全部撕成碎片然后扔掉，只因为你是用铅笔而不是钢笔写的。直到今天，你还因此讨厌地理吧。不要创造类似的产品！

体贴的软件知道什么时候调整规则

在人工信息处理系统被转化为计算机系统的过程中，一些东西丢失了。尽管一个自动订单输入系统可以处理上百万次的订单，比人类员工能处理的要多得多；但人类能够以某种多数自动系统忽略的方式工作，而在自动系统中几乎没有利用这种功能。

在人工系统中，当销售部的员工告诉职员加速处理某个订单意味着更多生意的时候，他就可以迅速处理那个订单；当另一个订单缺失一些关键信息时，他也可以继续处理并记得随后要补充和记录这些信息：这种灵活性是自动系统所缺乏的。

多数计算机系统只有两种状态，即不存在或者全部一致，无法识别或接受任何中间状态。在任何手工系统中，有一个重要但矛盾的状态——尽管没有被说出，也没有记载，但又非常可靠，即暂停状态。这一状态中，尽管交易没有全部处理完毕也能被接受。操作员在头脑中、书桌上或者口袋里创建了这种状态。

举个例子，数字系统在保存发票之前需要客户和订单信息，而员工则可以在得到客户的详细信息之前直接提前登记订单；即计算机系统会拒绝这笔交易，因为没有详细的客户信息就不允许开发票。

在人工操作系统中，人们会打破操作顺序，或在满足先决条件之前就执行操作，这称为"规避能力"（fudgeability）。这是计算机系统的缺失之一，这种缺失是数字系统缺乏人性的一个关键因素，这是实现模型的自然结果。开发人员没有看到任何创建中间状态的理由，因为计算机不需要，但人类对于轻微调整系统却有着强烈需求。

可规避系统的一个好处是减少错误。通过允许小的临时错误进入系统并授权人们可以在造成严重问题之前纠正它们，从而避免更大以及更永久性的错误。矛盾的是，大多数计算机加强硬性规则正是为了防止类似错误的出现。这些死板的规则将软件和人类对立起来。因为人类拒绝采取规避措施来防止更大的错误，因此很快就对软件的保护措施失去兴趣，也就无法避免真正的大问题。当死板的规则强加在灵活的人类身上时，两面皆输。从商业上说，阻止人们做他们想做的事总是不好的，而计算机系统也不得不经常消化无效的数据。

在现实世界中，缺失的信息和没有适当填充到标准字段的额外信息都是成功的重要工具。如果截止日期比计划期限延长两星期，某个交易才能完成，多数公司宁愿延长计划期限，也不愿看到一个上百万美元的交易化为泡影。在现实世界中，限制总是可以调整的，体贴的软件需要意识到并且包容这类事实。

体贴的软件承担责任

大多数软件面临问题时，会采取这种态度："这不是我的责任。"当工作任务暂时告一段落，转交某些硬件设备继续工作时，它顿时当起了甩手掌柜，任由愚蠢的硬件来完成任务。任何用户都可以看出这样的软件不体贴，不负责任，这种软件没有分担责任来帮助用户变得更加高效。

例如，在一个典型的打印操作中，程序开始发送 20 页报告给打印机，同时打开带有取消按钮的打印过程对话框。如果用户很快意识到自己忘了一个重要的改动，他在打印机刚打出第 1 页时单击取消按钮，程序立即撤销打印操作。但是用户不知道的是，当打印机开始打印第 1 页时，计算机已经把 15 页报告交给了打印机缓存。程序取消的是最后 5 页，但是打印机对取消操作一无所知。它只知道要完成交给它的 15 页任务，于是继续打印。同时，程序还自鸣得意地告诉用户打印已经取消。用户可以清楚地看到程序在说谎。

用户对程序与打印机之间的通信问题没有多少理解。他不关心通信是否是单向，只知道在打印机输出栏中出现第 1 页纸之前已经决定不打印文档。他单击了"取消"按钮，然而愚蠢的程序仍然继续打印了 15 页。

想象一下，如果程序可以和打印驱动器通信，打印驱动器也可以和打印机通信，用户的体验会怎样呢？如果程序足够聪明，打印工作就可以在第 2 页纸浪费之前被轻松地取消。打印机当然也有取消功能，只是软件在设计时偷懒没有设计这一功能。

体贴的软件能够帮助你避免犯低级错误

当你要做一些肯定会后悔的事情时，比如在一群陌生人面前大声咆哮你的个人私事，或者要把一个空信封交给领导的时候，一位乐于助人的同伴会默不作声地把你叫到一旁，委婉地指出你的错误。

数字产品也应该在类似情况发生时这样帮助你。比如，当你想将信息发送给某个朋友，而不小心发送给全部朋友时，或者要给部门领导发送电子邮件时，忘了把邮件中提及的季度报告附进去的时候，数字产品应该像人类伙伴一样及时给予提醒。

然而这种提醒不应该以标准的错误信息对话框的形式阻止动作的发生，这只会在伤口上撒盐。恰当的方式是通过细致的视觉和文字反馈，提醒你正在将信息发送给全部朋友而不是单个人，或者尽管你在邮件中提到要添加相关附件，却忘了这么做。

在后一种情况中，你的电子邮件应用程序甚至可以毫无模式地标出缺失区域，提醒你添加附件，同时给你选择是否继续发送无附件的邮件，防止软件误解了你的意图。

产品能够更进一步帮助用户避免令其尴尬的错误，并不因此责备用户，这样产品会快速赢得用户的信赖和忠诚。体贴的产品设计是区别一般产品和伟大设计的标志之一，也许是唯一的标志。

设计聪明的产品

除了要体贴，好用的软件和人类一样还应该是聪明的。科幻小说家和未来主义者对智能产品的描述，使得人们对于交互产品聪明的理解有一些迷惑。一些天真的观察家们认为软件确实有智能。

但是对这个术语更有用的理解（如果最近 10 年内，你想尝试运输货物的话）是：在条件十分困难，甚至用户空闲的情况下，这些程序仍然能够努力工作。无论我们梦想的会思考的计算机是什么样子的，我们其实有更好且更直接的方法可以让计算机更努力工作。本章将讨论一些重要的方法，帮助软件更努力地工作，更好地为人类服务。

利用计算机的空闲周期

每个程序中的每个指令都必须经过中央处理器（CPU）传递单个文件，因此我们需要为它优化程序。开发人员通过辛苦工作来保证指令数量的最小化，保证为用户提供良好的表现。然而我们通常会忘记，只要 CPU 快速地结束了所有工作，就开始空闲下来，什么也不做，直到用户执行下一个命令。我们为减少计算机的反应时间投入了大量的努力，却投入了很少或者几乎没有投入精力，以使计算机在没有响应来自用户任务时做一些前瞻性的工作。软件向 CPU 下命令，就好像军队一样，间歇性的命令使其行动或等待。行动的部分非常好，然而等待应该到此为止了。

在当前的计算机系统中，用户需要记住的事情太多，如文件名和文件在文件系统中的精确位置。如果一个用户想找到季度计划的电子表格，他必须记住文件名或者进行浏览。在这期间，处理器处于停止状态，浪费了数 10 亿次的循环运转。

当前多数软件也不关注情境。例如，当用户在辛苦地赶制电子表格工期时，程序能为其提供的最大帮助也就跟他在空闲时间玩数字游戏差不多。凭良心说，软件再也不能在用户工作时浪费这么多空闲时间了。在日常生活中，我们的计算机应该开始肩负起更多的责任。

在通常情况下，多数用户在不足几秒的时间内能做的事情很少，但这足以让典型的桌面计算机执行至少 10 亿条指令。无疑，这些周期都是空闲的。处理器除了等待，没有做任何事。反对利用这些周期的人总是认为："我们不能做出假设，这些假设可能是错误的。"当前计算机的功能是如此强大，尽管这些说法是对的，但通常这种说法不值一提。简单而言，如果程序的假设是错的也没关系，它有足够的空闲和能力做出几个假设，而在用户做出最终选择时丢掉其他假设结果。

在 Windows 和 Mac OS X 的多线程化、多任务系统及多核多芯片系统中，你可以在后台执行额外的工作，而不影响用户当前的任务。程序可以启动查找文件，如果用户开始输入，程序可以放弃，直到下一次空闲时钟周期。终于用户停下来思考，而程序已经有了足够的时间扫描整个硬盘，用户甚至不会注意到。这就是 Mac OS X 中 Spotlight 的搜索比 Windows 搜索好很多的地方。搜索结果几乎是同时出现的，因为系统利用了很多空闲时间来索引硬盘。

程序每次提供一个模态对话框时，它就进入空闲等待状态。当用户处理这个对话框时，它什么事都不做——实在不应该出现这种情况。对于对话框来说，找到合适的帮助方法不会很困难。用户上次是怎么做的？例如程序可以向用户建议以前的选择。

我们需要以全新并更主动的方式来思考软件应该怎样帮助人们实现其目标和任务。

聪明的软件有记忆

稍微一想就会明白，如果人们感觉某个交互产品是体贴和聪明的，那么这个产品肯定具有关于这个人的知识并从其行为中学习的能力。早期出现的体贴的产品就证实了这个事实，对一个体贴并且很有帮助的软件来说，能够记住与之交互的人的相关信息是非常重要的。

开发人员和设计师通常假设用户的行为是随机的、难以预测的，并认为用户会通过不断的询问来决定任务的合适过程。然而人类行为肯定不会像一台电子计算机一样被决定，而且也明显不会是随机的，向用户提出傻问题肯定会让用户感到烦扰。

多数软件是健忘的，每次运行时很少记忆，甚至不记忆任何东西。如果我们的程序足够聪明，在使用期间能保留一些信息；通常这些信息也只是为了使开发人员更容易开展工作，而不是为了用户。程序自动丢弃一些信息，如使用方式、改变方式、使用场合、处理的数据内容、用户是谁，程序的不同功能是否用到，或者使用的频率如何等。在这期间，程序用驱动程序名、端口分配和减轻程序员压力的其他细节填充初始化文件。从用户的角度看问题，使用相同的功能设施可以显著提高软件的智能。

如果你的程序、网站或者设备能够预测用户下一步要做什么，那么它难道不能提供更好的交互吗？如果你的程序可以预测用户在特定对话框或表单中的选择，难道不可以跳过那个部分的界面吗？难道你不认为预测用户会采取什么行动是界面设计卓越的秘密武器吗？

你可以预测用户将要做什么，可以在程序中建立第六感，不可思议地准确预测用户下一步将要做什么！那些数以 10 亿计被浪费的处理器周期都会得到充分利用，你所需要做的就是给界面赋予记忆的功能。

当我们在这种场景下使用记忆这个术语时，指的不是随机存取存储器（RAM），而是指在多次会话中跟踪和反应用户行为的程序工具。如果你的程序简单地记住了用户上次做了什么（或者怎么做的），它可以凭此来预测用户下次的行为。

如果我们能够赋予产品了解用户行为的能力，记忆并灵活地根据用户之前的行为显示信息和功能的能力，那么在用户效率和满意方面会有很大的提高。我们都希望有个聪明且自觉的助手，具有灵敏的直觉、源源不断的动力和好的判断，以及值得信赖的记忆。一个让使用过程充满效率的产品就很像一位自觉的助手，记住了所有有帮助的信息和个人偏好，而不用去问。简简单单就会有巨大的不同，不同之处在于用户是喜欢还是在忍受你的产品。下次当你发现程序向用户提问时，设法也让程序向自己提出一个问题。

聪明的产品能够预测需求

通过回忆用户上次的行为来预测用户将要做什么，这是基于任务一致性原则（task coherence）做出的揣测。我们每天的目标和实现目标的方式（通过任务）通常是相同的。这不仅适用于像刷牙和吃早餐这样的任务，也适用于使用文字处理器、电子邮件程序、手机和电子商务网站这样的任务。

当消费者使用产品时，使用的功能及使用方式和上次很可能极为相似，它甚至可能在同一个文档中工作，或者至少相同位置的相同类型文档上工作。的确他不会每次都做完全相同的事情，但是他很可能有少量的重复模式；因为具有明显的可靠性，所以你可以通过简单的权宜之计，即记住用户前几次使用的情况来预测他的行为，这样可以让你大幅减少程序必须向用户提问的次数。

例如，尽管莎莉使用 Excel 的方式和她使用 PowerPoint 或者 Word 的方式大不相同，但她每次使用 Excel 的方式却可能极为相似。莎莉喜欢使用 12 磅的 Helvetica 字体，这一喜好是个可靠的规律，并不需要程序询问她使用哪种字体或将哪种字体设置为默认格式。12 磅的 Helvetica 字体对于莎莉来说是个可靠选择，每次如此。

应用程序还要密切关注各种动作。比如，在文字处理器中，你可能经常使用反白文本，在黑色底板上写白字。为了做到这一点，你选择一些文本并将其字体的颜色改成白色，在没有改变选择的情况下，又将背景颜色设置成黑色。如果程序充分注意到这一点，它会发现你要求的两个格式化步骤中间没有其他选择。在你看来这是有效的单一操作，如果程序能够将这个独特的模式重复几次，自动创建这种类型的新风格不是很好吗；或者比这更好，即创建一个新的反白工具栏控件。

多数主流程序允许用户设置默认值，但这并不能算作一种聪明的行为。即使对超级用户来说，这种设置过程也是烦琐的，许多用户永远不会理解如何定制他们喜欢的默认值。

聪明的产品能够记住细节

确定程序应该记住哪些信息有一个简单的原则，即如果用户愿意操作，它就值得被程序记住。

用户做的每一件事都应该记住。我们的硬盘驱动器中有充足的空间，而程序的记忆功能是对存储空间很好的投资。我们常常认为程序浪费磁盘空间，因为一个大的应用程序可能要占用 200MB 的空间。那是程序的通常用法，但是对于大多数的用户数据来说事实并非如此。如果你的文字处理程序在每次运行时保存 1KB 的执行笔记，它仍然不会占据那么多空间。比如，你每个工作日使用文字处理器 10 次，每年大约有 250 个工作日，每年运行程序 2500 次，净消耗量也仍然只有 2MB，这还是对全年的盘点。这个量大概还没有你桌面上的背景图像所占用的空间大。

设计原则

如果用户愿意操作，就值得程序记住。

任何时候，程序出现一个选项，尤其是已经向用户提供了该选项时，程序都应该记住这些信息。程序可以使用用户以前的设置作为默认值，而不是使用无法更改的常量默认值，这样更有可能满足用户所需。程序应该直接做出与用户上次选择相同的决定，而不是向用户询问。如果错了，可以让用户纠正。无论用户设置的选项是什么，程序都应该记住。这样一直保留这些选项，除非用户重新更改。如果用户跳过程序或者关闭其功能，则不应该再向用户提供了；但在用户乐意接受它们时，仍然能找到它们。

没有记忆功能的程序最讨厌的特点之一就是它们对文件和磁盘的帮助很少。用户需要帮助的地方也就只有文件和磁盘。像 Word 这样的程序能够记住用户上次查找文件的位置。遗憾的是，如果用户总是将其文件放在名为信件的目录下，但是只要用户有一次编辑一个文档暂时存放在临时目录下，那么之后他的所有书信都会存储在临时目录下，而不是书信目录下。所以程序不仅要记住文件最后一次访问的位置，而且必须记住每种类型的文件上次访问的位置。

157

窗口的位置也应该记住，如果你上次将文档最大化，那么下次它也应该是最大化的。如果用户将窗口设置为与另一个窗口相邻，那么下次在用户没有给出任何指令时，窗口也应该以相同的方式设置。现在，微软 Office 应用程序在这个方面已经很成功了。

记住文件位置

所有打开文件的功能应该记住用户访问文件的位置。对于每个特定程序，多数用户只从极少的几个目录访问文件。程序应该记住这些源文件夹，并在打开的文件对话框中提供这些文件夹。这样，用户再也不用每次都浏览文件夹目录进入特定文件夹了。

推断信息

软件不应该只是简单地记住一些明显的事实，还应该从这些事实中推论出有用的信息。例如，如果程序记住了文件每次打开时修改的字节数量，那么它能够帮助用户检查修改操作的合理性。假设文件修改字节数量的历史数据为 126、94、43、74、81、70、110 和 92。如果某次用户调用这个文件，修改了 100 个字节，可能不会有影响。但若修改字节的数量突然激增到 5000（可能因此永久性地删除了一页内容），程序可以认为出现了某种错误。虽然用户有可能不小心做了令他难过的事，但这种可能性很低，所以不应该用一个确认对话框打扰他。但是程序有理由在修改 5000 字节之前保留一个重要的副本以防万一。程序可能只需要在用户再次打开这个文件之前保留这一副本，因为用户一眼就会发现错误，然后他会取消之前的操作。

取消多会话

在用户关闭文档或程序时，多数程序会放弃撤销堆栈，这是非常短视的行为。相反，程序可以将撤销堆栈写入文件。当用户重新打开文件时，程序可以加载用户上次运行程序时的取消堆栈，即使那是一个星期之前的事。

录入过去的数据

一个有良好记忆功能的程序可以降低用户犯错的次数，原因很简单，用户必须输入的信息大量减少，更多的信息可以通过程序的记忆直接获得。许多浏览器都具备这一功能，尽管智能手机或桌面程序很少有这个功能。例如，在一个货品计价程序中，如果软件从过去的记忆中获取日期、部门编号和其他标准字段，负责开发票的员工在这些字段上犯输入错误的机会就会变得很少。

如果程序记住了用户输入的信息，并且将这些信息用于将来的合理性检查，程序就可以拒绝输入的错误数据。现在的网络浏览器，比如 IE 或者火狐，提供了一种机制，即命名的数据输入域记住了以前输入的数据，允许用户从组合框中挑选一个值。对于安全意识强的用户，可以关闭这种特性。但对于其他人来说，它既节省时间，又能防止错误发生。

程序文件的外部程序活动

应用程序在调用之前可以启动一个很小的线程，这个小线程密切关注它所处理的文件。它可以追踪文件移动的位置，谁对它进行了读写，这些信息在用户再次运行该程序时也许有一定的帮助。当其试图打开一个特殊文件时，程序可以帮助查找，即使文件已经移除。程序可以告诉用户在其文件上执行了什么功能，如是否打印或者传真给某人。当然，用户可能并不需要这种信息，但这点时间对于计算机来说不算什么，毕竟对于所浪费的空闲周期来说，这不过是九牛一毛。

让聪明的产品发挥聪明

如果设计人员能够认识到任务一致性在软件设计过程中的作用，那将不同凡响。设计师会发现他们的思路会呈现全新的面貌。通常跳出的对话框不假思索地不见了，取而代之的是设计师更多细致问题的提出和更具研究性过程的出现。程序应该记住多少？记住哪些方面？除了上次的设置，是否还需要记住其他设置？模式有什么改变？设计师开始想象以下情况：用户连续50次接受同样的日期格式，然后人工输入一次不同的日期格式。等下次用户输入一个日期，程序应该使用哪种格式呢？是那50次相同的格式，还是最近一次使用的格式？一种新格式使用多少次后会成为默认格式？即使存在疑问，程序仍然不该向用户提问。它必须发挥自己的主动性做出选择。如果错了，用户可以自行更改程序选择。

下面的内容将对人们做出选择的一些特征模式进行阐释，这有助于我们解决一些与任务一致性有关的更复杂的问题。

减小决策数量

人们倾向于将决策选择降低到最小的有限数量。甚至当你每次做的事并不完全相同时，也常常会从一个重复的较小选项集合中选择自己的行为。人们在无意中缩小决策集合，但软件可以将其记录下来，并遵照它行事。

例如，仅仅因为你昨天在西夫韦购物，并不意味着你只在那里购物。但是，当下次需要日常用品时，你可能又会选择西夫韦。同样，即使你喜欢的中国餐馆的菜谱上有250道菜，你也经常会从自己偏爱的几道菜中做出选择。当人们开车上班或回家时，也经常依据交通情况从少量几条熟悉的路径中选择。当然，计算机可以毫不费力地记住这四五件事。

尽管简单记住最后一次的动作比不记任何事要好得多，但如果决策集合仅由两三个元素组成，它仍可能带来特殊的麻烦。比如你交替地从一个文件夹中浏览文件，而在另一个文件夹中保存文件。程序每次自动检索到上一次打开的文件夹，那它肯定无法提供用户想要的，唯一的办法就是记住更多选择。

缩小决策集合使我们想到，程序必须记住的信息应该是用户经常使用的一组信息。和只有一个正确答案的情况不同，好几个选项都是正确的，程序应该寻找更加微妙的线索来在小的集合中确定哪一个才是正确的。例如，如果你用支票程序付账单，程序很快就会知道只有两三个账户是经常使用的。但是它怎样才能知道对于一个特定的账单，哪个账户是最合适的呢？如果程序记得付款人和每笔账目的数量，就能比较容易做出选择。每次你付的租金数量是完全相同的。支付汽车贷款也是这样的，支付给电气公司的每笔账目可能会有变动，变动大概在上次账目的 10%～20% 之间。所有这些信息可以帮助程序了解具体情况并利用这些情况帮助用户。

偏好阈值

人们所做的决策一般分为两大类，即重要的和不重要的。任何特定的动作都包含了上百次的决策，但是其中只有很少是重要的，其余的都不重要。软件界面可以用偏好阈值来简化用户任务。

在决定购买汽车之后你不会在意为其筹钱，只要物有所值。决定购买日用品，选择哪个结账口付款不重要。在决定到迪士尼乐园的马特洪峰驰骋时，你不会在乎乘坐的是哪个滑车。

偏好阈值证明，不断地向用户询问程序决策细节不是必要的，从而可以在用户界面设计中给我们指导。用户请求打印之后，不必问他需要多少份，也不必问图像是横向还是纵向。我们可以将这些设置假定为第 1 次使用的情形，并且为后续的调用记住这些设置。如果用户希望更改设置，可以启用打印机选项对话框进行修改。

使用偏好阈值，我们可以轻易地跟踪哪些程序功能是用户喜欢调整的，哪些是用户一旦设置好后就不会再改变的。知道这些后，程序可以在用户想实施控制的地方提供选择，而不必在用户不感兴趣时打扰他。

多数情况下，多数是对的

任务一致性能够合理地预见用户的下一步行为，但也不是绝对的。如果我们的程序依靠该原则，自然会遇见不确定性。如果我们能够以 80% 的准确率预见用户行为，则还有 20% 的情况是错的。可能有人认为应令用户选择，但用户可能在 80% 的情况下被不必要的对话框打扰。程序应径直做其认为最恰当的事，然后允许用户覆盖撤销，而不是让用户选择。如果撤销工具很容易使用和理解，用户就不会受到无谓的干扰。毕竟 10 次中只有 2 次需要撤销，而省去了 8 次多余的对话框，是很合算的。

设计社交软件

利用现代软件创建的大部分内容并非只为其作者服务（任务单、提醒和个人日志可能除外），多数内容要呈现出来：演示需要受众观看，文档需要浏览者阅读，图像需要观众观看，状态更新需要用户喜欢；与内容需要回顾一样，程序也需要在某一业务过程的下个步骤中使用。即便是为机器设计的一行行程序编码，也都是遵循结构化格式并使用其他开发人员能够读懂的语言编写的。

通常，缺乏联系性的软件会将这部分内容通过文档或者为任务而特别打造的软件交由用户完成，例如电子邮件代理。但随着软件越来越复杂以及对用户目标与日俱增的尊重，这种分享和协作特性也随之进入设计范畴。软件开发逐渐变成开放的办公室，在这里合作者甚至顾客都近在咫尺；而不像过去，设计人员瞬间消失不见，像钻进隐秘的小屋搞创造，随后又忽然出现在你面前。

截至目前，本章已经讨论了好的软件应该如何体贴用户。当我们同其他用户通过软件媒介机制交流时，原则是一样的；但除此之外，还要考虑产品的社交规范和其他用户的期望。

社交软件要知道社交规范和市场规范的区别

每一个群体都有其成员必须遵循的规则，而最大的两种规则就是社交规范（social norms）和市场规范（market norms）。

社交规范存在于朋友和家庭成员之中，并互相遵守。如困难时伸出援手，表达感恩。

市场规范则属于生意人需要遵守的潜规则，包括物美价廉、守信用等。

这两个概念之间有很明显的不同。在社交背景中错误使用市场规范会被看作极端粗鲁的行为。想象一下，当你在朋友家里享受完一顿美餐后，将钱甩在桌上就走，有多不礼貌。同样，在市场环境中误用社交规范会让你陷入违法的境地。假设你在餐馆握着服务员的手说，"谢谢你，饭菜太美味了！"然后不付钱就离开餐馆，餐馆老板就可以直接告你吃霸王餐。

想要避免粗鲁或违法，软件必须了解用户在哪种环境中使用产品。通常明显的做法是采用限定域，但更多情况下所包含的系统可能会挑战跨过这些限定域。你可以通过 LinkedIn 与朋友联系。Facebook 上有好几页的公司用户。组织内部使用的聊天软件按照半社交规则设计，因为该组织成员在生意上要相互帮助。而聊天软件才是交易双方真正实现会面的地方。

遵守市场规范的软件应该保证交易各方公平，扮演"媒人"和让人信赖的第三方托管角色。

遵守社交规则的软件应该帮助用户以互惠互利的方式坚持亚文化规则和等级观念。

社交软件帮助用户展现最好的一面

对设计者来说，在社交界面上展现用户就是个很大的挑战。他们要思考如何让这一展现独一无二、可识别、可描述且有用。以下策略可以帮助用户在网络上代表自己。

用户身份

使用名字代表用户身份的确具有吸引力，但名字并非永远独一无二，也不一定合适。

像谷歌文档将彩色的动物形象作为图标一样，半随机选择自己的图标也很具诱惑力（作者在书写的同时，还选择了一个可爱的紫红色熊猫图标）。设计者使用半随机视觉图像方框来保证用户图标风格与软件的外观和感觉统一，但这增添了认知方面的负担，因为用户必须记住图标背后的人是谁。为了把这种负担降至最低，头像另一端的用户可以选择无所属权的图标-颜色组合或者上传自己的图片作为最适合自己的视觉头像。

上传图片时有可能选择不恰当内容，但在选择加入网络和可信赖（非匿名）的社交软件中，社会压力迫使我们对这些图片进行检查。无论如何，全名提示框可以快速提醒用户每个图标代表谁，以及用户是否需要它。

动态 vs.静态用户形象

用户形象是用户为自己创建在线形象的传统方式，但并非所有用户都有时间或者有意愿填写一堆的静态信息来描述自己。然而，我们可以对用户在网络中的社会贡献进行动态收集，并简要展现出来：收听的音乐、志同道合的朋友、添加或喜欢的更新内容、提及的书籍或电影、分享或展示的链接等。Facebook 的时间轴就是展现这些信息的一个例子。在社交网络中，行动胜过自我描述，排名靠前的概述和最受欢迎的贡献是对静态的个人简历的很大补充，甚至可以说是替代性选择。

对于用户形象的部分任意内容，用户应该完全掌握其浏览权限，能够组织与整理，以使其看起来适合自己的个性；但对于不怎么讲究的用户来说，默认设定也很不错。

允许简单协作

协作是增强软件社交性的普遍原因之一。用户可能期望另一种观点、另一双手或者同事的支持。以协作为中心的社交软件应能将这一功能深深植入界面当中。

比如，微软 Word 让用户对文档添加评论，其他人可以对此评论再添加新的评论。这种做法很时尚，但遗憾的是，这些评论最终可能会变得杂乱无章，与源评论脱节。

谷歌文档做得要好一些。它允许协作者直接回复，几乎并行，允许任何协作者点击按钮"解决"问题，并提供一片区域重新打开原有的、已解决的问题。这样更适合人们讨论并解决问题。设计者应该保证协助工具明显、可用，且能满足人物模型的协作需求和交流行为。

知进退

诸如谷歌文档这类只有外部社交功能的软件中，社交功能不应该超越或干扰主要任务。当然社交软件必须表现其他用户的互动，但应细致，应能在充分尊重用户的前提上闪动、哔声提醒我们有用户进入文档，这是一种万全之策。其实，用户应该有礼貌但坚决地拒绝干扰，暂时中止任何外部社交，从而集中全力地完成某项任务。

助于增长网络健康

随着新成员加入、联系、交互、驻留或离开，网络人群也一直在增长、变化。社交软件应该提供途径和方法，以便让新成员发现网络，然后加入、露面、学习规则、开始参与，并在成员违反亚文化规范的时候稍稍提醒。中级成员应该有方法打造自身优势、培养新成员以及向高级成员寻求帮助。高级成员应能有效管理网络。所有成员都需要一种方法以暂时或者妥善地退出。有点毛骨悚然的是，网络必须优雅地处理成员去世后的事宜。

根据社交规则，特别头疼的社交问题是在用户不同意联系的情况下要处理另一用户的联系请求。拒者会给别人留下冷淡、冷漠的印象。当邮件收发室的一位新实习生希望通过 LinkedIn 联系一家大公司的首席执行官而后者不想联系前者,但又不想让这位员工觉得自己不受重视时，为了顾及脸面，不情愿的用户需要将责任转移到明确的社区规则，或充当守门人角色的另一用户，抑或是系统限制上。

社交产品尊重社交圈的复杂性

设计师要记住网络社会心理学底线。灵长类动物学研究发现，灵长类动物的大脑皮层的面积与其部落的平均大小相关。小于一个限值的部落会缺乏安全感，而大于这个限值的部落则会不稳定。

为了纪念提出这一理论的人类学家罗宾·邓巴（Robin Dunbar），人们把这一限值称作"邓巴值"。而一个明显的后续问题就是，人的邓巴值是多少？根据我们大脑皮层的面积，这一数值大概为 150，这是社会关系中确保每个成员充分发展的普遍限值。如果软件允许网络大于这一数值，若无明确的规则、行为机制，以及管理相应复杂关系的一组工具，网络将会陷入不稳定的风险。

譬如谷歌文档这类稍具社交性的软件允许他人协助处理个人文档，并遵循严格的邀请及严格选择的规则；用户可能获得几个层面的权限，而决定权属于最初文档的主人。这类软件将复杂的决策问题留给了用户。

其他软件，则在网络参与方面有更为慎重的规则。比如 DropBox 是一种文档分享软件，允许用户对分享文档的对象进行定义。用户可以邀请其他用户，甚至允许机构以外的人进入个人文件夹或文档。

明确的社交软件可以包含大量不同圈子的人群。拥有大约 10 亿用户的 Facebook，能够搜索到与用户相关的同事、核心家庭成员、大家庭、朋友、对手、邻居、以前的邻居、校友、前校友、熟人、兴趣相投的圈子、雇主、潜在雇主、雇员、客户、潜在客户、爱人、情人和对手等人群。每个次群体的规则和规范对用户来说至关重要，因为这些规则和规范可用于对这些群体进行区分。

比如，你的大学同学看到你深夜豪饮的照片可能会兴奋，但并非所有家人都乐意看到这些照片，至于你的老板或客户几乎肯定会不高兴。这就需要一种管理机制，确定哪些内容适合哪个朋友圈；然而遗憾的是，很难找到这种机制，即便有也很难使用。比如 Facebook 偶尔也会发生让用户难堪的事情。在这种情况下，及时更改和撤销操作的功能就至关重要。Facebook 社交网站的对手谷歌则为用户提供了更为清晰的机制，帮助用户了解和管理社交圈，动画和现代感十足的布局为网站增添了很多乐趣。

其他定位更明确的社区可能会提供会员的准入制，这可以根据角色和资历来决定。维基百科拥有大量的读者，其中只有少部分人能够编写网页，更少的人拥有颁发许可的管理权限。

软件越大、越复杂，就越要在设计过程中关注社交网络的复杂性。

社交产品尊重其他用户的隐私

一方面，像 Facebook 和谷歌社交网站这种靠广告驱动的社交媒介，由于其强烈的金钱刺激，很容易出现不尊重用户隐私的现象。对用户了解和分享得越多，广告的针对性越强，网站向广告商收取的费用也就越高。

而另一方面，用户希望感受到自己的隐私被尊重，并且能够主动拒绝接受一项跟自己不相干的服务。尤其是 Facebook 经常会出现问题，比如更改政策以显示更多的用户信息，而事先不会向用户解释为何做出这种改变，并且将这些改变设置得更加难以发现、理解和使用。因此当用户评论一张冒险的图片时，会突然惊讶地发现贝西阿姨正在因此而指责他。Facebook 这些反复、不体贴的错误会使用户越来越背离它。

　　考虑周全的社交软件会把额外的分享变成一件悉心解释、选择性加入的事情。而根据商业规范，这有可能引发知识产权方面的问题，所以要倍加小心。

社交软件要恰当处理反社交行为

　　滋事者指的是反抗社交体系的行为，包括干涉交易、在谈话中制造噪音甚至破坏正常工作。亚马逊就不得不处理很多滋事者引发的问题，因为他们总是喜欢对在售的商品妄加评论。在一些可以简单、匿名方式申请账户的大型网络系统中，滋事者对自己的言行更不负责，而这会是一个人问题。社交软件为用户提供了工具，以阻止滋事者破坏交易、将滋事者排除在各个圈子外并将其行为报告给社区管理者。这些工具的意义在于帮助管理员把真正的反社交用户和迫切想融入圈子但不受欢迎的用户区分开来。

第 9 章

平台和姿态

认识交互设计框架的两个主题

正如第 5 章中提到的，在开始设计一个数字产品的交互框架时，要回答的第一个问题是"什么样的平台（platform）和姿态（posture）是合适的？"

产品的平台（platform）可以认为是使产品运转起来的软件和硬件的共同作用体，包括用户交互和产品内部运转。

产品的姿态（posture）是指产品的行为立场，也就是产品对用户的展现方式。姿态讨论的是用户在与产品交互上投入多少精力，以及产品又如何回应这些精力投入。这一决定必须建立在了解产品可能的用户场景和环境基础上。

产品平台

毫无疑问，你应该对许多交互产品最常见的平台比较熟悉：

- 桌面软件。
- 网站和网络应用。
- 电话、数字相机、平板电脑等移动设备。
- 公用电话亭。
- 车载系统。
- 家庭娱乐系统，如游戏机、电视机顶盒、家庭影院系统等。

166

● 专业设备，比如医疗仪器及科学研究设备等。

看看这个单子，你会注意到"平台"并不完全是一个精确定义的概念，而是一个描述产品重要特性的简写，这些重要特性包括物理形态、显示面积大小、分辨率、输入方法、网络连接、操作系统和数据库能力等。

所有这些因素对于产品的设计、制作及使用都有非常显著的影响，选择合适平台的过程是在各方面因素中寻找平衡点的过程，你必须找到那个最好既可以同时满足人物模型需要和情境要求又符合业务约束、目标和设计公司或客户的技术能力的平衡点。

遗憾的是，在许多机构中，平台尤其是相关的硬件决策，仍然在交互设计师参与之前就完成了。有一点很重要，需要告知管理者，如果在交互设计师完成工作后再做出平台选择，其结果会更有效。

 设计原则

技术平台相关的决定最好能融入交互设计的成果。

产品姿态

绝大多数人都有一个适合其工作岗位的主要的行为姿态，如战士的警惕和机敏、公路收费员的公正无私和单调乏味、演员的华丽和虚拟生活，以及服务员的助人和热心。产品也是一样的，有着表现给用户的主要方式。

平台和姿态是紧密相连的：不同的硬件平台适合不同的行为姿态。与台式电脑大显示屏上采用的应用不同，智能手机上的社交网络应用必须适应另一种用户关注点和交互层次。

软件程序风格可以大胆或谨慎、绚丽多彩或乏味；但无论怎样都应该有一个之所以如此具体且目标导向的原因，其风格不应该任由设计者或程序员的喜好决定。软件的外表会影响用户使用的方式，强烈影响产品可用性；软件的外观和行为不能与其目的互相冲突，否则会显得不一致且不相称。

产品的外观和行为应该对其使用方式有所反映，而不是设计者、开发人员或者利益相关者的个人喜好。从姿态的角度来看，外观和感觉不仅仅是品牌或者审美方面的选择，还是关于行为的选择。应用程序的姿态是行为的基础，不管在审美上如何选择，都应该和产品的姿态和谐一致。

产品界面的姿态决定了其他设计内容的许多重要原则，但是姿态也并非是黑白分明并清晰可辨的。正如同一个人，他在不同情境下的可能表现也有些许不同。产品也是一样的，可能会显现出不同姿态下的多种特性。例如，在火车上使用智能手机阅读电子邮件时，使用者可能聚精会神地和设备互动（假如该用户具有一定的熟练程度）；而同一个人，如果在赶往会场的路上，使用手机查找会议地址时，可能就不会那么聚精会神了。

同样，文字处理软件通常应该按照用户全神贯注的情况来优化。而在文字处理软件中的一些工具，比如画表格的工具，使用频率不高，用法简单。在这样的情况下，应该同时考虑产品整体的主导姿态，以及单一功能和使用情境姿态。

在本章中我们讨论几种平台下的一些正确的姿态和其他设计考虑，包括个人电脑软件、网站和网页应用、信息亭、手机和小电器。

桌面软件姿态

我们在这里使用"桌面软件"一词来表述所有运行在台式或者便携式电脑上的应用软件。一般来说，交互设计起源于桌面软件。虽然以前也曾有设计者在其他不同技术平台上处理与复杂行为相关的问题，但只有到了个人电脑时代，这些复杂的行为才成为主流。直到最近几年，对于这些方面的理解才被扩展到网络应用、移动设备及多种数字应用程序中。我们将在本章后面的部分中讨论这些内容。

桌面应用分为 3 种姿态，即独占姿态、暂时姿态和后台姿态。因为每种姿态都描述了不同的行为属性集合，所以每种姿态也就描述了不同类型的用户产品交互。更为重要的是，这些姿态给了设计者进行界面设计的基点。例如独占姿态的程序，如果没有以"独占"的方式表现出来，就肯定会感觉不对。

独占姿态

如果一个程序长时间占据使用者的注意力，这个程序就是独占姿态（sovereign-posture）的应用程序。独占应用程序提供一大组相关的功能和特点，使用者通常会让这些功能特点显示出来并持续运行，占据整个屏幕。这类应用程序中典型的例子有文字编辑软件、表单软件和电子邮件应用。很多垂直类的应用程序通常也是独占应用程序，因为它们也经常长时间占据屏幕。与这些应用程序的交互一般会比较复杂，也比较费时。

用户使用独占程序时，通常发现他们自己处于一种工作流的状态。独占应用程序在运行时，通常窗口都被最大化（maximized）了（我们将在第 18 章中讨论窗口的状态）。比如，我们很难想象如何在一个 3 英寸×4 英寸的窗口中操作微软的 Outlook 软件，因为这个尺寸对于 Outlook 的主要工作很不方便，如编写和阅读电子邮件和工作安排（参见图 9-1）。独占产品用户的主要工具主导了用户的工作流。

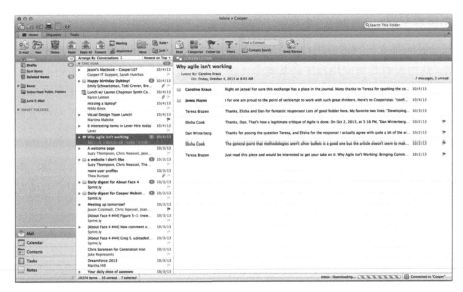

图 9-1 微软 Outlook 就是独占姿态应用程序的一个典型例子。它长时间、不间断地与用户进行交互，并与附近多种导航和支持信息窗格相邻，自始至终都是全屏使用的。

锁定中级用户

人们在使用独占应用程序时，通常都会花费不少时间和精力，受既得利益驱使，要把自己发展成为中级用户，正如我们在第 11 章中讨论的那样。每个用户都会在初级的初始阶段花些时间，不过这些时间相对于使用产品的全部时间来说是较短的。当然，一个新手用户必须要通过最初的学习曲线，但从人和产品的全部关系上来看，他用来熟悉产品的时间是较少的。

从设计者的角度来看，这就意味着这类程序应该为永久的中级用户优化，而不能将主要目标放在初级用户上（也不能是专家用户）。因此，不能牺牲速度和动力，将产品设计得易于掌握却不灵活，也不能一味追求精密复杂的超级工具。当然，如果你设计的产品在不影响中级用户交互使用的情况下还能考虑到简单且强大的习惯用法，那肯定再好不过了。无论如何，你设计的产品所针对的用户类型，是由你选出来的首要任务角色及其态度、能力和使用情境决定的。

在初次使用产品的用户和中级用户之间，有很多人仅仅是偶尔使用独占应用程序。虽然这些偶尔使用的人数量很少，但也不能忽略。然而，独占应用程序的成功仍然依赖于其大多数的中级用户，直至有人设计出一款既能满足中级用户使用又能满足初级用户使用的独占应用程序为止。字星程序就是这样一个例子。字星程序是在 20 世纪 70 年代末 80 年代初使用的一款文字处理软件，占据了当时的主要市场。原因在于它很好地满足了中级用户——尽管对于偶尔使用者和初次使用者来说，这个软件极其难用。字星公司一直都很兴旺，直到竞争对手推出了既满足中级用户又照顾到偶尔使用者的产品。字星程序跟不上竞争对手，很快就销声匿迹了。

慷慨使用屏幕空间

用户大部分时间都在与独占应用程序互动，因此独占应用程序应该尽可能多地使用屏幕空间，不必吝惜。这时没有其他应用程序和其竞争（除了偶尔蹦出的提示框和通信应用程序），因此不要浪费空间，也不要不好意思，一切都为了满足自己工作所需。如果需要 4 个工具栏，那就用 4 个。其他姿态下的应用程序 4 个工具栏可能过于复杂，但独占姿态应用程序在像素使用方面有着正当的理由。

多数情况下，独占应用程序以最大化方式运行。除非用户有特殊的要求，否则独占应用程序应该默认为最大化或者全屏显示。程序应该可以调整大小，并且在其他屏幕配置的情况下合理工作。但它必须为全屏使用而优化，而不能为其他较少见的情况优化。

设计原则

全屏幕使用独占应用程序，让它发挥最优效果。

使用保守的视觉风格

因为用户会长时间盯着独占应用程序，所以应该考虑弱化视觉表现上的颜色和纹理。不要用太多的颜色，并且使用保守颜色。大块的色彩斑斓的操作部件可能在首次使用的人看来非常酷；但每天使用，没几个星期，就觉得俗气了。使用小虚点或者加重的颜色比使用大块颜色更好，那样会让控件组织得更紧凑。

设计原则

独占界面应该采用保守的视觉风格。

用户好几个小时盯着相同的工具栏、菜单、调色板，会得到一些纯粹因为熟悉而产生的位置感。这样，设计师可以自由地用更少的像素做更多的事情。工具栏和其他控件比正常的更小。辅助控件，如屏幕分割器、标尺和滚动条可以更小，空间上也可以更紧凑。

丰富的视觉反馈

独占应用程序是很好的平台，为用户创建了一个视觉反馈丰富的环境，可以在界面上添加大量额外的信息。屏幕底部的状态栏、边上的滚动条、标题栏，以及程序可视区域的角落都可以设置程序状态、数据状态、系统状态的视觉提示和其他更多有用的用户行为暗示。然而一定要小心，在保证丰富视觉反馈的同时要避免创建混乱的界面。

由于应用在屏幕上微妙的显示方式，新用户很难注意到它们，更谈不上理解。然而使用几个月之后，新手用户会发现他们开始思考其意义并且进行试探性的开发。这时，用户愿意花一些精力来学习。如果你能提供更简单的方法帮助用户了解这些应用，他们不仅会做得更好，还会对产品更加满意。随着他们对应用理解的加深，应用也更能发挥作用。丰富这些界面如同在汤里添加各种调料，提升了整份菜的质感。我们将在第 15 章中讨论丰富的非模态视觉反馈。

支持丰富的输入方式

独占应用程序同样也可以从丰富的输入方式中受益。应用程序中每个常用部分都应该可以用多种方式操作，直接操作、键盘助记符和键盘加速键都很合适（参见第 18 章）。你还可以充分调动用户精巧的运动技能，让用户养成直接操作的习惯。在屏幕上仅用少量像素就可以设置一些敏感的操作区域，因为这时用户的使用环境通常都是很稳定而舒适的；用户可以坐在椅子上，手臂稳稳地放在桌子上，在略有弹性的鼠标垫上稳定地滚动鼠标。

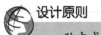

设计原则

独占式应用程序可以使用丰富的输入方式。

利用程序窗口边边角角的空间。飞机的驾驶舱中用得最多的控件直接放在飞行员面前，而偶尔或者紧急状态下才使用的控件则被安排在扶手、头边及边上的面板上。在 Office Word 软件中，微软将最常用的功能放在两个主要的工具栏上（见图 9-2）。微软还将经常使用但视觉上会引起混乱的功能放在屏幕底部水平滚动条左边较小的控件上。这些控件改变了整个视觉显示的外观，即草图视图、大纲视图、发布布局视图、打印布局视图、笔记本布局视图和焦点视图。新手们一般不会经常使用它们，一旦不小心触发了它们，就会感到非常困惑。将这些控件放在屏幕的底部，新手用户几乎不会注意到。它们相对分离的位置微妙而无声地提示着用户，使用它们要小心。更有经验的用户在理解和控制程序方面更有信心，在一开始就会注意到这些控件，对它们的目的感到好奇。当他们准备好接受可能的结果时，会试探性地使用这些控件，从这些控件的放置位置，可以非常精确而又有效地意识到它们的用途。

以文档为中心

"独占应用程序应该占据整个屏幕"这个原则也适用于程序内的文档窗口。程序内部包含文档的子窗口应该始终最大化，除非用户有明显的其他要求，或者用户为了完成某项任务，需要同时在多个文档上进行工作。

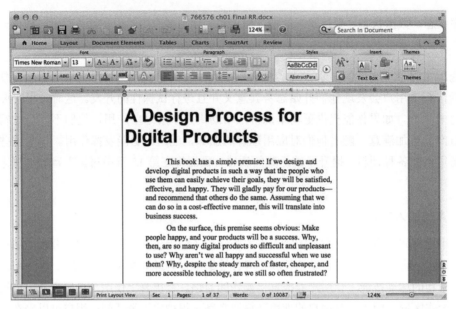

图 9-2　在微软的 Word 软件中，将控件同时放在应用程序的顶部和底部。位于底部的控件外观有些变化，并进行了隔离，因为它们可能会导致严重的视觉混乱。

设计原则

在独占应用程序中让文档视图最大化。

　　许多独占应用程序也是以文档为中心的，换句话说，它们主要的功能涉及创建和阅读包含丰富数据的文档。这很容易让人感觉二者之间是有联系的，但实际上并非如此。如果一个程序操作文档时仅进行一些简单且单一的功能操作，如扫描图像，那么它不是一个独占应用程序，并且不应该表现出独占式的行为。这种单一功能的应用程序有其自己的姿态——暂时姿态。

暂时姿态

　　暂时姿态（transient posture）的程序在打开短暂的时间后随即关闭，用一套有限的附加控件展现一些单一的功能。通常在某个独占应用程序的使用过程中暂时姿态应用程序在需要时被调用、出现并完成自身的工作，然后迅速离开，让用户继续正常地工作。

　　暂时式应用程序的显著特征在于其临时性质，因为它们不会长时间停留在屏幕上，用户不会有机会熟悉它们。所以这类程序的用户界面需要细致、清晰并显眼地显示控件，不能有混淆或者错误。用户界面必须非常清楚它在干什么。这里不需要艺术性很强但意思模糊的图像或图标，需要的是有着精确图例的大按钮，用较大而容易阅读的字体清楚地显示出来。

172

设计原则

暂时应用程序必须简单、清晰并且意思明确。

尽管暂时式应用程序可以在你的桌面上单独运行，但它通常是辅助支持独占应用程序的。例如，在用 Word 编辑文档时，使用文件浏览器找到和打开另一个文件，就是典型的暂时场景。设置麦克风音量也是一样的。因为暂时式应用程序借用了独占应用程序的空间，所以它必须顾及独占应用程序，除了必要的空间，不能占用其他屏幕空间。

在有些情况下，整个计算机在现实世界中充当着暂时角色，这时就没有必要吝惜像素和视觉元素的使用。比如，在生产环境中的过程监视器，或者操作间里的数字显示系统。在这些情况中，整个的计算机屏幕就是一个暂时的事物，而使用者则处于一个独占的机械活动中；让信息可以清楚地显示出来，使人们在房间中的任何位置都可以方便地阅读到这些信息是十分重要的。显然，这时应该采用更为大胆的颜色，并且要大方地使用较大的尺寸（如图 9-3 所示）。

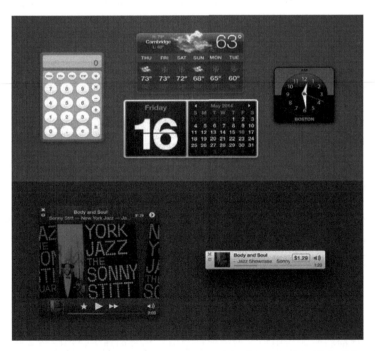

图 9-3　苹果公司的 OS X 仪表盘工具和 iTunes 迷你播放器是暂时应用的典型例子。用户使用独占应用时，偶尔会快速查看或者操作这些暂时应用，较大尺寸和丰富的渲染可以带给使用者足够的视觉吸引力。

明亮而清晰

尽管暂时式应用程序必须节约使用屏幕空间，但其界面上的控件与独占应用相比，应该更大。如果这种色彩绚烂的视觉设计出现在独占应用中，几周后用户就会觉得沉闷。但暂时式应用不会长时间地停留在屏幕上，所以用户就不会有这样的困扰；相反，在程序弹出时，醒目的图形有助于用户更快定位。

暂时式应用应该在桌面上显示指令，用户可能一个月才会使用一次，并且很可能会忘记各种选择的含义和寓意。与其使用标题为"设置"的按钮，不如将按钮做得大一些，加上"设置用户偏好"的标题，使含义更清晰，并且这样的按钮也让人放心。同样，在暂时式应用程序上不应该使用缩写——任何词汇都应该完整地拼写出来，避免用户困惑。如用户应该能够轻松地知道打印机处于繁忙状态，或者知道某段刚录下来的音频片段长约 5 秒。

保持简一

用户在调用暂时式应用程序时所需要的信息和功能控制应该直接显示在程序的单个窗口上，让用户将注意力集中在这个窗口上，不用再转到其他窗口或对话框就可以完成程序的主要功能。如果在设计暂时式应用程序时，需要增加第二视图或对话框，就意味着你可能需要重新检查自己的设计。

设计原则

暂时式应用程序只使用一个窗口和视图。

小滚动条和细微的鼠标操作不适合用在暂时式应用程序上，应该尽可能少地让用户进行精细化操作。对于简单的功能来说，简单的按钮就足够了。此外，直接操作也很有效。但直接操作的对象必须足够大，必须让人容易看到，也容易操作。你也可以提供键盘的快捷键操作，但这些快捷方式也必须足够简单，并且所有重要的功能在界面上都应当直接看到。

当然，暂时式应用程序也存在一些少见的例外，即不止一个主题，但这种情况很少。如果暂时式应用程序完成的不是单一的功能，则界面应该清楚地表达出这些功能，不能有丝毫含糊；并且要在不添加额外窗口或者对话框的前提下，用户便可以直接使用这些功能。

如图 9-4 所示，Code Line 通信公司研发的 Art Directors 工具箱软件就是一个很好的例子。它提供了多个不同的类似于计算机的功能，对图形设计应用的使用者来说十分有用。

记住，如图 9-4 所示，任何暂时式应用程序都可能被调用，为管理独占式程序的一些方面提供辅助支持。这意味着暂时式应用程序可能会挡住独占程序中一些重要的信息，因为它们位于独占式程序之上。所以暂时式应用程序必须是可移动的，而且必须有一个标题或者有其他明显的地方可供使用者拖放。

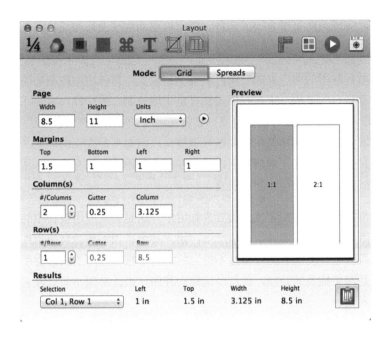

图 9-4　Code Line 通信公司研发的 Art Directors 工具箱软件是暂时式应用的典型例子。它提供了一些独立的功能，比如计算一个布局网格的尺寸等。这些功能专门为 Adobe InDesign 提供辅助支持，这个应用包含多个不同的功能，这些功能用表格组织起来，供用户随时访问。

记住用户的选择

对于暂时式应用程序和独占式应用程序来说，帮助用户最好的方式是让程序具有记忆功能。如果暂时式应用程序能够记住它最后一次使用时的状态，记住相同尺寸和位置，对下一次也适用，这好过任何默认设置。无论用户使用何种形状和位置，程序在下次启动时都能够再现上次的形状和位置。当然，逻辑设置也是如此。

设计原则

启动暂时式应用时，它应该处于上一次的位置和配置状态下。

毫无疑问，你已经意识到几乎所有对话框的行为模式都与暂时式应用程序相似。因此，前面关于暂时式应用程序的所有指导准则同样适用于对话框的设计。（第 21 章将详细介绍对话框功能。）

后台姿态

通常不与用户互动的程序是后台姿态应用（daemonic-posture），这些程序静静地隐形在后台服务，无须用户干预就可以完成可能是很重要的任务。打印机驱动程序及网络连接就是很典型的例子。

你大概也能猜到，关于后台应用的用户界面讨论，篇幅不会很长。暂时应用控制功能的执行，而后台应用则通常管理着后台的进程。正如我们无须有意识地控制心跳一样，它是在后台自动运行的进程，通常是隐蔽进行的，只要计算机开着，它就在运行。只是有一点和心跳不同，后台应用必须偶尔进行加载或者卸载，同样偶尔也要进行调整，以应对不断变化的环境。后台应用就是在这种情形下与用户交流的。在正常情况下，用户和后台应用之间的交互实际是暂时的，所有暂时式应用的设计规则对后台应用程序也成立。

程序的意图和用户可获得的选择范围和含义必须要告知用户，这是暂时应用设计中的一个原则，这个原则对于后台应用来说更为重要。很多情况下，用户甚至意识不到后台应用程序的存在。如果你认同这一点，那么很容易理解为什么在不恰当的场合下报告程序的状态会引发混乱。因为很多程序要完成的是深奥抽象的功能，如打印机驱动程序，因此必须小心处理它们发出的信息，防止用户困惑或者误解。

如果程序在正常情况下是不可见的，那么在用户偶尔需要的情况下，应该如何调用用户界面呢？对于其他姿态的程序来说，这是理所当然的一个问题，然而对后台应用而言，这一问题就显得非常重要。在微软操作系统中，代表后台姿态的图标被安放在桌面右下角的系统托盘区中（OS X 也将其放置在菜单栏的右侧）。用户不需要时，将图标显眼地放在用户面前实际上是一种无用的视觉污染。只有在连续提供有用状态信息的情况下，后台应用才应该一直亮着图标。如图 9-5 所示，微软在 Windows XP 系统中已经解决了这一问题，它将那些状态报告以及提供功能访问但并不活跃的后台应用程序的图标隐藏掉了。

图 9-5　微软 Windows XP 系统任务栏上的状态区域。音量图标提供了一种非模态视觉状态信息，音量降低或者关闭时图标会发生变化。鼠标指向该图标时，会显示更多信息。单击或右击该图标可以进入音量和其他音响控件界面。音量图标的右侧是 DropBox 云存储图标，它也提供了非模态信息，即该程序与桌面文件夹保持同步。

Mac 和微软操作系统都使用控制面板来配置后台应用程序，这样做很有效。这些可以启动的暂时式应用程序为用户提供了配置后台应用程序的场所。在出现任何妨碍用户完成其既定目标的时候，应当允许用户直接在线访问这些后台应用，这也是很重要的。当然，也要声明，在不必要时不能打断用户的正常操作。例如，当打印机出现问题时，可以在任务栏图标上显示出来，单击该图标就能提供解决问题或者改正错误的手段。

网络姿态

对于交互设计者来说，互联网是把双刃剑。基本上自从发明了图形用户界面之后，企业的决策者们就开始理解并采纳以用户为中心进行设计的语言。另一方面，网页演变过程中自身的问题导致了网页交互的局限性和困难，这让交互设计倒退了近 10 年。然而，自从本书第 3 版问世后，网页应用的设计者开始更多地运用常见的桌面交互方式（比如拖放或姿势）。

根据网络技术的发展概述，如今的网站基本上可以分为 3 类，信息类网站（informational websites）、事务性网站（transactional websites）和网站应用（web applications）。这三种类型中，每一类型都有自己的姿态考虑。如同本书中我们谈到的许多分类，其中隐含的意思是模糊的。这种分类提供了一个范围，可以容纳任何一个网站或网络应用。

信息类网站姿态

浏览器最早被用来浏览阅读一些共享和相互链接的文档，这样就可以避免使用诸如文件传输协议、Gopher 和 Archie 之类的协议，省去很多麻烦。网络最初就是由这些按照顺序或者层次结构组织起来的文档（网页）组成的，这些文档的集合被称作"网站"。从本质上讲，网站是用户获得信息的地方。本书中我们称其为信息类网站，以区分随后谈到的更具交互性的网络服务。从交互的角度看，信息类网站由导航和搜索引擎组成，前者帮助用户打开不同的页面，后者以目标为导向对某个页面进行定位搜索。

尽管信息类网站可以追溯到 20 世纪 90 年代，但许多网站现在仍然以个人网站、公司的销售和支持网站，以及提供大量信息的企业内部网站的形式存在着。维基百科就是世界排名第 5 位的以信息为中心的网站。在这类网站中，设计上最重要的考虑是视觉上的"外观和感受"、布局、导航元素和站点结构（信息架构）。简言之，彼得·莫维尔提出的"可检索性"一词，是描述信息类网站最大设计问题的恰当方式，即搜索特定信息的便利性。

平衡独占和暂时姿态

单纯提供信息的网站通常只是从一个网页跳转到另一个网页，不需要复杂的操作，但也必须平衡两个方面：一是有用信息的显示密度要适当，二是便于首次或者不经常使用网站的用户学习和搜索。这就意味着信息类网站在独占姿态和暂时姿态之间存在着紧张的平衡关系。选择姿态，很大程度上取决于目标人物模型的身份及其行为模式。即，是一次性访问者，还是稀客，还是每天或者每周都访问的常客。

网站内容更新的频率在某种程度上也影响着其行为，提供实时更新的信息类网站自然会比一个月更新一次的网站更能吸引回头客。偶尔更新的网站则更多用于偶尔查询（假设其中的信息并非事实热点话题），而较少重复使用，因此应处于暂时姿态，而非独占姿态。而且，也可以通过观察并依据个别特殊用户访问的频繁程度来适当调整网站的独占姿态。

独占属性

详细的信息显示最好以独占姿态完成。如果可以全屏使用，设计者就应充分利用空间来清晰地展现信息，包括导航工具及用户位置的信息等，从而保证用户在网站中不会迷失方向。

网站中采用独占姿态唯一的难点是全屏分辨率（从某种程度上讲，这个问题也是桌面应用的问题，虽然做软件的人可以很轻易地强制要求用多大的显示范围最合适）。网站设计者需要在设计初期确定要设计的屏幕采用的分辨率。虽然也可采用"液态布局"，以便能灵活地在不同的视窗大小中来显示内容。不过应用应该针对最常用的显示器尺寸优化，而且还应该包容主要人物模型可能用到的尺寸。要决定这一点，可以采用量化研究，比如考虑与你设定的人物模型相似的人群中，有多少人仍在使用 800 像素×600 像素的显示器？

暂时属性

主要任务角色越不经常访问网站，这个网站也就越倾向于暂时姿态。信息类网站越倾向于暂时姿态就意味着网站越容易使用，导航和标识也越清晰。

偶尔才会查询或者参考的网站通常也可能会被使用者添加到浏览器的收藏夹中，因此你要保证任意一个页面都可以被收藏，这样才能保证用户日后可以重新访问该页面。

对于每周或者每月才更新一次的网站，用户通常可能只会做间隔性的访问，因此网站的导航必须清楚。如果网站可以通过小型文本文件或者服务器端的一些技术保留了使用者以往的操作，并且可以按照先前用户表现出来的兴趣来组织这些信息，那么这是对非频繁使用该网站的用户极大的帮助，这样他们可以用最少的导航工作量来找到所需信息（假设这个用户每次都会访问类似的内容）。

智能手机网站入口一般也倾向于暂时姿态。智能手机用户通常同时执行多个任务，需要在时间和认知资源较少的情况下找到他们需要的信息。网站的移动手机版需要简化导航，去除冗词，允许用户快速寻找所需信息。响应式技术使得网站可以转化为桌面或者掌上屏幕的形式，但必须注意导航和信息流。

事务性网站姿态

越来越多的网站不单是通过单击、搜索完成事务功能，还能为用户提供搜索信息之外的功能。事务性网站的最典型例子就是在线商店和金融服务门户网站，如图 9-6 所示。

图 9-6 亚马逊是交易型电子商务网站的经典范例，也是出现得最早、最成功的事务性网站。

同信息类网站一样，事务性网站也是以多层次网页方式进行架构的；但除了信息内容，网页中还包含了复杂行为的功能因素。在线商店中，这些功能性因素包括购物车、结账，以及保存用户信息的能力。一些购物网站也有更复杂的交互工具，比如配置器，允许用户定制化，或者自由选择与交易相关的选项。

如同信息类网站一样，事务性网站必须在独占姿态和暂时姿态中保持平衡。实际上，许多事务性网站都具有显著的信息类网站的特点。例如，在线购物者喜欢研究并比较不同的商品或投资产品。在这些活动中，使用者可能会全神贯注地关注一个网站。但在某些情况下，比如比较商品时，他们通常也会在几个网站间跳来跳去。对于这类网站，导航的清晰与否，辅助信息是否方便访问，以及交易的效率，是特别重要的。

像谷歌和必应这类搜索引擎属于特殊的事务性网站，能够为其他网站提供导航；同时也从各处信息源搜集新闻和信息，之后汇聚起来提供给用户。提供搜索和导航到搜索结果中是一种暂时姿态的活动，但具有信息汇聚功能的门户，比如雅虎有时也需要独占姿态。

事务性网站的暂时姿态要求我们不能强迫用户做没有必要的导航动作，这对于用户体验来说尤其重要。尽管我们可以将诸多信息和功能分开列到多个不同网页中，这样可以减少载入时间，并降低外观的复杂程度（这都是好的），但也要考虑给用户造成困惑或者带来单击疲劳的潜在可能。2001 年，用户界面工程开展了一项里程碑式的可用性研究，主要关注用户对电子商务

179

网站页面载入时间的感知情况。结果发现，用户对载入时间的感知与其是否能够达成目标有更紧密的关系，而和实际的载入时间关系不大[①]。

事务性网站设计需要关注内容的信息架构和页面组织，专注于交互设计，以创造更具功能因素特点的合适行为。视觉设计必须服务于以上需求，并与关键品牌特性进行有效交流。考虑到大多数交易网站的商业特性，这一点就尤其重要。

网站应用姿态

网站应用的交互性很强，行为较为复杂，这与许多成熟稳定的桌面应用类似。虽然有些网站应用也保持基于页面的导航模式，但这些页面更像是视图，而不像是网络文档。尽管这些应用依然遵循着以往服务器"查询-响应"的模式，需要用户手工提交每个状态的改变，但今天已经有一些技术通过服务器和本地数据缓冲来支持更为强健的异步通信。如此通过浏览器提交的应用，就可以具备联网桌面应用一样的行为。

以下是网站应用的一些实例：

● 企业软件，包括浏览器中完全复制过来的 SAP 软件界面，以及当代的协同工作工具，比如 Salesforce.com 和 37signals 的 Basecamp 软件。
● 个人发布和分享工具，包括：博客软件，比如 WordPress；图片分享软件，如 Flickr；以及云存储软件，如 DropBox。
● 生产类工具，如 Zoho Docs 和谷歌文档软件。
● 社交软件，如 Facebook 和谷歌+。
● 以网络为基础的流媒体应用，如 Hulu、潘多拉和 Rdio。

这些网站应用展现给用户的方式如同浏览器窗口中运行的桌面应用一样。只要小心并充分运用技术就可以实现交互操作。当然即使丰富的网络交互也仍然无法充分体现桌面应用的能力。这些应用也可以替代独占式桌面应用程序，但它们可以实现一些非频繁操作的功能，因为有时候用户不想为了一些非频繁操作而在计算机上安装专门的软件。

在不同的浏览器和浏览器版本中实现复杂交互的设计和交付是一项挑战。尽管如此，网络平台仍然是推动协作的一种最佳交付工具。除此之外，重要的一点是要允许用户在云存储中轻松地获得同样的数据和功能，这是网站应用的核心优势之一。

---

① Perfetti and Landesman, 2001

独占式网站应用

网站应用和桌面应用很类似，有独占姿态和暂时姿态。但既然我们先前已经说过，网站应用这个术语是指那些具有复杂行为和功能的产品，按照这个定义它们更倾向于独占姿态。

独占网站应用（sovereign web applications）提供信息和功能，力图为更为复杂的人类活动提供最佳支持，这通常需要丰富并交互的用户界面。在这类网站应用中，典型的例子就是 Proto.io，如图 9-7 所示。它主要提供在线交互原型服务，通过使用交互工具、行为规范工具、文本线上编辑标签和其他直接操作工具完成拖放原型等任务。其他独占网站应用的例子包括通过浏览器访问和操作的企业软件和工程工具，比如项目跟踪工具 Jira。

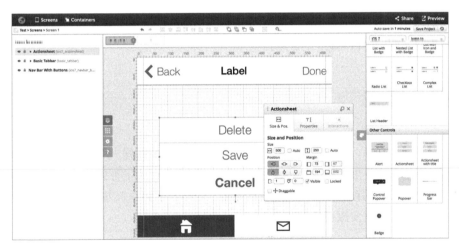

图 9-7　Proto.io 网络交互原型环境同许多桌面环境一样丰富、细致，提供拖放图片和直接操作所有交互软件的功能。

和基于页面的信息类网站及事务性网站不同，独占式网站应用最好采用与桌面应用一样的途径来实现。设计师有时也需要清楚地了解媒介在技术上的约束和限制，以及在开发部门有限的时间和预算情况下可以合理地实现何种目标。和独占桌面应用一样，多数独占网站应用都应该使用全屏应用，可以细致地设置较多的控制和数据对象。这些应用也应该利用特殊的窗格和其他屏幕区域来将相关功能和对象分组。用户应该感觉到他们处在某一环境中，而不是从一个页面浏览到另一个页面，或者从一个地方到了另一个地方。要尽可能避免或者尽可能少地重新渲染或刷新页面（这一点和普通网站的行为相反，普通的网站每个动作可能都需要重新刷新屏幕一次）。

将独占网络应用看作桌面应用，而不是一组网页，这种看法是有好处的。这样设计师就可以突破浏览器交互中基于网页模型的框架，从而可以处理客户端-服务器应用所需的复杂行为。网站是我们获得所需信息的有效场所，正如电梯可以帮助我们从一个楼层到达另一个楼层一样。但是，我们在电梯中并没有做任何实际操作。同样，在网页主导的网站中，也不能强迫用户通过浏览器来尝试任何真正并具有丰富操作动作的交易型工作。

暂时姿态网站应用

使用以浏览器为基础的用户界面实现企业交付功能有一个好处：如果操作正确，用户可以在不安装任何工具的情况下更方便地获得偶尔使用的信息和功能。无论是一年一次的征税还是偶尔需要的临时性报告，暂时式网站应用都能帮你实现。

如同所有的暂时式应用程序一样，设计暂时式网站应用时，重要的是要提供清晰的导向和导航。还要记住一点，即一个用户的暂时式应用有可能是另一用户的独占式应用。因此要努力思考两个用户的需求在多大程度上能够兼容。企业网络应用通常服务于众多的人物模型，需要从多个用户界面进入同一个信息群。

移动设备的姿态

自从本书第 3 版问世后，个人电脑经历了天翻地覆的变化。崭新强大的移动设备成为主流，它们配有高清显示屏和电容屏多点触控输入技术，集各种功能于一体，可完美地融入人们生活，让人们感受不到交互设备的存在。然而，外观的限制、新型的手势输入方式，以及动态实时使用情境都前所未有，需要着实深思应用的姿态设计。

智能手机和手持设备姿态

手持设备对交互设计者提出了特别的挑战。由于专为移动使用而设计，这些设备小而轻、耗能低、表面粗糙、易于拿握，能够在嘈杂繁忙的环境中使用。因此，交互设计者、工业设计师、程序员和机械工程师之间的紧密合作更为重要。设计手持设备要特别关注外形尺寸、显示的清晰度、输入和控制的难易，以及对情境的敏感度。

从功能和姿态上讲，手持设备的演变在过去十年间跌宕起伏。苹果手机之前，手持设备大都较小、屏幕分辨率不高、输入和导航机制糟糕。奔迈（掌上电脑这一开创性产品的后代产品）这种顶尖设备，也只能配备小且低分辨率的原始（根据现在标准）触摸屏，硬件导航和触摸输入控件结合得也能勉强接受。而这种设备同时配有的笨重系统，因需要不断升级或添加各种应用程序，而使设备仅限于默认应用程序的范围。

然而，随着苹果手机和安卓手机的出现，一切都发生了改变。移动设备迎来了活动式独立电脑的新时代。

卫星姿态

在早期的掌上电脑时代，媒体播放器以及电话通信设备和手持设备均被精心设计为计算机桌面系统的卫星。Palm 和早期的微软移动设备都比较成功，它们主要用来访问和阅读数据，并提供少量的输入和编辑功能，可以与桌面系统或者服务器交换数据。随着云存储和云服务成为主流，这些设备逐步以无线云同步系统取代了过去的有线的桌面同步功能。

卫星姿态，强调信息的检索和浏览，必须充分利用设备上有限的屏幕控件，忠实地展示桌面上编辑或加载的信息。控件仅限于数据或文档的导航和浏览。一些具有卫星姿态的设备可能拥有软键盘，但通常很小，仅限于单一功能或偶尔使用。

近来，卫星姿态在集合手持设备中不是很普遍。自从苹果手机和其竞争产品的出现，卫星设备逐步变得更小型、成熟。然而，卫星姿态仍然是典范，比如数字相机这类以内容为导向的专用设备和便携式专业电子阅读器 Kindle（参见图 9-8），以及音频和视频播放器市场上仅存的专业播放器 iPod Nano。集合式设备中关注内容导航和（或）录音重放功能的应用程序可能会采用卫星姿态。

图 9-8　亚马逊 Kindle 就是卫星姿态设备的典型示例。它几乎专门用于浏览从云上交易或同步下来的电子书刊。之前的卫星姿态设备依赖桌面计算机取得数据，而 Kindle 则是首个直接与云服务同步的设备之一。

卫星设备的一个新发展就是可穿戴计算机的出现。腕表和眼镜形式的设备一般通过蓝牙或者其他无线设备与独立电脑设备相连，并可以通过小型触摸屏、抬头显示、音控设备显示各种通知和其他情境信息。这些设备提供高度暂时式姿态，仅给出与当时情境相关的足够信息和可能动作。三星智能手表 Gear smart 和谷歌眼镜都是这类新型卫星姿态设备，它们正处于快速发展阶段（参见图 9-9）。

183

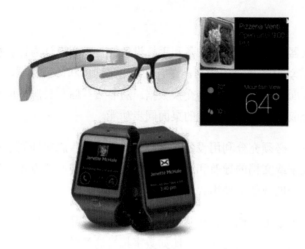

图 9-9 三星智能手表和谷歌眼镜这类新一代卫星设备代表了可穿戴计算机的前沿。这些设备可以在完全活动的情境下提供足够的信息和支持其活动的最少选项。

独立姿态

苹果手机在创新上超越了以往的计算机姿态，几乎实现了从单手式蜂窝智能手机向手持计算设备的转变；其极高分辨率的大屏幕配有多点触碰输入技术，从而衍生出手持应用的新姿态，我们称为"独立姿态"。

独立姿态应用与独占和暂时应用有些相似之处。同独占式应用一样，独立姿态应用也通过屏幕上方或下方的菜单（通常通过手指左右滑动）和工具栏实现全屏和运动型功能，同时包含暂时的模式对话式屏幕或提示框，大多数用于设定或确定毁灭性动作。

与暂时式应用相似的是独立电脑应用较少用到大控件和大字号的文本，这一点源于易读性和多点触碰屏幕手指输入的限制。手持设备的独立式应用也跟暂时式应用一样，是自明的。手持应用程序的独立性意味着大多数人会在一段简短对话中使用大量的应用程序，如短短的几个小时甚至几分钟内，在电子邮件、即时信息、社交媒体、天气、新闻、电话、购物和媒体播放应用之间跳转。

当代智能手机中电话程序的行为也是暂时性的。用户会尽快接通电话，而后离开这里。最佳的电话界面无须视觉，尤其在开车的时候。苹果手机 Siri 语音服务及安卓系统，都是拨打电话的完美方式。电话界面的暂时姿态越多越好。

平板电脑姿态

继苹果手机从笨重的卫星设备转变为独立手持计算机/集合媒体设备，又在大屏幕平板电脑外观设计中成功采用了多点触碰和高分辨率显示技术后，像 iPad 之类的超过 9 英寸的大屏幕高分辨率平板电脑拥有更多的控件来支持真正的独立姿态应用，尽管输入方面仍然有空间上的挑战。iPad 的键盘也能支持在触摸屏上进行编辑，如图 9-10 所示。

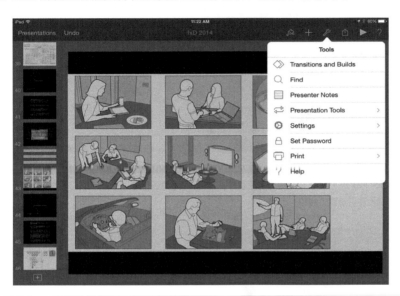

图 9-10　iPad 演示幻灯片应用软件 Keynote 是独占式姿态，苹果 Mac 在 iOS 版本的软件展示，其功能同桌面电脑相当。

像谷歌 Nexus 7 和亚马逊 Kindle Fire HD 这种拥有 7 英寸屏幕，尤其是 16∶9 屏幕高宽比的平板电脑，难以处理小型手持和大型平板电脑之间的抉择，下拉菜单在变宽后看起来会不舒服，而超过两行或两列的网格视图看起来很狭窄。设计师在设计时应避免这种平板电脑看起来像是特大号的手机屏幕。

除了具体的平台问题，平板电脑还注重应用程序的独占质量。通常的平板电脑操作系统只允许全屏式应用。这些独占应用的主屏幕通常可以使用位于屏幕上方、下方或者一侧的工具栏或组件盘来设置。从概念上讲这同桌面电脑类似，只不过布局更稀疏，操作更简单，如图 9-11 所示。

安卓平板电脑支持小部件-微型暂时姿态。这样一来，用户可以直接进入已安装的独占程序功能界面，而不必将应用拖到显眼位置。用户可以将天气、股市报告或者音乐重放控件等部件安置在一个特殊的主屏幕上，需要时可以轻松进入，如图 9-12 所示的微软平板电脑 Surface。有一类似名词叫作 tiles（一种 JSP 布局框架）。它们包含已安装的独占程序而不是控件的主动式内容，仅允许类似的暂时姿态进入目录。

图 9-11　Adobe Sketchbook Pro 是 iPad 上面的绘画应用软件。它支持缩放绘画区域，左右两侧分别设有上方工具栏和可隐藏工具箱。

图 9-12　微软平板电脑 Surface 支持包含动态内容的布局框架。

其他平台的姿态

　　计算机上运行的软件可以在需要时从容地拟真。手机和公共情境下的交互设计则不同，它特别关注的是创造一种体验，同产品周围的现实世界中的噪音和活动融为一体。信息亭和其他嵌入式系统，如电视、家庭电器、汽车仪表盘、照相机、自动取款机和实验室设备等，都是特殊的平台，有其自身的机遇和限制条件，不加思考地添加数字智能和应用程序有风险，产品行为有可能更像桌面电脑，而非用户期望或期待的产品。

信息亭姿态

　　信息亭是供公众使用的位于特殊位置的交互系统。信息亭常见于购物中心的指路器、公共交通的售票亭、机场登记、杂货店的自动售卖，甚至一些外卖餐馆的点餐器。信息亭具有大屏幕的特点，这让它看起来很像是独占姿态，但情况并不是这么简单。有几点原因：第一，信息亭的使用者通常是首次使用者（也有些例外，比如自动取款机或者交通工具售票机的使用者），而且在很多情况下不是每天都在使用；第二，多数人不会在信息亭上花费很多时间，他们进行简单的交易或者搜索获取所需信息，然后离开；第三，多数信息亭采用触摸屏或者在屏幕两侧设置硬按键，这两种输入形式都不适合大量数据的输入，这一点也不像独占姿态应用；第四，人们在使用信息亭时不是坐在经过优化的电脑屏幕前，而是站在嘈杂、明亮且干扰很多的公共场所中。由于上述这些用户行为的约束，我们认为多数的信息亭是暂时姿态，它们具有简单的导航、彩色且较大的屏幕、清晰启示的控件、吸引人的界面、硬件按键和软件功能的清晰对应。和手持设备一样，要避免使用悬浮窗口和对话框，任何此类的信息或者操作最好可以集成在一个单一且全屏的界面中（这点和独占姿态应用相同）。这样看起来很有意思，信息亭姿态处于两种最常见的桌面姿态中间。

　　由于事务性信息亭一般是一个屏幕接着一个屏幕地指引用户经历某个过程或者提供一组信息的，因此基于情境定位比全球导航更为重要。信息亭要帮助用户了解所处过程的位置，而不是所处系统的位置。对事务性信息亭来说，提供退出和取消方法很重要，这样用户可以取消交易或在某个地方重新开始交易。

设计原则

　　信息亭应该针对首次使用者进行优化。

　　教育和娱乐信息亭有些不同于具有较为严格暂时姿态的交易型信息亭。这两类信息亭更加注重探索，而不是简单地完成一个交易或者搜索。在这两类信息亭上可以增加数据的密度，采用较为复杂的行为和视觉转换有时可以带来正面的效果。但是输入限制仍然要引起我们的注意，以免使用者无法顺利地在界面中导航。

远距离界面姿态

　　电视和操控性游戏等远距离界面是另外一种有趣的姿态。它们在某种程度上同智能手机的触摸屏用户界面中内容浏览型应用的卫星姿态类似。比如，在多点触屏手机交互中，定位通常从垂直和水平两个维度将物体定在网格中，通过屏幕上方或左方的过滤和导航选项实现这一功能。当然，二者主要的区别在于触摸屏直接通过滑动和点击完成，而远距离界面则通过红外线或蓝牙遥控器进行交互。

还有一大不同，即远距离界面姿态介绍了当前聚焦事物的需求。当前聚焦在远距离界面姿态用户界面中的位置要显眼，这样用户才能一直知道自己所处的位置，以及下一步要去哪里。

日本家用电视游戏机 Play Station 4 就是一个好例子，它展示了远距离用户界面如何运用与平板电脑用户界面类似的布局。标准的配备就是大的按键和简单的左右或上下导航，最多拥有两列信息栏（参见图 9-13）。脱离情境单看屏幕，你也许会认为这是多点触屏上的应用。

图 9-13　日本家用电视游戏机 Play Station 4 酷似触屏平板电脑应用，这不是没有道理的。除了输入机制的不同，远距离界面和许多内容浏览型触屏电脑应用程序有些相似。

汽车界面姿态

汽车界面在姿态上与信息亭类似，二者通常都采用触摸屏。但汽车界面屏幕周边通常设有硬件边框按钮，因此倾向于暂时交互。与信息亭不同，用户一般都是坐着的，但相似的是，用户驾车时通常也倾向于相对简单的操作。当然，汽车界面还有其他限制条件，那就是要尽可能少地干扰驾驶员，因为控制汽车、避免受伤始终是驾驶员的首要任务。与系统的交易顶多算是次要任务。同时，如果有乘客的话，类似的系统应该也提供给乘客使用。

至于娱乐、暖通空调和设置的改变，汽车界面采用的是我们期望的暂时姿态：大的控件和简单的屏幕。但是导航界面更像是独占姿态。界面将持续整个旅程，可能是几个小时甚至几天时间。（即使汽车熄火等待加油或整夜停在宾馆停车场，多数导航系统都能记住其之前的设置。）同样，相对复杂的信息也必须显示出来。

汽车导航界面关注丰富、动态的内容。屏幕中央显示的是地图和当前路线信息，边缘则是道路名称、时间、预计到达时间、目的地距离、下一个转弯的距离和方向等补充信息。尽管此类信息架构通常更像是独占姿态界面，但在汽车系统中界面的设置更像是暂时用户界面，干净、简单，一眼就能看到。

如图 9-14 所示，不同于一般的汽车界面，特斯拉 S 型娱乐系统界面的设计美观，令人印象深刻，配有 17 英寸的单个多点触屏、可调式窗格、同步导航、娱乐和暖通空调控件。不过这一设计也可能是个麻烦。与信息亭姿态相比，该界面同平板电脑界面姿态更接近。或许这就是未来的潮流。如果这样的话，我们希望未来的新车能够配备事故主动避免系统，以防仪表盘上的大屏幕、多信息界面显示屏过度吸引驾驶员注意力，从而引发交通事故。

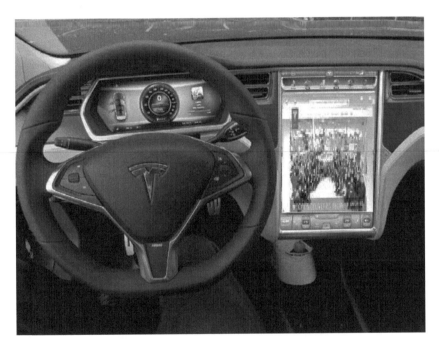

图 9-14　特斯拉 S 型娱乐界面在大小和交互水平上的设计都令人印象深刻。17 英寸多点触摸式屏幕可以同时实现导航、娱乐和暖通空调功能。该系统属于典型的汽车信息系统，在姿态上更接近于平板电脑而非信息亭。

智能家电姿态

多数家电的显示屏较为简单，主要依靠硬件按钮和拨号控制家电状态。然而，如图 9-15 所示，有时候智能家电（尤其是洗衣机和烘干机）乐于展示其炫彩的 LED 触摸屏，以显示其丰富的输出和直接的输入功能。

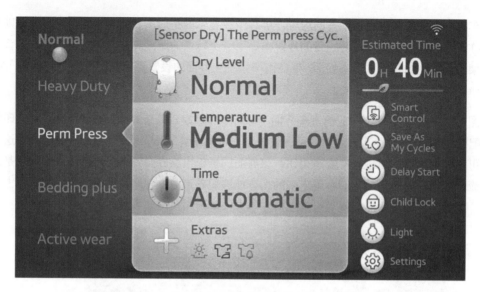

图 9-15 三星洗衣机彩色触摸式显示屏设计优良，导航结构简单、清晰。

家电通常采用暂时姿态界面。用户很少是技术通，因此要尽可能采用简单、直接的界面。这些用户也习惯采用硬件控件。除非能实现触摸屏易用性的突破进展，拨号和按键（通过视图显示甚至是硬件闪烁灯给予恰当的触觉、视觉和听觉反馈）可能是更好的选择。许多家电制造商错误地把众多用户并不想要的新功能强加到新一代数字产品设计中。"简单"的 LCD 触摸屏并没有带来便捷，反而变成令人困惑、行不通的控件集合体。

家电界面采用暂时姿态的另一原因是用户需要完成某种具体任务。与交易型信息亭用户一样，用户对开发界面或者获取附加信息并不感兴趣。他们只想让洗衣机正常洗衣，只想简单地做顿饭。

作为一个方面，家电设计需要不同的姿态。状态信息提示洗衣机正处于哪个环节，后台图标显示硬盘录像机准备刻录，这种提示仅提供最少量的状态信息，一般是在角落安静地完成。如果需要提供更多信息，则需要添加另外的姿态。

为应用程序提供好的姿态

总之，重要的是要记住，设计交互产品时首先要做的决定就是采用高水平类型的姿态和平台。根据我们的经验，许多设计不好的产品都没有意识到这方面内容，只能自尝苦果。设计师不要直接钻进细节设计中，要后退一步，去思考什么样的技术平台和行为姿态最能满足用户和业务需要。另外，还要考虑这些决定对交互细节可能造成的影响。

第10章
为中级用户优化设计

大部分技术产品用户都了解这种感受：买回一部数字家电或下载一个新软件应用，就意味着要开始学习一种新界面；而这种学习过程历时数天，充满了挫折感和失望。此外，许多有经验的数字产品用户也可能会沮丧，因为他们总被产品当作新手。看来很难找到一个合适的平衡点，同时满足新手和专家的要求。

数字产品开发过程中一个永恒的难题就是如何设计出一种简单、一致的界面同时满足初学者和专家用户的需求。

开发人员通常会创造出适合专家用户需求的产品，他们无疑是产品特性方面的专家，倾向于将界面中的每个功能都同等看待（从编程和调试角度看，它们的重要性的确差不多，因为都需要进行正确操作）。

另外，市场部门通常要求交互设计要适应初级用户的需求。他们大部分的时间花在向不熟悉产品的人演示并兜售产品上，因此随着时间的推移，他们对用户行为和特色重点产生了部分偏见。他们要求产品配备培训机制。以上所有方法都导致大部分用户产生沮丧的产品交互体验，因为他们既非初级用户又非专家用户。

一些开发人员和设计者想出了一个两全其美的办法，选择把用户体验分成提供向导的新手模式以及提供把关键功能深藏在菜单中的专家模式。当然，许多用户不想浪费大把的时间和精力一步步地从新手阶段学起，但从新手跳跃到专家就像从陡峭的悬崖跳到大量鲨鱼出没的海沟里一样困难。

设计原则

不要将培训工具固定化。

那么如何解决这一问题呢？答案在于换个角度来理解用户掌握新概念和任务的方式。

永久的中级用户

大多数用户既非新手又非专家，而是属于中级用户（Intermediate）。

如图 10-1 所示，像大多数人口分布一样，人们从事某项活动的经验水平倾向于遵循经典的正态分布统计曲线。对于几乎所有需要知识和技巧的活动来说，如果我们针对不同的熟练程度画出人数曲线，位于曲线左边的新手和位于曲线右边的专家人数都是相对较少的，大多数都是位于曲线中间的中级用户。

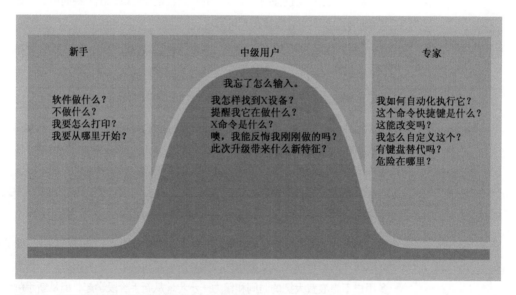

图 10-1　用户对数字产品的需求因经验不同而有很大区别。

然而，统计数据不能说明所有问题，正态分布曲线只不过是瞬间快照。虽然大多数中级用户倾向于保留在这一类型中，但新手不会永远是新手。要维持高水平的技术程度很困难，因此专家们也在快速变化。新手的变化更快，新手和专家随着时间推移都会倾向于成为中级用户。

虽然每个人都会在一段时间内是新手，但没有人会长期止步不前。人们不喜欢显得不称职，而就定义来说，新手意味着不称职；相反，学习和提高是令人高兴的，新手会很快成为中级用户，或者干脆放弃。例如，所有滑雪的人都会在新手层次停留一段时间。但那些不能很快取得进步，也就是摔跤过多的人会很快放弃这项运动。剩下的人则会从初学者变成普通的运动者，只有少数人会成为滑双黑钻雪道的高手。

设计原则

> 没有人愿意永远当个新手。

位于曲线左端的新手或者会迁移到中级用户的突出部分，或者会在曲线上消失，转而寻找其他能成为中级用户的新产品或者活动。多数用户为熟练使用软件而努力，而他们的熟练程度取决于使用软件的频繁程度，像潮水一样有涨有落。拉里·康斯坦丁最早揭示了为中级用户设计的重要性，在其《面向使用的软件技术》（*Software for Use*）（Addison-Wesley, 1999）一书中，将那些用户称为"不断提高的中级用户"（Improving Intermediate），我们更愿意使用"永久的中级用户"（Perpetual Intermediate）这个称呼。因为新手虽然能很快成长进步为中级用户，但他们很少能够继续成为专家。

设计原则

> 为中级用户而优化设计。

处于中间状态的多数用户都很愿意进一步学习，但通常没有时间。偶尔也会出现一些机会，比如有些中级用户为了完成一个大的项目，持续几个星期大量使用产品。在这段时间内，他们学到了新的内容，增长了知识。

然而有时候，他们又会好几个月都不用该软件，忘掉了大量重要内容。当他们重新使用软件时，他们虽不是新手，但需要一些提示才能回到以前的状态。

鉴于大多数用户都是中级用户，那么如何才能设计出能够满足用户需求又不忽视初学者或高级用户需求的产品呢？

扭转界面

好的滑雪胜地都有适合学习的平缓坡道，也有挑战真正滑雪者的专家级滑道。但如果滑雪胜地要想在商业上取得成功，它既要迎合永久的中间层滑雪者，也不能吓跑新手，或无视专家的存在。滑雪新手必须能够很容易成为中级用户，而那些为小心谨慎或者保守的永久中间层滑雪者所提供的帮助则不应该成为专家级滑雪者垂直滑道上的障碍。

好的用户界面也应该采用上述方法进行平衡。它既不迎合新手，也不取悦专家，而是把大部分工作放在满足永久的中间客户身上。与此同时，也提供各种机制，让新手和专家这两类数量较少的用户有效使用。

转换界面，意味着将界面中的常见导航最少化。实际操作中，意味着要将最经常使用的功能和部件放在最直接和便利的位置，比如工具条或组件箱。不太经常使用的功能则深藏在用户不会踏足的界面深处。那些不太经常使用却对用户很重要的功能可以安全地隐藏在菜单、对话框或者抽屉里，只在需要的时候被提取。

 设计原则

为常见的导航调整界面。

几乎所有的傻瓜相机都是界面转换的好例子。照相这一最经常用到的功能通过最显眼的硬件按键实现，能够在一瞬间轻松拍照。不太经常使用的功能，比如调节曝光率则需要与菜单或者触摸屏控件的交互实现。

付出与回报要相称

界面转换得当的最重要原则就是付出与回报要相称。尽管这适用于所有用户，但对永久的中级用户来说尤其如此。这一原则是说人们愿意为值得的事情付出努力。至于值不值得，用户说了算，同这一功能执行起来技术难度有多高没有关系，完全取决于用户的目标。

如果用户真想实现什么目标，他必将努力实现。如果员工想做出漂亮的文档，用众多栏目、多种字体和绚丽的标题吸引老板，他必定会积极探索应用程序的深处，学习如何做出漂亮的东西。用户会为了相应的回报，付出努力。

但如果用户只想打印一份普通的文档，使用单个栏目、一种字体，他就没有动力去学习更高级的制图功能。提供这些选项对他而言并不受欢迎。

 设计原则

用户只有获得充分的回报，才会付出相应的努力。

如果在应用中添加复杂的功能，要想让用户忍受复杂的操作，结果必须有足够的吸引力。这也是为什么用户界面不能为实现简单的结果而进行复杂的设计，除非结果也很复杂（只要这种结果不是经常需要）。

渐进式展开

渐进式展开是一种格外有用的设计模式，很好地证明了付出要与回报成正比这一原则。在逐步呈现中，高级部件或者不太经常使用的部件隐藏在扩展型窗格的后面，仅提供一个小的扩展或隐藏开关作为用户进入通道。这种类型的设计对专家用户来说是个福利，因为开关通常是"粘连"的，一旦打开就永远处于这种状态。渐进式展开还为中级用户提供了轻松访问高级功能的窗口，并可以在不需要的时候灵巧退出。如图 10-2 所示，Adobe's Creative Suite 是图形设计、影像编辑与网络开发的软件产品套装，在其工具栏中很好地使用了渐进式展开这一功能。

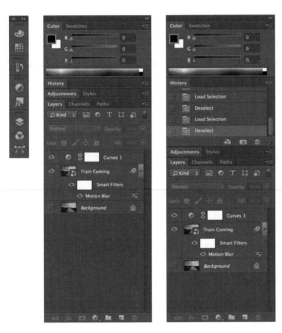

图 10-2　Adobe's Creative Suite 针对中级用户采用了渐进式展开功能，以缓和工具栏的复杂度。
同时，专家用户也可以对会话中记忆的粘连状态进行扩展和利用。

组织界面的扭转

一般来说，要按照 3 个原则对界面中的部件和显示器进行整理：使用频率、转换程度和风险承担程度。

- 使用频率是指部件、功能、物件和显示器在一般日常模式中使用的频率。最经常使用（一天使用数次）的工具和按钮应该放在触手可及的地方。不太经常使用的功能（一天使用一两次）应该确保点击次数不超过一两次就能实现。其他功能则可以在两三次点击后实现。很少使用却对用户有实际好处的功能不能删除，可以深藏在工具栏中。

- 转换程度指的是由于某一功能或命令引发正在处理的界面或者文档、信息突然发生变化的程度。一般来说，最好将这一类型的功能隐藏在界面深处。

- 风险承担程度指的是不可更改的功能或者更改后会产生危险后果的功能。导弹需要两个人在相反方向的屋子中同时转动钥匙才能发射。对于转换功能，设计师希望将这一类型的功能设计得对用户而言更难以使用。后果越危险，越要留意这些功能的暴露。

随着用户对复杂功能日益驾轻就熟，用户会寻找快捷方式，而设计人员就要提供。这不仅有助于中级用户能力的不断提升，也是专家用户的必备功能。

为三层用户设计

数字产品的设计目标既不应该特意迎合新手们（因为他们不会永远是新手），也不能一味取悦专家用户。设计目标应该包含三层：

- 迅速轻松地将新手培养成中级用户。
- 不要在中级用户成长为专家用户的过程中设置障碍。
- 最重要的是，保证永久的中级用户在技术范围的中段探索时有愉快的体验。

我们需要着眼于永久的中级用户，花费时间将产品设计得强大并易于使用。当然也要在不影响最广大中级用户的前提下，照顾新手和专家用户的需求。本章后面部分的内容描述了实现这一目标的基本战略。

新手想要什么

不可否认，新手是敏感的，而且很容易在开始使用产品时产生挫败感。但我们必须记住，不可将新手这一状态视为目标。没人希望自己永远是新手，它只不过是每个人必须经历的一段过程。好的软件会缩短这一过程，并且不将注意力集中在这一过程上。

作为一个交互设计师，最好能想象一下用户，尤其是新手，非常聪明且忙碌。他们需要一些指示，但不是很多，学习过程应该快速且富有针对性。如果一个滑雪教练一开始讲高山生态学和气象学，学生们就会跑掉，不论他们怎样喜欢滑雪。用户想要学习如何操作程序，并不意味着他需要或者想要学习其中的工作原理。

设计原则

将用户想象成为非常聪明但很忙碌的人。

此处，聪明的人在理解原因和效果后会学得更好。所以你必须让他们理解为什么软件会那样工作，我们使用心理模型来弥合这种矛盾。如果界面的表现模型紧密符合用户的心理模型（正如第 1 章中所讲的），则其可以在不强迫用户了解实现模型的情况下为用户提供所需要的理解。

某些类型的产品，尤其像多数 App 一样以暂时姿态使用的产品，以及谷歌眼镜和平视显示器等以漫不经心方式使用的产品，或者某些残疾人使用的产品，应该优先考虑新手而不是中级用户。例如，自动取款机、博物馆等公共场所内的信息亭和血液透析等消费医疗设备（糖尿病人使用，有手指慢性麻木症状，也有视力模糊）。

欢迎新手加入

一个新手必须迅速掌握程序的概念和范围，不然他可能就会彻底放弃；所以设计师的头等大事就是确保程序充分反映用户关于任务的心智模型。他可能想不起到底是使用哪个命令来执行特定任务，但是会确切地想起任务和动作之间的关系，一些重要的概念，如果界面的概念结构与其心智模型一致的话。

让新手成长为中级用户需要程序提供额外帮助，而新手一旦成为中级用户，这种帮助反过来会妨碍用户。这意味着无论你提供什么样的额外帮助他都不应该在界面中固定下来。当不再需要这种帮助时就应该消失。

在向新手提供帮助时，标准的在线帮助是一个很糟糕的工具。我们在第 16 章中会谈到更多的帮助问题，但其主要功能是向用户提供参考。新手不需要参考消息，他们需要概括性的信息，比如说一次全局的界面导游。

对话框中显示的单个指南工具，是交流大体情况、范围和目标的好工具。当用户开始使用这些工具时，对话框显示程序的基本目标和工具，告诉用户基本的功能。只要这种引导持续集中在新手所关注的问题上，譬如范围和目标，而避免那些只有中级用户和专家才关心的问题（我们将在下面讨论），对于帮助新手来说，它应该足够了。

新手用菜单来学习和执行命令（原因将在第 18 章详细讨论）。菜单执行起来可能很慢，而且沉闷，但彻底并且详细，让人放心。菜单项发起的对话框应该是解释性的，简洁、精练，而且设有方便的撤销按钮。

使用不同平台的新手

我们经常被问到，永久的中级用户概念是否适合非桌面产品。最终，我们相信桌面软件的一些考虑也同样适用于非桌面产品。好的界面设计，不管何种平台都应该能通过导航和功能使用户迅速熟悉产品，并获得舒适的产品体验。

同样值得考虑的是，网站、移动手机应用，以及不属于工作流中重要路径的设备或者偶尔使用的设备，其用户由于并不频繁使用该产品，可能未必记得住相关的组织结构。因此，透明且易发现对交互设计来说越来越重要。设计师也越来越需要使用临时性界面元素或向导的协助，增强新用户对产品的理解。

专家想要什么

专家（有时被市场人员称作有影响力的人）也是很重要的群体，因为他们的选择能够对市场交易产生重大的影响。专家同样也会听取其他专家的意见，但他们同样也会对其他潜在的顾客产生影响，为产品回顾和讨论定下基调。即使随着越来越多网上产品和亚马逊交易网站的出现，其作用有所削减，但其重要性仍不容小觑。许多时候，当新手考虑产品时，他会更加信赖专家的意见，而不是中级用户的看法。而专家说这个产品不好，可能指的是对专家而言不好。但新手们不知道这些，他也会考虑专家的意见，即使对自己并不适用。

专家可能会时不时寻找深奥的功能，并且会经常使用其中一些；而对经常使用的工具栏，他们则要求能够快速访问。专家甚至需要所有功能的快捷方式。

任何一个人一天花几个小时使用某个数字产品，都会快速记住界面的细微差别，不是他们要将所有经常使用的命令记住，而是自然熟练的结果。频繁使用强化了记忆。

专家用户会持续而积极地学习更多内容，以更加了解其程序行动及程序之间的关系。专家欣赏更新且更强的功能，对程序的精通使他们感受不到复杂，比中级用户或初级用户更喜欢高密度信息。

应在专业产品上针对专家用户进行设计，尤其是具有专业职责的技术型人群主要依靠各项工具体现其精湛技艺。开发和创造型工具一般属于这一类，科学仪器和非客户型医疗设备也是如此。我们希望这些产品的用户掌握必要的技术知识，愿意花费大量时间和精力去掌握产品。

永久的中级用户需要什么

现实情况是大多数实际用户——中级用户通常被忽略，这是令人讶异的。许多公司的应用和数字产品都存在这种问题。整体设计偏向于专业用户。而与此同时，一些令人厌烦的工具，如将向导和夹子助手先生捆绑在一起，以满足市场部门对新用户要求的理解。专家级用户很少使用它们，而新手则希望尽快摆脱这些表示他们无知的尴尬提示，但是永久的中级用户则希望总是面对它们。

相反，永久的中级用户需要快速进入最经常使用的工具，因为他们已经掌握了这些程序的意图和范围，不再需要解释。对于中级用户来说，工具提示（参见第 20 章）是适合中级用户最好的习惯用法。它没有限定范围、意图和内容，只是用最简单的常用的用户语言来告诉你程序的功能，使用的视觉空间也最少。

永久的中级用户知道如何使用参考材料，只要不是必须一次解决所有问题，他们就有深入学习和研究的动机。这意味着在线帮助是永久中级用户的极佳工具，他们通过索引使用帮助，因此索引部分必须设计得十分全面。

永久的中级用户会确定其经常使用或者很少使用的功能，他们可能会遇到一些模糊的特性，但会很快地识别出自己经常使用的功能（下意识的）。中级用户通常要求把这些常用功能中的工具放在用户界面的前段和中心位置，这样容易寻找和记忆。

永久的中级用户通常知道高级功能在哪，即使他们用不到，也不知道如何使用。因为软件具有这些高级特性的事实让中级用户感到放心，让他们确信投资购买这个程序是正确的选择。如果普通的滑雪者知道在那片树林之后有一条真正高难度的黑钻专家雪道，他们会放心。即使从来不曾想到那条雪道，这也会让他们充满梦想和向往。

你的程序代码必须同时解决业余爱好者和专家可能遇到的各种情况，但不要让这样的技术需求影响你的设计理念。是的，你必须为专家用户提供那些功能，你也必须为新手提供支持。但更重要的是，必须将你大部分的才智、时间和资源为大部分用户，即永久的中级用户而设计，为其提供最好的交互。

第 11 章

编配与流

如果产品设计的目标是让用户在使用产品时生产力更高、更有效、更投入，那么就必须让用户保持正确的心态。本章讨论人类心理工程学（Mental Ergonomics），主要讲述了如何让产品支撑起用户的智力和效率，如何避免破坏用户在投入生产时的专注度，而这一专注度这正是我们希望用户保持的状态。

流与透明

当人们全身心地投入在某个活动中时，会对周边干扰视而不见。这种状态被称为"流"（Flow），米哈伊·奇克森特米哈伊（Mihaly Csikszentmihalyi）在其著作《流：最优体验的心理学》（*Flow: The Psychology of Optimal Experience*）中首先提出了这一概念。

在《人件：生产力工程与团队》（*Peopleware: Productive Projects and Teams*）一书中，作者汤姆·德马克（Tom DeMarco）和蒂莫西·利斯特（Timothy Lister）认为流是"一种深层、几近冥想式的投入状态"。流通常产生一种"温和的快感"，让人察觉不到时间的流逝。最重要的是，处于流状态的人是非常高效的，尤其是投入工程、设计、开发或写作等建设性活动时。显而易见，要让人们更加高效愉快，我们在设计交互产品时应该促进和增强流，还应竭尽全力地避免任何可能打断流的行为。如果一个应用程序不断地骚扰用户，打断其流状态，就很难让用户保持在高生产力状态了。

多数情况下，如果用户不用产品就会实现目标，或者必须使用产品，但实现目标的过程不至于迷乱于界面中，则他就会保持高生产力状态。与生产力软件的交互很少会有完全的美学体验。除了娱乐和创造性工具，与软件（尤其是商业软件）交互大多是一个务实过程。

设计原则

不论界面多酷，越少越好。

将注意力引向交互本身而不是用户目标有失偏颇。用户界面与用户的目标没有直接关联。下次当你吹嘘说设计的交互有多酷时，请记住，终极用户界面往往是没有界面。

为了创造流，与软件的交互必须变得"透明"（Transparent）。如果小说家小说写得好，读者能够清晰地看到故事和人物，而看不到作者的写作技巧。同理，如果一件产品和用户交互得很好，交互机制就消失了，让人们直接面对他们的目标，意识不到软件的介入。糟糕的作者会让读者看到他的存在，而糟糕的交互设计师会在软件产品中笨拙地展示出自己的身影。

编配

一个好的小说家不会让一个好句子孤立于故事情节。没有规则规定如何构建句子才能达到透明。句子取决于主人公的活动及需要的效果。作者明白，不能在极安静而敏感的段落中插入晦涩的词汇，否则就好像在四重奏中插入了一个刺耳的音符。软件也是一样。交互设计师必须训练自己能够听到软件交互的编配中是否存在刺耳的音符，要让一个界面中的所有元素应齐心协力地奔向同一个目标，这一点极为重要。如果一个应用程序与用户的交流安排得当，则与软件的交互几乎就是透明的。

《韦式大辞典》将"编配"（Orchestration）解释为"和谐的组织"（Harmonious Organization），用这个词来描述我们对交互产品的期望很合理。和谐的组织并不会让步于固定的规则。你不能创造这样的规则："触屏移动菜单有 4 个按钮很好"或者"触屏移动菜单有 6 个按钮太多了"。当然触屏菜单上有 35 个按钮肯定不行。这类固定规则在于孤立地看待问题，而没有考虑到要解决的问题，也没有考虑用户当时在做什么，或想实现什么。

和谐交互

尽管没有和谐交互的通用规则（就像音乐中没有定义和谐音间的通用规则一样），我们发现如下这些策略能有效地设计出与用户"流"相匹配的交互：

- 遵循用户的心理模型。
- 少就是多。
- 让用户指示而不是讨论。
- 提供选择，而不是提出问题。
- 让必要的工具近在咫尺。
- 提供无模态反馈。
- 设计要以防万一，预料到可能性。
- 上下文信息。
- 反映对象和应用程序的状态。
- 避免不必要的报告。
- 避免空白状态。
- 区别命令和设置
- 隐藏弹射座椅的操控杆。
- 优化响应，但容许延迟。

遵循用户的心理模型

本书在第 1 章中介绍了心理模型的概念。对于特定的活动或过程，不同的人有不同的心理模型，但人们很少按照计算机的运行机制来设想这些活动或过程。每个用户心里对软件如何执行任务都有自己自然的想法。人脑通过寻找某种因果模式来深入理解机器的行为。

例如，在医院的信息系统中，医生和护士对病人信息有自己的心理模型，这来源于他们看待病人的态度及治疗方式。因此，用病人的姓名做索引来寻找病人的信息，就非常合理。此外，每位医生都有一些病人，因此，在诊所界面中筛选病人，让每位医生可以从自己的病人名单中选择病人，名单按照字母排序，也合理。另一方面，在医院的业务办公室中，会计担心逾期未付款的账单。他们最初关心的不是账单是谁的，用来干什么，而是关心这些账单拖欠了多久（也许还有欠款）。因此，对于业务办公室的界面，首先应该按照逾期时间和欠款金额排序而病人的名字作为第二级排序规则就比较合理。

少就是多

对很多事物，越多越好。而在交互设计的世界中，情况通常相反。我们应该不断地努力减少用户界面的元素数量，同时不能减少所创造的产品的功能，也不应增加使用产品的难度。为了做到这点，必须以更少的元素做更多的事情，这就是为什么精心编配变得很重要。我们必须协调和控制产品的能力，不能让界面成为屏幕和控件的堆砌，到处散落着不相关并且很少用到的控件。

经常看到，专业和商业软件的用户界面很复杂，但并不强大。这样的产品往往把功能孤立起来，让用户执行一项单独的任务，却不能访问相关的任务。1995 年，本书第一版出版时，这个问题很普遍。如 Windows 应用程序的一个"保存"对话框中，用户不能重命名或者删除看到的文件，此类情况很常见。用户得去其他地方来完成类似功能，最终要求程序和操作系统提供更多的界面。庆幸的是，现在操作系统在这方面好多了。因为现代操作系统已经开始基于用户的情景来提供合适的功能，用户不再需要经常切换不同界面来完成简单常见的任务了。

不过，我们仍还有很长的路要走。在企业软件中，每个功能或特性都放在独立的对话框或窗口中，没有考虑到同时使用这些功能完成任务的情况。用户可能使用菜单打开一个窗口，找到一点信息，复制到剪贴板上；再用另一个菜单打开另一个窗口，仅仅是为了把这点信息粘贴到一个字段里。这个过程有失优雅、过于拙劣，也容易出错，也未能充分利用人机的分工。一般来说，不是产品故意做成这样的。数年来，这些产品要么一直是临时抱佛脚赶制，要么由不同部门中并无关联的小组负责。

摩托罗拉一度流行的 Razr V3 翻盖手机就是这样，尽管因工业设计优雅而名至实归获奖，但手机的软件继承自前几代摩托罗拉手机，似乎是不同的团队未经协调做出来的。例如，手机中电话本使用的文本输入界面和同一个日程表程序不同。每个软件团队肯定是独立设计解决方案，导致本应由同个界面完成的工作分派至两个界面来完成。这不仅浪费开发资源，也引起用户的迷惑和抵触。V3 最为流行之后的一年，iPhone 带着现代风格且贴心设计的用户界面问世，V3 以及所有的翻盖手机很快成为了历史。以一体化的硬件和软件体验最终胜出。

米莱和萨诺在经典著作 *Designing Visual Interfaces* 中讨论了优雅的概念，很有意义。他们指出，可以认为优雅是用新颖、简单、经济、优美的方式解决设计问题。一个交互产品中内部的逻辑可能非常复杂，而重视优雅和简单更为重要。要让技术有效地为人的需求服务。

产品设计的极简主义与清楚理解其目的密不可分：用户使用该产品都有必不可少的目的，若不清楚，交互产品不过是毫无章法的功能大杂烩。目的驱动极简主义用户界面的典型例子当属经典的 Google 搜索界面（如图 11-1 所示）。这个界面由一个文字输入字段、两个按钮（一个是"Google 搜索"，把人们带到搜索结果列表页面；一个是"手气不错"界面，把用户直接带到最靠前的搜索结果）、Google 的标志以及一些指向更广阔的 Google 世界的链接组成。另一个是 iPod Shuffle。苹果精心定义了一系列合适的功能，用一个切换键和 5 个按钮（屏幕都没有！）创建了一款高度易用的产品，满足了用户的一组具体需求。还有一个例子是 iA Writer，这一款极其简单的 iOS 文字编辑器应用除了输入文本的窗口没有别的界面。文本自动保存，不必与文件交互。

图 11-1　著名的 Google 搜索界面是极简界面设计的经典例子，其中每一个元素都指向直接目的。

需要注意追求简单可能过犹不及。做减法是一种平衡艺术，需深入理解用户的心理模型。尽管 iPod Shuffle 的界面是设计中优雅与经济的典范，但也违背了某些用户的期望。如果你习惯使用 CD 播放器，或其他数码音频播放器的高清屏幕，用 Shuffle 的 Play/Pause 切换来关闭设备，用 Menu 按钮打开设备，就会显得怪异。Shuffle 也是视觉简化导致认知复杂的经典案例。就 iPod 而言，这些习惯用法很容易学习，出错的可能性非常小，所以产品的成功没受多大影响。

坚持"少即是多"的原则，不要挡在用户的路上，而应让用户沉浸在流中。

让用户指示而不是讨论

有些开发者可能认为，理想的用户界面就是人机之间的双向对话。不过，大部分人不是这么看的。多数人更愿意与软件的交互和其他事物一样，比如汽车。想去某个地方，就打开车门坐进车里。向前时踩油门，停下来刹车，需要拐弯就打方向盘。

这种理想的交互情形不是对话，更像是在使用工具。木匠钉钉子时，不和锤子讨论钉子，他会直接用锤子钉钉子。在车里，如果司机想改变车的行为，就下命令，并直接从汽车及环境中得到恰当反馈：挡风玻璃外的视野、仪表板上的各种计量器、疾驰而过的风声、轮胎压在道路上的声音、对侧向重力的感觉以及路面传来的振动等。木匠也希望有类似的反馈，如钉子下沉的感觉、金铁相击的声音，以及锤子回弹力度等。

司机当然不期望汽车用对话框来盘问自己，木匠也不希望看锤子出现如图 11-2 所示的对话框。

图 11-2　谁都不愿意受到责备，尤其是被机器责备。如果以愚蠢的方式指导机器，我们期望获得愚蠢的响应。当然，机器可以保护我们不犯致命错误，但责备不同于保护。

交互产品惹恼人们一个原因是，其行为不像汽车或锤子那样。相反，交互产品莽撞地要求我们展开对话：通知我们的不足之处，要求得到答案。从用户的角度看，角色颠倒了：应该是用户提出要求，软件回答。让用户在界面中指示动作的一个重要方式是直接操作（Direct-manipulation）。第 13 章将详细讨论。

提供选择，而不是提出问题

对话框（特别是确认对话框）提出问题。工具栏和选项板（palette）提供选择。确认对话框停止进程，要求用户回答问题，直到得到答案才会消失。另一方面，工具栏始终存在，安静而礼貌地提供其功能，就像琳琅满目的商店一样，让你手指一点就能选择想要的东西。

选择很重要，但实现方式有区别：根据呈现的信息自由地选择，还是被应用程序模态盘问，这是不一样的。用户更愿意像在街道上驾驶汽车一样给软件下命令。汽车为用户提供了完善的选择，却从未发出一个对话框。想象一下图 11-3 中的情况。

图 11-3　想象一下必须单击对话框中的按钮来驾驶汽车！这个对话框能让你想象到普通人对软件中出现这样对话框的感受。

与汽车交流，直接操作方向盘是最合适的习惯用法；不仅如此，这也让你感受到优越，指挥汽车去应该去的地方。无模态选择有助于给用户带来控制感和掌控感，这正是他们使用数字产品时想要的感觉。

让必要工具近在咫尺

多数桌面应用程序太复杂，一种交互模式不能包括所有的特性。因此，大部分应用程序为用户提供了一套工具。这些工具实际上是产品进入的不同行为模式。提供工具是对复杂性的折中，但我们仍然能够做很多工作来使工具的选择和操作变得容易，避免破坏流。主要是我们必须保证工具和应用程序的状态信息清晰地呈现出来，工具之间的切换快速简单。

工具应该近在咫尺，通常放在选项板或者工具栏供新手和中级用户使用，提供快捷键供专家用户使用。这样，用户能够很容易看到工具，单击一下或者按下键盘就能选中。如果用户必须从程序中转移注意力去寻找某个工具，其专注力会被破坏。这就像是必须从桌前站起来，跑到大厅里找一支铅笔。当然，用户永远不应把工具放在远处。

提供无模态反馈

当交互产品的用户操控工具或者数据时，清晰地显示这些操作的状态和效果通常很重要。这些信息必须容易被看到且被理解，不会干扰或阻止当前的动作。进度反馈是流的一个关键元素。

应用程序有多种方式向用户呈现或者反馈信息。桌面应用的最恶劣的一种方式是弹出对话框。这种技术就是模态的：它让程序处于一种特定状态，用户必须处理，然后才能返回常态，继续执行任务。通知用户的更好方式是无模态反馈。

不管在什么时候，把呈现给用户的信息构建在界面结构中，不打断正常的活动流和交互，那么这种反馈就是无模态的。在微软的 Word 2010 中（见图 11-4），可以无模态地看到当前在哪一页、哪一节，当前文档有多少页，鼠标在什么位置。只需看一眼屏幕底部的导航栏和状态栏即可，而不需要中断工作来寻找这些信息。

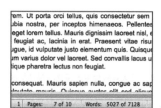 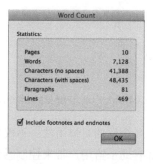

图 11-4　在 Word 2010 中，微软在窗口的左下角无模态地显示当前所在页、总页数、总字数。单击字数统计则可打开字数统计对话框，其提供了更加详细的信息。

另一个优秀的例子是 iOS 的通知中心。如果目前没有显示在屏幕上的应用有了重要的事件要报告，例如即将到来的预约，通知中心就展示简短的提醒信息。信息在屏幕顶部停留数秒，然后消失。单击显示的通知就转到发出通知的应用。

喷气式战斗机有平视显示器（Heads-Up Display，HUD），将关键仪表的读数投射在驾驶舱前端的平视玻璃上。驾驶员甚至不必使用余光，眼睛盯着敌机的同时就能读到重要的仪表信息。应用程序可以使用屏幕边缘来向用户显示主要工作区活动的信息。很多绘图程序，如 Adobe Photoshop，已经在窗口边缘提供了标尺、缩略图及其他无模态反馈。我们会在第 15 章中进一步讨论无模态反馈。

设计要以防万一，预料到可能性

冗余交互（通常以对话框的形式）常常溜进用户界面。这往往是因为应用程序面临着选择——程序员倾向于从逻辑的角度解决选择，这种思维延伸到了软件设计中。对一个逻辑学家而言，如果一个命题在 100 万次中，有 999 999 次为真，1 次为假，那么这个命令就是错误的——布尔逻辑就是这么工作的。不过，对大多数人来说，这个命题绝对正确。命题有错误的可能性（Possibility），但错误的概率（Probability）很小了，几乎无足轻重。更好地编配用户界面的一个强大方法是把可能性与概率分开。

开发者总是把可能性与概率等同视之。例如，用户会决定关闭某个程序，保存工作，或者结束程序，放弃过去 6 个小时所做的工作，每个选择都是可能的。显然，用户放弃工作的概率全少是十分之一，然而典型的应用程序总有一个对话框，询问用户是否想要保存更改，如图 11-5 所示。

图 11-5　这是图形界面中最多余的对话框。人们当然想要保存自己的工作！这是事情的常态。不保存是超出常规的，应该有一个对话框来处理，但不是这个。

这样的对话框不合适也没必要。有多少次你不希望保存你在文档上做的修改？这个对话框就好像你的伴侣在每一次喝汤时提醒你不要洒在衬衫上。第 14 章会讨论去除这个对话框的意义。

人们评判开发者的能力，是看创造的软件能处理多少可能出现但未必发生的状况，这种状况会在复杂的逻辑系统中突然出现。不过，这并不意味着应该在用户界面中直接处理罕见的可能性。这么做有违用户期望，是在让用户容纳小概率事件打断了他们的工作流。一天用上数百次的对话、控件和选项不应该与一年都用不了一次的对话框、控件和选项放在一起。

你有可能被车撞到，但你今天早上几乎肯定能安全地到达办公室，不会因为害怕被车撞而躲在家里。所以在界面上，不要让可能发生的事情影响你对几乎必然要发生的事情的处理。

上下文信息

让应用程序如何呈现信息又是另一项让普通用户困扰或者不堪重负的事情。经常被滥用的一个领域是如何呈现量化或数字化信息。如果一个程序需要显示硬盘上的剩余空间，可以是像微软 Windows 3.0 文件管理器那样，告诉你精确的剩余空间字节数，如图 11-6 所示。

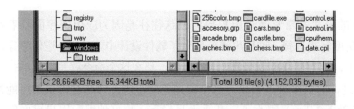

图 11-6　Windows 3.0 文件管理器花了很大力气报告硬盘上的文件已使用的字节数。这样的精确程度真的让我们了解是否需要清空硬盘了吗？当然没有。以比例方式显示磁盘用量的视觉表现是否更有意义？幸运的是，现在 Windows 开始用饼图来指示硬盘的使用情况。

在左下角，应用程序告诉我们剩余空间的字节数和硬盘上总的空间大小，难以阅读和理解。对于一个具有几十亿字节存储量的硬盘，剩余几百字节已经完全没有意义，但程序还是严格地显示到千字节。但即便应用程序精确地告诉了我们硬盘的状况，还是没有意义。我们需要知道的是硬盘到底是不是快要满了，能否在安装一个 20 MB 的程序后仍有足够的工作空间。这些原始数据尽管很精确，但对理解事实毫无帮助，结果让用户在尝试弄清楚到底怎么回事时脱离了流。

视觉信息设计专家爱德华·塔夫特（Edward Tufte）说过，量化呈现应该回答一个问题："与什么做比较？"精确地知道剩余多少字节，不如知道剩余空间为整个硬盘空间的 22%有用。塔夫特的另一条格言是"（可视化地）显示数据"，而不是简单地用文字或者数字显示。

用一个长条或一个饼状图显示使用和未使用的空间，更容易理解硬盘使用的规模和比例。不应该完全去掉数字，但应该降低为显示内容的标签，而不是成为显示的内容本身。它们也应该以更合理和一致的精度来显示。信息的含义应该可视化地显示，数字只是辅助。现在，Windows 文件管理器就是这么显示的。遗憾的是，这种有用信息只显示在一个地方，而不是成为文件管理器底部的持续状态指示器。更遗憾的是，这个问题存在于很多程序中。

反映对象和应用程序的状态

当人们睡觉时，他们看上去像是睡着了。当人们醒着，他们看上去就是醒着的。当人们忙碌时，他们看上去是忙碌的样子：他们的眼睛注视着自己的工作，身体语言关闭了，全神贯注。当人们不忙时，他看上去是不忙的样子：身体是开放的、活动的，眼睛愿意进行接触。人们不仅期待与彼此进行这样细微的反馈，也依靠这样的反馈进行社交。

这类信号太重要了，已经成为 Baxter 用户界面的核心部分。Baxter 是 Rethink Robotics 创造的固定工业机器人，有两只手臂（见图 11-7）。该公司的创始人 Rodney Brooks 还发明了 Roomba 真空吸尘器机器人。Baxter 希望与人类在轻型流水线上一起工作。这款机器人配有像脸一样的大屏幕，上面有卡通式的动画眼睛，能在到达目的地之前，先看方向，用简单而通用的面部表情报告系统状态。

图 11-7　Baxter 工业机器人有两只手臂，在轻型生产线上与人类一起工作，用面部表情交流。

日常软件程序和设备虽然不应像 Baxter 一样完全拟人化，但应该提供相同的线索。当一个程序休眠时，应该看上去是休眠的；当一个程序在恢复，看上去应该是恢复中的样子；当一个程序正在运行，它应该看上去是正在运行的状态。当计算机进行某些重要的内部活动，例如执行一项复杂的运算和连接一个数据库时，应该明显地向我们表示，可能不能像平时那样快地响应。当应用发送一个大文件时，我们应该看到无模态的进度条。这能让用户相应地计划他们的下一步做什么。

同样，用户界面对象的状态也应该对用户是显而易见的。大部分邮件程序在这方面做得很好，未读邮件、已经回复和已经转发的邮件有明显的状态区别。我们进一步延伸这个概念，如果在微软 Outlook 和谷歌日历中查看日程表上的事件时，能不能不必翻开就说出有多少人已经同意参加，多少人还没有回复（就在行内或者通过提示）？

应用程序和对象状态在使用丰富的无模态反馈形式时，沟通得最好，在本章前面我们讨论过这个问题，更多关于丰富的无模态反馈的详细的例子参见第 15 章。

避免不必要的报告

有些程序不停地通知用户进度细节，尽管用户根本不明白这些信息的意思。程序弹出通知，告诉我们已经建立连接、已经发布记录、用户已经登录、交易已经记录、数据已经传输完毕，以及其他的无用琐事。对于软件工程师来说，这些信息就是机器发出的嗡嗡声，表示我们程序运行正常。事实上，这些信息可以用于调试程序，但对其他人来说，这些报告就像是地平线上的可怕光线、夜间尖叫、无人看管的物体飘荡在房间。

对用户而言，知道正常情况下发生的事情的细节让人惊慌失措、容易分神。例如，非技术人员听到数据库修改了，可能会惊慌失措。程序最好做了必做的事情之后，一切完成时发出令人放心（而无模态）的视觉或者听觉反馈，而不要让完成工作的方法这样的琐事压垮用户。不要仅仅为了报告事情正常而停止进程，这一点很重要。如果必须这样做，就在正常事件之外保留事件通知。如果了解事情运转正常可以让用户受益，那么就可以使用那些周边信号。

 设计原则

不要用对话框报告。

同样，不要因为不重要的问题而停止进程，打扰用户。如果程序无法连接服务器，那么就不要用对话框来报告，而在程序中建立状态指示器，使感兴趣的用户得知问题，而忙于其他任务的用户也不会感到突兀。

避免空白状态

编配用户交互的关键是采用目标导向。问问自己某个具体交互是否能够让用户快速、自信地实现目标，因为胆怯的程序需要人指示才能行。但大部分人都宁愿让软件迈出"足够好的"第一步，然后按照自己的需要调配。软件用这种方式将用户逐渐导向目标。

不对用户目标做任何假设而提出一大堆问题，以确定用户的需要很容易：你见过有多少程序一开始就提一堆问题，或者把每一个决策都变成一串冗长的选项？普通人（而不是专家用户）有时不能或不愿意对一件交互产品解释他们想要做什么，尤其在事前解释。他们更愿意看到程序"认为"什么是正确的，然后控制程序完全符合自己心意。多数情况下，程序可以按照设计师的推测、用户的过往经验或者其他多数用户的偏好做出相当正确的假设。

例如，在 PC 上用 PowerPoint 创建新文档时，程序会用预设属性创建一个空白文档，而非打开对话框，要求每一个细节。而 Mac 上的 OmniGraffle 做得就不太恰当。每次创建新文档时，程序都会要求用户设定基本样式。如果两款程序都能记住使用最频繁及最近使用的样式或模板，使这些样式成为新文档的默认设置，就更好了。

不能因为提到交互产品时常常见到关键词"思考"，而认为软件应有极高的智慧（按人类的

210

标准），必须以推理做出正确的决定。相反，软件只应该做很可能是正确的事情，然后为用户提供强大的工具来调整第一次的尝试，而不是给张白纸，挑战用户，从头做起。这样一来，应用程序不用请求权限去采取行动，而是做了之后再请求谅解。

设计原则

请求原谅，而不是许可。

对大多数人来说，从空白开始很困难，而在别人做好的基础上开始则会更简单。用户能够轻易微调程序提供的近似值，以精确达到自己的要求，降低了从头开始的风险及随后的工作量。正如我们在第 8 章中所讨论的，让软件拥有记忆力是实现这个目标的最佳方式。

区别命令和设置

用户用大量参数调用功能时会频繁出现一个问题：如果你要求程序自己执行某功能，程序应该直接采用合理的默认配置或者上次的配置，而并非盘问精确的配置细节后执行。究其源头，还是没有区分功能和功能的设置。为了向程序表达不同或者更加精确的要求，则为该功能启动设置界面。

例如，很多程序中，如果你要求打印一份文档，它们会开启一个复杂的对话框，要求你说明要打印多少份、纸张的方向、用哪种送纸器、页边距是多少、黑白打印还是彩打、打印比例是多少、是否使用 PostScript 字体或原始字体，是否打印当前页、当前选取或整个文档，是否打印到文件；如果是，那么请问文件名。这些选项都有用，但我们只想打印文档，就这样。

更合理的设计是使用一个命令进行打印，而使用另外一个命令设置打印。打印命令使用上一次的设置或者标准设置直接打印；打印设置功能提供所有关于纸张、份数以及字体的设置。有些程序允许用户直接从配置对话框打印，反之亦然。

微软 Word 工具栏上的快速打印命令可以直接打印，不需对话框（不过遗憾的是，这个按钮很小，而且默认隐藏，见图 11-8）。这对很多人来说不错，但对那些有多台打印机或使用网络打印机的用户，提供的信息又太少了。用户也许在单击打印命令或者打开一个对话框更改打印机之前，想要看到哪台打印机被选中。在工具栏或者状态栏放置一些简单的无模态输出，是一个不错的备选（Windows 版上现在显示在控件的工具提示中，已经做得很好，不过反馈还能更好）。Word 的打印设置界面（包括一个"打印"按钮）叫作"打印"，是一个菜单项，位于 Ribbon 界面的"文件"标签下（详见第 18 章）。

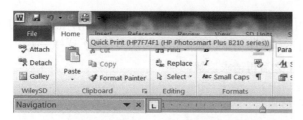

图 11-8　微软 Word 的"快速打印"控件可以迅速打印且不打开对话框。

设置和调用一个功能有巨大差别。前者也许包含后者，然而后者不应该包含前者。通常，任何一个命令调用 10 次，才设置 1 次；因此，最好使用户在 10 次中只有 1 次明确地请求设置，而不是 10 次中用户 9 次拒绝设置界面。

因此，多数桌面程序有合理的经验法则：在工具栏上放上快速访问功能的按钮，把功能配置用户界面放在菜单中。配置工具更适合用户学习和配置，而按钮则为用户提供快速简单的动作。

隐藏弹射座椅的操控杆

每个喷气战机的驾驶舱中都有一个颜色鲜艳的操控杆，拉动操控杆就会启动飞行员座椅下的火箭引擎（如图 11-9 所示），将飞行员连同其座椅一起弹射出驾驶舱，然后飞行员能用降落伞安全地降落在地面上。弹射座椅操控杆只能用一次，不可逆转。

图 11-9　弹射座椅操控杆有灾难性后果。前一分钟，飞行员还安全地坐在战机中，下一分钟就在无边的蓝天翻滚了，而飞机则只能听天由命了。弹射座椅对于飞行员的安全是必需的，但人们做了大量设计工作，保证不会在不经意间被触发。让不知情用户通过改变固定对象来配置程序，而不会一小心就打开了弹射座椅。所以，要隐藏这些弹射座椅操控杆。

就像一架喷气战机需要一个弹射座椅操作杆一样，复杂的桌面程序需要便利的设置工具。应用程序必须拥有弹射操控杆，这样在某些时候用户能够移动界面上的永久性对象（Persistent Object）（参见第 12 章），或者大幅（有时是不可逆的）改变程序的功能、行为或内容。意外触发弹射座椅这样的事情绝不应发生（参见图 11-9）。界面设计必须保证用户在对程序进行一些细微调整时绝不会不小心"触发弹射座椅"。

弹射座椅操作杆导致两种主要的变化：造成应用程序严重的视觉错位（工具和工作区布局的大幅变动），或者执行了不可逆的动作。这两类功能对经验较少的用户都应该隐藏起来。二者中，后者更危险。对前者，用户也许会对接下来发生的状态觉得惊讶和沮丧，但至少还能摆脱这种情况。对于后者，用户及其同事也许因此就被困住了。

记住编配与流的原则，程序就能够让用户以最高的生产力投入工作，长时间地全神贯注。工作有效率的用户是快乐的，创建生产力高、有着愉快用户体验的产品是所有数字产品制造商的目标。下一章，我们将进一步讨论如何通过降低使用门槛来提高用户的生产力，而使用门槛往往是由于实行执行型思维造成的。

优化响应，但容许延迟

程序在处理大量数据或等待服务器、打印机和网络等远程设备时，可能会变慢或失去响应。没有什么比让用户盯着屏幕等待电脑响应更烦人的了。设计产品界面的关键一点是要具有足够的响应能力。如果设备资源耗尽使得界面像糖浆一样流动缓慢，再丰富的视觉样式都不会打动人。

这方面与程序员合作至关重要。根据平台和技术环境的不同，从延迟的角度看，不同的交互方案会非常"昂贵"。你应该用最小的延迟，向用户提供最合适、丰富的交互，还要针对已经选择了但无法重新访问这类情况设计出解决方案。如果延迟不可避免，一定要明确地告诉用户，允许他们取消可能导致延迟的操作，理想情况是让用户等待时还能执行其他工作。

如果程序执行可能费时的任务，要确保程序能够偶尔检查一下，是否还有人在疯狂地单击鼠标，喃喃地说着"不，不，我不想组织整理整个数据库，这会花掉 430 万年。"

自 20 世纪 60 年代开始的大量研究发现，通常用户对响应时间的感知被大致分为如下几种[1]。

- 0.1 秒以内，用户认为系统的响应是即刻的。用户会感觉自己在直接操作交互和数据。
- 1 秒左右，用户认为系统是有响应的。用户很可能会注意到延迟，但延迟时间很短，用户的思路还不会被打断。
- 10 秒以内，用户很清楚地注意到系统变慢了，他们会走神，但仍能够维持对程序的注意。这时提供一个进程条很关键。
- 10 秒以后，用户的注意力就不再集中于程序。他们会走神，去取杯咖啡或者跳到其他

---

① Miller, 1968

程序中。理想情况下，如果进程需要这么长时间，那就在线下或者后台执行，从而允许用户继续做其他工作。不管怎样，要向用户明确交待状态和进度，以及剩余时间；而取消机制这时很关键。

动作、时间与过渡

第一台把动作和动画过渡当作用户体验核心元素的计算设备是苹果的麦金塔（Mac）。Mac的窗口从可拖动应用和文件夹图标上弹开，关闭时缩回；单击鼠标时菜单可拉出来，松开鼠标则卷回去。早先 Mac OS 的 Switcher 工具允许用户单击菜单栏的控件改变当前打开的程序。控件使当前应用的屏幕水平向左滑出视野。另一个打开的应用从右侧滑进来，就像旋转木马一样。（有趣的是，这种旋转木马似的应用作为可选项再次出现在 iPad 上了，即四指左/右滑动的手势。）

Mac OS 和 Windows 的后续版本中，增加了更多动画切换，对话框不再突然蹦出来，而是滑动或者弹出。可扩展的抽屉、选项板和面板成了常见的习惯用法，尤其是在专业软件领域。

不过，直到 iPhone 降临，使用动作和动画切换才成为数字产品体验不可或缺的关键部分。动画切换与多点触控手势一致，使移动应用看起来是响应式、沉浸式的，让人几乎忘记屏幕上的弹、捏、转动和滑动只是像素提供的物理幻象。

动作是表达和说明对象之间关系的强大机制。这种机制在移动设备上尤为成功，因为移动设备的空间限制了屏幕能显示的内容。动画切换帮助用户创造一个强烈的心理模型，把呈现在视野里的东西与上一个视图的内容联系起来。动画切换在网络上的使用效果也很好，为导航和状态转变创造了空间感。

尽管大量使用动作和动画很诱人，但必须始终节制、谨慎。过度使用动画不仅有可能让人困惑、恼火，还会让某些人反感。苹果的 iOS 7 就出现了这种情况，可能是因为它新的过分热心的视差效果，以及应用了放大/缩小动画。

交互中采用动作和动画切换，首要目标应该是支持和增强用户的流状态。正如丹·塞弗（Dan Saffer）在其杰作《微交互》（*Micro Interaction*）中所言，动画和切换应该有助于达到以下目标[1]：

- 让用户的注意力集中在合适的地方。
- 展示对象及其动作之间的关系。

---

① Saffer，2012

- 在视图或者对象状态之间的转换中保持背景不变。

- 让人能看到进度或者动作（例如进度条和旋转箭头）。

- 创造虚拟空间，帮助用户实现从一个状态向另一个状态，或者从一个功能向另一个功能的转变。

- 激发融入和进一步操作。

此外，如果设计师创造的交互用到了动作和动画，应该努力实现这些交互品质[1]：

- 短暂、愉快和响应——动画不应该拖慢交互（并因此打断涌流）。动画的时间只应该是完成一个或多个目标所需的时间，在任何情况下不应超过 1 秒，以保持响应。

- 简单、有意义和恰当——在 iOS 7 中，苹果改变了"杀掉"正在运行的应用的方法。之前需要在多任务托盘长按应用图标，等待出现×图标，单击，然后按丰页键退出该模式。（这个动作几乎等同于删除应用。）现在，"往上弹"代表把应用从屏幕清除了。这么做更简单，更让人满足，也适合清除这一功能。（遗憾的是，这个操作方法很难发现，如图 11-10 所示。）

图 11-10　iOS 7 中，要关闭一个应用，弹走代表应用最后一屏的图即可。这比旧方法更加简单，更加让人满足。长按应用则进入"删除模式"。

---

[1] Haase 与 Guy，2010

- 自然和顺滑——过渡动画，特别是对手势界面提供反馈的动画，应该感觉几乎像真实的物理交互一样，模拟（如果不是仿效）迟钝、弹性和重力等动作属性。

动作有节奏时最成功。恰当的时间节奏有助于用户预期接下来出现的东西。时间变动可以用来提示用户背景、状态或模式的变化。这种视觉反馈能够通过使用声音来强化。声音有助于引导用户交互（iOS 上"按"一个按钮），表达用户交互的效果（在 Play Station 3 的主横向菜单中，选择变化时的点击），或者加强过渡（伴随滑动手势的嗖嗖声）。

毫不费力的理想

创建一个成功的产品需要的不只是实现实用的功能，也必须考虑如何编配不同的功能性元素，让用户执行任务像流水一样感觉不到障碍。最好的界面通常不会让用户惊叹它有多漂亮，而是因为能够几乎不会被人注意，毫不费力地使用。

理解流的重要性，精心编配恰当的界面，谨慎地使用动作和过渡，平缓用户从一个状态或模式到另一个的转变，能够让你的应用有毫不费力之感，让人们在你的应用上工作，看起来就像变魔术一般。

第12章

减少工作　消除负担

软件经常包括一些臃肿的交互，要求用户做不必要的工作。界面交互始终需要用户做事情；设计师（或者是其他更重要的人）必须将此种必要负担降至最低，同时还能让用户达到目标。如果设计师和开发者不注意人们为操作技术所需的动作，就会产生繁重的用户体验。用户得费很大力气才能为他们想要执行活动所需的心理模型与设计的产品界面匹配上。

用户与数字产品交互时执行 4 类工作：

- 认知工作——理解产品的行为、文本和组织结构。
- 记忆工作——回忆产品的行为、命令、密码、名称和数据对象与控件的位置，以及对象之间的其他关系。
- 视觉工作——弄清楚眼睛应该从屏幕的哪个位置开始，在其中找到一个对象、解码布局、区分视觉编码的界面元素（如不同颜色的列表项）。
- 肢体工作——按键、移动鼠标、手势（点击、拖动、双击）、在不同输入模式之间切换、导航所需的点击。

如果在数字产品上应用"实现模型"思维，这四类工作很少能降至最低，因为其结果正好相反。因此，用户每次使用软件时，软件实际上都在向用户征收"认知税"和"体力税"，或者说，强迫用户付出认知"负担"（Exercise）和体力上的努力。

在现实世界，无法即刻满足人们目标的强制任务有时是不可避免的。如果某个工作日起晚了，必须尽快赶到办公室，那也得必须先打开车库门，上车，启动，倒车，关上车库门，然后才能向前进入办公室。所有的动作都是为了支持汽车本身，而非让我们更快地到达目的地。

如果有《星际迷航》电影中那样的传送器（Transporter）就好了；拨出目的地坐标，立即把人传送过去。没有车库，没有发动机，没有红绿灯。数字产品就像虚构的传送器，并非必须像现实世界一样在奔赴目标前颇费周折。而"实现模型"设计往往使产品看上去就像现实世界里的汽车一样。

217

目标导向任务 vs. 负担任务

任何大型任务，例如开车去办公室，包含很多较小的任务。这些任务中，有些可以直接实现目标，像驱车前往办公室；而另外一些负担任务则不直接实现目标，代表了额外的工作，可以在我们尝试达到目标之际，满足工具或者外部主体的需求。

在本例中，负担任务很明确。打开车门是为车而不是为自己，车门并不能像油门或者方向盘一样，把我们带到目的地。遇红灯停车来自外界，且也无助于达到我们的真正目标（在这个例子里，红灯停车倒确实帮我们达到一个相关目标：安全抵达办公室）。预热发动机有助于保持汽车驾驶顺畅，但并不能让我们快起来。

软件在目标导向的任务和负担任务之间也存在相当清晰的分界线。像汽车一样，一些软件的负担任务无足轻重，执行起来不需要多大困难；而另外一些软件的负担任务则像补车胎一样令人讨厌，相应可联想到安装软件，还有配置网络、文件备份等。

负担任务的类型

负担任务的问题是我们花在上面的努力并不能直接完成目标。尽可能消除负担任务，即可提高用户效率和生产力，使可用性上升，打造更好的用户体验。

 设计原则

> 尽可能地消除每一种负担。

用户界面中的负担任务是用户对软件产品不满的首要原因。因此，每一个设计者和产品经理都要关注各种形式的交互负担，花时间花精力找到并灭之。

导航负担

在数字产品的功能和特性之间导航基本上也是负担。除了游戏中要成功地通过障碍迷宫的导航，网站和软件的用户被迫做的导航工作基本上与其需求、目标、期望不一致（不过，有些经过优秀设计的导航可以有效地告诉用户可以访问什么，就能更好地符合其目标）。

不必要或者困难的导航是让用户沮丧的一个主要原因。实际上，在我们看来，设计低劣的导航是交互产品（包括移动、桌面、Web 或者其他产品）可用性中最大、最普遍的问题之一。

开发者的实现模型通常在这里向用户展现得最明显。

在软件中导航发生在多个层次：

- 多个屏幕、视图或页面之间。
- 窗口、视图或者网页中的多个窗格或者框架之间。
- 工具、命令或者菜单之间。
- 窗格或者框架中显示的信息之间（例如滚动、平移、放大缩小，以及跟踪链接等）。

我们发现，以更广泛的定义来看待导航比较有用：将用户带到界面全新部分的所有动作，或者要求用户在系统中定位对象、工具或数据的所有动作。当我们开始将这些动作看成导航时，就可以清楚得知它们是负担任务，可将其尽量减少或消除。下面的小节我们将详细讨论每一种导航类型。

多个屏幕、视图或页面之间的导航

在多个视图或者网页之间移动或许是最让用户不知所措的一类导航，因为这类导航严重转移注意力，打断用户工作流，强迫他们进入新的情境。导航到另一新窗口也往往意味初始窗口的部分或所有内容都将隐藏。在桌面应用中，用户需要操心窗口管理，这种负担任务进一步打断了用户工作流；且如果为了实现目标，而用户需要不断地在窗口之间移动，会加深混乱感和挫折感，所以注意力会从手边的工作分散开，工作效率和生产力就会下降。

如果窗口的数目很多，那么用户会完全失去方向感，并会体验到导航创伤（Navigational Trauma）：迷失在界面中。独占姿态应用程序（参见第 9 章）可以通过把所有主要交互放在单独的主视图中，使其包含多个独立窗格以避免这个问题。

窗格之间的导航

窗口或视图可以包括多个窗格：它们相邻，或用分割线（参见第 20 章）隔开，或互相重叠，通过标签来识别。相邻窗格可以解决很多导航问题，因为它们在主工作区或者显示区的屏幕上提供了有用的支持功能、链接或者数据，使导航工作消减为零。如果对象能够在多个窗格之间拖放，那么这些窗格应相邻。

当相邻支持窗格数目太多，或屏幕上的摆放位置与用户的工作流不匹配时，就会出现问题，也将造成视觉杂乱和困惑：用户不知道到哪里查找所需要的内容。同时拥挤迫使滚动，又增一重导航干扰。单屏导航因此成了问题。一些门户网站想要满足所有人的所有需要，就会导致这样的导航问题。

在某些情况下，根据用户的工作流可以使用标签窗格。标签窗格带来了一定导航负担和潜在的方向混乱，因为用户在导航时，窗格盖住了屏幕上之前的内容。但当需要多个文档或者一个文档的多个视图时，这种习惯用法适用于主工作区（例如在微软 Excel 中，参见图 12-1）。

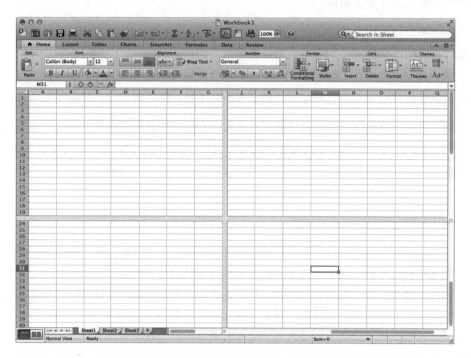

图 12-1　微软 Excel 中采用了标签窗格（在左下方可以看到），让用户在相关的工作表之间导航。Excel 也用分割线画出相邻的窗格，让使用者来浏览单个工作表的多个部分，而无须不断滚动，这两种做法为 Excel 使用者减少了导航负担。

一些开发者用选项卡将复杂的产品功能分为较小的几组，理由是，如果将功能切割成小块，使用起来会更容易。但把单一功能的几部分分别放到单独的窗格中也会增加了负担，而且使用户不易理解，从而失去方向感。

使用选项卡能节省空间且有时必须使用选项卡才能把所需信息和功能放入有限的空间中（设置对话框就是一个经典的例子。我们认为，不会有人喜欢在一个视图下看到一个复杂应用所有的设置项）。不过，在大多数情况下，使用选项卡也会导致严重的导航负担。一个简明的选项卡很难准确地描述选项卡中的内容（不过，必要时选项卡上富视觉无模式反馈能帮上忙——参见第 15 章）。因此使用者常须单击每个选项卡才能找到要找的那条信息或者工具。

如果主工作区有多个不必同时使用的支持窗格，就可以采用选项卡窗格。支持窗格也可以堆叠，用户一次单击即可选择适合其当前任务的窗格。一个经典的例子就是 Adobe Illustrator 中的颜色（Color Mixer）和色板（Swatches Area），如图 12-2 所示。这两个工具都用来选择绘图的颜色，且不能同时使用，用户通常知道哪个工具更符合当前工作的需要。

220

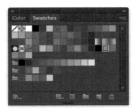

图 12-2　Adobe Illustrator 中的调色板选项卡，用户可以在颜色和色板之间切换，选择颜色时可据情况选用哪个。

工具和菜单之间的导航

另一种重要但被忽视的导航形式是因用户需要使用不同的工具、选项板和功能而产生的。这些元素在窗格或者窗口内的空间组织，对于减少额外的鼠标移动非常重要。无关紧要的鼠标移动会让用户烦恼疲惫，严重时则会导致重复性压力损伤。经常使用的工具及一起使用的工具，应该在空间上组织在一起，随手即可访问。菜单则需用户花更多力气导航，因为在单击之前，看不到内容。经常使用的功能应该以工具栏、选项板及其等效方式来提供。菜单应该用来放那些很少访问到的命令（本章稍后将再次讨论如何组织控件空间，第 18 章深入讨论工具栏）。

Adobe Photoshop 包含的一些行为让人讨厌，强迫用户在多个工具控件之间导航。例如颜料桶（Paint Bucket）和渐变（Gradient）工具都占用了工具栏上同等位置，必须单击控件不放，才能打开一个菜单，如图 12-3 所示。但是，二者都是填充工具，如果二者都频繁使用，最好把它们并排相邻摆放，避免因频繁的工具导航而打断工作流。

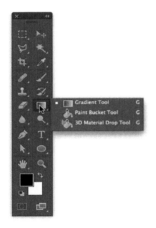

图 12-3　在 Adobe Photoshop 中，颜料桶工具隐藏在工具栏的组合图标按钮（参见第 21 章）中。尽管渐变工具和颜料桶工具都常访问，但需要时只能这样访问菜单。

信息的导航

信息（或者窗格、窗口的内容）的导航有几种方式：滚动（平移）、链接（跳转）、缩放。

前面两种方法很普遍。滚动在大多数软件中广泛应用；链接在 Web 中无广泛应用（不过非 Web 应用越来越多地采用链接）；缩放主要用于 3D 数据和详细的 2D 数据可视化。

滚动虽必要，但应尽可能地减少，并考虑在信息的分页和滚动之间找到平衡。设计师应该了解用户的心理模型和工作流程以确定最合适的选择。

在 2D 可视化及绘图应用中，垂直和水平滚动很常见。此类界面因缩略图使导航更便捷。本章的后面内容将讨论这种技术及其他视觉标志。

链接是 Web 的重要导航范式。但链接易引起视觉混乱，所以必须格外小心使用；可提供视觉和文本的线索来帮助用户导航。

缩放和平移是浏览 2D 和 3D 信息的导航工具，适用于创建 2D 和 3D 绘图、模型，或者探索真实世界 3D 环境（如结构演示或者地形图）。但查看超出二维的任意数据或抽象数据，就力不从心了。一些信息可视化工具使用逻辑而非空间缩放表示"显示对象更多的属性细节"，随着对象视图增大，属性（经常是文本）是叠加在图形上的。如果属性与空间数据密切相连，如谷歌地图使用的空间数据（参见图 12-4），这种技术最能发挥作用。但除了抽象的数据空间，这种交互皆可用相邻窗格来更好地实现，相邻窗格能以更标准、更易读的形式显示所选对象的属性。

图 12-4　谷歌地图应用充分利用了空间和逻辑缩放的组合。用户用手指滑动放大时，交通线路、交通拥堵、街道名称，以及商业地点等地点信息也出现在视野中。缩放用在实物数据空间比抽象数据空间效果更好，如地图。

平移和缩放（尤其是一起使用时）会让用户产生更多导航困难。尽管由于在线地图和易于理解的手势界面的普及，这些问题正在改善，但人们仍可能迷失在虚拟空间中。人们不习惯在没有限制的 3D 空间中移动，而且当 3D 空间投射到 2D 屏幕上时，人们更难感知 3D 空间（更多有关 3D 操控的讨论见第 18 章）。

拟物化负担

我们正在经历一场难以置信的转变：从充斥着机械制品的工业时代走向数字化、信息化对象的时代。人们已经习惯了前一时代的模式和形态，自然会尝试利用这些工具，以描述更加不确定的新时代。正如工业革命的历史所显示的，新科技的成果开始只能用此前的技术语言来描述。例如，铁路机车曾名"铁马"，而汽车就是"无马马车"。但这种比喻和语言歪曲了我们的思维，且其程度之甚远超想象。

人们自然而然地倾向于在新的数字环境中使用旧的表达，这可称为拟物化。拟物化有时有效，因为即便背后的技术不同，但功能是一样的。例如，把打字机打字的过程转换到计算机上处理文字时，可使用机械时代的方式处理同样的任务。打字机使用小小的金属制表键（Tab）来快速移动托架，停留在特定列，此为"制表"或"设定制表"，是科技自然发展的结果。字处理软件也有制表键，功能相同。无论是处理卷在压纸卷筒上的纸，还是视频屏幕上的图像，都需要快速移到特定的边距偏移位。

不过，很多时候机械时代的方法不应该照搬到数字世界中。把熟悉的机械制品带入软件中时，就会遇到问题。这些呈现方式产生了负担，而且毫无必要地限制了交互，新的交互方式本可比旧模式更高效。

机械往往比数字产品更易手工执行。考虑一下简单的联系人列表。如果在屏幕上一模一样，渲染一本装订起来的册子，使用起来就比实体地址簿复杂得多，更不方便、更难用。实体地址簿也按照姓氏的字母顺序存储姓名。但如果想按照某人的名字来查找怎么办？机械制品必须手动一页一页浏览才行。但忠实拟物化的数字版也不能按照名字搜索，而且在计算机屏幕上失去了纸册提供的诸多细微真实的视觉线索（折角、手写笔记）。同时，滚动条、滑动删除以及导航翻找，相比于简单的手翻纸页，也更难使用、更难视觉化、更难理解。

设计师如果盲目依赖拟物化隐喻，就把自己逼进了角落。摆有电话的桌面、复印机、订书机和传真机，抽屉里有文件夹的档案柜这样的视觉隐喻，可以让人们容易理解界面元素与行为的关系。但在用户学会基本用法之后，管理这些隐喻则成了负担中的负担（更多关于视觉隐喻的讨论请参见第 13 章）。

充满拟物化呈现方式的屏幕空间也很拥挤，尤其是对于独占姿态应用（Sovereign Posture

Application）而言很重要。以前让我们对拨号如此着迷的电话，如今已成快速沟通的障碍。

设计师很容易以用户友好的名义陷入拟物化的陷阱。苹果 iOS 的第 4、5、6 版严重拟物化，但似乎在 iOS 7 中终于清理掉了，如图 12-5 所示。

图 12-5　在 iOS 6（左）中，苹果大量使用拟物风格，但在 iOS 7（右）中似乎清理掉了。

模态负担

上一章介绍了流的概念。流指人们和谐地使用工具，进入了生产力极高的状态。流是一种自然状态，人们无须教促即可进入。进入流状态后需要花些力气打破。电话铃声响起打断流，模态错误信息或确认对话框也会。某些中断不可避免，但毫无理由中断用户的流就是愚蠢地停止进程，是一种最具破坏性的负担。

 设计原则

> 不要愚蠢地打断进程。

设计拙劣的软件会做出任何有自尊的人都不会做的断言。例如，软件太蠢而没法在正确的位置找到文件，冒称文件不存在，然后责备用户弄丢了文件！一个程序可能愉快地执行不可能的查询，挂掉系统，迫使用户重启。用户将这样的软件行为视为傻子也合情合理。

错误、通知和确认信息

错误消息和确认消息对话框这两种普遍的负担元素不仅无处不在，而且需要通过大量的工作来根除；第 15 章中将会详细讨论，现在需要指出它们产生的大量负担，尽可能从应用中清除。

典型的模态错误消息没必要出现，要么告诉用户不关心的东西，要么要求用户修复某种理

应由程序修复的情况。图 12-6 是 Adobe Illustrator 在用户想保存文档时显示的错误消息。我们根本不知道它的目的，但看起来很可怕。

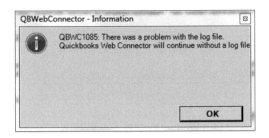

图 12-6　这个丑陋无用的错误消息框擅自停止进度。我们不能核实或识别它想告诉我们什么。除了单击 "OK"按钮承认我们的过失，它也没有给我们其他响应选项。只有在保存文档时这个消息才出现，而我们委托它做的只是一些简单而直观的事情。程序在没有帮助的情况下甚至无法保存一个文件，却不告诉我们它需要什么样的帮助！

消息去中止一个已经很恼人的耗时过程，会使这个过程更漫长。用户告诉程序保存作品以后，却不能去拿一杯咖啡，因为他返回时或许会发现功能没有被执行，程序不加选择而阻塞进程。我们会在第 21 章中讨论如何消除这类错误消息。

图 12-7 展示了另外一个来自微软的 Outlook 的令人沮丧的例子。

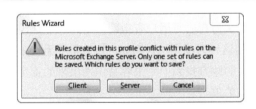

图 12-7　这是一个可怕的确认对话框，愚蠢地中止进程。如果程序足够聪明，能够监测到差异，为什么它自己不能改正错误呢？对话框提供的选项令人惊恐。它告诉我们可以引爆两个盒子中的一个：一个装着垃圾，而另一个装着家里的狗。但程序没有说应该是哪个。如果我们单击 "cancel" 按钮，这又意味着什么呢？它是否仍会炸死你家的狗？

这个对话框在没有提供任何信息，却要求我们做出不可逆转、可能代价高昂的决定！如果对话框在你改变一些规则后出现，是否表示你想要保存更改？如果不这么做，你是否需要多一点信息？比如说，哪些规则存在冲突，哪条最新；单击 "Cancel" 按钮时，我们也不知道会发生什么。是否取消了对话框，规则就不匹配？是否因为放弃最新的更改而导致不匹配？这种糟糕的交互设计令用户产生的恐惧与不确定，毫无必要。我们将在第 21 章中讨论如何改善这种情形。

让用户请求许可

在命令行和基于字符的菜单时代，界面通常间接为用户提供服务。如果想改变一个项目，例如你的地址，必须先获得程序的许可后，程序显示一个屏幕，方可在此修改地址。请求许可纯属负担，遗憾的是，迄今事情也没有太大的改观。如果你想在 Amazon.com 上改变已保存的地址，必须先跳转至另一页面；但如果想改变显示的值，应该直接就能改，而非要到另外一个地方请求许可。

 设计原则

不要让用户请求许可。

正如上一个例子中，很多程序都有一处用于显示输出值（诸如文件名、数值及所选项），另一处接收用户输入。完全复制实现模型把输入和输出当成不同的过程，然而用户的心理模型并不区分这种差异，"这里有一个数字，我只要单击它就可以输入新的数值"。如果程序不能接受这种想法，就毫无必要地在界面中插入了负担。如果用户可以修改选项，那么就能够在程序显示选项的地方修改。

 设计原则

任何输出之处应允许输入。

在某些环境下，请求许可的反面或许有用：不是让程序发出对话框，而是让用户告诉对话框离开，不要再回来。这样一来，即使程序错误地认为自己对用户有帮助，用户也能让没用的对话框停止骚扰自己。微软 Windows 现在大量使用这种习惯用法。例如，如果新手无意中关闭了对话框，不知道如何恢复，那么可以在一个显眼的地方找到一个很容易识别出来的安全习惯用法，如标有"恢复所有已关闭对话框"的帮助菜单项。

视觉负担

用户必须处理屏幕上的视觉信息，例如找到列表的一项，弄明白开始阅读的位置，或区分哪些元素是可点击的，哪些仅仅是装饰。

视觉负担的一大来源是过度使用样式图形和界面元素（参见图 12-8）。视觉样式可营造气氛，强化品牌，但不应牺牲实用性和可用性，强迫用户理解视觉元素来区分控件重要信息和装饰。视觉样式，至少，在效率类而非娱乐类应用上，应该能够清晰传达信息和界面行为。

如何取得平衡，打造高效的视觉界面设计，会在第 17 章进一步讨论。

图 12-8　Blue Bell Creameries 的网站主页就是一个典型的视觉负担例子。文字高度样式化，没有遵循网格布局。用户很难区分装饰与导航元素。与这个网站交互时需要额外的视觉工作。不过，这并不一定是件坏事——适量的此类负担工作有时是一种娱乐（比如游戏和拼图玩具）。

负担取决于情景

在不同情景中，一个人（或人物模型）的目标导向任务可能就成了另一个人的负担任务。一般来说若用户并非自愿而是被迫使用，那就是负担，比如窗口管理。确定像这样的一种功能或者动作是否属于负担的唯一方式是与人物模型的目标做比较。如果一个重要的人物模型必须同时在屏幕上看到两个程序，才能比较或者传输信息，那么配置程序主窗口来让程序分享屏幕空间的功能就不是负担。如果人物模型没有这种具体的目标或者需求，则配置主窗口的工作就是一种负担。

软件姿态不同，负担也有变化。暂态应用程序（Transient Posture Application）的用户往往需要某些指令才能有效地使用产品，所以为此分配一部分屏幕，显然并不像在独占式应用程序中那样构成负担。暂态应用程序并不常用，因此用户需要更多帮助来理解程序的功能，记住如何控制程序。不过，对于独占式应用程序而言，哪怕只有一点点负担，也很烦人。

不过，某些类型的动作几乎始终是负担，不管在什么情况下，都应消灭，如多数原本应由软件处理的（花点设计和工程周期的话）硬件管理任务，任何此类请求都应从用户界面上清除，以后台安静运行的智能程序行为代之。

消灭负担

导航负担是数字产品中最普遍的负担，也是入手点。有很多方法可以改善（消除、减少和加快加速）应用软件、Web 站点设备的导航，如以下所述的方法就很有效，我们将在下面详细讨论。

- 减少目的地的数量。
- 提供导航标志。
- 提供概览。
- 恰当地把控件映射到功能上。
- 避免层级关系。
- 不要复制机械时代的模型。

减少目的地的数量

改善导航的最有效的方法听起来很简单：减少必需导航的地方数量，如模态、表格、对话、页面、窗口和屏幕。如果模态、页面屏幕的数量减至最少，那么用户的方向感将显著增强。对于前面提到的导航而言，这意味着做到如下几点。

- 将页面和视图的数量减至最少。两三个视图全屏窗口对多数人最合适的；对话框，尤其是非模态对话框，也应减至最少。如果程序、网站或应用有几十个不同类型的页面、屏幕和表格，那么导航将很繁杂。
- 尽量限制界面中相邻窗格的数量，能帮用户实现其目标即可。在独占式应用中，3 个窗格很好，但也非绝对。很多应用也需要更多窗格。在网页上，如果导航区域和一个内容区域多于两个，页面会稍显紊乱。平板应用包含两个窗格比较典型。
- 将控件的数目限制到最少，用户能达成其目标即可。通过人物模型了解用户，可远离非用户所求且碍其操作的控件。
- 尽可能减少滚动。同时给支持窗格足够空间显示信息，以避免经常滚屏。二维和三维图表的默认视图和场景应让用户不必过多平移即可确定方向。缩放对于大多数用户来说是最困难的导航类型（不过在移动应用上，用张合手势更直观），所以其使用应该由用户自由决定，而不是必需的。

很多在线商店的导航设计让人迷惑，因为设计师试图用一个同样的网站服务每一个人。如果一个用户常在线买图书，却从不购买音乐，因而该用户的主屏幕页面就应该淡化网站的音乐部分，流出更多的空间用于图书部分，导航也变得更简单；相应地，如果该用户经常访问账户首页，就应该醒目地显示账户按钮（或者标签）。

提供导航标志

除了减少导航地方的数量，还应提供更好的参考点，即导航标志（Signposts），增强用户的定位能力。就像航海员参考海岸线或者星星来航行，用户参考界面上的持久化对象（Persistent Objects）来导航。

桌面世界里，持久对象都包括程序窗口。每个程序都可能有一个顶层主窗口。其窗口的显著特征也可以认为是持久对象：菜单栏、工具栏、其他选项板或者状态栏和标尺。一般来说，界面的每个窗口的独特外观也可以很快被识别。

在 Web 中也有类似的规则。精心设计的 Web 可通过巧妙地利用持久对象使整个购物体验过程保持稳定，尤其是页面顶端的导航栏，不仅提供了清晰的导航选项，而且其持久固定的状态也能帮助用户定位方向（参见图 12-9）。

硬件设备中类似规则也能适用于屏幕，不过硬件控件本身也可作为导航标志——能提供状态视觉或触觉反馈的控件更是如此。如单选按钮在选中时亮灯，即便是拨号盘针的位置，如果与软件集成得当，也能提供导航信息。

有的程序主窗口的内容能轻易被识别（尤其是信息亭和小屏幕设备），有的程序可能为数据提供了一些不同的视图，而整体外观随之而变。但无论如何，桌面应用的不同外观来自菜单、选项板和工具栏的独特组合，因此，菜单和工具栏导航也必须视为导航标志。大量导航标志只要可见即可。不用说，如果删除了导航标志，它们就不能辅助导航了，所以最好使其永久固定（有些 iOS 应用打破了这条规则，用户向下滚动时允许控件卷上去；不过，只要用户稍微反方向滚动，控件立刻出现。这样可使控件在需要时出现）。

让网站的每个页面长相类似，可以保持视觉连贯，但如果太相似也会引起混乱。你当然应该在每个页面上统一使用共同元素，但让不同空间有变化可更好地帮助用户定位。

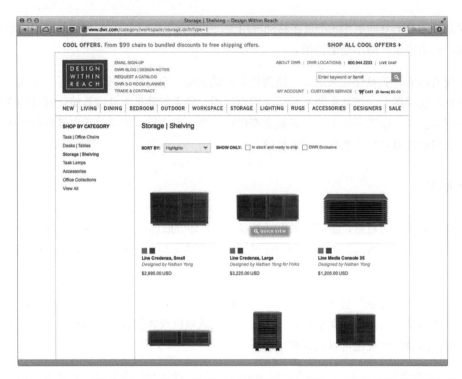

图 12-9　Design Within Reach 网站在其多数网页中使用了很多持久区域，如上方的链接和搜索区域、侧面的浏览工具，这些不仅帮助用户弄清楚可去之处，而且也使用户能有方向感。

菜单

桌面程序中最显著的持久对象是主窗口及其标题和菜单栏。菜单的部分好处来自其可靠性与一致性。程序菜单的意外变动会大幅度降低用户对软件的信任度，无论是菜单项还是单独的菜单。

工具栏

如果程序有工具栏，那么也应将其视为导航标志，因为工具栏是给中级用户使用的习惯用法，而不是为初级用户准备的，因此改变菜单项所带来的问题不适用于工具栏控件。同样是持久对象，删除工具栏也会打乱秩序。虽然允许，但也不应随意提供，应该防止用户偶然触发这种改变。有些程序在工具栏上会设置让工具栏消失的控件！这完全不适合弹射座椅控制杆。

其他界面标志

工具选项板和屏幕上用于显示或编辑数据的固定区域也应将其视为持久对象，因其可简化界面导航。审慎使用空白与易读字体，使标志保持清晰、独特。

提供概览

概览在界面中与导航标志类似，功能都是帮助用户定位。不同的是，概览帮助用户定位内容，而不是在应用中。因此，概览区域本身应该是持久的，其内容取决于正在被浏览的数据。

概览可以是图形，也可以是文本，这取决于具体内容。图形概览的一个绝佳例子是 Adobe Photoshop 中的图形概览，即导览选项板（Navigator Palette），如图 12-10 所示。

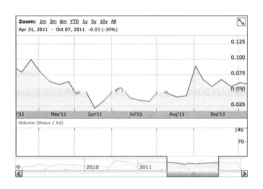

图 12-10 左边 Adobe 在 Photoshop 中充分利用了概览的极佳习惯用法：导览选项板在一个框里提供大图像的缩略图，而轮廓框代表在主要显示中当前可见的图像部分。这个选项板不仅提供了导航背景，而且也可以对主显示进行平移和缩放；右侧 Google 在财经图表工具中，下面的小图像不仅是全局大图，而且还是上面放大区域的上下文。

在 Web 世界里，最常见的概览形式是文本：无处不在的"面包渣"（Bread Crumb）导航（见图 12-11）。大多数"面包渣"提供了导航帮助和导航控件：不仅显示用户于数据结构之中的位置，而且以链接的形式，允许用户移动到不同节点。不过，随着网站由层级结构转向关联结构，这种习惯用法有所减少。

图 12-11 Amazon.com 上典型的"面包渣"。用户可以看到其所在的位置，可以点击路径中的任意节点导航至他处。

最后一个有关概览工具的有趣例子是注释滚动条（Annotated Scrollbar），对文本滚动最有用。这种滚动条巧妙使用文本信息的线性排列来显示位置信息，标出格式化或者非格式化文本选择的位置、高亮，以及其他很多可能属性。当拖动滚动条时，这些项目的位置提示信息就会显现。处于注释时，可以看到文本的注释特性。微软 Word 使用了注释滚动条的变体。滚屏时，在工具提示中会显示页码和距离最近的标题，工具提示在滚动时一直显示，如图 12-12 所示。

图 12-12　微软 Word 2010 软件中的一个注释滚动条，用户在文档中导航时，注释滚动条提供有用的上下文信息。

恰当地把控件映射到功能上

映射（Mapping）描述了控件、它所影响的事物以及预期结果之间的关系。如果控件所影响的对象无法在视觉、空间和符号上产生关联，那么就是糟糕的映射。控件到功能的糟糕映射增加了用户的认知负担，可能导致严重的用户错误。

唐纳德·诺曼提在《设计心理学》中举了一个非数字世界中映射的绝佳例子。任何会做饭的人在用燃气灶时都遇到过这样的麻烦：燃气头旋钮没有恰当映射到其控制的燃气头上。典型的燃气灶（如图 12-13 所示）有 4 个燃气头，每个燃气头占用正方形的一角。不过，控制燃气头的旋钮却在前边的面板上排成一条直线。

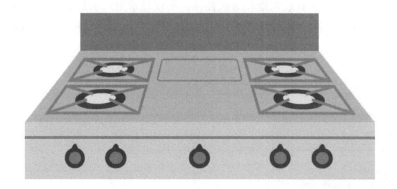

图 12-13　燃气灶控件的糟糕映射。最左边的旋钮控制的是左前燃气头还是左后燃气头？用户每次使用燃气灶时，都得弄清楚映射关系。

在这个例子中，这是一个物理映射问题。使用控件的结果显而易见：当你旋转一个旋钮时，会点燃一个燃气头。不过，控件的目标——即哪个燃气头会被点着——并不清楚。旋转最左边的旋钮点着的是左前方的燃气头，还是左后方燃气头？用户必须通过试验或者参考旋钮下的图标来确定，这种不自然的设计迫使用户在每次使用时都不得不重新确定映射关系。虽然随着时间推移，这种认知工作可能成为习惯；但问题仍然存在，可能会导致用户在匆忙或者注意力不集中时（人们准备饭菜通常会这样）出错。因为拧错了旋钮而感到自己很愚蠢，直到用户意识到自己的错误才发现食物没有加热。最糟糕的情况下，可能会不小心烧到自己，或者点着厨房。

解决方案是调整旋钮的位置，让它们更好地映射对应控制的燃气头。旋钮虽不必按照燃气头放置，但其位置应该清晰指向对应的燃气灶。图 12-14 中的燃气灶就是一种有效的控件映射。

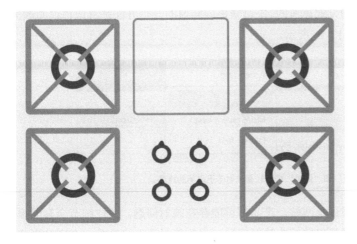

图 12-14　清晰的空间映射。这个燃气灶上，旋钮和燃气头的映射关系非常清晰，因为旋钮的空间布局已将旋钮与燃气头清晰地联系起来。

这种布局可以清楚地看出，左上的旋钮控制着左上的燃气头。每个旋钮的位置都在视觉上清晰指明其所对应的燃气头。诺曼把这种更符合直觉的布局称为"自然映射"。

图 12-15 展示了另一种糟糕映射的例子。在这种情况下，概念到动作的逻辑映射（Logical Mapping）不清晰。

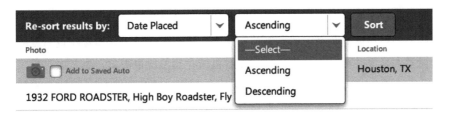

图 12-15　逻辑映射问题的例子。如果用户想首先看到最近的项目，他是选择升序排列，还是降序排列呢？这些术语没有很好地映射用户对时间的认知。

这个网站使用一对下拉菜单按日期对搜索结果排序。第 1 个下拉菜单的选择决定了第 2 个下拉菜单提供的选择。在第 1 个菜单中，选择"结果重排序：按放置时间"时，第 2 个下拉菜单显示升序和降序选项。

不像前面的映射糟糕的燃气灶旋钮，这里控件的目标非常清晰，下拉菜单会影响下面显示的列表。不过，问题在于结果：如果用户选择升序，会得到什么样的排序呢？

用户搞不清楚这些用来表达日期排序的术语，如果想在列表中先看到最近的项目，应该选择哪个。升序和降序没有映射到用户的时间心理模型。人们不是用升序降序的方式看待时间，而是按时间和事件最近和最早的方式思考的。快速修正该问题的一个方法是将选项说明改为"最近优先"和"最早优先"，如图 12-16 所示。

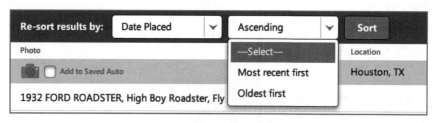

图 12-16　清晰的逻辑映射。"最近"和"最早"可以轻易映射基于时间的排序。

无论是设计家电、桌面应用还是网站，产品都可能存在映射问题。关注细节会有回报。即使没有多少时间做出改变，只要找出并解决映射问题，也就能显著改良产品，令产品更容易理解，用起来令人更愉快。

避免层级关系

层级关系是程序员最常用的工具。程序中大部分数据，以及操作这些数据的代码，都是以层级关系存在的。因此，很多程序员在界面中展现层级关系（实现模型），如早期的菜单就是层级关系。但是用户很难用抽象层次来成功导航，除非层级基于用户的心理模型设计且分类完全互斥。程序员难以理解这一点，因为他们早已习惯了。

大多数人对业务关系和家庭关系中的层级非常熟悉，但是在存储或者检索任意信息的系统中，层级关系对很多人来说并不是那么直观。大多数机械存储系统很简单，要么由对象（如书架）按单一序列组成，要么由一系列序列组成，都只有一层深（就像文件柜）。这种以单层分组事物的方法非常普遍，在家里，在办公室，处处可见。这种方法从来不会超过一个嵌套层次，我们把这种存储范式称为"单层分组"（Monocline Grouping）。

程序员习惯于这样的嵌套系统，一个对象的实例存储在同一对象的另一实例中，但其他人却难以理解。机械世界里，复杂的存储系统必须在每层使用不同的形式，如文件柜不会看到文件夹套文件夹，文件抽屉套文件抽屉。即使在文件柜中放抽屉，抽屉里放文件夹这样不熟悉的嵌套，也很少超过两个层次。当前多数窗口系统采用的桌面隐喻中，可以在文件夹中无限制嵌套文件夹。无怪乎大多数计算机新手初次遇到时会感到困惑。

多数人按照文件的某些共有特征，将其文件（及其他项目）一叠叠或者一摞摞地存放起来。A 文件放在这里，M 项目的文件放在那里，个人资料放在抽屉里。唐纳德·诺曼称之为"堆叠橱柜"（Pile Cabinet）。只有在计算机中，人们才会将 M 项目的文档放在活跃客户文件夹中，而活跃客户文件夹又会存储在客户文件夹里，客户文件夹又存储在业务文件夹内。

计算机科学使我们可以利用层级结构来解决管理大量数据这一现实问题。但在呈现给用户的实现模型（见第 1 章）常使人困惑不解，与用户存储的心理模型冲突。单层分组是几乎主导计算机以外的世界的心理模型并且用户通常会带入软件中。若违背，后果自负。

单层分组系统不适用于物理管理计算机中常见的大量数据，但适用于呈现模型。这个难题的解决方法是，用户怎么设想，就怎么提供结构；如采用单层分组，但提供只有深层组织结构才有的搜索和访问工具。换句话说，与其强迫用户在复杂的深层树状结构中导航，不如给他们工具，让用户找出自己需要的东西。我们将在第 14 章中讨论如何实现这种设计方案。

不要复制机械时代的模型

如前所述，拟物化负担源于在数字界面中原原本本地复制机械时代的动作，因此给导航以及其他方面添加了负担。

值得花点时间重新思考数字化时代之前转换产品和特性的事情。新的数字化版本怎么才能改进、修改，充分利用数字化环境？怎么才能消灭负担，智能起来？

以日历为例。在非数字化世界里，日历由纸张制成，通常一月一页。这是根据纸张、文件夹、公文包和抽屉大小做出的合理折中。

很多软件中都有日历，而且几乎都是一次显示一个月份。即便可以像 Outlook 那样一次显示不止一个月份，也总是每月一块，离散地显示日期。为什么？

纸质日历每次显示一个月的日期，因为受制于纸张大小，而且以一个月为分割点很方便。高分辨率的数字显示器不受此限制，但大多数设计师完全复制，如图 12-17 所示。

在交互屏幕上，日历很容易成为日期、星期月份的连续序列，如图 12-18 所示。如果星期是连续的，而不是按月份打断的，那么 7 月 29 日到 8 月 4 日之间的时间会更容易安排。

235

图 12-17　人们对这些日历再熟悉不过了，使得日历的设计很少考虑这是在屏幕上展示的数字版。日历为了适应堆叠的纸张而没有考虑数字交互。你会如何重新设计数字日历吗？日历哪里有古老的机械时代制品的痕迹？

图 12-18　多数计算机用户，非常熟悉滚动，那为什么不用它替代翻页？这种日历能做任何旧式日历做的事情，还解决了翻页中跨月安排时间的问题。不要习惯性地把过去的限制带到新平台上。你还能想到什么改进？

同样，数字化日历的网格是固定的。为什么日期或星期栏的高度不能像电子表格那样可调整呢？你肯定想调整周末栏的大小，以表明周末比工作日重要；如果你是一名商人，工作周会比假期要求更多的日历空间。这种可调整的习惯用法众所周知——所有电子表格都这样，但机械时代的日历表现形式根深蒂固，很少看到哪款应用有改进。

图 12-17 的设计师可能认为，日历应该像教规一样，不容许改动。出人意料的是，多数时间管理软件内部以连续的方式处理时间（实现模型），仅在用户界面（呈现模型）才渲染成离散月份！

有人可能辩称，一页一月的日历更好，因为容易识别，用户熟悉。不过，新的数字模型并非与旧式纸张模型毫无相似之处，只不过能允许用户做些以前不容易的事情，如跨月安排时间。即便做了重大改进，也不会让人觉得难以适应。

苹果重新设计的 iOS 7 日历却搞砸了。iOS 7 日历以月度视图连续垂直滚动，但设计师却在每月之间加了一条分行，也不支持拖动指定多日事件。

设计原则

重大改变必须显著优秀。

移动设备和桌面上的纸式日历默默见证着机械时代的思维如何影响我们的设计。如果做产品不分析用户目标，软件就会充满负担，停留在机械时代。更好的软件是建立在信息时代的思维方式之上的。

常见的负担陷阱

你应该警惕地发现并清除界面上任何小负担。对于用户来说，没有必要的负担会增加大量额外工作。下面的列表可以帮助你找出它们：

- 不要强迫用户到另外一个窗口去完成与本窗口相关的功能。
- 不要强迫用户记住事物在层级文件系统中的位置。
- 不要强迫用户调整窗口大小。当子窗口在屏幕上弹出时，程序应该为内容调整合适大小。不要大而空，或者太小而需要不停地滚动。
- 不要强迫用户移动窗口。如果桌面上有空间，就应放在那里，而不是堆加在打开程序上。
- 不要强迫用户重新设置。如果用户已设置字符、颜色、缩进、声音，确保用户不需要重做——除非需改变。

- 用户在填充字段时需能有任意完整度。如果用户想忽略一些细节，不要强迫用户输入，假定用户有充足理由不输入。多数情况下，不值得为数据库的完整性骚扰用户。

- 不要强迫用户请求许可，比如输出时不允许输入这一问题。

- 不要让用户确认其动作，这需要具有强大的撤销机制。

- 不要让用户的行为产生错误。

负担是数字产品中可用性和用户满意度最常见也是最恶劣的障碍。不要让它在你的设计或应用程序中抬起丑陋的脑袋！

第13章
隐喻、习惯用法及能供性

本书第一版出版时，界面设计师常常谈论如何找到合适的视觉隐喻和行为隐喻，以此为基础设计界面。苹果推出麦金塔（Macintosh）之后的一二十年，人们普遍认为，在界面上堆满类似于现实世界的对象用户就能轻松学习。结果，设计师创造的界面像办公室一样，有桌子、文件柜、电话机和地址簿；或一叠纸，或带着符号和建筑的街道。

随着 Android、Windows Phone 和 iOS 的降临，我们正式进入了交互设计的后隐喻时代。早期桌面软件和手持设备的拟物化（Skeuomorphism）和过度雕琢的视觉隐喻已成过去。现代设备的用户界面（UI）（以及越来越多的桌面 UI）以内容和数据为中心，把 UI 控件的认知度降至最低。

这种脱离隐喻之势姗姗来迟，如此有充足的理由：严格奉行隐喻设计毫无必要，却把界面死死地与物理世界的运行机制捆绑在一起。数字产品最美妙的一点是，展现给用户的工作模型不必受制于机械的物理限制，或虽受制于机械系统的笨拙，也不必把 3D 现实世界物体映射到 2D 的控件界面。

基于隐喻设计的用户界面还有一大堆其他问题，如没有足够多的隐喻、缩放效果不好、用户能否识别出隐喻有待商榷，特别是在跨文化时。隐喻，尤其是物理隐喻和空间隐喻，在设计大多数数字产品时作用不大。本章我们将讨论放弃隐喻设计的原因，以及替代隐喻设计的现代方法。

界面范式

用户界面的概念和可视化设计中主要有三类范式（Paradigm）：实现中心范式（Implementation-centric）、隐喻范式（Metaphoric）、习惯用法范式（Idiomatic）。实现中心的界面基于对事物工作原理的理解，这本身十分艰巨。隐喻界面基于对事物工作原理的直觉（intuiting）理解，这是有风险的。而采用习惯用法的界面，则基于人们学习如何实现目标的过程，自然且人性化。

交互设计经历了几次转变：从技术（实现）中心到隐喻中心，再到近来的重视习惯用法。尽管三类界面范式皆有使用，但计算机、电话、平板电脑及其他设备上常用的信息中心的现代界面设计仍以习惯用法范式为主。

实现中心范式用户界面

实现中心范式用户界面仍应用广泛，尤其是在企业、医疗和科学软件中。实现中心的软件向我们展示软件流程，赋予每种功能一个按钮，每个代码模块对应一个对话框，命令和流程精确反映内部的数据结构和算法。人们必须首先学习软件内部如何运行，才能成功地理解并使用界面，这意味着用户界面完全建立在实现模型上。

显然这样最容易构建，开发者每写一个功能后贴一块用户界面测试，若如果有些地方工作不正常，也比较容易排查故障。此外，工程师喜欢了解事物的运行方式，所以此种设计让他们心满意足。工程师喜欢看到虚拟的齿轮、控制杆和阀门，因为这可以帮助他们理解机器内部的工作方式。但这些伪制品（Artifact）对用户而言，毫无必要且复杂。工程师也许希望了解内部，但多数用户要么没时间，要么不想了解这些东西。用户没有学习的意愿，只想顺利使用产品，工程师却很难理解这一点。

 设计原则

多数人并不想知道得太多，只想成功地使用产品。

实现中心界面的近亲性值得一提，"组织结构中心"（Org-Chart-Centric），这很常见：某个产品，或者某个网站，不是依用户考虑信息的方式来组织的，而是按照公司或者组织的部门拥有的用户信息来设计的。这样的网站上，每个企业部门通常有一个标签页或者区，且缺乏一致性，没有统一的设计。与实现为中心的产品界面类似，以组织结构图为中心的网站要求用户了解该企业的组织结构后，才能找到他们感兴趣的信息，而用户对组织结构却不感兴趣。

隐喻范式界面

隐喻范式界面（Metaphoric Interfaces）依赖于用户用在真实世界的实际经验在界面上建立视觉与功能之间的联系。由于不必了解软件的运行机制，所以隐喻范式界面与实现中心范式界面相比是一大进步。不过曾在一段时间里，高度隐喻范式界面的力量和效用被夸大了。

当我们在用户界面和交互设计的情境中谈论隐喻时，我们真正指的是能表现某个功能的视觉隐喻：一张可以代表事物目的和特征的图片，而用户可以明白其中含义。因此，隐喻要假设人们能够理解事物，可以小至工具栏按钮上的小图标，大到某些程序的整个屏幕：比如一对剪刀表示"剪切"，或者 Quicken 软件（译者注：Quicken 是一款个人理财软件）中的全尺寸支票簿。

直觉、本能与学习

在计算机行业，尤其是在用户界面设计社区，直觉（Intuitive）一词常表示"易于使用或易于理解"。这个词与隐喻界面密切相关。

我们直觉上理解隐喻，但这到底意味着什么？《韦氏大辞典》这样定义：

直觉 名词　1：敏锐的洞察力　2　a：立即的理解或认知　b：凭直觉获得的知识或信念　c：无须明显地理性思考和推理直接获得知识和感觉的能力。

这个定义并未指出我们是如何通过直觉理解事物的。在现实中，"直觉"没有什么魔法使事物易于使用。不过，人们能理解某些界面，却理解不了另外一些界面，是有原因的。

即便此前没有有意识地学习，某些特定的声音或气味图像也能引起我们的反应。小孩面对一只生气的狗时，即使之前没经过任何学习，也本能地明白露出的牙齿意味着危险。本能是内在的反应，不需要有意识地进行思考。

人机交互时的本能例子包括：屏幕上图像出人意料的变化会让我们受惊；网页上闪动的广告会吸引我们的眼睛；我们对计算机突然发出的噪音或游戏机手柄颤动会有反应。

直觉不同于本能。直觉通过推理（Inference）起作用，我们在完全不同的对象之间建立联系，从相同点学习，但不会被差异分散注意力。我们理解界面隐喻元素的含义，因为心理上会把它们与我们之前学习过的东西联系起来。

例如，人们可以明白如何使用废纸篓，因为曾经学习过如何使用真正的废纸篓，从而让大脑能为数年后建立关系做好准备。人们并未用直觉去理解如何使用最初的废纸篓。这很容易学习。

隐喻界面有效利用了人脑强大的推理能力，但因为这种方法依赖于用户的特殊思维，所以人们可能因为没有建立这种联系所需的语言、学习经历或者推理能力而失效。另外，界面设计的隐喻方式存在其他严重问题，我们很快就会提到。

全局隐喻的暴政

隐喻最大的问题是，把界面与机械时代的制品绑在一起。一个极端例子是用于手持通信器的操作系统 Magic Cap。该操作系统由 General Magic 公司推出，由麦金塔软件专家安迪·赫茨菲尔德（Andy Hertsfeld）和比尔·阿特金森（Bill Atkinson）创建。Magic Cap 的总体概念超前于那个时代，有着非常易用的触屏键盘和地址簿，比 iPhone 早了近 15 年。

遗憾的是，Magic Cap 的界面在方方面面几乎都依赖隐喻。从桌面的收件箱或者笔记本访问信息；（虚拟地）走在过道上，两边排列着代表下一级功能的门；走出来去访问第三方服务，大街上的建筑就代表第三方服务（参见图 13-1）；进入一栋建筑配置服务等等。

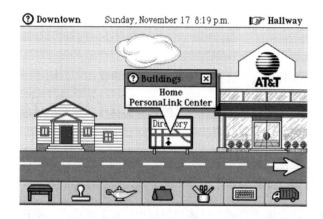

图 13-1　20 世纪 90 年代，用在索尼和摩托罗拉的产品中的 General Magic 的 Magic Cap 界面是隐喻的杰作。界面中的所有导航，以及多数其他界面，皆保持了空间和物理上的映射。设计可能很有趣，但如果用户进入中级水平，就不太方便了。这很可惜，因为某些低层、非隐喻性的数据输入交互尽管设计精良，但非常复杂，远超那个时代。

严重依赖此类隐喻意味着用户虽然可以直接理解软件的基本功能，在此功能以后，隐喻就大大增加了导航成本。用户必须回到街道上才能配置另一项服务，沿着街道往前走进游戏室才能玩 Solitaire。这在现实世界中可能很正常，但在软件里没有道理了。为什么不抛弃这些盲目的隐喻，让用户能够便捷地访问各种功能？后来 General Cap 开发人员打造了一个书签快捷工具，以为权宜之计，但此举收效甚微，也太迟。

General Magic 的界面依赖于所谓的"全局隐喻"（Global Metaphor），一种单一、完全的隐喻，可为系统中的其他隐喻提供框架。用在电子游戏中可能不错，但用在以效率为主的地方则不太好。

全局隐喻的潜在问题是，因为认为其他底层隐喻一致可助于通过联想来认知而难以拒绝地把隐喻延伸到简单的功能认知之外：电话软件也像桌子上的电话机一样，可以用按钮拨号；存储电话号码的地址簿软件就像我们口袋或钱包里的地址簿一样。摆脱这种局限，摆脱工业时代的技术，发挥计算机的真实力量，不是更好吗？为什么通信软件不能发起多重连接，抑或按照组织和附属机构来连接，以及直接隐藏电话号码？

如果亚历山大·格雷厄姆·贝尔（Alexander Graham Bell）能创造出指向照片就能打电话的电话机，肯定异常兴奋，但因为电子电路和电木（Bakelite）制模，他没能做到。如今我们能够用任何喜欢的方式渲染通信界面，显示友人的照片也完全合理。iPhone 之类的现代电话正是这样做的。

隐喻延伸问题的另一个例子就是文件系统及文件夹隐喻。作为组织文件的机制，文件系统易学易懂，因为与文件柜里的物理文件夹很相似；但也因为这样，正如多数隐喻式用户界面一样，文件系统和现实世界的类似物之别可能给用户造成认知问题。例如，在纸张的世界中，没有人会把文件藏 10 层深，让计算机新手很难理解操作系统的导航结构。

实现这种机制也有局限。在纸张世界，不可能把一个文件放在档案柜的不同位置。结果，文件存档是按照单一方式执行的（例如按名称字母顺序或者按账号号码的数字排序）。数字产品天生不受这种限制，但盲从于界面隐喻将严重限制人们按照多种组织方案存档单个文档。

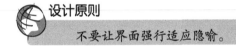

设计原则

不要让界面强行适应隐喻。

正如布伦达·劳雷尔（Brenda Laurel）在《计算机影院》中所言："界面隐喻就像鲁布戈德堡机械[1]（Rube Goldberg machine）一样轰隆隆地往前走，坏了就修修补补接起来，裹了一层又一层补丁，人们已经无法理解，或无法辨认其所指的事物。"在从施乐帕克走出来的种种错误观点中，对全局隐喻的向往可能最让人无力、最令人遗憾。

隐喻的其他局限

当应用到现代信息时代的系统中时，隐喻存在很多局限。首先，隐喻不易调整，即使在一个简单程序的简单过程中，随着程序的规模和复杂性的增加可能会失效。当计算机使用软盘或 20 MB 的硬盘，只有几百个文件时，用大号桌面文件图标作为访问和操控文件的方式很好；但是在硬盘容量达到 TB 级别，文件成千上万后，以文件图标来移动文件就太笨拙，效率不高。

其次，尽管为打印机和文件之类的实物找到视觉隐喻很容易，但为进程、关系、服务、变体找到隐喻却很难，而这些抽象概念在软件中却频繁使用。为改变频道、购买物品、找到参考、

---

① 译者注：一种被设计得过度复杂的机械组合，以迂回曲折的方法去完成一些其实非常简单的工作。

设置格式、改变图片分辨率或执行统计分析找到可用的视觉隐喻就更令人却步了，但这些操作却是我们使用软件执行最频繁的功能。

隐喻依赖于设计者与用户有着相似的联想。如果用户没有和设计者相似的文化背景，就容易导致隐喻失败；但即使文化背景相同或相似，也可能产生明显误解。例如，航班应用上的飞机图片是表示"查看飞机到达信息"还是"预订机票"呢？

最后，虽然隐喻有益于新手理解，但当他们晋升之后，成本就高了。大多数隐喻通过反映物理世界的机制紧紧地把我们的理念和物理世界束缚在一起，永远限制了软件的能力。因此，按照习惯来设计很好，而只在真正合适、切实的隐喻符合语境时使用隐喻的效果才会更好。

例外

一般来说，尽管应该避免使用隐喻和拟物化用户界面，但总有例外情况。电子游戏经常使用仿真的界面，让玩家融入游戏世界。飞行模拟等仿真软件故意使用类似于现实世界飞机的控件。另一类大量使用隐喻界面的软件是音乐创作软件。尽管在鼠标上模拟钢琴键、鼓垫、合成器旋钮、滑块甚至吉他的音柱和琴弦很蠢，但在 iPad 的多点触屏上就不一样了。虚拟乐器表达开始靠拢现实世界，如图 13-2 所示。

图 13-2　Sunrizer 是 iPad 上的一款合成器，和真实的硬件非常相似。在触屏上，因为这与实物的交互如出一辙，所以模拟按钮和滑块对于习惯了实际硬件的用户很有意义。不过，Sunrizer 的创作者并未成为全局隐喻的奴隶，而是按照数字界面的特点做了改进，如在键盘上滑动可显示高低八度音，有效消除了屏幕宽度的限制。

另外，数字合成器也并不完全用隐喻才能成功或有表达力。iPad 上的 TC-11 合成器使用抽象的习惯界面，既独特又极具表达力，如图 13-3 所示。

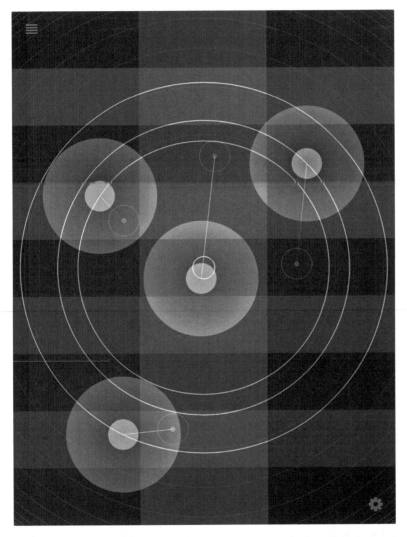

图 13-3　TC-11 采用完全不同的方式创造极具表达力的数字乐器。其用户界面独特、抽象，完全符合习惯，用户必须通过探索用触摸和手势创造的声音和视觉效果来学习。它甚至包括一个复杂的编辑器，用来创建新声音和交互。

随着人们渐渐使用多点触摸显示器代替硬件控制的配件、工具、乐器，有理由预期现实世界的隐喻最终会消失，而由这种经过优化、富含表达力的手势的惯用界面来替代。下一节将讨论创造习惯用法范式界面的意义。

习惯用法范式界面

特德·纳尔逊（Ted Nelson）称习惯用法为"设计原则"。设计习惯用法基于我们学习并使用习惯用法的方式，像"拐弯抹角"（Beat around the bush）或"酷"（Cool）这样的说法一样，并不关注技术或直觉，而是通过学习简单、非隐喻的视觉或者行为习惯用法来完成目标和任务的，从而解决了前面两种界面类型存在的问题。

习惯表达法不会像隐喻那样引起联想。当我们说"Beat around the bush"时，既没有灌木，也没有人在敲打。按习惯来说，东西或酷或火辣，都同样让人渴望。我们明白习惯用语的意思，只是因为已经学过这种用法，这种用法很特别，而不是因为我们头脑中下意识的联想；但是我们能够迅速记住并且使用这些习惯用语，而且能这样做几乎都是下意识的。

如果我们不能直觉理解习惯用法，那么也无法推理。我们的语言充满成语，没有学过，就不会明白。如果有人说"乔叔叔翘辫子了"，即使不对"辫子"或"翘"进行解释，你也知道是什么意思。然而不管怎么排列组合"辫子"和"翘"，你都很难从字面上理解其含义；只有通过阅读上下文，或者有人教授过，你才能知道这句话的含义。你记得辫子、翘和死亡之间的模糊联系，因为人类善于这样记住事物。

人的大脑确实拥有惊人能力来迅速地轻松学习并记忆大量习惯用法，而无须比较已知情形，或是了解其工作方式，或者它们为什么这么工作。学习、记忆很必要，因为多数习惯用法没有丝毫隐喻含义，或即使背后有典故，也因年代久远而失传了。

图形界面大都是习惯用法范式

事实证明，直觉的图形界面中大多数元素都采用了视觉习惯用法。窗口、标题栏、关闭框、屏幕分割条、超链接和下拉菜单都是我们学习过的习惯用法，而不是具有隐喻意义的直觉。OS X 操作系统在移除 FireWire 磁盘之前先用垃圾箱来卸载，纯粹是源自习惯（许多设计师认为这是个糟糕的习惯用法），尽管垃圾箱本身有视觉隐喻。

多数个人计算机使用的鼠标输入设备没有任何隐喻，而是习惯性的。鼠标的物理外观完全没有表明它的目的或用途，与我们的经历也没有任何可借鉴之处，因此学习起来并不靠直觉（即便"鼠标"这个名字也没多大帮助）。

在电影《星际迷航4》（Star Trek IV）中有这样一幕：斯科蒂（Scotty）（23 世纪的优秀工程师）返回 20 世纪的地球，想要使用计算机时，拿起鼠标，放在嘴边，对鼠标说话。这一幕既有趣又让人信服。鼠标不能通过视觉能供性（Affordance）来表明它是定点设备。但只要拿着鼠标在桌面上滑动，就能看到视觉符号和光标在电脑屏幕上移动。鼠标向左，光标就向左；鼠标向前，光标就上移。第一次使用鼠标，就立刻能明白鼠标和光标是联系在一起的。这种感觉很容易学习，也很难忘掉。这就是习惯用法的学习。

多数智能手机和平板电脑上用的现代多点触摸用户界面也是习惯用法（尽管在屏幕上触摸对象来激活用的是直觉，但手势用法必须学习）。随着苹果推广的拟物化日益以扁平和简单图形布局和控件代替，这更是一种习惯用法。如果触屏手势设计得当会比鼠标动作更易学。这是因为，与用光标作为虚拟媒介的鼠标相比，用手指能够更加直接地操控屏幕上的对象。

具有讽刺意义的是，人们历来认为具有隐喻含义的常见图形用户界面元素，实际上是习惯用法。可调窗口与无限嵌套文件夹并不具有实际隐喻含义，因为在现实世界中没有对应的东西。因为这仅仅是习惯用法的学习。

好的习惯用法只需学习一次

在体验实现中心软件过程中形成的条件反射，令人们总认为学习界面很困难。以实现为中心的软件界面之所以难学，是因为你只有理解了软件内部的工作机制，才能有效地使用它们，而我们多数掌握的知识未经理解就学会了，如人脸、社交、态度、优美旋律、品牌名称、房间布置、房间或办公室里的家具等。我们不了解某人的脸为什么长成这样，但我们认识这张脸，因为我们见过这张脸，便自动（容易地）记住了。

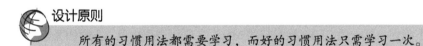

设计原则

所有的习惯用法都需要学习，而好的习惯用法只需学习一次。

关于习惯用法，很关键的一点是，习惯用法虽然必须学习，但很容易学习。好的习惯用法只需学一次。学习 "neat" 或 "politically correct" 或 "the lights are on but nobody's home" 或 "in a pickle" 或 "take the red-eye" 或 "grunge" 等词语是非常容易的，人脑只要听一次就能记住它们。如单选按钮（Radio Button）、关闭框（Close Box）、下拉菜单（Drop-down Menu）和组合框（Combo Box）这样的习惯用法也一样容易学习。

品牌与习惯用法

采用一个简单动作，为其赋予内涵，是市场营销和广告人员非常擅长的。毕竟综合习惯用法是产品品牌的精髓，在这里，企业采用产品或者企业的名称，并赋予它所期望的含义。图 13-4 所示是一个习惯用法符号的例子，它展示了习惯用法符号的力量。

图 13-4　这个习惯用法符号从开始使用就赋予了有别于其他事物的特殊含义。对于 20 世纪五六十年代成长起来的人，这个似乎毫无意义的符号代表核辐射，让他们不寒而栗。视觉习惯用法符号如美国国旗，即便没有更强大的力量，也具与隐喻同等效能。这种力量源自我们如何使用它，以及将其与什么联系在一起，而不是因为它与现实事物的固有联系。

创建习惯用法

图形用户界面发明之初，明显的优越使众多观察者将其成功归于界面的图形本质。虽情理之中，但并不确切。第一代 GUI（如最初的 Mac）之所以表现出色，主要因为利用图形界面特性可设定一系列用户与系统交互的词汇。尤其是，图形用户界面接受的输入信息不再来自毫无限制的命令行，而是来自严格限制的一组鼠标动作。在命令行界面中，用户可以输入语言中的任何字符的组合，几乎有无限多种；而为了正确地输入，用户必须准确地知道程序的期望，必须精确记忆命令行使用的字母与符号，而且字母和符号的顺序也很重要，甚至大小写也不能错。

在现代图形用户界面中，用户能用鼠标光标指向屏幕上的图片或单词。这些选择从用户大脑转移到了屏幕上而无须记忆。用户可以利用鼠标上的按钮进行单击、双击，或单击并拖动。键盘输入数据，但通常不用于输入命令或导航。尽管执行的任务并没有比命令行少多少，但用户输入词汇的原子元素数量从几十个降至 3 个。

交互词汇中的基本元素越多．学习过程所耗费的时间和困难就越多。限制交互词汇数量会降低基本元素层面的表现力。不过，基本元素极易组成大量复杂的交互，就像字母组成单词，单词构造句子一样。

适当结构的交互词汇可以用一个倒金字塔表示。所有易学的交流系统都遵循图 13-5 中的模式。底层为原语（Primitive），语言中的一切由这些原子元素构成。在现代图形用户界面中，这些原语包括鼠标定位、点击、按下键盘上的键；在触摸手势系统中，原子元素由敲击和拖曳构成。

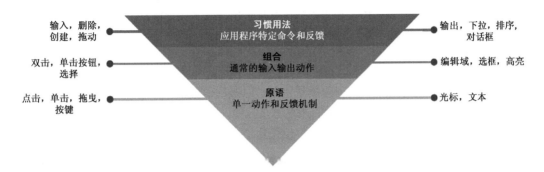

图 13-5　图形用户界面易于使用的主要原因在于推行有限的交互词汇，由指向、单击和拖动这些极少量的原语组成复杂的习惯用法。这些原语构成大量简单的组合词，进而能组合成多种复杂的特殊领域的习惯用法，所有这些都以同样几个易于学习的动作为基础。

中间层的组合用法（Compound）更复杂，通过组合一个或多个原语创建而成。其中包括文本展示这类简单的视觉对象，双击（Double-Clicking）、拖动（Dragging）、滑动（Swiping）、捏（Pinching）等动作，以及表单、链接、按钮、多选框、调整大小控点（Resize Handle）中按钮（Button）、复选框（Check box）等可操控对象。

最上层为习惯用法。习惯用法结合并组织了所考虑的问题的领域知识，包括用户的工作模式和目标，但不是计算机解决方案的信息。一系列习惯用法提供了大量的词汇来表达程序试图解决的问题。在图形用户界面中，包括标签按钮（Labeled button）、字段（Field）、导航条（Navigation Bar）、列表框（List Box）、图标（Icon），甚至成组的字段和控件（Field and Control），或者整个窗格和对话框（Pane and Dialog）。

任何不遵循这种方式的语言都难以学习。计算机以外许多有效的交流系统都有类似的构造。美国街道上的标志牌采用形状和颜色的简单组合：黄色三角形表示警告；红色八角形显示强制；绿色长方形提出通告。

手动能供性

唐纳德 •诺曼（Donald Norman）在其经典著作《设计心理学》（*The Design of Everyday Things*）中，首次提出并定义了能供性（Affordance）："事物所感知的及其实际的属性，主要是那些能决定事物可能如何使用的基本属性。"

这个概念，毫无疑问，对于界面设计必不可少。但就我们的目的而言，该定义忽略了一个关键联系：如何知道这些属性给我们提供了什么？如果看到某个东西就明白如何使用它，这就是这个东西的能供性在起作用，你肯定使用某种方法建立了心理联系。就我们的目的而言，该定义就忽略了这种方法。

因此，我们提议更改诺曼的定义，去掉了"实际的"这个词。如此一来，能供性就成为一个纯粹的认知概念，指我们认为对象能做什么，而不是它实际上能做什么。如果一处居所的大门旁边装着按钮，则其能供性百分之百表明它是门铃。如果我们按下时，却触发了脚下的陷阱，掉进陷阱，就证明它不是门铃，但其能供性仍然是一个门铃。

那么我们怎么会认为它是门铃呢？很简单，因为在复杂而漫长的社交和成长过程中，我们知道了门铃，学会了敲门的礼节，知道门旁按钮的用处。我们知道这类按钮是门铃，是因为看见过周围类似的电子设备，或者因为多年前与父母一起站在门阶上学会了如何进入他人家中。

但是这里还有另一种力量在起作用。如果在没有把握的地方，如汽车的引擎盖上，就很难想象出它有什么作用，但还是能认出这是可以按的对象。因为我们有操控工具的天性，所以能认出来。当看见身边有手指大小的凸起物体东西，就会有冲动去按它们（在 2 岁孩子身上很容易观察到这种行为）。看见长而圆的物体，就会合拢手指想抓住它们。这就是诺曼用"能供性"所要表达的意思。不过，为了清晰起见，我们将这种如何用手操作对象的本能重命名为"人性能供性"（Manual Affordance）。当人工制品明显地打造得适合我们的手或身体时，我们能看出直接操作它们的方法，不需要任何书面说明。事实上根据物体的形状和手的关系来理解如何使用工具，可直接通用到用直觉理解界面。

诺曼详细地讨论了手动能供性如何比文字说明更具有吸引力。他举的一个典型例子是一扇用一个金属杆做把手才能推开的门。金属杆的形状、高度和位置都恰到好处，正适合人用手去抓。门的手动能供性好像在说"拉我"。无论人们多么频繁地使用这扇讨厌的门，总是试图把它拉开，因为能供性太强烈了，不管门上贴了多少"推"的标志，能供性都会使得人们忽略"推"的标志。

手动能供性例子很少。我们用手抓类似把手的东西，如果很小就会用手指捏或推，沿着线条拉，绕着轴转。我们用手或手指推平板。如果在地板上，我们会用脚来推。我们旋转圆形的东西，小的用手指，例如拨号；大一些的用双手，例如操控方向盘。这些手动能供性是多数视觉用户界面设计的基础。

老一些的操作系统，如 Windows 7 和 OS X 设计的小部件依靠阴影和突出显示来使屏幕图像显得更立体。这些所谓的拟物化就跟不上 Android、Windows 8 和 OS Maverick 的形势了，它们出现以类似按钮一样图片的形式提供虚拟手动能供性，就像按钮对我们擅长操控工具的大脑说"来按我"或"滑动我"。近来的扁平化和视觉极简的用户界面，为了视觉上的简化，移除了这些虚拟手动能供性，实际影响到了易用性。

手动能供性的语义学

一个未加修饰的虚拟的手动能供性无法提供对执行之后完成哪些功能的提示。我们看到一个按钮样的东西，但如何才能知道按下它能完成哪些任务？软件和机械对象不同，不可能只通过跟踪虚拟杠杆与其他机械的关系而知道其实际功能，无法检测其因果关系。相反，我们必须依靠补充文本和图片，或者更常用到的是以前的知识和体验。Windows 7 滚动条的能供性清楚地表明它能操作，但能告诉用户其作用的唯一东西是箭头（移动应用中往往没有），信息都藏在箭头的方向中。为了了解滚动条对文档位置的控制，要么有人教过用法，要么通过试验学会。

控件必须有文本或者图标标签来指明其意义。如果控件没有透露出答案，就只能通过亲自体验或培训这两种方法来学习，人们如果不能从本能和直觉中获得任何帮助，就只能依靠经验。

能供性的实现预期

在现实世界里，一个对象做它能做的事是因其物理形态及其与其他物理对象之间的联系而决定的。锯之所以可以锯木头，是因为锯齿锋利，锯身平滑，而且有一个把手；门上的旋钮之所以可以开门是因为它与插销相连。但是在数字世界里，对象之所以可以完成任务，是因为开发者赋予它做某事的能力。通过物理观察，我们可以发现大量关于锯和旋钮如何工作的信息，不会被所见到的现象所蒙蔽。然而在计算机屏幕上，虽然我们可以见到凸起的三维矩形像一个按钮等我们去按，但是并不意味它会被按，可能有其他操作。我们会被欺骗，是因为与现实世界不同，我们在屏幕上所见到的与其背后的功能没有必然的联系。换言之，我们也许不知道锯是如何工作的，甚至因为不能有效地操作它而感到沮丧，但绝不会被它愚弄。它并不会呈现它所不具备的功能。而在计算机屏幕上的按钮却能使我们在不经意间轻易犯错。

当我们在屏幕上渲染一个按钮时，就与用户建立了一个契约。用户按下按钮，按钮在视觉上就会发生变化。用鼠标单击，它会向下凹。进一步，这种契约表明按钮将执行图例中确切说明的某些合理的工作。这听上去显而易见，但令人吃惊的是，有那么多程序提供诱饵式（Bait-and-Switch）的手动能供性。对于按钮，这种情况发生得相对较少，但对于其他控件，这种现象很常见，尤其是在网站上，因为网站缺少能供性，导致很难区分控件、内容和装饰。要确保你的程序兑现它手动能供性所表现的期望。

直接操作与顺从

现代图形用户界面建立在"直接操作"（Direct Manipulation）屏幕上图形对象的概念上：按钮、滑块、菜单及其他功能控件，以及图标和其他数据对象代表。选择和变更屏幕上对象的能力对我们如今的设计而言是基础性的。但究竟什么是直接操作？

1974 年，本·施耐德曼（Ben Shneiderman）创造了词汇"直接操作"，用来描述一种界面设计策略，这种策略由三部分组成：

- 应用所涉及数据对象的视觉呈现。
- 在对象上执行的视觉和手势机制（相对于自由形式的文本命令）。
- 这些动作的即刻可视结果

值得注意的是，其中两点关注的是应用向用户提供的视觉反馈。因为用户在此过程中所看到的重要性可以更精确地称为"视觉操控"（Visual Manipulation），虚拟手动能供性和丰富的视觉反馈都是直接操作界面的设计关键元素。

设计原则

丰富的视觉反馈是成功的直接操作的关键。

没有恰当的视觉反馈所实现的交互，将不会有效创造直接操作的体验。

直接操作的使用

我们可以使用直接操作指向我们想要的东西。要想把对象从 A 移动到 B，就点击并拖动过去。这里的通用原则是设计出更好、更加容易引发"流"的界面，高级直接操作习惯用法更多。

创作工具在这方面做得很好。例如，多数文字处理器让用户通过拖动标尺上的滑块来设置制表符和缩进。有人说："我想要我的段落从这里开始"，应用就计算出距离左边距正好是 1.347

英寸，而不是强迫用户在某个文本框里输入 1.347。

同样，多数艺术和设计工具（例如 Adobe 的 Creative Suite）提供了对对象的高度直接操作（尽管还有很多参数需要点击输入）。谷歌的 Snapseed 照片编辑器是以消费者为中心、多点触屏应用的极好例子，这款应用充分运用了直接操作，它用手势控制数字图片编辑的图形处理参数，而不是用笨拙的滑块或者数字文本字段。

图 13-6 显示了多个控制点可以通过敲击来放置或者选择。这些点能够拖动；也可以在当前选中的点上捏一下来调整应用滤镜的直径，给用户的反馈是一个圆圈，用来显示滤镜应用的强度。水平滑动控制滤镜强度，用围绕点的绿色仪表和屏幕底部的数字刻度来追踪。垂直滑动可以在亮度、对比度和饱和度之间选择。尽管这在手势中融入了很多功能，但使用几下以后就成了人的第二本能，因为有丰富的视觉无状态反馈和操作流，用这些可以调整图像。

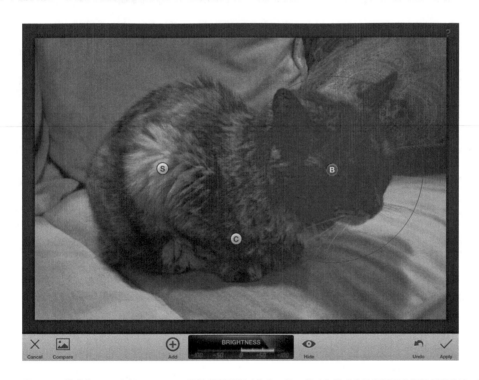

图 13-6　谷歌在 iPad 上的 Snapseed 照片编辑器通过点击、捏、转动和滑动来控制位置和操控视觉效果。除实时预览以外，还提供了数字反馈，但不需要输入文本数字，或者说，实际上根本不允许输入。

直接操作的原则适用于多种情况。如果列表中的项需要重新排序，用户可能想要按字母排序，但也可能想按照个人喜好排列——而这是算法做不到的。用户应该能够直接拖动列表项到自己想要的顺序，而不需要用算法来干扰。

拖放也能免去让用户厌烦地重复使用对话框和菜单。在图 13-7 所示的 Sonos Desktop Controller 中，用户能够直接把歌曲拖进当前播放列表的任何位置；或者拖进任何一个喇叭里，立刻播放，而不用打开菜单来选择选项。

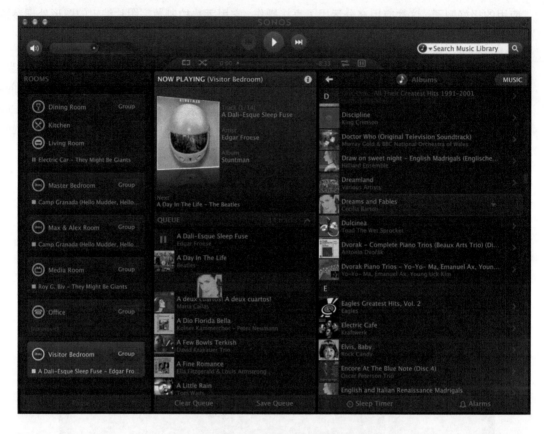

图 13-7　Sonos Desktop Controller 让用户把搜索浏览结果中的歌曲和专辑拖动到播放列表的任何位置，如正在播放区域则立刻播放，或频道的任何频道列表。只需要一个拖放手势即可。类似地，此应用的平板电脑版本也可直接操作音乐。

大家很少看到直接操作界面要求输入复杂的数值数据的情况。通常，界面上会给出数值数据字段或者滑块。对于用图形显示数值数据来直接操作，有一个不错例子是 iPad 上的 Addictive Synth 应用，如图 13-8 所示。这款应用允许用户用手指为音乐合成器绘制波形并设置效果参数，在屏幕上的键盘马上就能弹出音乐。

直接操作简单、直接、易用，也易于记忆。不过，正如我们所讨论的，直接操作的习惯用法正如多数习惯用法一样，首先必须学习。幸运的是，因为这些交互的可见和直接等特质，与现实世界的物体交互很相似，学习这些习惯往往很容易，学会之后也不容易忘记。

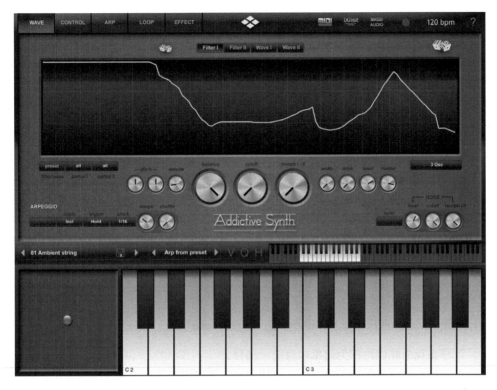

图 13-8　Addictive Synth 是 iPad 上的音乐合成器，允许用户用手指绘制波形和声音效果，实时听到结果。这也是该应用名字的由来。沉浸式体验让人非常满意。

直接操作并不总是合适的

苹果公司在 *Human Interface Style Guide* 一书中这样谈论直接操作："用户希望感觉自己在控制计算机的行为。"iOS 用户界面明确显示出，苹果认为茁壮成长是交互设计的基本信条。另一方面，以用户为中心的设计专家唐纳德·诺曼（2002 年）表示："直接操作、第一人称系统有其缺陷。尽管往往很易用、有趣、吸引人，但用起来经常很难完成好工作任务。这种设计要求用户直接完成任务，而用户可能并不擅长。"我们应该听谁的？

答案当然是，二者都对。直接操作是一个强大的工具，但要求用户发展自己的技能，能有效地完成复杂任务（例如用 CAD 系统设计一架飞机）。很多直接操作习惯用法，即便相对普通，但要求动作协调，有目的感。例如，在 Windows 文件管理器的文件夹之间移动文件也可能是一项很复杂的任务，需要心灵手巧才能完成。在设计直接操作习惯用法时，请谨记这些挑战。某些直接操作往往是好事，但根据人物模型的技巧和使用背景，也可能过犹不及。应该始终考虑人物模型需要手动操控了什么，应用可以辅助做什么，不管是用指南还是提示，或是自动的。

顺从与提示

回到诺曼的能供性概念，关键的一点是在视觉上与用户交流如何直接操作界面元素。我们使用"顺从"（Pliancy）指代对象或者屏幕区域对用户输入及其他操控的响应。例如，能用手指或者鼠标"按动"的按钮控件，就是顺从的。任何可以拖动的物件都是顺从的，电子表格的所有单元格和文字处理文件中的所有字符都是顺从的。

多数情况下，对象是顺从的这一事实应该通过视觉传达给用户。唯一不适用的情况是只想向专家用户呈现丰富、复杂的功能，不关心他们是否有能力学会并使用这款应用程序。在这样的情况下，牺牲原本顺从的屏幕空间和视觉注意力，增强其他用途可能更合适。不要轻易决定使用这种思路。

设计原则

尽可能用视觉表达顺从。

有三种基本方式来向用户表达（或提示）对象的顺从：

● 以静态视觉能供性作为对象本身的一部分。
● 动态地改变对象的视觉能供性，以适应输入焦点或者其他系统时间的变化。
● 就桌面光标设备界面而言，当鼠标经过并与对象交互时，改变其视觉能供性。

静态提示

对象的顺从通过对象本身的静态渲染来传达，就是静态提示。例如，一个按钮控件的三维雕塑效果是一种静态视觉提示，因为它为按下提供了（虚拟）手动能供性。

对于有大量对象和控件的复杂桌面界面而言，静态对象提示有时可能在屏幕上进行不切实际的渲染。如果每样东西都由三维立体感来提供能供性，界面就看起来像个雕塑花园。下一节要讨论的动态提示，为这个问题提供了解决方案。

不过，静态提示非常适用于移动用户界面。移动界面对象少，必须足够大才能让手指去操控，这就为能供性所需要的视觉线索留出了足够的空间。

具有讽刺意义的是，当前移动 UI 的趋势是扁平化和视觉元素简化，简化到了视觉元素仅有文本、单色图标和直线扁平图表和卡片。如此一来，不管是从创造视觉层次，还是从指示顺从和能供性的角度来看，对设计师都是一种挑战。最终结果是，移动界面视觉上虽然变得更加简单，但学习却越来越难。

动态提示

动态提示最常用于桌面应用的用户界面。一般这样工作：光标经过一个顺从的对象，该对象就暂时改变外观，如图 13-9 所示。只要点击鼠标或光标滑过，对象就会改变外观。这种效果通常称为"翻滚"（Rollover）。一个优秀的例子是工具栏上图标按钮（参见第 2 章）的行为：尽管工具栏上没有持久的按钮式能供性，但鼠标经过任何一个图标按钮时，都会出现能供性。结果是控件具备了按钮行为，消灭了不变的能供性，大幅减少了工具栏上的视觉混乱。

图 13-9　左侧的按钮是静态视觉提示的例子：空间渲染指出了它们的"可点击性"。右侧的图标按钮展示了动态视觉提示：尽管第一眼看"斜体"开关没有以按钮的形态出现，但鼠标经过时就变化，因而创造了能供性。

遗憾的是，触屏设备没有动态提示，设计师和用户只能使用顺从状态时的静态提示。

顺从响应提示

如果在控件上长按鼠标右键，或者正在点击控件，桌面应该出现顺从响应提示。控件必须显示已经准备好改变的状态（参见第 18 章）。这一点很重要，却往往被开发者忽略。

一个按钮必须在视觉上从凸起转变到凹下的状态；选择框应该高亮框，而不应仅仅显示选中标志。顺从响应对于调用动作或改变状态的控件来说，是很重要的反馈机制。它让用户知道，一旦松开了鼠标键，就会出现某些动作。顺从响应是取消机制中重要的一环。用户点击按钮，按钮凹下以回应。如果用户在按下的时候移动了鼠标，或者移走了手指，那么屏幕上的按钮就没有激活（与缺少顺从响应一致），回到静止的凸起状态。

光标提示

光标提示是另一种桌面顺从提示的方式。这种方式通过在鼠标经过对象或者屏幕区域时改变光标的外观来传达顺从。例如，如果鼠标经过一个窗口框架，鼠标变成双箭头状态，显示出窗口边缘能够拉伸。这一变化为表明框架可以拉伸提供冒视觉能供性。

最重要的是光标提示可以清楚地向用户指出，一个未经装饰的对象是顺从的。光标提示也经常用来指出，哪种类型的操控动作可以用在一个对象上（例如前面刚刚提到的窗口框架）。

一般来说，控件应该提供静态或动态视觉提示，而顺从（可操控）数据更应该提供光标提示。例如，对于密集的标签化数据，如果不扰乱其清晰的外观，很难从视觉上提示顺从，所以光标提示就是最有效的方法了。有些控件很小，很难像按钮一样被用户发现，光标提示对于这种控件就至关重要。微软 Excel 中的分栏和分屏就是好例子，如图 13-10 所示。

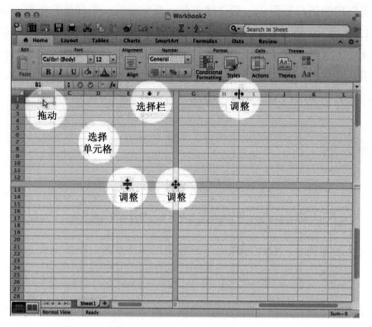

图 13-10　Excel 使用光标提示来高亮数个自身没有显示出顺从的控件。可以拖动每一栏或者行之间短短的竖线来改变栏宽或者行高。鼠标变成双箭头，表明允许拖动。分屏控件也类似。光标经过一个未选中的可编辑单元格时，就变成加号，经过选中的单元格时，显示成可拖动光标。

而触屏用户和设计师则没有这种顺从提示。第 19 章更详细地讨论在设计触屏应用时必须采用的策略，以保证用户知道正在操控哪些控件，以及操控这些控件时能采取哪些动作和手势。

逃脱隐喻的掌控

创建应用时，可能忍不住想回头使用舒服的视觉隐喻，以吸引用户。为避免这种诱惑，只能在少数特殊情境中使用全局隐喻，比如在隐喻是体验不可或缺的一部分的情境时。不要把隐喻当成快速学习或短期舒适的拐杖。

创造容易记忆、恰当有丰富的顺从反馈的习惯用法会提高用户的工作效率，允许用户专注于应用的内融合功能，而不是陷入机械时代的隐喻和交互的桎梏。随着使用时间的延长用户达到中级水平，这样做就是帮了他们大忙。

第14章

重新思考数据输入、
存储与检索

在数字科技的世界中，实现模型思维在数据管理上体现得最明显：输入、存储、检索数据。

你遇到多少次这样的情况：在一组表单中输入信息，却弹出令人迷惑的错误对话框，告诉你输入错误。或许在电话号码中输入了连字符，或许在只能输入名字的地方输入了姓氏和名字，或许不小心在只能输入数字的地方敲了文本。快，呼叫数据警察！

问题还不止于数据输入。如果你曾教过母亲怎么用电脑，应该明白用"困难"形容这个问题是不公平的。刚开始一切顺利：打开文字处理软件，敲入几个句子。她跟得上你，因为跟打字没什么区别。但如果点了关闭按钮，就会弹出对话框"您想要保存更改吗？"这时你和你母亲就一起撞墙了。她看着你问道："这是什么意思？一切正常吗？"你指引着她保存，她又有了一个迫切而困难的问题："文件去哪儿了？我以后怎么找出来？"

或者问题发生在你自己的智能手机上。你想向朋友展示一张漂亮的照片，但是由于长长的缩略图列表，你花在寻找照片上的时间，远远超过分享那一瞬间的价值。

这些问题，都源自软件强迫人们像电脑一样思考。软件迫使人们毫无必要地面对电脑内部的数据输入、存储和检索机制。不仅你母亲有这个问题，即便高级用户也很容易迷惑或犯错误。我们用数千美元购买硬件和软件，只为了接受应用程序的粗鲁质询："您真想保存该文档吗？"真奇怪，我花了一下午做这个文件，当然想要保存了。没错，微软 Office，说的就是你。

本章提供了一套不同的方法来处理数据输入、文件与保存和检索问题，这些方法更符合产品使用者的心理模型。幸好我们不是唯一这么想的人。

重新思考数据输入

在第 8 章中，我们讨论了应该如何设计交互产品，让产品像思虑周全的聪明人一样行动；但产品很难达到在要求用户输入数据时与那位优秀人士等同，同时实现模型思维的某些产物也在阻止人们自然地工作。本章我们将讨论如何用现有方法处理数据输入时出现的问题，以及提供一些方法来让这个过程更加以人性化，而不是专注于数据库的需求。

数据完整 vs. 数据免疫

软件正常工作的关键要求是数据洁净。常言道："垃圾进，垃圾出。"因此，在处理数据出入时，开发者会遵照一条简单的强制规则：绝不让被污染的、不干净的数据进入程序。于是，程序员在用户界面中设立壁垒，以使不良数据无法进入系统，不会破坏通常所说的"数据完整"。

数据完整假定，因为外面信息混乱，所以在任何数据进入计算机前，都要过滤并清洁。软件必须对不良数据保持高度警惕，就好像过境处的海关官员那样，因此所有数据在输入点都要受到检查。在经过严格检查，允许进入程序后，数据就是纯净的。这样做的优点在于，一旦数据进入数据库，代码就不必反复检查数据是否有效或适当。

但这种方法将数据库的需求置于用户需求之前，导致用户每次向计算机输入数据都会受到同等的检查。虽然多数移动或个人生产力软件不会遇到这个问题，如 PowerPoint 不知道或者不关心你是否正确地格式化了数据呈现；但一旦开始大型合作，无论是为企业管理系统输入数据的职员，还是在线购买 DVD 的网民，都将面临这种类似边境巡逻式的检查。

每天在工作中填写大量表格的人明白，他们得到的数据并不能达到软件要求的那样纯净，往往是不完整的，有时甚至是错误的。他们也可能打破表单的严格要求，以加快数据处理来取悦顾客；当遇到一个在这方面完全不灵活的系统时，这些人要么戛然而止，要么必须想办法推翻系统，干完活儿。若软件意识到人类存在的这些事实，用恰当的用户界面直接解决了这些问题，那么每个人都会受益。

除了效率，这个问题的另一面更加有害，等于软件检查数据宣称用户是无关紧要的，软件是无所不能的，用户是为软件工作的，而非相反。这显然不是我们想要用科技创造的世界。我们要让用户感受到权力，要让计算机为我们工作。我们必须回到理想的"数字劳动分工"上：计算机干活，人做决定。

令人高兴的是，很多方法可以保护软件免受不良数据的侵害。程序员不是屏蔽不良数据，而是要让系统不受信息不连贯和中断的影响。这种方法需要创造更加聪明、更加先进的程序，能够处理数据置换，让程序具有某种数据免疫力（Data Immunity）。

要实现数据免疫，软件开发必须三思而行，需要帮助时能够寻求帮助。多数软件先计算数字，而不是检查数据。软件认为，一个数字字段必须包含一个数字，因为数据要保持完整。如果用户输入"nine"，而不是"9"，程序就会呕吐，但阅读表单的人不会眨一下眼。程序在执行计算之前看了一眼数据，就会发现简单的数学公式没法完全有效。

我们设计程序时，必须让程序相信，用户输入的是他所希望的。如果用户希望改正，无须程序反复提出改正要求用户就可以改正。而程序应在其他地方寻求帮助：是否有模块知道如何将字母解释为文本数字？是否有修改历史记录可以解释用户的意图？

如果这些措施都失败了，程序必须为数据添加注释，以使用户检查问题，能找到准确描述发生的事情和程序举措的完整记录。

是的，用户输入"adsf"而不是"9.38"，程序不会得到满意的结果，但是立即停止程序来解决问题也不令人满意。输入过程和结果报告同样重要。如果用户界面设计正确，当用户输入"adsf"时，程序若提供视觉反馈，用户也不大可能输入上百条不良记录。通常，用户只有在程序愚蠢地对待他们时，才会愚蠢地行事。

用户输入不正确的数据时，数据往往接近正确。程序应该提供尽可能多的帮助来纠正。例如，如果用户在两个字母的州代码中输入"TZ"，又添加了城市名"Dallas"，那么就不需要多少智能或者计算资源就能知道如何纠正问题。

处理丢失数据

显然用户不希望遗漏重要数据，而且这也违背系统的功能。如果数据录入人员未能输入发票金额之类的重要数据，就会造成实质问题。不过，如果程序为了指出错误阻止录入员继续工作，就不恰当。把你的程序想象成一辆车。如果汽车发现挡风玻璃清洗器的液体不多了，就锁定方向盘，驾驶员可不会轻易接受。

程序应该更加灵活。用户可能不会立刻访问所有的必填字段，用户的工作流程可能是：先输入手头上的所有信息，然后等到有了其他字段所必需的信息后，回过头再填进去。当然，我们仍想要用户注意到有必填字段的信息缺失，但可以通过丰富的无模态反馈（Rich Modeless Feedback）告诉用户，而不是停止一切工作，只为了用户能知道一些他们可能已经意识到的问题。

以采购员向系统中输入发票为例。采购员以此为生，使用该程序已有数千小时。他对屏幕情况有第六感，所以想要知道自己是否输入了不良数据。如果程序用巧妙的视觉和听觉线索通知他数据输入错误，就能实现最高效率。

程序还应该帮助用户校验，数据条目必须输入有效，如零件号码不会输入进自由文本区域，而可通过提前键入（Type-Ahead）（自动完成）字段或者下拉菜单等有界控件输入。地址和手机号应该更加自然地输入能够解析数据的智能文本字段中。程序应该提供不唐突的无模态来反馈录入员的工作状态。让他自我控制输入，最终减少程序的监督工作。

多数信息处理系统都能容忍信息缺失。缺失的名字、代码、数字或价格几乎总能通过记录中的其他数据重构出来，实在不行也总能询问交易涉及的各方来重构。虽然这样做成本很高，但没有生产力降低或者技术支持中心的成本高。即便缺失信息，信息处理系统也应该能够运行。构建系统的部分开发者或许不喜欢处理缺失数据所需做的额外工作，所以把数据完整性当成不可破坏的法则。结果，无数工作人员必须遵循着防止数据库崩溃的指示，与呆板专横的软件交互。

显然，只为了保护少数几个笨蛋，就把全体工作人员当笨蛋对待，这只会降低所有人的生产力；疏于调整快速、昂贵、易产生错误的人员；降低士气，使想干好的工作人员无意之中犯更多错误，最终自己都认为自己的信息工作不可靠。

数据输入员的老套角色正在迅速消失：坐在锅炉房一样的地方，埋头在一堆纸张中，不用动脑，机械地用键盘穿孔机干活，周围是一群一模一样的录入员，做着一模一样的活儿。数据输入的任务不再是量式式的工作，而更多是一种生产力工作，这种工作由睿智、能干的专家执行；而随着电子商务的普及，数据输入则直接由客户完成了。换言之，与数据输入软件交互的人们越来越不能容忍被当作胸无大志、没有文化、愚钝的苦力。用户不能容忍愚蠢的软件羞辱他们，尤其是如今他们点一个按钮，在网上逛几秒就能找到另一款软件，而这款软件的供应商展示的界面是尊重用户的的情况下。

数据输入和规避机制

如果一套系统太刻板，就不能模拟现实世界的行为。如果一套系统拒绝接受用户的现实情况，即便最终结果是所有字段都有效也毫无用处。数据库重要还是系统试图支持的业务重要？管理数据库的人创建了数据输入程序供给数据库供应数据的人使用，往往只是为 CPU 服务。这是一种重大的利益冲突，只有优秀的交互设计师才能帮忙解决。

在计算机系统中建立规避机制很困难，因为这需要一个更强大的界面。录入员不能将一个文档移到队列顶部，除非队列、文档，以及文档在队列中的位置都显而易见。将电子文档从一堆电子文档中取出，放到最上面必须要有这样的工具，且功能清晰。规避机制还需要确保保存暂停的记录，撤销工具也有类似的需求。更重要的是规避可能会滥用的情况。

避免滥用的最佳策略是用计算机记录用户的动作，以供日后检查（如果有恰当理由的话）。这一策略很简单：让用户做他们想做的，但用计算机详细记录下这些动作，这样可以完整地追查责任并可恢复。

审核与编辑

许多开发者认为，如果用户在输入数据时犯错误，就有责任通知他们。如果应用程序犯错了，一个程序就有责任通知其他程序，但这条规则并非必然可以扩展到用户身上。用户永远是正确的，所以应用程序必须接受用户告诉它的任何内容，不管它知道什么、不知道什么。这与数据免疫的概念类似，因为不管用户输入什么，都应该接受，不管程序认为输入的数据错得多离谱。

这并不意味着程序可以袖手旁观，说："好吧，他不想要救生设备，那就让他淹死。"仅仅因为程序必须假装用户始终是正确的，并不意味着用户实际上总是正确的。人类常常犯错，你的用户也不例外。用户出错可能不是程序的故障，但程序有责任。那么程序又如何修正错误呢？

设计原则

　　出错可能不是程序的问题，但是程序的责任。

应用程序可以提供警告——只要它们不会愚蠢地停止活动即可。如果用户选择做一些可疑的事，那么程序只能接受事实，努力使用户避免伤害，就像一个忠实的向导，必须跟随其客户走进丛林，确保携带必备的绳索和足够的水。

警告应该清楚且无模式地告知用户他们做了什么，就像里程表安静地报告超速一样。不过，程序停止运行就没有道理了，就像开车超过时速 65 公里时，里程表就切断燃油一样没道理。例如，输入字段可以不弹出错误对话框，而是把程序经过计算以后认为可能是错误的用户输入的数据用高亮显示。

如果用户做了一些程序认为不正确的事情，保护用户的最佳方法（除非灾难立刻降临）就是清楚地指出来可能有问题。程序要以不唐突的方式告知用户，最终依靠用户自己的能力解决问题。如果程序跳出来，尝试修正问题，或许就会犯错，扭曲用户意图。此外，这么做未能让用户从中获益，还会使用户未来继续犯错。不过，程序应该记住用户的每个动作，保证每个动作能够明确地撤销，不会损失关联信息，让用户弄清楚程序认为问题出在哪里。实质上，就是要为用户的动作保留一份清晰的审核轨迹。因此就有了这条原则：审核，不要编辑。

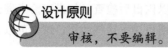

设计原则

审核，不要编辑。

微软的 Word 有一个审核的绝佳例子，当然也有令人厌恶的范例。这个绝佳的例子是实时拼写检查。用户在输入时，红色波浪线标出程序无法识别的文字，如图 14-1 所示。在文字上单击右键，就弹出相近单词菜单供选择。但用户不用改变任何东西，没有被对话框或者其他的愚蠢模态形式所打扰。

图 14-1　微软 Word 中的自动拼写检查会审核拼写错误的单词，用红色波浪线为用户提供无模式的反馈。右击带下画线的单词，打开备选单词表，可以从中选出正确的单词。

另一方面，Word 的"自动更正"（AutoCorrect）功能一开始有点烦人。在你打字时，Word 悄悄地将其认为拼写错误的单词改正过来。这个功能在更正轻微的拼写错误时难以置信的有用。不过，更正没有留下明显的审核轨迹，所以用户往往不知道输入的内容已经更改。如果 Word 能够提供某种标记来指出它已经做了更正就更好了，以免错误地更正内容（例如，如果你正在撰写一篇科技论文，有大量专业术语和首字母缩写词，这种可能性就更高了）。

但是，更恼人的是微软的"自动格式化"（AutoFormat）功能。该功能试图解释用户的行为，如在文本中使用星号和数字，自动地格式化编号列表或其他段落格式。该功能起作用时，看起来就像魔法。但程序经常做错，一旦执行了自动格式化，并不总是有直观的方式来撤销该动作。

自动格式化有点聪明过头，应该留给人去思考。幸运的是，该功能可以关闭，Word 在原位置提供了浮动菜单（In-Place Menu），允许用户打开或关闭自动格式化。

在现实世界中，人们总是填写一部分或者填写得不正确，比如做个笔记，以后再改正，这是经常做的事。如果忘记改正，最终发现问题时依然会改正遗漏。即便从未改正问题，也活得下去。用程序提高数据收集的效率当然合情合理，很多情况下这也符合人们收集数据的目标（谁也不想给一笔昂贵的在线购物输入错误的送货地址）。不过，程序可以设计得更符合人类思考事物的方式。数据完整性的技术目标不应该是丢给用户去解决的问题。

重新思考数据存储

人们在经验中发现，文件系统——在磁盘上存储程序和数据文件的机制——很难使用、难以理解。文件系统是计算机的关键组成部分，出了差错后果严重。多数人不清楚内存和永久存储的区别。不幸的是，我们设计的软件历来强迫用户（甚至你母亲）知道二者的区别，用计算机构造的方式来思考文档。

Web 应用和其他基于数据库的软件流行，让我们有很好的机会抛弃这种计算机文件系统的实现模型思维。如前所述，谷歌在这方面带头，基于云的网络应用能够自动存储，免去了用户的担忧和困惑。

iOS 之类的移动操作系统试图解决这种存储问题，把文件与创建该文件的应用紧密地关联起来。要使用文档，就必须打开创建文档的应用，才能访问文档。文档自动保存，在应用内检索。一旦适应了这种以应用为中心的范式，事情就简单多了——除非需要用其他应用程序来处理该文档。iOS 只对少数几种文档类型打破这种密切关联，例如照片，这时就又回到了在一组容器中寻找所需内容的情形。

数据存储的问题

如你所料，这种交互问题的根源是实现模型。从技术上讲，每一个运行的应用程序其实同时存在于两个地方：内存和磁盘上（或者移动设备的闪存）。每个打开的文档也是如此。目前而言，这是必需的状态。现有技术有不同的机制来响应式地访问数据（动态随机存储器）和存储数据供未来使用（磁盘、闪存）。不过，多数人并不是这么思考的。大多数人的心理模型（除了开发者）认为，我们直接创建和修改的只是单一文档。遗憾的是，多数软件呈现给我们的数据存储实现模型让人迷惑。

保存更改

出现如图 14-2 所示的"保存更改"对话框时，用户忍住一股恐惧和迷惑，习惯性地单击"保存"按钮。如果一个对话框总是得到相同的回答，那就是冗余的，应该消灭掉。

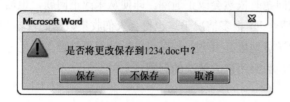

图 14-2　在编辑之后关闭文档时，Word 会问这个问题。这个对话框是程序员将文件系统的实现模型强加到倒霉用户身上的结果。该对话框的出现会让新手感到十分意外，他们常常不小心选择"不保存"按钮。

用户请求关闭或者退出时，程序就启动"保存更改"对话框，因为这时程序要消除内存版本和磁盘版本之间的差异。但多数情况下，询问用户完全没有必要：默认"是"即可。

"保存更改"对话框基于一个糟糕的假设：即保存和不保存是概率相同的行为。即便单击"是"按钮的频率比"否"高出好几个数量级，对话框仍然给予这两个选项同样的权重。正如第 11 章所讨论的，这种情况是混淆了可能性和概率。用户有可能偶尔会说"不保存"，但用户几乎总是会说"保存"。这种情况下妈妈会想："如果我不想保留这些更改，为什么关掉文档时还要留着它们呢？"对她来说，这个问题太荒谬了。

在现实中，很多程序不需要关注文档或者文件管理。苹果的 iPhoto 和 iTunes 软件都提供了丰富易用的功能，使一般用户可以忽略文件存在。在 iTunes 中，可以创建、修改、共享播放列表，可以传到 iPod 中保存多年，尽管用户从未明确地保存文件。类似地，在 iPhoto 中，图像文件从数码相机导出到程序中，可以组织、展示、用邮件发送、打印，用户从不需要考虑文件系统。运行 iOS 和 Android 的设备基本已经消灭了明确保存的概念。

关闭文档但不保存

如果你使用计算机的时间相当长，就会本能地认为，假如修改文档时出了错，或者只是随手摆弄一下，则"关闭"功能是放弃不想要更改的恰当方式。这种观点不对。拒绝更改的时机是在更改时。甚至有个成熟的习惯用法来支持这一点："撤销"功能。这里缺失的是如何不使用"关闭文档但不保存"功能，执行会话级别的撤销（如"还原"功能，只有 Adobe Photoshop 之类的少数软件支持该功能）。

有经验的用户还学会了使用"保存更改"对话框达到类似的目的。由于多数文档很难大规模撤销更改，因此人们（错）用"保存更改"对话框选择"不保存"来达到目的。如果发现自已对错误的文件做了大量修改，就使用对话框当作逃生阀，返回初始状态。这很方便但不合理：如前所述，还能发现更多途径来解决这个问题。

另存为

首次保存某个文档，或从"文件"菜单中选择了"另存为"命令时，很多程序接着显示"另存为"对话框，如图 14-3 所示。

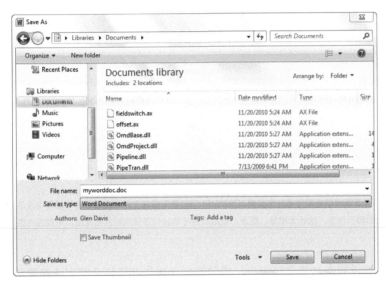

图 14-3　"另存为"对话框提供了两个功能：命名文件和把文件放在你选择的文件夹中。不过，用户没有清晰的保存概念，所以对话框的标题与这些功能的心理模型不匹配。此外，如果对话框允许你命名和保存文件，你可能会期望它允许你重新命名和替换文件。不幸的是，我们的期望被糟糕的设计搞乱了。

从功能上说，这个对话框提供了两个功能：让用户命名文件；选择存放文件的目录。这两个功能都要求用户熟悉文件系统，并且要有相当的远见为日后检索文件做好准备。用户必须知道如何规划一个可以接受、容易记忆的文件名，理解层级文件目录。很多用户擅长起名字，但放弃了理解目录树。他们把文档放在桌面上，或者放在程序默认选择的目录中。偶尔，一些动作导致程序忘记了默认目录，这些用户就必须呼叫专家来查找文件了。

"另存为"对话框需要确定其真实意图是什么。如果是命名和保存文件，那么它的工作就干得很糟糕。用户首次命名和保存文件之后，不创建一份新文档就无法更改文件名或者存放的目录，至少用"另存为"对话框不行，但"另存为"却声称提供了重命名和移动位置的功能。而程序中的其他工具也做不到。实际上，在 Windows 7 中用"另存为"可以重命名其他文件，但不能重命名当前正在使用的文件。嗯？新手就不走运了，但有经验的用户经过一番艰难学习，知道可以关闭文档，打开 Windows 资源管理器，重命名文件，返回程序，在"文件"菜单中调用"打开"对话框，重新打开该文档。

　　强迫用户在资源管理器中重新命名文档并不很困难，但这里有一个隐藏的陷阱。诱饵是，Windows 可以轻易支持多个程序同时运行。用户被这个特性所吸引，试图在资源管理器中重新命名文件，却没有首先关闭应用程序中的文档。这个非常合理的操作触发了陷阱，铁钳子狠狠地夹住了他的腿。用户被如图 14-4 所示的粗暴对话框断然拒绝。试图重命名一个打开的文档是共享冲突，操作系统弹出一个高高在上的错误信息，拒绝了这一操作。

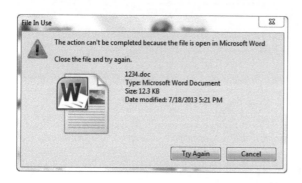

图 14-4　如果用户企图使用资源管理器重新命名一个文件，而 Word 仍然在编辑该文件，资源管理器就蠢得没法克服这个问题，竖起这条高高在上的错误信息，这也太粗暴。新用户被编辑程序和操作系统同时断然拒绝，可能得出结论，文档不能重命名。

　　无辜的使用者只不过想重新命名其文档而已，却发现自己迷失在操作系统晦涩难懂的知识中。讽刺的是，有权威且有责任在运行时改变文档名的程序，连尝试一下都不干。

存档

　　没有明确的功能用来为一份文档创建副本或者存档。用户必须使用"另存为"对话框才能做到，而这么做很容易造成混乱。如果用户已经把文件保存为"Alpha"，就必须明确地调用"另存为"对话框，更改文件名。关闭 Alpha，放到磁盘上，而新 Alpha 还打开着的，等待编辑。从单一文档的角度来看，这一动作几乎毫无意义，还会给用户带来恶心的陷阱。

　　下面这个看似非常合理的场景会带来麻烦：假设用户编辑了 Alpha 文档 20 分钟，现在为了可以对原始文档做些重大但实验性的更改，得在磁盘上复制一份存档。用户调用了"另存为"命令，把文件更名为了"新的 Alpha"。程序把 Alpha 放到磁盘上，让用户继续编辑"新的 Alpha"。但 Alpha 从未被保存，所以写到磁盘上的文档没有过去 20 分钟所做的任何更改！这些更改只存在于"新的 Alpha"副本中，而这个副本正放在内存中，也正在程序中打开着。用户开始剪切粘贴"新的 Alpha"，相信自己的心血已经备份到 Alpha 中，但实际上用户正在更改这份信息的唯一副本。

　　所有人都知道，可以使用锤子来敲螺丝或用钳子砸钉子；但任何技艺娴熟的工匠都知道，用的工具不对，最终会带来麻烦，要么工具坏了，要么活儿干砸了。"另存为"对话框是复制或者管理副本的错误工具，最后用户不得不自己收拾残局。

用统一文件模型修复数据存储

设计合理的软件应该始终把文档当作一件事来处理，而不是磁盘或内存中的一个副本。在这样的"统一文件模型"（Unified File Model）中，用户永远不用被迫面对计算机的内部机制。对在磁盘和内存之间写数据的管理是文件系统的工作。

多数应用的文件管理都有一套既有的标准套件，包括打开、保存、关闭命令，以及相关的另存为、保存更改和打开对话框。正如我们前面讨论的，这些对话框整体上对于一些任务来说非常令人困惑，而对于某些其他的任务则完全无法胜任。按下来的几节将要讨论的是文档管理的另一种方法，可以更好地支持大多数使用者的心理模型。用户可能需要针对文档执行几项目标导向的任务，每一项都有自己对应的功能：

- 自动保存。
- 创建副本。
- 命名和重命名。
- 在文件系统中存放和移动文档。
- 指定文档的格式。
- 还原所做更改。
- 放弃所有更改。
- 生成一个版本。
- 沟通状态。

自动保存

每个计算机用户都必须学习的重要功能之一是如何保存文档。调用该功能意味着接受对计算机内存中的版本所做的任何改变，并写到文档的硬盘版本中。在统一模型中，我们废除了所有让用户辨识这两个版本的界面，这样保存功能完全从主流界面中消失。但是这并不意味着保存功能从程序中消失了，保存仍是一个必要的操作。

设计原则

　　自动保存文档和设置。

程序应该自动保存文档。如果新用户处理完了文档，请求关闭功能，程序应该直接把更改写到磁盘上，不必停下来弹出"保存更改"对话框，询问是否确认保存。

在一个完美的世界里，这就足够了，但是计算机和软件会崩溃，电源可能会断掉，其他不可预测的灾难性事件会凑到一起，抹掉你的工作。如果保存之前断电了，包含文档的内存就会混乱，导致更改丢失。磁盘上的原始数据没有什么问题，但数个小时的工作就泡汤了。为了防止发生这些情况，程序应该在用户与计算机交互期间定期保存文档。理想的情况下，只要用户做出修改（换句话说，每次按键之后），程序就立刻保存。对于大多数程序来说，这是可行的。另一种方法是在内存中追踪小幅改动，经过一定的时间间隔就写到磁盘中。

重要的是，自动保存功能不能影响用户界面的响应。保存要么应该是后台进程，要么在用户与程序停止交互时执行。没有人会连续输入。每个人都会停下来整理思路，或者翻一页，或者喝一口咖啡。程序所需要做的是等待，直到用户有几秒停止了敲键盘，这时就保存。

自动保存对大多数人来说都足够了。不过，长时间使用电脑的人时刻担心崩溃和数据丢失，每输完一段就习惯性地按 Ctrl+S，有时一句话按一次。供这些用户使用的程序应该有手动保存控件，但不应该要求用户调用手动保存。

创建副本

应该有一个功能明确叫作"创建副本"。副本应该和原始文档一模一样，但不应该与原始文档捆绑在一起。也就是说，对原始文档的后继修改不会影响到其副本。名为"Alpha"文档的副本应该自动被赋予一个标准形式的名字，比如"Alpha 副本"。如果名为"Alpha 副本"的文档已经存在，则新的副本应该命名为"Alpha 副本 2"。副本应该和原始文档放在一个目录下，还要在文件名后面加上时间戳或者日期戳。

尽管设想一个对话框来完成该命令很诱人，但不应该打断用户。程序应该悄悄、有效并聪明地采取行动，不应该用"你确定你要创建副本？"这样愚蠢的对话框来打扰用户。如果出现异常，程序应该自行做出权威的建设性决定。

命名和重命名文档

在多数应用程序中，首次保存一个文档时，可以为文件命名。但几乎没有程序让你重命名这个文件。当然，可以"另存为"另一个名字，但这只是用新名字创建了另一个文件，旧文件还是用旧名字，纹丝未动。

文档的名字应该显示在应用程序的标题栏上。如果用户决定重新命名文档，可以单击标题栏，直接在标题栏编辑。还有什么比这更简单、更直接的？OS X 上的 OmniGraffle 是少数几款支持以这种方式重命名的程序之一（参见图 14-5）。

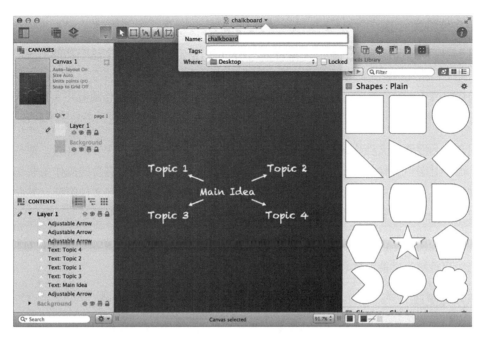

图 14-5　OS X 上的 OmniGraffle 支持重命名。在文档窗口的标题栏点击文件名就会弹出窗口，既可以重命名也可以移动文件。

在文件系统中存放和定位文档

人们使用程序编辑一个文档时，文档已经存在。打开文档比新建文档的频率高很多。这就意味着，文档在文件系统的位置已经确定。尽管在创建或者保存文档的那一刻，我们考虑的是建立主目录，但这些事件在实现模型之外都没多大意义。新文件应该放在合理的地方，方便用户再次找到（例如桌面）。

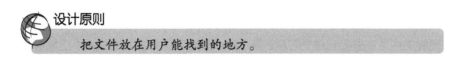

设计原则

　　把文件放在用户能找到的地方。

这个特定的合理存放位置应该取决于用户以及所设计的产品的姿态。对于现在大多数人日常使用的复杂的独占式应用，有时应该定义一个针对这个应用的文档存放位置。但是对于暂时式应用或者使用不太频繁的独占式应用来说，则不要把用户的文件藏在你自己文件系统中设定的特殊角落。

如果用户想把文档保存在其他位置，可以从菜单中调用这个功能。这时弹出"移动"对话框，并且突出显示当前的文档。在这个对话框中，用户能够将文档移动到任何位置。程序自动地将文件移放到该位置，这个对话框仅仅用于把文件移动到其他位置。

271

指定文档格式

在图 14-3 所示对话框的底部有一个组合框，用户可以指定文件的格式，这个功能不应该放在这里。当把文档格式捆绑到保存动作时，就把保存这件事毫无必要地搞复杂了。在 Word 中，如果用户无意中改变了文件格式，不管是保存功能还是接下来的关闭动作都伴随着吓人且出人意料的确认对话框。覆盖文件类型的情况相对很少出现。保存文件则很经常。这两个功能不应该合并。

从用户的角度看，文档格式——无论它是富文本格式、纯文本还是 Word 格式，都是文档的特征，而不是磁盘文件的特征。指定文件的格式不应该和保存文件到磁盘的操作关联起来。它放在文档属性对话框中更合适，在显示文档文件名的地方旁边可以访问文件类型。界面应该给这个对话框构建严重警告信息，让用户清楚该功能可能导致重大数据损失。

对于一些绘图程序，用户期望能够将图像以文件保存为多种格式，"导出"对话框（多数绘图软件已经支持这个功能）比较适合这个功能。

还原所做更改

如果用户无意中更改了文档，必须还原，那么已经有了纠正这种操作的工具：撤销（关于撤销行为的更多信息参见第 15 章）。文件系统不应该作为撤销的代替品来调用，而或许是支持这一功能的机制，但并不意味着应该以这样的说法提供给用户。直接去文件系统中做撤销更改的概念侵蚀了撤销功能。

本节后面要讨论的版本功能展示了如何实现以文件为中心的撤销功能，让撤销与统一文件模型配合良好。

放弃所有更改

尽管这不是最常见的任务，但我们肯定想要允许用户在打开或者创建一份文档后，放弃所有更改，所以必须明确支持这个动作。主菜单上放一个简单的"放弃更改"就足够了，而不是迫使用户理解文件系统来达到这个目标。表达这一概念的类似实用方式是"还原版本"，这个功能基于下一节将要介绍的版本系统。因为放弃所有更改会丢失重要数据，所以应该有清楚的警告标志保护用户，让这个功能相对也比较容易撤销。

创建版本

创建版本命令和复制命令非常类似。不同之处在于，创建版本的这种复制操作由应用来管理，展现给用户的是一个单一的文档实例，还应该清楚地告诉用户，可以返回到每个版本创建时的文档状态。使用者还应该可以看到版本列表，以及每个版本的统计数据，如每个版本记录的时间和大小或长度。点击一下，用户就能选择一个版本，同时也立即选择了该版本为当前活动文档。选择版本时正在操作的那个文档则保存成一个版本。而且，由于现在磁盘空间不是什么稀缺资源，所以有规律地生成版本是有意义的，以防用户自己没有定时创建版本。

新型"文件"菜单

我们的新文件菜单现在看上去类似于图 14-6，下面描述其中的功能。

- 新建（New）和打开（Open）和旧式菜单的一样。
- 关闭（Close）在自动保存更改后关闭文档，不会显示对话框，或其他乱七八糟的东西。
- 重命名/移动（Rename/Move）弹出对话框，用户可以重命名当前的文件，或者移动到另一个目录中。
- 创建副本（Create a Copy）会创建一个当前文档的新副本。
- 打印（Print）把所有和打印有关的控件收集在一个对话框中。
- 创建版本（Create Version）和复制功能类似，只不过程序管理这些副本的方式用"还原版本"菜单项打开一个对话框。
- 放弃更改（Abandon Changes）放弃自打开或者创建以来的所有更改。
- 属性（Properties）打开一个对话框，让用户更改文档类型。
- 退出（Exit）现在就是关闭文档和程序。

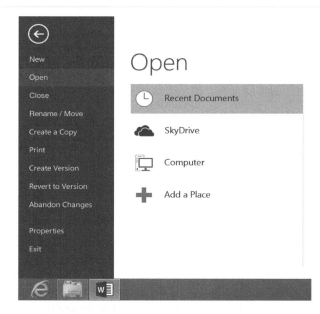

图 14-6　修订后的文件菜单更好地反映了用户的心理模型，而不是程序员的实现模型。用户只拥有一个文件。只要用户愿意，就能跟踪文档副本，或者创建一个副本，可以重命名、放弃所有更改，或更改文件格式。用户不必理解或者担心内存中的版本和磁盘上的版本有什么区别。

文件菜单的新名字

既然我们展示的是统一存储模型，而不是分属硬盘和内存的二元化实现模型，就不再需要把应用程序最左端的菜单称为"文件"菜单。"文件"菜单反映的是实现模型，而不是用户的模型。文件菜单有两个合理的替代方案。

可以根据应用程序处理文档的类型来给菜单加标签，例如，电子表单应用程序可能会将其最左端的菜单命名为"表单"；发票应用程序可以将"文件"菜单改为"发票"。

另一种方法是，可以给左端的菜单加一个更为通用的标签，比如"文档"。这对于字处理软件、表单，以及绘图应用来说是比较合理的，但对于更为专业、特定的程序来说不合适。

相反，少数应用程序确实用文件的形式来呈现磁盘内容，通常是操作系统 Shell 和工具，那就应该用"文件"菜单，因为它们就是把文件当文件对待的。

传递状态

如果文件系统需要告诉用户，某个文件不能更改，因为另一个程序正在使用，文件系统应该向用户指出来。将文件名显示为红色，或者在文件名旁边显示特殊符号，再用工具提示解释一下，就足够了。新用户可能仍会得到出错信息，如图 14-4 所示，但至少有视觉和文本线索可以显示出弹出错误的原因。

在现有的模型中，不仅数据文件有两份，而且程序也分成两份。用户从 Windows 任务栏的"开始"按钮打开字处理程序，任务栏就相应地出现与 Word 对应的按钮。但如果用户返回到"开始"菜单，Word 还在那里！从用户的角度来看，他从工具箱里拿出了锤子，结果发现锤子还在那里。

这种情况可能还不应该改变。毕竟，计算机的优势之一是能够同时运行软件的多个副本。但是软件应该帮助用户理解这种很不直观的动作，例如，"开始"菜单可以指出这个应用已经在运行了。

是时候要改变了

如果你是开发者，可能会在自己的座位上感到局促，可能会认为我们踩踏了圣地：磁盘上保存一份原始版本很重要，我们最好不要提倡消灭它。放松！文件系统的实现没有什么问题。我们只需要把文件系统对用户隐藏起来，仍能向用户提供磁盘上保留额外版本的好处，而不用打破用户的心理模型。

如果我们按照用户的心理模型重塑文件系统的呈现模型，就能实现几个重大优势。首先，所有用户都会变得更有效率。如果用户没有被迫花力气和心思管理他们计算机的文件系统，就能更专注于手头的任务。当然，他们不必因在当代操作系统的版本迷宫中犯了一个小错误，就会重做数个小时的工作。

其次，我们能教会妈妈如何很好地使用计算机，不用向妈妈解释界面无法解释的行为，展示程序，解释如何处理文档。处理完成时，妈妈能把文档存在磁盘上，就像放在书架上的日记一样。我们的解释不会被"保存更改？"这样的对话框打断。妈妈们是数字产品消费者的庞大市场，她们可能拥有、使用计算机和其他设备，但不喜欢、不信任或不能有效地使用这些设备。

最后一点优势是，交互设计师不必在产品中融入混乱的文件系统意识。我们能够按照用户的目标，而不是按照操作系统的需求安排程序中的命令。

有经验的用户在习惯新的用法时，肯定会有初始成本，但远低于你设想的程度。这是因为，这些强大的用户已经通过学习实现模型，展示了能力和宽容。对于他们而言，学些更好的模型没有问题，不会有功能损失。对新用户的好处是即刻而重大的。计算机专业人士在爬上高峰以后，往往忘记了这座山有多高，但每天都有新人来到计算机珠峰的山脚下，备受挫折。只要竭尽所能降低攀爬的高度，就会产生重大影响，这一步将驯服某些最危险的山峰。

重新考虑数据检索

现代世界最惊人的一面是，用笔记本、移动设备上的程序上网所能访问到的信息和媒体数量之庞大。但伴随着无限可能地访问无穷数据的是一个艰难的设计问题：如何才能让人们轻易地找到要找的数据？更重要的是，如何才能让人们找到需要的数据？

幸运的是，这方面已经取得了长足进步：Google 有多种搜索引擎，苹果在 OS X 中有高效的 Spotlight 功能（稍后详谈）。但是，尽管这些解决方案指出了一些有效的交互，但它们实际上只是蜻蜓点水。Google 搜索可能在网络上查找文本、图像或者视频内容时非常有用，但这并不必然意味着同样的交互模式适用于更加精准的检索场景。

就像交互设计中的几乎所有交互问题一样，我们发现酝酿恰当的解决方案必须从彻底理解用户的心理模型和使用场景着手。有了这些信息，就能构建存储和检索系统来实现具体的目的。本章从交互的角度讨论数据检索，展示一些以人为本的方法来解决查找有用信息这个问题。

存储与检索

存储系统（Storage System）是将物品安全储藏在仓库里的方法。存储系统由容器和工具组成，容器负责在存储系统中存取对象。工具是根据某些关联值（如名称、位置或某些内容属性）在仓库里寻找并取回东西的方法。

在物理世界中，存储和检索密不可分地联系在一起。把一个物品放在架子上（存储）的同时也给了我们日后找到它的途径（检索）。在数字世界中，唯一联系这两个概念的是我们不完善的思维。计算机有着异常高级的检索技术，但前提是我们能够突破传统思维。

传统上，数字存储和检索机制基于"文件夹"（Folders）或"目录"（Directory）概念。文件夹的隐喻的确给我们提供了一种有用的方式来访问计算机的存储和检索系统（和存取物理对象差不多）。但正如我们在第 13 章讨论的，这种交互模式的隐喻有局限。最终，仅使用文件夹或者目录作为检索机制要求用户知道某项东西放在哪里，才能找到它。这就很不幸了，因为数字系统有更好的方法来寻找信息，远超过使用机械机制的物理世界。但在我们讨论如何改善检索之前，先简要地讨论一下检索系统如何工作。

物理世界的检索

在家里，如果我们有一本书或者一把锤子，没有必要给它起名字或者提供一个永久存放处。书可以通过名字以外的其他特征识别出来，如颜色或者形状。不过，积累了大量物品需要查找和使用以后，如果组织更有条理会更好。

按位置检索

书和锤子有一个合适的位置放置是很重要的，因为在需要时，我们可以通过位置找到它。我们不能指望吹个口哨，书和锤子就自己跑过来。我们必须知道它们在哪里，然后去那里取。在物理世界里，事物的实际位置意味着找到它的途径。记住把它放在哪里——它的地址——对于找到它，以及放好它便于再次找到都至关重要。例如，想找一个勺子，就到自己放勺子的地方，而不会通过勺子的固有特征来找它。类似地，查找图书时，要么去自己放书的地方，要么猜测它和其他书放在一块。我们不是通过关联来找书的。也就是说，不会通过书的内容来查找。

在这种模型中，存储系统就是检索系统，二者都基于记住位置。存储系统和检索系统密不可分。

276

基于索引的检索

按位置检索听起来非常好，但也有缺陷：受限于人类记忆水平。尽管按位置检索可以用在家里的图书、锤子和汤勺上，但换成国会图书馆（Library of Congress）的藏书就不管用了。

对于图书馆书架上的书报，我们利用一种分类系统来帮助查找所需的资料。采用杜威十进制图书分类法（Dewey Decimal System），或其国际衍生系统——通用十进制分类法（Universal Decimal Classification System），每本书按照主题分配一个唯一的"图书编目号码"（Call Number）。然后按照数字顺序（下一级按照作者的姓氏字母顺序）排序，结果整个图书馆的书便按照主题有序地组织起来了。

唯一遗留的问题是如何找出某本书的编号。当然不会有人会记得每一个号码。解决的方法是用索引（Index），或者一份记录集合，允许人们通过查找图书属性，如名字，来找到图书的位置。

传统的图书馆分类卡片提供了 3 个查找属性：作者、主题和标题。图书进入图书馆系统，标上了书号，然后为每本书创建三张卡片，包括所有细节和杜威十进制编号。每张卡片以作者姓名、主题或者标题开头。这些卡片按字母顺序放在各自的索引中。想找一本书，就找其中一个索引，找到图书编号。然后通过检查标牌，找到与目标编号范围相同的那排书架，书就在这排书架上；再搜索具体书架，按照数字的词汇顺序缩小寻找范围，直到找到所要的那本书。

这样，通过参与到存储系统中，在物理上找到了这本书，但是逻辑上要找到书需要参与到检索系统中。书架和书号是存储系统。卡片索引是检索系统。用一套系统确定所要的书，用另一套系统找到它。在典型的大学或者专业图书馆，读者是不允许进入书库的。作为一个顾客，你只能使用检索系统确定自己想要的书。图书管理员再通过存储系统帮你拿到书。图书的唯一编号是这两个独立系统之间的桥梁。在物理世界中，检索系统和存储系统可能都需要大量劳动。特别是在较旧、没有计算机化的图书馆中，这些都是一成不变的。例如，想要根据收录日期加上第四条索引，对图书馆来说比登天还难。

数字世界的检索

与书籍、书架和卡片构成的物理世界不同，在计算机中添加索引并不困难。具有讽刺意义的是，在一个至少可能轻易实现动态、关联性检索机制的系统中，我们往往除了存储系统，不实现任何检索系统。如果想要找到磁盘上的某个文件，就必须知道文件名和存储位置。就像走进图书馆，烧掉了卡片分类，然后告诉顾客，只要记住书脊上的小编号，就能轻易找到想找的书一样。这是把百分之百的文件检索重担压到了用户的记忆上，而 CPU 却闲置着，在数十亿个无指令操作中摆弄着它的数字拇指。

尽管桌面计算机可以处理上百种不同的索引，但我们忽略了这种能力，经常没有任何指向磁盘存储文件的索引。相反，为了再次找到它们，我们不得不记住文件存放的位置及文件名。这种遗漏是现代软件设计中最具破坏性、最落后的一步。这种失败归因于文件及其存在的组织系统之间相互依赖。而在机械世界中，这种相互依赖是不存在的。

我们创造出的磁盘存储系统本身并没有什么问题。唯一的问题是我们没有能够创造出一套有效的磁盘文件检索系统。相反，我们把存储系统交给用户，称之为"检索系统"。这有点像给了一个人一袋子食品杂货，告诉他这是一顿美味的晚餐。但不必改变文件存储系统。UNIX 模型本身也没有什么问题。应用程序可以很容易记住所用文件的名字和位置，所以检索系统不是给程序用的，而是给人类用户用的。

数字检索方法

在计算机上找到一个文档有 3 种基本方式：可以记住它在文件结构目录中的位置，这是位置检索；可以通过记住它的文件名来找到它，这是标示检索（需要注意这两种方法通常一起使用）；第 3 种方法是关联或基于属性的检索，这是以文档某些固有特性为基础来查找文档。例如，你想找一本有红色封面的书，或一本关于轻轨交通系统的书，或者一本有蒸汽机车图片的书，或者一本提到西奥多·朱达[①]（Theodore Judah）的书，就必须使用关联检索。

位置检索和标示检索结合起来，构成了数字存储系统的基础。不过，多数数字系统没有提供关联式存储方法。无视关联方法，我们也就否决了一切基于属性的搜索，结果就必须依赖人类的记忆力来回忆文档的位置和标示。用户必须知道文档的标题以及存储的位置才能找到它。例如，要找到一份计算了住房贷款分期还款的电子表格，用户必须知道已经将其保存在 Home 目录下，知道电子表格的名字为"amort 1"。如果忘记了任何一点，就很难找到这份文档。

基于属性的检索系统

对于早期的图形用户界面系统，如最初的麦金塔，位置检索系统几乎合情合理：桌面隐喻支配着这套系统（不必使用索引查找桌上的文件），在 144KB 的软盘中也不能存储太多的文件。如今的桌面系统可以轻易地存储多达以前 500 万倍的文档（更不必说一个小小的局域网络即可提供对文件的访问）！但是，我们仍然使用同一套古老的隐喻和检索模型管理数据。我们继续严格按照存储系统的实现模型呈现软件的检索系统。人们无视使用一套系统来查找文件的力量和

---

① 译者注：19 世纪中期美国铁路工程师，设计了太平洋铁路。

易用性，这样的文件查找系统与文件保存系统完全不同。

基于属性的检索系统能够让用户根据文档的内容或者有意义的属性（比如上次编辑过的时间）找到文档。这种系统的目的在于为用户提供一种机制，以便使用者可以按照他们所思考的方式来查找所要的东西。例如，一位女销售员要寻找最近刚刚发给一个名为"Widgetco"的顾客的建议书。这时她就可以告诉系统："请把昨天我编辑、打印过的关于 Widgetco 的 Word 文档显示出来。"

一个设计良好的基于属性的检索系统，还可以让用户按同义词、相关主题或者具体文档的指定属性查找文件。用户可以动态定义具有重叠属性的文档集。再回到刚才那位女销售员的例子中，她给每一个潜在用户都发过建议书，每份建议书都不同，并且会根据相关客户进行分组。不过，这些建议书之间有一定的关联，因为它们都是为同一个功能服务的：建议某种业务关系。如果她可以找到并将所有的计划书收集在一起，同时允许每个计划书保持独立性及其与特定客户的相关性，那会很方便。一个基于位置（单一存储位置）的文件系统必须按照单个属性（客户或者文档类型）存储每份文档，而不能根据多个特征来存储文档。

检索系统只需能够睁大眼睛竖起耳朵，就可以知道许多有关文档的信息。如果某检索系统记住了一部分信息，就不必给用户强加许多负担。例如，它可以轻易地记住下面这些信息：

- 创建文档的用户或者参与写作文档的用户。
- 创建文档的设备。
- 创建文档的应用程序。
- 文档内容与类型。
- 最近一次打开文档的应用程序。
- 文档大小，是否非常大或者非常小。
- 文档是否已经很长时间没有动过了。
- 上次打开文档距离现在多久了。
- 上次编辑时添加或者删除了多少信息。
- 文档是新建的还是复制过来的。
- 文档是否经常编辑。
- 文档是否经常查看但很少编辑。
- 文档是否打印过，在哪里打印的。
- 文档打印的频率，每次打印前是否改动。
- 文档是否发过传真，发给了谁。
- 文档是否发过电子邮件，发给了谁。

苹果电脑 OS X 中的搜索工具 Spotlight 提供了基于属性的有效检索（参见图 14-7）。用户不仅可以按照有意义的属性来查找文件，还可以把这些搜索结果保存为"智能文件夹"。这样用户就可以在一个位置查看与某个特定客户相关的文档，在另一个位置查看所有的建议书（不过还是要花些精力自己辨识每个建议书，因为 Spotlight 还无法做到这一点）。这里我们要提一下，Spotlight 最重要的实用因素之一是它的查找速度飞快。这是它和 Windows 搜索功能的一个重要区别。Spotlight 之所以能做到这一点，是一种有意的技术设计，这使它可以在空闲时间索引内容。

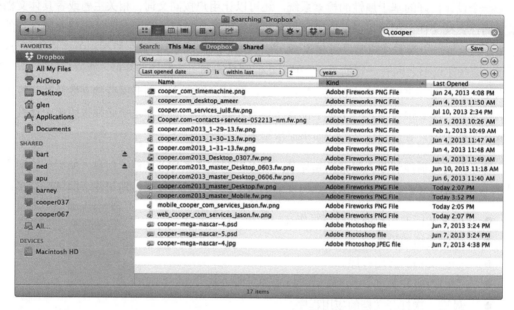

图 14-7　苹果 OS X 上的搜索工具 Spotlight 允许用户根据有意义的属性来查找文件，例如名称、文档类型、上次打开位置。

用户无须事先明确地将文件组织起来，就可以利用基于属性的检索系统来查找文件。但允许用户给文档加标签或者手动指定属性也非常有价值。这可以让用户填补上技术无法识别所有有意义属性的空缺，还能让人们根据讨论和使用信息的方式定义实际的组织方案。通过设置标签实现的检索机制通常也被称为"分众分类法"（Folksonomy），这个词汇是著名的信息架构师托马斯·范德·瓦尔（Thomas Vander Wal）创造出来的。分众分类法在社交和合作场合下非常有用。如果强迫所有人遵循一套受控的词汇或者用这套词汇思考，会不受欢迎或不切实际，分众分类法就是全局定义的分类法（Taxonomy）的替代品。使用标签来促进信息检索的优秀例子有 Flickr、del.icio.us，以及非常流行的社交分享应用 Twitter（参见图 14-8）。

图 14-8　Twitter 的标签已经成了主流文化的一部分，这是分众分类法被普遍采用的经典案例。

关系数据库 vs. 数字汤

使用数据库技术软件对用户有两个简单的要求。首先，用户必须预先定义数据形式；其次，用户必须遵守该定义。使用软件的人类用户还有两个事实：首先，用户很少能提前表达自己想要什么；其次，即使能表达具体需求，也会经常改变主意。

组织难以组织的事物

生活在互联网时代，我们越来越频繁地发现，信息系统无法通过关系数据库的检测。我们既不能提前定义信息，也不能可靠地坚持所设想的定义。特别是互联网中两个最常见的组成部分更凸显了这种两难的境地。

首先，考虑一下电子邮件。数据库中的每个记录有特定的标志，因此属于相同类型的对象表。而电子邮件信息不能很好地套用这个范式。我们可以将电子邮件分成接收和发送两类，但这没有什么帮助。如果你收到一封来自 Jerry 的邮件，是关于 Sally 的，讨论了 Ajax 计划，而且该计划又与 Jones Consulting 公司和你在董事会的联合陈述相关。你可以将它保存在 Jerry 文件夹或者 Sally 文件夹或者 Ajax 文件夹中，但是你真正想做的是将它保存在所有的文件夹中。在 6 个月之内，你可能因为无数无法预料的原因要找到这条消息，无论原因是什么，你都希望能够找到它。

其次，考虑一下 Web。Web 就像一个无限、混乱、冗余、无人监管的硬盘一样，毫无结构可言。互联网上有大量的信息，但是因为其数量庞大，多种多样，根本没法利用任何常规系统。即使 Web 可以被组织起来，这种方法可能也只存在于外部，因为它的内容属于上百万个体所有，谁都不隶属于任何权威机构。和数据库中的记录不同，我们不能指望在互联网上找到预先设置好的信息。

数据库的问题

数据库还有一个问题：所有数据库记录都是单一、预定义的类型，一种记录类型的所有实例被组织在一起。一条记录可能代表一个发票或者一个客户，但是不能既代表发票又代表客户。同样，记录内的字段可能是一个名字或者一个社会保险号码，但不可能既是一个名字，又是一个社会保险号码。这是所有数据库的一个基本概念，其主要目的是允许我们在存储系统中加上秩序。不幸的是，它不能解决我们的电子邮件检索问题。来自 Jerry 的电子邮件是"电子邮件"记录类型，这是不够的。我们必须同时可以将它标示为"Jerry"、"Sally"、"Ajax"、"Jones Consulting"或者"董事会"类型的记录。我们还必须能够随意添加或者改变它的标示，甚至在记录已经存储之后。再者，一个"Ajax"类型的记录可能是指文档，如一个项目计划，而不是电子邮件信息。因为记录格式是不可预测的，所以标示 Ajax 记录的值不能可靠地保存在记录中。这与数据库的工作机制直接矛盾。

数据库确实提供了检索工具，能够比简单地匹配记录类型好一点。数据库可以让人们通过检查内容和匹配搜索条件来查找和提取记录。例如，我们查找发票号"77329"，或者查找带有标示字符串"Goodyear Tire and Rubber"的客户。但是，这仍然不能解决电子邮件问题。如果允许用户在信息记录中输入关键词"Jerry"、"Sally"、"Ajax"、"Jones Consulting"和"董事会"，那就必须提前定义这些字段。但是正如前面提到的，提前定义不能保证用户后来会遵守这个定义，例如，他可能正在寻找有关公司野餐的消息。另外，添加一系列的关键词字段会引发数据处理中最基本的常见困境：如果给用户 10 个字段，那么必然有人会想要 11 个。

基于属性的替代方案

那么，如果关系数据库技术不合适，什么合适？如果用户发现很难像数据库要求的那样提前定义信息，是否存在可行的存储和检索系统的替代方案呢？

这里的关键还是分离存储系统和检索系统。如果将索引作为检索系统使用，那么存储技术仍然是数据库。我们可以把存储功能设想成一种数字汤（digital soup），所有记录都可以放进去。这种数字汤能够接收丢进去的任何记录，无论大小、长度、类型或者内容。无论什么时候输入记录，程序都将返回一个用于检索记录的令牌。我们所要做的是亮出令牌，数字汤立即返回记录。不过这只是存储系统，还需要一个检索系统管理令牌。

基于属性的检索系统就是救星：我们可以创建一个索引，存储一个键值和令牌的副本。然而真正神奇的是，能够创建无限数量的索引，每一个代表它自己的键，包含一个令牌副本。例如，如果数字汤包含所有的电子邮件信息，那么可以为每个老朋友建立一个索引："Jerry"、"Sally"、"Ajax"、"Jones Consulting" 和 "董事会"。现在，当你需要找到关于董事会的电子邮件时，不需要在成打的文件夹中乏味地手动翻找。相反，只要一个查询就会找到需要的所有信息。

当然，某人或者某物必须填充这些索引，但在交互设计中这是家常便饭。这时需要考虑两个组成部分：首先，系统必须能够阅读电子邮件消息，自动提取和索引信息，如恰当的名字、网址、街道地址、电话号码和其他重要数据；其次，系统必须让用户非常容易地添加特殊的消息指针。用户指定某些值与特定的电子邮件信息相关，无论这个值是否是从消息中一字不差地引用的。输入是可以的，但是从备选列表中选择、点击拖放，以及其他更高级的用户界面习惯用法可以使任务更轻松。

如果存储系统重要性下降，检索系统从存储系统分离出来并且大幅增强，那么将会有很大的好处。某些形式的数字汤可以帮助我们控制日常生活中出现的越来越多的不可预料的信息。我们可以为用户提供功能强大的信息管理工具，而不需要用户提前配置信息或者在将来遵守配置。毕竟用户做不到，所以又何必坚持？

受限的自然语言输出

本章已经讨论了基于属性的检索系统的优点。这类信息要真正成功，需要一个前端让用户非常容易地理解复杂且相互关联的属性集。

一种替代方案是使用自然语言处理，用户可以用英语键入他的请求。这种方法的问题是，当前普通计算机在多数商务条件下，仍不能有效地理解自然语言查询。因此在实验室中，或者在严格控制词汇和句法的真实世界的某些具体领域中，它可能工作得不错；但在消费世界中不行，因为语言有突发奇想、方言、口语、歧义等。在任何情况下，编写自然语言识别引擎程序均超出了普通开发团队的能力和预算。

还有另一种更加优秀的方法，我们称之为"受限的自然语言输出"，目前已成功地运用在大量项目中。使用这种技术，程序为用户提供一系列有限控件，让用户从中选择。控件整队排列，它们读起来像一个英语句子。用户从有效的选项列表中选择，这种设计在本质上是一个自我建档的有限查询机制。图 14-9 展示了这一技术的工作原理。

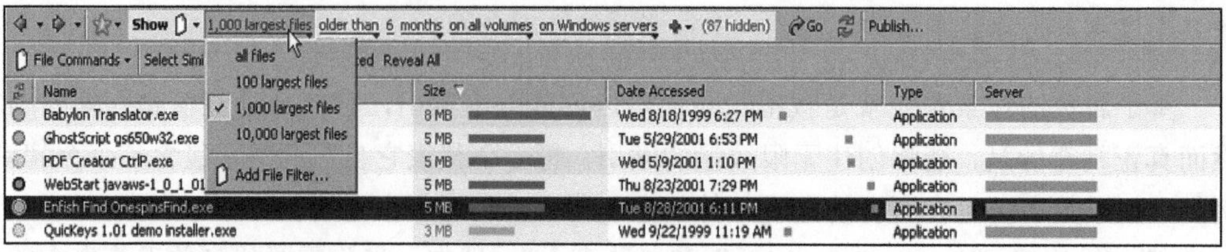

图 14-9　基于属性的检索引擎中受限自然语言输出界面的一个例子。它是 Cooper 为 Softek 公司的 Storage Manager 设计软件的一部分。在数据库查询中，这些控件产生的自然语言作为输出，而不是试图接受自然语言作为输入。当单击每个带下画线的短语时，程序都会提供一个下拉菜单，它带有一个可选择的选项列表。用户从一系列动态的选择中构造一个句子，总能保证得到一个有效的结果。

一个自然语言输出界面也有助于表达从查询到普通旧式关系数据库的一切。用通常的方式查询数据库对多数人来说很困难，因为数据库查询需要使用布尔标记符号，以及晦涩的数据库句法，即 SQL。

英语不是布尔代数，所以英语句子不是用 AND 或者 OR 连接起来的，而是使用像"以下均适用"或者"以下并非全部适用"之类的英语短语。用户在这些短语中进行选择会很容易，因为它们非常清楚而且有限，用户可以像阅读句子一样检查选择是否有效。

从开发角度来说，自然语言输出最棘手的部分是，在很多情况下，从左侧的控件中选择以级联的形式改变了右侧控件的内容。这意味着为了有效地实现自然语言输出，选择的语法必须提前映射好。而且，控件必须根据其他控件中选择的内容动态地改变或者隐藏。最后，控件本身必须能够显示数据，或者至少能够动态地加载数据。

另一个关注点是本地化。如果为多种语言设计，词序迥异的语言（如德语和英语）可能会需要不同的语法映射。

基于属性的检索引擎和自然语言输出界面两者都需要设计和编程上的巨大努力，但用户在管理数据的效能和灵活性方面会获得极大的好处。因为我们管理的数据以指数增长，所以现在只要管理数据，就值得给更加强大、目标导向的工具投资。

第 15 章

防止错误　通知决定

数字革命早期，对话框和消息在软件应用的图形界面中占据着很大比例，告诉用户他们做错了什么，或者警告用户，计算机或软件由于实际或臆想的技术限制，无法处理你的请求。《交互设计精髓》第 1 版就是那个时期发行的，如你所料，当时第 1 版对这种状态提出了诸多批评。

如今，由于计算、存储和通信速度增加了不知道几个数量级，先进的编程工具和技术同样有长足进步，这两类错误信息中的第二类基本没有了。

而第一类错误信息，责备用户犯错误，也已经开始消失（至少在消费者和移动应用程序领域）。设计者发现了更好的方法以防患于未然，允许用户进行撤销操作，此外还赋予用户在操作之前预先看到结果的魔法。关于错误防止和决定通知的这三种策略，就是本章的主题。

运用富视觉非模态反馈

大多数的计算机（以及越来越多的设备）拥有高分辨率的显示器和高质量的音频系统。然而，除游戏之外，很少有应用程序利用过这些高性能设备的皮毛来提供有用的信息，如应用的状态、用户的任务和系统及其外部设备。虽然有一整套工具箱可以用于与用户交流；但是直到最近，大多数设计者和开发都还在使用对话框这一钝器来向用户传递信息（通常是确实有用的信息）。第 21 章将详细讨论为什么某些对话框（错误、警告或者确认）不是合适的交流方式。

不幸的是，这意味着有些不易察觉的状态信息干脆从未向用户传达，因为多数设计者知道用户不喜欢不停地弹出对话框。但是用户又恰恰需要持续的反馈，尤其是积极的反馈。只需要改变一下交流渠道即可。

本章主要讨论视觉信息以非模态的方式显示在应用程序的主视图时，怎么做才能不打断用户，才能几乎消灭烦人的对话框。

富视觉非模态反馈

富视觉非模态反馈（Rich Visual Modeless Feedback，RVMF）可能是最重要的一种非模态反馈方式了。它的"富"在于能够深入全面的信息，让人了解一个进程的状态或者属性，或者当前应用程序的对象。它的"视觉"是指按习惯方式利用屏幕上的像素（通常是动态的）。它的"非模态"在于信息能及时轻松地显示出来，即不需要用户做特殊动作或者转换模式，就能看到和理解这些反馈。

例如，在微软 Outlook 2013 中，邮件发件人的姓名旁边有一个图标，显示出对方是否方便聊天或者接电话。当实时对话比邮件交流更合适的时候，其便利之处就显现出来了。该图标（以及右击即可开启聊天的功能）意味着，用户不需要打开聊天室客户端去查找发件人的名字来看他是否方便聊天。这个功能简单方便，用户想都不用想就能用。图 15-1 显示的是该策略的另一个例子，它是 Cooper 公司为用户设计的。

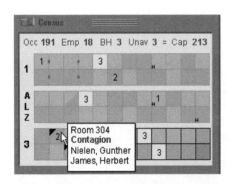

图 15-1 该表格来自 Cooper 设计的一个长期医疗信息系统，是富视觉非模态反馈的典型例子。表格显示了设备中所有的房间。不同颜色分别代表男性的房间、女性的房间、空房间和男女混住的房间；数字代表空床位数，房间之间的小方块表示共用浴室。黑色的三角表示健康状况，小小的 H 代表床位已占用。该非模态视觉反馈由工具提示进行补充，工具提示显示出房间号和居住者姓名，并突出有关房间或居住者的重要注意事项。顶端显示房间、床位和职员的数量。该显示屏需要通过简单的学习之后才能掌握，而一旦掌握，护士和设备管理者只要看一眼就能知道设备的状态。

还有一个 iOS 例子：从应用商店里下载应用时，主屏幕会出现一个图标显示下载的文件，图标上有个小小的动态更新指示器，显示出该应用的下载和安装进度（如图 15-2 所示）。

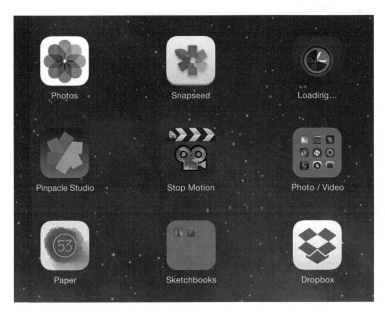

图 15-2　在苹果的应用商店购买应用之后，应用的图标就会在 iPad 或者 iPhone 的主屏幕上（右上方）显示。动态更新的循环指示图标显示下载和安装的进程。

　　最后一个富视觉非模态反馈的案例源自电脑游戏：希德·梅尔（Sid Meier）的《文明》（Civilization）（如图 15-3 所示）。该游戏的主界面是一个历史世界的地图，上面有许多富视觉非模态反馈案例。玩家在游戏中尝试创造一个文明社会，这个文明社会不断演化，玩家就是领袖。该游戏用富视觉非模态反馈来表示一个城市的动态变化属性，所有元素都是视觉化的。如果城市更加先进，它的建筑就会更加现代化。如果城市更大，那么图标也会更大，更多修饰。如果城市发生动乱，那么城市里就会烟雾缭绕。单独的军队和平民单位也有可视化的状态图标，通过小的仪表来表示力量和健康状况。连风景都用上了富视觉非模态反馈：当单位移动或者城市壮大的时候，会有虚线标记出势力范围的变化。修建道路、砍伐森林、开采矿山的时候，地形也会有所变化。尽管游戏中也有对话框，但是大多用来理解当前状态的信息，不用词汇和对话框也能清楚地表达出来了。

　　想象一下，桌面上或者应用里所有的对象，都有相应的状态信息，如果这些信息都能以这样的方式显示出来情景会怎样：打印机的图标能够显示还要多久才能完成打印任务；硬盘驱动器和可移动媒介的图标，能够显示它们的剩余容量；当选择一个对象并拖曳时，所有能够接收它的地方都会突出显示，表明这里可以接收对象。

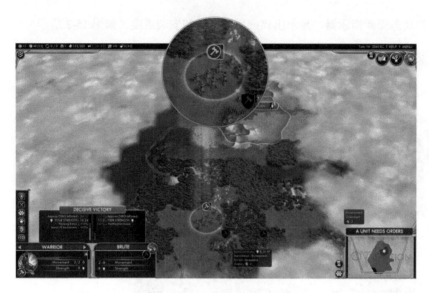

图 15-3　《文明》是一个玩家能够掌握城市化进程的游戏。它的界面上提供了许多富视觉非模态反馈的例子。

回想一下应用里的对象及其属性，尤其是那些动态变化的，哪类状态信息对用户来说是至关重要的?想一想如何才能表现这些信息？当用户注意到并且学会了这种呈现方式，他们看一眼就能知道发生了什么（如果用户要求的话，仍要给用户提供一个途径获取完整而详细的信息）。用富视觉非模态反馈的形式将信息放在应用的主界面，看看能消灭掉多少常用的对话框。

关于富视觉非模态反馈，还需要指出一个重要问题：它不适用于初学者。即使添加了工具提示，用文本将（应当）添加的所有视觉线索都描述出来，用户还是得花功夫去把它们找出来，再搞清楚它们的含义。用户需要随时间的推移才会开始使用富视觉非模态反馈。用户用上富视觉非模态反馈时，会觉得惊奇；但同时还需要菜单和对话框的支持，才能找到要找的东西。这就意味着，用来代替警告和严重错误警示的富视觉非模态反馈必须得让用户格外清楚其含义才行。确保这一类状态能传递更多信息但不那么重要的富视觉非模态反馈得到视觉上的强调。

听觉反馈

在数据输入的环境中，文员经常连续数小时坐在电脑屏幕前输入数据。这些用户可能正在忙于检查源文档，没有盯着屏幕，而是在盲打。如果文员输入错误，用听觉和视觉反馈告知他；以便文员能眼不离文档，用听觉监测输入是否成功。

我们拟议的这种听觉反馈和伴随错误信息框带来的哔哔声是不一样的。实际上，它根本不是哔哔声。我们提议的反馈错误的听觉提示，其实是无声。当前多数听觉反馈存在一个问题，那就是普遍认为，负面反馈比正面听觉反馈更合适。

避免负面听觉反馈

人们总以用户不喜欢这个理由，来反对听觉反馈。因为计算机发出的声响打扰到用户，用户不喜欢计算机朝他们发出哔哔声。尽管微软和苹果雇用优秀的设计师，其中包括 Windows 95 的传奇声音设计师布莱恩·伊诺（Brian Eno），试图改善警告声音的质量；但是气氛再温暖也改变不了这个事实：声音就是用来传达负面的、通常很无礼的信息。

情况不妙时发出噪音即为负面听觉反馈。大多数系统里，错误对话框弹出的时候，通常都会伴随着刺耳的哔哔声，所以听觉反馈才会和哔哔声紧密相关。哔哔声公开表示用户失败了。它告诉所有听到声音的人，该用户做了一些蠢事。这种习惯用法让人生厌，所以大多数软件开发者都坚定不移地认为，听觉反馈不适用于界面设计，其实这是不合适的。它错得太离谱。呈现问题的是反馈中的负面，而不是听觉的一面。

负面听觉反馈有几个硬伤。因为负面反馈就像家用警报器一样，发现问题了就会反馈。家用警报器故意设计得大声、刺耳又烦人，这样才能将那些房子着火、生死相关时仍在安睡的人唤醒。不幸的是，用户总是时不时做些错事，让应用软件发出错误信息，于是在用户和应用软件正常的交流过程中，噪音就成了必不可少的一部分。但在这种正常的关系中，警报声是不必要的；就像无意中变道却忘了打灯的时候，我们不希望汽车警报器发出警报声响一样。也许负面听觉反馈最糟糕的地方是它在人们成功的时候保持沉默。大家都喜欢知道自己哪儿做对了。用户需要知道自己哪儿做错了，但不是说他们喜欢听到。负面反馈系统就是不如正面反馈系统受欢迎。

要在有声音和无声音的负面反馈中择其一，人们会选择前者。而要在无声音和声音轻柔、愉悦的负面反馈中择其一，很多人都会选择后者。我们从来没有在应用中植入高质量、积极的声音反馈来提供给用户，也难怪人们会把声音和糟糕的界面联系起来。

提供正面声音反馈

在软件世界之外，几乎每一个对象和系统都用声音提示成功而不是失败。关门的时候，听到咔哒声，表示门已经锁上了，而没有声音则表示还不安全。和别人对话时，对方说"是"或者"嗯"，那么对方至少留意了刚刚所说的。而如果对方沉默，那就有理由怀疑是不是没听到。拿车钥匙给车打火时，车没有动静，那就是有问题了。触动打印机开关时，打印机冷冷地没有动且沉默着，没有嗡嗡作响，那么就有了问题。即便我们认为很安静的设备，也都会制造一些噪音：打开炉灶会有咝咝的煤气声，点燃煤气会有令人愉悦的轰轰声。电炉则没那么友好，用起来也没那么容易，因为它们不会发出那些声音，而是靠指示灯来显示状态。

成功的时候工具发出声音，称为正面听觉反馈。软件工具大都是沉默的，人们只能听到键盘的咔哒声。嘿！那就是正面听觉反馈啊。每按下一个键，都会听到轻微但积极的声音。键盘制造商能够生产出完全没有声音的键盘，但是他们没这么做，因为人们通常靠听觉反馈来判别自己做得对不对。这是 iPad 等平板电脑的触摸屏键盘默认发出听觉反馈的原因之一。反馈不必太复杂，咔哒声不需要传递太多信息，但是必须连贯一致。一旦发现键盘沉默了，我们就知道按键不成功。正面听觉反馈真正的价值，在于没有反馈就已经极其有效地指出了问题。

正面听觉反馈的有效性源自人的敏感度。人都不喜欢被告知自己失败了。错误信息框是负面反馈，告诉用户犯错了。沉默能确保在没有声音提示情况下，用户也能知道自己做错了。这是非常有用的，因为软件不必为了达到目的而羞辱用户。

软件应该像键盘一样，给我们发出持续、微弱、听得到的线索。用户操作正确的时候，如果应用程序能够发出细微但容易辨识的声音，会更加友好易用。每次用户在某一字段里正确输入时，应用程序要能发出令人安心的咔哒声；而成功提交一份表单后，要发出一种肯定声音。如果应用程序不能理解所输入的东西，则应保持沉默，悄悄地告诉用户问题所在，允许用户修正，而用户不会感到尴尬或者伤自尊。当用户适当地拖曳某一对象时，拖曳成功了则会有轻柔而令人愉快的砰砰声，而拖曳没有实际意义时则没有声音（并且会看到该对象弹回它原来的位置）。

和视觉反馈一样，电脑游戏往往很擅长运用正面听觉反馈。苹果的 OS X 做得很好，文件保存和拖、放等动作都会发出轻轻的正面听觉反馈。当然，听觉反馈的声音必须大小适中，与特定的情境相匹配。Windows 和 Mac 都有标准的音量控制，因而为发出有益的听觉反馈扫除了障碍，但是听觉反馈的声音仍然不能高于电脑上正在播放的音乐。

富视觉非模态反馈是交互设计师手上最强大的工具之一。以精妙而强大的非模态交流取代恼人又无用的对话框，是能左右用户鄙视这款应用还是喜欢这款应用的重要因素。想一想所有能用富视觉非模态反馈及其他非模态反馈机制的方法，以改善应用本身，阻止用户犯错。

撤销、恢复和可逆的历史操作

撤销是一个非比寻常的功能，它能让用户退回到前一步，毫不费劲地改正错误。这个功能价值显著，理论简单而精妙。然而，如果从目标导向的角度来审查当前撤销的实施和使用，会发现目的和方法上存在很大的偏差。撤销对用户是至关重要的，但是它却并不如第一眼看到的那样简单。

撤销应当遵循心理模型

传统观念认为，撤销是遇难用户的救援者，是身着华丽盔甲的骑士，是飞越山脊的骑兵，是在危急关头从天而降的超级英雄。作为计算工具而言撤销没什么价值。因为计算机不犯错，不需要撤销。而人却总是在犯错，撤销是人专用的功能。这个独特的发现立刻告诉我们，在应用的所有功能中，撤销最不应该按照其构造方法（即模型）来建模，而最应该贴近用户的心理模型。

人不但会犯错，而且犯错是人们日常行为中的一部分。从计算机的角度来看，一个错误的开始、一次错误的浏览、暂停、打喷嚏、一些尝试或者发出"嗯"、"你知道吧"等都是犯错。但从人的角度来看，这些都再正常不过了。人"犯错"太常见了，如果把它们都当作"错误"或者不正常行为，那么反而会影响软件的设计。

"犯错"的用户心理模型

用户通常不相信自己会犯错，至少是不想相信。换句话说，人物模型典型的心理模型，不包括自己会犯错这一点。遵循人物模型的心理模型，意味着他不应受到责备。然而，实现模型建立在 CPU 无过错的基础之上。遵循实现模型，意味着将过错都归咎于用户。因此，大多数的软件都假定自己无过错，出现任何问题都完全是用户的错。

解决方案是，用户界面设计师应该抛弃用户会犯错这一观念。这就意味着，用户做的任何事，都是他们认为正确且正当的。大多数人心里都不愿意承认错误，所以应用在与用户交流的过程中，也不应该违背这个心态。

撤销让人敢于探索尝试

用户做的任何事情都不会构成一个错误，如果以这个视角去设计软件，我们会立即从不同的角度看问题，不再把用户当成驱动电脑的代码模块或者外部设备，而是开始把他们当成探索家，正在探测未知。众所周知，探索难免撞南墙、进死胡同。人们不断尝试、改变自己的动作、小心翼翼地探查未知的面纱，看看未知世界的界限在哪里，这都是自然而然的事。不试怎么知道所使用的工具到底能做什么呢？当然愿意尝试与否因人而异，但是大多数人是愿意尝试的，哪怕只有一点点。

开发者获得高额报酬去像计算机一样思考，他们认为这些探索行为是错误的，必须用代码来处理。从实施模型的角度——也就是开发者的视角来看，这种小心翼翼且无辜的探索就是一系列持续的"错误"。而基于用户的心理模型，从人文的角度来看，这些行为自然又正常。应用要么断然阻止这些可预见的错误，要么协助用户探索。因此，撤销是一个在软件用户界面中协助探索的主要工具。如果用户改变主意，它能让用户撤回一个或多个先前的动作。

撤销还有一个纯粹心理意义上的重要价值：让用户安心。如果有信心能够随时退出来，那么人们进入山洞就放心多了。撤销功能就是连接到地表、起慰藉作用的绳梯，保证用户随时都能从无路可走的洞窟中退出来，从而支撑着用户进一步探索的意愿。

291

奇怪的是，通常用户不到用时不会想起这个功能，就像业主在灾难发生之前怎么也想不到保险单一样。用户通常没有十足准备就冲进一个山洞，只有在遇到麻烦的时候才环顾四周，寻找绳梯，也就是撤销功能。

设计撤销功能

尽管用户需要撤销，但是撤销功能并未直接支持用户任务背后的具体目标。它只是在实现真正目标的途中，提供一个必要条件——可信赖。它不能帮助用户实现目标，但能防止意外事件将用户的努力毁于一旦。

根据情境和用户期望，用户以不同的方式设想撤销功能。计算机初级用户，会把撤销看作一个无条件的应急开关，能将他从复杂而绝望的灾难中解救出来。经验稍丰富一点的计算机用户，会把撤销当作储存已删除数据的工具。逻辑性强、真正理解计算机的用户，可能将撤销看成过程的堆积，每次可以以相反的次序撤销。要创建一个有效的撤销功能，必须尽可能地满足我们期望人物模型所能承载的所有心理模式。

成功设计撤销系统的秘诀在于，确保其能够支持常用工具，并且避免（以视觉、听觉或者文字）暗示用户操作失败。撤销不是一个扭转错误的工具，而是一个帮助探索的工具。错误通常是单一、不正确的动作。相反，探索则是一系列探查和步骤，其中一部分可以保留，另一部分则要摒弃。

撤销最好是整个应用通用的功能，不管是直接操作还是通过对话框，都能撤销前一个动作。当前，撤销功能在实施中的最大问题之一是，用户保存了文件（例如，在 Excel 中）之后，就不能再撤销了。用户保存是为了防止系统崩溃时丢失已经完成的工作，这并不意味着用户想要确认所有的变更。而且，硬盘驱动器那么大，没理由不把撤销的缓冲区也保存在文件中。

文档中有内嵌对象时，撤销也会存在问题。如果 Word 文档中嵌入了一份电子表格，用户更改了表格的内容，点击 World 文档，然后启动撤销；但这时撤销的是 Word 中的最近一次动作，而不是电子表格里的最近一次动作。这让用户难受了。他们本来认为，文档是一个单一的整体；这就迫使他们放弃这个心理模型，转而用实现模型来思考：一个文档嵌入另一个文档，各自有各自的编辑器，各自有各自的撤销缓冲。

撤销的共通类型

尽管撤销是软件中常见的功能，但没有合适的术语可以描述不同类型的撤销功能，只是统称为撤销而已。语言的缺漏致使无法创造出更新、更好的撤销变体。本节将定义几种撤销变体，并解释它们之间的区别。

渐增动作和过程动作

撤销对用户的动作执行操作。典型应用中的典型用户动作通常既包含过程部分（用户做了什么），又包括数据部分（哪些信息受影响）。当用户请求撤销时，过程部分就会被撤回。数据部分引起数据的增加、修改或者删除，如果该动作包含数据部分，那么该数据就会被适当地修改。剪切、粘贴、拖曳、打字和删除，都是含有数据部分的动作，所以撤销这些动作，其中受到影响的文本或者图像，就会被移动或替代。包含数据部分的操作称为渐增动作（Incremental Action）。

许多撤销动作是无数据的转换，例如在文字处理软件中修改段落格式，或在画图应用中旋转图片。两种操作都用在数据上但都没有添加、修改或删除数据（这是从数据库的角度来说的，可能用户并不认同这个观点）。此类动作（只包含过程部分）称为过程动作（Procedural Action）。多数现有的撤销功能不会区别对待过程动作和渐增动作，只是单纯地撤销最近的操作。

隐蔽撤销和解释性撤销

正常情况下，撤销由菜单项或者工具栏控件调用，有着固定的标签或图标。用户知道，触发这一习惯用法可以撤销上一个操作，但并没有迹象指明该操作是什么。这就是隐蔽撤销（Blind Undo）。另一方面，如果习惯用法里包含了特定操作的文本或视觉描述，那么该撤销就是解释性撤销（Explanatory Undo）。

举例来说，如果用户的上一个操作是输入单词"design"，菜单上的撤销功能就会显示"撤销键入 design"。通常情况下，相对于隐蔽撤销，解释性撤销更讨人喜欢。将解释性说明显示在菜单项上很容易，但显示在工具栏控件上就困难多了，不过还可以折中一点，在工具提示里显示解释（更多有关工具栏和工具提示的内容，详见第 18 章）。

单次撤销和多次撤销

现在常用的撤销功能中，用户最熟悉的两种类型是单次撤销和多次撤销。单次撤销（Single Undo）是最基本的撤销类型，不分过程操作还是渐增操作，都只撤销用户最近的那一次操作。如果单次撤销执行两次，第二次撤销往往会恢复第一次撤销掉的操作，使系统回到第一次撤销前的状态。

该功能操作简单，非常有效。用户界面基本、清晰、易于描述、记忆方便。用户简直遇到了免费午餐。这是目前最常实现的撤销，对许多应用来说，即便不是最佳的，也够用了。对有些用户来说，产品缺少这种简单的撤销功能就足以放弃该产品了。

通常，用户能够立即注意到自己的多数命令错误：做了用户某些动作后感觉或者看上去不对，于是停下来评估一下当前的状况。如果错误表现明显，用户看到了自己的错误，会选择撤销功能，返回先前正确的状态，再进行下一步。

多次撤销（Multiple Undo）能连续重复执行。它能撤销多个先前的操作，按先入后出的逆向时间顺序执行——逆向历史。任何具有简单撤销功能的应用，都必须记住用户的上一个操作，可能的话，还要缓存被更改了的数据。而如果应用能实现多次撤销，那么它必须保存一堆操作，包括用户可能在高级偏好中设置的深度操作。每一次调用撤销，都会执行一次渐增撤销，即撤销最近的那次操作，必要时替换或者删除数据，并从堆栈中删除已存操作。

单次撤销的局限性

如果用户不小心覆盖了可以拯救他的撤销功能，单次撤销功能最大的局限性就出现了。问题出现时用户不能立即意识到错误。举例来说，假设用户先删除了文本中 6 个段落，又删除了 1 个单词，然后才知道那 6 个段落是误删，应该放回原处。遗憾的是，现在使用撤销功能只能恢复那 1 个单词，而 6 个段落已经永久丢失了。之所以会失败，就是因为撤销功能过于机械化，不切实际。谁都知道 6 个段落比 1 个单词重要，但是应用却自作主张地抛弃了段落，留下了一个单词。应用过于盲目，它扔了 50 美元却保留了 25 美分，仅仅是因为那 25 美分后拿到。

某些应用中，只要点击一下鼠标，不管引发调用的功能多么无辜，都会让单次撤销功能忘记用户上一个有实际意义的操作。尽管多次撤销能解决这些问题，但也存在某些重大问题。

多次撤销的局限性

克服单次撤销劣势的方法，是使同样的渐增撤销能够多次实现。应用保存用户每一步操作。当用户重复选择撤销时，依次撤销每一步，其顺序与原来调用这些操作时正好相反。在前面举的例子中，用户第一次调用撤销功能，恢复删除的那一个单词，而第二次调用撤销则恢复在删除单词之前删除的 6 个段落。再次删除那一个单词的冗余操作就是为恢复 6 个有价值的段落所付出的代价。再次删除那一个单词的代价可以忽略不计，就像忽略救护车在途中所花费的代价一样：生命垂危的时候不能纠结鸡毛蒜皮。但是这仍然不能改变一个事实，那就是撤销机制建立在错误的模型上。严格按照后进先出（LIFO）的顺序执行撤销，会让治病和患病一样痛苦。

再假设用户删除了文本中的 6 个段落，调用另一个文档，然后使用了全局查找和替换功能。用户要想恢复已删除的 6 个段落，必须首先撤销查找和替换，这个操作没有意义，而且查找和替换本身已经很复杂。这时候介入的操作不再是上一个例子中删除一个单词那样无关紧要的事了，而会变得复杂又困难，要撤销它显然让人很不愉快。如果能够选择撤销队列中的那个操作，不动后来介入的有效操作，那就好多了。

多次撤销的问题并不是由其行为引起的，更多地是由呈现引发的。多数撤销都是毫不妥协地以功能为中心建立起来的。它们按一个接一个的功能来记忆用户的动作，把动作分成单个功能。撤销系统按照实现模型建立表现模型，这是一个由来已久的方法，它模拟代码和数据结构，而不是用户的目标。每点击一次撤销键，恢复一个功能大小的先前操作行为。以一个接一个功能为基础来撤销的心理模式，适于解决大多数因用户输入错误而引起的简单问题。通常用户进行了两三步操作之后，就会立即发现问题，并予以修正。但是问题一旦复杂，渐增的多次撤销模式就不能恰如其分地解决问题了。

撤销和恢复

撤销的实现模型导致恢复功能的出现。在撤销的实现模型中，撤销的步骤必须与操作的步骤相反，且必须先撤销所有介入的正确操作，才能撤销想要撤销的步骤。恢复本质上是取消所进行的撤销，如果开发者努力实现了撤销功能，那么恢复功能的实现就很容易了。

在多次撤销中，恢复能避免出现糟糕的情形。如果用户想要撤销一系列操作，那么就要多次点击撤销控件，等待恢复到理想的状态。这种情况下，点击撤销键的次数很容易过多。用户能立即看到撤销了一些想要的结果。恢复通过取消前一个撤销行为，将之前理想的操作放回原处，从而解决了这个问题。

许多采用单次撤销的应用，把上一次撤销动作当作一个可撤销的动作。实际上，这样第二次调用撤销功能相当于一个小小的恢复功能。

分组多次撤销

微软 Word 有一种很不幸地已成为典型的功能，即多次撤销的一个变体，我们称之为分组多次撤销。它分为不同的层次，在撤销堆栈里的每一步操作都添加了文本描述，可以查看已执行操作的列表，选择列表中某一个操作进行撤销。但是不能直接撤销某一步操作，而是要把到该步的所有步骤一起撤销（如图 15-4 所示）。Adobe 的很多产品中也采用了这种分组多次撤销的方式。

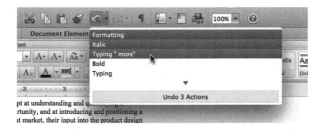

图 15-4 运用微软 Office 的撤销或恢复功能，可以撤销多个动作，但是只能组合起来一起撤销，不能只撤销其中某一步。恢复功能也同样。

因此，只有撤销所有介入操作，才能恢复丢失的 6 个段落。选择一个或多个操作，进行撤销以后，已撤销的操作会在恢复控件里以倒序展示。恢复和撤销的方式完全一样。用户想要恢复多少个操作，就可以选择多少个，想要恢复的特定操作之前的所有操作也都会一起恢复。

应用为这一功能提供了两个视觉提示。如果用户选择了列表中的第 5 项，那么该项和列表中的前 4 项都被选中，同时，文本显示"5 操作撤销"。设计者不得不添加文本说明，这一事实表明，无论开发者运用何种实现模型，用户都会采用完全不同的心理模型。用户认为可以移到列表的下方，从后面选择单个操作来撤销。因为应用不支持这个选择，所以才显示说明。就像有拉手的门上，尽管贴着"推"的标志，人们还是会拉。尽管多次撤销是一个非常有用的机制，但没有理由不运用丰富的计算资源，实现可选撤销，让用户只撤销那些不想要的操作，而不是撤销所有之后完成的操作。

撤销的其他类型

单次撤销是最简单的撤销形式，它符合用户的心理模型，即"我刚刚做了一些事，现在我希望没做过这些事。我想点击一下按钮，撤销我之前做的最后一件事。"不幸的是，随着情况愈加复杂，该呈现模型迅速与用户心理模型背道而驰。本节将讨论几种撤销行为，它们与标准化的撤销和恢复惯例有点不同。

不连续的多次撤销

当用户走进逻辑思维的死胡同（而不仅仅是输错了数据），通常会执行几步复杂的操作，结果进入了未知领域；然后用户意识到自己迷路了，需要找到领土的已知方位。这时，他可能已经执行了几种交叉功能，其中只有几个是不需要的。用户可能会保留一些操作，取消其他的，但不一定严格按照倒序执行。如果用户输入了一些文字并编辑然后决定撤销输入的文字，而不撤销对文字的编辑，可以这样做吗？这样的操作实现起来有问题，也不好解释。尼尔·鲁宾金（Neil Rubenking）举了这么一个破坏性的例子：假设用户进行了全局替换，第一步将"tragedy"替换成"catastrophe"，然后将"cat"替换成"dog"。要撤销第一步保留第二步，应用能有效地修正所有的"dogastrophe"吗？

在这种更复杂的情境中，撤销已经不能像在简单情境中那样简单地呈现为 LIFO 栈了。用户也许会把自己的操作看成菜单，可以不按顺序，挑选几个予以撤销，剩下的保留。这要求解释性撤销功能所采用的呈现模型比普通的隐蔽多次撤销所必需的模型更加强大。此外，从这样的呈现模型中进行选择的机制必然更复杂。在队列中呈现操作，告诉用户他实际上正在撤销什么则是一个更加棘手的问题。

分类撤销

退格键实际上就是一种特别的撤销功能。当用户输入错误的时候，退格键会"撤销"错误的字母。如果用户输错了一些字母之后，又执行了一些不相关的功能，例如修改段落格式后再重复按退格键，输错的字母也会被删除，而格式修改就被忽略了。它能让用户在任意位置不连续地撤销，这可以是一个非凡而灵活的优势，当然这取决于用户的看法。你可以认为它是给用户设的一个陷阱，因为用户能移动光标不经意地删除任何字母，而这个字母可能不是最后键入的。

从逻辑上来说，后者是一个问题。但根据经验，它对用户来说几乎不成问题。这种不连续的渐增撤销，是很难用文字解释的，它用起来自然又简单，因为一切都是可见的，用户能清楚地看见自己将要删除什么。退格键是渐增撤销的经典例子，它只撤销数据，忽略其他介入的操作。然而，假设撤销功能也有一个指针，能够移动，能够撤销指针所指向位置的最后一个；你可能会觉得这样很难管理，会让普通用户产生混乱。经验告诉我们，退格键一点儿都不会让人混乱。它表现得很好，因为它的行为和用户移动光标的心理模型是一致的。光标的位置是新增字母的地方，理所当然的也是能删除字母的地方。

但是，退格键毕竟只是个特例。但以此概念为跳板，或许能够创建不同类型的渐增撤销，如格式撤销功能，它能撤销先前的格式命令和其他类型的分类撤销（Category-Specific Undo）。如果用户先输入一些文本，改成斜体，又输入一些文本，增加段落缩进，再输入一些文本，最后点击格式撤销按钮，这时候只能撤销所增加的段落缩进，再次点击格式撤销按钮会撤销斜体。任何调用撤销格式的操作都不会影响文本的内容。

在非文本应用中，分类撤销的意义是什么呢？例如，在绘图应用中，颜料应用工具、变换和剪切-粘贴，都有单独的撤销命令。没理由不给每个特定的操作类型设计单独的撤销功能。

颜料应用工具包括铅笔、钢笔、填充、喷头、刷子等所有绘图工具，以及直角、直线、椭圆、箭头等所有形状工具。变换包括剪切、锐化、调色、旋转、对比度和线宽等所有图像处理工具。剪切-粘贴工具包括所有套索、选取框、复制、拖放和其他调整位置的工具。和字处理软件中的退格键功能不同，在画图应用中撤销颜料应用工具是按时间顺序撤销的，独立于选择操作。也就是说，不论当前选择的是什么，首先移除的颜料是最后一次使用的。西方文本默认从左上往右下的顺序阅读，这符合强大的固有心理模型，因此看上去很自然。但在画图应用中，并不存在这样的常规顺序，除了基于输入顺序的删除，任何其他删除顺序都会让用户感到很迷惑。

好一点的办法是只在当前选择区域内撤销。例如，用户选择了一个图形对象，请求撤销一次变换。应用到所选对象（Selected Object）上的最后变化就会被撤销了。

大多数软件用户都熟悉渐增撤销，会觉得分类撤销很新颖，也可能很烦人。不过，退格键的普遍使用说明了渐增撤销是习惯行为，用户觉得很实用。如果有模态撤销工具的应用越来越多，那么用户很快就会适应，甚至还会期待，就像期待在字处理软件中找到退格键一样。

已删除的数据缓冲区

如果用户长时间处理文档，可能会想要一个储存已删除文本的仓库。仍以前面丢失的 6 个段落为例，如果经过几个复杂的查找和替换后，它们从用户手中脱离了，那么要通过撤销功能来恢复这些段落，就会和重新输入一遍一样困难。用户会想："如果应用记住了我删除的东西，并将它们保存在一个特别的地方，那么我就可以直接去拿我想要的东西了。"

用户想要的不只是一个 LIFO 功能栈——已删除的数据缓冲区，而是一个将动作的数据部分存储起来的仓库。不论文本是用什么方式处理掉的，用户只想要恢复丢失的文本。通常的清单模型（Manifest Model）不仅强迫用户知道每个中间步骤，还要求用户依次撤销它们。要创建一个对用户更加友好的功能，除了常见的撤销栈，还可以创建一个独立的缓冲区，收集所有删除了的文本或数据。任何时候，用户都能像打开文档一样，首先打开这个缓冲区，然后按照习惯用法，使用剪切-粘贴或者点击-拖放，来查看和恢复想要的文本。如果在这个缓冲区中每一条的前面都标上简单的时间戳和文档名称，导航就简单明了了。

然后用户就能随机浏览已删除数据缓冲区了，不需要按照一定的顺序。找到那丢失的 6 个段落就简单了，过程也可视化了，而不论用户进行了多少复杂的介入步骤。已删除数据缓冲区是对常规的渐增撤销和多次撤销的补充。不管怎么样，数据都被保存在缓冲区里。相对来说，这个特性对于大多数应用都是十分有用的，无论是电子表单、绘图应用还是发票生成器。

版本控制和还原

用户偶尔会后退很长一段距离，这么做时，粒度动作并不是很重要，只是仍然需要渐增撤销，但是在大多数情况下，从执行过的大量操作中找出单独的组成部分有点小题大做。版本控制（第 14 章中已经讨论过）直接复制了整个文档，就像照相机快照及时捕捉画面一样。版本控制涉及整篇文档，通常直接使用文件系统实现。版本控制和其他撤销系统的最大区别是，用户必须明确要求版本控制——记录下文档的一份副本或者快照。只有这样做，用户才能安全地修改原件。用户如果觉得修改并不理想，那么就可以使用保存的副本，也就是文档先前的版本。

许多现有工具都支持源代码的版本控制，但是这个概念刚刚进入软件开发之外的世界。例如，37signal 出品的 Writeboard（如图 15-5 所示）可自动创建协作文本文档的不同版本，允许用户对比各个版本，当然也能返回到任一先前的版本。

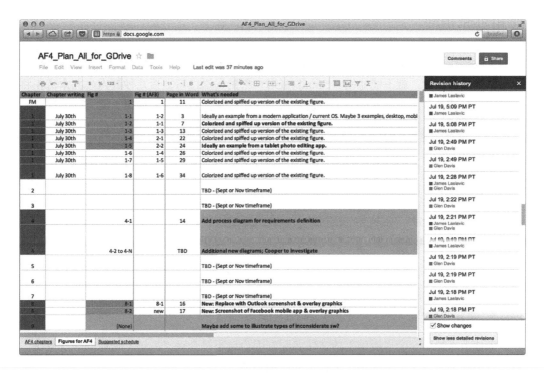

图 15-5　谷歌文档能让多个人协作同一个文档。每次用户保存对文档的修改，它都会创建一个新的版本，用户也能看到不同的版本。这样，合作的时候，就不必担心有价值的工作被覆盖，这是非常有用的。

版本控制功能有效与否关键在于还原命令的行为。版本控制应该提供一份所有已保存文档版本的清单，其中包括每个文档的部分信息，如记录文档的时间和日期、记录人姓名、文档大小及其他用户输入的备注。用户应该能理解不同版本之间的区别，最终选择还原其中任何一个版本。还原的时候，文档当前状态应当作为另一个版本保存下来，以便能够还原。

冻结

冻结（Freezing）会锁住文档中选中的数据，使之不被更改，已经输入的任何东西，都不能再编辑，但可以添加新的数据。已存在的段落不能变动，但新的段落可以添加到已存在的段落中间。

这个习惯用法在图形文档中比在文本文档中更有用，就像艺术家用定影剂喷绘作品一样。所有做好的标记都已经固定了，但是可以添加新的标记。已经出现在屏幕上的图像被锁定了，不能再改变，但是新的图像能够自由地覆盖到已经存在的图像上。Corel Painter 的 Wet Paint 和 Dry Paint 命令也有类似的特性。

撤销可撤销的

有些操作不能撤销，因为它涉及的某些动作会触动不在应用程序直接控制下的设备。例如，电子邮件发送以后，就不能撤销（Gmail 在用户单击发送按钮之后几秒钟内，并未真正将邮件发送出去，就给了用户少量时间来中止发送，这个做法太聪明了。如图 15-6 所示）。

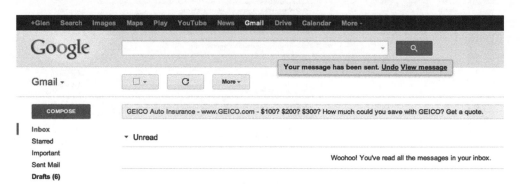

图 15-6　Gmail 在用户单击发送按钮之后，隔几秒钟再发送邮件，让用户能够临时撤销可以撤销的操作。

为什么不提供一个"撤销"的文件名呢？因为这不符合对"撤销"功能的传统看法。开发者一般不会为更改文件名提供一个真正的撤销功能。

在一些特殊情况下，我们被告知不能撤销一个动作，因为受到商业规则或者机构政策的限制，包括金融交易的记录、医疗图标的条目。在这些情况下，撤销很可能不是一个合适的功能，但是仍然提供可以让用户能够撤销或者更改的途径，只是要留下审计痕迹，从而更好地支持用户的目标和心理模型。

花一些时间仔细看看自己的应用，看看有没有一些功能，看似应该可以撤销，但当前却没有实现。你或许会意外地发现竟然有很多。

假设：对比和预览

除了能允许用户在一定时间内迟疑，撤销和恢复功能还是一个很方便的对比工具。假如你想要对比一下不规则的右边距和两端对齐的右边距的视觉效果，那么可以调用撤销看看不规则的右边距，然后用恢复看看两端对齐后的边距。实际上，撤销和恢复之间的切换，实现了对比或者假设分析（What-if）功能，碰巧以其呈现模型的形式表现出来。如果将同样的功能按照用户的心理模型添加到界面上，该功能可能会呈现为对比或者假设分析控件（What-if Control）。该功能能让用户先比较几种状态，再确认。

有些电视机的遥控器有一个"返回"（Jump）按钮，能在当前观看的频道和之前观看的频道之间切换，同时观看两个节目会非常方便。返回功能用一个命令提供了与撤销-恢复相同的功能，让同一个功能减少了一半的附加操作（见第 12 章）。

用于对比时，撤销和恢复实际上是一个功能，而不是两个：一个是"应用更改"，另一个是"不要应用更改"。也许一个单一的对比按钮能够向用户更加精确地展现这个动作。虽然我们一直是在以文本为主的文档处理应用中谈到对比功能，但在图像处理或绘图应用中，该功能可能更有用，用户会在这些应用中执行连续的视觉变换。能看到变换过的图像（甚至同时看多种变化），并简便快速地与未转换之前的图像做对比，这对数字艺术家来说作用太大了。许多产品通过缩略图"预览"图像来解决这个问题，如图 15-7 所示。

图 15-7 iPad 上有很多照片处理软件，包括 Photo Toaster，都能预览正在处理图像的缩略图，每一个都显示了添加不同效果或者改变图像参数后的样子。轻轻点击缩略图就能把变化应用到图像上，而图像本身也是一种预览，因为再点击一下就能撤销。

对比可能是高级功能，对某些应用来说确实如此。正如大多数看电视的人不会使用返回功能一样，只有常用对比按钮的人才觉得此功能好。但这并不能贬低它的实用性。对于照片处理和其他媒体编辑应用来说，视觉对比工具能在操作实现之前预览操作前后的效果，几乎已经成为一个必需品。

第16章

为不同的需求而设计

正如第一部分所谈到的，人物模型和场景有助于将设计工作重点放在实际用户的目标、行为、需求和心理模型上。除了人物模型能让设计工作抓住重点，一些持续性的可概括的用户需求模型也能告诉我们应该如何设计产品。本章将探讨满足一些广为人知的需求所需的策略：易学性（Learnability）和帮助（Help）、可定制性（Customizability）、本地化（Localization）、全球化（Globalization），以及无障碍性（Accessibility）。

易学性和帮助

不同经验水平的用户在学习一个界面时，两个概念对于整理出他们的需求特别有用：命令模态（Command Modality）和有效特性工作集（Working Set）。这些不够的话，备选方案是各种形式的在线帮助。本节逐一论述帮助用户理解和学习界面的各种方法。

命令模态

简单来说，用户界面是用户向计算机输入数据和发布命令的方法。数据输入通常相当直接：向语音识别算法口述、在空白页或文本框打字、用手指或触笔去画、点击和拖曳对象，或者从类似菜单的小工具中选择一个值。激活功能的命令要难学一点，因为用户既要知道哪些命令可以使用，又要搞清如何使用这些命令。

命令模态是让用户将这些指令发给应用的特殊技术。直接操作柄（Direct-Manipulation Handle）、下拉菜单和弹出菜单项、工具栏控件以及快捷键（Keyboard Accelerator）等都是命令模态。

对于菜单项、工具栏项目、快捷键、手势或直接操作控件等重要功能，体贴的用户界面往往会提供多重命令模态（Multiple Command Modality），每个都能调用一个单独的特定命令。这种冗余可以让拥有不同技能和天资的用户根据个人能力和喜好来操作应用了。移动应用不能承载那么多的命令模态，代价是在寻找特定功能时，可搜索的界面元素也少。

教学式命令、直接命令和隐形命令

有些命令模态会给新用户提供更多帮助。对话框和命令菜单（如传统桌面应用程序的菜单栏中的命令，如图 16-1 所示）用描述性文本教会用户如何使用。所以以这种方式呈现的命令被称为教学式模态（Pedagogic Modality），这些命令以查看的方式来讲授自己的行为。初学者使用菜单的教学式行为学会使用新应用。但是中级用户总想撇开菜单，找到更加直接有效的工具，这些工具是直接命令（Immediate Command）和隐形命令（Invisible Command）。

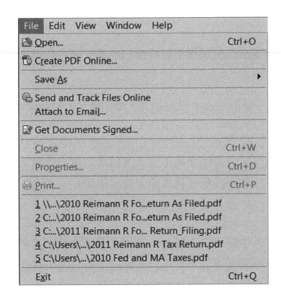

图 16-1 Windows 版 Adobe Reader 的菜单给用户提供了应用程序功能的文本概述，显示热键和快捷键，提供了工具栏图标。遗憾的是，由于空间有限，移动应用很少采用教学式习惯用法。

表达直接模态（Immediate Modality）的命令有直接操作控件如拖放处理、实时操控控件如滑块和旋钮、甚至普通按钮及各种工具栏变体。即时模态在数据（或数据的表现形式）上生效，不需要中间步骤。不论是菜单还是对话框，都没有这种即时属性。二者都需要一个中间步骤，有时甚至不止一步。

303

快捷键和手势进一步拓展了这个创意：可视界面上不显示这些命令，只有隐形的按键、滑动、挤捏或轻弹手指。这种类型的命令界面则属于隐形模态（Invisible Modality）。用户必须记住隐形命令，因为通常界面上没有或者只有少许提示这些命令的存在。隐形命令还要一开始就向用户标示出来，除非它们遵循广泛使用的惯例（例如在触屏上上下滑动来滚动界面），或者通过可靠的途径告知新用户存在这些命令。隐形命令广为中级用户设置，更多地为高级用户所用。

现实中的信息和头脑中的信息

唐纳德·诺曼提供了一个关于命令模态的实用观点。在《设计心理学》（*The Design of Everyday Things*）一书中，诺曼用现实中的信息和头脑中的信息这两个词来指代用户获取信息的两种不同的方式。

诺曼所谈论的现实中的信息，是指环境或界面中信息提供不充分，不足以完成某些事情。例如，挂着商业中心地图的电话亭就是现实中的信息。人们不用记住泛美金字塔（Transamerica Pyramid）的确切位置，因为查阅地图就能找到它。

相对应，头脑中的信息，即你已经学会或者记住的信息，就像街头小巷的近道，任何地图都不会标注它们的所在。

头脑中的信息比现实中的信息更易用，也更快，但前提是得确保已学了，未忘且最新。现实中的信息虽更慢、更麻烦，但是非常可靠。

教学式命令旨在通过现实中的信息来学会。而隐形命令必须记住，因此属于头脑中的信息。直接命令则介于二者之间。

菜单项或者对话框属于教学式命令，是因为它们必然充满了上下文信息。而快捷键是隐形命令，因为需要用户记住其功能及对应按键，可能不会在可视界面上显示出来。

记忆矢量

新用户喜欢教学式命令，但是当他们进步为中级用户，缓慢、重复、冗长的教学式界面似乎开始变得乏味了。用户想要找到更多直接命令来完成常用任务。这种期望很自然也很恰当，而且，软件要想做到易用，就必须满足用户的这种期望。解决方案分成两步：首先，除了教学式命令，还必须提供直接（或隐形）命令；其次，必须提供一个途径，让用户学会每个教学式命令相对应的直接命令。这种途径称为记忆矢量（Memorization Vector）。

给用户提供记忆矢量的方式有好几种。效果最差的是仅在用户文档中提一下。稍好一点的，是在应用的主在线帮助系统里提到，不过这个方法仍然效果不佳，因为这个方法要麻烦用户去寻找记忆矢量，而且是让用户自己意识到需要自己先寻找记忆矢量。

再好一点的方式是把记忆途径直接集成到主界面。大多数桌面应用的菜单已经有了两种标准的方法。正如微软定义的，典型的 Windows 应用在键盘上都有两套基于键盘的直接命令：热键（Mnemonic）和快捷键（Accelerator）。例如，在微软 Word 中，"保存"的热键是按 Alt+F 键，再按 S 键。Alt+F 键导航到文件菜单，S 键下达保存命令。用户按下 Alt 键的时候，Windows 中的记忆矢量热键就显示出来。相应字母标了下画线，或者如 Office 套件中的那样显示模态工具提示（如图 16-2 所示）。用户接着按下适当的键执行命令，或再按一次 Alt 键隐藏提示。

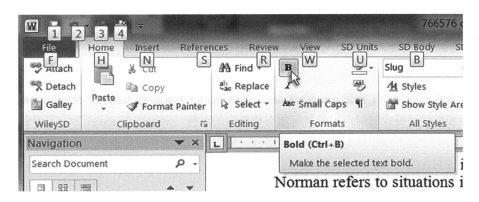

图 16-2　在微软 Office 套件应用中，按下 Alt 键后，会有小小的弹出框显示热键，有工具提示框显示快捷键，因为标准界面被类似于工具栏的 Ribbon 用户界面取代了。

"保存"的快捷键是 Ctrl+S（Mac 上是 Cmd+S）。快捷键明确备注在菜单项的右侧，这就是记忆矢量。如图 16-1 所示，Adobe Reader 在这一步上走得更远，把工具栏命令的图标放在了相应菜单命令的左侧。而微软则在其 Office 套件应用程序的 Ribbon 用户界面中，将快捷键作为控件工具提示的一部分显示出来（如图 16-2 所示）。

Mac 应用一般不支持热键，但是有快捷键和选项板（Palette），或者工具栏图标映射（Toolbar Icon Mapping）。

任何记忆矢量都不会主动打扰新用户。新用户可能使用了应用软件一段时间后，直到成了中级用户，才会发现这些记忆矢量。最终，用户是会注意到这些视觉提示的，开始琢磨它们的含义。大多数智力正常的人，也就是大多数的用户，不需要帮助就都能理解快捷键，而热键则稍微难点。但是一旦用户了解了 Alt 键的使用方法，不论是经过指导还是偶然发现的，这种习惯用法只要出现，就很容易记住并使用。

值得注意的是，移动操作系统常见的记忆矢量，可能是因为没有"闲置"空间或者复合交互（Compound Interaction）（见第 13 章）来放置这些信号。移动操作系统上与记忆矢量最类似的是用户初次使用设备或应用时演示的首次运行导览（见下文）和教程。随着移动平台的成熟，我们渴望看到设计师是怎样架起这座桥梁的，或用户是否一直满足于使用缓慢但可发现的控件，直到有人告诉他们还有更快的手势。

第 18 章将谈到，图标按钮（Icon Button）是一项优秀的技术，用图标来提供从菜单向工具栏过渡的记忆矢量途径，每项功能或设施都用图标标示，图标标示在处理该图标的用户界面的元素中：每个菜单、每个图标按钮、每个对话框、每次提到帮助文本时、每次提到印刷文档时。界面上显示视觉符号构成的记忆矢量是最有效的方法，但是整个行业尚未对此进行大力挖掘。

有效功能工作集

由于常做的事情总会学会（通过重复），中级用户最终会记住一部分命令和特性。这一组记下来的特性就是有效功能工作集（Working Set）。组成用户工作集的命令对用户个人来说都是特殊的，尽管相似使用模式的用户工作集可能有相当大的重叠。例如，在 Excel 中，几乎每个用户都会插入公式设置字体和标签，以及打印页面。但是张三的工作集可能会包含绘制图形，而李四的则可能包含链接表格。

设计师能够为使用方式建模并生成一个子集，满怀信心地得出结论，大多数用户都会频繁访问这个子集。最少有效工作集可以通过使用分析（如果你正在工作的现有应用提供的话）和/或目标导向方法确定，使用场景发现人物模型的功能需求。这些需求就直接转化为最少工作集。

任何用户工作集中的命令都是其最常使用的命令，用户希望这个命令调用起来快速简单。这就意味着，设计师至少应该使用直接模态来设计应用程序主要用户使用的最少工作集中的所有命令。

尽管按照定义，应用软件的最少工作集是每个用户全部工作集的一部分，但是用户个人的偏好和工作要求会决定个人的工作集中额外包括哪些其他特性。即使那些为了企业运营而定制的软件也会提供一系列特性，供每个用户挑选。这意味着，设计师在提供直接访问最小工作集的功能时，设计师还必须提供方法把其他命令提升为直接模态。同样，任何有直接模态的命令也要有对应的教学式版本，让初学者学会使用界面。这意味着，界面上大多数功能都应该有多重命令模态。

但是这条规则有一个例外，那就是比较危险的命令，如擦除全部、清除和放弃修改等，这些命令不应该与不小心被激活或者简易的直接模态命令相关联。相反，需要在菜单和对话框中予以保护（与第 11 章的设计原则一致：隐藏弹射座椅的操控杆）。

306

上下文帮助和辅助界面

最好的应用程序帮助应当在合适的时间、合适的位置在界面上提供辅助，但不需要用户打断流（见第 11 章）去把它找出来。无论是在用户第一次使用某个应用软件的时候，还是使用单个控件或特性的特定时候，大量模式支持上下文帮助，或者帮助用户更容易地完成相关任务。

导览教程和覆盖层教程

导览教程（Guided Tour）和覆盖层教程（Overlay Tour）在移动平台上流行，是因为这两种方式合理地解决了用户初始学习问题。因为移动应用必须更加依赖于直接和隐形的命令模态（屏幕没有足够的空间来容纳教学式命令模态），所以导览和覆盖充当了引导新用户的角色。

这些模式尽管更适合移动应用，但越来越多地也被用于桌面应用。二者都是通过简要概述典型用法的最重要功能，引导用户学会使用新应用。

导览教程通过一组有序的屏幕或卡片图片介绍特性和界面行为，每个屏幕或卡片都包含简短的文本和图片（如图 16-3 所示）。它们要么按照重要程度来描述一组基本功能，要么带领用户完成一个典型的有序过程，如使用应用创建、编辑和分享分档。在教程中，用户滑动或点击进入下一个屏幕。某种程度上来说，导览教程的结构类似于安装向导（Wizard）。主要的区别在于，这些连续的卡片、屏幕或对话框不需要用户在应用软件中输入内容来进行配置，其存在只是为了展示产品的功能和行为。

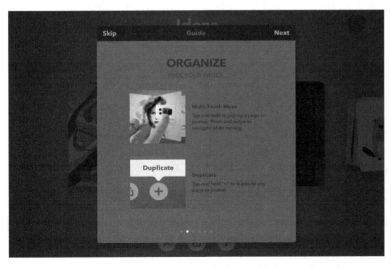

图 16-3　FiftyThree Inc.的 iOS 应用，Paper 用指导教程解释其主要特性及交互。用户滑动一组图片卡片，每一张都描述了一对不同的特性及交互方式。第一次打开应用的时候，单击公司的标志，可以打开关于菜单，从中开启教程。

OS X 在鼠标设置和触控板手势的配置中有一个有趣的变体：用户界面上不再展示一系列大致静态的图片，而被用记录着如何用手执行手势的简短、重复的视频片段替代，展示正在被配置的手势。

导览教程通常会在应用第一次运行的时候自动启动，有时如果应用软件发布的新版本有重要的新特性，也会自动启动。导览教程的每一个步骤上都应该有一个"跳过"按钮，这是很重要的，这样可以让用户不必看完所有步骤就直接进入应用。当然，最后还要有一个结束教程的步骤。教程的最后一步还要为用户提供可以手动重新启动教程的途径。

通常来说，指导教程最多不超过七步。如果浏览过程过于冗长，用户会不耐烦，记不住所看到的东西。

覆盖层教程是另一个介绍功能的方式，适合相对简单的应用，功能用教学式方法展示不是很明显。顾名思义，覆盖层就像在界面上放置了一层透明薄片，薄片上嵌入了箭头和描述性文本。最终结果是一组注释，指出了应用的关键特性或者行为，简要描述其用法（如图 16-4 所示）。

图 16-4　Snapseed 用覆盖层显示关键特性和行为。和某些使用关闭按钮覆盖层不同，Snapspeed 允许用户点击屏幕上的任意位置关闭覆盖层。第一次使用之后，仍可以在帮助菜单中访问覆盖层。

和指导教程一样，覆盖层教程通常在应用首次运行时（或者重大新版本发布升级时）启动。覆盖层教程应该包括在应用中某个地方再次启动的方式，通常是在设置菜单中，或在屏幕不起眼的角落里放一个小小的帮助图标。

如图 16-5 所示的 Zite 是一个新闻阅读应用，组合了序列导览教程和覆盖层的概念。它引导用户滑动浏览一些全屏覆盖层教程。最后在屏幕的中央会出现一个大大的"完成"按钮。

图 16-5　Zite 是一个新闻阅读应用，它将导览教程和覆盖层教程组合起来向用户介绍这款应用。随时点击菜单系统里的标签就能启动导览。

这个方法很有用，因为每个涉及的特性都能在全屏的空间上的上下文中显示出来，这样有可能让用户更容易熟悉使用方法。

库和模板

使用创建文档类应用程序的用户，并非所有人都能从头创建格式良好的文档。不过，很多应用都只给用户提供基本工具，相当于锤子、针和凿子。对某些用户来说，这就够了，但是其他用户想要更多，他们想要半成品的桌子和椅子以便直接打磨上漆。

以 Mac 上 OmniGraffle 这样的应用软件为例，如图 16-6 所示，它能让用户创建出图表、流程图和界面模型。

毋庸置疑，有些用户会从头创建图表，但是多数用户尽可能地从一些有样式的选择开始，这些选择是以布局模板（Template）的形式为用户制作的。类似地，尽管有些用户可能想要自己画箭头或星星等形状，但是大多数人还是比较乐意从预定义形状库（Gallery）中选择（OminiGraffle 称之为 Stencil）。当然，用户选择了模板后，应该可以调整。

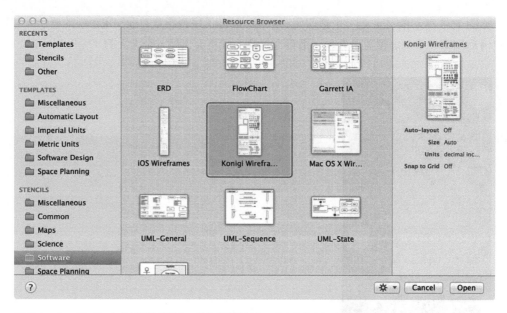

图 16-6　OmniGraffle 专业版提供模板库，既有文档模板库，也有线条和形状模板库。

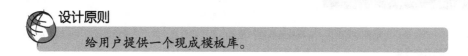

设计原则

给用户提供一个现成模板库。

有些应用程序已经给用户提供了预定义模板库（例如微软 Office 套件和苹果的 iWork 套件），但是很多软件还没有。一片空白让多数人害怕，如果用户不想处理空白文档，就别让他们面对。一个基本文档模板库就是不错的解决方案。

输入与内容区域提示

一种常见却不明显的情境帮助是"提示"（Hint）：一块小小的文本，通常用灰底，在输入字段提供简要说明或使用范例。文本可以放在输入字段的下方（通常会用小一点的字体），但更常见的是在字段获得输入焦点之前显示在输入字段内。一旦输入区域获得焦点，输入提示文本就被清除了，然后就可以输入了。这个概念被扩展后，在一些应用中流行开来，这类应用的内容区域较大，或者在屏幕中央，起初是空白的。聪明的应用不会若无其事地呆坐一旁，而是腾出手来帮用户搞清楚怎样开始，利用这个空间详细描述应该做什么。有的甚至会把一次性配置控件作为内容区域提示（Content Area Hint）的一部分，如图 16-7 所示。

图 16-7　Camera+是 iOS 的一款照片应用，第一次启动的时候，图片内容区域是空白的，它会在这里提供一些详细提示和配置控件。

向导的优缺点

向导（Wizard）是微软发明的一个习惯用法，迅速在开发者和用户界面设计师中风靡。向导带领用户进行一系列的操作步骤，以确保用户能够成功使用某一特性。向导能让用户轻松地处理复杂过程，通常用于配置应用的特性、操作系统，或者连接硬件设备等。

向导的每个对话框都会按顺序问用户一到两个问题,最后应用会执行用户请求的配置任务。尽管问题的用意是好的，但是向导连珠炮弹似的提问，会让用户觉得像是在受审问，而且违反了提供选择而不是提问题（见第 11 章）这一设计原则。

向导还有其他问题。大多数向导严格按照一步一步过程的方式编写，而不是机智地和用户对话。这种类型的向导演变成确认消息的训练。用户学会了只要点击每个屏幕上的下一步按钮就行，不用认真地分析原因。而设计不好的向导还喜欢问晦涩难懂的问题。如果在一个普通的对话框中，用户不知道 IP 地址是什么，那么他就会被向导迷惑。

某些情况下，向导是合适的。一种情况是初次配置某一硬件设备时，需要注册、激活，以及设备、服务握手等。iPhone 和 iPad 在让用户进入主屏幕之前，会开启一个简短的向导，让用户选择语言、激活各种服务。同样，Sonos 智能音箱使用向导来识别添加到全住宅（Whole-Home）音频网络上的新设备，这需要控制器检测到一个按钮被按下。

还有一种适合使用向导的情况是在线调查界面。由于问卷是一整套问题，向导能够恰如其分地将问卷分成不太让人生畏的小块，同时还用进度条鼓励人们作答。

对于其他大多数的内容来说，创建向导的更好方法是做出简单、自动的功能，不问用户任何问题。直接把活儿干完，合理地推测出（基于过往行为或使用精心调查出来的默认情形）恰当的属性和结构。然后用户可以使用标准工具，把输出改成自己认为合适的样子。也就是说，最好的向导实际上更像智能版本的库或模板。

设计向导旨在改善用户界面。但是有些情况下很多适得其反。向导给了开发者和设计师许可，把原始实现模型界面放到复杂的特性中，还若无其事地保证："我们会用向导把它们变简单"。这不禁让人想起那句放弃用户责任和易用性标准用语："我们会把它写进手册"。

工具提示和覆盖式工具提示

工具提示（Tooltip）（见第 18 章）是非模态交互式帮助的一个例子，用于桌面应用或触控笔应用非常有效。如果你要求用户解释如何完成界面任务，那么他很可能指出屏幕上的对象辅助解释。这就是工具提示发挥作用的本质，所以这种交互是十分自然的。

遗憾的是，对于移动应用来说，触摸屏不支持手指悬停。但是大多数移动应用没有足够的空间，不允许在进行主要交互时，在屏幕上显示非模态解释。移动应用对于这个难题的解决办法是将桌面风格的工具提示和移动应用的覆盖层概念结合起来，就产生了覆盖式工具提示。

覆盖式工具提示（Tooltip Overlay）通常由点击帮助按钮而触发。针对主要功能的简短、工具提示一样的标签或注释显示在当前屏幕上，每条都相邻，指向关联的控件（如图 16-8 所示）。区别在于，覆盖式工具的提示都是一起出现的，模态呈现，通常都有一个关闭按钮，点击才能关闭提示。

这种方法虽然难以抗拒，但适用于复杂的创作型应用，可以作为备忘单，帮助用户记住控件和功能。因此，该习惯用法最好不要用在欢迎界面。

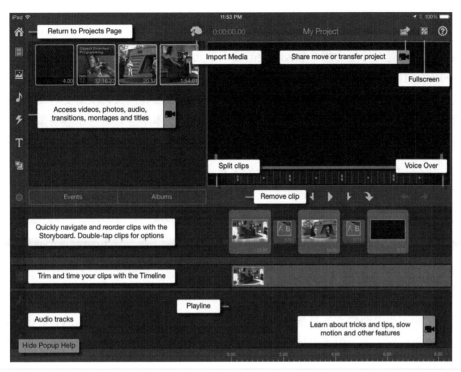

图 16-8 Pinnacle Studio 有一个覆盖式工具提示功能，称为"弹出式帮助"（Pop-up Help）。从应用的帮助菜单可以启动该功能。它们的实现模型比较有意思，因为弹出式帮助激活时仍然能继续使用应用（这和通常的情况不同）；点击左下角的按钮可以关闭。

传统的在线帮助

为初学者准备好指导教程、覆盖层教程或其他"快速开始"类型的帮助是很重要的。但更详细的传统在线帮助应该针对已经成功使用该产品想提高使用水平的用户，即中级用户而设置。

有许多特性和功能的复杂应用应该带一份参考文档，在这里，想要开阔视野的用户能够找到确切答案。许多用户倾向于用通用网络搜索引擎来寻找答案，但要确保所搜索到的网上答案是权威的。当用户从整体上研究应用的功能时，用户手册印刷版会比较舒服，但如果要快速找到特定问题的答案，印刷版就显得烦琐了，而有索引和全文搜索功能的在线帮助恰能体现出其优势。

全文搜索和索引

有了全文搜索（Full-Text Search）功能后一般会放弃索引（Indexing），因为索引需要大量工作，但还是有理由慎重考虑这个决定。全文搜索的完整度不会超过帮助文本本身，而文本内容中可能没有包含反映用户心理模型的语言。

用户需要解决问题时可能会想"怎么才能把这个单元格变黑"，而不是"怎样才能给这个单元格设置 100%的阴影"。如果帮助文本或其索引没有抓住用户措辞或思考的方式，那么帮助系统就不能起作用了。通常，在索引里，会比在帮助文本中创造这种同义词映射更容易。创建这种索引需要检查应用及其所有的特性，而不能仅仅检查帮助文本本身。这并不容易做到，因为它既要求编纂索引的人技术高超，还要精通应用的每个特性和功能。

索引项（Index Entry）集合无疑同帮助文本本身一样重要。用户会轻易地原谅编写得差的索引项，但是不能原谅该有索引项的地方却没有。创造文本和索引的时候越是采用目标导向的思维，在用户寻找答案的时候，文本和索引就越能符合用户的需求。

使用索引的杰出例子可参见艾尔玛·S·龙鲍尔（Irma S. Rombauer）和玛丽昂·龙鲍尔·贝克尔（Marion Rombauer Becker）所著的《烹饪之趣》（*The Joy of Cooking*）。它是作者用过的最完整、最强大的索引之一。

有时候，重新制作界面提高其易学性，比创造一个真正好的索引要容易。尽管好的在线帮助非常有用，通常也很关键，但那也扶不起一个设计糟糕的产品。优良的设计应该大幅降低用户对帮助系统的依赖。

概述

大多数在线帮助系统缺失的另一个组成部分是概述（Overview）。例如，用户想要知道"输入宏"命令的工作原理，帮助系统的解释是"把宏输入系统的功能"，这个解释一点用也没有。用户要知道的是适用范围、效果、力量、优势、缺陷、通用过程以及为什么非要用这个功能；与其他供应商的同类产品相比为什么要用它。要确保在前面用概述解释这些基本概念。

应用内用户指南

越来越多的软件应用在线发布用户指南，不提供印刷版手册，但参考文档的需求仍然存在。通常，设计优良的移动应用或者简单的桌面应用不需要用户指南。但是对于有一定复杂度的平板电脑创作工具，如数字音频工作站及其他专业的媒体编辑软件，或对于各类的桌面效率类软件，提供应用内用户指南（In-App User Guide）很有用，这样随时都能从帮助菜单中访问（如图 16-9 所示）。

应用内用户指南不应该是帮助的首选，而导览教程和覆盖层教程才是。相反，应用内用户指南是使用复杂功能时用来查看详细信息的。如果一个复杂的专业工具应用有内置指南，用户会很高兴，因为他们不需要再去网站找，如果指南的目录有超链接，指南本身能够全文搜索、索引良好、可打印，用户会更高兴。

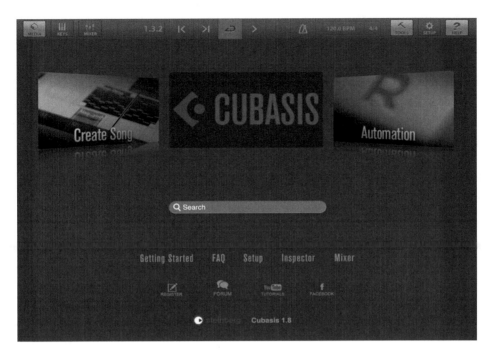

图 16-9　Steingerg 的 Cubasis 应用中有一个先进的帮助系统，既有可搜索的应用内用户指南，还有指向用户论坛和视频教程的链接。

可定制性

通常，交互设计师都会面临是否让用户自己定义产品的难题。有的用户想要按照自己的方式处理事情，而这么做明显会导致问题，因为熟悉的元素被移动或隐藏，导致导航不能用，设计师夹在用户需求和需求引发的问题之间进退维谷。而解决办法就是，换一个角度看待这个问题。

个性化

人们喜欢照自己的喜好改变周围的事物。即便是初学者都想给常用的应用贴上自己的印迹，完全按照自己的偏好来改变，使应用软件体现自己的独特品味，更遑论中级用户了。人们这么做的原因和物理世界的行为一样，会在完全相同的工位上贴上配偶和子女的照片、放上植物、心爱的油画、名言和卡通形象。

装饰诸如墙壁之类的持久对象（Persistent Object），不需要重大结构变化就能体现个性。个性化也会让人觉得某个走廊和其他十几个相同的走廊不一样，是因为这条走廊里挂着莫里茨·科内利斯·埃舍尔（M. C. Escher）的招贴画。个性化（Personalization）这个词描述的就是对持久对象的装饰或修饰。

改变屏幕上对象的颜色也是一项个性化任务。Windows 在这方面向来都很方便，允许用户单独改变 Windows 界面任一组成部分的颜色，包括桌面本身的颜色和模式，还赋予用户一项实用能力：改变系统字体。个性化是特质模态的（Idiosyncratic Modal）（本章稍后将会讨论）：用户要么爱它，要么不爱它。这两种类型的用户，设计师都必须考虑全。

个性化工具必须简单，容易使用，给用户选择的对象提供可视化预览。最重要的是，个性化必须容易撤销。如果一个对话框让用户更改颜色，也应该提供功能让用户将一切恢复为出厂设置。

个性化让人们的工作场所更亲切、更熟悉、更加人性化，让人们更乐意待在里面。软件也一样，让用户能够装饰自己的应用程序既有趣，也有可能成为实用的导航助手。

另一方面，移动持久对象会妨碍导航。如果周末后勤人员进入你的办公室，重新安排所有的隔间，你周一早晨再次找到自己的办公室会很困难。（第 12 章讨论过持久对象及其对导航的重要性。）

这明显矛盾吗？并非如此。给持久对象添加装饰有助于导航，而移动持久对象却会阻碍导航。配置（Configuration）这个词就是用来指移动、添加或删除持久对象的。

配置

配置比较适合经验丰富一点的用户。中级用户建立起有效功能的工作集以后，会想要配置界面，让这些功能更容易找到、使用。他们会为了速度和易用而调整应用，但是无论如何，自定义配置的程度都是从轻微到适中渐进的。

配置对于专家用户来说是必需的。专家用户已经不需要比较传统的导航辅助，因为他们对产品了如指掌。专家用户可能每天都花好几个小时使用该应用软件，实际上，他们的大部分工作可能都是使用该应用软件完成的。

移动工具栏控件是个性化的一种方式。多数桌面应用最左边的三个工具栏控件分别是新建文件、打开文件和保存文件，它们太常见，因此可以当作持久化对象。用户移动这三个控件既是在配置应用，也是在个性化设置。因此，配置和个性化二者之间存在灰色区域。

只要应用能完成工作，多数中级用户不能配置应用，也不会咆哮。而有些熟练用户则会觉得被怠慢了，不过只要应用软件还能按照他们预想的那样运行，他们还是会使用并且欣赏这款应用软件的。但是有时候，灵活性很关键。如果要为一个快速演变的工作流程做设计，那么最重要的是，用来支持工作流程的软件也要快速演变。

此外，企业的 IT 经理也重视配置。配置让他们能够巧妙地强制企业用户实行标准方法或者遵从标准。如果软件能够在菜单和工具栏中添加宏和命令，他们会很高兴，因为这样通用软件就能和已经建立起来的公司流程、工具和软件紧密配合了。许多 IT 经理的购买决策取决于应用程序是否能轻易地根据他们的企业环境配置。如果他们要购买一款应用软件的一万或者两万份拷贝，那么他们会理所当然地认为这款应用软件应该能够适应他们的工作方式。因此，微软 Office 应用程序成为市面上配置度最高的套装软件并非偶然。

特质模态行为

通常，可用性测试（Usability Testing）可能表明，用户在用户界面习惯用法的效用问题上，几乎平分成两半：一半用户明确偏好一种习惯用法，而另一半用户则偏好另一种用法。用户偏好明确地分成两组或更多组表明，他们的偏好是特质模态的（Idiosyncratically Modal）。

开发组织也会类似地从情感上分成不同阵营：一组成为菜单项阵营，其他开发者则是工具栏阵营。他们争吵和辩论这两个方法孰优孰劣，不过答案就在眼前：两个都用！

如果用户各有偏好的习惯用法，分成不同阵营，那么软件设计师必须都满足各个阵营的需求。不论你和你的开发者隶属哪个阵营，满足一半人而得罪另一半人，一点好处都没有。

Windows 在菜单的实现中提供了如何迎合特质模态要求的绝佳例子。有些人希望菜单能像原来在苹果麦金塔上那样：点击菜单栏项目，菜单就会出现，然后按着鼠标不放，顺着菜单往下拖动，移动到所需选项上松开鼠标按钮。而有些人觉得这个过程很难做，更喜欢拖动时不必按住鼠标按钮。Windows 满足了这种偏好，允许用户点击菜单栏项目后松开鼠标，菜单就会出现。接着，用户可以不用按着按钮，把鼠标移到所选的菜单项，再点击并松开鼠标按钮，就可以选中菜单项并关闭菜单。用户仍可按着鼠标拖动来选择菜单项。这两种习惯用法的卓越之处是，它们能够和平共处。任何用户都能二者混用，或坚持只用其中一个。不用做出选择，也不论偏好如何，它都能正常工作。

从 Windows 95 开始，微软在标准菜单行为上添加了第三种特质模态的习惯用法：用户照旧点一下就放开，但是可以沿着菜单栏拖拉鼠标，其他菜单依次自动被触发（但是这种行为没有延续到 Ribbon 用户界面）。现在，Mac 菜单对这三种习惯用法都支持，而且令人惊讶的是，三种用法和睦相处。

本地化和全球化

本地化（Localization）指的是按特定的语言和文化翻译某个应用软件。全球化（Globalization）是指让应用软件尽可能地在多种语言和文化下通用。将应用软件设计得能适用于不同的语言和文化，给设计师带来了特殊的挑战。而命令模态能够为其提供一些指导。

如直接操作和工具栏图标按钮等直接界面是习惯用法（见第 13 章），都是可视化的而非文本化的。因此，使它们全球化相当轻松。当然，重要的是，设计师应事先做足功课，确保这些习惯用法选用的颜色或符号在不同文化中没有设计师不需要的特殊意义（例如，在日本，复选框打叉可能被理解为取消选择而不是选中）。但是，通常情况下，没有隐喻意义的习惯用法对于全球化的界面来说应该相当安全。

菜单项、字段标签、工具提示等教学性提示是界面依赖语言，因此它们是本地化的主题，必须翻译成恰当的语言。在创建必须本地化的界面时，需要谨记以下几点：

- 有些语言中单词和词组比较长。例如，德语单词平均会比英语单词长很多，而西班牙语的句子往往比其他语言的都要长。要相应地安排按钮及其他文字标签的排列，尤其是在空间有限的移动设备上。
- 有些语言的单词，尤其是亚洲语言，很难按字母顺序排序。
- 不同国家使用日、月、年的顺序不同，12 小时制和 24 小时制的使用在各地也不同。
- 数字和货币中小数点的使用方式不同。有些国家逗号和句号的使用方法和美国不一样。
- 有些国家使用星期记日（例如，第 50 周表示十二月中旬），有些国家使用的历法也跟公历不同。

翻译菜单项和对话框时要从整体上考虑，确保翻译后的界面能保持整体连贯，这是很重要的，单独直接翻译的项目和标签，与其他独立翻译的项目组合起来时，可能会混乱。界面语义不仅要从宏观上不变，在细节上也应保持原义。

无障碍性

无障碍性（Accessibility）设计意味着，设计应用时应考虑到所有人的情况，无论是因为年龄、事故或疾病而有认知、感官或移动障碍的人，还是没有此类障碍的人，都能够有效使用所设计的应用。

世界卫生组织估计，全世界有 7.5 亿人有某种残疾。但是，无障碍性是交互设计中常被忽视的一个领域，在用户体验中也常被忽视。技术产品往往不能很好地服务于残障用户。

尽管并非每个应用都需要无障碍措施或进行无障碍性设计，但是可以说，大多数企业和消费应用，都有需要无障碍界面的用户。尤其有些面向罹患严重或衰弱性疾病老人或病人的应用，更需要无障碍界面。

无障碍的目标

一个无障碍的产品或服务，不管面对普通用户还是残障用户，都必须满足下列条件：

● 用户能够感知和理解所有的指示、信息和反馈。
● 用户能够感知、理解并轻易地操控所有控件并进行输入。
● 用户能够轻易地导航，并且总能知道所处界面的位置及其导航结构。

这些条件（尤其是前两个）并不需要在面向所有用户的单个用户界面中全部满足。典型的无障碍措施是设计一个单独的无障碍模式，或一系列的无障碍选项。这些选项会改变屏幕对比度和颜色、改变文本字体的大小和粗细，或者打开屏幕阅读器和声音导航系统。

无障碍人物模型

在设计的搜索和建模阶段，作为无障碍措施的一部分，可能会考虑创建一个无障碍人物模型（Accessibility Persona），加入人物模型集中。当然，创建这个人物模型最理想的方法，是采访那些因为残障而影响使用产品的用户或者潜在用户。如果该方法行不通，还有一个针对性较弱的方法，创建一个临时人物模型，来帮助把重点放在无障碍问题上。通常，无障碍人物模型会被当作次要人物模型，它除了和主要人物模型有同样需求，还有特殊需求，必须在不牺牲用户体验的前提下，解决这些需求。不过有些情况下，把无障碍人物模型当作主要人物模型能够产生突破性的产品，正如 OXO 和 Smart Design 用 Good Grip 产品做到的一样——结果表明，为患有关节炎患者优化过的厨房工具，能让所有人满意。

无障碍指导方针

设计产品，需要探索残障用户对于产品的特殊需求，以及所涉及的设计折中方案，以下 10 项指导方针并不能替代这些探索。但这些方针的确提供了合理的起点来处理无障碍应用设计。下面逐一详细讨论。

- 利用操作系统的无障碍工具和指南。
- 不能覆盖用户选择的系统设置。
- 启用标准的键盘访问方式。
- 为视觉不佳的人加入显示选项。
- 提供只有视觉和只有听觉的输出。
- 不要有闪动、闪烁、闪现等视觉元素。
- 使用简单、明确、精练的语言。
- 响应时间要能满足所有用户。
- 使用一致的布局和任务流程。
- 给视觉元素添加文本释义。

利用操作系统的无障碍工具和指南

有些操作系统为视觉障碍者提供无障碍支持，如屏幕阅读器，以及声音导航辅助，如 iOS 的 VoiceOver 和 Android 的 TalkBack。应用架构应该支持使用这些系统级工具，并且遵循设计和实施无障碍功能的用户界面指南。请记住以下几点：

- 如果按键或手势已经用于为应用程序功能激活系统级无障碍特性，你的应用程序就不应该使用这些按键或者手势。
- 打开无障碍特性时，应用要能正常工作。
- 尽可能使用标准应用程序编程接口（API）进行输入，以保证与操作系统和第三方辅助技术兼容，如屏幕阅读器等。

不要覆盖用户选择的系统设置

应用程序不应该覆盖某些系统设置，这些设置支持界面属性的无障碍选项，如颜色方案、字体大小和字形等。在默认应用设置中不需要考虑这一点，但是有些无障碍选项采用的视觉提示应该和系统一样。同样，应用程序应该接受任何系统级输入防范和设备的无障碍设置。

启用标准的键盘访问方式

桌面应用应该使用快捷键和热键（见第 18 章），以及合理的 Tab 键导航机制。用户应该能够用 Tab 键遍历整套用户界面控件和内容区域；方向键应该能让用户遍历列表、表格和菜单内容；回车键应该能激活按钮和切换。

为视力不佳的人加入显示选项

应用设置应该为视力障碍用户支持一系列选项：

- 高对比度（不低于 80%）显示选项，在白色背景下，使用显眼的黑色文本。
- 放大字体和加粗选项（最好能单独设置）。
- 如果可行的话，信息的展示还要考虑到色盲用户。
- 在默认界面中使用时，还要有减少界面元素动作和动画的选项。

此外，应用不能单靠颜色来传达数据或功能的含义，还要运用其他属性，如大小、位置、亮度、形状和/或文本标签，来将意思表达清楚。

提供只有视觉和只有听觉的输出

要以声音界面的形式，如屏幕阅读器和系统级无障碍服务，给视觉障碍用户提供便利。应用程序还要为听觉障碍用户支持冗余视觉和听觉反馈。通常，视觉障碍用户使用的界面以单独应用的模式实现，对听觉障碍用户的支持，通常可以在标准 UI 中，通过精心设计标准用户反馈机制来管理，以同时包含声音和视觉元素。

不要有闪动、闪烁、闪现等视觉元素

这条建议不言自明。闪光或其他形式的闪烁，速度超过每秒两次（2Hz），就会让视觉障碍用户晕头转向，还会导致患有癫痫及其他脑部紊乱症状的病人疾病发作。此外，对其他人来说，这也是很恼人的。自动滚动文本及其他动画，会给视觉障碍用户带来困难，让他们陷入混乱。

使用简单、明确、精练的语言

这个建议也很直白，不需要过多解释。这是无论如何都要做的事情。界面上的文本标签和指示性文本越短、越简单（只要描述恰当），就越容易学会和使用。

响应时间要能满足所有用户

允许用户选择较长的响应时间。根据经验来看，较长的持续时间约是应用程序中当前平均响应时间的 10 倍，包括简短通知从发出后的持续多长时间。该原则也适用于任何动作的计时器。通常情况下，除非确有足够理由（如安全问题），最好不要给动作设定超时时间，如果非要设定的话，也要允许用户自己调整。

使用一致的布局和任务流程

这也是一个对所有用户有利的建议。对于具有认知、运动神经或者视觉障碍的人来说，如果只需要记住并使用一种导航和动作范式，而不是几种不同的甚至相互矛盾的范式，那么就得到了最佳服务。想一想，只用一个按键就可以完成界面导航，多么方便，尝试保持导航方式在所有视图和面板中尽量一致。

给视觉元素添加文本释义

最后，确保桌面应用或者网页上的任何纯视觉元素或控件都标注了文本，以便屏幕阅读器能够清晰地读出来。例如，微软 Windows 就有隐形的工具提示，屏幕阅读器能把它们读出来。在默认应用中，用户是看不到这些提示的。

同样，网页界面给视觉元素添加标签，这也很重要。这样，如果人们使用文本浏览器、基于浏览器的声音阅读器，以及其他基于网页的无障碍工具时，能理解这些元素的含义。

第 17 章

整合视觉设计

互动设计师需要花费大量精力理解产品的用户，还要花时间雕琢界面的行为和内容的呈现，帮助用户达到目标。不过，如果没有投入大量工作清晰地告诉用户有哪些内容，如何与内容交互，那么上述努力就白费了。对于交互产品，这种沟通几乎总是视觉的，借助显示器完成（就定制硬件而言，也可以通过物理属性来传达某些产品行为）。

本章将讨论有效的目标导向视觉界面设计策略。第 3 部分将提供更多关于具体交互与界面习惯用法的细节。

视觉艺术与视觉设计

美术从业者和视觉设计从业者有着共同的视觉媒介。不过，尽管二者必须熟练掌握并十分了解该媒介，但他们的工作目的不同。艺术是围绕情感或者思维关切的主题，是向艺术家，有时向社会总体表达自我的方式。给艺术家强加的限制很少，艺术家努力打造的产品越非凡独特，价值就越高。

但另一方面，设计师的目标往往是创造具有特殊用途的人工制品，供目标人群使用。当代艺术家的首要关切是表达自我，而视觉设计师的重点则是清晰沟通。凯文·米莱（Kevin Mullet）和达雷尔·萨诺（Darrell Sano）在《设计视觉界面》（*Designing Visual Interfaces*）一书中指出："设计关注的是发现最适于传达某些具体信息的呈现方式。"按照目标导向的方式，视觉设计师应该努力以易于理解和使用的方式来呈现行为和信息，来达到支撑组织的品牌目标及人物角色的目的。

要清楚，该方法没有排除美学关注，而是把这些关注放到目标导向的框架里。尽管视觉交流总是牵涉某些主观判断，但我们努力缩小品味差异。我们发现，清晰地阐述用户体验目标和商业目标，对于设计界面中用以支撑品牌身份、用户体验和情感响应的部分来说，是宝贵的基础（本能处理可参阅第 3 章）。

视觉界面设计元素

根本上，视觉界面设计关注的是如何处理和安排可视元素，传达行为和信息。视觉构成中的每一个元素都有多种属性，例如形状和颜色，共同创造含义。这些属性应用于各种元素的方式（以及它们随着时间和交互而变化的方式）让用户理解内容和图形界面。例如，如果两种界面对象颜色相同，用户会认为二者有关或者相似。如果两个对象颜色相反，用户会认为对象有某些类别差异。人类可以通过不同的视觉外观区别对象，视觉界面设计正是利用了这一点，从而创造出比单纯使用文字更加丰富的含义。

雕琢视觉界面时，请谨记以下要素。

情境，情境，情境

每一份视觉设计指南都要考虑其使用情境。用户是否在上方有光源的大屏幕桌面电脑上处理信息工作？用户是否站在黑暗的屋子里扫描屏幕，寻找一丝生物学细节？用户是否在刺眼的阳光下，手持你的设计，穿梭于一座城市？是否依偎在沙发上，消磨时间？如同传达品牌一样，必须把使用背景当成限制视觉设计的给定条件，

形状

物体是圆的、方的还是变形虫一样的？形状是人们识别一个对象的首要方式。人们倾向于通过轮廓来识别对象。菠萝的侧影，即便带上蓝毛质地，依然可以看出来是菠萝。不过，分辨不同的形状，比分辨其他的属性，如颜色和大小等，需要更高层次的注意力。这就意味着，如果你的目的是抓住用户的注意力，形状并不是形成对比的最佳属性。看一眼苹果 OS X 的 Dock 栏，很容易误选：把 iTunes 图标当成 iDVD 图标，或者在 iWeb 中把照片误当成 iPhoto，在对象识别中，形状这个因素不是主要的。上述图标形状不同，但大小、颜色和纹理相似。

大小

物品在屏幕上相对于其他项目是大还是小？较大的物品吸引的注意力更多，它们比周边相似物体大得多时尤为如此。大小还是有序（Ordered）和量化（Quantitative）的变量，也就是说，人们自动按照物体的大小排序，倾向于给这些差异赋予相对数量。例如，如果有四种大小的文本，我们会认为越大越重要，加粗的内容比正常内容更重要。因此，大小属性在传达层级关系时很有用（稍后细谈）。大小差异足够大的话，完全可以迅速吸引注意力。但要注意，使用大小可能增加成本。雅克·贝尔坦（Jacques Bertin）在其经典著作《图形符号学》（*The Semiology of Graphics*）中，认为大小是解离（Dissociative）属性，这就意味着，如果某物体非常大或者非常小，区别物体就很难用得上其他元素，如形状等。

颜色

尽管多数人谈论颜色很随意，但设计师在考虑界面颜色时必须非常精确谨慎。任何选择都应该首先考虑用户的目标、环境、内容和品牌。然后才能考虑界面颜色色值（Value）、色调（Hue）与饱和度（Saturation）。

色值

颜色是深还是浅？当然，一个物体只有与背景相比较，其深浅概念才有意义。放在深色背景中，深色类型就很模糊，但放到白色背景中，深色就很明显。和大小一样，色值可能是解离的。例如，如果照片太暗或者太亮，就很难看到照片的其他细节。人们能够迅速轻易地发现色值的对比，因此，对于必须突出的元素，色值是吸引注意力的好工具。色值也是有序变量，例如，地图上的低值（更暗）颜色很容易被解释为深，或者较深，或者人口密度较大。

色调

颜色是黄色、红色还是橙色？色调的巨大差异能迅速吸引注意力，但用户往往对色调有多重联想。在某些行业，色调有特殊含义，我们可以利用。例如，会计认为红色是负，黑色是正；证券交易员认为蓝色是"买"，红色是"卖"（至少在我们熟悉的西方体系中）。颜色还从我们所成长的社会背景中取得含义。对于从小就成长于交通信号中的西方人而言，红色意味着"停止"，有时甚至代表"危险"，但在中国，红色代表好运。同样，西方把白色与纯洁、和平联系起来，但在亚洲则与葬礼、死亡有关。色调与大小和色值不同，内在不是有序或量化的，因此并不适合传达此类数据。

界面上最好明智地使用颜色来传递重要含义。要创造让用户跟踪隐含含义的有效视觉系统，应该使用有限数量的色调。颜色像调色板一样拥挤在一起的"嘉年华效应"会让用户不堪重负，限制沟通。界面品牌和沟通需求之间也会出现色调冲突，视觉设计师要用才华，避开这些陷阱（还得擅长沟通交际）。色调比较棘手，因为普通大众中色盲很常见，而且色盲有很多种。

饱和度

色调鲜艳还是黯淡？是像春天的花朵，还是灰色的石头？饱和度吸引注意力的方式与色调和色值相仿，即，对比强烈发挥作用。在一片苔藓绿的物体中，蔚蓝色会脱颖而出。饱和度是量化的，较高的饱和度与较高色值密切相关。虽然饱和的颜色表示兴奋、生机，但也会带来喧闹、刺耳之感。如果调色板上过于饱和，上述的"嘉年华效应"会恶化，与实际内容喧宾夺主。

HSV 结合

色调、饱和度和色值三个值两共同描述了界面的任何颜色，该模式称为 HSV（另一个常见系统 RGB 让设计师指定给定颜色的红、绿、蓝的值）。设计师应该谨慎使用三个变量的对比及其与整个调色板关联的方式。

方向

物体朝上、朝下还是指向侧面？当需要传达方向信息（向上还是向下，向前还是向后）时，这是又一个可以使用的有用变量。不过，某些形状或者尺寸太小，方向就很难观察，所以最好当成次要沟通向量使用。例如，如果想要在一幅图中显示股市下挫，可以使用朝下的箭头，不过箭头还可以标成红色。

纹理

粗糙还是平滑？规则还是不规则？当然，屏幕上的元素并没有真正的纹理，但可以有纹理外观。纹理很少用来传达不同或者吸引注意，因为纹理需要大量注意力来分辨。传达纹理还需要更多像素、更高色彩分辨率。不过，纹理能够成为重要的能供性（Affordance）信号。看到物理设备上的橡胶纹理区域，我们会认为这里可以抓握。用户界面（UI）元素上的褶皱或者隆起一般表示可以拖曳，按钮上的斜面或者阴影使它看上去可以点击。

目前流行的"扁平化"设计导致使用纹理或者拟物化逐渐减少。但我们发现，即便在高度极简的设计中，恰当地使用少量纹理也能够大幅改善用户界面的易学性。

位置

物体相对于其他元素的位置在哪里？就像大小一样，位置是有序和量化的变量，这就意味着有利于传达层级消息。

我们可以利用屏幕的阅读顺序连续定位元素。对于西方读者而言，最重要或首先使用的元素放在左上角。位置可以用来在屏幕上的物体之间、物理世界的物体之间创造空间关系，常用在医学或者驾驶界面。

空间关系还可以反过来暗指概念关系：屏幕上聚集在一组的项目可以当成是相似的。使用空间位置来表达逻辑关系可以通过动作进一步增强。在 iOS 的 E-mail 应用中，从收件箱过渡到单个邮件的水平动画加强了逻辑层级，而逻辑层级被用来组织该应用。

文字与版面

文字几乎是所有用户界面的关键组成部分。书面语言传达了高度密集的细微信息，但恰当使用文字必须小心，因为文字也有很大的可能导致混乱、复杂。优秀高效的版面本身是一个研究领域，但下面有一些不错的经验法则。

人们主要通过形状来辨识文字。形状越清楚，文字越容易辨识，所以全部大写的文字比大小写混合的文字难以阅读，看起来也非常吵闹。在大写文字中，缺失了常见的模式匹配暗示，所以需要付出更大的注意力来解读这些文字，应避免在界面中全部使用大写。

 设计原则

> 表明这是什么，用视觉；明确这是哪一个，用文字。

必须在界面阅读文字时，应采用以下指南：

- 使用高对比度文字——确保文字与背景形成对比，不要使用可能影响可读性的互补色。通用规则是采用 80% 的对比度。
- 选择恰当的字体和大小——一般来说，Verdana 或 Tahoma 等清爽的无衬线字体最适于阅读。Times 和 Georgia 等衬线字体在屏幕上会显得"毛茸茸"，但可以使用超高分辨率屏幕、足够大的字号以及次像素平滑技术来缓和这个问题。多数情况下，低于 10 像素的字号很难阅读。如果必须使用小字号，通常最好使用锯齿无衬线字体。
- 简洁地组织文字——使用最少的文字清晰地传达含义，从而让文字易于理解。还要避免使用缩写。如果必须使用缩写，试试使用标准缩写。

信息层级

用户面对视觉界面时，会经历一个下意识的过程：评估界面上最重要的对象或者信息，这些可见内容和控件之间有什么关系。为了让用户的解码过程迅速轻松，视觉设计师创造了信息层级，使用视觉属性的差异（大对小，明亮对黑暗，上对下等）来给界面分层。对于暂时式应用，信息层级应该非常明显，在特定布局中，不同"级别"的重要性形成鲜明对比。对于独占式应用，信息层级可能更加难以察觉。

动作及其随时间的变化

本节所述的任何元素会随时间而变化，以传达信息、不同部件之间的关系，吸引注意，缓和不同模式之间的过渡，确认命令效果。例如，桌面 Mac OS 上，元素很少简单地出现和消失。点击 Dock 上的应用程序以后，程序会跳动，确认已经收到命令，应用正在加载。最小化窗口不会让程序消失："精灵"似的动画使程序收缩变形，滑动到 Dock 上的缩略图位置。动画确认最小化命令已经收到，告诉用户最小化的窗口放在哪里，等待着用户再次召唤。掌握组件（尤其是移动）如何随时间变化，对于视觉界面设计师很重要。

视觉界面设计原则

人脑是一台强大的模式识别计算机，理解着目光所及之处轰炸着我们的高密度视觉信息。人脑通过观察可视模式，找出所见事物的重点，管理流入眼睛的海量信息。例如，设想手动计算投出去的棒球轨迹，预测它会落在哪里，除了一支笔一张纸，还需要一套公式，以及测量球的路径、速度、重量和风。但我们的眼睛和大脑一起瞬间就完成了，甚至没有做出有意识的努力。为了最有效地向用户传达应用程序的行为，视觉界面设计师应该利用用户这种先天的视觉处理能力。

一章内容不足以容纳视觉界面设计这个主题。不过，某些重要的原则有助于我们将视觉界面设计得更加吸引人、更加易用。正如本章前面所述，米莱和萨诺对这些基本原则进行了易于理解和详尽的分析。我们再次总结了部分最重要的视觉界面设计概念，让你能投入使用。

视觉界面应该做到如下几点。

● 传达风格/传播品牌。
● 带领用户厘清视觉层级。

- 在组织的每个级别提供视觉结构和涌流。
- 在特定屏幕上告诉用户能做什么。
- 响应命令。
- 把注意力吸引到重要事件上。
- 建立有凝聚力的视觉系统，保证体验一致。
- 最小化视觉工作量。
- 保持简单。

接下来详细讨论每一种原则。

传达风格/传播品牌

交互系统日益成为顾客体验品牌的主要途径。尽管品牌考量从来不应该比用户目标更重要，但有效的界面应该体现产品线和机构的品牌承诺。Photoshop 与 Creative Suite 相似，与 Adobe 的品牌一致。Outlook 与 Office 套件的其他产品相似，有助于使微软与竞争产品区分开来。

因此，在开始着手界面设计之前，有必要理解品牌承诺。如果企业没有清晰地表达出品牌承诺是什么，就很棘手。在营销和广告材料里很少清晰地传达出来，年轻或者较小的企业或许没有机会发现品牌承诺到底是什么。而规模较大的上市公司几乎总有营销或者设计部门来提供品牌风格，或愿意与交互设计师共同构建。

Cooper 与客户一起，挖掘出体验属性。体验属性是一组形容词，可以用来一起描述应该如何感受产品或者服务的任何交互（第 5 章讨论了如何创建这些属性）。这些属性往往展示成"词云"，包括较小的词，帮助变化属性词性或者消除歧义。一旦确定了，这些属性就成了界面设计的一组指南。多数时候，这直接影响视觉设计，但也可以用来指导交互设计师在功能相似的设计之间做出决定。

这些属性有时在文字之间表达张力。例如，"安全"和"灵活"可能在同一个云里。这些张力有用，因为早期样式研究能够优化一两个体验属性。这就反过来更加容易与利益相关者区分和讨论，展示每一个属性与品牌的关系。

带领用户厘清视觉层级

在看到任何一组视觉元素时，用户会下意识地问自己"这里什么重要"，接着几乎立刻就是"这些东西有什么关联？"我们必须保证，用户界面要通过创建层级和建立关系，来回答这两个问题。

根据场景，确定哪些控件和数据是用户需要立刻理解的，哪些次之，哪些只是偶尔需要用到。这种排列贯穿了视觉层级。

接下来，使用基本视觉元素（位置、颜色、大小等）区分层级级别。最重要的元素可以大一些；色调、饱和度和/或色值相对于背景对比强烈一些；位置放在上面，相对于其他项目缩进或者悬垂。不太重要的元素可以降低相对于背景的饱和度、色值和色调，更小一些，与其他项目的对齐保持一致。

当然，应该克制地调整这些属性，因为最重要的元素并非必须大、红、悬挂缩进，往往改变其中一个属性就行了。如果发现两个重要程度不同的项目争夺注意力，"调低"不重要的往往更好，而不是"调高"重要的那个。这就留出了足够的空间，可以强调关键元素。这样想一想：如果一屏上每个字都是红色粗体，哪个能凸显出来？

在视觉界面设计中，建立清晰的视觉层级更加困难。这需要技巧和才华才能保持整体样式，优化信息密度，尊重特定屏幕的需求。尽管用户几乎从未留意良好的视觉层级，但糟糕的视觉层级立马就能跳出来，引发混乱和困难。

建立关系

为了传达元素间的关系，需要回到场景中找到哪些元素间存在相似的功能，哪些元素经常被同时使用。经常同时使用的元素在空间上可以组织在一起，减少鼠标移动。一些不必同时使用但具有相似功能的元素，即使没有在空间上组织在一起，也可以在视觉上组织在一起。

在空间上组织在一起，可以让用户清晰地知道这些任务、数据和工具是有关联的，也可以向用户暗示在这里存在顺序关系。按位置来组织也需要考虑任务和子任务的顺序，以及人眼扫描屏幕的习惯，西方语言基本上是按照从左到右、从上到下的顺序（我们将在本章后面详细讨论这一点）。

位置接近的元素通常也是有关系的。在很多界面中，分组做得非常笨拙，入目之处，边框充斥，有时甚至一两个元素也分成一组。很多情况下，只需相邻元素之间设定不同的距离，就可以有效地实现分组。比如在一个工具栏中，每个按钮之间可能相距 4 个像素。要将操作文件的命令（比如打开、新建和保存等）分成一组，只需在文件操作组和其他组之间留出 8 个像素的间距即可。

给不相邻的项目分组，只需赋予共同的视觉属性即可，形成一种模式，最终为用户呈现出含义。例如，HTML 中标准的蓝色链接让用户很容易就能解析屏幕上与此内容相关的导航选项。

决定了要分成哪些组，以及如何在视觉上最好地传达出来，接下来就要考虑组和组之间的区分度有多大，一个组显示在显示器上需要多醒目。

眯眼测试

要确保视觉界面设计有效地采用了层次和关系，一个好方法是使用图形设计师所说的"眯眼测试"（Squint Test）。闭上一只眼睛，眯着另一只眼睛看屏幕，看看哪些元素突出、哪些元素模糊，哪些元素看上去分组了。改变角度总能发现此前未曾发现的布局和构成问题。

在组织的每一层提供视觉结构和流

把用户界面看作由视觉元素和行为元素组成，比较有用。这些元素按照分组来使用，分组又被组织成窗格，窗格又分组成不同的屏幕、视图或页面。如前所述，可以依据间距或者其他视觉属性进行分组。独占式应用程序可能存在多个结构层次。因此，务必保持清晰的视觉结构，这样用户根据自己的工作流程要求，可以很轻易地从界面的一部分导航到另一部分。后面的几节将描述几种有助于实现明快的视觉结构的重要属性。

对齐到网格

对齐视觉元素很重要，它是设计者帮助用户有组织而系统地体验产品的一个重要途径，分组的元素应该水平和垂直对齐（如图 17-1 所示）。一般来说，屏幕上的每个元素都要尽可能和其他的每一个元素对齐。应该谨慎做出不对齐元素的决定，始终要实现特定的差异化效果。设计师尤其应当注意如下方面。

图 17-1　Adobe Lightroom 非常有效地运用了对齐到布局网格。文本、控件和控件组都严格对齐，原子间距网格完全一致。这里应该注意，控件和控件组若采用右对齐可能不利于浏览。

● 对齐标签——控件的标签垂直堆放时要同侧对齐，除非标签的长度差异巨大，左对齐比右对齐更便于用户浏览。

● 一组控件全部对齐——相关的复选框、单选按钮或文本字段组都应该按照规则的网格对齐。

● 控件组和窗格之间要对齐——控件组和其他屏幕元素组都应该尽可能使用同一个网格结构来对齐。

网格系统（Grid System）是视觉设计者最有效的设计工具之一。在第二次世界大战后该系统在瑞士排版人员中开始流行，为布局提供了统一且一致的结构，对于设计视觉层次较多和功能上较为复杂的界面特别重要。在交互设计师定义应用的整体框架和用户界面元素（参见第 5 章）之后，视觉界面设计师应该把布局"规则化"到网格结构中，适当地强调高层次的元素和结构，并为低层次的元素或者次重要的控件留出适当的空间。

通常，网格将屏幕分成多个大的水平和垂直区域（参见图 17-2）。精心设计的网格采用原子网格单位（Atomic Grid Unit），代表元素间的最小间距。比如，如果你的原子单位是 4 个像素，则屏幕元素和组之间的距离也应该都是 4 个像素的倍数。

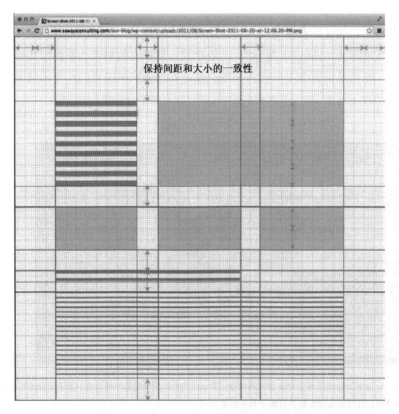

图 17-2　这个示例布局网格规定了网站使用的各种屏幕区域的大小和位置。该网格保证了不同屏幕之间的整齐一致，还降低了设计师布局屏幕的工作量，也减少了用户为阅读和理解屏幕所做的工作。

理想情况下，网格系统中，不同大小的屏幕区域之间应该保持一致的关系。这种关系一般指比例。以下是三种常用比例：

- 著名的"黄金分割"，也称为"PHI"（大约是 1.61）。黄金分割在自然界中广泛存在，在人眼看起来尤为悦目。
- 2 的平方根（大约是 1.14）是国际纸张尺寸标准的基准（A4 纸）。
- 4:3 是大多数计算机屏幕采用的尺寸。

当然，必须在理想的几何关系与具体的空间需求之间取得平衡。空间需求应视呈现在屏幕上的功能和信息而定。即便完美地采用了黄金分割比例，但空间不够，各种元素挤在一起，也无助于改善屏幕的可读性。

良好的布局网格是"模块化的"（Modular），也就是说，应该足够灵活，可以应对必要的变化，同时尽可能地保证一致性。正如设计中的其他事物一样，既简洁又一致是最合意的。如果屏幕上的两个区域要求使用差不多大的空间，那么就设成完全相同。如果两个区域需要不同大小，那就做成明显的不同。如果网格的原子单位太小，网格就会变得复杂而难于识别。细微的差异就会让用户感觉不稳定（尽管他们可能也不太清楚为什么会有这种感觉），最终会导致网格不能发挥其本来的功效。

这里的关键在于布局上要明确，差不多一个正方形是不行的，差不多是个双矩形也是不行的，几乎是黄金矩形也不行。如果你要做的布局大小差不多是屏幕的几分之一，比如一半、三分之一或五分之一，那么就调整布局，精确到屏幕的半个、三分之一或者五分之一。一定要让这种比例很突出、干脆且明确。

在视觉界面设计中运用网格系统可以带来如下好处：

- 可用性——由于网格会使元素的位置更加规则，用户可以快速学会如何找到关键的界面元素。如果屏幕的标题部分始终精确地出现在同一个位置，用户就无须思考或者浏览界面。一致的间距和定位可以辅助人们内在的视觉处理机制，设计良好的网格可以极大地提高屏幕的可读性。
- 美学上吸引人——精心运用原子网格，在屏幕的不同区域之间建立好适当的关系，这样的设计可以创造出一种井井有条的感觉，使用者会感觉到舒服。
- 提高效率——将布局标准化可以减少创造高质量的视觉界面所需的工作量。我们发现，在设计优化阶段尽早地定义并采用网格，可以减少界面设计的迭代（Iteration）修改。在精心定义的网格系统下进行设计，可以方便地修改和扩展，如果需要变更，也能让开发者做出最合适的布局决策。

创建逻辑路径

除了要精确地遵从网格，布局上也必须正确地构建出高效逻辑路径，让用户可以沿着这个逻辑路径与界面互动（如图 17-3 所示）。必须考虑到人们眼睛阅读的习惯是从上到下、从左到右（对于按此顺序阅读的西方人而言）。

好的逻辑路径
眼睛移动匹配界面的路径

差的逻辑路径
一切充斥屏幕

图 17-3　眼睛在界面上移动应该形成一个逻辑路径，让用户有效地达到目标完成任务。

界面元素平衡

完美对称的界面缺乏层次感，无法鼓励用户的眼睛在屏幕上流动。平衡的不对称为屏幕和主要屏幕区域提供了视觉入口点。有经验的视觉设计师擅长通过控制各个元素的视觉重量来实现不对称平衡，就像在跷跷板上平衡不同人的重量一样。不对称设计在用户界面上很难达成，因为白色空间在屏幕空间限制非常显眼。眯眼测试可以再次被用于查看显示器是否看起来不平衡。

在特定屏幕上告诉用户能做什么

用户首次看到一个屏幕或者一个功能，会寻找视觉设计帮助他决定能在屏幕上做什么。这就是第 13 章讨论的能供性原则。能供性分解成设计布局的空间和内容分类、图标、视觉符号，以及在可能时预览视距效果。

使用图标

除了其功能值，图标在传达期望的品牌属性时也发挥重要作用。如果是为孩子设计网站，醒目、动画式的图标可能非常棒，而效率类应用程序则使用精确、保守渲染的图标更适宜。不管风格如何，都应该一致。如果某些图标使用粗黑线条和圆角，其他使用细细的有角线条，视觉风格就不匹配。

图标设计和渲染本身是一门技艺。以低分辨率渲染图像需要大量时间和练习，最好留给受过训练的视觉设计师。从认知角度来讲，图标是一门复杂的主题，所以这里我们只强调几点关键之处。如果你想了解更多如何才能做出可用的图标，强烈推荐威廉·霍农（William Honon）的 *The Icon Book* 一书，尽管书中的例子有些过时，但是其中原则在今天仍然非常适用。

传达功能感

设计代表功能或向对象执行操作的图标带来了一些有趣的挑战。最重要的一项挑战就是要用图标的视觉语言代表抽象的概念。在这种情况下，最好依赖习惯用法，而不是向用户强加无法理解的抽象表示方法，还可以考虑增加工具提示（参见第 18 章）或者文本标签。

对于一些更显而易见的具体功能，可以运用以下指导原则：

● 同时表达动作和动作施加的对象，以增进理解。名词和动词结合在一起比单独用动词更易被人理解（例如剪切命令用一篇文档上加一个 X，比单纯使用剪刀这种隐喻图像更便于理解）。

● 小心使用与目标用户想象中不同的隐喻和表现方式。例如，在西方社会中伸出大拇指的手势表示 "OK"，让人觉得是表达同意的合适方式，但在中东（或者其他地区）的文化中，这个手势是冒犯人的，因此在任何国际化应用程序中都不应使用这个图标。

● 在视觉上将相关功能分组．以提供空间上的使用情境。如果不行，就使用颜色或其他的视觉主题提供使用情境的信息。

● 保持图标简单，避免过多的视觉细节。

● 尽可能重用元素，这样用户只需要学习一次。

将视觉符号与对象关联起来

多数应用程序在用户的工作流程中需要视觉符号来代表对象。例如，在照片管理应用中，每一个图像文件都由一个缩略图代表。当这些符号不具有表达性或隐喻性时，就可以采用习惯用法（习惯用法的作用详见第 13 章）。可以仅使用文本来代表这些对象，例如文件名，但独特的视觉符号可以帮助用户快速在屏幕上找到目标。为了建立符号和对象之间的关系，在屏幕上尽可能用该符号来代表对象。

设计师必须注意让视觉上不同的符号代表不同的对象类型，在一个布满相似图标的屏幕上辨认某个特定图标与在一堆文字里辨认某个字一样困难。还有一点非常重要，即在视觉上区分（产生对比）行为不同的对象尤其重要，例如按钮、滑块和复选框。

设计原则

　行为不同的元素要在视觉设计上明显区分。

简单地渲染图标和视觉符号

彩色屏幕的图形能力通常分辨率很高，这诱惑着人们用越来越多的细节渲染图标和画面，几乎达到和照片差不多的质量。但是，这种趋势最终并没有服务于用户的目标，特别是对于效率类的应用。图标必须保持简单和示意性，使用最少的颜色和阴影，保持适当大小。

充分渲染的图标虽然很好看，但可能因几条原因而失败。这种图标不恰当地将注意力引向了它们本身。小尺寸时显示效果不佳，这意味着要使它们易于辨认，必须占据更多额外的屏幕空间。另外，它们也使界面在视觉上不紧凑，因为仅有一小部分功能（多与硬件相关）能够用这样具体的写实照片风格的图像来代表。

尽可能预览视觉效果

不要只用文字描述界面功能的结果（当然更不能一点描述也没有，这样更糟），要用视觉元素向用户传达结果是什么。不要把这一点与能供性上使用的图标混为一谈。除了用文本表示设置和状态，还要采用说明性的图片或图标传达行为。虽然可视化往往会占用更多的空间，但占用的这些像素换来了清晰的表达，是值得的。近年来，微软已经意识到了这一个事实。例如，在 Word 对话框中除了使用文本控件，也开始将含义可视化了。Photoshop 和其他图像处理软件早就用缩略图预览视觉处理操作的结果。

 设计原则

　从视觉上传达功能和行为。

图 17-4 中微软 Word 的打印预览显示了在当前纸张大小和页边距设置下，打印出来的文档是什么样子。很多用户难以把 1.2 英寸左边距视觉化，而预览控件就显示出来了。微软还应更进一步，除了在预览控件中输出，允许直接输入，让用户拖动图片的左边距，会观察到滑块的数值增大和减小。相关联的文本字段依然重要——不能直接用视觉符号代替。文本显示了设置的精确值，而视觉控件可以准确地描述结果页面的样子。

响应命令

通过滑动、敲击或者点击执行一个命令后，用户需要看到某种响应，直到确认系统"听到"他们。某些情况下，输出是及时的。用户针对某些选定文本选择了新的字体，文本立刻变化，显

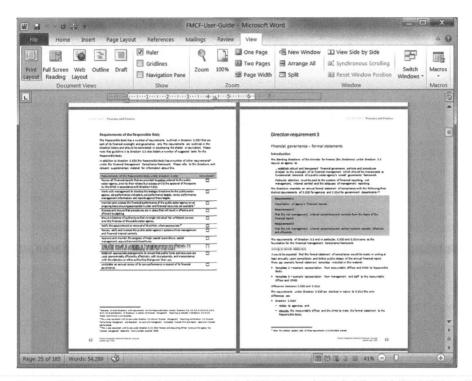

图 17-4　微软 Word 打印预览是个视觉表达应用程序功能的好例子。有了这个功能，用户就不必猜测 1.2 英寸的页边距有多大，在这个视图上用户可以轻松容易地看到不同尺寸的页边距的大小差异。

出新样子。这种响应除了工具本身，不需要额外的视觉设计。

如果响应耗时超过十分之一秒，但不超过一秒，就需要提供细微的视觉线索，告诉用户已经收到命令，完成时再提供另一个线索。

如果响应耗时达到十秒，就必须提供某些线索，告知用户这一轻微延迟，表示过程正在运行，常见的是使用某种循环动画和估计使用的时间。常见的例子是在网页上方显示一个能快速载入的像素进度条。

如果一个过程耗时超过十秒，最好显示提示，解释延迟的原因，另外再显示一个运行进度更新，让用户知道过程正在后台继续，过程完成后再配上有礼貌的提示，这样用户就可以返回任务。

把注意力吸引到重要事件上

较老的软件被当做工具，用户需要四处寻找来发现重要的系统事件。但更加目标导向的软件会积极向用户提供这些信息。智能手机上的通知栏就是体现这一原则的例子。只需看一眼，用户就知道他还有两局游戏，而对手已经走完了，来了几条新短信，还有几条社交提醒需要查看。

吸引注意力的工具涉及人们的基本观察力，都建立在诸如大小、颜色、动作等对比之上。把想引起注意的东西做得与众不同，就会吸引注意。这听起来简单，但需要解决两个挑战。

首先是吸引注意力的机制不在我们有意识的控制之下。这一点有意义，因为要考虑到，这种机制的演变是提醒我们环境突变。所以在屏幕上用强烈的对比来呈现，就能把用户从现有的工作中吸引过来。但如果误用，就会显得粗鲁（参见第 8 章）。网页早期导出闪烁的丑陋标签就是典型例子。闪烁对象会非常强烈地吸引我们的注意力，很难注意到其他东西。

其次的挑战是，很难在保持注意力信号有效的同时还保持体验一致。如果你的应用想要静悄悄的气质，虽然响一声喇叭能吸引用户注意，但也就打破了应用的承诺。

最小化视觉工作量

界面上的视觉噪音一般是由过多的视觉元素造成的，这些多余的视觉元素将人们的注意力从那些传达能供性和信息的主要对象上转移到他处。用户界面也是如此。视觉噪音有多种形式：

- 过分的装饰。
- 没有增加任何信息的 3D 渲染。
- 过度使用标尺、用户分离控件的元素视觉上"过重"。
- 元素拥挤。
- 颜色、纹理和对比过于密集。
- 使用太多颜色。
- 无力的视觉层级。

混乱的界面试图在一个有限的空间中提供过多的功能，结果会导致这些控件在视觉上互相干扰。视觉上过分装饰、混乱或者拥挤的屏幕都会加重用户的认知负荷。

保持简单

一般说来，视觉界面应该极简，例如使用简单的几何形状、有限的色盘。颜色应该以较为不饱和的颜色或者中性颜色为主，可以适当加入一些高对比度的颜色，用以强调重要信息。在同一个界面中，版式也不应有较大的变化：通常有一个或者两个字体，有几种不同的大小，对于多数应用程序就足够了。

不必要的差异是可用且一致的设计的大敌。如果两个元素之间的间距几乎一样，那就为这个间隔做成完全一样的；如果两种字体的大小差不多，那就调整一下，做成完全一样的大小。任何元素之所以存在都要有足够的理由，任何差异之所以存在也要有足够的理由。如果没有足够的理由，就干脆放弃这个元素或者消除差异。

优秀的视觉界面和任何优秀的视觉设计一样，在视觉上应该是高效率的。它们让最少的视觉和功能元素发挥最大效能。为了测试某个元素是否有用或者是否多余，图形设计者和工业设计者常常使用一种方法将这个元素去掉，试验对预期信息的清晰度有多少影响。

 设计原则

删减东西，直到破坏了设计为止，再把最后去掉的东西加上。

飞行员兼诗人 Antoine de Saint-Exupéry 曾说过："完美不是加无可加，而是减无可减。"创作界面时，必须不断地简化视觉。

驱动简洁的另一个相关概念是杠杆（Leverage），即在界面中使用一个元素来表达多重相关的意图。例如在微软的 Windows 8 中，窗口上方标题栏左侧有个小图标（参见图 17-5）。它一方面用来表示窗口的内容（比如是文件浏览器窗口还是 Word 文档），另一方面还提供控制该窗口的一些功能，比如最小化、最大化及关闭。

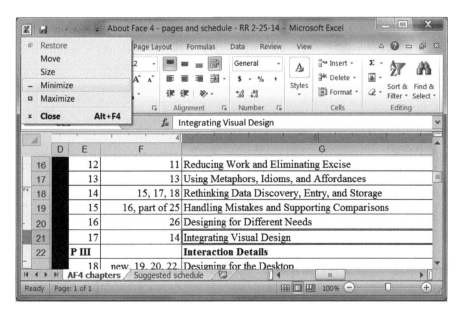

图 17-5　Windows 8 标题栏的图标是杠杆作用的一个例子。既传达了窗口的内容也能够访问窗口的配置命令。

视觉信息设计的原则

和视觉界面设计一样，视觉信息设计也有很多设计者可以充分利用的原则。信息设计大师爱德华·塔夫特认为，优秀的视觉设计应该是"将清晰的思考视觉化"，他还认为只有充分理解观看者的"认知任务"及一些设计原则才能够设计出优秀的作品。

Tufte 认为在信息设计中有两个重要的问题。

- 很难在一个二维表面显示多维信息（多于两个变量的信息）。
- 显示器分辨率不够高，不足以显示高密度信息。计算机具有一个特别的挑战——虽然它们能够添加动画和交互，但它的信息分布密度比纸张低（苹果出售的某些产品配备视网膜屏，像素很高，但这不是标准，因此假设所有用户都用是有风险的）。

尽管这两个问题都确实存在，但视觉界面设计者比传统印刷信息设计者具有一点优势：交互，这是他们可以加以利用的。印刷必须一次将所有信息表达出来，电子显示则有所不同，可以按照用户的需要，逐步地将信息展现出来，这在某种程度上弥补了分辨率较低的不足。

虽然印刷媒体和数字媒体存在不同，但是有些通用的信息设计原则，不管语言、文化或者时间是否不同都可以提高信息表现的最大效果。

塔夫特在其著作 *The Visual Display of Quantitative Information*（1983）中提出了 7 大原则，由于它们与数字界面和内容尤其有关，我们将下面的小节中简要讨论。

按照塔夫特的观点，视觉信息应该实现如下目标。

- 加强视觉对比。
- 显示因果关系。
- 显示多个变量。
- 在一个界面整合文本、图形及数据。
- 确保内容的质量、相关性和完整性。
- 在相邻空间上显示事物，而不按时间堆积。
- 可量化的数据就要量化。

我们将简单地讨论每一条原则，如何运用到基于软件的媒体信息的设计中。

加强视觉对比

应该为用户提供可以进行相关变量和趋势的对比手段，或者是事件前后的对比手段。对比可以产生一种情境，使信息更有价值，更易于用户理解（参见图 17-6）。和其他许多图形工具一样，Adobe Photoshop 经常使用预览，让用户轻易地获得交互前后的对比。

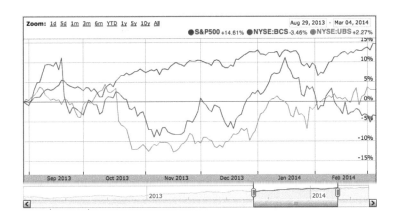

图 17-6　谷歌金融（Google Finance）中的图表显示了一段时间内标普 500 指数下的两只股票的趋势。这种显示模式可以让投资者看到 Barclays Bank（BCS）和 UBS 这两只股票之间关系紧密，而它们同标普 500 的关系相对松散。

显示因果关系

在信息图形中，要阐明原因与结果。塔夫特在书中以美国挑战者号航天飞机失事为例，指出如果 NASA 科学家准备的图表条理清晰地表明了发射时空气温度与 O 型封环失效的严重性之间的关系，那么悲剧也许可以避免。交互界面中应该使用非模态视觉反馈（参见 15 章）告诉用户其行为的可能结果，或提供如何完成操作的暗示。

显示多个变量

在不影响清晰度的情况下，提供多个相关变量信息的数据应该同时显示。在交互式显示中，用户可选择开启或关闭变量，使对比更容易，相关性（因果关系）也更清晰。投资者通常对多个证券、指数及指标的相互关系非常感兴趣（参见图 14-9）。多个变量随时间演变的图形可以帮助投资者揭示这种关系。

在一个界面中整合文本、图形及数据

如果图形中缺乏关键说明或图例，那么用户理解起来需要更多的力气，比带有标签和图例的图形效率低。阅读和理解图例也是一种和导航有关的附加工作，用户不得不在图表和图例之间来回移动，然后将两者在脑海中结合起来。图 17-7 所示为结合文本、图形、数据，以及输入和输出的交互例子，对用户来说这是高效率的结合。

341

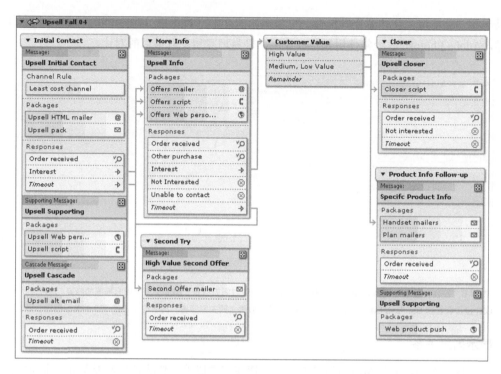

图 17-7 "交流计划"（Communication Plan）是 Cooper 公司针对外包市场营销活动管理设计的一个界面元素工具，它为文本信息提供了视觉结构并为不同的对象类型提供了图标形象，进一步增强显示的效果。这个工具不仅提供了交流计划现有结构的输出，而且用户也可以通过拖放操作来修改。

确保内容的质量、相关性和完整性

不要因为技术上可能，就简单地显示信息，一定要确保所显示的信息能够帮助用户实现与其所在情境下的特定目标。不可靠或低质量的信息会破坏通过产品的内容、行为和视觉品牌建立起来的客户信任。

在相邻空间上显示事物，而不是按时间堆积

如果你要表达按时间发生的变化，将这些变化安排在相邻的空间上显示，用户会更容易理解，而不要彼此叠加。当信息随着时间堆积在一起时，就要依赖短暂的时间记忆来做比较，没有并排的对比可靠或者迅速。连环画就是一个这样的好例子，它在相邻空间上显示随时间推进的流和变化。

当然这条建议适用于静态信息显示，在软件中只要技术上允许（比如内存足够大及网络连接速度足够快等），使用动画会更有效地呈现时间轴上的变化。

可量化的数据就要量化

尽管图形和图表可以让趋势信息及其他数量信息更容易理解，但我们仍然不要放弃数字本身的显示。例如，在 Windows 磁盘属性对话框中，饼状图可以让用户了解到剩余可用空间的大概情况，不过已用空间和可用空间的字节数也以数字形式显示出来。

一致性和标准化

许多企业内部的可用性部门把自己看作数字产品一致性的看门人。一致性意味着软件产品的不同模块要有相似的外观、感觉和行为。有时，这种特性扩展到开发商售出的所有产品上。对于多数软件供应商来说，比如 Adobe 和 Google，他们不断地从更小的厂商那里购买新的软件产品，因而对品牌一致性的关注特别紧迫。作为一流的供应商，很明显，其最大利益是使购买的软件产品外观就像他们内部开发的产品。此外，苹果公司和微软都乐于鼓励自己的开发人员和第三方开发人员创建运行与其操作系统平台外观和感觉都相同的应用程序，这样用户会感觉到这些操作系统平台提供了无缝而舒服的用户体验。

界面标准化的益处

虽然会付出一些代价，但用户界面恰当的标准化可以解决很多问题，带来很多益处。按照雅各布·尼尔森（Jakob Nielsen）的说法，单一界面标准能够通过提高产出和减少错误，改善用户学习界面的能力和提高生产率。之所以有这些好处，是因为用户在界面的其他部分，或遵循相似标准的其他应用程序的经验基础上能更容易地预见程序行为。

同时，界面标准也有利于软件开发商。因为标准带来的一致性改善了易用性和易学性，降低了客户培训和技术支持的费用。由于正式的界面标准提供了现成的决策用于渲染界面，所以开发团队不必在项目会议上对此进行辩论，减少开发时间和工作量。最后，好的标准能够降低维护费用，提高设计和代码的重复利用。

界面标准化的风险

任何标准的主要风险在于根据标准创建的产品不可能比标准更好。因此正如尼尔森所说，在制定标准时，首先特别要注意确保这个标准规范了一个真实可用的界面，能够为开发人员所用，因为开发人员必须要根据标准规范来创建界面。

把界面标准视为创建优秀界面的灵丹妙药也是危险的，认为只要有了标准就可以解决所有的界面设计问题，就如同认为只要有了《芝加哥格式手册》（*Chicago Manual of Style*）就可以写出优秀的小说是一样不可取的。多数界面标准强调的是界面的语法，即外观和感觉，但很少涉及界面更深的行为，或更高层次的逻辑和组织结构。这么做的理由很充分：通用的界面标准不知道规范化过程中融入的情境。它不考虑特定情境中的具体用户行为和使用模式，而是关注人类感觉和认知的一般问题。有时也关注视觉品牌，这些关注都是重要的，但它们是关于表现的细节，而不是规则依附的交互框架。

标准、指南和经验法则

虽然标准无可争论是有用的，但它们也需要随技术的演化，以及我们对用户和用户目标理解的演化而演化。一些从业人员和开发者对苹果或微软的用户界面标准奉若神明。两个企业都发布用户界面标准。而他们又随意而频繁地违背标准，事后更新指导准则。微软提出一个界面标准，在下一版本中又毫不犹豫地改成更好的。这也很自然。界面设计仍不成熟，如果认为标准中的好处是扼杀了真正的创新，那也是错误的。

最初的麦金塔系统因为超越了苹果电脑以前所有的平台和标准而获得了巨大成功；相反，Mac 的力量来自这样的事实，即厂商们接受苹果的领导，使得界面的外观、工作和行为都相似。同样，许多成功的 Windows 程序毫不掩饰地模仿 Word、Excel 和 Outlook。

因此界面标准最适合作为具体的指导准则和经验法则，僵化地遵循界面指导准则或不考虑具体情境中的用户需求，会强迫应用程序界面适应不恰当的交互模型。

什么时候打破规则

我们应该如何对待界面指导准则？与其问我们"是否应该遵循标准"，不如问我们"应该什么时候打破标准"更有用。答案是，有充分理由时。

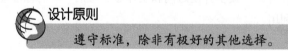
设计原则

遵守标准，除非有极好的其他选择。

但是什么才算一个充分的理由呢？只有当证明了一个新的习惯用法更好时吗？通常这种测试很难定义，因为它很少能简化至可量化的程度。最好的回答是：当一个习惯用法被目标用户（你的人物模型）试用后，大多数人认为明显更好，这就是将其用于界面的最好理由，也是工具栏、大纲视图、标签和其他一些习惯用法出现的原因。研究者也许在实验室对这些人工制品进行了测试，但只有在真实的软件世界中得到有效的应用，才能证实其成功。

违背指导准则的理由可能最终证明不够好，并且产品可能会因此付出代价。但是你和其他设计师会从错误中学习，这就是伯克利教授克里斯托弗·亚历山大（Christopher Alexander）认为的所谓"自然过程"：当个体企图改进方案时一种内在且未经检查的缓慢而微小进步的过程。新的习惯用法（以及旧习惯用法的新使用）会引起风险，这就是为什么认真且目标导向的设计，以及在真实工作条件下进行真实用户的正确测试那么重要的原因。

应用程序之间的一致性和标准

当一个公司决定出售多种软件产品时，该公司决定所有产品在用户界面角度必须完全一致，这时使用标准和指导准则将遇到特殊挑战。

正如前面讨论的，从视觉品牌角度看虽然有些错综复杂，但非常有意义。如果人物角色和市场分析表明，两种不同产品的用户毫无重叠，他们的目标和需求也截然不同，你会怀疑开发两种视觉品牌分别针对不同的用户，而不是使用单一且缺少目标性的外观是否有意义。当涉及软件行为时，这些问题更加紧急。如果客户将这些应用软件作为套件整体使用，单一标准可能显得很重要。但即使是这种情况，是否针对图形表现的软件，如 PowerPoint 也应该与 Word 这样的文本处理程序保持同样的界面结构呢？微软的意图是好的，但是在体现整体风格指导原则方面走得太远。PowerPoint 没有从与 Excel 和 Word 相似的菜单结构中获得多少好处，它偏离了用户的心理模型而迎合一种背道而驰的结构，因而失去了很多易用性。另一方面，设计师在某些地方又有所区别，PowerPoint 确实有一个幻灯片浏览的视图，这是它所特有的一个界面。

因此设计师应该记住，一致性并不意味着僵化，特别在一致性不恰当时。界面和交互风格指南准则必须随其所服务的软件而成长和演化。有时为了更好地服务于用户及其目标（有时甚至是你的企业目标），必须打破规则。当这种情况发生时，尽量使改变和增加与标准兼容。指导你的是规则的精神实质，而不是规则的文字本身。

设计原则

一致不意味着僵化。

设计语言

视觉界面设计师最重要的工具之一是"设计语言"思想。把这门设计语言当作设计元素的"词汇表"，例如形状、颜色、版式，以及这些元素如何组织结合。它们创造了恰当的情感色彩，建立了人们能够识别、理解的模式，理想情况下，人们还会用这种模式与产品的品牌或者创造的服务产生积极联想。

一个良好的例子是微软的 Metro 设计语言，这是 Windows 8、Windows Phone 和 XBox 用户界面的基础。通过使用一组共同的视觉元素，例如磁贴（Tiles），微软创造了多样化的界面和体验，容易识别（参见图 17-8）。

图 17-8　微软 Metro 设计语言跨平台示例

在某些情况下，这种语言变成方言。但在我们的经验中，最好通过明确的过程来实现，这个过程评估各种可能的视觉和互动语言，是否适用于品牌，是否适合目的。最好的设计语言以用户为中心，在产品设计过程中演化。每一个设计决策都与其他的决策相配合，变化减少到只要求为用户创造意义、用处和正确的情感色彩。

设计语言往往通过标准和风格指南传达，但重要的是要注意，二者并不是同义词。仅仅因为有风格指南，并不意味着有成熟的设计语言，反之亦然。没有风格指南或者标准手册，也有可能拥有设计语言（不过，应该说，编写风格指南有助于设计师合理和简化设计语言）。

第 **3** 部分

交互细节

第18章

为桌面应用而设计

当代桌面应用的界面都源自施乐（Xerox）的 Alto，它是 1973 年施乐公司的 Palo Alto 研究中心（即 PARC 公司，Palo Alto Research Center 的首字母简写）开发出来的一个实验性计算机系统。Alto 是第一台具有图形界面的计算机，主要用来发掘计算机作为桌面商业系统的潜力。在发明 Alto 的同时，PARC 的研究者们创造出了现代桌面 UI 典范的四大支柱：窗口（Window）、图标（Icon）、菜单（Menu）（及其他类似的小部件）、鼠标（Pointer），简称为 WIMP。

Alto 被设计成了一个网络办公系统，使用者能够以 WYSIWYG（What You See Is What You Get，即"所见即所得"）的方式，在系统中对文档进行创建、编辑和查看，还可以在不同工作站之间以电子化的形式存储、调用、传输文档，也可以通过网络将文档打印出来。Alto，及它的后继者——施乐 Star，在商业上都失败了，但它们在桌面计算机上的创新，为日后的普及做出了卓越的贡献。跟随它们被一同创造出来的、现在被我们当成寻常概念的东西比比皆是：鼠标、矩形的窗口、滚动条、（虚拟的）按钮、把计算机屏幕当成"桌面"的这种隐喻、面向对象编程、多任务处理、以太网，以及激光打印等。

PARC 对整个产业和当代计算机的影响是十分深远的。20 世纪 70 年代，史蒂夫·乔布斯和比尔·盖茨都曾到 PARC 参观了 Alto，并均有极其深刻的印象。

史蒂夫·乔布斯很快意识到，施乐的创新将要颠覆整个计算机产业的未来，于是他从 PARC 挖走了许多精英人才，准备让 Alto 和 Star 这两个在商业上已经死掉的产品复活。他开始创造一个新的产品，取名为 Lisa。Lisa 被创造了出来，它引人注目，易于操作，令人十分兴奋，但同时也极为昂贵（1983 年售价为 9995 美元），速度慢得令人沮丧。不过，Lisa 也带来了一些新的图形界面的元素，例如下拉菜单等，丰富了计算机可视化的语言。

与此同时，诸如太阳微系统（Sun Microsystems）等公司，在更为昂贵但处理能力更强的 UNIX 工作站上，开发出了视觉上相对较为简陋的桌面系统，受到了科学和工程领域的用户的青睐。不过，Lisa 在商业上的失败并没有打倒乔布斯，他开始了一项秘密工程，决心研发出全新的廉价版"Alto"。

这项秘密工程创造出了富有传奇色彩的对我们的科技、设计、文化都有巨大影响的 Macintosh。Mac 单枪匹马地唤醒了整个产业对设计和审美的认识。它建立了用户友好的标准。当时有很多不同领域的专业人士因为整个行业对技术的狂热追求而被排斥在外，Mac 将这些专业人士从各个不同的领域中拉回来。此时的微软在创造出了它第一个用于 Mac 的软件后，也开始了设计自己的 WIMP 界面系统——Windows。在接下来的 20 多年，Mac 和 Windows 统治着桌面计算机界面的标准。

本章将讨论各类现代桌面 GUI 在细节设计方面要注意的问题，特别是窗口的行为、结构、导航部件，以及单击选择、屏幕对象的操作等。

剖析桌面应用

前面的第 9 章中，我们讨论过软件的"姿态"（Posture）。桌面应用软件的界面，有两种主要的姿态，分别是"独占式"和"暂时式"（Sovereign 和 Transient）。其中，使用最多的是"独占式的"，绝大多数桌面应用都采用了这种姿态。"暂时式的"姿态只是配角，它主要用于简短的、临时的、大部分时间都在后台运行的任务（例如音乐播放器、即时通信软件等）。因此，本章将重点放在独占式的桌面应用，我们将了解它的基本结构模式、组成模块等。在第 21 章，我们也会谈及一些和桌面应用有关的内容。

主窗口和辅窗口

"窗口"（Window）是桌面应用的上层（操作系统则是其底层），它是可移动的、可放大缩小的、用于盛放内容和功能的容器。通常来说，一个应用由一个主窗口（Primary Window），以及一个或多个辅窗口（Secondary Window）构成。

主窗口

主窗口包含了应用的内容，该内容通常以文档的形式呈现，而文档则可以被创建、编辑和共享等。此外，主窗口还可能包含一些其他类别的、被频繁使用的东西，如可操作的对象或供查看和播放的媒体等。主窗口经常会被分隔成多个窗格（Pane），窗格也包含了各种各样的内容。

通过窗格这种形式，我们可以在不同的内容对象不同的功能组和控件集之间进行导航。一般来说，主窗口都被设计成了"独占式姿态"，会占据屏幕的大部分空间，并支持全屏模式。

辅窗口

辅窗口是用来辅助、支持主窗口的，呈现不频繁的属性和功能，最典型的一种辅窗口是对话框（Dialog）。在第 21 章中，我们将详细讨论对话框及其结构。如果主窗口中的窗格可以脱离主窗口而独立操作，如浮动的面板（Panel）或工具板（Pallette），它们也可以当成辅窗口。

主窗口的结构

一般情况下，主窗口会被分成几个功能区：

- 一个内容区或工作区。
- 一个菜单条。
- 多个工具栏、窗格、工具板，用于在工作区导航、选择或操作内容对象。

菜单和工具栏

菜单和工具栏是一系列有关联的动作的集合，用户可以运用这些动作指挥应用程序执行一些操作，例如"关闭文档"或"改变所选内容的颜色"等。按照操作系统的标准规则，菜单通常位于屏幕或窗口的顶端，用户点击上面的文字即可操作。工具栏则更多从属于应用软件，用户可用菜单调出或取消它。工具栏一旦被调出并处于活动状态，就会以一组可视图标的形式呈现，可视图标通常还会配以小的文本标签。

主窗口中的菜单，一般以"菜单栏"的形式出现在窗口的顶端。传统的工具栏则直接显示在菜单栏的下面（或者，在 OS X 系统中，位于窗口的顶端）。近年来兴起了一些新的 UI 风格，例如微软的彩条（Ribbon），将菜单和工具条合二为一，是一种标签式（Tab）的工具栏结构。由于彩条提供了比工具栏更加详细的信息，因此具备了菜单的直观、易上手的特点。关于菜单、工具栏，以及其他的 UI 风格，本章在后面还会进行详细的讨论。

内容窗格

内容窗格（Content Pane）中包含了应用的内容，例如，一个可编辑的表格或文件，或者是组合控件窗格（例如音乐合成软件）。在大多数的桌面应用中，内容窗格形成了主工作区。一个应用通常只有一个主内容窗格。不过，一些可以并列查看或编辑多个文档的应用（例如 CAD 软件），则可能会有多个主内容窗格。这时，对象可以在多个窗格之间拖曳，多个窗格的内容也会发生交互。

索引窗格

索引窗格（Index Pane）为用户提供导航，用户在这里访问并选取文档或对象，被访问的文档或对象最后会展现在内容窗格中，供查看、编辑、配置等。这里常见的情况有两种：第一种情况，选取了索引窗格上的对象后，内容就直接出现在内容窗格中（例如电子邮件应用，在索引窗格中选择了一封电子邮件后，该电子邮件的内容就直接出现在内容窗格中了）；第二种情况，用户从索引窗格中选取对象，并把对象拖放至内容窗格中，对象的原有内容保持不变，这种情况经常出现在创作类软件中，此时索引窗格通常是存放数据资产库或元数据的地方。

工具板

工具板（Tool Palette）和工具栏（Toolbar）看起来很相似，但工具板只有单一功能。用户通过工具板，可快速选择工具。工具板中的每个工具都有一套自己独特的操作动作，例如点击、拖放等。这种快速的模式转变，一般来说，会通过光标的外形变化暗示用户，而此时的光标外形通常会被设计成能够反映出当前模式或工具语义的样子。

工具板通常位于主窗口的左侧，而且一般是垂直放置的。关于它的细节，本章在后面还有详细的讨论。

侧栏

通过侧栏，用户可以方便地设置文档或对象的属性，而无须弹出模态对话框或非模态对话框。这对于创作类的应用来说，提升了操作效率，让任务流更流畅。侧栏通常位于主窗口的左侧或右侧，有时两侧都有，有时还会出现在底边或工具栏中。我们在本章的后面，会对它进行详细的描述。

桌面系统中的窗口

PARC 所创造的 WIMP 中，最基本的要素之一就是包含了应用程序的控件和文档的矩形窗口。在现代 GUI 中，矩形的主题占据着统治地位，无处不在，因此它常被看作是视觉交互的关键因素。

为什么要用矩形来显示数据？这里有着非常自然的原因，其中可能最不重要的一点是因为它和我们使用的显示技术匹配。即，相对于其他的形状，阴极射线显像管（CRT）和液晶显示器（LCD）处理矩形的速度更快。而更重要的原因是，人们常用的数据输出格式绝大多数也都是矩形。自古登堡（Gutenberg，德国活版印刷术的发明者）开始，我们就是在矩形纸张上阅读文本的。大多数其他输出形式，例如照片、电影、视频等，也符合矩形的形状。矩形是我们最容易理解的。此外，矩形的空间利用率也是非常高的，矩形还能提升人的工作效率，有利于简化人的认知过程。

层叠窗口

在 PARC 系统、Lisa 和 Mac 中的桌面上，可以层叠放置多个窗口。多个窗口可以被堆叠起来，一个窗口可以被拖放到其他窗口的上方（处于下方的窗口在视觉上会变得模糊），窗口的尺寸还可以被放大或缩小。

层叠窗口这种交互方式告诉我们，和敲击键盘输入总也想不起来的命令相比，有更好的方法来在当前多个并发任务中切换。这种层叠矩形的视觉隐喻看起来没有什么问题，似乎也能操作自如，因为我们真实世界中的办公桌桌面也是这样的，通常桌面上面堆叠着纸张。当你想要阅读或编辑某个文件时，你从纸堆里把它抽出来，放到最上面，便可以开始工作。虚拟的桌面模仿了真实世界中的交互方式，这个初衷是好的。

然而，同真实桌面一样，虚拟桌面面临着桌面尺寸有限的问题。我们试想一下，如果真实桌面与笔记本电脑的屏幕一样大，只有 15 英寸，上面堆满了纸张，那将会是什么情景？层叠窗口的想法是好的，但在没有其他交互导航的辅助时，它真的不太实用，用户无法有效地在多个软件和文档中导航。

层叠窗口还有其他的问题。如果用户点击鼠标时不小心偏离了几个像素的位置，他要找的应用可能就会立即消失，而被错误点中的那个应用则会跳出来。微软的用户测试显示，通常来说，一个平均水平的使用者可能会多次运行同一个文字处理器。因为他误以为原来已经打开的文字处理器"丢失"，必须重新开始。类似这样的原因促使微软引入了任务栏。而苹果公司为了解决这个问题，则开发出了 Expose。Expose 看似不错，可以用来追踪所有打开的窗口，然而，由于它和 Dock（OS X 上类似微软任务栏的东西）集成得不好，所以用起来还是有些问题。

关于层叠窗口的另一个头疼的困惑来自用层叠方式的其他控件，比如我们熟悉的对话框就是其中的一个，还有菜单和浮动工具板。这样的层叠在单个应用程序中是自然的，也是一种很好的习惯用法。它甚至还有些隐喻的意思，就像某人交给你一个重要的备忘录一样。不过，这些大量的层叠会造成视觉干扰和混乱，让人感到不舒服，同时，各个层叠元素的从属关系也很模糊。

平铺窗口

在苹果的 Macintosh 取得了商业上的胜利后，微软的比尔·盖茨带领着他的工程师们，创造出了"视窗"（Windows）操作系统，以回应苹果和施乐在 GUI 上的成功。

第一版的微软 Windows 稍微偏离了苹果和施乐创建的模式。Windows 1.0 不用层叠矩形窗口代表桌面上相互重叠的纸张，而是依靠所谓的平铺技术（Tilting，也译为"堆叠"）为用户在屏幕上同时显示多个应用程序。（实际上，施乐 PARC 的 CEDAR 系统，早于微软创建出了世界上第一个平铺的窗口管理器。）

平铺，意味着多个应用程序可以用统一的小矩形来均分屏幕，在均分的屏幕空间中运行每一个应用。当时，大家认为平铺是解决层叠窗口定位和导航缺陷的理想方法，平铺窗口之间的导航比层叠窗口要容易得多，但像素的浪费非常惊人。

此外，和 CEDAR 不同，Windows 1.0 并没有强制对齐所有的平铺窗口，这样带来的问题是，只要用户移动了整洁的平铺窗口，则必定要重新整理层叠窗口。平铺窗口，这种习惯用法，并没有成为主流，但至今我们仍然可以看到一些这样的交互方式。例如，在 Windows 7 中，右键点击 Windows 的任务栏，选择"堆叠显示窗口"，就可以看到平铺的窗口。Windows 8 中的"开始菜单"，它利用了以前平铺窗口的概念，可以像瓷砖一样动态更新平铺的应用，在运用方式和可用性方面有所改进。

虚拟的桌面空间

层叠窗口不能解决多个运行应用之间的导航问题，因此许多开发商继续努力寻找新的解决方法。于是，虚拟桌面（Virtual Desktop）或会话管理器（Session Manager，UNIX 平台上用得较多）诞生了。单个虚拟桌面可以将桌面扩展至物理屏幕的数倍大，而且可以同时运行多个虚拟桌面。（苹果的 OS X 称之为 Space。[①]）屏幕上会显示各个虚拟桌面的缩略图，每个虚拟桌面缩略图中会显示正在运行的应用和窗口的缩略图，而该状态会被保留至下次重新登录时。点击某个虚拟桌面的缩略图即可激活并切换到该虚拟桌面上（或者用键盘操作）。有些版本中，用户还可以将微型窗口缩略图从一个虚拟桌面拖到另一个虚拟桌面。

这种应用和窗口的"元管理"（Metamanagement），对于高级用户来说是非常有效的，他们可以同时运行和管理很多应用。

全屏应用

对于高级用户来说，虚拟桌面十分优雅地解决了一个复杂的问题。但对于大多数的普通用户来说，如何管理多个窗口，如何避免在多个窗口迷航，怎样才能让大多数的普通用户都可以

---

① 译者注：中文版 OS X 也叫作桌面。

顺利地在多个应用中导航呢？

多个窗口共享一个小小的屏幕，不管是层叠还是平铺（尽管它们的确还是有点好处的）都解决不了大多数人的问题。不过，从苹果和微软最新发布的操作系统来看，我们正在进入一个全屏应用的时代。当单个应用占主导地位时，会占据整个屏幕。任务栏这样的工具，只要从应用那里借用较少的像素，就可以提供可视化的导航。（这种概念与 Mac 早期的 Switcher 类似，能在全屏显示的应用程序之间来回切换。）任务栏是解决导航的好办法，相对于其他的解决方案，使用了较少的像素，降低了用户的困惑，尤其适用需要长时间使用当前应用。在 OS X 和 Windows 8 中，用户可以选择让应用全屏或者层叠。随着平板电脑和智能手机的普及，大家更加偏爱全屏的使用体验。

多窗格应用

有一种习惯用法吸收了平铺窗口的精华，将这些平铺窗口安排在一个独立的全屏应用中，这就是多窗格窗口（Multipaned Window）。多窗格窗口由一个窗口内的多个独立视图或窗格（Pane）组成，相邻窗格被固定的或可移动的间隔条或分割线（Splitter）隔开。微软的 Outlook 就是最典型的一个多窗格应用。在同一屏幕上，多个独立的窗格分别显示着邮箱列表、选中的邮箱内容、选中的消息、即将发生的日历安排和约会等（图 18-1）。

图 18-1 微软的 Outlook 是多窗格应用经典样例。最左边的窗格列出了邮箱列表。用户可以在不同视图间转换，比如邮件和日历。中间上方的窗格显示了当前邮箱内的所有邮件，其右边的窗格显示了当前邮件的内容，右下方的窗格则显示了即将到来的 3 次约会和任务。

354

多窗格应用的好处在于，独立而相关的信息可以在单个独占屏幕上轻松显示，并将导航和窗口管理的附加工作减少到几乎为零。对于任何一个复杂的独占式应用，相邻窗格的设计尤为必要。特别是在一个窗格中提供导航和/或构造元素，在相邻的另一个窗格中提供数据查看或数据构造的设计，都是很有效的方式，值得我们考虑。

多窗格的另一种形式是堆叠窗格（Stacked Pane）或标签（Tab），这些形式在偏好设置、属性，以及其他各类对话框中用得最多，在独占窗口中有时也非常有用。微软的 Excel 就是一个非常典型的例子，Excel 在视图底部有反转标签，通过它们用户可以访问所需的电子表单。Excel 在表单上运用了堆叠窗格。

窗口状态

在有了可以扩展到全屏幕的能力后，软件的主窗口可以处于如下 3 种状态：最小化、最大化、多元化（Pluralized）。

最小化窗口缩小为桌面上的图标（早期的 OS 上），或者缩小为任务栏（Windows）或 Dock（OS X）中的图标。最大化窗口将充满整个屏幕，覆盖住所有下面的东西。

不知为何，微软和苹果都设法避免直接提到第 3 种状态。在微软的系统菜单中（单击窗口标题栏的左上角可以看到）提示了它的名字，菜单中有一个叫作"还原"（Restore）的动词，描述了这第 3 种状态。这个功能将最大化的主窗口还原成"其他"状态，即多元或还原状态。

多元是一种中间状态，窗口既不缩小也不全屏。当窗口处于多元状态时，它与另一些图标及其他在多元状态下的窗口共享屏幕。多元状态的窗口，既可以平铺，也可以层叠（实际上，通常是层叠）。

独占式应用的正常状态应该是最大化。除了支持程序之间的切换，或者在程序和文档之间拖放数据（后者可以通过工具栏控件完成），几乎没有什么理由使独占式应用处于多元状态。一些暂时式应用，如 Windows 的资源管理器、苹果 OS X 中的 Finder、计算器程序，以及很多时下流行的即时通信和社交程序等，最适合显示为多元状态的窗口。

窗口和文档：MDI vs. SDI

如果想从一个表格中复制一个单元格，将其粘贴到另一个表格里，那么你必须先打开一个表格，再打开另一个表格，最后再关闭这两个表格，这有点烦琐、让人讨厌。如果可以同时打开两个表格，则好多了。有两种方法来做到这一点。第一种方法：一个表格应用中，可以包含两个以上表格实例。第二种方法：同时打开多个表格应用，每个应用中只有一个表格实例。

在 Windows 早期版本中，微软选择了第一种方法，这是出于简单实用和节约系统资源的考虑。微软称之为多文档界面（Multiple Document Interface），简称为 MDI。包含了多个表格（文档）的单个应用与多个应用相比，可以节省存储和 CPU 资源，但操作效率上很成问题。不过，历经多年的发展，微软最终放弃了 MDI，接受了单文档界面（Single Document Interface），简称为 SDI。

不过，MDI 的存在依然有它的合理性，尤其是使用者需要在一个环境下处理多个有关联的信息视图时，MDI 还是很有用的（例如，Photoshop 软件中的一套预览模型（Screen Mockup））。

设计原则

无论是运用哪种交互习惯用法，都要考虑实际运用场景的客观情况。

一般来说，SDI 使用起来比较简单，操作效率较高，是一种不错的交互方式，但我们也不能把它当作包治百病的万能药。虽然 SDI 令多个微软 Word 文档的来回切换变得很方便，但在某些应用软件中，大量的数据来回切换，谁也受不了，例如企业采购计划软件中，采购员查看供货商的发票和账务记录时，无论如何也受不了在多个不同的实例间来回切换。

MDI 由于"窗口中的窗口"的特点，可能会被滥用。如果 MDI 里的某个文档视图需要最大化，则在该 MDI 容器里的多个文档之间的导航就成了问题。我们先前讨论过的最大化、最小化、多元状态的窗口所面临的各种老问题，将会再次出现在 MDI 应用内的文档窗口上。使用者将不得不管理一个大窗口内的多个小窗口，这明显是令人憎恶的额外工作。这时，每次管理一个窗口则要好得多，或者允许平铺打开的文档，或是用选项卡（Tab）的方式进行管理也可以，例如 Photoshop 就是这样做的。

窗口的运用

如前面所述，桌面应用由两种窗口组成，即主窗口和辅窗口（如文档和对话框）。决定在应用中使用哪种窗口，是定义设计框架（Design Framework，参见第 5 章）时要重点考虑的事情。

不必要的房间

如果我们把应用想象成一个房子，则每个窗口就是房子里的一个单独的房间。房子本身用主窗口来表达，每个房间可以是一个窗格、文档窗口或对话框。在现实生活中，我们不会无端地为房子添加房间，除非它能提供其他房间无法提供的功能或用途。同理，我们也不应该随意给应用程序增添窗口，除非它有现有窗口无法满足或者不应该满足的特殊意图。

从使用者目标和心理模型的角度来考虑是否增加窗口，是很重要的。我们可以这样来想这个问题，进入一个房间是有一定意图的，而不一定因为房间的具体功能而进入。

设计原则

对话框是一个房间，去之前要有个好理由。

即便现在，太多辅窗口是一个萦绕桌面应用软件的挥之不去的顽疾。程序员经常会把应用程序分解成很多个离散的功能，这样用户界面也被离散地开发了出来。而开发对话框这类工作，对于程序员来说是小菜一碟。这样的结果显而易见，每一个功能都会对应一个对话框。当然，有些程序员希望开发出更好的用户体验的界面，他们便不借用现成的 GUI 开发工具自行构造自己的界面。结果是，这些初衷良好的程序员开发出了太多的不必要的房间——这些辅窗口包含的大量功能本该归类于主窗口中的窗格或其他工具栏。

例如，在 Adobe Photoshop 中，如果你要改变一个图片的亮度和对比度，这其实是一个很简单的操作，但你必须首先要进到 Image（图像）菜单中，打开 Adjustments（调整）子菜单，然后选择 Brightness/Contrast（亮度和对比度）命令来设置。这便调用了一个对话框，你可以在这个对话框中进行调整（参见图 18-2）。这种顺序如此常见，几乎不会引起注意，但不可否认这是一个拙劣的设计。在绘图应用中改变图像的属性是首要任务，图片在主窗口中，所以改变它的工具也应该放在主窗口中。亮度和对比度是重要的图像属性，并非绘图应用软件无关紧要的任务，而是不可或缺的重要组成。

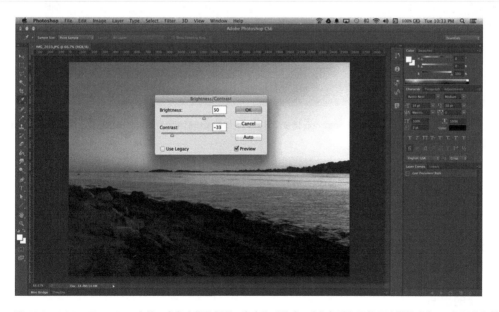

图 18-2　Adobe Photoshop 中的一个多房间的例子，亮度和对比度。我们都已经习惯了这样的现实，即想要执行某个功能，就必须要调出一个对话框，所以我们几乎感觉不到这一点。但这的确给使用者带来了不必要的工作，而且这个对话框也挡住了屏幕上最重要的内容——正在处理中的图片。最近几年发布的新版 Photoshop 中，开始逐步将常用的功能放入到非模态的侧栏中。

将功能放在对话框中，强调了它们和主任务是分开的，在对话框中调节亮度和对比度本身并没有问题，但就用户体验而言却是蹩脚的。从程序员的角度来看，改变亮度和对比度是一项与其他功能无关的独立功能，所以他很自然地把它设计成一个单独的对话框。但从用户的角度看，它是构成整个工作任务的一部分，应该包含在主窗口内。

在 Adobe 的 Lightroom 应用中，这种情况有了很大的改善。Lightroom 应用被划分成了多个视图或者说"房间"，每个房间都有其不同的用途，即 Library、Develop、Slideshow、Print、Web。在 Develop 房间中，亮度和对比度的调节可以在主窗口右边的窗格中进行，在此还可以对图片进行其他的调节操作，如图 18-3 所示。

图 18-3　Adobe 的 Lightroom 比 Photoshop 进步了许多，关键的操作都按照用途被安排在一起，在主窗口上靠近所编辑图片的位置上被直接展现出来。

设计原则

将功能置于需要它们的窗口中。

无须多言，滥用辅窗口会导致导航问题，给用户带来不必要的负担，我们要尽量在应用程序中避免这种窗口污染（Window Pollution）。

必要的房间

有些情况下，为特定功能建立独立的房间是适合的，更是有必要的。如果你打算游泳，却被带到一间宾客满座的客厅，让你在这里更换衣服，这肯定是不可思议的。你需要一间单独的更衣室，这是个基本的礼貌和文明问题。在这种情况下，给有类似特殊需要的人，提供一间单独的房间，完全是恰当的。

当用户执行非日常功能时，应用程序必须提供特殊场所。数据库软件中，有些操作是日常操作，例如输入和测试记录等，但清除数据库并非日常操作。这时，我们有必要运用一个单独的对话框来进行清除操作。引导用户去一个单独的房间——窗口或对话框——执行清除功能是非常恰当的。

使用目标导向的思维方式，我们可以研究每个功能，并使之达到最好的效果。例如，如果有人用绘画软件画图，其目标是创建一副效果很好、让人满意的绘画作品。此时，尽管所有的绘画工具都与这个目标直接相关，但在所有的绘画工具中，铅笔、画笔、橡皮擦这三者，与绘画目标的关系最为紧密。这三样工具应该紧密地合为一个工作间，就像现实中的画家在画布上作画一样，他会把这几样工具放在最顺手的近处。最常用的工具必须放在绘画者能顺手拿到的地方，远1cm都不行。如果说让画家站起来、走到另一个房间去取，则更是连想都不要想不应该的做法。应用软件也该如此，绘画工具应该排列到画图空间的边沿，单击就可以使用，用户不必调用菜单或对话框来完成任务。

举个例子，Corel 公司的 Painter 软件将绘画者所需的工具放在托盘里，你可以将常用的工具移到托盘前面。尽管只要你愿意，就可以把不同的托盘或工具栏隐藏起来，但它们在默认状态下是主窗口的一部分，并且也能放在窗口的任意位置。假如你创建了一把画笔，例如带有特殊红色阴影的细炭笔，且需要多次使用它，只要简单地"撕开"工具栏，将其放到工作区里任何你愿意的地方，就像绘画者把炭笔放在托盘里一样，这种工具选择的设计，模仿了现实作画时操作工具的使用方式。

另一方面，如果用户决定导入一张剪贴画，尽管这项功能与创建一幅好画的目标有关，但它所用的工具与绘画不直接相关。剪贴画画册这个东西，显然与用户绘画的目标不协调——它只是达到最终目标的一种手段。现实中的画家也许不会在其图板上放一本剪贴画的书，但他可能希望附近有一本，也许就放在靠近制图板的书架上，甚至不必起身就能拿到。在软件中剪贴画工具也应该易于获取，但它毕竟不是经常使用的工具，所以应该把它放在单独的地方，例如对话框中。

当用户完成了艺术品的创作，他就达成了创造一幅有效图画的原始目标。这时，他的目标发生了变化。新的目标是保存和保护图画，并通过它交流。钢笔和铅笔的使命已经完成，剪贴画画册也不再需要了，现在这些工具被隐藏起来也无妨。现实中，画家会将工具收起来，把画作从制图板上取下，拿进大厅，喷定色剂，然后将它卷起来，放进邮寄用的纸筒。画家收起绘画工具的目的在于，他不希望绘画工具被定色剂污染，也不希望绘画工具中的各种涂料和炭笔意外触碰画作。邮寄用的纸筒不常使用，且与绘画过程无关，所以画家将它们储藏在壁橱里。软件中对应的过程是，用户结束绘画，将绘图工具放到一旁。然后在硬盘中找一个合适的位置存储图像文件，通过电子邮件发给他人。从用户的角度看，这些功能在目标和动机上明显地不同于画图。

通过研究用户目标，我们能自然地找到应用软件表现的恰当形式，不是简单地将每种功能都设置进一个对话框；相反，我们看到一些功能完全不应该放在对话框中，一些功能应该放到从属于界面主体的对话框中，还有一些功能则应该从应用中彻底删除。

菜单

菜单恐怕是 GUI 祠堂里最古老的习惯用法。许多概念和技术的同时出现，使得菜单这种图形界面成为可能：如鼠标、内存映射视频、功能强大的处理器（在当时来说），以及弹出窗口。弹出窗口是出现在屏幕上的一个矩形，它会层叠和模糊屏幕上的主要部分。在完成工作时消失，不会改变原来屏幕的模样。弹出窗口用来实现下拉菜单和对话框。

在现代 GUI 中，菜单出现在屏幕或窗口顶端的菜单栏中。用户指向并单击一个菜单标题，即可在下方弹出一个选项列表小窗口。Windows 操作系统中的菜单标题，在视觉上会出现"反转效果"，用来表示"受范性"[①]。下拉菜单的一个变体是弹出菜单，当你单击（更常见的是右击）一个对象时，尽管它没有菜单标题，但也会弹出一个菜单。

打开一个菜单后，用户通过一次单击或拖动释放做出一个选择。用户在菜单上做出一个选择后，要么立即生效，要么会弹出一个对话框，之后菜单便收缩到原来的只有菜单标题的样子。

把菜单作为教学工具

如前面第 16 章所述，菜单是一种教学工具。菜单和对话框这两种 GUI 习惯用法，如今比比皆是，但在 25 年前并不常用。那个时候，当人们首次打开一个应用软件的时候，要花上好长时间才能弄明白它到底能做什么。而现在，要想初步了解某个应用软件的功能和用途，最好的方法就是通过菜单和对话框来看所有可用功能。我们这样做，就好比贴在餐馆入口的菜单，可以让就餐者了解餐馆的菜品类型、菜式、套餐和价格。

---

① pliancy，译者注：意思是，它是可交互的。

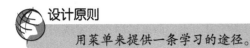

设计原则

用菜单来提供一条学习的途径。

了解应用能做什么和不能做什么、了解它的能力范围，是创造学习氛围的基础特征之一。否则很多易用的应用也会因为没有简单、轻松的方式让人了解它的功能，而将用户推之门外。

理解工具栏或直接操作，对于新用户来说可能太难了，但菜单的文本特性有助于功能解释，相比之下则简单多了。与图标按钮（图 18-4）相比，"格式库"这三个字对于新用户来说，更具启迪性——每个人都知道"格式库"这三个字是什么意思（当然工具提示（ToolTips）也会有明显的帮助）。

图 18-4　对于新用户来说，在菜单项里看到"格式库"这三个字，基本上就明白它是什么意思了。比起来本图中的图标所表示的意义要更直白。但新用户成为中级用户后，情形就不一样了。

对应用软件只有些许了解的生疏用户而言，菜单的主要任务就是作为索引工具：当他知道有某种功能，但不记得其位置或名称时可以参考。它的工作原理和餐馆里的菜单是一样的，帮助客人回忆一年前他曾点过的可口的咖喱鱼，而不需要记住其确切的菜名。他不必在脑海中记住这些琐事，要使用它时，依靠菜单就行了。

对于频繁使用的高级用户而言，菜单提供了一个固定的物理位置，在此可以从几百个功能中找到他要的那个，或者作为一种快速的提醒方式告诉他相应的快捷键是什么。

如果菜单的主要目的是执行命令，那么就应该精炼。但如果其主要目的是告诉我们它能做什么，如何访问它，以及快捷键是什么，那么就不应该精炼。这时，我们的菜单必须解释这些功能是什么，而不单是说明在哪里调用，因此菜单中应该有更详细的文本描述。我们不应该说"打开…"，而应该说"打开…文件"，我们不应该说"自动排列"，而应该说"自动排列图标"。因为用户还不熟悉菜单里列出的功能，应该尽量直白、避免使用行话。为了提供良好的学习途径，菜单必须要完整，将应用中全部的操作选择和可用工具都完整地呈现出来。应用中的绝大多数常用功能都应该可以从菜单中调出，用户浏览菜单便可以了解到它们。

在菜单中为相关命令提供暗示，也给了用户一个学习的途径。例如，将菜单项相对应的快捷键或按钮图标放到旁边，可以起到暗示作用，这样用户便知道还有别的更加快捷的操作方法

（本章在后面还有详细讨论）。在菜单中正确地放置这些暗示信息，用户在潜意识里会记住它们。它们不会强行闯入用户的意识，直到用户愿意学习为止。而这时用户会发现它们就在手边，自己早已很熟悉了。

最后，为了让用户更好地学会使用一个软件，他们应该能够探索和试验，而不必害怕犯错或者是造成不可修复的破坏。因此，从菜单中调出的每个对话框中，都应该设置一个全局的"撤销"或"取消"按钮，用来让用户撤销操作。

禁用的菜单项

禁用的菜单项（让其无法使用），是一种十分重要的菜单惯例。当菜单项与所处状态无关，或者与所选对象无关时，该菜单项就变得不可用了，或者说不能发挥其作用了。禁用的状态通常用加亮或将其文本变灰来表示。这是一种非常有用的习惯用法，它让菜单更好地发挥其教学工具的作用，因为用户便会明白在何种场合下适用何种命令。

设计原则

禁用掉不适用的菜单项。

复选标记菜单项

紧挨着菜单项的复选标记，通常被用来"启用"和"禁止"应用界面中的某个方面（如打开或关闭工具栏），或者调整数据对象的显示特征（如显示轮廓、还是显示渲染完毕的图像）。用户很快就能掌握这一习惯用法，而且它效果不错，因为它不仅提供了功能控制，而且还能指示出控制的状态。

该习惯用法最好用在结构简单的菜单中，否则会让菜单显得臃肿，打开菜单、在菜单中移动鼠标找相应的条目，均将耗费大量的时间和精力。如果某些属性的启用和禁止是很频繁的，则最好把它们放到工具栏上；如果它们不常使用，菜单占据的空间又很宝贵，那么我们最好把这些类似的属性放在对话框中，这样还可以提供情境信息或是指导说明（对于不常用的功能，使用者往往更需要这些信息）。

复选标记菜单项，远远优于可以切换两种状态的滚翻式菜单项（Flip-flop Menu），因为后者始终显示的是没有被选中的那个项目或者状态。这种滚翻式菜单项的问题，和我们将要在第21章中讨论的滚翻按钮的问题是一样的，使用者无法分辨它到底是提供一个选择，还是在描述一个状态。比如说"显示工具栏"，它的意思是工具栏已经被显示出来了，还是通过此选择，你可以让工具栏显示出来。相反，使用复选标记菜单项（状态栏要么被标记上、要么没有），便可清楚地表达当前的意思。

菜单上的图标

菜单上的图标，指的是在文本描述的菜单项旁边的视觉符号。它使得用户无须阅读文本就清楚其功能，也为执行相同任务的控件提供有利的视觉关联，特别值得一提的是，菜单项图标与工具栏上具备相同功能的按钮图标应该是一样的。

 设计原则

　　相同的命令要使用相同的视觉符号。

微软 Office 套装软件中采用了"彩条"（Ribbon）的设计，它将菜单和工具栏合二为一，对于既有菜单又有工具栏的应用软件来说，在菜单和工具栏之间建立起视觉联系，依然是十分必要的，会让使用者更容易理解和使用界面。

快捷键

加速器（Accelerator），或者称为"快捷键"（Keyboard Shortcut），很方便地让使用者快速地用键盘执行操作。加速器通常是功能键（如 F9），或包含了与元键（即 Ctrl、Alt、Option、Command 等）的组合键。一般来说，加速器对应的组合键，会显示在下拉菜单项的右侧；对于微软的 Ribbon 界面来说，则以"工具提示"的方式，告诉使用者某个功能对应的组合键是什么。这让使用者在不断使用菜单的过程中逐步学习这些快捷键。不过，在界面设计中包含使用提示，这一设计风格指南中都会强调的原则，现实中设计师在开发应用的时候是否按指南去做，完全取决于设计师的个人意愿。实际上，这往往被遗忘。

下面的 3 个小窍门，可以帮助设计师成功创建出优秀的加速器：

（1）遵循标准。
（2）形成日常使用加速器的习惯。
（3）标明如何使用它们。

凡是可以用到标准加速器的地方，就一定要使用它们。一般来说，这里指的是"编辑"（Edit）菜单中显示的标准编辑集合，大部分的应用软件都有"编辑"菜单。使用者们很快就能学会用 Ctrl+C 和 Ctrl+V（在 Mac 上是用四叶草形的 Command 键来代替 Ctrl 键）进行复制和粘贴。这比起打开菜单、鼠标移动并选择"复制"，再移动并选择"粘贴"要快多了。我们不应该让用户对我们设计的应用感到失望，也不应该忘记像 Ctrl+P 代表打印、Ctrl+S 代表保存的设计标准。

确定命令集中哪些是日常要用的东西，是一件非常需要技巧的事情。你必须选出可能要经常使用的功能，并且确保这些日常菜单项被赋予了加速器。这里的好消息是，这些日常命令的数量并不大，坏消息是用户与用户之间对于什么算"日常"的看法有着很大的差别。

最好的办法是对可用的功能进行"验伤分类"[①]，将它们分成三组：每个人都认为是日常使用的功能为一组，每个人都不认为是日常的为一组，其他为另一组。显然，第 1 组必须要用加速器；第 2 组一定不用加速器；第 3 组最难办，是争论最大的一组，它要视情况而定。我们还可以继续对第 3 组进行"验伤分类"，继续选定出最佳的加速器，例如 F2、F3、F4 等，分配给这组中最常用的功能。而比较模糊的加速器，例如 Alt+7，应该分配给那些最不可能是每天使用的命令。

一定要在菜单中将加速器显示出来，而不要把它们埋没在手册或在线帮助里，否则毫无意义。把它们放在它们应该在的地方——菜单项的右侧，用户开始不太会注意到它们，但最终会慢慢会注意到的。永久的中间用户会为发现它们而感到高兴（参见第 11 章）。他们会有一种成就感，感觉到自己已经入门，这些良好的感觉会让你的用户备受鼓舞。

选取字母键和数字键来配合元键（即 Ctrl、Alt 等）形成加速器时，要选择命令名字的首字母，例如 Ctrl+C 代表了 Copy（复制）命令、Ctrl+P 代表了 Print（打印）命令。这样会让加速器更容易被记住、更易于掌握。

一些应用提供可自定义的组合键。通常来说，这是个好主意，甚至很有必要，特别对于专家级用户来说，允许用户在独占性应用中定制加速器，可以让应用更加适合用户自己的操作习惯和工作风格。不过，在提供自定义的加速器的同时，也要提供一个"恢复默认值"的控件，可以让用户撤销所有的定制，恢复到出厂时的状态。

---

① 译者注：伤员验伤分类，英文为 Triage，指的是按照伤员的伤病严重和紧急程度来决定治疗优先级的做法。这种做法，在资源不足的时候，比起同时并用同样的方法治疗全部伤员的做法，会提升整体病人治疗的效果和效率。该做法最早可能起源于拿破仑战争时期的法国军医拉雷（全名为 Dominique Jean Larrey），后来在第一次世界大战时在法军中得到了推广。目前，在紧急医疗救护和处置中，这种伤员验伤分类的做法，依然被广泛使用。具体来说，在一战的法军前线，军医会把伤员按照如下情形分成三类：
- 不管是否立即处置，存活概率都极大的伤员。
- 不管是否立即处置，死亡概率都极大的伤员。
- 如果能立即处置，情况会有极大改观的伤员。

助记符

访问键，也被称为助记符，是菜单和对话框中的另一种键盘操作的 Windows 标准（在一些 UNIX 图形用户界面中也可看到）。

微软风格指南详细地描述了助记符和加速器的有关细节，所以我们只强调一下我们不应该忽视它们。助记符可以使用 Alt 键、箭头键、菜单项或标题中的下画线字母来访问。例如，按下 Alt 键时，应用软件就进入助记符模式，用箭头键可以导航到所需的菜单。助记符模式打开后，按下适当的字母键就可以执行相应的菜单项的功能。助记符的主要目的，在于为每个菜单命令提供一个等效的键盘操作，出于此原因，它们必须是完善的，尤其面对文本的应用。不要认为它们只是为了把键盘当作一种便利设备，我们必须要谨记，大部分经验丰富的用户非常依赖于自己的键盘，因此只有如此才能保持他们对产品的忠诚，才能确保助记符的一致性，才能保证设计是全盘考虑的。助记符不是可有可无的，而是必须要有的。

级联菜单 vs. 单层分组

下拉菜单有一种变体，当用户选择了下拉菜单中的一个标有右箭头的菜单项后，它会向右弹出一个二级菜单，与已经激活的一级菜单同时显示，这称为级联菜单（Cascading Menu）（参见图 18-5），是个非常难用的家伙。用户难以定位级联菜单中的项目，它要求鼠标必须能精准地在平面空间上移动——只有非常精准，才能顺利导航。（你可以试试在多层的级联菜单中，选择某一个项目，例如 Windows 的"开始"菜单，你立即会感到鼠标的移动和走迷宫的路径差不多。）

图 18-5　这个例子是微软 Word 软件中的级联菜单，尽管级联菜单给使用者浏览和找到所需的命令带来了困难，但是它可以包含更大的命令集，这一点是有用的。

级联菜单，或层级式菜单，曾经一度非常流行，特别是在 GUI 出现的早期。现代 GUI 则很少采用级联菜单了，大多数的菜单都是扁平的，现在基本上只有一级深度——我们称之为单层分组（Monocline Grouping）或扁平层级。在很多情况下，这种扁平式的组织方式（来组织对象或者命令），对于新手用户来说极为有用，可以极大提升应用界面的可自学性（Learnability）和可被发现性（Discoverability）。

对话框（我们在本章后面还会详细讨论），则是一种简版的菜单。运用对话框，软件设计者可以将一组次级选项放在单个的交互容器中。

随着现代显示器技术的发展，显示器的分辨率越来越高，一个菜单栏可以显示更多的标题，这样几乎所有的功能都可以被组织到几个不同类别的菜单组中，每组用一个单词标题来代表。每组的菜单有足够的屏幕空间可以包含各种相关的功能。这样一来，级联式菜单就更没有存在的必要了。

如果必须要使用级联菜单，那么也一定是在设计精巧的独占式应用中使用，而且只把极为不常用的功能放在里面。如果我们准备运用级联菜单，那么一定要确保鼠标移动的空间和阈值足够大，以避免鼠标轻微越界造成次级菜单消失的问题。

工具栏、工具板、侧栏

现在，很多地方都可以看到工具栏，实际上它在 GUI 中出现的时间并不久。微软是第一家把工具栏引入主流用户界面中的公司。工具栏的发明，解决了模态下拉菜单的缺点：不易发现、执行命令需要烦琐的操作等。工具栏的功能是非模态的：它始终在屏幕上显示着，用户只需要移动一次鼠标并点击它，就完成操作了。

典型的工具栏是具有按钮功能的图标集合，以水平或垂直的方式置于主窗口的上方或侧方，如图 18-6 所示。一般来说，在工具栏上的按钮图标集合，通常会被排列成一行或两行（或列）。

图 18-6　从上至下分别是：Word 的工具栏、InDesign 的工具栏、Mac 上 OmniGraffle 的工具栏。请留意一下 Word 和 InDesign 的工具栏，它们采用了图标按钮，图标按钮上没有文字，只有当鼠标移到其上方时，才会出现提示的文本。这样可以节省空间，可读性也非常好。

工具栏和菜单

工具栏和菜单在一起配合工作，满足了用户从新手变成老手过程中不同阶段的需求。针对新手阶段，菜单起到了教学作用，可以让新手用户很快上手；对应用已经有了一定了解的永久的中间用户而言，工具栏提供了常用功能的快速访问。菜单的最大优点则是它包含了完备的功能和详细说明，甚至不常用的功能也在其中被很好地组织起来。菜单配合工具栏，形成了完美的互补，满足了不同用户在不同阶段的不同需求。

 设计原则

工具栏为有经验的用户提供快速访问常用功能的途径。

但要注意，不要把工具栏当作简易高速版的菜单，而要把工具栏当作存放大多数用户最常用功能的容器。

工具栏 vs. 非模态对话框

我们在前面提到，模态化的菜单以前是因两种非模态的习惯用法而产生问题的。非模态对话框（我们将在第 21 章中详细讨论），是这两种非模态的习惯用法较老的一种。而工具栏则是后来兴起的。它们之间是否有优劣之分？

工具栏虽然也是非模态的，但它比非模态对话框好用。工具栏还具备非模态对话框不具备的两个有用之处：第一，它们的外形与对话框不同；第二，用完之后，不必取消它们，因为工具栏始终都是可见的。它们还解决了别的问题，例如，它们非常节省屏幕空间，尤其与对话框比，更是如此，不会挡住正在操作的东西。

用户能很快明白工具栏上被选中哪些图标，与工具栏上的小部件的交互也能对选择或整个应用软件有直接和立即的触动，工具栏提升了整体的可学性。

与之相反，非模态对话框基本上是以悬浮窗口的形式出现的；用户可按喜好把它们放置在屏幕上的任意位置。不过，这样一来，管理窗口的工作量就增加了。虽然整理窗口是避免不了的"家务活"，但这里也有好处，我们可以把最需要的那些工具放在随手可拿的位置，这样干起活来会很方便。

停靠工具栏（Docking Toolbars）是个两全其美的办法。用户可以将它从应用主窗口的边缘拖放至自己喜欢的位置，它会自动变成一个小窗口，多数情况下还会自动优化成一个更小的矩形。使用完毕后，用户可以将它拖放回应用主窗口的任意边缘，它会恢复成工具栏的模样，水平或垂直地停靠在窗口的边缘。

工具栏按钮

工具栏的出现带来了图标按钮，它是按钮和图标之间一次愉快的联姻。作为功能的视觉助记符，图标按钮是优秀的。但新手用户可能难以理解图标的意义，因为它们不是为新手用户准备的。

由于工具栏主要用来为常用功能提供快速访问，因此必须让有经验的用户能够快速地识别它们。符号具有的图形表意的外在形象，比文本更适合担当这种角色。图标按钮还具备按钮的**受范特征**（Pliancy），以及能够快速识别的图像。运用图标按钮，我们可以把许多功能挤到一个很小的空间，但它最大的优点也是其最大的不足，即图标本身。

许多设计师认为，他们设计的图标按钮必须要具备视觉隐喻，这样才能向新手用户传达足够的信息。这是一种堂吉坷德式的探索，不仅反映了对工具栏的误解，而且反映了对隐喻魔法徒劳的希望。这一点，我们在第 13 章已经讨论过了：这种隐喻根本就不存在。

图标按钮中的图像并不需要告诉用户其用途，只需要容易辨识即可，用户通过其他方式会知道它的用途。这里最有效的方法之一（我们前面曾谈论过），便是将工具栏上用到的图标，也显示在其对应功能的菜单项的右侧。这样，菜单固有的教学作用范围就扩展到了工具栏控件上。

工具提示

图标同时配以图和文字，这似乎是个好主意。这一观点，不仅在逻辑上有过争议，而且也有过先例。Macintosh 桌面上最初的图标就有文本小标题，一些网页浏览器上也有这种做法。图标对快速分类有用，但除此以外，还需要文本告诉我们图标的确切用途是什么。

同时用图和文本的问题，在于要消耗掉更多的宝贵像素，一般来说，屏幕空间都太宝贵了，不允许我们这样做。有些设计师试图同时满足两种用户的不同需求：一种用户希望在温和宽松的环境下学习；另一种用户十分了解常用的功能，但偶尔需要简短的提示。此时，工具提示（Tooltips）是弥合这两种用户需求之间鸿沟的有效方式。

工具提示是一种聪明而有效的用户界面习惯用法之一，它在无须使用文本标签的前提下，让图标按钮具备了教学能力（图 18-7）。本质上，工具提示在图标的旁边弹出了一个暂时的、很小的窗口，里面包含了一个文本标签。工具提示的巧妙之处，在于它延时出现的时机非常好。当使用者的鼠标放在某个功能上大约 1 秒左右的时间，它才会显示帮助信息。这个时间也足够一个使用者点击并选取该功能，而不会触发提示，从而保证了鼠标经过工具栏操作时，工具提示不会突然弹出来干扰到使用者，也意味着当使用者忘记某个不常用的功能时，只要花上半秒钟左右的时间就可以知道。

图 18-7　微软 Word 工具提示可以帮助提示那些忘记了图标含义的使用者，而无须占用较多屏幕空间。

起初，工具提示仅包含一个单词或一个极简的短语，用来描述鼠标悬停下方图标的功能。不过，微软 Office 2007 开始在工具提示中放入了"轻量级的"帮助信息。这种做法，借助了其他帮助机制，并兼顾了工具提示对周围环境的敏感性，因此进一步减少了学习应用所需的工作量。

设计原则

所有工具栏和图标控件都应该使用工具提示。

工具提示令中级用户可以更加容易地访问工具栏上的控件，其结果是，工具栏成为独占式应用中调用命令的一种主要习惯用法。这样，菜单退化到了后台，成为新手用户学习的场所，也成为调用高级和偶尔使用功能的地方。这种以图标按钮为主、菜单为辅的自然秩序，可以让独占式应用更加易用。实际上，在微软 Office 2007 中，我们看到了这种趋势在继续，具有视觉化、文本化表现力的标签工具栏和彩条（Ribbon）控件一起取代了菜单。我们将在本章的后面讨论彩条。

禁用工具栏控件

工具栏控件如果不适用于当前选择，就应当被禁用，不要给用户模棱两可的感觉。例如，如果图标按钮禁止按下，控件本身也应该变成灰色，将禁用状态明显地标示出来。

一些应用干脆让禁用的工具栏彻底消失，但这是不受欢迎的。用户记得工具栏所在的位置，如果某些图标消失了，受到一贯信任的工具栏变成易变而暂时性的，会让新手用户大惊失色，甚至比较有经验的用户也会迷惑不解。

工具栏的新用法

当人们开始意识到工具栏不仅仅是菜单的快捷方式后，它的成长潜力更明显了。设计者开始意识到，没有理由将工具栏控件限定为只能用图标按钮。不久，设计者们开始为工具栏发明新的习惯用法。随着这些新用法的出现，工具栏真正使自己成为一个主要的控件工具。

在图标按钮之后，第二个在工具栏上落户的是组合框，例如很多应用软件中的字体、样式、字号等控件。这些选择控件落户在工具栏中是极其自然的，它们和下拉菜单提供相同的功能。而且还显示了当前选择的属性，即当前的字体、样式、字号。这个习惯用法让用户付出较少的努力，却可以得到更多的信息。

组合框加入了工具栏，这创造了先例，之后工具栏中的各类新型习惯用法相继出现，如前面的图 18-6 所列出的那些。

这些控件变体扩展了工具栏的用途。当工具栏首次出现时，它只提供了对常用功能的快速访问。随着发展，工具栏控件开始反映应用中数据的状态。与以往只是简单将文本从无格式转变为斜体的图标按钮不同，现在的图标按钮可以显示当前选中的文本是否已经变成斜体的状态。图标按钮不仅控制样式，而且可以显示出样式选择的状态。

时间继续推进，工具栏开始和菜单展开竞赛。图 18-8 所示的是 Word 工具栏的 Undo（撤销）下拉菜单。这种精巧和强大的习惯用法，继续把老旧的菜单推入后台，基本上只让它行使教学工具的工作。

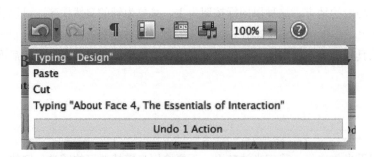

图 18-8　工具栏现在也包含了下拉菜单，比如图中显示的撤销菜单，以紧凑的方式提供了强大的功能。

可移动工具栏

有些软件，例如 Adobe 的 Creative Suite，支持可移动或可拆式的工具栏或工具板。微软 Office 在 2007 版之前，曾采用过一系列工具栏，用户可以选择所需的工具栏，让它可见或不可见。

如果是可见的，则它们会被动态地放置在设定好的五个位置之一。这些工具栏还可以附加或"停靠"（Dock）在应用主窗口四边的任意一边。如果用户把它从边上移开，它会变成一个有小标题栏的悬浮工具栏，如图 18-9 所示。

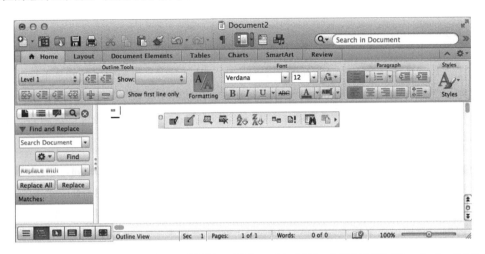

图 18-9　工具栏可水平停靠（顶部）、垂直停靠（左侧），或拖动成为一个悬浮工具板（Free-floating Palette）。

允许用户随意移动工具栏，可能会使工具栏互相遮挡。微软通过扩展组合图标按钮和下拉菜单，方便地解决了这个问题，它们只有当工具栏被遮住时才出现，并且可以通过下拉菜单访问隐藏的菜单项，如图 18-10 所示。

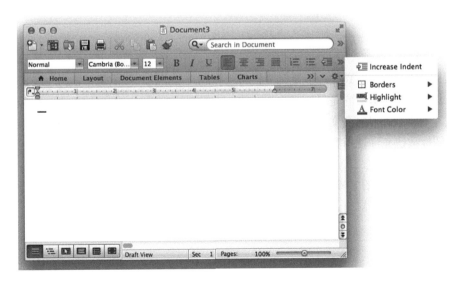

图 18-10　微软聪明地重叠工具栏（或缩至合适的尺寸），而且保证重叠之后仍然能够访问到所有的功能。

自 Office 2007 版起，微软放弃了超级灵活的工具栏，开始采用更具可预见性和更加诱人的 Ribbon 控件（在本章的后面会详细讨论），以及可快速访问的单个工具条。不过，对于访问隐藏的 Ribbon 和工具栏项目，微软依然采用了和菜单一样的习惯用法。

可定制工具栏

因为工具栏代表所有用户的常用功能，但对于每个用户而言，这些常用功能是不同的，便产生了问题。显然，微软找到了这个问题的解决方法：在软件中装载了典型用户最可能使用的常用控件，其余的让用户定制。（在 Office 2007 及以后的版本，Ribbon 就是可以定制的，本章后面会讨论到这一点。）

由于也加入了非日常使用的工具，这种解决方法的实际效果有所减弱。例如，Word 工具栏的默认图标按钮套件包含了一些不常用的功能，比如，插入自动文本，而这样的控件更像是功能清单列表，或是产品经理妥协的结果。虽然它们偶尔也会被用到，但多数用户不会经常使用。针对这个问题，我们可以采用人物角色（Persona）或场景剧本（Scenario）的方法来解决，效果还是不错的（参见第 3 章和第 4 章）。

Word 中，高级用户可以定制功能列表，他们可以随心所欲地配置工具栏。为工具栏提供这种级别的定制能力存在某种危险，因为鲁莽的用户可能会创建出一个无法识别、无法使用的工具栏。而且，定制本身也是费时费力的。人们不愿意为创建一个丑陋而难用的东西花费力气，他们更可能只会进行一点个性化的转变，而且数月或一年才偶尔一次。

情境（弹出）工具栏

情境工具栏（Contextual Toolbar）是工具栏真正有意义的进化，与右键单击弹出的情境菜单（Contextual Menu）类似，它是鼠标旁边显示的一小组图标按钮。在有些软件中，图标组和被选对象有关。如果被选对象是文本，图标按钮组则是一系列的格式选项；如果被选对象是图形，则显示的图标按钮允许使用者改变图形对象的属性。这种变体，在微软 Office 2007 中被广泛使用，被称为"小工具栏"（Mini Toolbar）。另外，其他软件中也有一些类似的用法，比如 Adobe 的 Photoshop（其中的工具栏是处于停靠状态的）和 Apple 的 Logic 音乐制作软件（其工具栏是一个模态的光标板（Modal Cursor Palette））。

Ribbon 控件

在本章前面我们讲过，微软在 Office 2007 版中引入了一种新型的习惯用法（参见图 18-11）。

本质上它也是工具栏，只不过更大，位置是水平的，它包含了多个带有文本标签的功能组，还包含了各式各样的图标按钮和文本命令。这里的标签与菜单上使用的标签类似，将功能分组（比如 PowerPoint 2010 中的 File、Home、Insert、Design、Transitions、Animations、Slide Show、Review 及 View 等）。

图 18-11　PowerPoint 软件用 Ribbon 代替了菜单系统和传统的工具栏，Ribbon 本质上是一个带有标签的菜单和工具栏混合体。

工具板

工具板（Tool Palette）作为一种交互的习惯用法，出现的时间早于工具栏。MacPaint 的早期版本或许是第一个运用了工具板的软件。自那时起，工具板就成为图形制作和各类创作软件中最主要的交互方式。

工具板和工具栏有一个很重要的区别。前面讨论过了，工具栏是一系列可以立即访问的命令的组合，我们只有选中某个命令时，该命令才能发挥作用，而且这些命令通常都和改变对象属性的值有关。而工具板则不同，它包含的是一系列互斥的功能（意思是说，有且只有一个功能处于激活状态），每个功能代表了应用的一种操作状态，这些操作状态包括：

- 对象创建状态。
- 对象选择状态。
- 对象操作状态。

此外，由于沿袭了自 MacPaint 软件以来的历史习惯，工具板基本上都是垂直放置的，而且通常包含了两列图标按钮或组合图标按钮。组合图标按钮可以被点击，从而调出一系列其他类似的功能。例如，在 Adobe Illustrator 软件中，点击并保持在 Eraser 按钮上，我们便可调出 Scissor 和 Knife 这两样工具。

工具板通常可以停靠和悬浮，这一点也和工具栏类似。前面提到，工具板在图形制作软件中非常流行，因为这类软件中，非模态访问工具是好用的，甚至是至关重要的，这样可以让使用者始终处于一个富有生产力的流的状态中。Adobe Fireworks（RIP）以及其他的一些由 Macromedia 公司开发的软件，是最早的一批使用停靠结构的软件，这样减轻了在屏幕上管理诸多窗口的额外负担。近年来，Photoshop 和 Illustrator 也开始采用该用法，如图 18-12 所示。

图 18-12　Adobe Illustrator 中的停靠工具板，不仅与非模态对话框有着类似的优点，而且还没有对话框的缺点，即用户无须费力去打开、移动、关闭对话框。工具板和工具栏在形态上很类似，因此使用者用起来也很熟悉，无须过多的想象便可以自如地调用里面的控件（Control）和部件（Widget），在用户界面上提供直接、可视化、一致的功能。

侧栏、任务窗格、抽屉

为高效工作流而设计的各种非模态的习惯用法，在不断地演进，最后出现的一种是侧栏（Sidebar）或任务窗格（Task Pane）。它是位于应用窗口中的一个专用窗格，其用途是提供各种功能，取代了原来经常使用的、具有同样用途的对话框。第一个使用侧栏的是 Autodesk 的 3DS MAX，它是一个 3D 建模软件，用户通过侧栏可以调整对象的参数。主流软件里运用的侧栏有 Windows 浏览器、IE 浏览器里的浏览栏（Explorer Bar），Mozilla Firefox 的侧栏，Apple iLife 软件中 Inspector，微软 Office 里面的任务板（Task Pane）。Adobe Lightroom 软件则全盘采用了这种侧栏的用法：该应用中的几乎所有功能都是以非模态的方式通过侧栏来实现的，参见图 18-13。Adobe Creative Suite 系列软件中，也开始运用侧栏，原来大多数的模态化的功能，现在都被强健的标签式的任务窗格给取代了。

作为一种交互习惯用法，侧栏实现了很多希望，并且不必把它们限定于屏幕的两侧，常放在文档窗格或工作区下方的专门的属性区域。它不仅可以让使用者修改被选对象，而且把用户的困惑和屏幕管理的工作量降至最低，参见图 18-14。侧栏可以包含固定控件，也可以包含依当前选择而变的情境控件。

图 18-13　Adobe Lightroom 中的侧栏取代了原来的几十个对话框，这种方法同图 18-12 中的工具板类似。不同点在于，侧栏不需要使用者调整其在屏幕上的位置，使用者也无须对它们一个一个地解锁或撤销（不过，整个侧栏是可以隐藏的）。这进一步降低了管理工作，在呈现功能方面超越了对话框，是显著的进步。

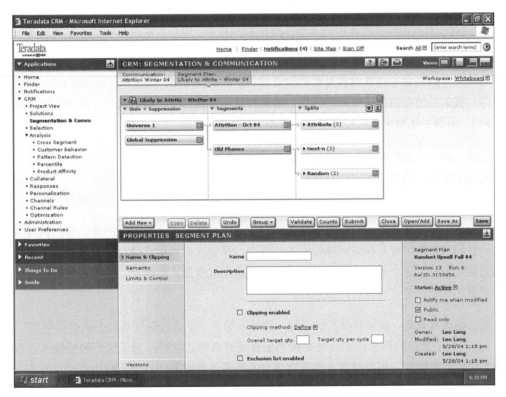

图 18-14　Cooper 公司设计的这个应用是一个客户关系管理系统（CRM），界面上采用了专门的属性区域。当使用者选择了工作区的一个对象时（屏幕上半部分的左面），其属性就会显示在下面。这样既为使用者保留了使用环境，同时也将屏幕管理的工作量降至最低。

抽屉（Drawer）是任务窗格的一个变种。这种窗格，在保留了屏幕上主体内容区域的同时，还可以被大部分或彻底隐藏，其表现形式和一个弹出式的抽屉类似。尽管它对于尺寸较小的屏幕是很有帮助的，但无疑带来了屏幕管理工作，而普通的任务窗格则没有这个问题。Adobe 的一些产品中，开发出了类似的替代方案，即单击某个键就可将所有的二级窗格和工具板全部隐藏（或恢复）起来。此设计适合高级用户，他们用完工具后需要专心于创作内容时，可迅速地将杂乱的工具临时清理干净。

点操作、选择、直接操作

屏幕上的对象可以直接通过点设备（Point Device）进行操作，我们想到这一点时，往往会想，如果能直接用手指操作岂不是最好？自己的手指是最顺手的。你现在可能就有好几个手指头是闲着的，可以随时使用。它们唯一的缺点，可能是手指尖不够精细，在高分辨率的屏幕上，可能无法精确操作十分细小的对象。（虽然眼睛也是最佳的点设备，但我们还需要它们来干别的事情。）因此，我们仍然还在使用其他各式各样的点设备，而其中最流行的——恐怕也是效果最好的——就是鼠标。

设计师可能也会考虑其他常见类型的点设备，例如轨迹球、触控板（Touchpad）、数字化写字板等。我们当然可以做这方面的考虑，前两种其实操作起来有些像鼠标（虽然人体工学上有所不同），而数字化写字板和触摸屏就有点不一样了。

不过，鼠标只是相对意义上的点操作设备——移动鼠标就是把光标从现在的位置移开。而数字化写字板才是真正意义上的点操作设备，板上的点直接对应着屏幕上的具体位置。如果你把笔从写字板的左上角拿起，放到右下角，光标也会立即从屏幕的左上角跳到右下角。

触摸屏，尽管现在的一些笔记本电脑和台式机上也配备了，但不幸的是，直到撰写本书的时候，它们依然在用着光标或点操作设备的概念，尽管这时光标已经没有意义了，而且在你用手指点触对象时，这个光标的概念甚至还会让人感觉很费劲。实际上，试图强行将触摸屏和点操作联姻的做法，是非常让用户困惑的。

桌面触摸屏设备，如果有存在的必要，最好去参考一下当代触屏智能手机的屏幕 UI，例如 iOS，它消灭了光标的概念，以及所有和光标有关的东西。同时，为了便于触摸输入，这些设备应当可以水平放置，因为没有人愿意在垂直的屏幕上悬臂操作数个小时。

接下来，本节将聚焦于基于鼠标和光标的桌面交互。

鼠标的人体工学

当鼠标在屏幕上漫游时，在近距离活动和远距离移动之间有一条明显的分界线。如果你的目标很近，就可以将手掌根部放在桌上保持不动；如果目标很远，则你必须抬起手移动手臂。放下手掌保持不动，将光标从一个地方移动至另一个地方，这时你使用的是手指肌肉的精细运动机能。当你抬起手做更大的移动时，你使用的是手臂肌肉的粗略运动机能。粗略运动机能并不比精细运动机能快或慢，但两者之间的转换是困难的。因为用户必须将两组肌肉整合协调起来，这需要计算机使用者花上相当多的时间练习才能掌握。（这实际上有点像作画，作画也需要大量练习。）打字者不喜欢被迫将手离开键盘上的基准位置，因为这需要肌肉群之间的转换。基于同样的原因，计算机使用者也不喜欢在屏幕上移动操作控件时，被迫在精细和粗略运动机能之间切换。因此，我们设计界面时，也要迫使用户持续、大量地做这个切换动作。

单击鼠标按键也需要精细运动机能，否则就无法准确将鼠标和光标移动到目标位置，并可能会触发错误的动作。使用者还必须将手牢固地靠在桌面上，进入精细运动控制模式，才能将光标放到目标位置。之后，他必须保持这个位置，才能点击。而且，如果在一开始光标远离目标位置时，他还必须使用粗略运动将光标移至目标位置附近，再转换成精细运动完成这次点击。某些控件，如滚动条，在交互时就有这些问题，强迫使用者在精细运动和粗略运动之间多次切换，才能完成一次交互，如图 18-15 所示。

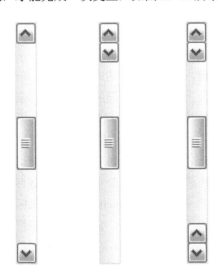

图 18-15　图中最左侧的那个是我们熟悉的一种滚动条，是各种 GUI 控件中较难使用的一种。从向上滚屏转变成向下滚屏，用户必须从单击按键所需的精细运动机能控制，转变成移动手到滚动条的另一端所需的粗略运动机能控制，再转换成精细运动机能控制精确定位光标，再单击按键。位于图中间的滚动条稍微做了一些调整，两个按键靠在一起，排除了以上问题（Macintosh 的滚动条两个箭头按键被设置在底部）。右边的滚动条在视觉上有些杂乱，但却是更为灵活的交互。输入设备中的滚轮（Scroll Wheel）或者电容式手势传感器，是解决这个问题的好办法。

设计者必须要特别留心使用者的能力、技巧水平及使用情境，才能对使用者在该界面下的运动工作的复杂程度做出清醒的判断和决定。在降低复杂程度和工作量的同时，也能发挥效力，我们需要这种微妙的平衡。这里有一条广泛适用的原则：同时使用的东西，我们一定要把它们放在一起。

不仅是手工操作不灵敏的用户会觉得鼠标使用起来有问题，有许多经验丰富的计算机用户，特别是打字员，也发现使用鼠标有时存在困难。对于数据密集的任务，键盘比鼠标要好。手不得不离开键盘去操控鼠标，调节光标的位置，然后又不得不回到键盘，是令人沮丧的。在个人计算机的初期，键盘一统天下，如今又常常是鼠标一统天下。软件应该对所有的移动和选择都提供完整的鼠标和键盘支持。

设计原则

> 浏览和选择任务要同时提供鼠标和键盘的支持。

相当多的计算机用户使用鼠标时都会遇到麻烦，所以如果我们要想成功，设计软件时不仅要考虑到老练的鼠标用户，也要照顾到这部分人的情绪。这就意味着每种鼠标的习惯用法都至少存在替代方法，当然这不是任何情况下都能做到的。不过，目前多数商业和生产软件都可以很好地用键盘操作。

鼠标按键和控制

鼠标的发明者们，都考虑过鼠标到底应该有几个按键，但他们没有达成一致意见。一些人说一个按键是对的，另一些深信应该有两个，还有一部分人鼓吹多个按键的鼠标可以用来分别或一起单击，比如有 5 个按键的鼠标，可以有 32 种不同的组合。最终，微软为它的 PC 采用了两个按键的鼠标，苹果公司为它的 Macintosh 鼠标安装了一个按键，而一些 UNIX 社团则采用了三个按键。单个按键的鼠标是 Macintosh 最主要的缺点之一。苹果公司广泛的用户测试显示出新手最适合的按键数目是一个，因而单按键的鼠标被庄严载入了苹果公司的历史。这有些可悲，因为当新手用户走出初学阶段，成为永久的中级用户（Perpetual Intermediate），鼠标右键完全可以发挥作用的时候，单键鼠标就成为一种不幸。为了新手的简洁，它牺牲了大多数计算机用户的效能。不过，最终苹果公司还是承认了右键情境菜单的重要性，在鼠标上也配备了右键（隐藏式的），并曾经一度还加上了位于硬件滚动球下方的第三个键。目前的苹果鼠标上，一个键都没有，依靠触摸滑动来实现各种自定义的操作，用户可以自行想象键的存在并定义其用途。微软对双键配滚轮的鼠标始终都非常满意，一直沿用至今。

鼠标左键

总的来说，鼠标左键用于所有主要的直接操作功能：启动控件、选择、绘画等。左键最常用的方式是激活或选择。对于按钮或复选框这样的标准控件，单击左键意味着按下按钮或者选择选项。如果你在数据上单击，则通常意味着选择。我们在本章后面进一步讨论这个问题。

鼠标右键

微软和其他许多公司曾经长期对鼠标右键视而不见。只有少数勇敢的程序员将一些行为与右键关联起来，但也是一些额外、备选或高级的功能。当 Borland 公司用右键作为进入属性对话框的工具时，业内对这种行为的看法充满矛盾，如他们所说，是充满批判性的欢呼。微软最终借鉴了 Borland 公司的做法，在 Windows 95 上做出了改变。苹果不太情愿地跟随了微软的步伐，现在鼠标右键也担负起了重要而又极其有用的角色，可直接访问属性，以及其他情境中针对对象和功能的相关动作。

滚轮和滚球

点操作设备上最有用的发明之一是滚轮。滚轮有很多种，外形略有差异，但基本上都是内嵌在鼠标上，用中指操作。向前滚动滚轮，屏幕上卷；向后滚动，屏幕下卷。按下滚轮则相当于按下了第三个键，很少有软件会用到它。不过，这也没有什么可惜的，因为按下滚轮是个不太好操作的动作，有时还会不小心滚动它，造成误操作。

滚轮的妙处在于使用者无须费力地与难用的滚动条打交道了（参见图 18-15）。有些滚轮还支持对横向滚动条进行操作。有些鼠标，例如苹果的 Magic Mouse，根本就没有滚轮或滚球，但它用电容式触摸传感器来代替滚轮。

元键

同时使用元键（Modifier Key）和鼠标，可以扩展直接操作的习惯用法，元键指的是 Ctrl 键、Alt 键、Command 键（苹果电脑）和 Shift 键。

一般来说，这些键被用于改变命令。比如，在文本域中按下 C 键就输入了一个 C 字母，但按下 Ctrl 键并保持住，再按下 C 键，就意味着要"复制所选对象"。在 Windows 的 Explorer 中，按下并保持住 Ctrl 键，再拖动文件，就把"移动"功能变成了"复制"功能。这些键也通常被用来改变鼠标的行为，比如按住 Shift 键就可以让光标保持在一个方向上移动（上下左右）。我们在本章后面将详细讨论这些用法。

在使用元键这个问题上，苹果公司很早就有了清晰的标准规范，而且在用法上也越来越一致。在 Windows 世界里有些不同，在这方面没有统一清晰的标准，但近来也浮现出了一些习惯用法（基本上和苹果的差不多）。

我们可以用光标形状变化来动态显示元键的用法，这种做法很好。当元键被按下时，光标形状发生改变从而反映出某种习惯用法的新功能。

 设计原则

> 用光标形状变化表明元键的用法。

指向

指向（Pointing）这种简单的操作是图形用户界面的基石，也是所有鼠标操作的基础。用户移动鼠标，直到屏幕上的光标指向所期望的对象或置于对象之上。即使没有单击，只是指向，屏幕上的对象也能注意到。直接操作的对象常微妙地改变它的外观。当鼠标光标移到对象上时，对象会显示这种特性。这种行为称为**受范性**（Pliancy），我们将在本章后文中进一步讨论。

单击

用户将鼠标停在目标位置上，按下按键然后释放。通常该动作被用来改变控件的状态，或选择一个对象。在文本或表格单元中，单击意味着"选中此处"。对于一个按钮控件，状态改变意味着当鼠标按键在控件之上按下时，按钮进入或保持按下的状态。当鼠标按键释放，按钮就触发，与之相关的动作就会出现。

 设计原则

> 单击意味选择数据或对象，或改变控件状态。

但是，如果用户在鼠标按键按下时，移动光标离开控件，那么按钮控件就会回到未按状态。尽管直到释放鼠标按键为止，输入焦点仍然在控件上。但当释放鼠标按键后，输入焦点切断了，任何事也没发生。如果用户改变了主意，这也提供了一条方便的逃逸途径。本章后面将详细讨论单击过程中鼠标按下和鼠标释放的事件。

指向和单击的组合

你可以利用鼠标做两种基本操作：移动它指向不同的事物，或者单击按键。任何超出指向和单击的鼠标动作都是一种或多种动作的组合。我们在此总结出，在不借助元键的前提下，所有的鼠标动作。为了讨论方便，我们为每种动作取了个简短的名字（即圆括号中的名字）：

● 指向（指向）。

- 指向，单击左键，释放（单击）。
- 指向，单击右键，释放（右击）。
- 指向，单击左键保持住，拖动，释放（单击拖放）。
- 指向，单击左键，释放，快速单击左键，释放（双击）。
- 指向，同时击左右键，同时释放（合击）。
- 指向，双击不释放，拖动，释放（双拖）。

鼠标老手可以毫不费力地做出上述七个动作，但一般用户无法做出最后两个动作。

单击拖放

这种通用的操作有许多常见的用法，包括选择、改变形状、改变位置、绘图、拖放。在本章以及本书接下来的章节中，我们都会讨论到它们。

和单击一样，在用户失去方向或者有失误时，我们要为他们提供逃生仓。Windows 的滚动条就是一个这样的好例子：用户在没有直接将鼠标置于滚动条上时，也能成功滚动（想象一下，如果它像普通按钮一样必须将鼠标置于其上，那将多么难用）。但是，如果用户的鼠标离滚动条太远，它就会自动回到单击前的位置。这种行为很有道理，因为长距离的滚动需要粗略运动机能控制，使它难以保持在滚动条控件的范围内。如果拖动得太远，则滚动条做出合理的猜测，即用户并不是真的想滚动。一些程序将这种限制设置得太窄，导致滚屏的行为变幻无常，令人沮丧。

在触控板上单击拖放，尽管也是可行的，但实际用起来会很糟糕，尤其是在上一段提到的情境中。拖放操作在触控板的电容式的感应表面上，没有在鼠标上来得稳健，而且大多数触控板的面积都不大，这也是个制约。苹果最近增大了其触控板的面积，估计就是出于这方面的考虑。

双击

如果双击由两次单击组成，逻辑上似乎应该是双击首先要完成与单击相同的事情。当鼠标指向数据的时候确实是这样的。单击选择对象，双击选择对象然后采取动作。

设计原则

> 双击意味着单击再加上动作。

对双击的基本理解来自 Xerox 的 Alto/Star 以及后来的 Macintosh，它也是当代 GUI 的标准。事实上，对于不太灵活的用户来说，双击是困难的，一些人感到痛苦，还有少数人根本做不到，这种现状在很大程度上被忽视了。要解决这个访问性（Accessibility）的问题，可以设计既可双击操作又有对应的单击操作的习惯用法，从而实现同样的功能。

尽管在文件和应用图标上双击有着确定的含义，但在多数控件上双击没有意义，第二次的单击动作通常被忽略不计，或者更普遍的情况下认为它是第二次独立的单击。根据控件的不同，这种动作可能没有危险，也可能造成麻烦。如果控件是切换按钮，你会发现只是回到了它的初始状态（迅速地打开后关闭）。如果控件在第一次单击后已经发挥作用，例如，对话框里的 OK 按钮，结果就不可预料——无论第一次单击后出来的是什么，获得的都是第二次按钮按下的信息。由于缺乏足够的示能提示，因此无法判断某个对象是否应该被双击。所以，我们应该尽量不用或少用，特别是在单击可以胜任的时候。

合击

合击（Chord-clicking）意为同时单击两键，尽管并不真正需要两个按键精确地同时单击或释放，但为了合击有效，第二个按键被单击，必须发生第一个按键被释放之前。

有两种不同的合击。第一种最简单，用户指向某对象的同时单击两个按钮。这种习惯用法很笨拙，而且在现存的软件中不多见，虽然一些创造欲望强烈的程序员在选择时将其作为 Shift 键的替代。

第二种是使用合击来取消拖动。拖动开始于简单的按钮拖动，接着用户增加了第二个按钮。虽然这种技术听上去比第一种更晦涩难懂，但它确实在行业中得到了更广泛的接受。

双击拖动

这是另一个仅为专业人员专用的习惯用法。无错误地执行双击并拖动，就像在拍你头的同时又摸你的肚子，像三击一样，仅在一些特殊的、独占式的应用中使用，将它作为选择的扩展使用。例如在 Word 中，你可以双击文本选择整个单词；作为功能的扩充，你可以通过双击并拖动扩展选定一个又一个单词。

大型独占式应用软件中有很多选择的替换方法，双击并拖动这种习惯用法还算是合适的。对于绝大多数产品，我们建议你还是坚持使用更基本的一些鼠标行为为好。

鼠标释放和按下事件

每次用户单击鼠标按钮（或触控板），程序必须处理两个独立的事件：鼠标按下（Mouse-down）事件和鼠标释放事件（Mouse-up）。不过，不同平台、不同产品对这两个事件的解释不同。但在同一个产品中（理想情况下是最好在同一个平台上），这些动作应该严格一致。

当选择对象时，选择总发生在按键按下时，因为按键按下是拖动序列的第一步，如果不先选择，就无法拖动。

设计原则

在对象或者数据上按下鼠标意味着选择。

另一方面，如果光标在控件，而不是所选数据上面，按下按键的动作是暂时激活控件的状态转换。当控件最后发现按键释放事件后，它就会执行状态转换（参见图 18-16）。

图 18-16　上面的几个小图描述了 Windows 8 中复选框的反馈和状态改变。第一个图是未选中的复选框，第二个是鼠标悬停（Mouse Over 或 Hover）状态，第三个则显示了点击（鼠标按下 Mouse-down）时的状态，第四个显示了鼠标释放（Mouse-up）但仍处于悬停状态，最后一个图显示了鼠标未悬停的被选中的复选框。注意：这里点击时是有视觉反馈的，复选框直到鼠标键松开才有状态改变。

设计原则

在控件上鼠标按下意味着预备动作；鼠标释放意味着执行动作。

这种机制允许用户从容地退出无意中发生的单击。例如，在按下按钮的操作中，用户只需将鼠标移出按钮，这样即使释放鼠标按键，选择也无效。对于复选框，意思也相同：一旦鼠标按下，所选择的复选框视觉上已经激活，但直到鼠标释放，选择才会真正有效。这种习惯用法叫作"顺从响应暗示"（Pliant Response Hinting），我们在第 13 章中详细谈论过。

触控板、轨迹球、手势传感器

几乎所有用过笔记本电脑的人，都用过触控板（Trackpad）。很多人在很多场合下，都不愿意携带或使用鼠标，例如开会时、咖啡厅里、厨房的餐桌上、就寝前的床上等。要记住，触控板操作起来比鼠标要困难一些，因为它的操作依赖于手指在电容传感器表面的接触，因此拖放动作或一些精细动作实现起来是有一些困难的。当然，多数程序员在设计软件的时候并不会为此改变什么，但如果你的用户的确是频繁使用或只使用触控板时，你就必须要考虑到触控板的可用性问题。

Windows 笔记本电脑的触控板上，一般都会有一对明显的左键和右键。几年前，苹果在笔记本上也加上了触控板，并且它巧妙地在触控板上加上了隐藏的按键，手指在苹果触控板上轻按，能产生出按键的效果，单指按下等同于按左键，双指按下等同于按右键。

轨迹球用得不多，只在一些需要精细操控并且空间有限的特殊应用中，或者是轨迹球在逻辑位置关系上正好可以匹配屏幕上的物体的运动（例如 3D 建模软件等）时，才会出现。使用轨迹球进行拖放操作是很困难的，因此凡是使用轨迹球的应用都应避免使用拖放操作。

苹果笔记本和台式机，近年来开始采用多点触控鼠标和多点触控板，它们已经成为苹果系统的标配。对苹果操作系统本身的操作，使用者可以大量运用系统保留的多点触控手势。在开发设计苹果系统上的应用时，如果要使用多点触摸手势，则要特别小心，一定不要和系统保留的手势发生冲突，并且多点触控手势一定不要成为主要的操控和导航手段。由于这些手势缺乏示能提示，因此它们应该和键盘快捷方式或其他的命令快捷方式一样，只适合高级用户。

光标

桌面上的点指（Pointing）和选择（Selection）是靠光标（Cursor）来完成的，它是屏幕上鼠标位置的可视代表物。依据惯例，它通常是一个指向左上角的小箭头，但在程序控制下，它能在一个较小的范围内（在 Windows 8 上是 32 像素×32 像素）变成很多形状。因为通常来说，光标是为了解决单个像素的问题——指向的对象只占一个像素，所以必须有某种方式让光标精确地指示它所要指向的确切像素。解决方法就是在任何光标上设置一个单像素作为指向的确切位置。这个单像素称为**热点**（Hotspot）。对于标准箭头，逻辑上热点是箭头尖部。无论光标的形状如何，它都是单个热点像素。

我们讨论过，直接操作的成功关键是丰富的视觉反馈。对于使用者来说，界面上可以操作的东西必须显而易见，哪些是传递信息的、哪些是纯粹的装饰也要清清楚楚。使用者对鼠标的光标反馈和暗示的注意程度，更是创建有效的交互习惯用法的关键，这些内容我们在第 13 章中曾讨论过。

选择

选取某个对象或控件的操作称为选择（Selection）。它是个简单的习惯用法，鼠标点指再单击该对象就完成了该操作（当然，也可以通过其他方式来完成，例如键盘或其他按钮等）。选择是其他复杂交互动作的基础。用户选取了某个对象后便可以对该对象进行操作。这一系列动作发生的序列可简称为对象-动词次序（Object Verb Ordering）。

命令次序与选择

用户界面的一个基本问题，是如何表达命令。几乎每一个命令都包括一个动词（Verb）来描述动作，以及一个对象（Object）。

按照这个思路，你有两种方式来表达命令：可以先指定动词，然后对象；或者以相反的次序，先指定对象，然后动作。通常分别称之为"动词-对象次序"和"对象-动词次序"。（例如，

"扔给我那个球。"和"那个球，扔给我。"）这两种次序在现代用户界面中都采用了。

动词-对象次序和英语中表达命令的方式是一致的[①]。因此，命令行系统中就模仿了这种语法结构，这样比较符合逻辑。（比如，在 UNIX 下删除一个文件，使用者必须键入命令 "rm filename.txt"。）

在图形界面首次出现时，动词-对象次序带来的问题就清楚地显现出来了。与具有严格、正式结构的命令行习惯用法不同，图形界面中必须运用状态（State）来把命令中的不同交互动作绑定。如果用户选择了一个动词，系统就必须进入一种状态——或者叫模式，来标示出系统正在等待使用者选择一个该动作要施加的对象。在这样的一个简单情况下，使用者便选择一个对象，这样一切都很顺利。但是，如果用户想将动词施加于多个对象，只有用户提前告诉系统将有多少个对象，或者用户输入第二个命令告诉系统他的对象列表，系统才可能知道。这是个非常笨拙的交互方式，需要让用户以一种非常不自然的方式来表达他们自己的想法，也非常难以学习。在高度结构化的语言环境里非常好的操作，在宽松的交互世界里却会彻底地土崩瓦解。

如果把命令次序改成"对象-动词"，我们就不需要担心这样的情况。用户先选择好要操作的对象，然后再指出要施加在对象上的动词，应用程序再对所选对象执行所定制的功能。好处之一是，用户能轻松地在同一复杂选择上执行一系列动词。好处之二是，当用户选择一个对象时，应用只能显示出合适的相应命令，这样便减少了用户的认知负担，也减少了找到命令所需的视觉上的工作量（在视觉界面里，所有的命令视觉上都必须是可见的）。

注意，这里有一个新的概念悄悄浮现出来，而它在动词-对象世界中不存在，也没有必要存在。这个新的概念就是选择（Selection）。因为辨别对象和辨别动词的过程，并不在同一个交互层次中，我们需要一种机制来指出到底选择的是哪个操作。

对象-动词模型可能有点不好理解，但选择是一种非常容易掌握的习惯用法，只要见过一次，就很难忘记。例如在 Outlook 中用 Ctrl+单击选择多个邮件，然后删除，很快就成为根深蒂固的习惯。在英语的语言场景中，我们不能先选择对象。另一方面，我们在非语言场景里却很频繁地使用着这个模型。比如，我们会先拿起一个罐头，然后再使用开罐头的工具来开罐头。

在那些没有直接操作的界面中，比如模态对话框，选择的概念就没有必要存在。对话框通常很自然地会伴随着一些"对象-列表-完成"命令，也就是 OK 按钮。这里，使用者可以先选择功能，再选择一到两个对象。

对象-动词次序更适合用在直接操作的场合，当然也有一些场合中，可能动词-对象命令次

---

① 译者注：当然，我们汉语的语序同英文也类似。

序更有用或更可用。有些场合下，在没有命令的前提下，几乎是不可能先圈定对象的。比如，一些地图绘制软件中，使用者通常无法先从列表中选择地址，再制图（当然在地址本中可以这样做）；使用者一般会说："我要先看地图，找这个地址……"

离散选择和连续选择

虽然选择是相当简单的概念，但有一些变体值得我们来讨论一下。由于选择通常都是和对象有关的，因此这些变体通常也和两大类被选择的对象数据有关。

有些情况下，数据可以被表示为相对其他对象独立操作的不同视觉对象。桌面上的图标和画图程序中的矢量对象就是很好的例子。这些对象也可以彼此独立地被选择。我们把它们称为离散数据（Discrete Data），针对它们的选择称为离散选择（Discrete Selection）。离散数据不一定是同一类的，离散选择也不一定是连续的。

与之相反，有些程序把数据表示为由许多连续的小片数据组成的矩阵。Word 中的文本，或Excel 中的单元格，就是由成百上千相似的小对象组成的连贯整体。这些对象常以连续分组的方式进行选择，所以我们称之为连续数据（Contiguous Data），对连续数据的选择就是连续选择（Contiguous Selection）。

连续选择和离散选择都支持单击选择和点击并拖动选择。单击通常选择了最少的有用的离散量，而点击并拖动可以选择较多量，但二者还有其他明显不同。

在文字处理软件中，文本都有自然的次序——都是由连续的数据组成的。如果把字的顺序打乱就会破坏文章的意思。从头到尾的字流按照一定的意义排成连续的序列，选择一个字或者一段话在整个数据的环境下才有意义，而随机的、零散的选择通常都是没有意义的。尽管在理论上也可以进行离散、不连续的选择，比如选择几个不连续的段落，但用户确认选择，以及为了避免不必要操作而带来的麻烦，远远超过了任务本身的价值。

另一方面，离散数据没有内在次序。尽管也可以给这些离散的对象赋予各种各样的次序，但缺乏内在的关系则意味着用户还是要离散地选择这些对象（比如，进行 Ctrl+点击来选择多个不相邻的文件）。当然，有时候用户也会按照一定的组织原则来进行连续选择（比如按照时间顺序排列的文件，可以选择那些较为久远的文件）。这两种方式的运用在矢量绘图工具（比如Illustrator 或 PowerPoint）都很明显。在某些情况下，用户会对挨在一起的对象执行连续选择，也可能希望选择单个对象。

互斥

通常，当做出一个选择后，以前任何选择都作废了，这种行为称为互斥（Mutual Exclusion），也就是一个选择排斥另一个选择。比如，用户单击一个对象，对象选中，对象保持选中状态，直到用户选择了其他事物为止。互斥对离散选择和连续选择都适用。

某些离散系统允许第二次单击所选对象来取消选择。这可能导致一种奇怪的情况：根本没有选中，并且没有插入点。程序员必须决定这种情况对产品是否合适。

添加选择

互斥通常很适合连续选择，因为如果用户的选择可能会轻易地滚动出屏幕，他就不可能看见或者预测到他的动作会有什么结果。如果能够在一篇长文档中选择几个不连续的文本段落，或许这个操作是有用的，但它的操控性并不好。由于用户看不到所有正在操控的数据，因此可能会很容易出现一些意料之外的变化。造成问题的根源是滚屏，而不是连续选择，但多数管理连续数据的程序都是可滚动的。

但是，如果在离散选择时关闭互斥，用户可以连续单击对象来选择多个独立对象，我们称之为添加选择（Additive Selection）。例如，列表框可以允许用户随心所欲地做出多项选择，并在第二次单击时取消选择。

多数离散选择系统默认情况下采用互斥机制，只有使用元键时才允许添加选择，Shift 最常用，Ctrl 其次。例如在画图程序中，单击选择一个图形对象后，你可以用 Shift 元键加单击，在你的选择中增加其他对象。

连续选择系统通常不允许添加选择（至少缺乏总体视图来对添加选择进行管理），但连续选择界面可以对选择方式加以扩展，这里元键再一次发挥作用。在 Word 软件中，先选择第一个对象后，对第二个对象按住 Shift 键进行单击，可以选择第一个对象和第二个对象之间的所有内容。

某些列表框以及 Windows 的文件视图（两者都是离散数据的例子）中的添加选择则有点奇怪。它们用 Ctrl 键实现"正常"的离散添加选择；但又用 Shift 键来"扩展"选择，仿佛它们是连续的数据，而不是离散的。多数情况下，这种映射徒增疑惑，因为这与离散数据添加选择的习惯用法相矛盾。

成组选择

单击和拖动（Click-and-drag）操作，也是成组选择的基础。对于连续数据，它意味着从鼠标按下到鼠标释放都属于"扩展选择"。这也可通过元键调整，例如在 Word 中 Ctrl+单击选择一个完整的句子，那么 Ctrl+拖动就可以逐句选择。独占式应用程序应该使用这些合适的变体来丰富它们的交互。只要这些变体的操作简单，经验丰富的用户最终会记住和使用它们。

在离散对象的集合中，单击并拖动的操作通常会触发一个拖放移动（Drag-and-drop-move）动作。如果鼠标按键是在两个对象之间单击，而不是单击在任何一个特定对象上的，那么就有一种特殊的含义。它产生了一个如图 18-17 所示的拖动矩形（Drag Rectangle）。

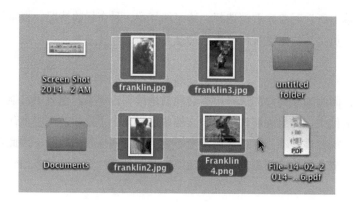

图 18-17　当鼠标按下时，光标不在任何特定的对象上，单击和拖动就产生一个拖动矩形。鼠标释放后包含在矩形里的任何对象都被选定。画图程序和许多文字处理器的用户可能很熟悉这个习惯用法。这个例子取自 Windows 中的文件浏览器，在同一个文件夹里选择文件。矩形从左上角被拉至右下角。

拖动矩形的大小是动态变化的，它的左上角是鼠标被按下的位置，其右下角是鼠标释放的位置。当鼠标释放时，包含在拖动矩形内的任何对象都作为一组进行选择。

选择的视觉提示

必须清晰、醒目地向用户指出选中的对象。选中状态在拥挤的屏幕上必须容易辨认、清晰，并且不能使对象通常可见的细节变得模糊。

设计原则

要让选中这种状态，在视觉上明确而醒目。

特别是，你必须确保用户能轻易地辨别哪些项目已经选定，哪些项目没有选定。仅仅让人能看出项目不同是不够的。必须记住，有相当一部分的人是色盲（译者注：或色弱），所以不能单纯用颜色区分不同选择。

过去，反色被用来表示选择已经完成（比如黑像素变成白色、白像素变成黑色）。尽管这样在视觉上很明显，但实际上不一定容易辨识，尤其是在全彩界面上。还有一些其他的手段，比如背景变成彩色、勾勒出边框、伪 3D 凹陷、控制柄（handles）、动画选取框等。

在图形、绘图、动画，以及演示处理软件中，使用者与视觉丰富的对象打交道，所做的选择很容易迷失。最好的解决之道是添加选择提示，而不是仅仅通过变换被选中对象的视觉属性。很多作图软件中都采用了"控制柄"这一方式：用一个围绕在被选中对象上的框来表示目前所选择的物体。

对于不规则形状的选择（很多图形处理软件中都会遇到，比如 Adobe Photoshop），控制柄会有些令人迷惑，甚至产生混乱，容易迷失。在这里可以通过运动让选择一直都可以显而易见，无论什么颜色。

Macintosh 上首批应用之一的 MacPaint，有一个很好的习惯用法：用简单的虚线描画出被选对象的轮廓，所有的虚线围绕对象同步移动。虚线看上去就像一队蚂蚁，因此这种效果赢得一个形象绰号：行进中的蚂蚁。这种方式也叫作选取框（Marquee），以前电影院的招牌也有这种类似的效果。

Adobe Photoshop 运用此习惯用法显示选中的图画区域，效果很好（专业级用户可以用键盘让它们出现或者消失，这样他们可以没有任何干扰地观察对象）。虽然这个动画并不难实现，但要小心运用，才能得当，用得好的话，无论背景密度多高，颜色多复杂，都没有问题。

插入和替换

前面我们谈到，选择表明了用户将要在哪个对象进行下一步操作。如果新建或者粘贴数据、对象（或通过键盘输入或粘贴命令），则已经被选中。在离散选择中，选中一个或多个离散对象，输入的数据交给选中的离散对象，它们各自以自己的方式处理数据。这可能会产生一种替换（Replacement）动作，即输入的数据取代所选对象，或者所选对象将输入的数据作为素材来完成某种标准功能。例如在 PowerPoint 中，如果选择了一种形状，键盘输入的文本就会成为所选形状的文本注释。

但在连续选择中，输入的数据总会替换掉当前选中数据。当你在一个文字处理器或文本输入框中输入时，输入的字就会替换所选的文本。连续选择还有个特殊倾向：选择能简单明了地表明连续数据两个元素之间的位置，而不是数据中某一特定元素。两个元素之间的位置被称为插入点（Insertion Point）。

在文字处理器中，插入符号（Caret）（通常是一小段闪烁的黑色垂直线光标，用来表明下一字符所在的位置）表明文本中两字符之间的位置，而实际上它并没有选择两个字符中的任何一个。通过指向和单击任何其他地方，你可以轻易地移动插入符号。但如果你拖动以扩展选择，插入符号就会消失，并换成文本的连续选择。

电子表格中也使用连续选择，但它的实现与文字处理器有些不同。单元格组成一个连续的数据矩阵，所以选择是连续的，但是没有选择两个单元格之间空间的说法。在电子表格中，单击就是选择整个单元格。在电子表格中通常也没有插入点的说法，尽然这样的设计可能会很吸引人（也就是说，选择两个垂直相邻的单元格顶部和底部之间的线，然后插入一行或填充一个单元格）。

　　将这两个习惯用法混合也是可能的。PowerPoint 中的幻灯片的浏览视图允许选择插入点，但单幅幻灯片也能选择。如果你在幻灯片上单击，你就选定了那张幻灯片，但如果你在两张幻灯片之间单击，就会出现一个闪烁的插入符号。

　　如果应用程序支持插入点，就必须通过单击和拖动来连续选择对象。即使只是选择文字处理器中的一个字符，也必须拖动鼠标经过它。这就意味着用户在使用应用程序的正常过程中，将要做很多单击和拖动的动作，其副作用是使任何拖放习惯用法更难表达。你可以在 Word 中体会到这些，在 Word 中拖放文本首先涉及一个单击和拖动操作以做出选择，然后鼠标回到被选文本，再次单击和拖动进行实际移动。做同样的事，Excel 让你在所选单元格的边界发现特殊的受范区（仅一两个像素宽）。为了移动一个离散选择，用户必须在单个动作里完成对对象的单击和拖动。在字处理软件中，为了减轻单击并拖动的负担，可以采用一些其他的直接操作方式，比如用双击来选择一个单词。

拖放

　　在所有直接操作习惯用法中，拖放操作是最具有 WIMP 图形用户界面特点的：单击并按住鼠标按键，在屏幕上移动对象，在适当位置释放。令人奇怪的是，拖放的应用并不像我们想象的那样广，而且它的确没有实现其所有的潜能。

　　特别是在 Web 流行，以及和 Web 类似的行为成为超级易用性的同义词后，更妨碍了拖放在桌面系统上的发展，因为开发人员错误地在其他不合适的场合中模仿着 Web 浏览器的交互方式。幸运的是，Web 技术被重新定义了，程序员可以在浏览器中提供丰富的拖放动作，尽管仍然有些挑战，但似乎那些适合所有平台的丰富的具有表现力的习惯用法正在苏醒。

　　我们可以将拖放定义为"单击一个对象，并将它移动到另一个位置"。但对概括一个如此广泛的习惯用法来说，这个定义有些狭窄。对拖放更精确的描述是：单击某个对象，移动它，意味着即将发生一种变换。

　　Macintosh 是第一个成功提供拖放的系统。它引发人们对这个习惯用法的许多期望，但这些期望因为两个简单的原因一直没有实现。首先，拖放不是一个系统范围内的工具，而是 Finder 应用的一个副产品。其次，当时 Mac 只是单任务计算机，在应用程序之间进行拖放这个课题多年没有浮现出来。

　　要感谢苹果公司，他们在第一版用户界面标准指南中对拖放做了概括。而在另一面，微软不仅没有在早期 Windows 版本中使用拖放，甚至没有在程序文件中描述它的过程。但是，微软最终迎头赶上，并且开拓了一些新的用法，比如活动工具栏（Movable Toolbar）和可停靠工具板（Dockable Palette）。

我们一般使用"直接操作"这个短语来描述所有的 GUI 交互习惯用法，但是"拖放"这种操作中却有两个层次。第一种拖放是真正的直接操作习惯用法，拖放动作是把某个对象放在某处，比如在不同目录间移动文件、在特定应用中打开一个文件（把某一个文件图标拖放在一个应用的图标上），或者在绘图软件中的画布上组织对象等。

第二种类型的拖放就有些间接了：使用者为了执行某项功能而把一个对象放在一个特定的区域或者另一个对象上。这样的习惯用法并不太多见，但是可能会很有用。在 Mac OS X 中的 Automator 工具中就有一个这样的好例子（参见图 18-18）。

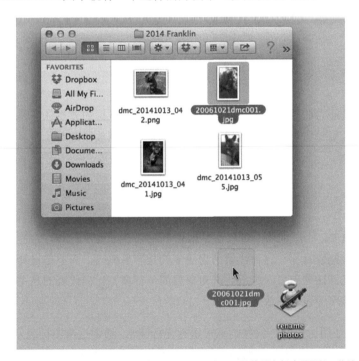

图 18-18　苹果 Mac OS X 中的 Automator 工具可以让使用者创建通用的工作流，比如重新命名图片等，之后就会表现为一个图标。然后，使用者就可以把文件或者文件夹拖放在这个工作流图标上，来执行创建好的这个功能。所以，严格来讲，这并不是直接操作，而是提供了一种合情合理的直接方式来调用命令。

拖放的视觉反馈

我们先前讨论过了，界面必须为它的受范性提供视觉暗示，或者是静态的——通过外形的绘制表现出来，或者是主动的——在光标通过时有动画显示。某个对象可以被拖动这种习惯用法很容易被使用者学会，使用者也很难忘记某个图标、被选中的文本或者其他明显的对象是可以被直接操作的，但是他可能会忘记这个操作动作的细节，因此在使用者点击了对象、开始拖曳之后，提供反馈是非常重要的。新手或生手要进行这样的操作时，基本上都会需要这样的帮助（比如，内嵌在界面中的文本暗示）。温顺宽厚的交互方式会允许使用者撤销（Undo），可以鼓励使用者毫无畏惧地去尝试直接操作。

一旦用户在某个对象上单击鼠标按键后，那个对象就成为拖放过程中的源对象。当用户按住鼠标移动的时候，光标会经应用内部或者外部的一系列对象。如果这些对象支持拖放，它们就可能是目标对象，称为拖放候选对象（Drop Candidate），在一次拖放动作中可能只有一个源对象和一个目标对象，但是可能会有多个拖放候选对象。

每个拖放候选对象的唯一任务是当捕获光标的热点经过它上方时出现视觉提示，这意味着当使用者释放鼠标按键时，它可以接受这个"放"的动作，至少也要表示出它理解了这个动作。

 设计原则

> 拖放候选对象必须在视觉上表明它们的接受能力。

有一种较差的提供拖放接受能力的视觉表现方式，就是改变光标。光标的首要任务是要把被拖动对象表示出来。因此，最好是将对所有拖放候选对象的指示留给拖放候选对象本身。

 设计原则

> 拖动时，光标必须在视觉上表明源对象。

不混淆这两种视觉功能很重要。不幸的是，微软在 Windows 中就犯了这个错误，它使用光标暗示来表示某个对象不是一个拖放目标。这种决策考虑更多的是容易编码，而不是设计。在显示拖放接受能力方面，改变光标比突出显示拖放候选对象要简单得多。光标代表的是主体，也就是被拖动的对象，而不应该用于表示拖放候选对象。

这好像还不是最坏的，微软还用讨厌的带斜杠的圆形进行光标暗示，通常这个图标表示"禁止"。这个图标是一个让人不愉快的习惯用法，因为它告诉用户不能做哪些事情。这是一种负面反馈。用户容易误解为："现在不要释放鼠标，不然将有无法挽回的损失"，而不会理解为"释放鼠标，不会有什么事情发生"。无论微软的风格指南如何解释，把表示禁止的符号添加到光标暗示中，这是两种较差习惯用法的糟糕组合，应该避免使用。

在用户最后释放鼠标按键后，当前的拖放候选对象就成为目标对象。如果用户在有效的拖放候选对象之间，或无效拖放候选对象上释放鼠标，那么就没有目标对象，拖放操作结束，不做任何动作。声音或视觉上没有变化，是表示这种结果的好方式。确切地说，它不是一种取消，所以也就不需要显示取消符号。

指示拖动受范性

用主动光标来暗示拖动受范性，是有问题的。在日益面向对象的世界里，能够拖动的事物越来越多。光标闪烁和迅速变化更多的是造成了视觉混乱，而不是帮助。这里有个好的解决方法，我们可以假定事物能拖动，然后让用户体验。这种方法在 Windows 浏览器和 Macintosh Finder 的窗口中获得了成功。没有光标暗示，拖动受范性可能是一种难以发现的习惯用法，所以你可以考虑在界面中建立一些其他指示，如文本暗示或者工具提示那样的弹出菜单。

在选择好源对象开始拖动操作后，必须有某些视觉指示。视觉上最生动的方法是使拖动操作完全活动起来，实时显示整个源对象的移动。

但是，这种方法难以实现，速度太慢，所以很可能不是一个恰当的解决方案。问题在于源和目标操作需要相当精确的指针。例如，源对象也许有六平方厘米，但它必须拖放到只有一平方厘米的目标对象上。源对象不能模糊目标对象，因为源对象大到横跨多个拖放候选对象，我们需要用光标热点精确显示它将拖放到哪个拖放候选对象上。这就是说，在源和目标操作中，拖动源对象的透明轮廓比拖动源对象完全动画的精确图像要好得多。同时这也意味着被拖动对象不会使正常的箭头光标模糊。箭头尖端仍需指示确切的热点。

拖动轮廓对大多数重新定位也是适合的，因为轮廓相对源对象移动时在原始位置仍然可见。

指示拖放候选对象

当光标带着源对象的轮廓在屏幕上移动时，经过一个又一个的拖放候选对象。这些拖放候选对象必须在视觉上显示它们已经意识到自己正被当作可能的拖放目标。通过视觉改变，拖放候选对象提醒用户它能够正确处理拖放的对象。（当然这也需要软件必须足够聪明，能够识别出那些"源-目标"组合。）

通常来说，只有当前可见的对象才可能是拖放候选对象，这一点是显而易见的。并且，一个正在运行的应用在不可见的情况下，没有必要可视化地显示它能够成为目标对象。实际上，同时出现在屏幕上的对象数目不会太多，最多二十几个，这意味着实现起来不会有太大的问题。

插入目标

在有些应用当中，源对象可以被释放并落在其他对象之间的位置。在 Word 中拖放文本便是这样的操作，数据组或者列表中的重新排序也是这样的操作。在这些情形中，就需要一种特殊的视觉暗示出现在程序的背景或者连续数据中：插入目标（Insertion Targets）。

在 PowerPoint 的幻灯片浏览视图（Slide Sorter）中重新排列幻灯片，就是这类拖放的一个典型例子。用户可以选择一幅幻灯片，并将它拖动到不同的位置。在拖动时，插入目标在幻灯片之间出现（一个垂直的黑条，看上去像大的文本编辑符号）。当你拖动文本时，Word 也会显示一个插入目标。不仅加载光标会显现出来，你还可以在两个相邻字符之间看见一个垂直的灰条，灰条显示了精确插入拖放文本的位置。

无论是把什么对象拖放到其他对象之间，程序必须显示一个插入目标。就像源和目标拖放中的拖放候选对象一样，程序必须在视觉上显示拖动的对象可以在什么地方放下。

完成时的视觉反馈

如果源对象被拖放在一个有效的拖放候选位置，适当的操作就会发生。这时最重要的就是要将操作已发生这个事实，在视觉上表达出来。例如，你把一个文件从一个目录中拖到另一个目录下，源对象必须要在源位置上消失，而出现在目标位置上。如果目标对象代表功能，而不是容器（例如打印功能对应的图标），图标必须在视觉上标示出它接收了拖放，并且正在打印。我们可以使用动画或视觉状态的改变来实现。

自动滚屏

当选中的对象拖出应用软件的边界时，软件怎么办？对象正被拖动到一个新位置，但新位置是在应用程序之内还是之外呢？

以 Microsoft Word 为例，当一段选中文本拖动到可见的文本窗口之外时，用户是说"我想将这段文本放到另一个程序中"还是"我想将这段文本放到同一文档的其他位置，但这一位置目前不在屏幕当中？"如果是前者，我们可按前面讨论过的继续。但如果用户期望的是后者，应用程序则必须朝着拖动的方向自动滚屏（Auto-scrolling），定位到一定距离的位置，而不是同个文档中当前可见的位置。

自动滚屏是拖放操作重要的补充。当你实现一个操作时，可能不得不借助另一个操作。无论拖放的目标对象是否在屏幕之外，程序都需要自动滚屏。

 设计原则

任何可滚动的拖放目标对象都必须支持自动滚屏。

在早期的实现中，如果你拖到应用程序窗口之外，自动滚屏就起作用。这样有两个致命的缺点。首先，如果应用的窗口已经充满整个屏幕，如何才能拖到窗口之外？其次，如果你想拖动对象到另一个程序，应用程序该如何分辨这种情况与自动滚屏呢？

针对这个问题，微软开发了非常聪明的解决方法。基本上，滚屏开始于离应用程序的边界内较近的位置，而不是到边界外才开始自动滚屏。当拖动光标靠近可滚动窗口的边界时——但仍然在窗口内——朝着拖动方向的滚屏就开始了。如果拖动光标来到文本区底部的 30 个像素左右的位置时，Word 开始向上滚动窗口内容。如果拖动光标接近文本区顶部边界的同样位置时，Word 就向下滚屏。

近来，有一些开发人员共同开发出了一个自动滚屏的变体，如图 18-19 所示，当光标距窗口边界越近，自动滚屏的速度越快。例如，当光标距离上边界有 30 像素的距离时，滚屏速度为每秒一行，当距离为 15 像素时，滚屏速度就变成了每秒两行，依此类推。这让使用者可以方便地控制自动滚屏，在很多场合下都很有用。

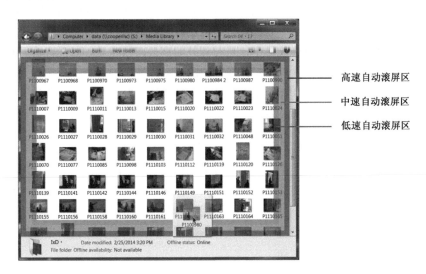

图 18-19　本图中表现了变速滚屏的概念，可以运用到 Windows 浏览器中。滚屏如果只有固定速度，就会难以控制。当光标越来越接近边界的时候，滚屏速度就会越来越快（所以应该对最快速度有一个限制，速度太快了对谁都没有好处）。微软做得很好，当光标接近封闭的滚动框内边界时，而不是外边界，才发生滚动，自动滚屏的这个做法的确非常聪明。

自动滚屏需要的另一个重要细节是时间延迟。如果光标一进入边界周围的敏感地带，就立即开始自动滚屏，那么对于动作慢的用户，就太容易在无意中启动自动滚屏。为了防止这种事情发生，应该只有在拖动光标进入自动滚屏敏感带时，对时间进行合理缓冲后——约半秒——再开始启动。

如果用户拖动光标，完全超出 Word 的可滚动文本窗口时，就不会发生自动滚动。相反，重新定位操作会在非 Word 的其他程序中结束。例如，如果拖动光标离开 Word 进入 PowerPoint，当用户释放鼠标按键时，选中的对象就会粘贴到鼠标指定位置的 PowerPoint 幻灯片中。进一步，如果拖动光标移动到 PowerPoint 编辑窗口任意边界的 3 到 4 毫米以内，PowerPoint 就会朝合适的方向自动滚屏。这是个非常方便的用法，因为当前屏幕的限制，我们会发现自己经常拖着一个加载的光标，却没有地方可以放置拖动的内容。

避免拖放抖动

当一个对象既可以被选择、又可以被拖动时，鼠标偏向于选择操作，这非常关键。因为单击时光标不偏移一两个像素非常困难，频繁地选择某物的动作，一定不要让程序错误地把该动作理解为拖放的开始。用户很少想在屏幕上拖动一两个像素。（就算是在一些作图软件里，用户可能真的想仅仅移动一两个像素，还是有必要让用户多花费一点点力气来操作，这样可以避免频繁的不必要的重新定位。）

在硬件方面，像按键那样的控件，有机械接触时就会表现出工程师称之为颤动（Bounce）的特性，即当有人按压开关的小金属触点，它们就会颤动。对于门铃这样的电路，颤动花去几个毫秒不会有什么关系。但在现代的电子仪器中，这种额外的点击问题明显。对于音响的开关电路，如果它可以处理这种发生在第一次操作后几毫秒内的颤动，就可以避免了我们打开音响后的千分之一秒后又将它关闭的现象。这种情况和鼠标过分敏感的问题有点像，解决的方法也模仿这样的开关电路，使鼠标去颤动（Debounced）。

为了避免这种情况，软件应该建立拖动阈值（Drag Threshold）。除非移动超过最小阈值，比如说 3 个像素，否则，忽略掉鼠标按下事件后的所有鼠标移动消息。这就提供了一种保护机制，避免无意中激活拖动操作。如果用户能够保持鼠标按键在按下位置的 3 个像素之内，整个的单击动作就被视为选择命令，而所有小幅度的、无意识的移动将被忽略，对象不再颤动。鼠标移动一旦超过 3 个像素的阈值，程序就变为拖动操作，如图 18-20 所示。无论什么情况下对象选择或者拖动时，拖动操作都应该去颤动。

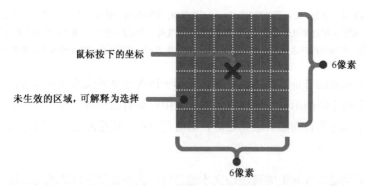

图 18-20　能够同时被选择和拖动的任何对象，都必须去颤动。当用户单击对象，动作必须解释为选择，而不是拖动，即使是用户在单击和释放期间不小心将鼠标移动了一两个像素的距离。程序也必须忽略任何鼠标移动，只要它待在不受约束的距离（每个方向不超过 3 个像素）。从鼠标按下的坐标位置移动超过 3 个像素，就会变成拖动操作，对象也被认为处于操作中。这就是拖动阈值。

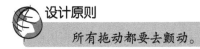

设计原则

所有拖动都要去颤动。

某些应用程序可能需要更复杂的拖动阈值，例如 3D 应用常需要支持屏幕上三个轴上移动的拖动阈值。还有一个例子是我们为客户设计的报表生成软件。用户可以通过水平拖动来重新定位报告中的各栏。例如，它可以将"姓"从列表中的任何位置拖动，重新定位到"名字"的后面。到目前为止，这是最常用的拖放习惯用法，还有另一个不常用的拖动操作，这种操作允许将某一栏中的值直接插入另一栏中，例如，地址栏和城市栏（图 18-21）。

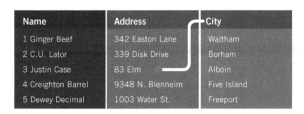

图 18-21　这个报表生成软件有一个有趣的特点，它能够通过拖放操作，将一栏中的内容插入另一栏中。这种直接操作行为与常用的对各栏重新排序的拖放操作（比如将城市栏移到地址栏的左侧）相冲突。我们使用一种特殊的双轴拖动阈值来解决这个矛盾。

我们想遵照用户的心理模型，让他们可以进行这种叠加操作，将一栏的值拖动到另一栏中。但是这种操作与单纯的各栏水平重新排序相冲突。我们通过区分水平拖动和垂直拖动来解决该问题。如果用户将某栏向左或右拖动，就意味着他将该栏作为一个单元重新定位。如果用户上下拖动某栏，则将该栏的值插入另一栏中。

因为水平拖放是用户的主要动作，而垂直拖放较少，所以我们将拖动阈值向水平轴倾斜。我们创建了如图 18-22 所示的线轴形区域取代了方形区域。设定水平移动阈值为 4 个像素，它不会将大的移动误认为用户正常的水平移动，同时仍可避免用户不经意的垂直移动。为了确认极少用的垂直移动，用户必须沿垂直轴移动 8 个像素，并且左右偏离不超过 4 个像素。这个动作相当自然，也容易学习。

这种轴向不对称的阈值在其他方面也能用到。Visio 用了一个相似的习惯用法区分画直线和曲线。

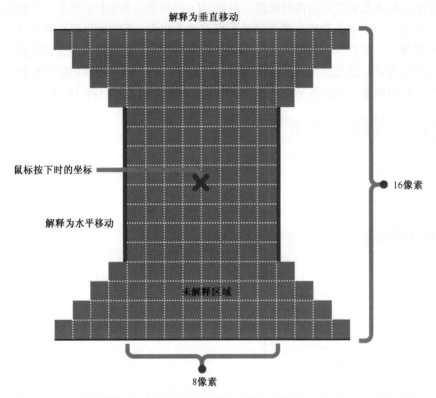

图 18-22　在这个软件中，这种线轴形的拖动阈值在水平上允许偏差。迄今为止，在这种应用中，水平拖动是最常用的拖动类型。这种拖动阈值使用户很难不经意地开始垂直拖动。但是，如果用户确实想垂直拖动对象，一个无论是向上还是向下的明显活动都将导致程序在极小附加工作的情况下确认这种垂直模式。

精确滚动

作为一个精确的指向工具，鼠标的缺陷显而易见，特别是在画图程序中拖动对象的时候。要想将一个对象拖动到确切的位置上非常困难，特别是当显示屏的分辨率为每英寸 72 个像素时，而鼠标以 6 比 1 的比例在显示屏上移动时。为了移动光标一个像素，必须精确地将鼠标移动五百分之一英寸，这不容易做到。

解决这个问题的方法就是添加精确滚动（Fine Scrolling）功能，用户可以迅速地转换到这种模式，允许以鼠标为基础的对象操作达到更高的分辨率。在拖动期间，如果用户认为他需要更精确的调整，就可以改变鼠标移动与显示屏上对象移动的相对比值。任何要求精确对齐的程序必须提供精确滚动。这至少包括所有绘图和绘画程序、演示文稿程序和图像操作程序。这种习惯用法有几种不同的变体。可以在拖动操作期间，按下元键，鼠标改变成游标模式。在游标模式时，鼠标每移动 10 个像素，对象会移动一个像素。

 设计原则

> 任何要求精确对齐的程序必须提供精确滚动的游标工具。

另一个有效的方法是在拖动操作期间激活箭头键。维持鼠标按键按下的状态下，用户可以操控箭头键将所选对象向上、下、左或右每次各移动 1 个像素。释放鼠标按键时，拖动操作将立即终止。很多"单像素"的应用，例如 Adobe Photoshop 允许用户移动键盘上的箭头键按照每次 1 个像素来移动所选对象，如果按住 Shift 键则可以一次移动 10 个像素。

这样的游标存在一个问题，那就是释放鼠标的简单动作常会使用户的手移动一两个像素，导致在这个瞬间放置的对象偏离了对齐。这种问题的解决方法是在接受第一个游标按键时，使鼠标不敏感，也就是使鼠标忽略在某个合理阈值（如 5 个像素）内的所有后继移动。这就意味着用户可以利用鼠标开始粗略地移动，然后利用箭头键精细地确定终止位置，而且在释放鼠标时也不会干扰位置。如果用户希望在游标开始后，做额外的粗略移动，他只需将鼠标移动超过阈值，系统就将脱离游标模式。

如果箭头键不是在界面中，如在画图程序中，它们能用于控制所选对象的游标移动，这意味着用户不必维持鼠标按键按下的状态。Adobe Illustrator、Photoshop 及 PowerPoint 就是这样。在 PowerPoint 中，箭头键将所选对象在网格中移动一步——在默认网格的设置状态下，一步约为 2mm，如果在使用箭头键的同时按住 Alt 键，每按下一次箭头键，对象移动一个像素。这样做相当不错。

控件操作

控件（Control）是现代图形用户界面的基础，关于这一点，我们将在第 21 章中详细讨论。本节中，我们先谈谈直接操作中的一些控件所必需的鼠标交互。

许多控件的操作，尤其是菜单，需要的不仅仅是单击，实际上是相对复杂的"单击并拖放"的操作。这个直接操作对用户要求更高，因为它结合了粗略动作与精细动作来单击、拖动和释放鼠标。尽管菜单使用频率不如工具栏控件高，但它仍然是我们经常要用到的，特别是新手用户或者生疏用户。因此，我们发现，GUI 设计的难题之一是：菜单是初学者主要的操作控件，而从物理操作性方面来看，它又是一个很难操作的控件。

除非提供其他的习惯用法来完成同样的任务，否则没有什么办法可以解决这个问题。如果一种功能可以通过菜单访问，并且用到的次数较多，则需要提供激活此功能的其他习惯用法——那些不需要进行单击-拖动操作的习惯用法，比如工具条按钮。

这里有个好办法，我们可以用一系列的单击来操作菜单，而无须单击和拖动。Mac OS 就采用了这种做法，单击菜单，它就向下展开。当指向你所期望的菜单项时，单击一次就可以选择或关闭菜单。微软进一步扩展了这种理念，你在任何菜单上一单击，程序就转换为菜单模式（Menu Mode）。处在菜单模式时，应用中所有的一级菜单及这些菜单中的所有项都处于激活状态，就像你在进行单击和拖动一样。当你移动鼠标时，无须使用鼠标键，相应的每个菜单就会向下展开。

模态工具和工具板

正如本章前面讨论过的一样，使用模态工具（Modal Tools）时，用户从工具板（Tool Palette，也称为工具箱、调色板）中选择一种工具，此时，应用程序的显示区完全处于这种工具的模态中，即应用程序只支持该工具的工作。通常应用程序会改变光标的外形，来表明当前激活的是什么工具。

当用户在画图区域使用工具单击和拖动时，工具就开始工作。例如，如果激活的工具是喷枪（Spray Can），应用软件就进入了喷枪模态，只能完成喷墨的工作。工具可以反复施用，按需喷墨，直到用户选择其他工具。用户如果希望在画图中使用其他工具，比如橡皮擦（Eraser），则必须回到工具板，选择橡皮擦工具。然后应用软件就进入了橡皮擦模态，在选择别的工具之前，应用软件只能擦除对象。调色板中通常会提供光标选择工具，使用户可以将光标回复到用于选择的指针（Selection-oriented Pointer）状态，Adobe Photoshop 中就是如此。

模态工具既可以是在画图中执行动作的工具——如橡皮擦，也可以是绘制形状的工具——如椭圆。光标可以变成橡皮擦，擦除先前输入的任何东西，也可以变成椭圆工具，绘制多个新的椭圆。鼠标按下的事件就确定了形状的角度或中心（或是它的边界），用户拖动鼠标可以把图形拉伸到自己期望的大小和外形。鼠标释放事件则确认这次画图完成。

模态工具在"Paint"这样的应用软件中不会令人烦恼，因为其中的工具数量很少。而在更高级的图形图像应用软件如 Adobe Photoshop 中，这种模态具有破坏性。因为随着用户能够熟练使用的光标和工具增多，花费在选择和改变选择工具上的时间和动作——也就是附加工作显著增加。在这类图形图像应用软件中，模态工具提供了非常好的习惯用法来引导用户了解该应用程序的功能集，但对于熟悉复杂应用的熟练用户来说，模态工具并不太有效。幸好，像 Photoshop 这样的应用软件充分利用了键盘命令来满足超级用户的需求。

管理模态工具应用的难度，更多地来自工具的庞大数量，而不是模态本身。更确切地说，当用户工作时，使用工具的数量太多将会影响工作效率。超过 5 个模态工具就常常难以管理。例如，如果 Adobe Illustrator 中的必要工具从 24 个下降到 8 个，它的用户界面问题就可能不至于让用户觉得痛苦。

为了补偿模态工具数量太多的副作用，像 Adobe Illustrator 这样的产品采用元键来调节不同的模态。Shift 键常用于受约束的拖动，但在 Illustrator 中添加了很多不标准的元键，并且用了不标准的使用方式。例如，在拖动对象的同时按下 Alt 键，拖走的就是对象的副本，但 Alt 键也可以将选择工具从单顶点（Single-vertex）选择切换为对象选择。这两者之间的区别很微妙：如果单击某物，然后按下 Alt 键，你拖走的是副本。相反如果你先按下 Alt 键，然后单击某物，你选择的是整个对象，而不是它的单顶点。但更令人迷惑的是，此时你必须先释放 Alt 键才能拖动对象，否则拖走的就是该对象的拷贝。对于"选择一个完整的对象，并将它拖动到新的位置"这样一件简单的事，你必须按住 Alt 键，再指向对象，进行单击，然后在不移动鼠标的前提下按住鼠标键，先释放 Alt 键，将对象拖到目标位置！这些设计软件的人到底是怎么想的？

必须承认，这些可能的组合非常有用，但是它们难学、难记又难用。如果你是一个专业的图形艺术家，每天要用 Illustrator 工作 8 个小时，你可以把这些缺点转变成优势，就像赛车手在跑道上能将难以驾驭的、精细调节过的汽车变成自己的优势一样。但 Illustrator 的临时用户会像普通司机那样，由于工具超出自己的水平而屡屡受挫。

加载光标工具

使用加载光标（Charged Cursor）工具时，如果用户在调色板中选择一种工具或形状，光标不会（在用户再次切换前）永久地切换到所选工具的光标形状，而是临时装载或加载了所选对象的单个实例。

此时如果用户在画图区域单击一次，在显示屏的鼠标释放点就会创建一个实例。加载光标对于功能性操作来说不太好用（尽管微软将它无处不在地应用在 Format Painter 功能中），但它确实很适合用于处理图形对象。例如，在 PowerPoint 中，它就得到了广泛应用。用户从图形工具栏中选择一个矩形，光标就变成了负载一个矩形实例的矩形模态工具。

在许多使用加载光标的程序中，如 PowerPoint，用户不能通过单击放下对象，而是必须拖动矩形框来决定对象的大小。一些程序对这两种方法都支持。单击一次加载光标将以默认的大小创建一个对象实例。创建新的对象后处于选择状态，控制柄（Handle）环绕着它，能立即精确地调整对象的形状和大小。毫无疑问，既允许单击创建默认尺寸的对象，又允许拖动矩形框定制对象大小的双重模式，是最灵活和最明显的，能令多数用户满意。

有时使用加载光标的应用程序忘记改变光标的外观。如果认为光标在一种模态上——单击它会创建某物，则在视觉上指示这种状态很重要。加载的光标也要有合适的取消操作习惯用法，按下 Esc 键则是广泛使用的有效取消操作。

2D 对象操作

同控件一样，显示屏上的数据对象，特别是制图和建模软件中的图形对象，都能通过"单击-拖动"来操作。对象（不是在本章前面中讨论过的图标）依靠"单击-拖动"完成三项主要操作：调整位置（Repositioning）、调整大小和形状（Resizing、Reshaping），以及连接（Connecting）。

调整位置

调整位置是一种简单的行为[①]，只需单击对象，然后将它拖动到新的位置。关于调整位置，最重要的设计问题就是它侵占了其他直接操作习惯用法的使用空间。调整位置这一功能需要使用单击-拖动动作，致使这个动作不能再用于其他目的。对于应用内的某个具体内容，这可能不是什么问题，因为就该具体内容而言，最常见的直接操作就是拖放。不过，对于屏幕界面上的某个对象来说，这可能就是个问题了。[②]

要解决这种冲突，最常用的方法是将对象的某个专门区域用于调整位置。例如，在 Windows 和 Macintosh 中你可以单击和拖动标题栏来调整窗口位置。窗口的其余部分不是调整位置的受范区域，这样，正如你可能希望的，单击-拖动习惯用法就可以用于窗口内的其他功能。窗口可以拖动的唯一暗示就是标题栏的颜色，这种精妙的视觉暗示纯粹是习惯用法，不能用直觉理解。但它非常有效，证明了基于习惯用法的界面设计的有效性。

总之，你需要为受范区域提供更清楚的视觉暗示。例如，标题栏可以用亮度的轻微变化作为受范暗示，或者可以用光标暗示。

要想移动对象，首先必须选择它。这就是选择必须发生在鼠标按下时的原因：用户可以用拖动，而不是先单击后释放来选择对象，接着用单击-拖动来调整位置，这样比简单单击然后拖动到希望的位置更自然。

对于移动连续数据，这又会产生一个问题。例如在 Word 中，微软使用不灵活的单击-等待-单击操作来拖动大块文本。你必须以单击和拖动来选择一个文本段，然后等待一秒钟左右，并再次单击和拖动来移动文本段，令人遗憾。可是，对于连续选择这种操作，确实又很难找到替

---

① 译者注：实际是"移动位置"的意思。

② 译者注：这个问题，即上面讲的"单击-拖动"动作不能再用于其他的目的。在下一段中有详细解释，请继续阅读。

代它的好方法。如果微软愿意去掉扩展选择操作的元键习惯用法，那些元键就能用于选择句子，并能在一次移动中拖动它。但这仍然不能解决选择和移动任意文本段的问题。

当调整位置时，元键（例如 Shift 键）常常被用来限制在一维（水平或者垂直方向）上拖动。这种类型的拖动叫作约束拖动（Constrained Drag）。约束拖动在绘图软件中极其有用，尤其是绘制较为简单的组织图时。拖动开始时的最初 5 到 10 个像素决定了拖动的角度。例如，当某一个使用者的拖动开始于水平方向时，那么之后的拖动就将一直沿着水平方向。有些应用对约束拖动的处理有些不同，在拖动的过程中，如果使用者拖动鼠标偏离的角度超过一定阈值，则可以允许按一定的角度拖动。

还有一种辅助使用者拖动的方式叫作网格线（Guides），最常见于 Adobe Illustrator，供使用者作为参考，在放置对象时调整位置。一般说来，使用者会告诉应用程序，当对象被拖至距离网络较近的位置时，应用程序会"啪"的一下自动把对象放置好并且和网格线对齐。通常，如果用键盘缓慢移动，则网格线不起作用。

在 OmniGraffle 的 Smart Guides 软件中，有一种较新的、很有用的网络的变体。一般来说使用者基本上都喜欢对齐每个对象，而且也都喜欢在对齐的对象之间留下大小均匀的间隔。基于这些前提，Smart Guides 提供了动态视觉反馈和对象定位辅助。Google 的 SketchUp 软件则在3D 空间上提供了类似的辅助功能（本章后面将详细讨论）。

调整大小和形状

在 GUI 中的各种窗口，调整大小和形状的功能没有什么不同。使用者可以拖曳窗口的右下角来调整窗口的大小和长宽比，也可以拖曳窗口的边框来进行这个操作。一般来说，清晰的光标暗示支持这样的交互。

这些习惯用法对于调整窗口大小来说是合适的，但当调整的对象是绘图或建模程序中的图形元素时，必须要表达清楚哪个控件是被选中的，以及使用者在哪个位置上点击才能调整大小和形状，这很重要。用于调节图形对象大小的习惯用法在视觉上必须醒目，以将它自身与图画的组成部分，尤其是它所控制的对象区分开来，并且必须考虑对象及其周围区域的视图。调节控件本身一定要让调节大小的动作清晰明了，不能含糊晦涩。

有一种很受欢迎的习惯用法实现了这些目标,如图 18-23 所示,即调整大小的控制柄（Resizing Handle）。控制柄还可以将选择标示出来，因此有着双重作用。这个双重作用是一种自然的共生关系，因为只有先选择对象，才能调整其大小。

使用者操作位于对象每边中点的控制柄时，只能移动它所处的那个边，对象的其他边并不移动；操作角上的控制柄时，可以移动构成该角的两个边。这样的交互方式是很直观的。

控制柄会影响到它所包围对象的显示，因此它们不适合永久出现在对象的四周。所以，在窗口上我们从来没有看见过控制柄。此时，边框或四角才更适合。如果被选对象比屏幕还大，控制柄会跑到屏幕的外面。这样使用者不仅无法直接操作它们，而且它们也起不到标示选择的意义。

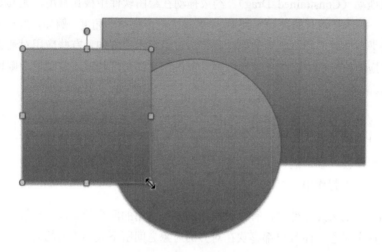

图 18-23　所选对象有 8 个控制柄，每一个角上有一个，每个边的中点上有一个。控制柄在指示选择的同时，也是一个便利地调整对象大小和形状的习惯用法。控制柄有时通过像素反转颜色来实现，但这样在颜色多的时候可能会看不出来。本图是微软的 PowerPoint 2010 中的控制柄，这些控制柄占据了一些空间，可以让它们凸显出来。对于非矩形的对象，可用一个能够包围它的矩形来显示控制柄。

和拖动一样，这里也可以用元键约束、调整尺寸的方向，也是另一个约束拖动习惯用法的好例子，Shift 键再次用来强制保持调整对象的长宽比，这有时候会非常有用。在某些情况下，让尺寸调整保持在水平方向或垂直方向上，或者是长宽比不变，也可能有用。

必须要注意的是，这里控制柄存在的前提是由它调控的对象是矩形，或者容易被矩形包围。这对于用户创建一个组织系统图也许已经够了，调整更复杂的对象形状又会怎样呢？其实，还有一种功能强大的控制柄变体：顶点控制柄（Vertex Handle）。

许多软件在屏幕上画出的对象呈折线形（Polylines）。折线是绘图程序的专用术语，专指由一系列顶点定义的多段线条。如果最后的顶点与最初的顶点重合，它就是闭合的，也就形成了一个多边形。选中这样的对象时，程序不是像在矩形图那样设置 8 个操作点，而是在折线形的每个顶点上设置一个操作点。用户可以分别拖动任意顶点，局部改变对象而不会在总体上影响对象，如图 18-24 所示。

图 18-24　图中显示的就是顶点控制柄,之所以如此命名,是因为多边形的每个顶点上都有一个这样的控制柄。使用者可以单击并拖动任何控制柄调整多边形的形状,每次一段。这个习惯用法在绘图程序中很有用。

PowerPoint 中的任意边形对象也以折线方式绘制。如果单击这种不规则的图形,则会出现带有 8 个标准操作点的矩形外框;如果你随意右击图像,并在背景菜单中选择编辑顶点,那么这个矩形外框就会消失,取而代之的是顶点操作点。这两种习惯用法都很重要,前者用于按比例调整图像的大小,后者用于精细调节图像形状。

如果对象具有弯曲的边缘,而不是多边形那样的直线边,最好的变形机制就是采用贝塞尔控制柄(Bézier Handle)。和折线上的定点类似,它也表示对象上的点,不过表示的是曲线上的点。要想操作好贝塞尔曲线还是需要一定技巧和熟练程度的,所以更适合专业的作图和建模应用软件。

连接

在某些应用程序中,一种功能强大的直接操作习惯用法是连接。用户从一个对象单击拖动至另一个对象,不是为了叠加,而是为了将两者用一条连线或者箭头连接。

用过项目管理或组织结构图应用软件的人肯定熟悉这个习惯用法。例如,在项目经理的网络图(通常称为 PERT 图)中,将一个任务框与另一个任务框连接起来,在这种情况下,连接的方向很重要:鼠标键按下点处的任务是源任务,鼠标键释放点处的任务是目标任务。

当拖动两个对象之间的连接时,它以橡皮筋(Rubber-banding)的形式提供视觉反馈:箭头成为一条从鼠标按下点延伸到光标所在位置的线。线条是动画的,一端随光标移动,另一端停留在鼠标按下点。当用户移动光标通过要连接的候选对象时,光标暗示会提示这两个对象是可以被连接的。用户在有效的目标上释放鼠标后,程序会在两个对象之间绘制一条永久的线或者箭头。在某些应用程序中，这样也在逻辑上把两个对象连接在一起。和拖放操作一样，也要提供一种方便的方式来取消这个操作，比如使用 Esc 键或者合击鼠标的双键。

连接本身也完全可以成为对象，具有调整大小的操作点和可以编辑的属性。这种实现方式意味着连接可以进行独立的选择、移动和删除。在某些程序（如项目规划应用程序）中，对象之间的连接需要包含一定的信息，因此在这种情况下，让连接成为"一等公民"很有意义。

连接不像其他习惯用法那样需要光标暗示，因为橡皮筋线的作用清晰可见。但是在对象存在逻辑联系的应用中，就有必要显示出箭头当前指向的哪一个对象是有效的目标对象了。换句话说，如果用户拖动一个箭头，在它还没有指向屏幕上某个图标或小部件之前，他如何才能辨别这个图标或小部件是否合法连接？答案就是采用某些主动视觉暗示来显示潜在的目标对象；可以非常微弱，甚至当程序中所有对象对于任意连接都是有效目标时，可以完全没有；当连接拖动经过目标对象时，目标对象应该高亮显示，表示愿意接受连接。

3D 对象操作

对于只装备了二维（2D）输入设备和显示器的用户来说，精准地处理三维（3D）对象无疑对交互提出了重大挑战。多年来，用户界面设计领域有不少相关的有趣研究，试图开发出更有效的适合 3D 输入和控制的交互方式，但迄今为止仍然没有真正的突破，只是将 2D 习惯用法演化扩展到了 3D 世界。

多数 3D 应用程序与精确绘图（如建筑 CAD）或 3D 动画有关。创建模型的时候，动画出现的问题与绘图时出现的问题相似，使模型随时间发生移动和改变增加了新的复杂性。动画家常在专门的应用程序中创建模型，再将这些模型加载到不同的动画工具中。

对 3D 操作习惯用法更深入的讨论，可能需要整章甚至整卷书的篇幅来描述，因此我们这里只简单地介绍 3D 操作的一般性问题。

显示问题和习惯用法

2D 屏幕不具备视差，无法呈现深度。这或许是在 2D 屏幕上实现 3D 交互所面临的最重要的问题。设计师们没有求助于昂贵而神秘的眼镜外围设备，而是用一些技巧来解决这些问题。另一个重要的问题则是，近距离的对象挡住了远距离的对象。这些导航问题，以及我们将在下节中讨论的输入问题，可能就是虚拟现实（Virtual Reality）还没有成为主流图形用户界面的主要原因。

多重视点

多重视点（Multiple Viewpoint）可能是解决以上两个问题最古老的方法。但从交互的观点来说，多重视点在很多方面的效果是最差的。虽然如此，多数 3D 模型应用程序在屏幕上设置了多重视点，每个视点从不同的角度显示同一对象或情景。通常，多重视点包括了俯视图、正视图和侧视图，每个视图与绝对轴对齐，每个轴都可以向内或向外缩放。大多数情况下，还会有第四个视图，情景的正交投影或透视投影，用户可以调节每个视图的确切参数。可是，当每个视图都有单独的窗口，并且每个窗口都有自己的外边框和控件时，这个习惯用法就变得非常麻烦：窗口不可避免地相互重叠、彼此影响，有限的屏幕空间被重复的控件和窗口边框浪费。一个较好的解决方法是启用多窗格窗口，每个窗口中允许配置一个、二个、三个或者四个窗格（在三个窗格的配置中有一个大窗格和两个较小的窗格）。使用工具条或者键盘快捷键，能尽可能地确保一次单击就能配置这些视图。

多重视点的缺点在于，用户需要同时观看多个地方才能知道对象的位置，结果迫使用户在复杂的情景中从上向下、从侧面和前面各个角度定位对象。在大脑中实时进行三角测绘实在不容易，即使对于建模专家也是勉为其难的。不过，多重视点对沿特定轴线精确对齐对象还是有帮助的。

基线网格、景深效果、阴影和标杆

基线网格（Baseline Grid）、景深效果（Depthcueing）、阴影（Shadow）和标杆（Pole）是用于解决多重视点问题的习惯用法，它们背后的理念是允许用户在正交或透视投影视图中了解 3D 情景中对象的位置和运动。

基线网格提供了一个带有虚拟地板和墙壁的场景，每个轴一个，有助于用户定位方向。当摄像机视点能自由旋转时（通常情况也是如此），基线网格特别有用。

借助景深效果，视野较深的对象显得暗淡。这种效果的影响通常是连续的，因此只要给出了对象大小、形状和范围的有用线索，即使单个对象也能显示景深效果。当在网格线上使用景深效果时，有助于明确视图中网格线的方向。

一些 3D 应用软件采用阴影来定位，将所选对象的轮廓投影到网格上，就好像光线垂直照射在每个网格上。当用户在 3D 空间中移动对象时，可以借助这些阴影或轮廓跟踪在每个维度上是移动对象（或改变对象大小）的路线。

阴影的效果不错，但阴影和网格在视觉上会互相影响。我们可以使用单层底板网格（Floor Grid）和标杆来解决这个问题。标杆常与水平方向的网格一起发挥作用。当用户选择了一个对象，从对象的中心有一条垂直线扩展到网格。当移动对象时，标杆跟随移动而且始终与水平网格垂直。用户可以通过观察标杆在网格线（ x 轴和 y 轴）表面移动的出发点，以及标杆相对于网格（ z 轴）的距离和方位，来了解她在 3D 空间中移动对象的位置。

准线和其他的丰富视觉暗示

前面一节描述的习惯用法全部是丰富的非模态视觉反馈的例子，我们在第 15 章做过详细讨论。但是，对于某些应用程序，过多的网格和标杆则具有破坏性。例如，Google 的 SketchUp 是一个建筑绘图程序，当用户使用这一程序设计草图时，可以使用卷尺和量角器工具绘制自己的草图线条，也可以用色彩编码提示在恰当的轴上正确定向，还可以启用蓝色梯度的天空和地面颜色来帮助定向。因为该应用软件关注的是建筑设计，不是通常意义的 3D 建模或动画，所以设计师努力实现一个既简洁、功能强大又易学易用的简单界面（如图 18-25 所示）。

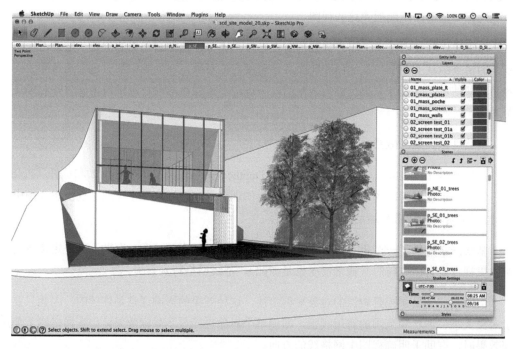

图 18-25　Google 的 SketchUp 软件是应用软件中的精品，集成了强大的 3D 建筑设计功能、流畅的交互、丰富的反馈、可管理的设计工具。使用者可以根据位置、方向、季节及一天中的时间设置天空的颜色和现实世界里的阴影。这不仅有助于表达，而且可以帮助使用者在创建时更好地定位。使用者也可以布置 3D 网格线和度量准线，就像是在使用 2D 绘图工具一样。摄像机旋转和缩放功能巧妙地被映射到鼠标的滚轮上，这样在使用其他工具时可以方便地使用这些功能，还提供了协助画线和对象对齐的文本提示。

线框和边框

线框（Wireframe）和边框（Bounding Box）解决了对象可视化问题。在处理器速度非常缓慢的年代，因为计算机速度不够快，不能实时绘制实心的外观。那时候，建模应用软件通常只会粗糙地渲染出所选对象的表面，而用线框来表现其他所有的未选对象。透明化也起到一定的作用，但它仍然有很高的计算强度。在高度复杂的情景下，非选择对象只要渲染出边框就可以了，虽然不完美，但已经基本可以满足要求了。

输入问题和习惯用法

3D 应用程序直接采用了许多 2D 应用的习惯用法，例如，拖动操作点和顶点操作点。不过，3D 输入还存在一些特殊的问题。

拖动阈值

3D 场面的 2D 投影中，使用直接操作的基本问题之一，是如何将屏幕上光标的 2D 移动，转换为虚拟 3D 空间内更具 3D 意义的移动。

在 3D 投影中，不同种类的拖动域需要区分三个轴，而不是两个轴上的移动。比方说，鼠标上下移动变换成沿一个轴向上的移动，而 45°角的拖动常用于表示另一个轴上的运动。当用户沿特定轴平行拖动时，SketchUp 用虚线的形式提供色彩编码提示，同时也采用工具提示来暗示。在 3D 环境中，以光标和其他类型的暗示来显示丰富的视觉反馈是非常必要的。

选取问题

3D 操作的另一个重要问题是选取问题（Picking Problem）。因为在组合情景时，对象要么在线框里，要么透明，这样当用户的鼠标经过许多重叠的项目时，软件很难知道选择的究竟是哪一个项目。突出显示位置有一定的帮助，但还不够，因为对象有可能被其他对象完全遮盖。成组选择就更难处理了。

许多 3D 应用程序求助于不那么直接的技术，如对象列表或对象层次关系，用户可以在 3D 视图外的列表或关系中选择对象。尽管这种交互有用，但还有更直接的方法。

显然，我们可以让用户在键盘上输入要选取对象的名字或者干脆语音输入对象的名字。如果此时的场景中只有一个立方体，则系统很容易理解来自键盘或语音输入的“立方体”指的是哪个对象。另一简单的办法是按照对象的属性来选取，例如“选择那个绿色的东西”。如果嫌这种叫唤对象名字的方式麻烦，用户还可以使用它们的 ID。此外，既然绝大多数的 3D 操控都是用鼠标来完成的，那么我们可以用鼠标触发一些模态。这个方法也不错，而且不用键盘或语音，直接用鼠标操作就可以了。

例如，当掠过画面的某一部分时，可以打开一个类似菜单的工具提示，让用户选择一个或多个重叠的对象（这种菜单对于只有单个清晰对象这种简单情况来说是不需要的）。所有可以单

409

独选择的平面、顶点或边，在鼠标经过时都应该有受范性提示。

此外，还有一种平稳简单的情景导航方式有助于改善选取，虽然它不能直接解决问题。但是，SketchUp 将缩放和环绕功能都映射到鼠标的滚轮上。滚动鼠标滚轮可以围绕 3D 空间的中心零点进行缩放；按住滚轮可以从任何你正在使用的工具转换成旋转模态。这种模态下允许图像围绕任何方向的中心轴旋转。这种流畅的导航使操作建筑模型如同在手掌中旋转它一样轻而易举。

对象旋转、摄像机移动、旋转和缩放

3D 应用本身还存在一个特殊问题，即在空间上能实现的操控到底有多少。我们可以在三条轴上调整对象的位置、大小和形状。也可以在这三条轴上旋转。除了这些，我们还可以运用摄像机视点，让摄像机在适当位置旋转，或者围绕某个焦点旋转，也可以在三条轴上旋转。最后，摄像机的视野还可以放大或者缩小。

这不仅意味着在 3D 应用程序中元键和快捷键的分配很关键，而且还存在另一个问题，即使摄像机变换和对象变换之间的实际不同，但通过观察摄像机视点也很难分辨两者的差别。可以在显示屏的一角加入情景绝对视图的缩微图来解决这个问题。这个视图在需要时可以放大或缩小，并且，为避免用户迷失在空间中，它提供了一个现实检查和整体导航的方法（注意，这种缩微图在导航大的 2D 图像时也很有用）。

第19章
为移动设备和其他设备而设计

2007 年 6 月，苹果发布了 iPhone，也是那个时候，移动设备的用户体验被永远地改变了。几乎一夜间，移动设备的定义发生了翻天覆地的变化。在 iPhone 出现以前，移动设备的用户体验，发生在一块小小的镶嵌式或滑盖式硬件键盘上，或是在不太敏感的、需要手写笔的单点触摸屏上，有时还发生在同样难用的 D 型 5 向操作块①上。

iPhone 在如下几个方面彻底取代了原来糟糕的用户体验：

- 一块面积巨大的、高分辨率的多点触摸屏，一个专门为手指直接在屏幕上操作的操作系统。
- 一组里程碑式的手势习惯用法，相对易学和掌握。
- 一组传感器，可以传递出周围环境的信息，包括位置、方向、明暗、运动。这一切使得移动应用的智能程度提高了一大截。

---

① 译者注：如图所示就是几种常见的 D 型 5 向操作块（5-way D-pad）。

大约一年多以后，Google 也推出了它自己的多点触摸移动操作系统——安卓（Android）。它从竞争对手苹果的 iOS 那里借鉴了很多手势和导航惯用法。不过，它接下来用了几年的时间不断改进，才在美学和用户体验方面慢慢达到了 iOS 的水平。可以说，Android 是移动时代的 Windows，它占据了智能手机的大部分市场份额。（具有讽刺意味的是，微软的 Windows Phone 操作系统，很晚才加入这场竞争，它的市场份额非常低。）本书撰写之际，移动设备上的基本用户体验，几乎在所有的"智能"手机平台上统一了。现在，市场上 90%的智能手机都是很类似的，有着大大的支持多点触摸的屏幕，有着类似的惯用法，内置着类似功能的各类传感器，逐步转向"扁平化"视觉设计（例如 iOS7）。

而在 iPad 上，几乎同样的故事也在上演，iPad 重写了平板设备的故事。微软及其他开发商曾不断尝试发布各式的平板设备，但均以失败或放弃告终。当然，iPhone 的成功确保了 iPad 一经推出立即成功的地位（尽管当时桌面电脑行业的很多人并不看好 iPad）。

现在，iPad、Android 和微软的多点触摸平板的销量不断增加，严重侵蚀着低端笔记本电脑的市场，这一趋势似乎并没有要停下来的意思。对于很多人来说，这样一种非常方便的计算设备，想用的时候按下开关就能立即能用，关闭时可以立即保存上次的状态，在后台自己安静地进行着软件的升级，从云端安装新的应用，完全不存在管理窗口的附加工作，并且允许直接的多点指尖输入，这一切的一切，都远远优于传统的桌面软件、优于传统的点输入设备。了解到这些以后，将来的桌面机和笔记本电脑会变成什么样子，我们不难想象。

本章的大部分篇幅，将介绍在设计手机和平板类的移动设备时的注意事项及其设计原则。在本章的后面，我们还将简要讨论其他设备平台的界面，包括公共信息台、公共设备、车载设备的界面。

剖析移动应用

桌面应用多数都是独占式的，而移动应用相反，它们多数是暂态式的（Transient），这是由它们的本质特点所决定的。顾名思义，移动应用是在移动中使用的软件，是高度情境驱动的（移动设备上的游戏可能是个例外，不过游戏软件的交互设计是个单独的话题），因此它们天生就是暂态式的，特别是手持的移动设备。不过，它们通常会占据整个屏幕，这一点会让人觉得它们一点也不像暂态。暂态，在这里说的是用户与应用交互的特点：短暂、临时、关注于特殊的任务。

设计原则

大多数移动应用是暂态式的。

移动应用是暂态的另外一个主要原因，和设备的物理外形大小有关。手机本来就不大，它的屏幕还要支持多点触摸，还必须要很容易用手指操作，不能误触发其他交互。即便是平板设备，虽然屏幕较手机大了一些，但还是用手指来操作。

这两个因素导致了移动屏幕上的信息和控制密度，与桌面屏幕上对话框的信息和控制密度是差不多的，因此最好也把移动屏幕当作是暂态的来对待。尽管高分辨率显示技术对移动设备上的细致图像和较小文本确实有帮助，但考虑到可用性和可读性，我们仍无法在屏幕上布置过多的对象，还要考虑对象之间的间隔。为解决高分辨率下的可读性的问题，缩放（Zooming）是一种替代方法（参见第 12 章）。可是，虽然这种技术实现起来并不难，但也无济于事，它给这个问题又增加一层复杂和困惑，因为缩放本身就是有问题的，它在很多移动设备上也是一种在 App 间导航的常见的（而且也是尴尬的）途径。

移动设备的外形大小

将移动应用看成是暂时应用，一般是不会出问题的。虽然如此，我们也要注意移动设备的外形大小对导航、布局、行为策略，以及样式的影响。

现代多点触摸移动设备，按照外形大小来分类，基本上有以下三大类。

- **手持设备**（Handheld），即手机和媒体设备（诸如 iPod Touch 等）。这类设备的外形特点是，具备 4～6 英寸大小的"高窄"屏幕（长宽比一般来说都是 16∶9），而且在使用时一般以竖直方向放置（Portrait Orientation）为主。
- **平板**（Tablet）。这类设备的屏幕大多数是 9～10 英寸的。（苹果的平板的长宽比是 4∶3，而谷歌和微软的多数是 16∶9）。安卓和 Windows 平板，在设计上侧重于水平（Landscape）使用，而苹果的平板水平和竖直这两种方向都可以。
- **小平板**（Mini Tablet）。小平板的屏幕大约是 7～8 英寸。和平板一样，苹果的小平板（iPad mini）的长宽比是 4∶3，而谷歌和微软的是 16∶9。

下一节将讨论上述各类不同外形的移动设备的基本结构模式（Structure Pattern）。在本章的后面，以及第 21 章中，我们还将讨论其主要模块。

手持设备上的应用

移动触屏操作系统上的应用（App）几乎都采用全屏的模式，可以充分利用有限的屏幕面积，并杜绝了令人头疼的窗口管理问题，这值得称赞。不过，这个明智的决定要归功于手持设备的先驱者们，包括苹果的 Newton 以及 Palm 公司的 PalmPilot。虽然我们现在使用的手持设备的屏幕分辨率，比过去粗糙的屏幕提高了数倍，但全屏模式依然在继续，而且依然有效。

此外，目前的手持式设备继续沿用着多年前的基本设计模式，很多概念也和以前一样，比如 UI 元素呈垂直堆叠放置，原来的列表、网格、栏、抽屉等概念依然在使用。当然，高性能、高分辨率的处理能力和多点触摸的能力，也带来了新的结构模式，例如轮显（Carousel）、泳道（Swimlane）、卡片等，它们逐步成为流行的移动习惯用法。

堆叠

堆叠（Stack）可能是在非游戏类移动应用上使用最多的一种主要模式，特别是在手持设备上。智能手机和其他类似手持设备的屏幕绝大多数都是"高窄型"的，这种外形迫使内容或控件的显示呈列表形，图标和缩略图除外。堆叠是包含内容的垂直组织结构，通常以列表或网格形式存在，顶端或底端通常会有一个控制导航或访问功能的状态栏。多数 iOS、安卓和 Windows Phone 上的应用都遵循这种主流的模式，请看图 19-1。

图 19-1　一般的移动应用都运用了这种包含内容、控件、导航元素的堆叠布局模式。

屏幕轮显

屏幕轮显（Screen Carousels）是另一种非常主流的交互模式，它特别适合多实例或多变体的仪表盘（Dashboard）式的内容显示，使用者可运用向左或向右的滑动手势（Swipe Gesture）进行快速导航。这种模式最经典的例子是 iOS 上的天气预报应用，如图 19-2 所示。使用者可以在布局完全相同的不同屏幕和卡片间滑动，在 iOS 天气预报中，用户在不同展示屏之间滑动即可将切换不同地理位置的天气。轮显几乎不需要再进一步的交互，更不需要像"堆叠模式"中那种深入导航。轮显可能有、也可能没有顶栏或底栏，不过通常在屏幕的下方都有一个页标小部件（Page Marker Widget），用来标示当前页在轮显的位置。轮显通常并不提供循环显示，也就是说，滑到最左端或最右端就不能继续滑动了。但有时如果循环可以让导航更加方便，则可以采取循环方式。

图 19-2　iOS 的天气预报 App 采用了非常经典的轮显模式。你可以左右滑动屏幕切换不同地理位置的天气预报，从而方便地用类似于仪表盘的视图查看。底栏中有一个位置标记小部件，显示着当前屏幕在序列中的位置。该应用中的轮显到达末端时，无法继续滑动，只能从头开始，这让导航有些难用，实际上它没有必要禁止循环滑动。

方位和布局

大多数现代移动设备都能够检测到屏幕的方位（垂直或水平），这意味着应用可以根据屏幕的方位来动态地列出当前屏幕上的内容。不过，大多数应用会保持垂直布局不变，即使屏幕在物理方位上发生了旋转。对于列表式或网格式的内容来说（本章中的"浏览控件"一节会进一步讨论），保持垂直布局也是有益的，因为使用者始终都是单手垂直握着手机进行操作的。

对于拍照、摄像及媒体编辑类的应用，由于媒体内容本身可能是水平的，因此最好还是允许屏幕自动旋转成水平的。在这类应用中，最好使用图标式的控件，这样它们便可以随着屏幕一起转动，并极大降低因方位变化导致用户迷惑的可能（见图 19-3）。不过，要多花点时间考虑图标的设计，以让用户能够快速识别图标所代表控件的意思。

图 19-3　iOS 上名为"慢速快门"（Slow Shutter）的拍照 App，屏幕自动旋转设计得非常好，可以很平滑地从垂直变成水平。相比之下，iOS 自带的"相机"应用虽然也可以旋转，但由于它使用了一个文本的滚动选择条，结果是，旋转之后的文本在屏幕水平时很难读。

平板应用

在手持设备应用中，平板具备更大的"屏幕不动产"，而因此享有更大的呼吸空间。iPad上 4∶3 的大屏幕，确保了它有足够的空间进行导航和功能控制。安卓和 Windows 平板的屏幕和电影银幕一样，是 16∶9 的，同样也具备很大的空间，可以舒服地管理屏幕上的内容。

堆叠和索引窗格

和其他手持设备上的应用一样，平板应用主要也依赖于堆叠模式：垂直堆叠的主要内容，以及一个或一个以上的标签、导航、操作栏等。不过，既然平板拥有较大的"屏幕不动产"，如果有需要，就可以附加一个或多个辅助用的窗格（Pane）。通常来说，这个或这些附加的窗格是索引窗格（参见第 18 章），用于列出条目，例如电子邮件收件箱或搜索结果；或者是主内容窗格中的当前所选条目。这是对显示屏空间的极佳利用，因为这种设计无须更深层导航，所以使得用户可以轻松地导航并浏览一个长长的列表内容。

在附加的索引窗格（Index Pane）里，还可以继续添加相关的导航和功能，将它们放置于窗格的顶栏或底栏中。通常来说，索引窗格中的对象列表通常来自多个源头，例如电子邮件（参见图 19-4）。这时的导航便需要标签式操作或更深层的导航。我们在本章后面会详细讨论这些细节。此外，索引窗格中常见的部件还包括搜索和筛选。

在垂直屏显模式中，索引窗格通常从按键调出，并覆盖住一部分主内容区域。当然，如果索引窗格内的内容本身特别少，我们可以不去覆盖主内容区域，否则一定要覆盖主内容区域（参见图 19-4），这样的导航和查看才显得舒服自然。当然，如果在垂直屏显中也能不覆盖，那就最好不过了，可以给用户以卓越的交互体验，不过这里的前提是，内容要足够短，窄窄的索引窗格可以装得下。

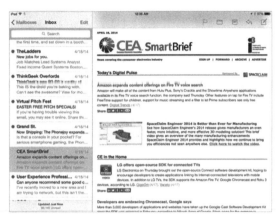

图 19-4　iOS 自带的邮件应用中的一个可导航的索引窗格，它列出了邮件文件夹和里面的内容。在垂直屏显时，用户按下应用左导航栏中的一个按钮就可以调出该窗格，它会覆盖住一部分屏幕，取消该窗格后覆盖区域会复原。在水平屏显模式中，该窗格则永久地驻留在内容窗格的左侧。

覆盖住一部分主区域的索引窗格，在垂直屏显旋转成水平模式后，会自动复原被覆盖住的主区域，索引窗格也会驻留在屏幕上，紧挨着主内容窗格。

弹出控制窗格

平板设备的屏幕足够大，以至于在上面运用弹出面板（Pop-up Panel）而不会盖住整个屏幕，而在手持设备上，如果要做同样的事情，则控制面板会盖住整个屏幕。弹出控制窗格，如果运用得当，可极大地提升任务流的效率，因为它保留了背景屏幕的内容，让用户感觉到他们并没有离开这个"房间"（关于窗口或屏幕的房间比喻，参见第 18 章）。

弹出窗格和对话框是不一样的。区别在于弹出窗格是附着在某个特定的控件或内容对象上的，通常用来改变和该控件或对象有关联的属性。这个"关联"或"附着"一般会通过一个带有三角凸起的气球来表示，该三角凸起会指向被关联的控件或对象，如图 19-5 所示。

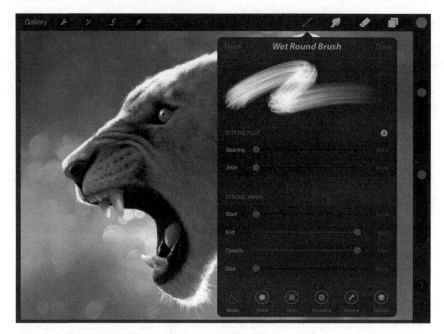

图 19-5　iOS 上的 Procreate 是一个图像创作类的应用，它使用了大量的弹出控制窗格，用户在上面可以配置所选工具的属性。这些弹出窗格看起来像是一个矩形的气球，上面的三角凸起则指向和它有关联的对象。

基于方向的布局

和手持设备一样，平板应用也要考虑屏幕的方向，即垂直还是水平。对于平板应用来说，单纯的旋转是不够的，屏幕中的标签、导航、工具栏等均需要灵敏、自然地自我旋转，并找到合适的方位，比如从侧边上转到顶边或底边。水平变垂直时，我们还要为此添加按钮来调出覆盖式的窗格（参见图 19-4）；而垂直变水平时，我们还要把覆盖取消并改成相邻。这些考虑对于一些简单的应用来说足够了，对于一些较为复杂的应用，或者专注于某种功能而严重依赖某个访问的应用（例如视频播放器需要水平屏显，电子书阅读器需要垂直屏显，而各种创作类工具则要求各种复杂控件的布局必须是固定的）来说，我们可能只需要考虑支持一个方向。在下面的两个小节中，我们将详细阐述两个例子。

移动布局 vs. 类桌面布局

现在很多触屏平板的屏幕分辨率已经很高了，虽然只有 10 英寸左右大小的屏幕，但像素已经足够多了，足以和笔记本电脑或桌面机的屏幕媲美。这诱使我们把平板应用当作桌面应用的缩小触屏版来设计。在多数场合下，这个想法是不实际的。但对于媒体浏览、其他类别的搜索和浏览、查看和网购类的应用来说，本章阐述的方法是适用的。

然而，针对复杂的生产和创作型应用，如果想取代桌面软件，还需要在其中多运用一些类似于桌面系统上的工具栏和窗格。尤其是音频和视频编辑软件，似乎更加适合采用一些桌面式的交互用法，如图 19-6 所示。在里面我们可以适当运用一些相对密集的控件布局、多个窗格的运用、复杂的工具栏和控制面板，甚至较大的弹出面板或抽屉，以及拖放的习惯用法等。

图 19-6　Steinberg 公司的 Cubasis 和 Corel 公司的 Pinnacle Studio 软件是常见的创作类应用。它们的设计采取了类似于桌面软件的复杂布局。

如果你设计的应用属于此类，那么一定要记住如下几个原则。

- 确保工具栏、控制面板、菜单项等要具备一定的面积，使得提示区（Hit Area）、元素的间距足够手指操作。
- 拖放操作在触屏上容易失误，可能会将物体误放至错误的区域。因此，要少用或避免使用。
- 弹出面板要指向它的来源地，并具备清晰标示的页眉。
- 密切关注功能层级，尽可能将工作流线性化，尽可能地让用户在单个路径中完成任务。
- 具有复杂布局的应用，要定一种屏显模式并坚持之。不要设计成水平和垂直都是可以的。可将另一种屏显方向用于完全不同的显示场合。

类硬件控件布局

对于某些应用，特别是音乐创作领域中的软件，模仿硬件的界面会令该领域内的用户非常喜欢。如果是在台式机或笔记本电脑的桌面系统中，用鼠标或触控板来操作这种虚拟硬件的界面是很困难的，但多点触屏的引入彻底改变了这个局面。设计师现在可以考虑用指尖来操作，进行水平或垂直的拖动（这和音乐硬件设备上的操作是一致的），也可以进行旋转拖动操作。这些动作完全模仿了诸如真实世界中混音台上面的滑块和旋钮，使用者用起来会十分得心应手。而且，不只是单纯地对原来的硬件进行模仿，设计师还可以更有创意地设计出超越硬件的操作动作，例如可以用手指直接操作声音的波形图，重塑或抹掉波形等，这将极大丰富音乐创造活动，使之达到一个新的高度，如图 19-7 所示。

图 19-7　图为 iPad 上正在运行的 Positive Grid 的 Final Touch，是专业级的音频制作软件。它使用了大量的硬件控制隐喻，布局和工作流的设计十分巧妙。其创新设计的直接操作习惯用法和模仿硬件的控制，使得 Final Touch 十分强大、无比易用。

小平板应用

　　小平板也是一种受大家喜欢的移动设备，例如谷歌的 Nexus 7 或亚马逊的 Kindle Fire 等。它们的价格相对便宜，可顺利地放入衣服兜或随身携带的小包中，因此也十分流行。不过，从用户体验的角度来看，它们通常也是 16：9 的屏显，支持水平和垂直两种方位，较小的屏幕尺寸给触屏体验设计师带来了挑战。和全尺寸的平板相比，小平板的手指操控空间有限。另一方面，智能手机上的应用直接拿过来运行，美学上又显得不足，特别是操作系统自带的标准控件更是如此。

　　手持设备和全尺寸平板上的导航和布局策略，运用在小平板上基本上没有问题。但要注意以下几点：

● **多个相邻的窗格**——这是全尺寸平板在垂直屏显时都要特别慎重考虑的，在小平板上更要避免。多个相邻的窗格对于小平板来说，太拥挤了。在水平屏显时，最多只能用两个相邻窗格，或者再加上一个垂直标签栏（Tab Bar）。但在垂直屏显时，一定不要使用多个相邻的窗格，有需要时可以运用覆盖式的弹出窗格或抽屉。关于抽屉，我们在下一节中讨论。

● **工具栏**——要注意工具栏在平板上摆放的位置。由于小平板比手机要大不少，在垂直屏显模式下，屏幕还会变得又窄又高，因此将工具栏放在顶端对于手指操作来说显得有点远。在水平模式下，顶端的工具栏和导航栏放在一起，则会占用掉一些已经十分有限的垂直空间。所以，对于小平板来说，工具栏最好垂直地放在侧边，这是个最为合理的位置。关于平板上的工具栏，我们在下一节中会详细讨论。

● **列表**——单列的列表在小平板上会显得过于单薄，即使垂直屏显时也是如此。网格、泳道、卡片等才是平板上列出内容的最佳方式，无论水平还是垂直屏显都适用。如果内容本身就是列表形式的，可以考虑在垂直屏显上使用垂直标签或工具栏，在水平屏显上相邻地摆放索引窗格和细节窗格。在下一节，我们会详细介绍这些习惯用法。

● **弹出对话框 vs. 全屏对话框**——一些在手持设备上可以使用的全屏习惯用法（例如针对菜单或对话框的一些习惯用法），在屏幕较大的小平板上是不可以使用的；这些习惯用法在全尺寸平板上应该被设计成弹出对话框。我们也可以运用弹出控制窗格来展示工具栏，但它会占据大部分的屏幕空间。

关于移动导航、内容、控制的习惯用法

在移动应用中，运用了大量的桌面和 Web 应用的习惯用法，我们在第 21 章中会谈到。除此之外，移动设备的多点触屏技术及其有限的屏幕尺寸，也令它产生出一系列专属于移动应用的独特的习惯用法。

在本节中，我们将详细阐述几种最常用、最重要的专属于移动应用的习惯用法。

浏览控件

绝大多数移动应用都是针对浏览需求的。无论是听音乐、看视频，还是刷新社交软件、查看餐厅点评，抑或是阅读电子邮件、网络购物、搜索内容等，我们在移动设备上进行着大量的阅读、浏览、观看、查看等动作。受制于外形大小和输入手段，在移动设备上浏览和选择内容，比直接输入内容要方便得多。基于此，在移动应用中，用于浏览内容的丰富模式就被开发出来了。

列表

列表（List）是手持触屏设备上最常用的一种组织内容的方式。列表内容的常见形式有：

一行一行的项目、一段一段的文本、一排一排的控件（如复选框、按钮）及其标签、图片或视频的缩略图等。

轻点列表中的某个条目，就会进入内容层级结构的下一级，或者展现该条目的内容，或者进入下一级分组结构中。有时轻点列表条目会调出一个模态的弹出对象或屏幕，用于呈现操控该条目的各种选项，或者进入条目的细节展示页面。

一会儿我们还将讨论，列表通常会和标签栏（Tab Bar）在一起，为用户提供多屏内容的访问，每个标签调出的屏幕都会对应一个独立的列表。苹果 iOS 上的"音乐"应用（Music App）就运用了这种方式，在界面的底端有一个标签栏，包含专辑、表演者、歌曲等标签，每个标签对应一个列表，每个列表有自己的内容层级结构（见图 19-8）。

图 19-8　iOS 中的音乐应用界面的下方有一个标签栏，它包含了专辑、表演者、歌曲等标签。每个标签都对应一个列表。

列表长度可以是有限的，也可以是无限的，即允许无限滚动（Infinite Scrolling）。无限滚动用于列出大量的数据（例如网页搜索结果），用户每次滚动到列表底端，列表就会继续列出更多的结果。这种无限滚动的方式，对于有限的硬件计算能力来说，是一种必要的妥协。不过，不得不说，这是一个优美的方法，不过前提是列出新内容的等待时间要足够短，建议一定要小于 1 秒。

网格

网格（Grid）将诸如应用的图标、缩略图、功能图标等内容组织成规则的行列形式。最明显的一个例子就是 iPhone 的主画面（Home Screen），它是展示应用图标的编辑网格。安卓有类似的界面。微软也借用了这个概念，同时将其融合到更具创新的"开始"（Start）屏幕网格，它将应用和通知混合在一起，却又不失美感和实用性，如图 19-9 所示。

图 19-9　iOS 和安卓的主画面很相近，都运用了网格，这是从 Palm Pilot 那里学来的。微软则另辟蹊径，研发出了自己独特的 Zune 界面，将其集成到 Metro UI 中，界面中独特的"开始"屏幕网格无缝且漂亮地将应用和通知混合在一起。

而在应用中，网格视图（也称为画廊视图）通常被用来展示媒体内容，例如照片、视频、音乐专辑（带有精美封面的），或是包含了图像、文本、按钮、链接元素的小尺寸的封装卡（Encapsulated Card，后面会详细介绍）。在用网格来展示内容对象时，我们要确保用户知道该如何导航。iPhone 的主画面用水平滑动在不同的网格"页面"间导航。将网格作为导航和选择的主要方式的大多数应用，例如 Rdio 软件（参见图 19-10），以无页面方式，有时以无限的、垂直的滚动浏览的方式来显示更多的网格对象（本例中对象是专辑）。在 Rdio 中，屏幕底端的专辑图标只能部分显示出来，这样便很好地暗示出滚动的方向，用户看到这个视觉提示便会明白，此时该用垂直滑动来列出更多的专辑。

苹果 iPhone 的"照片"应用，如图 19-11 所示，在其"相机胶卷"（Camera Roll）的视图中，采用了更为紧密的 4 列网格。

网格也可以水平滚动，如苹果 iPhone 中的"音乐"应用，当它旋转成水平屏显时，就可以横向滚动了，如图 19-12 所示。

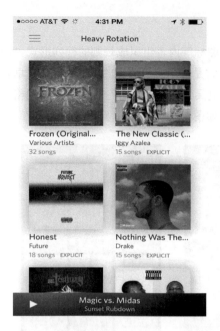

图 19-10　Rdio 是一个音乐流应用，它运用了两列滚动网格来展示音乐专辑。屏幕最下面的那一列专辑图标被遮掉了一部分，这意味着要垂直滚动。

图 19-11　苹果 iPhone 照片应用中的 Camera Roll，运用了较密的 4 列垂直滚动网格。

用张合手势（Pinch Gesture）来缩放网格，这个想法看起来很好很诱人，但通常并非如此，特别是当手机处于窄窄的垂直屏显模式时。因为这会造成严重的可读性问题，图标和缩略图的点击区域的大小也成了问题，此外，也无法保证文本标签和元数据的列宽度。

和列表一样，轻点网格中的内容项，会将用户带入下一级内容，展现出另一个网格、内容列表或控件列表等，也可能会调出一个模态弹出界面，将该条目的选项展示出来，或者是打开关于该条目的细节内容视图，如图 19-12 所示。

图 19-12　当 iPhone 的音乐应用的界面旋转成水平屏显时，网格滚动也变成水平的。轻点某个专辑图标，用户便进入查看该专辑具体内容的界面，内容包括：专辑封面、垂直滚动显示的歌曲列表，以及传输控制等。

此外，网格也可以进行有限或无限的滚动，在滚动时，更多的条目列或条目行会从网格末端显示出来。

内容轮显

屏幕轮显使用水平滑动手势（Swipe Gesture）以全屏布局的方式在不同内容间导航。相对于屏幕轮显，内容轮显是存于单一屏幕布局之内的。但同样使用了水平滑动手势，这样可以在固定的全屏布局内，展现并导航不同的内容对象。内容轮显适用的常见内容有媒体缩略图（或较大的图片），有时也用于浏览包含了媒体和格式化文本的卡片或文本。

内容轮显所展示的内容，要有适当的尺寸和间距，这样它们从屏幕边缘流入屏幕中间时，才会显得自然。有时它们也会在宽度上填满整个屏幕，并在左边或右边设置一个箭头，或者在下方加上一个页标（Page Marker）小部件。有些轮显，例如 iPad 的 App Store（应用商店）上方的那个轮显，采用了 3D 效果显示，这样会将聚焦的对象在轮显中置于其他对象的前面，并凸显出来。

设计得当的轮显可以从头到尾循环展示，而不需要用户到了末端还要一路滑动回到最开始的位置。我们还要注意，当轮显到达末尾时，得给用户以清晰的视觉提示。

一般来说，内容轮显适合用来展示一组数量不是太多的对象，由于我们希望对象在展示时能突出出来，所以一个屏幕上只能使用一个轮显，并且其位置在整个布局中要显著。iPhone 上的 Crackle 软件就是一个极佳的例子，如图 19-13 中的左图所示，该应用的界面上有一个很大的轮显，位于特色标签栏（位于图中底部）的上方。它还设置了一个页标小部件，这样用户便可时刻知晓当前处于哪一页。（要注意：页标这一"小花招"，仅适合条目不多的轮显。）它还会每过几秒钟自动滑动轮显——这是轮显习惯用法的一个常见变体。这可以让用户了解并学会该行为，也更具动态，并确保用户可以看到应用想突出展示的东西。要注意，自动滑动轮显的速度不要太快，否则用户来不及阅读上面的内容。当用户在操作屏幕上的其他元素时，自动滑动要停下来，以避免出现方位紊乱的情况。

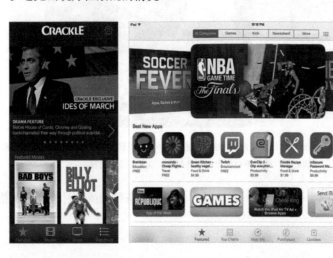

图 19-13　左图是 iPhone 的 Crackle 应用，它是一个内容轮显的极佳例子。（红五星标签选中时的那个轮显。）它运转得很好。该屏幕中间右侧有一个箭头，它告诉用户还可以继续深入查看更多细节内容，不过这个箭头容易让人混淆，因为它看起来也很像是滚动轮显的一个操作符号。右图是 iPhone 上的 Safari 浏览器，它是一个垂直的轮显。中图是 iPad 的 App Store 应用，使用了 3D 效果的轮显。

垂直轮显使用得较少。苹果 iPhone 的 iOS7 上的 Safari 浏览器，在浏览标签页上采取了这种用法。用户可以上下滑动，进行浏览并轻点选择，还可以向左滑动删除该标签页（见图 19-13 里面的右图）。

泳道

泳道是一种很聪明的格子轮显方法，很好地平衡了轮显的自然浏览频率与信息密度。泳道是一组垂直排列的轮显，每个轮显都可以独立水平滚动，对其他轮显没有影响。导航到其他泳道也很简单，只要垂直滚动就可以了。作为一种浏览多种类型内容的方法，泳道是很巧妙的，其导航也很简便。在某个内容类型的泳道中使用滑动手势，就可以浏览里面的内容，而其他的泳道原地不动。它比网格式的浏览要简便，后者要实现这样的功能，所有的列和行都要同时移动。

在 Netflix 应用中，大量运用了泳道来浏览按类型分类的内容。用户垂直滑动可以变换不同类型，水平滑动可以查看某一个类型的具体内容。即使是水平屏显模式中的内容的视口（Viewport）比较窄，泳道仍然可以给用户以较好的使用体验，如图 19-14 所示。苹果的 App Store 在其"精选"标签页中，同时使用了轮显和一组泳道。这种组合的效果也不错，因为此时的导航手势对于屏幕上所有的元素是一样的。

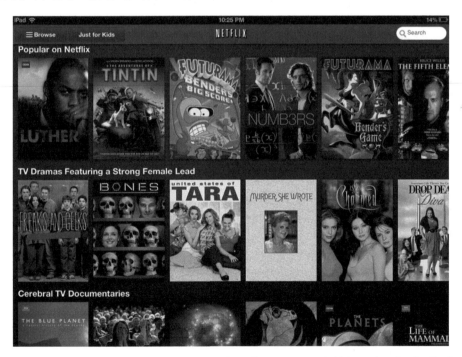

图 19-14　Netflix 应用将泳道作为它最主要的浏览手段。苹果 App Store 上的精选页面中，则同时运用了轮显和一组泳道。

目前来说，很少有设计师将泳道设计成到达末尾可自动返回到起点的。但他们应该这样设计，可以在泳道的起点和末尾打上记号，这样用户便有了视觉反馈，指示他们到达末尾时可以回到列表的起点。虽然目前泳道被用来展示有限的条目，但你可以想象一下，它完全可以用来展示无限数量的条目（想象一下，按类别列出搜索结果就是一种无限数量的条目）。不过，泳道和轮显不同——泳道千万不要设定为自动滚动。

卡片

卡片（Cards）是一种移动设备上的新型习惯用法。不过，它的早期雏形可能是 Mac 上面的 HyperCard[①]。早期 Mac 的屏幕分辨率较低（比现在的智能手机要低得多），为迎合低分辨率的显示器，设计者将图片和文本信息整齐地结合在一起，用于信息和内容的展示和浏览等。HyperCard 最初的目标用户群是有创作需求的大众，但最后变成了一个程序员们创建和编辑富媒体和内容交互的工具。

时代飞速发展，现在智能手机已经普及，但原始的需求没有变化：如何才能在一块小小的屏幕上有效地展示出容易让用户阅读和吸收的富媒体信息呢？此外，现在的手机在本质上还是一个社交和移动通信的工具，这进一步放大了这个需求。而满足这个需求的，是现代卡片式的UI。卡片，作为一种新型的手机交互习惯用法，是一个自我封装的交互对象，里面包含了媒体、文本、网页链接、社交动作（例如点评、分享、打标签、添加媒体等）。Facebook 和 LinkedIn 在其手机应用中，就把卡片作为核心的习惯用法，如图 19-15 所示。

图 19-15　Facebook 和 LinkedIn 应用将卡片作为核心习惯用法。

---

① 译者注：HyperCard 是一款 Apple Mac 的应用程序，最初发布于 1987 年并于 2004 年停止使用。HyperCard 是当时最成功的超媒体应用程序之一。它用于创建数据库、演示文稿、游戏、教具等。

谷歌的搜索应用中的 Google Now 运用卡片的方式与众不同，它更加专注于情境信息（时间、地点，以及从其他谷歌应用中摘取来的信息等），而不太专注于社会交互。谷歌的卡片实际上封装了来自其他谷歌服务的数据，例如天气、地图、股票、餐厅点评、日历和电子邮件的通知等。轻点这些内容，会将用户带到产生这些信息的应用中，它实际上提供了一个深入交互的场所（见图 19-16）。谷歌的卡片还可进行个性化设置，点击卡片的右上角就可访问，访问时卡片翻转过来，将设置界面展现给用户。

图 19-16　谷歌的搜索应用中的卡片封装了一些和用户当前情境有关的有用信息片段，例如位置、时间，以及来自其他谷歌服务中的相关信息。

卡片最常见的组织形式是列表，但它们也会以网格、轮显和泳道的形式出现。Facebook 的 Paper 应用，以一种非标准的方式来组织卡片：屏幕的上半部分是一个类别卡，它循环展示单个海报。轻点一下海报，海报就会扩展成一个全屏的卡片，如图 19-17 所示。在类别卡下面，是一个无限循环的滚动泳道。在泳道里展示的是许多卡片式海报，在此向上滑动，则泳道被扩大至全屏，更多的信息被展示出来。（此时向下滑动，则可将泳道复原到屏幕下方。）点击任何一个卡片，都将把用户带到卡片所示内容的来源地。

图 19-17　在 Facebook 的 Paper 应用中运用了卡片，而卡片的组织则采用了非列表的方式。它的交互体验很不错。内容导航由屏幕上方的类别卡片轮显来完成（每个类别卡片会自动移动，并循环播放），下方则是该类别的具体内容，用户可以通过无限式的卡片泳道来浏览。

导航和工具栏

"栏"（bar）是手持移动应用中用来导航不同功能和内容区域的一种主要机制。与列表和网格一样，栏很早就出现在了早期的移动触屏设备上。栏，通常是位于屏幕顶端或底端的水平狭窄区域，栏里面是一系列类似于标签或者按钮的控件，这些控件有时是图标形式的，有时是文本形式的（有时两者都有，很多 iOS 应用就是如此）。这些控件的外观设计要十分醒目，要让用户很容易识别其功能是什么。要做到这一点不太容易，因此很多主流的操作系统开始转向扁平的视觉风格。尽管扁平化这一做法降低了视觉上的混乱，但不幸的是，用户要花费更多的认知努力，才能辨别出活动的控件。在这一点上，大多数用户在长时间的使用过程中，已经"被训练"得十分老练了，看到带有文本或图标的条状物时，他们一眼就能看出这可能是一个导航控制栏之类的东西。

标签栏

标签栏（Tab Bar），包含一系列文本或图标按钮。（在 iOS 的标签栏中，经常使用图标，并在图标下方加上对应的文本。）轻点标签栏上的标签按钮，会将主内容区域切换成一个新的列表或网格视图，这样的使用效果和桌面系统界面上的标签是差不多的。标签栏中的每个标签都保持着各自的内容层级关系，并用列表和网格展现出来，同时它还会保持当前运行应用的层级状态。标签栏一般出现在 iOS 屏幕的下方，在安卓和 Windows 系统中则出现在屏幕的上方，如图 19-18 所示。

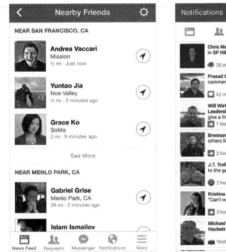

图 19-18　iOS、安卓、Windows Phone 上的标签栏。iOS 的标签栏通常在屏幕的底端，而安卓的标签栏通常会在导航栏下方形成一个新的二级导航（安卓的术语是"动作栏"——Action Bar），Windows Phone 则使用纯文本作为标签栏，并没有常见的矩形的样子。

有些平板应用使用了垂直方位的标签栏，通常位于屏幕的左侧。在 iOS 系统中，Spotify 和 Twitter 应用则运用了标签栏的变体，如图 19-19 所示。

431

图 19-19　Spotify 和 Twitter 在其平板应用上使用了垂直的标签栏。这种设计得益于平板设备在垂直方向上有足够的空间。标签上同时使用了图标和文本，便于用户识别，这样的效果很好。

"更多"控件

大多数手机的屏幕都是窄长的形状，再考虑到手指尖接触时的面积因素，通常我们建议一个标签栏中的项目数量不要超过 5 个。如果超过 5 个，则要考虑用别的方式来处理。这一点，iOS 和安卓都有其各自的办法。

"更多"…（More...）控件，如图 19-20 所示，是标签栏或动作栏上的一个控件，它解决了手机屏幕面积有限的问题。在 iOS 上，该控件通常是一个标签，它可以将用户带到下一个屏幕，或者显示更多的导航选项。它通常还可以进入编辑模式，用户在编辑模式下，可以从当前屏幕上拖过来一个选项，放到栏上，拖过来的这个新选项会交换栏上的原选项，并占据原选项的位置。在安卓上，"更多"控件通常会出现在动作栏的右侧，点击它会弹出一个附加的导航选项菜单，或（更常见的是）功能菜单。有些 iOS 应用，例如 iPhone 上的 Rdio 音乐流应用，在屏幕右上角使用了一个类似的习惯用法，轻点它会弹出一个全屏的模态界面，里面会呈现出更多的选项。

标签轮显

标签轮显（Tab Carousel）同样可以解决"更多"控件要解决的问题，它是水平滑动轮显和标签栏的完美联姻。标签轮显中的标签看起来和标签栏中的标签没有什么两样，但它们可以被滑动到屏幕的外面。选中的标签会被置于中心的位置，或者被高亮标注出来。轻点哪个标签，哪个标签就被选中。用手指轻滑一下标签栏，就选中了和它相邻的左侧或右侧的下一个标签，并将被选中的标签所控制的内容展现在主区域里，如图 19-21 所示。

432

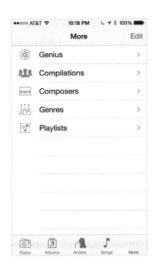

图 19-20　在 iOS 的音乐应用里，有一个叫作"More…"的控件（译者注：中文版 iOS 上叫作"更多"控件），见左图。Rdio 应用中也有类似的"…"控件，点击它会调出一个模态弹出界面，可以选择音乐电台的风格。

图 19-21　iPhone 上的 Spotify 应用在"Your Music"视图中采用了标签轮显，该标签轮显可以从主导航抽屉里调出。

433

和其他类型的轮显视图一样，当它出现在用户面前时，我们至少要让一个标签看起来是部分地处于边缘外的状态，这样用户便明白这个标签是可以滚动的。Windows Phone 在它的应用中使用了标签栏轮显的一个变体。标签栏并没有以矩形条的形式出现，而是以纯文本的形式（参见图 19-18）。

导航栏和动作栏

导航栏（nav bar），位于屏幕顶端，为列表或网格视图提供导航，如图 19-22 所示。通常来说，导航栏的左边都是一个回退按钮，中间是当前列表、网格或其他形式视图的标题。安卓则将这些控件称之为"动作栏"（Action Bar）。多数情况下，功能菜单或按钮会放在右边。

图 19-22　各种手机操作系统中的导航栏——左：iOS，中：安卓，右：Windows。安卓的动作栏经常出现在屏幕顶端，提供导航和功能访问等。安卓和 Windows 的屏幕底端还使用了系统自带的导航栏。Windows 则运用了所谓的 Metro 设计，通常不在顶端放置导航栏。

多数的安卓版本（以及 Windows Phone 8.1）在屏幕底端都有系统自带的导航栏。它包含一个回退控件（Back）（可将用户带回到刚刚访问过的应用界面，或回退到层级结构的上一级），主画面控件（Home）和一个"最近访问"的控件（Recents）。这个系统自带的导航栏始终都占据着屏幕的底端，因此应用只能将属于自己的导航栏放到屏幕的顶端。

工具栏和工具板

工具栏（Tool Bar）包含了针对当前应用或应用内所选内容的操控功能。Windows Phone 的动作栏位于屏幕底端，设计师可以在动作栏（也称为应用栏——App Bar）上放置 4 个动作按钮。

iOS 应用经常会把一个或者两个动作按钮放在导航栏的右侧，对于浏览和查看类的应用来说，这样很好。不过，创作类的应用在创作和编辑的界面上，通常会在底端放置一个工具栏，将底端原来的标准标签栏替换掉。

谷歌的安卓则趋向于在顶端放置一个动作栏，它将回退导航和动作按钮结合在一起。我们推荐在其下方设置一个标签栏，这在用户需要访问多个视图时会非常有用。谷歌的动作栏还支持下拉，这样如果需要加上更多的动作但标签栏上的位置又不够时就可以把额外的动作放到下拉的视图里。

多数音频播放器应用会在"正在播放"屏幕的底部放置一个传输栏（Transport Bar）或控制窗格，用于放置一些和"回放"有关的控件。

工具板（Tool Palette）是工具栏的变体，移动设备上的这个东西和它的桌面"表亲"（参见第 18 章）的用法是类似的，它上面包含了一些图标按钮，用于访问和操作被查看和编辑的对象。（绘图和图像处理软件等，是使用工具板的最典型的应用软件。）平板应用中的工具板大量地使用了弹出控制面板，提供了一系列的工具和配置。

垂直的工具栏和工具板

在平板上，有一些支持弹出控制面板的更为复杂的工具栏，会同时出现在平板的顶端和底端。同时，在左边或者右边（有时两边都有）还会有额外的垂直工具栏（Vertical Tool Bar）。图 19-23 所示的是 Art Studio 应用，它大量运用了复杂且丰富的工具栏。

图 19-23　Art Studio 应用中使用了垂直工具栏，在屏幕顶端还使用了类似于桌面系统的菜单栏，在底端则放置一个滑块控件。诸如 Art Studio 的各种创作类软件都开始在平板上大显身手，试图达到可以媲美复杂的桌面应用的程度。这样一来，平板应用的界面上很快就会充斥大量的控件，变得杂乱不堪。为避免这种情况，Art Studio 应用在用户操作时可以将这些控件隐藏起来，这一点很像一些桌面应用，例如 Adobe Photoshop。

工具轮显

和各种轮显类的习惯用法一样，工具栏和轮显杂交的后代叫作工具轮显（Tool Caroursel）。它令有限的屏幕可以容纳下更多的功能，用户通过滑动手势便可以跨越屏幕轻松访问大量的功能。工具轮显在图像处理应用中运用得最多，例如谷歌的 Snapseed，如图 19-24 所示。该工具轮显中的每个功能都是一个带有文本标签的缩略图，该缩略图描述了当前的滤镜或特效，以及施加在样图上的效果。（更为理想的是，缩略图是正在编辑的图像，但现实问题是手机屏幕不够大。）

图 19-24　谷歌的 Snapseed 软件采用了工具轮显方式，用户可以滑动轮显找到想要的工具。工具一旦被选中，该工具的控件就会被显示出来，有些工具还会调出二级轮显，让用户继续选择属性等。

我们将两个栏堆叠起来，可以化繁为简，将复杂的功能简单化。用户可以在堆叠的两个栏中的工具栏里选取所需的工具（特效、滤镜或改变值的大小），而在工具轮显中显示某个类别下的每个具体的工具或其变体。

菜单栏：移动设备上应避免使用的习惯用法

在创作类工具软件从桌面走进平板的同时，一些桌面应用的陷阱也走进了平板中。iOS 上的 Art Studio（参见图 19-23）和 Cubasis（图 19-6）等应用，采用了类似桌面的复杂控制布局。Art Studio 走得更远，它干脆把桌面上常用的菜单栏拿了过来。

这个做法很糟糕，原因有几个。首先，当用户看到一行文本标签时，第一反应是"这是个标签栏"，根本不会想到菜单栏会出现在平板上。其次，很多功能被隐藏在菜单里，它们一旦展现出来，单从菜单标签看，很难看出来它们的功能到底是什么。最后，同时运用工具栏和工具轮显，完全可以替代菜单栏的绝大部分功能，并且还具有视觉密度小、易于理解的优点。

抽屉

抽屉（Drawer）是一种巧妙的习惯用法，用户可以通过抽屉来访问一个包含了导航元素的垂直列表，这些导航元素实际上有点类似于标签（Tab）。抽屉把一个面板层隐藏在主内容区域之下，因此只需要占用极少的屏幕面积。抽屉图标，有时也被称为"汉堡包菜单图标"。之所以被称为汉堡包，是因为其图标是三个堆叠的横杠，形状类似汉堡包。轻点抽屉图标，或者在有些应用中水平滑动主内容区，主内容区下面的抽屉便被"抽"了出来。和标签栏一样，被选中的项目会被高亮突出。再点一下抽屉中的项目，项目的具体内容就会显示在主内容区，同时抽屉也会"啪"的一下收回关上。抽屉内的项目通常都是文本的，有时也有图标和其他装饰物。一些额外的控件，可能也会出现在抽屉里。iPhone 中的谷歌 Gmail 应用，如图 19-25 所示，就使用了抽屉这种习惯用法。

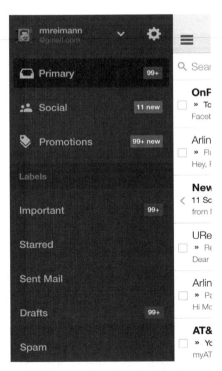

图 19-25　iPhone 中的 Gmail 应用使用了抽屉，该抽屉里包含了一些额外的导航控件元素。账户管理界面的控件和设置界面的控件，在抽屉里是挨着的。但账户管理界面是从上至下滑出的，而设置界面是从下至上滑出的，这有点令人不舒服。

次要动作抽屉

抽屉可取代导航标签栏，也可与应用中的次要对象交互。抽屉通常从屏幕左侧滑动打开，但有时不是这样。有些次要对象或次要动作被放置在了右侧的抽屉里。例如，iPhone 上的 Facebook 应用，常用的主要动作是按照一般的标准被放置在底端的标签栏，用于主要的导航工作，同时在右侧可以滑出一个抽屉，在此用户可以访问所有在线的朋友，并同他们聊天，如图 19-26 所示。

图 19-26　iPhone 上的 Facebook 应用，采用了右侧抽屉，可以在此选取在线朋友并聊天。

双抽屉

Path 是 iOS 上的一款基于时间线的社交软件。它很受大家欢迎，原因之一是 Path 成功地将标签栏和工具栏最小化，从而释放出宝贵的屏幕不动产。Path 的界面，如图 19-27 所示，采用了两个抽屉：一个是标准的从左侧滑出的抽屉，用于不同视图间的主要导航；另一个是类似于 Facebook 的右侧抽屉，用于在朋友间收发信息。它还使用了一个非标准但很有意思的工具菜单控件，用户可以从屏幕左下角将其调出。对于用户来说，虽然要先点一下才能调出该工具菜单，但这个"点一下"的交互过程非常清晰，而且很好玩——执行时，内容区域会闪烁。

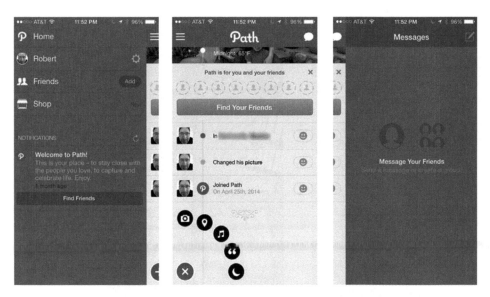

图 19-27　iPhone 上的 Path 软件同时提供了两个抽屉，左抽屉用于主要导航，右抽屉用于收发信息。此外，在左下角还有一个非标准的弹出式的工具菜单，单击一下左下角，它便呈扇形弹出。

条目级抽屉

有些手持设备上的应用，将滑出抽屉的概念运用到了列表中的单个条目。在列表中，滑动单个条目（向左或向右）后，会将条目底下的工具栏展现出来，里面包含着针对该条目的一些操作动作。这样，屏幕顶端或底端的工具栏就没有必要存在了。这个方法看似巧妙，但它有几点不足：

- 在缺乏视觉提示的情况下，用户难以察觉此功能。但如果加上视觉提示，则会占用宝贵的水平空间。桌面应用则可以用鼠标悬停在条目上方出现提示，也不会搞乱屏幕布局，但移动应用不具备此功能。

- 抽屉滑过来时，条目被滑走了或者被模糊了，这使得用户必须要记住该条目是什么，这增加了记忆负担。

- 每个条目都可以水平滑动，这意味着其他类似的水平滑动操作可能就没有办法再使用了，例如滑动删除或打开全局的导航抽屉等，即便可以使用，可能也会搞晕用户。

iPhone 上的 Slacker 软件，如图 19-28 所示，提供了一个条目级抽屉的可行用法，可以同时应用到列表和网格条目上。在网格条目上向左滑动，就会出现艺术家、电台、专辑等信息；在列表条目上滑动就会出现一个带有"Info"按钮的抽屉。轻点它会将用户带到详细的元数据信息界面。这个设计很巧妙，降低了 UI 混乱（UI Clutter），但可发现性（Discoverability）较差，因为在网格的条目上滑动并不是一个标准的交互用法。所以，我们应该为这类交互增加一些解释和说明，放在"欢迎"界面或帮助界面里。不过，即便如此，大部分用户是否能够摸索到这一功能也是个未知数。

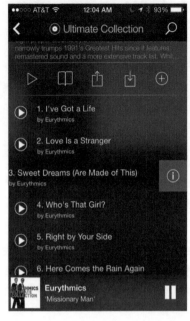

图 19-28　Slaker 流音乐软件在网格条目和列表条目上都采用了条目级抽屉，用户可以滑动条目查看更加详细的信息。尽管这个设计在降低 UI 混乱方面做得很出色，但它的可发现性较差。

要避免的抽屉行为

我们要注意，访问选项时，不要过度运用动画式屏幕转换，例如弹出窗格、滑动窗格等。Gmail 应用里的抽屉，如图 19-25 所示，就是一个过度运用动画式屏幕转换的例子。

当用户点击抽屉图标时，或者是将内容窗格向右滑动时，Gmail 的主抽屉便会打开，整个过程很自如，没有任何问题。此时，抽屉内的导航选项（也就是电子邮件的各种文件夹）便上下延展，呈现出来。

抽屉打开之后，情况开始复杂起来。抽屉顶端的动作栏里有一个账号管理功能，它是一个切换控件（Toggle）。将它激活，会下滑出来一个窗格，遮住抽屉里的内容。选择账号后，或者是取消该账号窗格，则账号窗格会消失，抽屉里的内容才会再次露出来。这个账号管理的切换控件，还有一个设置按钮，单击该按钮，会从屏幕底部滑出另一个窗格。这个窗格也会遮住抽屉，还会盖住主内容区域。听起来就够乱的吧？是的，确实很乱。

这就是我们要避免的一种情况。不要过度使用弹出窗格和滑动窗格——尤其是每个窗格从不同方向出来的情况，对很多层界面都有影响，这会让人困惑和不舒服。

设计原则

要限制动画式屏幕转换的次数和出现的方向。

与谷歌的 Gmail 应用不同，iOS 上的 Google+应用，如图 19-29 所示，打破了抽屉的设计惯例。该抽屉打开时，直接在上方覆盖住了主内容区，它并没有像普通抽屉一样，将主内容区推向右侧屏幕外。通常，垂直屏显平板上的内容索引窗格，会采用这种抽屉。这一点让人很费解，同样是谷歌的产品，为什么会出现两种不一样的抽屉，按道理说，谷歌应该坚持使用 Gmail 上的那种更加合理的抽屉。

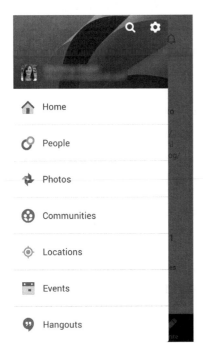

图 19-29　Google+应用别出心裁，它将抽屉直接覆盖在主区域上面，并没有把主区域推开至右侧。

关于抽屉的争议话题

使用了汉堡包菜单的抽屉，饱受争议。反对者认为，抽屉将功能隐藏起来，妨碍了使用。行业中，甚至还有一些更加极端的反对者，干脆认为应该放弃使用抽屉。我们认为，不应该因噎废食，不过，反对者的观点也不是完全没有道理：将整个导航层级关系隐藏在某个图标按钮后面，这种做法的确是有问题的。我们可以采取一些补救措施，例如用文本按钮（例如用"菜单"这两个字）来取代汉堡包图标。另外，我们还可以将抽屉的初始状态设置为打开，让用户看到抽屉，或者在首次使用时弹出"首次使用帮助或提示"的覆盖层气球（参见本章后面的有

441

关"欢迎和帮助界面"的讨论）。在很多情况下，汉堡包的样式可能才是最大的问题——如果用户根本就没有把汉堡包图标当作控件的经历或印象，那么无疑是视觉信息传递的失败。

抽屉的好处在于，它保持了主界面的干净整洁，腾出更多的空间来展示和操作内容。它的操作也很简单，一次滑动或轻拍一下就可以了，用户马上就能学会，而且马上就可以调出很多功能和操作。这一点对于具有复杂功能的应用来说，帮助非凡，不亚于天赐之物。

对于用户要经常使用很多功能的应用，抽屉很有帮助，并运转自如。有些应用的功能不太常用、但偶尔必须要用一下，在这种场合下，抽屉依然很有帮助。不过，如果应用本身很少被用到，则最好不要使用抽屉，还是用标签栏作为导航比较好，因为如果用户很少使用某个应用，通常用户也想不起来里面还有一个隐藏的抽屉。

轻拍显示及其他直接操作

触屏移动应用和桌面应用的最大区别之一，是在触屏上可以用手指直接操作屏幕上的对象。一些触屏上的构件及其特有的操作方式，例如列表、轮显、抽屉等，可以让用户更喜欢这种导航方式。不仅是导航和浏览，诸如创建和编辑等工作，也可以充分利用触屏直接操作的特点。

轻拍显示控件

图 19-30 展示的 iDraw 应用是一个轻拍显示（Tap-to-Reveal）用法的典范：轻拍一个对象，操控工具便显示出来。

同样，视频流应用也大量运用了轻拍显示这一习惯用法，在播放视频时，轻拍屏幕可以调出一些隐藏的功能。图 19-31 所示的是 YouTube 应用，在播放区域轻拍一下，传输、音量等控件便显示出来。

直接操作控件

有些应用让直接操作进一步挖掘了触屏的潜力。比如，有些应用将传统的诸如滑块等非直接操作，变成了手势直接操作。谷歌的 Snapseed 图像编辑器，是将直接操作发挥到极致的应用之一。在提供手势直接操作的同时，它还将直接操作的效果实时地展现在被编辑的图像上。例如，在 Snapseed 里的 Tilt-Shift（移轴）效果，操作时先轻拍图片的某个位置，在轻拍的位置会出现一个中心调整点，还会出现一组双线，指示着效果的角度和过渡间隔（Transition Interval）（如图 19-32 所示）。用户可以移动效果中心点，水平滑动就可以将过渡区域加宽或缩窄，还会出现一个类似于温度计一样的度量尺（如图 19-32 下方中间所示），食指和拇指扭动旋转便会调整效果的角度。虽然用户需要探索和尝试并花点时间学习，但这些直接操作很容易上手，很快就会变成很自然的动作，而且它们提供了强大的、浸入式的照片编辑和修正功能。

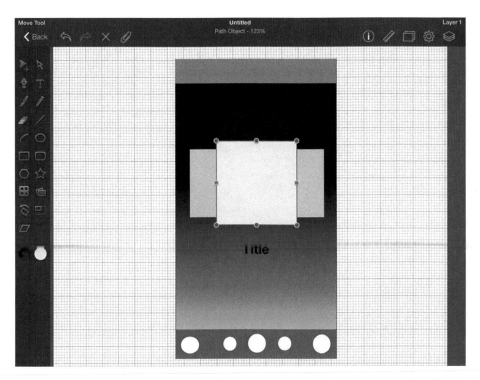

图 19-30　iDraw 应用使用传统桌面式的拖动控制柄，轻拍一下某个对象，它的四周就会出现拖动控制柄。在添加选择模式（Additive Selection Mode）时，继续轻拍其他对象，会将所有轻拍的对象视作一组。

图 19-31　YouTube 在播放视频时，轻拍一下视频区域，传输、音量、其他控件的图标等就会叠映在视频区域上。这种设计令屏幕显示很干净，但必须要让用户能摸索出来此功能。幸运的是，大多数视频播放器都使用了这种交互方式，所以这对大多数用户来说，已经是很熟悉的了。

图 19-32　Snapseed 提供了创新的、高度浸入的直接操作的编辑工具，完全不需要一组一组的旋钮和滑块等老式交互方式。这种创新的代价是，用户要经历了一个陡峭的探索曲线才能学会，但这个劣势将很快被 Snapseed 所提供的强大、易用的操控所弥补，而且在欢迎界面、首次使用、帮助界面等的指导下，用户也用不了太多时间就可以上手。

搜索、排序、筛选

　　搜索是移动应用上的一个主要功能，有些人甚至认为，搜索是仅次于打电话的最常用的功能。人们用手机应用来查找一些东西，例如电子邮件、歌曲、视频、商品或者是现实世界中身边的东西等。

　　前面提到过，过于复杂的东西并不适合放在一天到晚都在持续移动的移动应用上。幸运的是，我们可以用各种各样的方法来降低搜索的工作量，移动设备还给我们提供了丰富的情境信息。

隐式排序 vs. 显式搜索

　　前面讨论过，大体来说，移动应用最常用、最适合做的事情是浏览。运用这种浏览的行为，应用按照用户需求，预先将搜索结果准备好。聪明的应用会跟踪用户浏览过的、喜欢做的或过去购买过的东西，来推荐用户可能会需要的东西（我们后面还会详细讨论这点），推荐的东西和以往的东西有着类似的属性、满足用户类似的喜好和风格。Netflix 应用就是这样设计的（参见

图 19-14），它按照用户以往观看电影和电视剧的习惯，在不同类别的泳道中给用户推荐新的节目。当然，搜索这个功能，依然存在于界面上，但不在显著的位置上。

构建搜索需求

当然，即便在浏览中，应用将精确的、用户想要的内容呈现出来，用户仍然不可避免地要搜索一些具体的东西。这时，移动应用的使用情境成为挑战，在保证搜索条件充分的情况下，我们还要尽量将数据输入的工作量降至最低。下面是几种常见的办法：

- **语音搜索**（Voice Search）——三大手机操作系统均支持应用内的（In-app）语音搜索，你当然也希望在你开发的应用中具备这个功能。语音搜索显然简化了输入过程，特别是一些它所支持的领域。然而，语音搜索技术目前还不完善，我们还有相当长的路要走。所以，目前，我们仍然需要手工输入并修改搜索条件。

- **自动填充**（Auto-complete）——当用户开始敲击字母输入文本时，应用自动补充出一些常用的词汇。这种方法极大降低了工作量，减少了一些键盘输入的痛苦。

- **预加载**（Tap-ahead）——"预加载"进一步细化了自动填充，它指的是应用在用户单击前预先为用户推荐一系列词语，并把它们加载到搜索框中。当然，预加载的推荐词语，可能不是用户想要的。但对于网页搜索和专业领域搜索，这种技术提供了更精确的词条，这一点具有重要的意义。谷歌搜索应用，采用了这种预加载的技术，如图 19-33 所示。

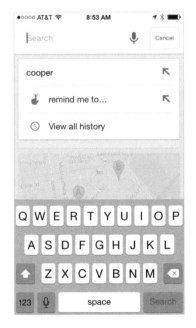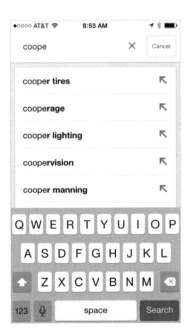

图 19-33　谷歌搜索引擎运用了语音搜索、最近和频繁搜索建议（左图）、自动填充（右图）、预加载（两图均有）。

- **最近/频繁搜索建议**——人们喜欢反复搜索同样的内容。任何搜索功能都应该记住用户曾经搜索过的内容，并在用户触动搜索框时将它们呈现出来。理想状态下，这些搜索结果应该按照最常用和最近的条件排列出来。最好还能同时运用"预加载"搜索，这样便于用户进行相关条件和内容的搜索，就像谷歌搜索那样。

- **自动推荐**——比自动填充更加智能的是自动推荐，它采用了模糊匹配技术，综合考虑自动拼写更正、受控词汇表、同义词匹配等因素。通常来说，在自动推荐显示的结果中，上方是一小组严格按照自动填充建议出来的搜索项，下方是一大组推荐的搜索项。

- **分类推荐**——在自动推荐的基础上，应用还可以使用分类推荐。搜索框会按照类别显示出推荐的搜索项。iOS 中的 Spotlight 搜索，如图 19-34 所示，就是一个极佳的例子。当用户刚开始输入几个字的时候，它便立即按照分类显示出推荐的搜索项和搜索结果（有时会将缩略图列出来），包括应用、联系人、音乐、视频、邮件、消息、日历、备忘录、提醒等分类。

图 19-34　iOS 的 Spotlight 搜索功能使用了语音搜索、自动推荐、分类推荐等方式。

排序和筛选

在移动设备上，排序和筛选有的时候是一回事。屏幕尺寸有限，手机又都在时刻移动，人们通常不会有太多的时间一页又一页地翻动搜索结果。因此，有效的排序可以将不需要的结果筛选掉，或置于搜索结果的最下方。另外，很多用户并不清楚排序和筛选的区别，所以我们可以综合考虑这些因素，设计出更加适合移动设备的策略：干脆将排序和筛选结合起来，变成一组控件。不过，遗憾的是，很多主流应用在这方面做得并不尽如人意。

亚马逊在 iPhone 上的应用，如图 19-35 所示，提供了一个直接搜索的位置，能够记住最近的搜索，而搜索结果导航栏上的 Refine（细选）键看起来也不错。不过，这个令人恼火的细选 UI 需要用户先选择部门，然后才能看到排序条件（或者其他筛选条件），并且在用户还没有选择这些条件前，界面就自动回到了搜索结果页！结果它实际用起来很糟糕，用户甚至都不知道还能排序和筛选！

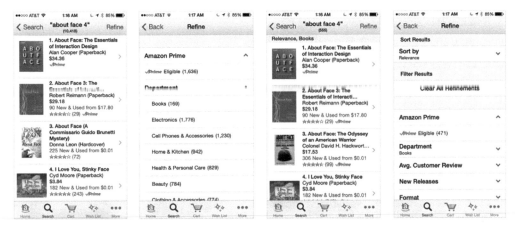

图 19-35　亚马逊在 iPhone 上的应用的搜索、排序和筛选界面是失败的。用户如果想精选结果，那么要先选择部门，然后才能看到排序和筛选条件。这显然是为了迁就后台数据库的集成问题而造成的。但恼火的是亚马逊的用户。

图 19-36 所示的 OpenTable 应用，设计巧妙、使用方便。界面上的搜索部分，直接集成了预订餐厅所需的筛选条件：时间、地点、餐厅名称的关键字等。时间和地点可自动弹出供用户选择。缩小搜索范围的操作也清晰简单，最重要的标准会显示在上面，最挑剔的标准会收缩在下面。OpenTable 上唯一糟糕的地方是筛选控件，它被隐藏在了屏幕右下方的一个阴暗的角落里，有些用户肯定注意不到它的存在。

Yelp 软件做得不错，在搜索栏左侧有一个很突出的缩小选择（Refine）范围的按钮，如图 19-37 所示。轻拍这个按钮会弹出一个全屏对话框，里面是筛选和排序条件，每个条件都有清晰的标签，并按照重要性从上到下排列出来。

Yelp 和亚马逊这两个应用，在同一个细节上做得很好：在搜索结果视图的顶端，有一个窄窄的筛选栏。这个筛选栏包含了当前结果所用过滤器的精炼的文本描述。这两个应用还有一点做得也很不错，横向扫动屏幕可以看到完整的活动筛选条件列表（Yelp 中的这个列表没有显示完整）。此外，轻拍筛选条件就可以打开或关闭它，无须返回"缩小选择"界面，这一点也值得称赞。

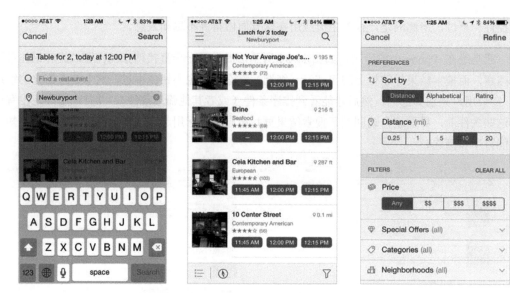

图 19-36　OpenTable 应用的搜索界面（左图）和筛选界面（右图）做得不错。但筛选控件的位置不太好（中图），它在屏幕的右下角，比较小，而且滚屏后就看不见了（虽然向上滚屏它又回来了）。

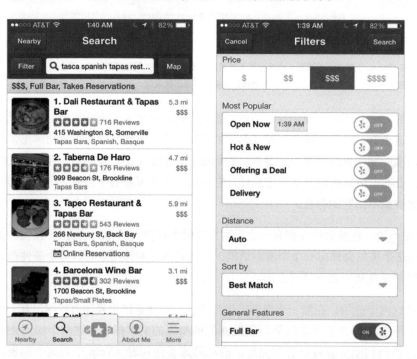

图 19-37　Yelp 应用的搜索和筛选界面设计得不错。筛选条件按钮位于搜索结果页面的左上方，按钮上的标签很清楚（左图），轻拍一下，会弹出一个筛选和排序的模态对话框（右图）。搜索结果页面会出现一个窄窄的筛选栏，上面清晰地显示出有哪些筛选条件被用上了。

欢迎和帮助界面

尽管大多数移动应用都易于使用，但移动设计存在着一些固有的制约因素，它们影响着用户学习和掌握的快慢。我们必须要考虑的这些制约因素是：

● 有限的屏幕尺寸制约了屏幕上文本标签和文本向导的数量，这个问题始终存在。

● 在多点触屏上，手势是完成操作的主要手段，用户在实际操作前（如轻点或滑动等），通常不知道会发生什么，屏幕上的控件通常不具备能供性提示（Affordance）。

● 与桌面应用不同，触屏无法使用鼠标悬停，因此无法运用悬停调出提示或其他帮助信息。

上述制约因素，对用户学习移动应用有着很大的影响，可通过欢迎界面和帮助界面帮助用户学习。

欢迎界面和帮助界面，一般来说是移动应用这枚"硬币"的两面。当用户第一次打开某个应用时，首先映入眼帘的是欢迎（Welcome）界面，它会将该应用的主要用途以及如何操作告诉用户。帮助界面（Help），基本上也提供类似的信息，甚至是完全相同的信息，但它必须是"有求必应的"——即用户想看到它时，它就该出现。大多数应用不太复杂，因此也无须将这两个界面分开。但创作类应用通常都很复杂，充斥着大量的控件、选项、动作等，欢迎和帮助这两个界面应该同时具备。

本节介绍几种常见的欢迎和帮助的习惯用法，用户可以从中学习并掌握主要的手势用法和交互方式。关于此话题的更多讨论，请参考本书的第 16 章。

导览

导览（Guided Tour），一般来说，由一系列带有文本和图片的卡片轮显组成。这些卡片描述了应用的主要功能和操作方法等。导览一般在首次使用时被激活，或者是应用有重大版本升级后被调出并展现新版本的新功能和变化等。当然，导览也是一种帮助的形式。在很多应用中，用户可以在任意时间，在应用的设置对话框中，或顶端导航栏上的帮助按钮或帮助菜单中，调出导览。用户在浏览导览时，应该被允许在任意卡片或页面的位置退出。

 设计原则

让导览引导首次使用的用户。

覆盖层

覆盖层（Overlay）是另一种简单的帮助手段，可以迅速地帮助用户把软件用起来。覆盖层，本身是半透明的，顾名思义，它将屏幕覆盖住，并在上面显示出提示和帮助，通常用手写的字体显示，并加上一些箭头，指向具体的控件，或标出该使用何种手势等。轻拍屏幕上的任意位置就会消除该覆盖层。（有时是点击"关闭"框消除覆盖层。）和导览一样，覆盖层也可以随时从帮助按钮或设置菜单中调用。

 设计原则

用覆盖层展示手势的用法。

工具提示覆盖层

工具提示覆盖层（Tooltip Overlay）是覆盖层的一个变体，它在一个覆盖层界面上显示出当前页面上全部的主要功能，通常被用在复杂的创作类软件中。基于这个原因，该习惯用法最好不要用在欢迎界面上，但可以用在帮助界面上。

多点触摸手势

手势是移动体验的核心。虽然这类手势体验的种类是十分丰富的，而且是十分拟真的，但主要的手势只有几个，也是最好的几个。用户的手势词汇量无须太多，满足日常使用即可，这是我们设计的原则。我们要做到手势尽可能简单和直接，以让用户快速理解和掌握。

本节将介绍多点触屏上最常用的手势及主要用法。

轻拍选择、激活或开关

轻拍可以选择、激活控件的状态。被轻拍的物体，应该适当展示出被选择的高亮状态，或被激活的状态或动画状态等。

轻拍保持

轻拍保持（Tap-and-hold），这种手势已经开始不太流行了，其实不流行也好。它通常被用来打开对象上的情境菜单，类似于在桌面上点击鼠标右键。其缺点是，这个手势不太容易被用户摸索出来，很少有人习惯使用它。因此，我们不推荐使用这种手势。

拖滚

拖滚（drag-to-scroll），水平或垂直均可，是一个基本的直接操作手势。

垂直拖动可以用来滚动列表，或者配合拖动控制柄实现列表重新排序。如果列表已经被滚到最上端，则向下拖动并释放可以刷新该列表。向上拖动列表，则列表继续向上滚动，显示更多的列表项目。

在有些移动系统上，在顶端或底端垂直拖动一下，会调出顶端抽屉或底端抽屉。

水平拖动则可以滚动轮显或泳道，或者打开左侧或右侧的抽屉。

拖移

拖移（Drag-to-move）可以被用来移动或复制对象，可将对象从一个列表、窗格或任何容器中，移动或复制到另一个容器中，也可以在一个画布内或网格内移动或复制对象。

拖动控制

拖动还可以控制旋钮、滑块、虚拟的 x-y 型操控板，以及各式情境触控物，也可以用来在画布上操作工具板上的东西（例如绘画应用中的画笔）。

向上/下滑动

向上滑动和向上拖动基本上是同义词。不过，iOS 在桌面编辑模式中，向上滑动手势意味着关闭一个正在运行的应用。向上滑动列表或网格，会导致列表或网格向上滚动数秒，并伴随着模拟的运动效果显示。

向下滑动和向下拖动基本上是同义词。同样，向下滑动列表或网格，会导致列表或网格向下滚动数秒，并伴随着模拟的运动效果显示。

向左滑动

向左滑动和向左拖动基本上是同义词。向左滑动轮显或泳道时，会导致轮显或泳道向左滚动数秒，并伴随着模拟的运动效果显示。

向左滑动有时也被用来打开右侧的抽屉，或关闭左侧的抽屉。

苹果的 Safari 浏览器用向左滑动的手势来执行"前进"导航。谷歌的 Chrome 浏览器在标签编辑模式下，向左滑动意味着删除该标签。

向右滑动

向右滑动和向右拖动基本上是同义词。向右滑动轮显或泳道时，会导致轮显或泳道向右滚动数秒，并伴随着模拟的运动效果显示。

向右滑动有时也被用来打开左侧的抽屉，或关闭右侧的抽屉。

苹果的 Safari 浏览器用向右滑动的手势来执行"回退"导航。谷歌的 Chrome 浏览器在标签编辑模式下，向右滑动也意味着删除该标签。

双指张合

双指合拢（Pinch-in）手势被用来缩小对象的物理视图（例如地图中的缩小操作可以看到更大范围的地图）。我们也可以运用它来执行"语义式"的缩小，即在物理或虚拟的层级结构中退到上一级中。

双指张开（Pinch-out）手势被用来放大对象的物理视图（例如地图中的放大操作可以看到更小范围的细节）。我们也可以运用它来执行"语义式"的放大，即在物理或虚拟的层级结构中进入下一级。

旋转

旋转（Rotate）是用拇指和食指顺时针或逆时针在触屏上旋转的手势。这个手势可以用来操作旋钮控件，不过旋钮控件也可以用水平或垂直拖动来操作，或者其他易于被用户摸索出来的手势等。旋转手势还可用来旋转物体，例如图像编辑软件中的被选择的像素对象等。

从人机工学上来看，这个扭动的手势，做起来不太方便。FiftyThree 公司的 iOS 应用 Paper，运用旋转手势来控制"撤销/重做"（Undo/Redo）。这是个创新的用法，不过从可用性角度讲，传统的"撤销/重做"箭头图标似乎更好用一些。

452

多指滑动

很多移动 OS 都支持多指滑动。例如 iOS 可以选择用四指滑屏来切换正在运行的应用。

总体来说，多指滑动不太容易被用户摸索出来，而且如果在应用中使用，很有可能会和操作系统级的手势相互干扰。因此最好不要用多指滑动，或者将它们备用，以应对特殊需求。

应用间集成

现代智能手机中的应用都是独立运行的，这给用户带来了极大的方便，创造了非常好的生态系统体验，用户可以根据自己的需求，从应用商店里为手机添加和购置各种应用。不过，应用独立运行的这种方式有一个软肋：应用之间的协作和数据交换变得比较困难。例如，iPhone上有电话、联系人、日历、消息、备忘录、提醒等诸多应用，但这些应用都是相互独立的，它们之间几乎没有什么联系。

不过，最近 iPhone 和其他各种智能手机，开始进行应用间集成工作，例如，将电话应用和联系人应用集成起来。当有来电时，我们可以在手机上看到联系人的名字。我们想打电话时，从联系人列表中找到那个人，轻拍就可以直接拨号了。但我们认为，这种集成还可以再进一步，例如，轻拍某个联系人，就可以将和此人有关的所有文档按时间先后顺序列出来：约会信息、电子邮件、通话记录、备忘录、和此人有关的网页网站，等等。

同样，当有来电时，手机可以自动检查你所在的场所（例如电影院），或者刚好你正在参加手机日历上计划好的一个会议，这时手机便自动静音（甚至还可以发送一条"我在忙，稍后给您回电。"的短消息给来电者），除非来电者是你 VIP 列表中的人。

遗憾的是，目前的手机制造商还没有走到将手机的核心应用集成起来这一步。不过，有些聪明的应用，例如 IFTTT 应用（If This Then That）可将加入其服务系统里的应用连接起来，用户可以定制规则，来进行一定级别的集成（如图 19-38 所示）。

在音乐制作领域，Audiobus（如图 19-39 所示）是一个"基于集成"的 iOS 应用，它可以将一些兼容的 iOS 音频软件的音频输出作为另一些兼容应用的音频输入。它的效果非常好，实际上把 iPhone 或 iPad 变成了一个完整的虚拟录音棚。

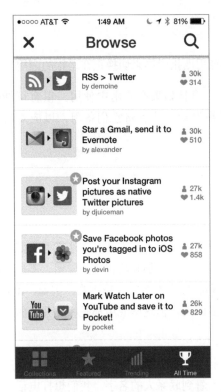

图 19-38　IFTTT 应用可以让用户将应用连接起来，自定义一些输入和输出的触发条件，简单而有效地把应用集成起来。

图 19-39　Audiobus 软件可以让用户把不同的音频应用"链接"在一起，这种"链接"可以是输入、输出、音效，把 iPad 变成了一个完整的虚拟录音棚。

其他设备

与桌面计算机或高分辨率的移动设备上的界面设计不同，嵌入式设备的交互设计，要特别关注它们的使用情境。因为它们处于十分真实的生活和工作情境中，它们的周围可能是很嘈杂、有较大干扰的。此外，我们还要考虑这些设备的屏幕的局限性，例如尺寸和像素等，以及有限的计算处理能力。我们一定不要忽视这些特殊的情况，才能为之创造出良好的使用体验。信息台及各式各样的嵌入式系统：例如电视、微波炉、汽车仪表盘、照相机、银行设备，还有洗手间等设备的平台各不相同，均有各自的机会和局限。

一般性设计原则

嵌入系统（内置了软件系统的物理设备）和桌面系统相比，除了它们都有软件交互这一类似的地方，嵌入系统有其独特的困难和问题。在为嵌入系统设计的时候，无论是智能家电、信息台系统，还是手持设备，我们都必须牢记如下原则：

- 不要把你正在设计的产品认为是计算机。
- 把硬件和软件设计集成在一起。
- 让使用情境来驱动设计。
- 模式的运用要明智，如果有的话。
- 限定范围。
- 要根据显示器的分辨率来考虑导航。
- 尽可能简化输入。

下面将讨论这些原则。

不要把你正在设计的产品认为是计算机

如果你设计的不是计算机，而是嵌入系统，那么这一条设计原则可能是最重要的，即便它有像计算机一样的显示器，也一定要遵守。通常，对你设计的产品能做什么，用户有着非常具体的期望（例如家电产品或者熟悉的手持设备），或者几乎没有任何期望（例如公共信息台）。千万不能将桌面计算机的术语和习惯，不假思索一股脑儿地放到相对简单的设备上，比如照相机或者微波炉。同样，专业技术类的设备仪器的使用者，也不希望在计算机操作系统或者文件系统里走迷宫，他们要的是，在其专业领域内快速直接地找到所需的数据和功能。

设计师，尤其是桌面应用的设计师，可能会很容易忘记这一点：他们正在开发设计的软件，实际上并不一定是运行在典型桌面系统上的软件。一般的桌面软件都运行在全彩的大屏幕上、有较强的处理能力和较多的内存、有全尺寸键盘、有鼠标设备，而在大多数嵌入系统中，这些情况极少出现。更为重要的是，这些产品的使用场合和桌面计算机非常不同。一些适合桌面计算机的术语可能完全不能用在嵌入系统中。"Cancel"按钮在计算机界面中很常见，很合适，但完全不能用于微波炉的电源开关按钮上，我们也不能用"Settings"选项让使用者调节空调的温度，这会很荒唐。我们不能仅仅将计算机界面压缩变小放在小屏幕的设备上，必须考虑这个设备的用途，还必须考虑如何运用数字科技去增强和改善用户的体验。

把硬件和软件设计集成在一起

嵌入系统的优势在于定制化的硬件。通常，桌面计算机是通用的，而嵌入系统则是专用的，被用来设计完成一个或一些特定的工作。考虑到成本、处理能力、耗电及外形大小的限制，基于硬件的导航和输入控制必须取代基于屏幕的导航和控制。

因此，系统界面上的软件元素和硬件元素的设计，都是很关键的。而且，从目标导向、人体工学及美学的角度来考虑，软硬件之间的交互同样也是很关键的。当今市场上的一些数字产品中，最优秀的、最具创新的那些设计就是综合考虑了硬件和软件，使得两者紧密无缝结合，比如 TiVo 和 iPod，从而才能创造出广受欢迎的卓越产品（参见图 19-40）。硬件工程师完成机械和工业设计部分后，如果不从用户的角度考虑最佳方案，而只是将其简单地扔给软件团队了事，软件团队将不得不削足适履，这完全不是正确的标准开发流程。

图 19-40　Cooper 公司设计的智能座机电话，表现出软硬件控制的紧密结合。通过硬件控制，用户可以很容易地调节音量、免提、拨号、控制语音留言的回放等；通过触摸屏和拇指拨轮，可以管理和操作已知联系人和号码、来电、通话记录、语音留言和电话会议功能等。这个系统并没有试图提供过多的功能，而将重点放在了那些最为常用的、最为重要的电话功能，并力图让这些功能使用起来更容易。触摸屏上可触控部件的尺寸适合手指的大小，屏幕上还提供了使用提示的文本信息，这些都增强了交互体验。

让使用情境来驱动设计

嵌入系统和桌面应用的另一个主要区别在于使用情境的不同。尽管桌面应用也有使用情境的考虑，但设计者通常都可以认为，多数桌面软件都是在相对安静、私密、静止的环境下使用的。尽管目前笔记本电脑兼具桌面和无线移动的能力，但实际上，其使用场合同桌面机相比，并没有发生太多的变化。由于笔记本电脑的物理形态因素（指大小、重量等）的限制，在使用的时候，通常还是处于静止和安静的环境中。

而很多嵌入设备则恰恰相反，或在持续移动中使用（比如手持设备），或虽然静止但却处于公共场所下（比如信息台）。尽管也有些嵌入系统是静止的、且用在相对隐私的场所下（比如家用电器），但它们仍然有明显的情境元素：比如一个人在手忙脚乱地准备招待客人的晚餐时，肯定没有心思去应付智能烤箱上复杂烦琐的控制系统。在车载导航系统上，千万不要使用可按情境更改意思的"软键"，这样不安全，因为司机的双眼离不开路面，没有时间去看功能按钮上的标签。类似地，在生产车间里的技术工人，也不应该把过多的精力用在弄懂难于理解的设备控制上，这样会分散人的注意力，在某些情况下有可能会造成重大伤亡事故。

因此，嵌入系统的设计，必须非常紧密地与使用情境匹配起来。对于手持设备，考虑使用情境时，我们要关注：该设备在什么场合下使用？物理上该如何操作？如何持握该设备？这个设备是单手持握、还是双手持握？在不是立即需要使用时，这个设备如何放置？放置在什么地方？当使用这个设备时，使用者还会进行哪些其他的活动或者动作？这个设备通常在何种环境下被使用？这个环境是吵闹的、明亮的、还是黑暗的？如果使用者身处公共场合使用该设备时，被他人看到、听到，使用者会有怎么样的感受？我们稍后会详细讨论一下这些问题。

对于信息台系统，情景方面的考虑，主要集中在该信息台所处的环境，还有其社会影响：该信息台在这个环境下，要起什么作用？它是提供辅助信息的，还是本身只是一个吸引人的摆设？所处环境周围的建筑设计是否考虑了去引导人们来到信息台面前？每次会有几个人来使用信息台？信息台的数量是否足够多，才不至于让人们等待很长时间？该环境下是否有足够的空间来摆放信息台？信息台是否会妨碍交通或行走？我们马上会讨论这些问题。

模式的运用要明智，如果有的话

桌面计算机应用有丰富的模态（也称之为模态）：软件可以有很多种不同的形式，输入和其他的操控部件可以映射到不同的行为。软件的工具栏（比如 Photoshop 软件中的工具栏）就是很好的例子：选择一个工具，鼠标和键盘动作就会被映射到该工具预先定义好的一组功能上；再选择另一个工具，新的一组动作又会被映射到新选择的工具上。

很可惜，一些不太清晰的模态化行为，常会轻易地将用户搞糊涂。手持设备的显示屏通常较小，输入方式相对有限，很难转换到某种模式中。实际上，模式的转换，通常需要非常费时费力的导航工作。就拿手机来说，大量的模式被组织成层次菜单结构，但大多数手机使用者仅仅使用拨号和地址簿功能，他们若试图使用其他功能，则很容易迷失在层次结构的菜单中。即使是重要的功能，比如静音，也经常超出了普通使用者的能力。

设计嵌入系统，限制模式的数量，很重要，并且模式的切换最好是可以在情境转换时自然地进行。比如，手机接收到拨入电话时，要能够切换到电话模式；通话结束后，要能够自动返回到以前的模式。如果模式是必需的，则在界面上应该可以被明显地访问到，并且也应提供可以立即退出的路径。

限定范围

多数嵌入系统都是为特定目的在特定情境下使用的，因此，一定不要把这些专用的系统变成通用的电脑。可以帮助用户更加有效地做好有限几件事情的设备，会比那些试图处理很多不相关事情的设备要好得多。

很多设备都会与桌面系统交换数据，所以我们可以这样考虑一下——以桌面系统为中心，把手持设备作为桌面系统的扩展或者是卫星，在没有桌面系统的场合下，为桌面系统提供关键的信息和功能。这样的场景剧本，可以帮助你思考，你设计的卫星系统上，有哪些功能是真正有用的。

要根据显示器的分辨率来考虑导航

很多设备都受到了显示屏面积有限的制约，这种制约还可能来自硬件成本、外形尺寸、便携性或者电力消耗上的要求。设计者必须充分利用有限的显示面积，满足用户的信息需求。面积有限的显示屏上的每个像素、每个小区块、每个平方毫米都要充分利用，这对于嵌入系统的设计是举足轻重的。显示屏的这些限制，通常迫使我们必须在信息显示的清晰度和导航的复杂度上进行取舍，平衡好这两者。虽然通过合理限制功能的数量，可以改善这种难以取舍的局面，但显示屏和导航的矛盾在一定程度上是始终存在着的。

我们必须精细规划出嵌入系统的显示屏，开发出信息的构架。还要决定最重要的信息有哪些，最重要的功能有哪些。然后，再看显示屏上是否还有剩余空间可以容纳一些辅助信息。在不同信息集合之间切换时，要避免屏幕的闪烁。比如，数字控制烤箱需要告诉使用者当前温度和设定的目标温度还差几度，可能会让这两个数字来回闪动。这种设计容易导致数字的混淆，使用者会搞不清楚哪个是哪个。当前温度和目标温度的差值的显示，有一个较好的方法——在目标温度旁边加上一个条状柱图，用来显示烤箱内当前温度距离目标温度还差多少。另外，你必须还要在显示屏上为物理控制留出显示状态的位置，或者用一个更好的方法，直接在物理控制上显示它们自己的状态，比如硬件按键内嵌有指示灯，或者硬件本身可以保持并标示出一定的物理状态（例如切换器、开关、滑块、旋钮）。

尽可能简化输入

几乎所有嵌入系统的输入设备，都要比键盘或桌面类的鼠标设备简陋。这就意味着这些系统的输入，尤其是文本的输入，对用户来说是非常笨拙、缓慢和困难的。即使是最精巧的一些输入系统，比如触摸屏、语音识别、手写识别或者拇指板（Thumb Boards），比起全尺寸键盘和鼠标来，还是笨拙得多。因此，输入量要尽可能少，输入过程要尽可能简单。

尽管信息台设备的屏幕较大，我们仍然要避免复杂的文本输入。首选的输入方法应该是非接触式的，例如语音输入、接近开关（Proximity Switch）、非接触式手势输入方法等。如果这些首选的输入法无法满足输入需求，则在触摸屏足够大的前提下，可以显示软键盘。软键盘上的每个按键要足够大，以减少按错键的可能。触摸屏还要避免使用普通桌面系统上常见的拖放操作，特别对于新手用户来说，在这种临时试用一下的触摸屏设备上，单击操作还是相对比较容易和明显的（前提是要有明显适当的能供性）。

为专用手持设备而设计

在设计专用手持设备（也就是需要同时设计硬件和软件的形态和界面设计时），我们要额外地考虑并记住如下几点：

- 要考虑人们会怎样持握和携带该设备。此时，非常有必要制作一个物理模型，它可以帮助我们了解该设备如何被持握和携带。这样的物理模型至少要能够反映出该设备的真实尺寸、形状、部件连接形式（比如翻盖等），重量最好也要和真实产品类似。这些模型可以被设计者用于情境和关键路线场景剧本中，来验证所设计设备的外形和形式。根据设备的使用地点和使用时间的不同，按键上的标签会具有比较特殊的情境需求。比如，追踪快递包裹使用的手持机，一般来说不需用有背光的按键标签，而手机和电视机遥控器往往是需要的。
- 尽早决定设备是单手操作还是双手操作的。同样，我们可以运用场景剧本来搞清楚在不同情境下哪些模式可被用户接受。对于主要是单手操作的设备，也可以考虑加入一些需要双手但仅仅是偶尔用一下的高级功能。
- 避免使用多个窗口或者弹出窗口。在较小、低分辨率的屏幕上，基本上没有空间容纳悬浮窗口。基于此，它们的界面应该采用独占姿态，完全占据屏幕空间。非模态的对话框，无论如何也要避免使用；模态对话框和错误警告，如果可能的话，也应该采用在第 15 章中讨论的一些技术来取代它们。

为信息台而设计

表面看起来，信息台似乎和桌面系统在界面上有很多类似的地方：显示屏较大并且是彩色的，内部都有十分强劲的处理器。但是在用户交互方面，这两者之间类似的地方很少。信息台的使用者，和独占桌面应用的用户相比，是最典型的非频繁使用者，而且在绝大多数情况下，对于每次遇到的信息台，他们最多只使用一次。而且，信息台使用者要么在使用前已经有了具体的目标，要么完全没有明确的目标。信息台通常不提供键盘或者鼠标设备，即使有这些输入设备，人们使用起来也不顺手。最后，信息台通常都处在公共场所，充斥着噪音和干扰，使用者身后可能还站着一个人在等待。这些环境上的问题和信息台的设计息息相关（如图 19-41 所示）。

图 19-41　在洛杉矶的 J. Getty 中心和 Getty 博物馆里面放置的一台 GettyGuide 信息台系统，由 Cooper、Getty 和 Triplecode 这三个组织协同设计。

交易型 vs 探索型

信息台一般分成两类：交易型信息台和探索型信息台。交易型信息台，一般提供限定范围的交易或者服务，比如银行的自动取款机，机场、火车站、汽车站、电影院的售票机等。自动加油机和自动贩卖机等，也可以被认为是一种简单的交易型信息台。交易型信息台的用户们，心中具有明确而具体的目标：取现金、买票、买巧克力棒或者获取某个具体的信息。这些用户对其他目标不感兴趣，只关心他们早已明确的目标是否能以最快的速度以最无痛的方式完成。

探索型信息台最常出现在博物馆和展览馆。教育和娱乐类的信息台，通常并不会吸引参观者的注意，但它们提供了一些辅助信息，为参观者带来更为丰富的体验（不过有些博物馆和展览馆例外，比如西雅图的音乐体验项目展览，其中摆放的信息台本身就是展品）。探索型信息台和交易型信息台的用户体验有所不同。用户在使用探索型信息台之前，对它们的期待通常是开放式的。他们可能对信息台产生了好奇心，想娱乐或消遣一下，此时他们并没有明确的使用目的。（或者，他们想要找到附近的咖啡厅或最近的洗手间，这可能成为开放式体验之外的具体目标。）对于探索型信息台，其探索的行为必须要吸引住使用者。因此，其界面不仅要醒目和清晰，还要易于导航，更重要的是美学上要能让使用者产生出愉悦感，视觉和听觉上要让使用者兴奋，每个页面都能够激发出使用者的兴趣，鼓励他们进一步探索系统中的其他内容。

在公共场合下的交互

交易型信息台无须故意去吸引使用者，这是一条原则。然而，它们的位置应该放在显眼的地方，并且应该可以很好地照顾使用者的来去。为了便于人们找到它们，可以同时在附近安放指路标牌或者周边地图等。有些交易型信息台，尤其是自动取款机，还要考虑安全因素：如果它们所处的位置不太安全，使用者可能根本就不会使用或者使用时可能会有危险。在规划交互设计和工业设计的同时，我们还应该进行建筑学上的规划。

和交易型信息台一样，探索型信息台的放置也要小心仔细，同时要安放一些指路标牌或者周边地图。它们既不能离景物或者展品太近以避免阻挡，也不能离得太远——这样人们才知道它们与景物或展品是有关系的。必须要有足够的空间让人们聚拢在一起：探索型信息台经常是几个人一起在用（比如一家人）。在同一个地点放置几个信息台才合适呢？这是一个比较特殊的问题，对于交易型信息台，很多公司会在暗访地点做人流调查，以确定最佳的数字。人们不会在交易型信息台前逗留过长时间，他们通常也不太讨厌排成队等待使用，因为他们脑子里都有明确的目标。探索型信息台则不太一样，它们鼓励长时间的逗留，这就不能吸引旁观者了。由于潜在使用者对于探索型信息台的内容有较少期待，因此他们没有足够的动机排队等待使用，因此可以认为多数人只有在探索型信息台空着的时候才会走上前去。

此外，设计信息台界面时，还要注意声音的使用。由于探索型信息台与生俱来就要吸引人注意，因此可以使用丰富的声音反馈和音频内容，但音量要适度。在交易型信息台上，要谨慎运用声音反馈，只有特殊情况下才应考虑使用。例如，在自动取款机上，当使用者完成交易后，可以用声音提醒收好银行卡，或者自动贩卖机用声音提醒收好购物后的找零。

同样，由于信息台都位于公共场所中，因此设计的时候也要考虑各种能力人士的需要，这一点很重要。关于无障碍（Accessibility）设计的更多讨论，可以参见第 16 章。

最后，上面提到过，公共物品容易变脏，且容易传染疾病。因此，在满足用户达成目标的前提下，我们应尽量把信息台做成非接触式的。

管理输入

绝大多数的信息台系统，都采用了触摸屏，或者不用触摸屏，而用硬件按键和小键盘来对应屏幕上的对象和功能。

对于使用触摸屏的信息台，和其他触摸屏系统一样，要注意下列原则：

- 确保单击对象足够大。单击对象只有足够大，才便于手指的操作，对比度要高、色彩要鲜明，屏幕上各个对象之间不要太近，以防不小心的误操作。对象通常不得少于20毫米，这是使用者在不慌不忙并且是靠近屏幕使用的情况下设定的。如果使用者距离触摸屏有一臂的距离，或者匆忙间使用的时候，就要适当地增加对象的大小。这里有一个相对原始的方法可以用来检查点击对象的尺寸是否足够大：先把屏幕按照实际尺寸大小打印出来，在手指尖上蘸上墨水，然后在不同情境下用真实的速度试验，单击对象，如果你发现有指印触到或者超出了单击对象的边缘，那就得增加对象的尺寸了。
- 保守使用软键盘输入。在触摸屏上使用屏幕上显示出来的软键盘来输入数据，似乎很不错。不过，这种方法仅仅适合输入很少量的文字，这不仅是因为该输入法难以使用，而且通常会在屏幕上留下重重的指纹。
- 避免使用拖放操作。在触摸屏上很难掌握拖放操作（Drag-and-drop），因此信息台的使用者基本上从来不会花费时间在触摸屏上去学习和练习这种操作。另外，滚动操作也尽可能不要使用，除非是非常必要。

有些信息台用硬按键来对应屏幕上的功能和对象，以此取代触摸屏。正如手持系统，这里也要特别注意这种对应的一致性，在每一屏显示中，类似的功能要对应相同的按键。这些按键也不能离触摸屏太远，或者过于分离，因为这样可能会导致对应关系不够清楚（参见第12章中详细讨论的对应关系问题）。一般来说，如果可以使用触摸屏，则强烈建议不要使用硬按键。

为 10 英尺界面设计

基于电视机的界面（有时也称之为"10 英尺界面"，译者注：中国有时也称为 3 米界面），比如 TiVo，以及其他的有线电视或者卫星电视的机顶盒。用户同这些机顶盒的交互，是通过遥控器来进行的，用户一般是坐在屋子里，手握遥控器来操作电视。除非遥控器是射频的（通常都是单向红外的），用户必须要手持遥控器对着电视和机顶盒的方向。在系统导航和操作控制中，上述这些情况都是有效地进行信息显示设计的难点和约束。

此外，列表、网格、轮显、泳道等设计也可以很好地同这些十英尺界面对应起来，因为遥控器上有"D 型板"导航设备，即包含了上下左右四个键的硬件控件。这对于 Netflix 这样的服务商来说，是个特别好的消息，因为 Netflix 服务同时通过移动终端和机顶盒来提供，所以列表、网格、轮显、泳道等界面，只需要稍加调整就能适用于不同的平台了。和我们前面第17章讨论的一样，微软Metro设计语言也成功地跨越了不同的平台：桌面、移动设备、机顶盒等。

下面是一些有关十英尺界面设计的注意事项：

● 屏幕的布局和视觉设计要清楚，即使人在房间中较远的位置上也可以轻松看到。即使是高清晰电视（HDTV），人同电视之间的距离也不会特别近（至少，不会比人与计算机显示器的距离还近）。这就意味着文本和其他导航对象的尺寸必须要大，因此，这也基本上决定了屏幕上信息的组织。

● 屏幕上的导航要简单。人们不会把电视看作计算机，遥控器的导航方式也是有限的，因此，我们最好充分利用五向遥控器（上下左右中），将它同电视的导航对应起来。尽管在交互方式上还有创新的空间，例如采用滚轮或者其他输入方式，但是这些新型的交互方式一定要和其他的电视及机顶盒设备的遥控器兼容（参见下一段的讨论），因此要仔细规划设计方案。另外，我们也可以采用一些视觉的道路导向技术，比如将不同的功能区进行颜色编码显示，在每一屏上为导航和命令选项提供视觉或者文本提示，这些都有利于增强易用性。在这一点上，TiVo做得非常好。

● 始终牢记控制集成。很多人都很讨厌必须要用好几个遥控器来操控与电视相连接的娱乐系统。把其他家庭娱乐设备的常见功能的控制集成到你正在设计的这个遥控器上（配置越简单越好），你会发现你满足了很多人的需求。这就意味着某个产品的遥控器或者控制台需要知道其他设备的操作命令，也需要了解和跟踪其他设备的操作状态。逻技公司（Logitech）的Harmony系列万能遥控器可以做到上述这几点，把这种遥控器通过USB连接到电脑上进行配置。

● 遥控要尽可能简单。很多人都发现复杂的遥控器让人退缩，家庭娱乐系统的遥控器上的大多数功能极少被用到。尤其是那些万能遥控器，通常都有四五十个按钮，有的超过了60个按钮。缓解这种问题的一个解决方法是在遥控器上加一个小显示屏，这样可以根据具体情境来显示相应的控制，也可少用一些按钮。这些控制可以通过触摸屏来实现，或者屏幕旁的软键。这两种方法有各自的缺点：很多触摸屏都没有触感反馈，这样用户必须要抬头看电视屏幕才知道刚才的触摸动作是否正确。软键没有触感反馈的问题，却在遥控器上添加了更多的按键。遥控器加上了这个小显示屏，也会引诱设计者在显示屏上设计出可以导航的多页面内容或者控件。尽管有一些成功的例子，但是任何具有两个显示屏（电视屏和遥控器上的小显示屏）的设计方案都可能分散用户注意力，这具有一定的风险，用户可能会被搞得迷惑不解，并产生厌烦情绪。

● 重点要放在用户的目标和活动，而不是产品的功能。多数的家庭娱乐系统需要用户了解系统的拓扑和状态，之后才能有效地使用：比如，看电影，使用者需要知道如何打开电视或DVD播放机，还要知道如果把DVD机连接到电视上，把电视的输入选择为

DVD 机，如何打开环绕立体声，如何把电视设置为宽屏模式。要干这些事情，可能需要三个遥控器，或者在一个万能遥控器上按六次以上的按钮。逻技公司的 Harmony 遥控器采取用了一种不同的方法：围绕着用户活动来组织控制（比如"看电影"活动），按用户自己对设备连接的了解（在安装阶段），以及对设备层命令执行顺序的了解，进行设计。尽管这种方法使得开发过程很复杂，但如果能设计得当，对于用户显然就是成功的。

为汽车界面设计

汽车界面，尤其是那些带有复杂导航和娱乐功能的，（在汽车行业被称为"远程信息处理——Telematics"）在驾驶员安全保障方面都有着特殊的问题。复杂的或令人费解的交互需要占用驾驶员过多的注意力，因此可能会让路上行驶中的驾驶员处于危险的境地。因此，要避免这些问题，成功地开发出这些系统，离不开大量的设计工作及可用性验证。在仪表盘、中心控制台和方向盘等空间相对有限的情况下，这是一个非常特殊的挑战。

- 手离开方向盘的时间要尽可能短。常用的导航控制（例如播放、暂停、静音、跳过、扫描等）应该直接放在方向盘上（供驾驶员使用），以及中心控制台上（供乘客使用）。
- 从一个屏幕到下一个屏幕的显示布局要一致。保持布局的一致性，才能让驾驶员保持不同情境下的一致的方向感和关系。
- 尽可能地运用直接控制对应关系。上面硬件控件上直接带有标签，比硬件控件旁边放置一个软键要好。触摸屏按钮如果能有直接的触感反馈，也比软键对应临近硬按键的控制方式好。其中的道理是一样的，操作该系统的驾驶员只需要较少的认知循环就可以理解对应关系。
- 小心选择输入方式。对于驾驶员来说，使用旋把或者旋钮比一组按钮要容易得多。较少的控制可以避免搞乱界面，另外旋把也较为突出，比较容易触及，并且如果设计得当的话，还能以一种优雅和直观的方式来进行粗调和细调控制。
- 硬件控件的物理外形的区别，要尽可能的大，这样触摸起来就知道是什么。
- 显示屏在视觉设计上的对比度很强烈，视觉层次要非常浅，这样一眼看过去就能抓到所有信息。
- 模式和情境的转换要简单并且易于理解。在宝马汽车中的 iDrive 系统里，汽车娱乐、车内气候控制、导航等系统都可以通过一个旋把和摇杆的组合控制系统来操作。这个方式的初衷是想让事情简单，但如此极端的做法让控制不堪重负，要使用这个宝马的控制系统，用户必须要首先在界面上浏览，才能切换模式或者情境。模式（例如 CD 模式、FM 模式、气候模式、导航模式等）的访问应该是直接的，应该是单个触摸或者按键动作就可以完成的，并且这些模式键的位置也应该是固定的，在不同界面中应该是一致的。

- 提供声音反馈。驾驶员如果可以听得到命令确认，其视线便无须离开前方的道路。不过，要注意音量的大小，确保反馈的音量不能太大或者产生干扰。对于车载导航系统，语音反馈提示驾驶方向是很有帮助的，前提是这个语音提示要足够早。语音输入也是很有帮助的，驾驶员说话就可以操作界面。不过，由于汽车环境中噪音可能会很大，有时候很难识别语音命令，有时候需要重复或者更正，这就没有按键来得准确。语音输入是很好的市场营销点，但我们认为，判断这种技术的优劣，还是要看是否提升了驾驶员的用户体验和安全。

为语音界面设计

语音界面，比如语音留言系统、自动呼叫中心等，具有不同的特点和特殊情况。导航问题是最具挑战性的，因为在一个没有任何视觉信息的功能层次树中很容易迷失方向，设计较差的电话树交互系统也常常有损企业的品牌形象。（几乎所有的语音界面都是树形结构，虽然语音识别技术可以突破树形结构，但这会带来另一类问题。）

以下是我们在设计可用的语音界面时需要注意的一些基本原则：

- 按照用户的心理模型来组织和命名功能，在任何设计中都很重要，但在所有功能都是用语音来描述的系统中更加重要，因为此时唯一的情境就是现在所处的功能。语音界面一定经过完整的情境剧本的验证，从而决定出最重要的功能，让这些功能最容易被访问到。这意味着要把最常用的选项放在最前面。
- 一定要明示出当前可选的功能。用户进行完每次操作后，系统都应该说出现在可以进行的功能，以及如何调用这些功能。
- 任何时候都可以返回到上一步和最高一级。每次操作完成之后，语音界面应该告诉用户如何返回到功能结构的上一步（一般是树形结构的上一个节点），以及如何返回到功能树的最高一级。
- 任何时候都可以转到人工接听电话。如果可以，则每次操作完成后，系统都应该给出如何转到人工服务的方法，尤其是在用户遇到困难时。
- 给用户足够的时间来响应。系统通常需要的是键盘输入信息或者语音输入信息。可以通过测试来决定等待时间的长短；要记住，用电话的小键盘来输入文字信息，是又慢又不方便的。

第 20 章

网页的设计

万维网（World Wide Web）对于交互设计者来说，既有好处也有坏处。基本上，自从发明了图形用户界面（GUI）开始，企业的决策者们就开始理解并采纳用户中心设计（UCD）的语言。接着，"用户体验"一词在企业高管中间广泛流行起来，成为时尚。可是另一方面，网页在历史演变中，在交互方面产生出了诸多限制和挑战，让交互设计倒退了近十年。

本书第一版在 1995 年 8 月出版的时候，网页这个新生事物，才刚刚植根于学术和科学领域。彼时的网页，也仅仅是一种发布和阅读文本的有效方式，文本中有时会夹杂一些超级链接和图片（表格元素在几个月后随着 HTML 2.0 的发布被引入）。本书第二版出版的时候，消费类和企业网站（它们刚刚经历了互联网的冬天并生存了下来），包括公司内部网，开始出现，但交互模式仍然非常有限。传统的数据输入和导航方式依然在广泛使用，但多年下来它们还是十分简陋的，几乎没有出现过新的东西，更没有奇迹的发生。

接下来的几年，互联网进入爆发式增长阶段，人人都看好网页的前景。大批人涌入这一行业，包括从设计学校新毕业的大学生、传统的美术设计者，以及一些对网站激动不已并认为有利可图的充满热情的年轻人，他们试图用这种新的交互视觉表达形式，来创造吸引人的交流方式（和商业模式）。试图用网页这种局限性很大的媒介，加上仅仅具备初级水平的交互和视觉设计产业，来制作出优良的用户体验，这是当时最大的问题。

不过，事情出现了转机。在 2007 年本书第三版发布时，出现了较为强大的网页技术，被广泛使用。诸如 HTML5、CSS3、Ajax 等技术的兴起，使得"富互联网应用"（Rich Internet Applications，RIA）流行起来。这令 UI 能力得到很大的提升，出现了新型的交互方式，例如"拖放"操作、将数据流集成到 UI 元素中，以及更多更强的屏幕结构。基于浏览器的 UI，甚至可以比肩桌面应用。不过，微软.NET 应用依然占据着桌面软件的主流。

当我们在 2014 年发布本书的第四版时，局面彻底发生了变化。随着 GitHub 的兴起，开源运动创造了非常强大、极为复杂的 HTML5 的 UI 部件，它们在功能和可操作性方面都很卓越（例如 Bootstrap 和 jQuery 生态系统）。另外，得益于一些诸如谷歌和苹果等公司在这方面的投资，网页浏览器在快速渲染和处理 HTML 和 JavaScript 方面得到了迅猛的发展，变得极为有效，网页底层的部件也得到了高度发展。

在网页上实现"软件式的体验"有着很多好处。它使得开发可以持续，从而可以让改善不断持续。基于网络的应用，更加适合我们社会化的生活和工作。这样，更加暂态的、放牧吃草式的使用方式，成为可能。人们想用任何功能或服务时，也不必为安装软件和不断的升级软件而操心。

这些变化最后形成一种新的局面，设计师现在可以发挥想象，在网页浏览器中做任何以往只有软件才可以做的事情。现在需要安装在电脑本地的软件越来越少，似乎只剩下了那些非常复杂的创作类的软件（例如图形设计、3D 建模、视频编辑、表现设计、程序编码等）。并且，现在，网页已经成为人与人之间，以及企业与客户之间的最重要、最流行的沟通渠道。

这意味着网页体验的质量是无比重要的，随着越来越多、越来越复杂的软件行为转移到网页上，网页的交互能力也必须要达到和软件相当的水平。在以往，视觉设计师关注"视觉和感觉"，信息构架师关注内容结构。而现在，这些知识和经验对新一代的网页设计师来说，是不够用的。

现在，在 GitHub 上可以很容易浏览并找到现成编码的 UI 部件，其中一些具备良好的交互设计特征（例如具体丰富的非模态化视觉反馈）。不过，即使手边有这些大量的现成部件，我们也仍然无法很好地回答一些既重要又简单的问题：我们怎样做才能恰如其分地满足用户的需求和想法，如何才能利用好这些部件，开发出具备良好和连贯用户体验的产品。

很多年来，我们很难总结出一个针对网页的、完善的用户体验设计指南，因为这个话题实在太大了。同一浏览器上的不同标签窗格中，可能就存在着大量的不同类型的网站，有媒体类的、企业软件类的、电子商务类的，还有社交网络类的网站等。

虽然用户对不同的网站可以有不同的期待，但他们还要依赖于约定俗成的习惯用法，去用这些网站和应用，特别是那些第一次或偶尔访问和使用的网站。尽管这些约定俗成的习惯用法也在发展，但交互的基础媒介物①并没有发生变化。这些媒介物是非常重要的，交互设计师在创造浏览器使用体验时，必须要考虑这些问题。

---

① 译者注：例如鼠标、键盘、屏幕等。

本章将讨论待考虑问题中最重要的那些。必须要指出，网页设计是一个涌现大量思想的领域，我们的同行们做过很多的工作，其中最值得向大家推荐的有：Steve Krug 的 *Don't make me think, revisited*（New Riders, 2014），Louis Rosenfeld 和 Peter Morville 的 *Information Architecture for the World Wide Web*（O'Reilly, 2006）。这些书详细、清晰地讨论了网页设计的必要元素。另外，一个名为"A List Apart"的网站上，有不少优质资源，只是它略微偏重技术层面。

基于页面的交互

网页（Web）作为一种媒介物，它最基础的特征受到了"页面"（Page）这一概念的影响。从页面进入网页领域的第一天起，所有的技术都是围绕着它的。用于网页的 Ajax 和 MVC 框架，可以让页面结构和页面之间的关系变得多姿多彩。大量的关于设计网页体验的重要习惯用法和指南原则，都和页面概念紧密相连。

那些同时兼顾本地应用软件（桌面软件和移动软件）和网页软件的设计师们，一定要牢记他们当前设计项目所面对的媒介物是什么，并从媒介物出发来考虑事情。本地应用软件通常是构架在"屏幕"（Screen）或"视图"（View）之上的。虽然，它们看起来和页面差不了多少，但和页面还是有很大的不同，而且是很重要的不同，特别是在构建体验的两种方式上。下面我们来谈谈这两种方式。

导航和寻路

首先要谈的，也是最重要的，是导航方式的不同。虽然本地应用也需要在不同视图间进行导航，但比起网页应用，本地应用的导航量并不算大。通常来说，即便是最普通的网页应用，也比本地应用的导航量大得多。这是因为在本地应用中，用户所处的空间数量和模态数量是有限的，不会太多，而且当用户进入某个空间或模态时，有关内容就会呈现出来。而网页就不同了，它的每一条内容通常都在其各自的空间里（或者 URL 里），设计网页的难点是如何帮助用户在页面上找到他们所需的内容。

这个话题把我们带入了信息构架的领域。在商用网页的早期，人们在设计和构建网站时，意识到了一个新的设计难题——如何才能更好地支持包含无数超链接的大量网页——这其实是一个如何在多个页面间有效地组织和构架内容的问题。于是，一个新的设计工作岗位诞生了——信息构架师，他们开发出了一系列的原则和实践，用来解决逻辑结构和内容流等非视觉方面的设计问题。

本书并不打算深度探讨信息构架方面的话题，但这个现象——网页体验通常是构架在无数个不同的、有着各种逻辑关系的页面上的——同时也给了交互设计师一个难题，即如何创造出有效的导航交互。

一级导航

在商用网页的早期阶段，"一级导航"（Primary Navigation）一词就已经开始使用了，它指的是用户如何到达网站或应用的主要区域或位置。曾经一度，几乎所有的网站和应用，都会在顶端或左边放置"永久链接"（Persistent Link）。

多数情况下，将一级导航信息置于顶端（参见图 20-1），是一种较好的导航方式，我们称之为顶端导航（Top Navigation）。侧边导航，即将一级导航信息置于侧边，则会占据页面的视觉进入点，让页面显得拥挤，用户在阅读内容时会被迫扫描到它。顶端导航的最大局限是，能够放入其中的条目有限，因为导航栏的长度是有限的。不过，这个局限性也是它最大的好处，设计者必须想法减少主区域的数量，尽量缩短页面主题并且让它简洁有力，这样通常会产生出易于理解、又十分好用的东西来。

图 20-1　Basecamp 网站上的一级导航就位于顶端，这是一级导航最常出现的位置。上面的黑色栏上，显示着它提供的不同应用，用户可以单击切换。位于 Basecamp 图标旁边的导航栏上，则列出了 Bascamp 网站本身的主区域。

作为一条原则，一级导航置顶也有例外情况。如果我们要展示的内容种类非常多，则顶端导航栏上可能没有足够的空间来盛放所有的种类名称，如果名称过于精简，变得太抽象，那么用户可能又看不懂。此时，左侧边导航便有了用武之地，它适合展示内容种类很多的情况，可以非常多，并且由于内容的名称被放到了左侧，因此它们可以采用左对齐的方式，从而便于阅读。亚马逊网站以擅长使用解析法来优化网页设计著称，销售着无数各式各样的产品，在某些页面上就采用了左侧边导航来进行产品分类。不过，除了主页，其他页面上的导航栏都被隐藏起来，只有当用户鼠标悬停在"按部门来显示"（Show By Department）上方时，导航栏才会被显示出来（如图 20-2 所示）。

刚刚谈到了一个有关网页设计的重要话题：即使用户正在某一个页面上的时候，也可以按照用户在系统中所处的位置来动态地控制导航的隐藏和显示，不一定彻底隐藏或始终显示。不过，导航栏始终置顶（用户上下滚动屏幕时也如此）的这种方式，被用得越来越多，且获得了成功。品牌信息和其他元素被尽可能地缩小，这样一来该栏目所占的屏幕空间可以更小，而且当用户关注导航栏下面的内容区域时，较小的导航栏产生的视觉干扰也较小（如图 20-3 所示）。

图 20-2　亚马逊采用了侧边导航，用户访问首页时就可以看到。其他页面上，用户需要鼠标悬停才可以看到。

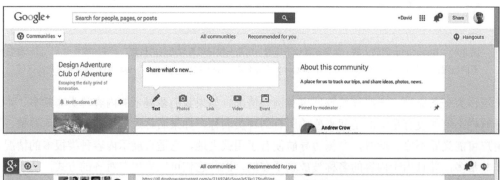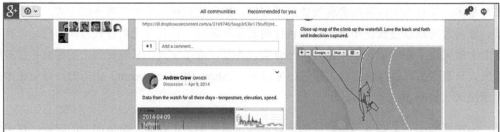

图 20-3　Google+的页眉（译者注：即导航栏）是永久固定在顶端的，当用户向下滚动页面时，页眉会缩小。

　　我们在思考如何设计出最佳的一级导航时，不要忽视了使用移动网页浏览器的众多用户。如果这些用户对你来说是十分重要的（现实是确实十分重要），那么一定要确保你的导航方式在较小的屏幕上也能发挥出好的效果。有关移动网页浏览器上的导航设计，这里有一个常见而且实用的方法，不要将导航栏永久地固定在屏幕上，而是在用户点击某一个菜单时，或点击"汉堡包"控件时（三个摞起来的小横线），才将它调出。

 设计原则

采用永久固定的页眉来保持情境。

关于"汉堡包"图标，目前还存在着有益的争议。其中一项研究得出的统计数据，很明显地告诉我们，至少有一些用户认为，直接用"菜单"这两个字，比用"汉堡包"图标的效果要好。在本章后面的移动网页一节里，我们在图 20-13 中展示了 Boston Global 网站的手机网页，采用了更为前卫的一种顶端导航方式，为了迎合手机屏，它干脆将导航栏里的条目数量减少为一个，只有"Sections"这一项。

二级导航和更深层级的导航

通常，在应用复杂的信息空间中，只有一级导航是不够的。仅凭一级导航上的几个条目或链接，用户通常难以找到所需的内容。当然用户也可以搜索，但内容本身通常也是多级的。独占式应用的专家级用户，能够记住三层或更深层级的导航路径。但在我们的经验中，如果内容被埋藏在一个三级结构中，则大多数的中间用户和新手用户在里面找内容的过程，都是十分耗时和费力的。尽管搜索技术能缓解这一问题，但最好的方式还是减少层级数量，尽可能压缩导航空间，让导航空间扁平化，这样才有利于用户形成有关内容组织的心理模型。

有几个简单而实用的方法，可以让二级和更深层次的导航更加有效。首先，我们可以在页面的左侧放置一个菜单或二级水平导航链接（如果一级导航也是如此的话，就可以采用这种方式，参见图 20-4）。

有一种实用的二级导航，叫作"胖导航"（Fat Navigation）。当用户点击一级导航上的项目时，会扩展显示出一大块选择内容的区域（如图 20-5 所示），这便是胖导航。这种导航效果不错，因为它很自然地接续了一级导航的交互。另外，它是模态的，又是临时显示的，因此可以运用大块的屏幕空间。

为了更好地强化用户的心理模型，当用户处于层级结构中，我们都要将用户的位置信息持续地反馈给用户。实现这种反馈的常见方式有两种：第一种是在导航元素上提供视觉反馈，第二种是通过"面包渣"的方式。"面包渣"是一系列的链接，它直接显示出用户所在层级结构中的位置（如图 20-6 所示）。

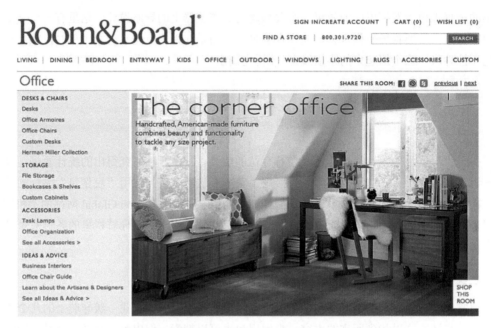

图 20-4 "Room & Board"网站采用了经典的左侧导航栏，用于导航网站一级内容之内的网页。

图 20-5 在 Room & Board 网站里，鼠标悬停在一级导航项目上，一个包含了子页面链接的大块内容区域就会弹出，而不需要用户先进入 Office 区域。

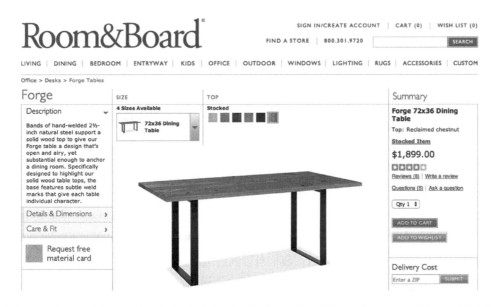

图 20-6　在 Room & Board 网站中的一张桌子。通过"面包渣",用户可以立即知道自己在网站内容层级结构中的当前位置,而且还可以返回到任意上层层级中。

有些网站中,点击每个面包渣"阶梯",则会弹出一个横向链接(Lateral Links)的菜单,用户可以很方便地访问网站层级中的不同位置,而无须多次点击鼠标。这个技术,与最近发布的 Windows 操作系统自带的文件浏览器的界面很相似。

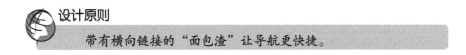

设计原则

带有横向链接的"面包渣"让导航更快捷。

内容导航

另一类重要的导航是内容导航,例如对照片和文章的导航。这些东西的数量通常都十分庞大,内容也经常发生变化,内容之间也有关联,但这些关联并非线性结构或层级结构。这些特点使得内容导航具备自己特有的模式,且带来一定的挑战。

最常用的方式是将内容条目组织成列表——例如把每个文章的标题和简介列出来,排成一个序列,或是将照片组织成画廊的形式。受到博客及 Twitter 和 Facebook 等社交软件的启发,目前很多网页的列表,开始采用"推送"格式的设计风格。

有些项目比较新、比较重要,或者更有可能受到观众的喜欢,因此如果能将这些内容标注出来,则便于用户导航。我们可以用较为突出的版面设计,或者改变它们在页面上的大小和位置。如果采用轮显来列出内容,则可以在视觉上突出这些特殊的内容。

473

内容应该可以按照一些方式来组织和排序，例如按主题、作者或发布时间等。有些公司或行业还有一些特殊的内容分类和排序条件，应加以考虑。有些情况下，可以同时使用几种导航方案来浏览内容，或者采用接下来我们要讨论的分面搜索（Faceted Search）技术。

搜索

搜索，是网页上最重要的导航方式之一。根据大量的观察和研究，我们发现，尽管搜索算法在不断改进，但大多数人并不擅长使用搜索条件，大多数人并不知道该如何调整搜索格式，才能更好地找到自己想要的结果。谷歌多年来认为，经过训练的人可以用搜索来取代导航，这个想法基本上是错误的。

这意味着，既然搜索离完美还差得很远，你的网页或应用就必须要想办法让搜索更有效地发挥作用。比如，让用户先搜索一下，然后想办法将用户带到列出了她可能需要的内容的页面。要实现这一点，有很多好办法。有时，我们可以同时运用这些好办法，帮助用户尽快找到所需内容。在第 19 章中，我们曾经讨论过在移动应用中运用的一些搜索技巧等，这些技巧对网页应用同样有效，我们下面就来谈谈。

搜索技术中最成功的创新是"自动填充"（Auto-complete），也叫作"预先键入"（Type Ahead）。当用户开始敲击键盘输入字母时，搜索栏会自动完成关键字搜索并呈现出来，有时也会呈现出先前搜索过的词语（如谷歌搜索）或实际的搜索结果（如苹果 OS X 中的 Spotlight 搜索功能）。自动填充提升了用户搜索获得有意义结果的概率（如图 20-7 所示）。

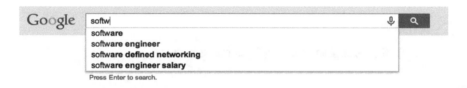

图 20-7　谷歌搜索的自动填充功能，会自动显示出一系列用户正在输入但尚未完成的词语。

去模糊（Disambiguation）或自动推荐（Auto-suggest）是谷歌搜索使用的另一项技术。如图 20-8 所示，如果搜索者正在键入的词汇，在拼写上同另一个更为常用的词语有些类似（或者更常见的情况是，搜索者的拼写是错误的），则谷歌搜索会显示出推荐的词语及其搜索结果，同时还会在顶端放置一个链接，指出谷歌推荐的搜索词语。

前面说过，即便用户擅长运用搜索条件和搜索格式，还是会得到一大堆的搜索结果，他依然需要在搜索列表中寻找所需内容。这种场合适合让分面搜索出面——它可以让用户指定被搜索条目的属性，是一种十分有效的搜索方式。

图 20-8　谷歌搜索还可以自动推荐，对用户键入的词语进行模糊匹配，并显示出一个推荐词语的列表。此外，在搜索框中，还提供了自动修改拼写错误的功能。

设计原则

自动填充、自动推荐、分面搜索可以让用户更快地找到所需的东西。

　　自动填充、自动推荐令用户可以组织出较为精确的搜索用词，这样，用户以一种建设性的方式，缩小了他们的搜索范围。分面搜索机制，可进一步将被搜索对象的特征和属性展现出来，让用户将搜索结果集缩小至能够发现所需内容的结果。我们在第 14 章讨论过基于属性的排序和筛选（Sorting and Filtering），我们在设计分面搜索时也可以借鉴。

　　分类推荐（Categorized Suggestions）是提高搜索效率的另一种方法，主要用于当搜索用词适用于多个领域或类别中。分类推荐中，系统会给出一个推荐列表，每项推荐都会针对一个类别。亚马逊有数十个销售部门，均很好地运用了分类推荐（如图 20-9 所示）。

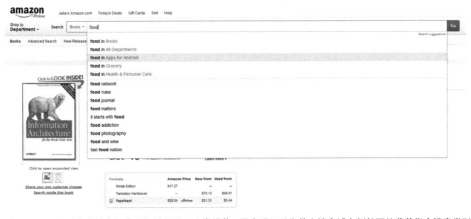

图 20-9　亚马逊在主搜索框中很好地运用了分类推荐，用户既可以先单击搜索域左侧的下拉菜单指定搜索类别，也可以在用户键入字词的同时，立即显示出推荐的分类。

滚动

基于页面的网页体验最明显的特征之一，是使用最为广泛的"滚动"（Scrolling）。基于屏幕和视图的本地应用软件，通常都有着固定屏幕布局，包含多个窗格等。尽管这些部件也可以滚动，但对于本地应用来说，最好的设计方式是将一些常用的关键功能永久地固定在某个位置。虽然，在编辑文档时，用户需要滚动操作，但他们并不希望看到工具栏也跟着一起滚动。

在滚动的问题上，网页和本地应用是不同的。网页体验中，重要的信息和功能都是可以滚动的，而且有时必须要滚动才能看到并操作它们。有相当长的一段时间，网页设计师始终都在担心这种被"收起来"的感觉并不太好（"收起来"，即页面垂直向下尚未滚动出来的、被遮住的部分）。但随着触屏交互及其他的如苹果 Magic Trackpad 等类似交互的大量涌现，比起原来烦琐的滚动条操作，现在的滚动变得越来越自然，用户也越来越接受。

而且，现在用手机上网的人越来越多，这更突显出自适应网页设计（Responsive Design）的重要性。自适应设计，指的是界面可以自我调整，从而去适应任意尺寸的屏幕（我们将在下一节中详细讨论这个话题）。由于自适应设计的界面，在小屏幕上会自动缩小，这样操控起来可能没有那么轻松。

在解决这个问题的过程中，人们发现，成功的网页设计必须要吸引住用户，让用户在滚动网页时能够注意到网页中的内容或功能。这不仅要求内容的编辑要吸引人，而且还要求交互方式也吸引人。视差（Parallax）效果，就是当今流行的一种新型交互方式，当用户滚动页面时，页面上的元素会按照不同的速度移动。

很多企业软件也逐步进入触屏时代。原来的那种枯燥的、长长的滚动内容和交互方式，现在正在慢慢地被更加无缝结合了内容和交互元素的、更加引人入胜的交互所取代。

设计原则

让滚动变得更投入。

要想创造出有效的视觉节奏，可以运用白色空间和强烈的版面系统，还可以在触屏上用相对较大的字体和控件，便于使用者操控，增加滚动时的可扫描性（Scanability）。同样重要的，要让用户始终知道自己在长长的滚动页上所处的位置。Nest 网站（如图 20-10 所示）由一系列长长的滚动网页构成，以其中的"Life with Nest"页面为例，它以时间为线索，用户向下滚动时，它会逐步展现出 Nest 计划按时间演进的过程，一级导航始终停靠在页面的顶端，上面显示出日期的视觉提示。

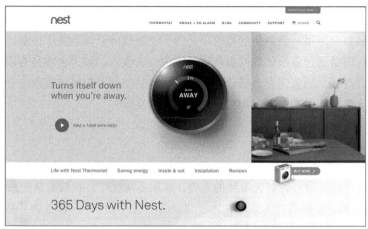

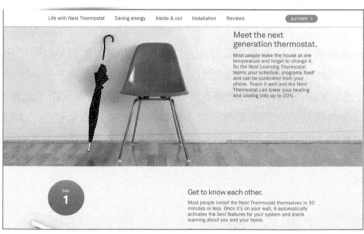

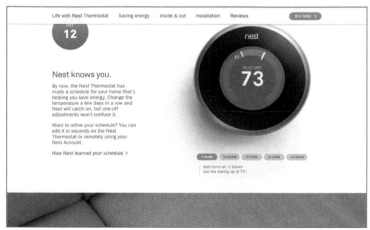

图 20-10　Nest 网站包含了一系列长长的滚动页。

对于一个完整的内容单元来说，比较明智的做法是将它放在一个滚动页面中。然而，现实中有很多网站会将它分割成多个网页，这背后的原因不是为了消除或降低滚动的工作量，也不是为了减少网页加载时间，而是通过多次加载网页获得最大的广告收入。如果内容是有限的，则这种分页的做法会让内容查找、网页保存及其他使用网页内容的工作变得错综复杂。分页仅适用于非常长的具备类似元素特征的列表，例如搜索结果和新闻文章。

页眉和页脚

页眉和页脚是滚动页面上最显著和最重要的两个位置，是能够改善用户流的特殊区域。页面顶端，也叫页眉，是用户打开网页时首先看到的地方。在很多情况下，我们故意把最重要的内容从页眉下方移到最前端，让页眉略为后退并靠近背景的位置。页眉通常都包含了品牌元素（例如企业标志等）、一些永久固定的导航项目，以及一级导航项目（前面讲过了）。页眉通常也是网站上用户注册的入口（如果需要注册的话）。最后，搜索框也经常驻扎在页眉上。

页面的底端，即页脚，是用户阅读完全部页面内容并结束的地方（如果网站能吸引用户并很幸运的话），因为所有的内容都位于页脚的上方。因此，这个位置适合放置用户下一步该去哪儿的建议，下一步去的地方通常和刚刚阅读完的内容有关。很多媒体类网站都采用了这种模式。页脚的另一个用途，是访问某些信息的永久固定的入口，例如法律声明，或是包含了本网站所有内容的一级和二级导航项目的"胖导航"信息（如图 20-11 所示）。这当然是个非常有效的办法，但我们也要考虑一下用户是否有必要访问这些东西，也要考虑用户浏览网页的熟练水平是否能让他们到达页面的底部。

图 20-11　Zappos.com 网站的"胖页脚"，包含了精缩版的网站地图、社交网站链接、促销信息和链接等。

分页 vs. 无限滚动

社交媒体流和搜索结果页面的滚动模式，一般来说，都是无限滚动（Infinite Scrolling）的。

也就是说，当用户向下滚动时，页面到达底部后，会自动再显示出新的内容。底部新内容自动显示的延迟，如果控制得当，可以是一种自然、有用的交互方式。

与"无限滚动"对应的是，分页显示（Paging）结果。预先限定好数量的结果条目，会显示在一个页面上，同时页面上还会出现页码、前一页、后一页的链接，以及结果的开头和结尾，以及跳转到任意指定页码的链接等。

 设计原则

无限滚动与网站页脚是互斥的习惯用法。

使用"无限滚动"时，一定要记得，这个滚动是无限的，用户是永远到达不了页面底端的。这意味着如果设置了页脚，用户也是看不到的。因此，无限滚动和页脚是互斥的习惯用法。

此外，无限滚动还可能产生出其他的可用性问题，因此要慎重使用：

- 键盘和屏幕阅读器导航，在无限滚动页面上，通常无法有效工作，会导致一些访问性（Accessibility）的问题。
- 除非精心设计和编码，否则当用户在浏览器上用后退键回到无限滚动页面时，滚动页面是无法记住上次浏览完毕离开时的位置（先按前进再回来，也有同样的问题）。这令用户缺乏安全感，用户将不得不再重新滚动，这是费力而令人沮丧的体验。

无限滚动适合的场景是，我们无法直接到达某个页面，或者是无法预测滚动到何时才能看到所需信息。因此，对于推送新闻这类的内容，无限滚动是非常合适的，当我们向下滚动时，扫描或看过的信息也迅速地失去了它们的相关性，只有眼睛盯住的、当前屏幕上的内容才是用户当前最关注的信息。

如果用户需要快速到达信息列表的底部，则此时不要使用无限滚动。如果浏览了一圈后，用户还需要回到先前的某个位置，也不要使用无限滚动。

移动网页

在网页的早期阶段，设计者们就开始考虑，如何才能设计出可以同时运行在不同操作系统、不同浏览器、不同大小的屏幕上的网页。而当前激增的移动用户，也开始大量地使用平板和手机浏览网站。此时，如何才能设计出满足不同大小的屏幕并且渲染优美的页面，是设计师们最为关注的问题之一。

目前有一种常用的、同时满足不同大小的屏幕的界面技术，叫作自适应设计（Responsive Design）。这是个需要深入讨论的话题，读者如果感兴趣，可多花点时间阅读这方面的书籍，例如我们推荐的一本是 Ethan Marcotte 的 *Responsive Web Design*（A Book Apart 出版社于 2011 年出版）。

本书仅在此简单介绍自适应设计。自适应设计，首先运用了一个模块化的布局网格，里面的内容区域可以灵活地变大缩小。此外，它定义了几个关键的屏幕宽度，被称之为"临界点"（Breakpoint），该网格在临界点前后还能产生出更加显著的变化。例如，如果屏幕的宽度大于 1024 个像素，我们会在页面宽度上显示出三个网格。但如果屏幕的宽度小于 1024 个像素，则只能显示一个网格，区域块则会垂直地一个摞着另一个。The Boston Globe（《波士顿环球报》）的网站就是一个典型的自适应设计示例（参见图 20-12）。

设计原则

> 如果你的网站只有一个版本，一定要把它设计成自适应。

自适应设计的基本观点是，网站或应用无须为不同的屏幕尺寸设计多个版本，一个可以动态适应多种大小屏幕的版本足矣。这种设计方式，有好处，也有坏处。好处是，所有开发人员组成单一团队，面对单一的概念框架。坏处是，这个单一的 UI 会比较复杂，每出现一次"临界点"，就意味着要多开发一个布局。

另一种方法（有时或许是更加有效的方法），就是为网站或应用单独创建移动版本。虽然移动设备的屏幕尺寸不尽相同，但这几乎是不同移动设备间唯一的大的区别。额外需要考虑的还有，输入方式——触屏还是其他传感器输入，阳光下及其他特殊光线下屏幕浏览效果等。由于这些问题，我们认为为移动设备单独创建网站版本还是非常有必要的。

未来

网站建站技术变得越来越强健了，浏览器的功能也越来越丰富，可以支持多种交互模式。因此，我们认为，浏览器在未来仍然是一种最重要的 UI 平台。因 HTML5，还会出现更加复杂的视觉表现和交互方式。浏览器还将提高它的本地数据缓冲技术，让本地应用和网页应用的最后一点区别最小化。

传统媒体，例如电视和打印输出，和网页的界限也越来越模糊。随之而来，很多新型的内容模型、讲故事的新方法，以及人们同媒体的交互方式，也会越来越多。看看《纽约时报》创办的"Medium"网站，所有的人都可以在上面协同创作内容，它如同美丽的飘雪，让我们感觉到网页即将成为软件和媒体真正交汇的最重要的场所。

图 20-12　《波士顿环球报》（The Boston Globe）网站，采用了自适应设计，有几个不同的"临界点"，适合多种尺寸的屏幕。这样，无论是用台式机，还是平板或手机，网站的内容都可以很好地显示出来。

第 21 章
设计细节：控件和对话框

虽然不同平台上的一些视觉设计是不同的，但大部分平台上的控件和对话框是一样的，它们是用户与各个数字产品的通用交互语言。这些标准的东西，在大部分的 GUI 开发库里都有，存在着被滥用或误用的可能。

本章将概要介绍一些最通用的 GUI 交互控件，还将讨论它们适合使用的和不适合使用的场合。

控件

控件是使用者同数字产品进行交流的屏幕对象，它具有自包含性。有时也被称作小部件（Widget）、小配件（Gadget）或者小零件（Gizmos），是创建典型图形用户界面的主要构造模块。

根据用户目标，控件可分为四种基本类型：

- 命令控件（Imperative Control），用于启动功能。
- 选择控件（Selection Control），用于选择选项或数据。
- 输入控件（Entry Control），用于输入数据。
- 显示控件（Display Control），用于控制应用"如何"及"在哪里"展示它自己及数据。

有些控件包含了上述一种或者几种类型。

命令控件

人机交互涉及一种由名词（有时候称为对象）、动词、形容词和副词组成的语言。当我们发起命令时，我们便指定了动词——它是动作的声明。动作所影响到的那个东西，是句子里的名词。有时候我们从已存在的列表中选择名词，有时候输入一个新名词。我们分别用形容词和副词来修饰名词和动词。

与动词相对应的控件类型叫作命令控件（Imperative Control），因为它产生动作，而且往往是立即执行的动作。菜单栏中的条目（我们在第 18 章讨论过），也属于命令习惯用法。在控件世界里，命令习惯用法的精华例子是按钮。单击按钮，也就触发了与按钮相关联的动作，此时与它相关联的那个动词，将被立即执行。

按钮

按钮，在相当长的一段时间里，都是具有三维凸起的特征。不过，在进入移动时代后，这种流行趋势发生了变化，三维印记被移除了，按钮的可学性（Learnability）变差了，如图 21-1 所示。一般来说，如果控件是矩形（有时是圆角矩形），那么它就具有命令的能供性（Affordance）。用户只要单击并释放鼠标，它就立即执行。在对话框中（本章后面会谈到），总有一个默认按钮（Default Button），常常被高亮显示，将最合理的动作标示出来。

图 21-1　各种平台上的标准按钮：微软 Windows（左上）、苹果 OS X（右上）、安卓（左下）、iOS（右下）。虽然按钮曾经一度具备 3D 特征，但现在变得扁平化。

可以证明，在设计师的工具集中，按钮是视觉上最引人注目的控件。因此在用户界面中演化出如此多的变体也就不奇怪了。在当代，人造三维按钮的操作启示促进了它的广泛使用。

按钮在外观上暗示用户，即它具有一些视觉受范性（Visual Pliancy）。这种受范性在暗示着用户，它具备“可按压性”。当用户用鼠标单击按钮时，按钮在视觉上会发生改变，从凸起变为凹下，表示它已被激活。正如我们在第 19 章中讨论过的，这是一个动态视觉暗示的例子。设计糟糕的应用，以及许多网站上绘制的按钮，单击时没有发生任何变化。对于开发者来说（特别是在网页上），这样做既便宜又容易，但对用户来说，则非常令人不安。因为它不禁让人产生疑问：“它到底被按下了吗？”用户希望看到按钮改变——这是受范性反应——我们必须满足用户的期望。

483

不过，经过了几十年的使用，用户已经将"矩形形状"这一特征与按钮牢固地联系起来。因此即使扁平化设计去掉了按钮本身的受范性，用户也仍然可以一眼识别出并使用它们。

图标按钮

工具栏（Toolbar）（第 18 章详细讨论过），现在被广泛使用，已经变得和菜单栏一样为人熟知。而按钮，也从传统的对话框移居到了工具栏。

在按钮从对话框转移到工具栏的过程中，外观从长方形变成了正方形，上面的文本标签也变成了图标标签。于是，"图标按钮"这种半图标、半按钮的习惯用法诞生了（如图 21-2 所示）。

图 21-2　微软 Office 中的图标按钮。左边是 Windows 平台下的 Office 的图标按钮，右边是 OS X 平台下的 Office 的图标按钮。可以看到，它们在外观上并没有明显的按钮特征，只有当光标处于它们上方时才显现出来。

理论上，图标按钮很容易使用：它们总是可见的，不需要花费太多的时间，也不像下拉菜单那样需要一定的灵敏度，很常见，也易于记忆，尤其在独占应用中。图标按钮的优点与工具栏的优点类似，它们两者之间有着解不开的联系。

图标按钮的缺点不是来自按钮部分，而是来自图标部分。大部分人都可以迅速理解其视觉启示，问题在于，第一次使用的人，很难一下子明白按钮上图像到底是什么意思。

使用者第一次见到某个图标时，通常难以理解它的确切含义，不过工具提示（ToolTips）可以帮助解决这个困难。优秀的图标在经过几次使用后，就可以被学会并记住。在中级用户和高级用户身上，我们可以看到这种典型的情况。

不过，即使是世界上最优秀的图标设计师，也很难设计出来一套让新手用户可以立即理解的没有文本标签的图标。当然，工具提示可以有所帮助，不过，要是每次都得把光标放在图标上面等待提示显示出来，则未免也太啰唆了。在这种情况下，采用具有清晰文字说明的菜单，才是更好的手段。微软的带条控件（在第 18 章中讨论过），结合了文本和图标，是二者的混合。虽然它牺牲了部分屏幕空间，但对新手用户，或不太常用的命令来说，控件的功能含义变得十分清晰，也更加易用。

超链接

超链接（Hyperlink），或者链接，是 Web 中的一种习惯用法，在各式各样的不同应用中都可以见到它的身影。一般来说，它的形式是具有蓝色的带有下画线的文本（CSS 样式中可以自由改变默认标准，例如更改颜色、在鼠标悬停时增加高亮颜色等），可以作为浏览导航的命令控件。这种直接、有用的交互用法，早已超越其最初的简单用途——即将用户带到下一个网页，或展示被点击文本的详细含义等。超链接现在发展成为具备更多用途、实现更多复杂功能的东西，例如它是构建复杂交易网站（如 Amazon.com（如图 21-3 所示））的导航基础，它还可以实现很多令人激动的任务。

Kingsoft Office for Android (Free)
Kingsoft Office Corporation
★★★★☆ (472)
$0.00

Office Mac Home and Student
2011...
Microsoft
★★★★☆ (732)
$139.99 $112.22

Microsoft Office Home & Student
2010...
Windows
★★★★☆ (1,520)
$220.00

图 21-3　诸如 Amazon.com 等大型交易网站，都依赖于由简单超链接构成的导航基础。在超链接的帮助下，亚马逊等网站上的大部分东西能运转自如。

图片也可以作为超链接。不过，由于图片缺乏示能性，特别是在移动设备中，无法用鼠标悬停来暗示受范性，这种用法可能存在着问题。

糟糕的是，这种习惯用法的用途和成功，却让很多设计者产生了妄想：他们相信可以用下画线文本来取代更为常用的命令控件，比如按钮或者图标按钮，会更加好用、更加成功。这种想法，在本质上是错误的。因为大多数使用者已经知道，链接是一种仅与浏览导航密切相关的习惯用法。如果单击一个链接就执行一个动作（例如打开一个对话框），这将是非常令人费解和十分混乱的。因此，一般来说，链接还是应该被用在浏览内容上，而在动作和功能上采用按钮和图标按钮。

在 Web 设计上，有一个实用小技巧，即在同一界面中相邻的位置上，同时运用按钮和超链接。按钮用于常用的缺省选择，而超链接用于另外一个不常用的选择，用户可以二者择一。这种效果很不错，因为按钮的视觉权重和屏幕像素的使用比超链接都要大，因此方便了用户的选择。遗憾的是，这个技巧在大多数情况下被滥用了，成了"诡计"，它诱导用户不要注意超链接，而是感觉到只有按钮是界面中的唯一选择。因此，我们一定不要滥用它，否则会降低用户的对本网站或本品牌的信任感。

设计原则

链接用于导航，按钮用于动作。

选择控件

因为命令控件代表了命令，是动词，它操作的是对象——也就是名词。选择控件和输入控件是两类用于选择名词的控件。选择控件（Selection Control）允许用户从一组有效的选项中选择一个名词。选择控件还可以被用来设定动作。在直接操作的习惯用法中，名词被定义好了，选择控件则可以被用来定义形容词或者副词。常见的选择控件有复选框（Check Box）、列表框（List Box）、下拉列表（Drop-down List）和弹出列表（Pop-up List）。

以前，选择控件不直接导致动作，动作通常需要命令控件来触发。现在，情况不一定如此。有些情形下，比如在网页中作为导航控制的下拉列表，就可以用于触发动作，但这可能会把用户搞迷糊。而另一些情形里，比如字处理软件中使用下拉列表来调整字体的大小，这种用法看起来还算比较自然。

和交互设计中的其他东西一样，这两种做法各有优缺点。如果使用者在发起动作前要做出一系列的选择，这时应该提供明显的命令控件（也就是按钮）。如果使用者想要立即看到选择的结果，并且这个操作也需要很容易地被撤销，则完全有理由让选择控件也变成命令控件。

复选框

复选框是最早发明的图形控件习惯用法之一。它很受大家的欢迎，因为单个使用时它提供了两个选择，而同时使用几个复选框就可以在一个界面上进行多个选择（如图 21-4 所示）。复选框有强烈的单击的视觉启示；它有受范区域，当鼠标经过时会突出显示，或者有三维凹进的视觉处理（移动设备上的扁平化的视觉设计趋势也影响到了复选框，对其可学性（Learnability）有一定影响）。用户单击后，可以看到一个检查标记（Check Marker），用户很快就能学会使用，并让它按自己的意愿工作：单击做标记，再次单击除掉标记。复选框具有简单、可见、优雅的特点。

然而，复选框主要是基于文本的控件。尽管复选框是熟悉而有效的习惯用法，但它和菜单一样，存在优点的同时也存在缺点。位于复选框旁边的文本，通常是精心描述的，它可以让复选框的意思清楚明确，但用户必须要放慢阅读速度，而且这些文本也占据了数量可观的屏幕空间。

传统上，复选框是方形的。用户通过形状来识别视觉对象，因而方形复选框是一个重要的标准。方形本身没有好坏之分；只是因为最初的形状就是方形，许多用户早已习惯去辨识这种形状。因此，我们没有充分的理由要摒弃这种模式，无论市场营销部门的人和视觉设计师怎么说，也不要将复选框设计成钻石形的或圆形的（特别是圆形，容易和单选框混淆）。

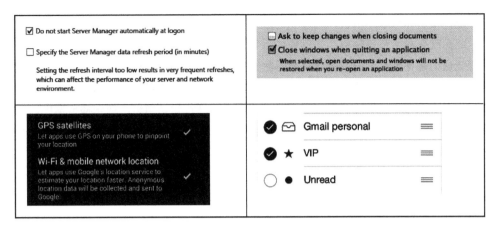

图 21-4 各种平台上的标准的复选框：微软 Windows（左上）、苹果 OS X（右上）、安卓（左下）、iOS（右下）。我们在这里再一次看到了扁平化的趋势。此外，iOS 的复选框突破了方形的传统，采用了圆形设计。

开关按钮

复选框是一种二选一的控件，但这个习惯用法不太适合工具栏。不过，我们还是有可能为复选框加进一些图形元素，就像用图标按钮去改进复选框一样。这里，我们也可以使用简单的方法允许按钮单击时保持凹进——或者按下状态，再次单击时则凸起，这是开关按钮（Toggle）（如图 21-5 所示）。按下的状态不再是瞬间的，而是锁定直到再次单击。按钮的开关行为，让按钮的特征完全改变，成为截然不同的类型：按钮由命令控件成了选择控件。

图 21-5 微软 Office 2003 里的开关图标，它们的几种状态：扁平、鼠标经过、被点中、被选择。

开关按钮作为单次选择习惯用法，广泛地取代了复选框，特别适合用于非模态交互中，这样不会打断用户做决定时的流状态。开关按钮比复选框更节省空间：因为它们依靠视觉识别而不是文本标签来表明意图，所以体积更小。当然，这也意味着它们存在着与命令型图标按钮一样的问题：图标的费解性。此时，工具提示再次救场：这些小小的弹出窗口给了我们足够的文本来澄清对图标按钮的困惑，而不需要长期占据太多像素。

状态切换按钮

状态切换按钮是一种用于节约界面空间的最常用的控件，但这却让用户极度困惑。最为经典的状态切换按钮，是音乐播放器上的播放和暂停按钮。播放和暂停被放在了一个按钮上，播放用标准三角形图标显示，点击之后变成了标准的两道竖条的暂停图标——而不是像标准的开关按钮那样会被按下去。

这个控件暗示你可以单击它，所以当它显示为播放图标时，你点击它，音乐就开始播放。这个时候图标就变成了暂停图标，告诉你如果再点击一次，音乐就暂停了。这种方法的问题在于人们可能认为控件是显示当前音乐播放器状态（暂停或者播放两种状态）的指示器。这就意味着这个按钮会提供两种既非常合理又非常矛盾的解释。控件或者作为状态指示器，或者作为状态转换的命令控件，但不能同时表示两者（如图 21-6 所示）。当然，音乐播放器中，我们可以用音乐是否响起作为自然状态指示器，但大多数的应用界面中，这种显式的状态指示是不存在的。

图 21-6　状态切换按钮的效率很高。在一个控件内控制两个相互排斥的选项来节省空间。状态切换控件的问题，在于它们无法完成控件的第二个职责——告诉使用者它们当前的状态。如果当前处于 OFF 状态，按钮显示 ON，那么就无法知道状态是什么。如果当前处于 OFF 状态，它显示 OFF，那么 ON 按钮又在哪里呢？总之，不要使用状态切换按钮。

这个问题的解决方法，要么是在按钮上标出动词——播放或者暂停，要么用一种更好的方式——彻底采用其他技术，比如用两个按钮取代它。这样做使得开关的状态切换更加自然、明显。如果在被激活状态时，我们在视觉上让该按钮显示出被强调的状态，则会令该交互更加完美。然而，糟糕的是，现在几乎所有的音乐播放器依然在使用这种有问题的状态切换机制，在播放按钮和暂停按钮间切换，但好也罢、差也罢，大部分用户已经习惯了。

单选按钮

单选按钮（Radio Button）在外观上和复选框很像（如图 12-7 所示）。当汽车第一次装上收音机时[①]，人们发现在行驶中用手旋动调台会危及生命。所以汽车收音机都提供了一种新奇的仪表盘，由 6 个镀铬合金的按钮组成，每个按钮对应一个事先调好的电台。有了这个按钮，司机的视线便不需要离开路面，只要按下一个按钮，就可以调到喜欢的电台。

GUI 上的单选按钮，同它们的机械祖先一样，行为上是相斥的。这意味着选择一个选项时，以前选择的选项会自动取消。每次只能按下一个按钮。因为相互排斥，单选按钮总是两个或多个成组出现的，而且每组中只有一个单选按钮可以选中。只出现一个单选按钮是没有意义的——此时应该使用复选框或者相似的非互斥选择控件。

---

① 译者注：单选按钮的英文是"Radio Button"，直译就是收音机按钮的意思。作者这里提到了收音机，是告诉读者，这个单选按钮（收音机按钮）最早出现在收音机上。

![标准单选按钮示意图：Choose an option, and then specify who can connect. / Don't allow remote connections to this computer / Allow remote connections to this computer（左上）；Automatically based on mouse or trackpad / When scrolling / Always（右上）；-12.222222 / to Celsius / to Fahrenheit（左下）；Animate Icon / Ignores Uninstallability（右下）]

图 21-7　标准单选按钮：Microsoft Windows（左上），Apple OS X（右上），Android（左下），iOS（右下）。其中 iOS 没有单选按钮，用开关控件来替代。

一个单选按钮和一个复选框所占用的屏幕空间是一样的，但由于单选按钮要成组使用才有意义，因此它们要占用大量的屏幕空间。单选按钮很适合担当教学的角色，这也意味着它们可以合理地用于不常使用的对话框。而在独占姿态应用的界面中，因为它必须迎合日常用户的需要，下拉列表则更好。

正如传统上复选框都是方形的一样，单选按钮都是圆形的，这种形状我们已经用了很多年。

就像图标按钮可以取代复选框那样，图标按钮也可以取代单选按钮。如果两个或两个以上的开关图标按钮按组放在一起，并且相互排斥，每次只能锁定其中之一。确切地说，它们的行为方式与单选按钮相同，这便构成了一组单选图标按钮（Radio Icon Button）。这种更加现代的用法，使得它们在外观和行为上，不太像传统圆形的单选按钮，而像它们的机械祖先。Word 工具栏上的对齐控件（Alignment Control）就是一个非常好的单选图标按钮的例子，如图 21-8 所示。

图 21-8　Word 的对齐控件是一个单选图标按钮组，和单选按钮相似。总有一个图标按钮选中，当单击另一个图标按钮时，先前的那个按钮就返回正常凸起状态。这种变体是一种节省空间的习惯用法，很适合经常使用的选项。

和所有图标按钮的习惯用法一样，单选图标按钮可以有效地利用空间，让经验丰富的用户依靠空间记忆和模式识别（Pattern Recognition）来分辨它们，同时用工具提示提醒临时用户。有些新手用户很聪明，借助工具提示就可以学会；有些用户可能会学得更慢一些。与其他类似的、具备教学功能的习惯用法一样，这些单选图标按钮也可以确保用户学会。

489

开关

开关控件（Switches Control）是由两个挨着的压缩版的单选按钮组成的。（同时，它也可被看作是一个单个的、易懂版的复选框，因为两种状态都十分清晰。）它有两个状态，通常是"开"和"关"（On 和 Off），有时在开关控件的两端会有"开"和"关"的标签，如图 21-9 所示。点击开关的一端，或在手机上，可以滑动这个具有 3D 特征的开关控件，就可以将开关置于开或关的位置。这个控件在移动应用中的"设置"界面上非常好用，应用的很多属性和选项都可以选定为开或关。不过，在桌面软件或桌面 Web 应用上，这种控件的操作相对有些笨拙。

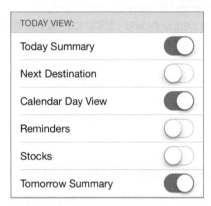

图 21-9 开关控件在移动应用中十分常见（例如本图显示的 iOS 应用），特别是在设置界面中，它包含了可以打开和关闭的属性和选项。

组合图标按钮

在下拉列表中，如果我们用单选图标按钮取代图标按钮，此时的界面和"组合框"（参见本章后面的"组合框"一节）相似，我们称之为组合图标按钮（Combo Icon Button）（如图 21-10 所示）。通常，它是一个右侧有向下小箭头的单一锁定图标按钮，如果你按住箭头，就会下拉出一个菜单，包含数个单选图标按钮，使用者可以从中选择所需要的。选定的图标按钮就出现在工具栏的箭头旁边，如果单击图标按钮，就会切换图标按钮状态。像菜单一样，我们可以单击箭头并保持在箭头上，下拉，然后移动到所需的图标按钮上再释放，这样触发了这个图标按钮。

有一种组合图标按钮的变体，它在组合图标按钮右下角有一个向下或者向右的小三角，来取代单独的向下的箭头（这可以在微软的工具栏中看到）。Adobe 在它的工具栏控件中，使用了这种变体；同样，在此变体上，我们单击并且按住图标按钮，便可弹出菜单（如图 21-11 所示，在 Adobe 工具栏中，菜单向右而不是向下展开）。作为设计师的你，也可以稍微调整这种习惯用法。具有创造力的软件设计师总是不断探索，将更多的功能填满总是太小的屏幕。

图 21-10　微软 Office 中的组合图标按钮，其行为类似于组合框。

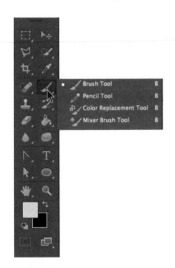

图 21-11　左图是 Adobe Photoshop 中的组合图标按钮，右图是 Mozilla Firefox 浏览器中的组合图标按钮的变体。在 Photoshop 中，组合图标按钮被用来切换不同模态的工具，是用来配置用户界面的。在 Firefox 中，它们被用来调取访问过的网页，执行一个动作。

微软在 Word 中使用了另一种变体。这里指定突出显示颜色和文本颜色的图标按钮看起来更像小调色板，而不是图标按钮堆积的组合图标按钮菜单。从图 21-11 中可以看到，这些菜单可以将很多效能和信息堆积为紧凑的控件。这种用法肯定是针对那些频繁使用的用户，尤其是为经常使用鼠标的用户而设计的，而不是为新手用户设计的。然而，对于那些基本熟悉已有工具的用户来说，这种习惯用法通常在自己发现或有人示范以后，会马上变得很清晰。对于用户需要长时间交互的独占姿态应用来说，这是一个极好的常用控件。尽管单击菜单上较小的图标，要求灵巧的手臂和手指的运动，但与调用工具栏和下拉菜单、选择某项、等待对话框出现、选择对话框上的颜色、单击"OK"按钮等一系列的动作相比，这种组合图标按钮的交互方式的操作速度更快。

微软在引入了彩条（Ribbon）控件后，开始逐步放弃传统的组合图标按钮，转向使用另一种新型的变体：在标注的菜单中附加一个图标按钮，单击此图标按钮会触发命令，单击图标按钮右侧或下端的箭头，则会调出一个包含了不常用命令的传统菜单（图21-12）。

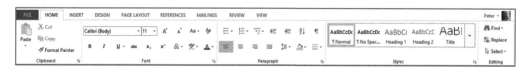

图21-12　微软 Office 中的彩条控件里，包含了一种新型的组合按钮图标。单击该图标会运行命令，单击图标上的箭头会打开一个包含了不常用命令的传统菜单。

列表控件

使用列表控件（List Control），用户可在一组有限的文本字符串中进行选择，每个文本字符串代表一个命令、对象或属性。在有些平台上，该控件及其变体会被称为列表框（List Box）或列表视图（Listview）。和单选按钮一样，列表控件排除了做出错误选择的可能性，简化了交互过程，非常了不起。

列表控件是一个很小的文本区，右侧有一个垂直滚动条（参见图21-13）。框中用离散的文本行将对象呈现出来，用户可通过滚动条上下移动。用户每单击一次选择一行文本。有一种列表控件的变体，允许多选，用户单击鼠标，同时按住 Shift 键或 Ctrl 键，可选多个项目。

在前面讨论过，下拉菜单也可以看成列表控件的一个变体。这种控件无处不在，其初始状态展示了上次被选中的条目，直到该条目被点击或轻触，其他的选项才出现（参见图21-13右图）。

苹果 iOS 系统中引入了一种基于手势的列表控件变体，有些人将它称为"滚桶控件"。该控件好像一个圆柱体，文本列表被印在了圆柱体的表面上。操作时，我们滑动旋转它，直至需要选择的那个条目出现在控件的中央。这个可以滚动的控件很有意思，但最有意思的部分是它有时可以包含几个独立选择的圆柱，使得它特别适合用来选择日期时间等内容。它设计精巧，同时运用了几种操控手段，如图21-14所示。

图 21-13　左图是 Windows 上的列表控件。右图展示的是 Windows 下拉菜单的打开和关闭状态。

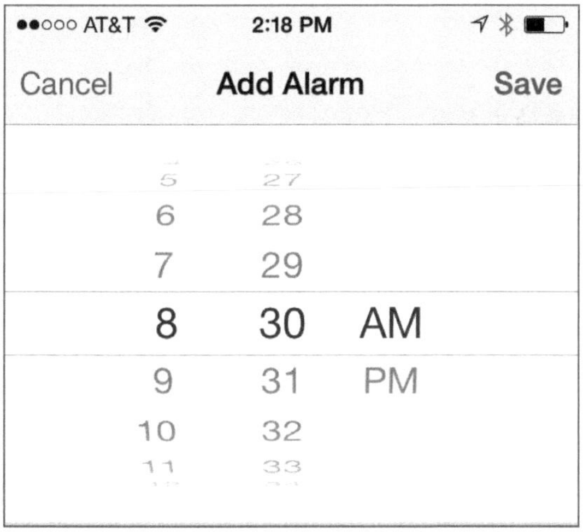

图 21-14　iOS 提供了一种基于手势的"滚桶控件"，它是列表视图的一个变体，里面可以放置多个独立的转动圆柱。它实际上同时运用了几种操控手段。

　　早期的列表控件只能处理文本，这种决策至今仍影响着它们的行为。列表控件包含一行接一行没有变化的文本，视觉上就像干燥的沙漠。然而，微软从 Windows 95 开始，会在列表视图控件中的每行文本前点缀一个图标（无须定制编码的）。这很有用——因为在很多情况下，用户会从紧挨着重要文本项目的视觉图标中受益（参见图 21-15）。另一种更新的变体，在下拉列表或者其他的列表控件中，列出条目的同时也列出了预览视图。这种变体通常被用在列表控件具有选择控件和命令控件双重身份的场合下，比如在微软 Word 选择样式的列表控件中。

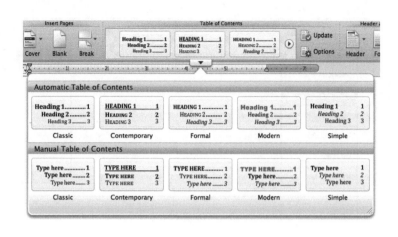

图 21-15　左边是 Windows XP 里的一个列表控件，用户可清楚地把他们要找的应用辨识出来。右边是 Office 2007 里的样式下拉列表控件。这里，给用户展现了每个条目的效果预览。

设计原则

用图标来区分列表中重要的文本项。

列表视图，名副其实，对显示列表项有好处，允许用户选择一个或多个项。它也给可拖动的条目提供了来源（不过，这显然不是下拉的变体），这是很好的习惯用法。如果列表视图中的条目是可以拖动的，那么它就为用户提供了一个可以将条目按特殊顺序排列的好工具（见本章后面的"列表排序"）。

做记号

总的说来，用户选择列表控件中的某个条目，实际上是将它作为某个功能的输入。比如说从字体列表中选择喜欢的那个字体。我们用突出的颜色显示该选中的条目，这是最传统的 "被选中"的标示方法。

但偶尔列表控件也用来选择多个项，这样问题就复杂了。列表控件中的选择交互，非常适合单一选择，但对于多重选择，就相对不太适合了。一般来说，如果同时可以看见当前的整个区域，选择多个离散对象是可以的，就像桌面上的图标一样。如果同时选定了两个或者两个以上的图标，你可以清楚地看到，因为所有的图标同时都是可见的。

但如果可用的离散项目集合太大，不适合在单个视图显示，而且其中的一些项目必须滚动才能看见时，选择习惯用法立刻就不适用了。这是列表控件问题中常见的情况。标准的选择模态是相互排斥的，因此当你选择一个事物时，先前选定的事物就会取消。在多重选择时，对于

494

用户来说非常容易发生这样的情况：用户选择了一项，滚动，然后看不见了，再选择第二个项，因为不能再看到前面的项目，用户忘了现在已经取消了对第一个项目的选定。

另一个替代方法也不好：在选择算法中通过编程禁止标准列表控件的相互排斥行为，允许用户愿意选多少项就单击多少项，并保证它们不会取消选定。 现在似乎万无一失了（差不多）：用户一个接一个地选择，每个都保持选中状态。美中不足的是，没有与标准选择相区分的视觉暗示。用户很有可能选择了某项，滚动屏幕到其他位置，发现一个更满意的项并选择它，他希望第一个项——这个时候看不见——能够通过标准的相互排斥而自动取消选定。作为设计师的你，需要决定是冒犯前半部分用户，还是冒犯后半部分用户？

当对象滚动出屏幕，多重选择需要更好更独特的习惯用法。正确做法是采用不同于简单选择的习惯用法，视觉上截然不同，但它究竟是怎样的呢？

碰巧，我们已经有另外一个标准的习惯用法来指示某些事物的选择——复选框。复选框清楚地表达了它们的目的和设置。和所有好的习惯用法一样，掌握起来极其容易。复选框也清晰地区分于任何相互排斥的提示。如果我们为列表控件的每个项添加一个复选框，用户不仅清楚地看见哪些项已经被选择，哪些项没有被选择，而且可以清晰地看见项目之间没有相互排斥，这样就一举两得了。这种采用了复选框的多项选择的方法称为做记号（Earmarking），图 21-16 就是一个例子。

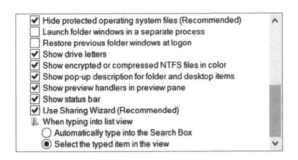

图 21-16　选择通常是一种相互排斥的操作。当为了提供多重选择而需要抛弃互斥的时候，一旦有些条目会被滚出屏幕外，事情就会变得更加复杂起来。做记号解决了这个问题。在每个文本条目的旁边放一个复选框，通过它进行选择，并标记出使用者的选择。复选框是一种明显的非互斥习惯用法，也是大家都非常熟悉的 GUI 习惯用法。使用者马上就会理解并掌握这种习惯用法。

从列表中拖放

在直接操作习惯用法中，列表控件可以当作工具板来使用。例如，如果列表是某个撰写报告软件的一部分，你可以单击某个条目，将它拖动到报告上，增加一个代表该字段的栏。在通常意义上，这不是选择，因为它完全是一种捕获（Captive）操作。毫无疑问，如果使用支持拖放的列表控件，许多应用将从中获益。

这种可拖动的项目能帮助用户以他们期望的方式把条目收集成一个集合。有两个相邻列表控件：一个显示可用项，另一个显示已选项，这是一种常见的图形用户界面习惯用法。在它们之间有一个按钮，有时是双向的一对按钮，允许选择项目并且从一个框转移到另一个框（图 21-17）。如果这种习惯用法可以在左右两个框之间直接拖放条目，而不需要选择和功能调用的中间步骤，那会更加令人满意。

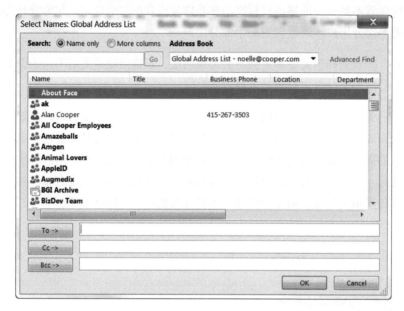

图 21-17　这个对话框来自 Microsoft Outlook Express。用户可从上面的列表中把一个联系人拖动到 To、Cc 和 Bcc 列表中。带有箭头的按钮，并没有将功能展示得很清晰。这是因为联系人复制的目的地位于联系人源头地的下方，而不是箭头所示的相邻位置。此外，请注意，所有的列表域遗憾地使用了水平滚动条，还好拉动对话框的左下角可以扩展它的大小。

列表排序

有时，用户希望将列表控件中的某个项目从一个位置换到另一个位置。实际上，用户希望做到的事情很多，远远超过多数交互设计师的想象。

许多应用为重要的列表提供了自动排序的工具。例如，Windows 中的资源管理器允许按文件名、文件类型、修改日期和文件大小进行排序。这样很好，但是如果能够按照对用户的重要性排序，不是更好吗？从算法方面来说，应用可以按照用户的使用频率进行排序，但那并不总是对的。把最近使用的文件这个因素考虑进去，结果会更接近一些，但仍然不会完全正确（微软在一些应用中用这种方式处理字体的选择，就这个目的而言，它做得不错）。

除了整个目录的排序，为什么用户不能进行部分内容的排序呢？比如，将他们认为最重要的文件置顶，或者单独对一部分内容进行排序（按字母顺序或者其他任何顺序）？例如，你可能希望对你所在部门的人员按照座位号降序排列。没有这样的自动功能，你不得不一直拖动，直到正确为止。现在，这是一种定制类型，经验丰富的用户花了几个小时熟悉应用之后希望能这么做。精细排序需要花很多时间，而且应用必须记住每个会话（Session）的确切设置——否则，重新排序的工作就可能白费。

在列表控件中，将条目从一个位置拖动到另一位置的功能很重要，但它要求实现自动滚屏（参见第 18 章）。如果在列表中选择了某个条目，但你需要放置的位置处于当前视图之外，那么你必须能够在不放下拖动对象的情况下滚动视图列表。

列表中的水平滚动

列表控件通常有一个垂直滚动条，用来向上或向下移动列表。它也可以设置水平滚动条。这个特征允许开发人员轻松地把超长文件放进列表控件中，但它给用户带来了巨大的痛苦。

只有在大型表格中，我们才可以水平滚动文本，例如一些表单软件，因这些软件能锁定首行和首列，为每列提供文本。当水平滚动文本列表时，文本显示的每一行前几个字都会看不见，这样使得没有一行文本具有可读性，文本的连续性被彻底破坏了。

设计原则

绝不要水平滚动文本。

如果发现在某种情况似乎需要水平滚动文本，那么赶快寻找替代解决方案。首先要问你自己，列表中的文本为什么会这样长。能减少字数吗？是否可以将文本换至下一行来减少水平长度吗？用户能否为过长的文字选择别名吗？可否用图形条目替代？是否可以采用工具提示呢？还应该问自己是否有方法扩宽控件？是否可以重新安排窗口或对话框里的事物，在水平方向扩展一些？

除了扩宽控件，还有两个解决办法。办法一，将文本换行，对它缩排，使其在视觉上与其他条目不同；办法二，列表中截断该文本，在工具提示（Tool Tip）中显示完整文本。办法一意味着我们要增加列表的高度，而且每个条目的高度可能是不同的。办法二，如果不同文本条目的头几个字是一样的就有问题了。但这两个办法都比水平滚动要好。

记住，我们讨论的只是文本。对于图形，一般而言水平滚动条或者水平滚动窗口无所谓。但是，带有水平滚动条的文本列表，就像提供一台需要脚踏发电的计算机一样，这简直太愚蠢了。

在列表中输入数据

现代的列表和树形控件（本章稍后会讨论）都提供了现场编辑（Edit-in-place）工具。Windows Explorer 使用了这两种控件。你可以通过重新命名文件和目录来了解它们的编辑方式。要在 Mac OS 或 Windows 系统中重新命名一个文件，可以在希望更改的名字上单击两次——但不要太快（以免错误地解释为双击打开当前对象）。然后你可以随心所欲地输入文件名。（在 Windows XP 中有一点小变化，在一些视图中你必须右击菜单，选择重命名才能进入重新命名模态——这是进步吗？）其他环境中可编辑的项目在列表控件中显示时，也应该能编辑。

现场编辑在某些情况下可能会变得有点复杂，例如，给列表添加一个新的条目。多数设计师采用其他习惯用法添加项目：单击一个按钮或选择某个菜单项，为列表添加新的空白条目，之后就可以在现场编辑它的名字。还可以通过双击现有条目之间的空白来创建一个新的空白条目，或者说至少在列表的开始或末端有一个永久的开放空间，在上面有一个很容易被发现"单击添加条目"的标签，那将是更明智的。实际上，解决这个问题的方法用的是组合框，将在下面谈到。

下拉列表和弹出列表

下拉列表（Drop-down List），有时被称为"弹出列表"（Pop-up List），可以取代一系列的单选按钮。这会让交互更加紧凑，用户以更紧凑的方式来从列表中单选一个条目。单选完毕后，弹出列表便自动收起。通常来说，弹出列表，与菜单栏是不同的，前者专注在对条目做出选择，而后者专注于执行命令。不过，这两者有时会立即改变信息的显示状态，例如，当它们被用作实时搜索筛选器的时候，或者被用于浏览网页时。

组合框

组合框（Combo Box），正如名字所示，它是一个列表框和编辑字段的组合（如图21-18所示）。它提供了一个确定的方法在列表控件中输入数据。和一般的列表框一样，组合框也有一个下拉列表，非常节省屏幕空间。

组合框控件很鲜明地区分了文本输入部分与列表选择部分，减少了用户的困惑。对于单一选择，组合框是非常好的控件。编辑字段可用来输入新的项，它也显示列表中的当前选择。当前选择在编辑字段中显示时，用户可对它进行现场编辑。

因为组合框的编辑字段显示当前选择，所以组合框本质上是单选控件，不进行多重选择，单选隐含了互斥，这也是组合框为什么这么快就取代了由互斥选项组成的单选按钮的原因之一。而且，组合框的空间效率，以及动态增加项目的能力，是单选按钮不具备的。

498

图 21-18　Word 字体选择的下拉组合框，使用者可以在下拉列表中选择所需的字体，或者在文本字段中直接输入所需字体的名字。

当使用组合框的下拉变体时，控件显示当前的选择，而不是显示选项列表，以节省空间。本质上它已经成为一种按需列表（List-on-demand），更像按需提供立即命令列表的菜单，组合框是弹出列表控件。

组合框的屏幕利用效率很高，使得如此复杂的控件可以做一些不平常的事情：它能合理地永久停留在应用主屏幕上，它甚至也能放在工具栏上。它是非常有效的控件，适合部署在独占姿态的应用中。在工具栏上使用组合框比在菜单上放置相同功能更有效，因为组合框显示当前选择，不需要用户任何动作，如下拉菜单去了解当前状态。

如果在列表中可以实现拖放，那么在组合框中也可以实现。例如，能够打开一个组合框，滚动到一个选项，然后拖动选项到一个正在创建的文档中，这是非常强大的习惯用法（鼠标经过时显示拖柄可提供受范性）。拖放功能应该是组合框的标准功能。

树形控件

树形控件（有时也成为"树形视图"）是表达层次关系数据的列表视图。它展现得如同"树"的分支，每个条目一个图标。条目可以展开或者折叠。开发人员比较喜欢这种控件，因为它和开发人员想象中的数据和功能模型相匹配，而且它也很容易开发。它也常用于文件系统导航，并且在表示继承关系的层次信息时，效果非常好。

遗憾的是，层次树也是工具箱里最容易被错误使用的控件之一。它有时可能给用户带来很大的麻烦，因为很多人按照层次数据结构来思考问题时，都会感到十分困难。有无数次，我们见过开发人员把非层次数据强行放在了树形控件中，并且他们还想当然地认为这样做会很"直观"。有的时候，可能树形控件在开发人员眼中的确很直观（其他人可能也会慢慢习惯），但这里最大的问题是，树形关系作为一种严格的层次关系，它妨碍了使用者去思考和利用对象间的其他更有意义的关系，同时它也没能尊重真实世界中事物的复杂关系。

只有在具备非常自然的层次结构的时候，我们才可以使用树形视图（无论它多么吸引你），这样才有意义。开发人员一时兴起，武断地采用树形视图表现随意的对象，这在可用性方面会造成很大的麻烦。

输入控件

输入控件（Entry Control）允许用户在应用中输入新的信息，或者设置一个值。

最基本的输入控件是文本编辑字段。和选择控件一样，输入控件向应用表达名词。由于组合框中包含一个编辑字段，一些组合框的变体也能作为输入控件。任何允许用户输入数字的控件也是输入控件，如微调器（Spinner）、标尺（Gauges）、滑块（Slider）和旋钮（Knob）等都属于此类。

有界输入控件和无界输入控件

任何能限制用户输入值大小的控件都是有界输入控件（Bounded Entry Control）。例如，一个滑块被设置成从 1 到 100，它就是有界的。使用有界控件时，无论用户行为怎样，指定范围之外的数字是不能输入的。有界输入控件可避免用户输入无效的值。

相反，一个文本字段可以接受用户键入的任何数据，包括文字与数字。这便是无界输入控件（Unbounded Entry Control）的例子。在使用无界输入控件时，用户很容易会输入无效值。当然，应用在后台可以剔除它，但用户仍可以输入。

简单地说，有界控件应该用在任何需要有数值界限的地方。如果应用只需要 7 到 35 之间的数值，而给用户提供一个可以接受从-1000000 到+1000000 间任何数值的控件，对用户没有什么好处。人们更希望这个控件是有边界的，其上限为 35 而下限为 7（同样，清晰地告知用户这些界限，也是非常有好处的）。用户会聪明地立刻理解和尊重这种限制。

我们指的是输入控件的质量，而不是数据本身，理解这一点非常重要。作为一个有界控件，它需要向用户清晰、最好是可视化地传递可接受数据的边界。用户输入了，但马上被拒绝了，这种控件不是有界控件，而是一种粗鲁的控件。

设计原则

有界输入要使用有界控件。

软件所需的大多数值都是有界的，但许多应用允许数字字段无界输入。当用户无意识地输入一个 17，对于这个无辜的输入，我们"奖赏"一个错误对话框，告诉她"你只能输入 4 到 8 之间的数值。"这是拙劣的用户界面设计。处理这种情况，较好的做法是采用有界控件，将输入自动限制在 4、5、6、7 或 8。如果选项的有界集合由文本组成，而不是数字，则可运用某种类型的有界滑块（有时称为轨道条（Trackbar））、组合框或者列表框。

图 21-19 所示的是微软在屏幕显示设置对话框中使用的一个轨道条。它的工作原理类似滑块或滚动条，不同之处在于它用四个离散位置代表不同的分辨率设置。当然，在这种场合下，微软也可以随意用一个不可编辑的组合框（Non-editable Combobox）来代替这个轨道条。实际上，在很多情况下，这种滑块类的输入更为合理，因为它可以显示有效的输入范围。不过，这里采用了下拉菜单并不是太友好的方式，它将一些选项隐藏起来，而自己也没省多少屏幕空间，并且需要一次单击才会显示轨道条。我们不清楚为什么微软要把滑块放到下拉菜单里。

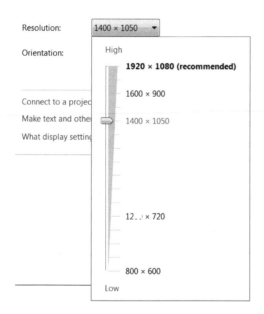

图 21-19　一个只让你输入有效值的有界控件。它不让你输入无效的值，在无效的位置，滑块会拒绝停留。此图显示的是 Windows 的屏幕分辨率设置对话框中的有界滑块控件。滑块（它在下拉菜单里，这让人费解）有四个离散的位置，当你拖动滑块时，它旁边的图例告诉你所允许的分辨率值，以及它所推荐的分辨率。

微调器

微调器（Spinners）是常见的键盘或鼠标数字输入控件。如图 21-20 所示，微调器包含一个小的编辑字段，附有两个半高的按钮。iOS 中，该控件被称为"步进控件"（Stepper），它有一个加号键和一个减号键，手指操作较更容易。

501

图 21-20 微软 Word 页面设置的对话框中使用了大量的微调器。通过单击小箭头按钮，指定的数值就会一小步一小步地增加或者降低。如果用户希望一次做大幅度改变或者输入一个精确的值，就可以使用编辑字段直接输入数字文本。控件的箭头部分有界，但编辑字段则没有。

微调器混淆了有界控件和无界控件之间的区别。使用任一小箭头按钮可以使用户以离散的小步改变编辑窗口中的数值。每一步都是有界的——数值不会超过应用设定的最上限，也不会低于应用设定的最下限。如果用户希望一次做大幅度的改变，或输入一个精确设定，可以单击编辑窗口部分直接输入，就像在任何其他编辑字段中输入文本一样。遗憾的是，这个控件的编辑窗口部分是无界的，可以让用户自由输入，甚至是莫名其妙的垃圾。在图 21-20 所示的页面设置对话框中，如果用户输入一个无效的值，该应用就会粗鲁地弹出一个错误对话框，解释上限和下限（有的时候是这样的），并且还需要用户单击 OK 按钮才能继续。

总体来说，微调器是一个优秀的习惯用法，可以在多数有界输入中取代普通的编辑字段。

刻度盘和滑块

刻度盘（Dial）和滑块（Slider）都是从机械时代直接借用过来的习惯用法，它们分别对应着旋转控制钮和滑动控制杆。刻度盘非常节省空间，这两种方式都可以很好地提供设定的视觉反馈（参见图 21-21）。

图 21-21　Korg 公司出品的 iPolysix 是软件音乐合成器，大量地使用了刻度盘和滑块。这些都是很有效的界面元素，不仅因为音乐人和制作人都很熟悉硬件的合成器，更为重要的是，因为它们给使用者带来更加视觉化的参数设定和易于理解的反馈，这比长长的、令人枯燥的数字列表要好得多。用户用手指在 iPolysix 的刻度盘上做弧形滑动，不用上下或左右滑动，但实际上后者要更容易一些。

如果设计不当，刻度盘将会很难操作。滑块常常是更好的选择，它们看上去就像是可以在一个维度上移动的。由于它们具有紧凑的外形及可视化的特点（而且和机械世界中的滑块是一致的），被大量地用在音频软件中。

有的时候，开发人员强迫使用者用鼠标或手指来描绘圆弧，让鼠标或手指和刻度盘保持一定距离，这样可以让旋转的角度更加细致。实际上，更为恰当操作刻度盘的方式应该是，让用户在两个维度上进行线性输入：点击（或轻拍）并向上或者向右，就会增加刻度盘上的数值；向下或者向左就会减少数值。

刻度盘最适合专业的独占式应用，这样用户可以逐步熟练并适应它。另外，刻度盘相对较小，视觉上看起来比较美观，并且继承了它们机械部件的外形，因此它们在音频软件中比较流行。

尽管滑块和刻度盘主要用于有界输入控件，它们有的时候也被用来（或者被错误地用来）显示正在变化的数据。实际基于此，滚动条是更好的选择，它可以在一个视图中移动数据，轻易地显示出滚动条中数据的数量级，滑块则无法做到这一点。不过，滑块在缩放交互中是最佳的选择，比如调整地图的比例，或者是图片缩略图的大小。而对于直接操作的界面，最好还是交给触屏上的双指张合手势。

拇指轮

拇指轮（Thumb Wheels）是一种刻度盘的变体，不过，它比刻度盘更容易使用。屏幕上的拇指轮看上去就像鼠标上的滚动轮，行为也非常相似。它们普遍用在某些三维应用中，是一种紧凑的无界控件，适合平移和缩放。和滚动条不同，它不需要提供任何比例反馈，因为控件范围是无限的。将这种控件映射为某个方向的无限制移动（如缩放），或者在数据的移动中依赖它自身才能返回，才是有意义的。

其他有界输入控件

目前，有一些实验性的用户界面突破了沿袭传统 GUI 控件和模拟机械部件的套路，建立一些新型的交互方式，带来了更加视觉化和手势化的用法，比如在一个简单的二维框内点击一次定义一个数值（水平和垂直坐标决定着输入的数值），还有较为复杂的直接操作界面（参见图 21-22 中的例子）。这些控件通常都是有界的，运用这些控件需要仔细考虑功能和手势之间的关系。这些控件一般都提供了视觉反馈。当使用者需要同时表达几个变量的时候，这些控件特别有用，使用者也会愿意花费一些时间和精力来学习掌握这样的具有挑战性的控件。

无界输入：文本编辑控件

主要的无界输入控件是文本编辑控件（Text Edit Controls）。这种简单的控件允许用户键入任何文本值，包括文字与数字。编辑字段通常是一小块地方，用户只能输入一两个单词的数据，但有时它们也可以是非常复杂的文本编辑器。使用鼠标或键盘，用户能够使用标准的连续选择工具编辑里面的文本。

文本编辑控件，常用于数据库应用中的数据输入字段（包括连接数据库的网站），作为对话框的选项输入字段，或者用于组合框的输入字段。在这些角色中，它们常用来完成有界输入控件的工作。但是如果所需的值是有限的，就不应该使用文本编辑控件。如果可接受的值是数值，就应该使用滑块等有界输入控件。如果可接受值列表由文本字符串组成，应该使用列表控件，这样用户就不必打字了。

有时可接受值的集合是有限的，但是对于列表控件来说数量太大而不实际。如果一个应用可能需要除了空格、标签和标点符号的 30 个字母的字符串，那么即使文本编辑控件用途有限也可能无法避免地用上。但是如果只有这些限制，文本编辑控件可能会被设计成不接受非字母字符及超过 30 个字符的输入。然而，这样带来了一个涉及验证（Validation）（参见接下来的讨论）的交互问题。

图 21-22　Camel Audio 出品的 Alchemy Pro 应用中，采用了好几种二维的有界输入控件。它们具有很好的视觉反馈，可以在一个控件里调节多个参数，并支持更具表现力的用户界面。这种有界的特性同时也向用户表明了使用情境：这些要输入的值必须在允许的范围内，就消除了用户输入非法数值的可能。没有哪个音乐人会喜欢错误对话框不断跳出干扰他们的工作。

验证控件

尽管无界文本输入字段可接受任何形式的输入，但仍有必要为使用者构建一个"有效的"输入。一般通过在使用者输入完数据后，再加以验证来实现，如果数据无效则弹出错误消息。不过，这显然有可能会惹恼使用者，最终会降低他们的工作效率。虽然采用有界输入，可以避免无效数据的输入，但如果有效输入数字很大，例如信用卡号，验证也是很必要的。

验证控件（Validation Control）是内嵌验证和反馈功能的无界文本输入控件。这些验证控件可以验证很多种格式的数据，例如日期、电话号码、邮政编码、社会保险号等。

虽然验证控件应用非常广泛，但仍有很多待改进的地方。验证控件的成功与否，关键在于它是否给用户提供充分的反馈，是否尽可能地实时发现并处理错误，是否了解输入为什么是错误的，并主动修复错误。

前面（第 17 章）提到过一个设计原则，要在视觉上区别行为不同的元素。所以，我们设计验证控件时，也要考虑这一点，将验证控件在视觉上与非验证控件区分开来。无论是文本编辑字段使用的字体，不同的边界颜色，甚至是字段本身不同的背景颜色，都要有区分。

请注意，密码或其他的安全输入的控件，不能完全遵循可用性的设计原则（尤其对黑客或垃圾信息发送者不可用才对）。这类输入控件有它们自己特有的设计考虑。

主动验证和被动验证

一些控件在用户输入过程中控件主动拒绝按键，这就是主动验证（Active Validation）的例子。例如，一个纯文本输入控件可能只接受字母字符，而拒绝数字输入。有些控件除了 0 到 9 几个数字拒绝任何其他形式的输入。还有些控件实时地拒绝空格键、标志符、破折号和其他标点符号。有的基于实时计算拒绝某些数字，除非它们通过了校验和这一算法。

当一个主动验证控件拒绝键入时，它必须告知用户，而且还应该提醒用户拒绝的原因。如果提供了解释，用户不会认为拒绝是任意的（也不会认为是键盘出了问题），这样也有助于用户提供应用程序所需的信息。

有时，可能直到用户完成输入才能确认数据的范围，而不是在每次键入数据的时候。只有当控件失去输入焦点时，验证步骤才能发生，也就是说，当用户已经处理完一个字段而移到下一个字段时。如果用户关闭了对话框，或者控件不在对话框中时，调用了另一功能（例如在网页中单击"提交"按钮）的情况下，验证步骤也必须发生。如果控件只有等到用户完成数据输入才验证，这就是被动验证（Passive Validation）。

例如，控件可以一直等待直到地址输入完毕，再向数据库询问输入的地址是否有效。每个单词本身是有效的，但总体验证可能通不过。另外，尽管在某个特定时刻，应用知道地址是否有效，但在输入无效的情况下，用户仍然会继续输入其他条目，过会再返回。

处理这种情况的方法是在输入的同时使用递减计时器（Countdown Timer），每次击键重新计时。如果递减计时器数值变为 0，就开始验证。计时器可以设置为约每半秒一周期。这样的设置结果是只要用户击键速度快于半秒，系统会响应很快。如果用户暂停超过半秒，应用程序理所当然地认为用户已经停止思考，于是继续完成对当前输入的分析。

为了提供丰富的视觉反馈，可以改变输入字段的颜色，来反映对输入数据有效性的判断。输入字段可以显示桃红色的阴影，直到应用程序判断数据有效，再变成白色或绿色。

暗示

针对验证控件的问题，另一个好的解决方法是暗示（Hints）。这种小小的弹出文本的外观和行为与工具提示相似，它的功能是解释验证控件可接受数据的范围。另外，工具提示只有光标在控件上停留了一会才出现，而暗示框只要控件检测出无效字符就会出现（但像工具提示一样，如果光标在输入字段停留超过一秒以上，它也可以在单侧显示）。如果用户向纯数字字段输入一个非数字字符，应用会在犯规输入的位置附近显示一个暗示框，但不会遮盖或者模糊掉所输入的数据。比如说，它暗示的文本为"邮政编码只允许为数字，即 0～9"。的确，用户输入被拒绝了，但得到了应有尊重。暗示对被动验证也很有效，如图 21-23 所示。

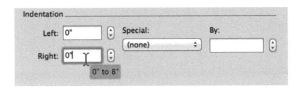

图 21-23　工具提示习惯用法如此有效，以致它可以被轻易地扩展到其他用途。我们一般用黄色来标示工具提示的悬浮标签，而用桃红色暗示无界编辑字段。这些暗示令我们不必再使用错误对话框。在本例中，如果用户的输入低于允许值，应用会用允许的最小值代替输入值，并非模态显示，以暗示解释替换的原因。用户可以输入一个新的值或者接受最小值，而无须被错误对话框打断。

处理出界数据

通常，编辑字段用于输入应用所需的数值，如字号磅数。用户可以随心所欲地输入 5.5 到 500 之间的任意数，输入字段将接受输入，并且将该值返回所属应用程序。如果用户输入错误，控件必须做出某种决定。例如，在微软 Word 中输入"asdf"作为字号磅数，应用会发起一个错误对话框通知你：这是一个无效数值。然后又恢复到先前的字号磅数。错误对话框相当愚蠢，但拒绝无意义的输入是应该的。但是如果你键入的是一个有效值，9 的英文，又会怎么样呢？应用也会用同样简略的错误对话框拒绝它。如果相反，将控件编程实现为数字输入控件，可能会好一些。如果应用能将 9 的英文（Nine）转换为 9，这当然不会困扰用户（特别是在弹出了暗示的情况下），但它说 9 的英文不是有效值，当然是没有道理的。

单位和度量

如果文本编辑控件能够识别恰当的单位，那就太好了。例如，如果应用需要输入尺寸，用户输入"5"或"5in"或"5inches"，控件不仅报告结果为 5，还能报告单位是英寸。如果输入"5mm"，控件应该报告 5 毫米。SketchUp 是 Windows 和 Mac 平台上一流的建筑绘图应用，它支持这种类型的反馈。类似地，如果财务分析软件设计得很好，那么它应该把"5m"识别成"五百万"。

比如说这个字段需要一个栏宽（Column Width）。用户可以输入数字，也可以同时输入数字和某个度量单位。用户也可以允许输入默认（Default）这个单词，应用程序将设置默认的栏宽。用户也可以输入"最适合"（"Best Fit"）这一词组，应用会度量栏中的所有条目，根据环境选择最适合的栏宽。但这样做也存在一个问题，因为默认和最适合这些单词存在于用户的头脑中，而不是在应用中。但这很容易解决，我们要做的就是通过组合框提供相同的功能。用户可以通过下拉框找到标准宽度与单词（默认和最适合）。微软在 Word 中使用了这种方法，如图 21-24 所示。

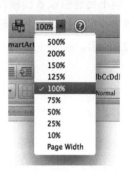

图 21-24　下拉组合框为有界输入字段提供了极好的工具。因为它包含输入值而不是数字。用户无须记住或输入例如页面宽度和整个页面这样的单词，在下拉列表中就可以选择它们。应用程序将这些单词解释为合适的数字，这样用起来才不会觉得别扭。

用户可以下拉组合框，看到如页面宽度和整个页面这样的项目，选择一个恰当的项。使用这种习惯用法，用户头脑中的信息，以可见和可选的方式，被输入应用程序中。

不要使用文本编辑控件输出

文本编辑控件，有着大家熟知的系统字体和视觉上清晰可见的空白框，给人以允许输入数据的强烈印象。但是，有些软件开发人员常将文本编辑控件用作输出只读字段（Read-only Output）。编辑控件当然可以作为输出字段，但把这种控件用于输出，有点戏弄用户的意思，用户不会高兴。输出文本数据，使用文本显示控件（Text Display Control），而不要使用文本编辑控件。例如，如果你想显示磁盘剩余空间，不要使用文本编辑字段，因为用户可能会因此联想到如果输入一个更大的数值就可以获得更多剩余空间。至少这是控件的肢体语言告诉他的。

如果你继续用完全可编辑的文本控件输出可编辑信息，那么请在内部完善它，使它表里如一地工作，否则就坚持用下一节描述的显示控件。

　设计原则

仅供输出的文本用非编辑控件（显示控件）显示。

显示控件

显示控件（Display Control）用于显示和管理屏幕上信息的视觉展现。典型的例子包括滚动条（Scrollbar）和屏幕分割线（Screen Splitters）。管理对象在屏幕上的视觉展现的控件和静态显示只读信息的控件都属于这一类，包括页面计数器（Paginator）、标尺（Ruler）、导向图（Guidelines）、网格（Grid）、分组框控制项（Group Box），以及那些凹进和凸起的三维线条。在本节中，与其详尽讨论所有这些控件，不如重点讨论几个问题较多的控件。

文本控件

最简单的显示控件可能是文本控件（Text Control），它在屏幕的某个位置显示固定信息。它的工作非常普通，只用来做其他控件的标签或者输出一些不能或不应该由用户改变的数据。

文本控件存在的唯一问题，是它们经常被用在了应该使用编辑控件的场合（或者相反）。多数存储在计算机中的信息都可以由用户更改。为什么不允许用户更改它呢？输入值与输出值的机制为什么不同？在许多情况下，应用程序区分这两种机制是没有意义的。在几乎所有的情况下，应用显示的值可以改变，它应该位于可编辑字段中，用户单击后可以直接更改它。特殊的编辑模态几乎都是附加工作。

曾经有相当长的一段时间，Adobe Photoshop 在图像中创建格式化文本时，必须要打开一个对话框，结果用户无法看到文本在图像中确切的模样，于是为了得到正确的图像，用户不得不一次又一次地重复这个过程。好在 Adobe 最终发现并解决了这个问题，让用户以所见即所得的方式，直接在图像层编辑格式化文本，它本该如此。

滚动条

滚动条在现代 GUI 中扮演着重要的角色，满足了很多关键的需求，在较小的矩形框内（比如窗口和窗格）显示大量的数据。然而，很遗憾，它基本上也是很令人沮丧的——不仅难操作，而且浪费像素。毫无疑问，滚动条的运用既缺乏检查，又过度了。作为显示控件，它适合用于窗口内容和文本的导航器。

滚动条公认的优点是易于操作，而且能够清晰地显示在窗口中的当前位置。滚动条上的滑块（Thumb）是个可拖动的小框，指示着当前位置而且通常显示出可滚动区域的比例。

很多滚动条都很吝啬，给用户传递的信息太少。有一种迄今为止设计得最好的滚动条，用可变大小滑块来动态显示当前可见区域占整个文档的百分比。

滚动条适用于几乎所有类型的内容。其中，用于文本页面的滚动条可以为我们显示出如下内容：

- 总共有多少页。
- 当我们滚动时，显示页数（或者记录数、图形数）。

● 当我们滚动时，要显示每一个页面的缩略图。

另外，滚动条的功能太少，为了更好地管理文档中的导航，它应该为我们提供功能强大的工具，让我们快速而容易地去我们想去的地方，比如：

● 根据页数/章/节/关键词为我们提供向前跳读的按钮；

● 为我们提供跳到文档开始和末尾的按钮；

● 给我们设置可以快速返回的书签工具；

● 带有注释的滚动条，可以在滚动条的背景上显示出被搜索词语的位置（滑块此时要变成半透明的才行）。

微软最近版本的 Word 中的滚动条才逐步开始使用这些功能中的一大部分。

除了缺乏与使用情境有关的信息这个问题，在 WIMP 操作系统中，滚动条有一个最大的问题——它要求用户高度精确地操作鼠标。你必须非常小心地定位光标，这将会分散你在滚动的数据上的注意力。一些滚动条在两端都同时设置上下箭头；这样对于可能超出大部分屏幕的文本视图是有帮助的；但对于小一些的窗口，这种重复可能有损害，徒然增加了屏幕的混乱度（关于这种习惯用法的更多讨论，请参见第 18 章）。

无处不在的滚动条很不幸地被误用了。最显著的缺点在于它无法用于在时间轴上的导航。无论是科学还是迷信，我们都认为时间是没有真正意义上的开始和结束的（至少在人类的感知上是这样的）。那么，拖动日历中的滚动条又有何意义呢（参见图 21-25）？

现在，在移动平台，甚至在一些桌面应用中，滚动条都在需要滚动的时候才出现，这对于移动平台尤其有意义。用户通常并不需要滚动，但通过手势进行滚动操作可以了解当前屏幕在文档中所处的位置。

笔记本或台式机上，用户可以通过鼠标的滚轮（或苹果的电容触控鼠标）或触控板等可使滚动条隐藏起来（如 OS X）。但滚动条的主要意义在于指示出当前内容的位置，并不在于滚动本身。然而，滚动条被隐藏起来，会带来了一些可用性方面的问题，要加以处理：

● 用户可能看不出窗格是可以滚动的。此时，我们可以用较为强烈的视觉暗示，来解决这个问题，例如窗格边缘的东西半透明显示。

● 滚动的精确控制更困难。如果滚动条不用时被隐藏起来，则想要一下子找到它的位置也是有难度的，因为这个动作已经牵扯到了精确控制。所以，应用程序需要进行精确控制时，最好还是不要将滚动条隐藏起来。

● 屏幕较大时，我们完全可以将滚动条隐藏起来。用户可以移动鼠标靠近它，或滚动鼠标滚轮去激活它。

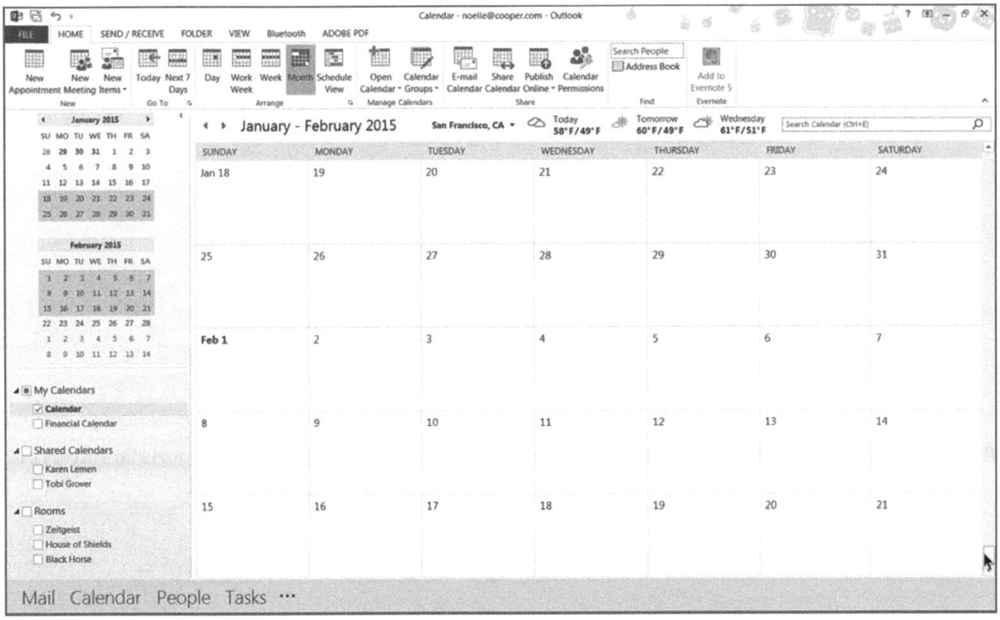

图 21-25　这个图中显示的是滚动条的局限性，它不适合为无限的时间轴进行导航。图中 Outlook 中的日历，使用者拖动滚动条可以一直到达未来中的任何一年。这未免有些独断和局限。

滚动条有一些变体。其中最好的一种是文档导航器（Document Navigator），它用一个小缩略图来表示整个文档空间，提供文档中某个部分的视图（参见图 21-26）。很多图形编辑软件（比如 Photoshop）都采用了这种方式在文档内部缩放导航。这对于和时间有关的文档非常有用，比如视频和音频文档。这种习惯用法的成功与否，在于是否能用视觉的方式有意义地展现文档的概貌，这很关键。由于这个原因，这种用法并不适合于较大的文本文档。如果是较大的文本文档，则可以采用提纲等结构式的表达方法来代替滚动条。微软 Word 软件中的"文档结构图"功能就是这样的一个例子（尽管它的初衷很好，但是实用性有限，它仅仅提供了一级和二级标题的视图）。

分割线

分割线（Splitter）是将独占应用分为多个相关窗格的有用工具，每个窗格中的信息都可以浏览、操作或者变换。可移动的分割线应该借助光标暗示显示它的受范性。尽管将所有分割线都设置为可移动的会很容易而且又吸引人，但你应该仔细琢磨哪些是能设置成可移动的。一般来说，无论分割线如何移动，都不能导致窗格中的内容不可用。在窗格需要折叠的情况下，抽屉可能是更好的习惯用法。

511

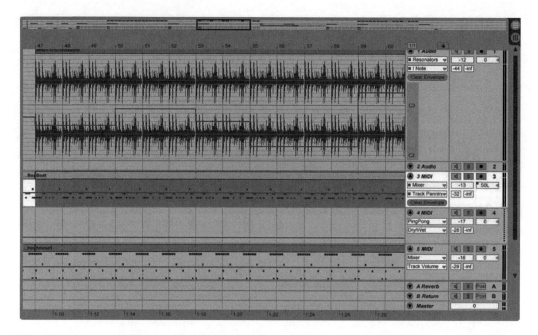

图 21-26　Ableton Live 软件中有一个文档导航器的功能，在屏幕的上方，可以提供整首歌曲的视图。黑色长方形表示现在正处于编辑中的那段歌曲，在工作区中被放大了。该导航器不仅为可能产生混乱的情况提供了清晰的情境信息，同时用户也可以拖动它来提供直接的导航操作，移动到歌曲的任何一段上。

抽屉和拉动杆

抽屉（Drawer）是在独占式应用中可以用一次动作打开或者关闭的窗格。配合分割线，用户可以打开多个抽屉，抽屉的数量可由用户配置。抽屉常常通过单击抽屉临近的控件打开，该控件通常是锁定按钮、图标按钮或者拉动杆（Lever），它们具有类似的行为，一般可以通过旋转来指示打开或关闭两种状态。该控件必须始终可见。

抽屉用于存放不常用的控件和功能，但当它们投入使用后，就会和应用的主要工作区联合起来。抽屉有一个好处，它不像对话框那样会遮住主要工作区。属性细节、可搜索的对象列表或组件和历史都非常适合放入抽屉。

移动设备上，大量运用了带有拉动杆的抽屉，用户水平滑动就可打开和关闭它们。一级导航窗格可以被塞进抽屉中，这是一种很成功的习惯用法。此外，抽屉中还可以放置各种各样的功能页面（例如 Facebook 曾一度大量使用"汉堡包"图标和抽屉，但后来又放弃了这两种用法）、内容页面（例如手机邮件应用上常用的内容排序列表），或对抽屉中条目内容进行交互的页面（例如 iOS 上 Facebook 应用中的右侧的聊天抽屉）。

对话框

对话框（Dialog）是叠加在应用主窗口上的弹出式的窗口。对话框以对话的方式让使用者参与进来，在对话中它给出消息或要求输入。当使用者完成消息的阅读或者做出选择后，可以取消或者接受该对话框。之后，这个对话框便消失了，把应用程序的主窗口交还给使用者。

设计原则

把主要的交互操作放在主窗口内。

非模态的工具栏或彩条控件成为当今的界面主流，而包含大量模态对话框的界面变成了非主流，后者当然是很糟糕的，正如用户被迫进了对话框迷宫，这种界面很难产生"流动的交互"。如果用户是厨师，应用程序是厨房，那么对话框就是食品存储室。食品储藏室在这种场合下，肯定是配角。这个道理同样适用于对话框。对话框也是配角，虽然也推动着故事情节的发展，但不能担当主角，不是故事情节的主线。应用的主要操作和控制不应该存在于对话框中，而应当放置在主窗口或主界面上。

合理运用对话框

有时候，我们需要把使用者从工作流中强制带出来，让他们集中注意力关注在某个特殊的问题上。这个时候，对话框是最适合放置常规事务流程之外的功能或特性的地方：任何可能会让人困惑的、置人于危险之地的或者很少使用的功能，放在对话框里可能都会比较合理。这一点，对那些可能对应用状态产生立即改变或重大改变的行为，尤其适用。这些改变对用户的干扰和冲击很大，应该将它们与不熟悉它们的用户隔离。比如，对文档做大量的格式修改，应该被认为是一种可能产生混乱的行为，这个时候，对话框可以有助于防止这个功能被意外调用，在对话框中可以放一个大的、友好的"取消"按钮，并留出一定的空间放上积极的说明性信息，告诉使用者这个控件的风险。该对话框还可以用图形化的方式，告诉使用者这个功能潜在的效果，比如用缩略图把效果显示出来。当然，我们还可以为该操作提供坚实可靠的撤销（Undo）功能（参见第 15 章）。

设计原则

对话框适用于放那些主交互流之外的功能。

对话框也非常适合集中与某个主题相关的信息，例如应用程序中一个对象的属性，类似一张发货单或者一名顾客。它也能收集与应用中某个功能相关的所有信息，例如打印报告。这样做带给用户的好处很明显：和该主题相关的所有信息和控件都放在一个地方，使用者无须在界面上到处寻找，减少了导航浏览的附加工作。

设计原则

对话框非常适合用来整理关于单一主题或应用程序功能的信息。

和菜单类似，对于那些要在学习软件产品的用户，对话框可以成为他们学习的有效途径，因为对话框可以提供更加详细、更加结构化的信息，通过在主应用窗口可直接访问的功能。然而，在现代的桌面应用中，可扩展的、非模态的控制窗格，或情境工具栏，在这方面比对话框更加有效。

对话框主要服务于两类用户：对应用熟悉并频繁使用的用户，对话框被用来控制更高级或者更危险的设置；对应用不熟悉并偶尔使用的用户，通过对话框来学习基础知识。这种双重性质，意味着对话框必须是紧凑的、功能强大的、快速而流利的，并且在使用上清晰和具有自我解释性。这两个目标看起来相互矛盾，但实际上它们是有益的互补。对话框快速而强大的性质，直接起到了自我解释的效能。

对话框的基本交互

大多数对话框都包含信息文本、交互控件，以及有关的文本标签。尽管已经存在一些基本惯例，但是这种可以灵活运用的习惯用法并没有僵化死板的规范。设计的时候既要遵循优秀视觉界面设计的实践原则，还要保证正确无误地使用 GUI 控件，这很重要。特别要注意，对话框应该展现出明显的视觉层次，按照主体的相似性进行视觉分组，还要按照阅读顺序惯例来布局（比如西方文化中，一般来说是从左到右，从上到下）。有关对话框视觉界面设计的实践原则的更多讨论，可以参见第 17 章。

对话框一旦出现，就应当始终显示在最上面的视觉层。这样，调用它的使用者便可以很明显地看到它。接下来的交互动作产生的另一个对话框或者应用，可以遮盖这个对话框，但应该有明显的办法让最早出现的那个对话框返回到最上层。

每个对话框都必须有一个标题来标示它的用途。如果某个对话框是一个功能对话，那么这个标题就应该包含这个功能的动作，一般来说是动词。

设计原则

在功能对话框的标题中使用动词。

如果对话框是用来定义某个对象属性的，那么它的标题就应该包含该对象的名字或者描述。Windows 的属性对话框就遵循了这个原则。当你调用一个名为"备份"的目录的属性对话框，就会看到它的标题是"备份 属性"。类似，如果对话框是关于选择的，那么我们可以在标题中加入选择的部分内容，这样会帮助使用者了解目前的状况。

 设计原则

在属性对话框的标题中使用对象的名字。

绝大多数对话框，至少提供一个终止命令（Terminating Command）控件，触发它会让对话框关闭或者消失。多数对话框会提供至少两个按钮作为终止命令：OK 和 Cancel，另外在右上角的关闭按钮也是一个终止命令的习惯用法。

在技术上，对话框没有终止命令也是有可能的。一些对话框由应用程序单方面控制显示和消失——例如报告耗时功能的进度——设计者在此省略了终止命令。因为多方面的原因，这种设计很糟糕，我们后面会看到这种情况。

模态和非模态对话框

有两种类型的对话框：模态对话框和非模态对话框。模态对话框（Modal Dialog Boxes）是目前为止最常见的类型，打开一个模态对话框后，它所属的应用程序不能继续进行，直到对话框关闭为止。模态对话框会停止当前所有工作的进度，单击该应用程序的其他任何窗口，用户都只会听到粗鲁的"嘟嘟"声表示操作无效。在模态对话框的工作过程中，该应用上的所有控件和对象都会暂停工作。当然，打开模态对话框时，用户可以运行其他的应用程序，不过当用户回到原来的应用程序，原来打开的对话框还在那等着。

总之，模态对话框是用户（和设计者）最容易理解的。模态对话框的操作非常清晰，对用户说，"现在停下手里的活，来处理我吧。结束之后，就可以回去继续你正在做的事。"模态对话框的严格定义的行为意味着它很少被人误解，尽管有时被滥用。模态对话框也许太多，也许显得拙劣和愚蠢，但它们的目的和使用范围对用户而言通常是很清晰的。

有些模态对话框是针对整个应用或整个文档进行操作的。有些模态对话框是针对当前的选择进行操作的，在这种情况下，在使用者已经调出这个对话框后，不能改变当前的选择。这是模态对话框与非模态对话框最重要的区别。

由于模态对话框只停止它们所属的应用程序，可以把它们更确切地称为应用程序模态（Application Modal）。还有一种称为系统模态（System Modal）的对话框，能使系统中的所有应用都停止。大多数情况下，应用程序都不应该有系统模态对话框。系统模态存在的唯一理由，是报告那种真正影响整个系统或者真实世界灾难的发生（比如硬盘要烧掉了）。

和模态对话框相比，非模态对话框（Modeless Dialog）使用得较少。打开一个非模态对话框后，可以不用打断父应用程序，无须停止进度，应用程序也不会冻结。主应用程序的多种工具、控件、菜单和工具栏仍保持活动，可以继续调用。尽管非模态对话框的规则比模态对话框的更弱，也更让人费解，但它们也有终止命令。

非模态对话框是一个更难使用和理解的"怪物"，主要是因为它的操作范围不确定。表现在当你调用它，它存在的同时，你可以重新回到主应用。这意味着，在仍可以看见非模态对话框的情况下，还可以改变选择。如果对话框作用于当前选择，你可以随心所欲地不断选择、改变、选择、改变、选择和改变。例如，微软 Word 的"查找和替换"对话框允许你在文本中查找一个单词（它会自动选择），并进行编辑，然后再回到对话框，对话框在主文档编辑过程中仍是打开的。

在某些情况下，也可以在主窗口和非模态对话框之间拖动对象。这种特性使得它们作为工具板或对象板会很有效。

区分模态对话框和非模态对话框

如果解决交互设计问题的时间和资源有限，那么我们推荐让非模态对话框更多地保留原有特征，但要运用以下几个指导原则，将它们一致地应用到所有非模态对话框中：

设计原则

> 区别对待模态对话框与非模态对话框。

第一，模态对话框一定要包含一个或多个终止命令，通常将终止命令放在较大的按钮上，并置于对话框底部。

第二，非模态对话框一定不要使用终止命令按钮，而应该在窗口标题栏上使用"关闭"控件。

设计原则

> 不要在非模态对话框中使用终止命令按钮。

第三，不要在模态对话框的窗口标题栏上使用"关闭"控件。这样做的目的，是要在视觉上区分模态和非模态对话框，另外"关闭"控件所代表的意义对用户来说是不清楚的（点击它意味着"取消"，还是"确认"）。

模态对话框的问题

在某些模态对话框的变体中，终止命令"取消"变成了"应用"，或者变成了"关闭"，我们要避免使用这些变体。这些动态变化，至少会给用户带来困惑而难于理解；更严重的是，可能会导致用户因为害怕而无法理解。这些文本标签不应该变化。如果用户没有选择有效的选项而单击了 OK 按钮，对话框应该认为用户的意思是"什么也不做，关闭对话框"，因为用户确实也是这样做的。

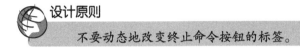

设计原则

不要动态地改变终止命令按钮的标签。

模态对话框的认知力量在于严格一致的"OK"和"Cancel"按钮。在模态对话框中，"OK"按钮意味着"接受输入，关闭对话框"；"Cancel"按钮意味着"放弃输入，关闭对话框"。

非模态对话框的问题

大多数非模态对话框被实现得很笨拙，它们的行为很不一致，令人十分困惑。它们在视觉上与模态对话框非常相似，但功能不同。非模态对话框很少建立行为规范，尤其是终止命令。

我们之所以会对非模态对话框困惑，是因为我们更熟悉模态对话框。模态对话框会在调用的瞬间，为当前的选择进行自我调整。而且，模态对话框认为在它存在的过程中，用户的选择不会变化。相反，在非模态对话框存在的过程中，选择很可能发生改变。那么对话框应该怎样呢？例如，如果使用非模态对话框修改文本，而我们在主窗口选择一些非文本对象，那么情况会怎么样呢？对话框的小控件应该变灰？冻结？消失？诸如此类的问题，需要我们细化设计实践，并且还要对人物角色的需求、目标和心理模型有密切的了解。模态对话框冻结了应用的状态，没有这些问题，因此，非模态对话框的设计和实现要比模态对话框难得多。

非模态对话框经常会有几个按钮，可以立即激活不同的功能。单击任何一个功能按钮，对话框都不应该关闭。因为它始终存在，可以反复使用，只有单击那个处在固定位置上的"关闭"按钮时，才会关闭，所以它是非模态的。

非模态对话框也必须特别节约像素。它们驻留在屏幕上，占据前面的中心位置，所以必须特别小心，在不必要的情况下不要浪费像素。

非模态对话框和撤销

在模态对话框中，用户知道，执行的动作发生在最后，因而可以在对话框中对当前的设置进行适当调整。而非模态对话框不同，里面的控件总是处于活动状态，在模态对话框里能做的事情，在这里不能做。

在非模态对话框中，用户做出的改变是立即生效的，一旦有输入或单击了按钮，动作就立即会发生，没有"取消所有动作"的概念。在许多选择中可能有许多独立的动作，在这里，合适的习惯用法是撤销（Undo）功能，它位于工具栏或编辑菜单中，适用于应用程序活动范围内所有的非模态对话框。它在逻辑上也是合适的，因为撤销功能在模态对话框中不可用，而在非模态对话框中可用。

非模态对话框中，唯一一致的终止动作是"关闭"，通常在非模态对话框窗口标题栏上。不过，如果关闭按钮除了关闭，还激活了某个功能，你就不该用非模态对话框，而应该创建一个模态对话框按照模态对话框的习惯用法来设计。

非模态对话框和侧栏

如果某个非模态对话框的工作，是为主窗口内的活动提供持久的支持，则我们最好不要用非模态对话框，而要用侧栏控件窗格（Sidebar Control Pane）（参见第 18 章）。侧栏具备所有非模态对话框的好处，并且不会强迫用户放下手中的工作，在一个额外的浮动窗口内管理一系列的控件。现在的显示屏的分辨率越来越高，因此我们有越来越强烈的理由将常用功能放到侧栏或工具栏中。

对话框的五个目的

模态对话框和非模态对话框的概念，来源于开发人员的术语。他们影响了我们的设计，我们必须从目标导向的观点来考察对话框。就这个角度，对话框要传递的信息主要有五类：属性（Property）、功能（Function）、进度（Process）、通知（Notification）和公告（Bulletin）。

属性对话框

属性对话框（Property Dialog）向用户呈现或让用户改变所选对象的属性或者设置。一般来说，在属性对话框中，用户可以修改当前的选择，也可以设置应用程序的全局属性。（本章后面的图 21-31 所示的是一个更为夸张的对话框。）你可以把属性对话框当作针对所选对象的控制面板，它包含一些可调用的配置控件。

属性对话框通常是非模态的。不过，对所选对象的属性进行大量和频繁修改的操作，最好还是在任务窗格或侧栏（参见第 18 章）中进行，不要放在对话框里，更不要放在模态对话框中。对话框仅适合那些不必频繁操作的或仅需要设置一次的属性。

功能对话框

功能对话框（Function Dialog）通常从菜单中打开，是最常见的模态对话框，只控制单一功能，如打印、插入对象或拼写检查。

功能对话框不仅允许用户启动一个动作，而且也经常允许用户设置动作的细节。例如在许多应用程序中，当用户请求打印，使用打印对话框指定打印多少页，打印多少份，向哪一个打印机输出，以及其他与打印功能相关的设置。对话框上的"OK"按钮，不仅确认设置，关闭对话框，而且启动打印操作。

这种技术虽然普通，但将两种功能组合成一种：配置功能并启用之。仅仅因为一个功能可以配置，并不意味着用户在每次调用之前都想重新配置，因此让这两种功能分开访问会更好。

现代软件的许多功能相当灵活，有许多可配置的选项。如果不把配置和实际的功能隔离开，那么，即使用户只是想执行一项简单的例行任务，也得被迫面对相当复杂的情况。

进度对话框

进度对话框（Process Dialog）是由应用程序启动的，而不是因用户的请求而启动的。它们向用户表明当前应用正在忙于某些内部功能，其他功能的处理能力可能会降低。

某个应用如果启动了一个将要运行很长时间的进程，进度对话框就必须清晰地指出它很忙，但一切正常。如果应用没有表明这些，好一点的话，用户可能只会认为它粗鲁；不好的话，会认为应用已经崩溃，必须采取极端措施。

 设计原则

> 应用程序无响应状态，必须通知用户。

很多应用程序在运行进程时，会给出等待光标的提示，把光标变成旋转的小球或沙漏，并禁止点击。此时，进度对话框是一种更好且更有信息量的解决方法。

每个进度对话框都应该向用户清晰地展现如下信息：

- 一个耗时的进程正在运行中。
- 现在一切正常。
- 该进程还需要多长时间才能完成。
- 还有多少事情或项目没有做完（如果还在进行的话）。
- 用户如何才能取消该操作，或重获控制权。

进度对话框本身满足了第一个要求，提醒用户某个进程正在运行。第三个要求可以用某种进度表（Progress Meter）来实现，显示已经完成工作所占的相对比例，以及还有多少需要完成。要满足第二个要求不容易，应用可能已经崩溃（或失去与服务器的连接）而对对话框置之不理，也不向用户说明操作状态。进度对话框必须持续显示，通过时间的变动表明一切进度顺利。进度表应该显示相对整个过程所耗费时间的进度，而不是相对整个过程规模的进度。一个过程的前50%可能与接下来的50%在运行时间上差别很大。

　　对于一个计算机正在执行的耗时进程，用户的心理模型是：它很像是一个不停转动的机械装置。一个表明计算机在读磁盘的静态对话框，只能告诉用户正在发生一个耗时的进程，但它并没有显示这真的很耗时。最好的进度显示方式是在对话框中使用动画，用户会意识到计算机真的在做某件事。这种一切正常的感觉是本能的（Visceral），而不是理性的（Cerebral），用户甚至是专家用户，也会安心。

　　有时，用户可能会临时改变主意，取消并推迟这件要花很长时间的事情。有时，用户可能会意识到他调用了错误的命令，并希望取消操作，在这种情况下，他不仅希望停止操作，而且还希望能撤销已经执行了的操作。

　　要实现这个目的，有个好办法——我们在对话框中放置两个按钮：一个"取消"，一个"暂停"，用户可以根据自己的需要选择其中之一。

　　对于报告进度这项功能，我们还应该再换个角度好好思考一下。因为一个对话框是一个单独的"房间"，我们必须了解对话框所报告的过程是否与主窗口的功能互相独立。如果该功能是主窗口功能的一部分，它的状态就应该在主窗口中显示。例如，Windows中有一个文件复制对话框，可是文件复制难道不是资源管理器（Explorer）的基本功能吗？所以，我们应该在资源管理器的主窗口中，放置一个文件复制进度的动画显示。

　　当然，开发一个进度对话框，要比直接在应用主窗口开发一个动画容易得多。它们也提供了便利的"取消"按钮，所以在耗时的任务中显示一个进度对话框是合理的权衡。但我们不能无视这样的事实，这样做相当于"我们将这个房间的功能拿到另一个房间去完成"。这是一个容易的方法，但不是正确的方法。诸如谷歌的Chrome和微软IE那样的网页浏览器中，提供了一种更为优雅的解决方法。由于加载网页是它们内在的操作，因此这个进度指示器（一个正在旋转的环形）被安放在当前加载页的标签栏中，如图21-27所示。

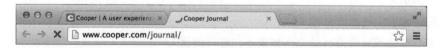

图21-27　像谷歌Chrome这样的网页浏览器，每次加载页面时并不弹出一个进度对话框，而是在当前加载页的标签栏中显示一个进度指示器。有些网页浏览器，将这个进度指示器放在了URL输入栏中，或者是窗口底端的状态栏里。用户可以很容易地了解到当前的进度，而面前部分加载的页面也不会被遮挡。

通知对话框

通知对话框（Notification Dialog）将一些重要信息报告给用户。这些重要信息或者来自一些被触发的事件，或者来自其他用户的通信信息。报警、约会信息、电子邮件、即时通信等都会产生通知。它们与系统产生的警告（本章前面讨论过）是不同的，系统产生的警告是应用自发产生的，内容仅与自身内部问题或内部事件有关。

移动设备大量使用了通知，包括了通信类应用的通知，以及移动过程中发生的基于位置和时间信息的通知。这些在移动设备上常用的习惯用法，随着通信类应用开始覆盖到各个平台上，它们在桌面应用和 Web 应用上也开始流行起来。

移动设备通常使用通知中心（Notification Center）来收取和管理各种通知。这样，当用户忙完手中的事情后，可以到通知中心中查看和处理这些通知，例如，正在驾驶中的用户，将车停好后；用户登上公交车找到座位坐稳后；用户打完电话后等。

一般来说，通知会在屏幕的边缘以很小的弹出式窗口或抽屉的形式出现，还会伴以细微的动画引起用户的注意。这些带有动画的通知窗口或抽屉，可以非模态地长时间驻留在屏幕边缘，也可以显示片刻后自动关闭，在通知中心中留下未读的标记，以引起用户的注意。设计通知对话框时要注意：通知中心应该收取并保留一段时间高级别的通知，当有新通知或未读通知时，应该在界面上清晰、显著、持久地标注出来。

公告对话框

公告对话框（Bulleting Dialog），和进度对话框一样，由应用程序直接启动，不是由用户请求发起的。公告对话框有三种：错误、警告、确认。它们或者是报告应用的内部状态，或者是引起用户注意并让用户决定应用的内部状态。公告对话框是无趣和乏味的，而且经常被错误地使用。仅凭这些，它们足以称得上是最糟糕的交互方式。

错误对话框无处不在，它们是公告对话框的典型代表。通常，应用程序名在标题栏中显示，一些概括问题的简短文字作为显示主体，一个图像图标表明问题的严重性，还有一个"OK"按钮，这些构成了一个统一的整体，有时再加上一个启动在线帮助的按钮。图 21-28 所示的是 Word 中的一个例子。

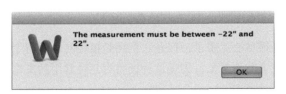

图 21-28　这是一个非常典型的公告对话框。它并不是用户发起的，而是应用程序内部出了问题弹出来的，有时是应用程序自吹自擂地说它自己成功地克服了某种困难。本例中的这个对话框，实际上在责备用户，而不是帮助用户解决问题。用户对这个对话框中文本的解读是："输入数值的范围必须在-22 到 22 之间。你连这个最基本的常识都不知道。你太笨了，以至于我甚至都不愿意帮你改成正确的数值。"

公告对话框一般都是应用程序级模态的（Application Modal），它们会停止应用程序当前正在执行的工作，直到用户给出终止该对话框的命令，例如单击一下"OK"按钮。这种情况称为阻塞型公告，因为直到用户回应，应用程序才能继续运行。

应用程序也有可能显示一个对话框，然后又让它消失。这种类型称为临时性公告，因为无须用户参与，对话框便自动消失，应用程序可以继续。

临时公告有时用于报告错误。显示错误消息来报告问题的应用可能会自己纠正错误，也可以通过其他代理检测问题是否消失。一些开发人员会发布错误通知或公告，仅仅是警示，例如"你的磁盘快满了！"，10秒钟后它又自动消失。这种类型的行为实际上存在着可用性问题。

错误、警告或确认消息应该暂停当前的应用，或者至少是保留当前的状态直到获得用户的注意。否则，用户也许不会仔细阅读它；也许他把脸转过去了，要么看不见，要么甚至更糟糕——只用眼角瞥到一点。他有理由怀疑错过了一些重要的东西，某些以后会回过头困扰他的东西。他开始担忧：我错过了什么？是不是会让我后悔的重要消息吗？是系统不稳定吗？是不是即将崩溃？即使问题已经自行解决了，也真的会出现这些顾虑。

如果某件事值得用对话框来表达，那么就要确保用户能够清楚地获得这些消息。但临时性公告无法保证做到这一点，它永远不能，也不应该用于错误报告或寻求确认。错误、警告、确认公告几乎始终都应该是阻塞型的。

 设计原则

绝不要用临时性对话框作为错误对话框或确认对话框。

属性、功能、通知对话框是用户主动请求的——它们为用户服务。但是，应用程序发起的公告对话框——它们为应用程序服务，常常会牺牲用户利益。我们在本章后面将会讨论，应该把这些讨厌且无用的对话框直接铲除掉，换成更加友好、能给用户带来真正帮助的交互方式。

管理属性对话框和功能对话框

尽管对于对话框的使用和管理，你已经很尽心尽责了，但是它们还是很轻易地变得十分拥挤——对话框里很快就会充满属性、选项或者其他对象。管理这种拥挤有几种常用的策略，保证对话框的有效使用。

选项卡对话框

20世纪90年代，选项卡对话框（Tabbed Dialog）迅速成为商业软件世界中的一个重要标准。这种交互方式很好用，同时它也不幸地成为便捷手段，开发人员有时把没有关联的一大堆功能塞入同一个对话框中。

很多应用程序的对象具有丰富的属性，用一个同样丰富的属性对话框，通过多个选项卡的方式来管理（参见图 21-29 中的例子）。我们无须像以前一样，不必再用充斥着大量控件的大对话框。很多原来必须要塞满控件的功能对话框，因此也可以更好地利用空间。在标签对话框出现以前，通过扩展对话框或者级联对话框解决这个问题显得很笨拙，稍后我们会谈到扩展对话框和级联对话框。

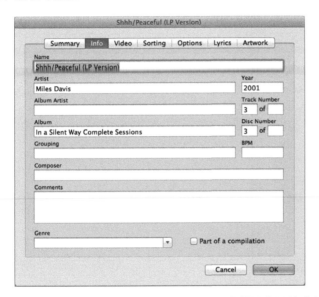

图 21-29　这是 iTunes 中的选项卡对话框，它把一首歌的所有属性都放在了一个对话框中。用户的使用效率很高，在一个地方就可以找到所有的东西。我们还可以看到，终止控件的位置也很正确——它在选项卡窗格的外面，在整个对话框的右下角。

拥有更多的控件并不一定意味着该界面更易于使用或者功能更强大。对话框中不同窗格的内容，必须有放在一起的道理，否则，这种能力对开发人员有利，而不是对用户有利。

对话框中选项卡的数量，可以随着组织管理某个专题的深度或广度的增加而增加。在组织管理广度方面，每个选项卡涉及主题的不同特性。如图 21-29 所示的 iTune 的歌曲属性对话框，用多个选项卡来组织不同类别的属性。在组织管理深度方面，每个选项卡可以对同一特性的主题进行更深入的探索，例如"高级"（Advanced）标签窗格就是最常见的一种。

选项卡之所以如此成功，是因为该习惯用法遵循了用户日常存放东西的心理模型。不同控件组成几个平行窗格，只有一个层次深度。但甚至这种习惯用法经常被滥用。

因为你可以轻易地在选项卡对话框内塞入如此多的控件，在对话框内添加更多选项卡的诱惑很大。图 21-30 中所示的 Word 选项卡对话框就是一个典型的例子。10 个选项卡数目太多，不能用一行显示，所以它们堆叠成两行。这种用法称为堆叠选项卡，它有很大的问题，即如果单击后一行的标签，整行就会前移，另一行就会退后。很少有用户会喜欢这样，因为用户单击选项卡而选项卡又在鼠标光标下移出，让用户感觉不安。所以，后来微软基本上放弃了这种用法。

图 21-30　Word 中的选项卡对话框是一个关于选项卡的极端例子。当然，许多内容填充到一个对话框是好的。问题在于选项卡的移动！激活的选项卡必须位于底部这行，所以如果你单击拼写和语法，这一行就必须下降到底部，另一行则上升到顶部。没人能记住不固定位置的选项卡到底在哪里，实际上，将它分成更小一些的对话框会更好。

堆叠选项卡说明：所有的习惯用法，无论有多少优点，都有它的实践局限性。5 个单选按钮组成一组可能很好，但 50 个单选按钮组成一组就很荒谬。5、6 个选项卡组成一行是好的，但是添加过多的选项卡导致标签堆叠，就破坏了这个习惯用法的美好。

设计原则

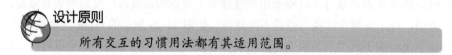
所有交互的习惯用法都有其适用范围。

有一种更好的办法，不要用一个包含很多选项卡的对话框，而是用几个有着较少选项卡的对话框。在图 21-30 的例子中，选项的分类太广，将所有这些功能混在一块对用户没有任何好处。12 个窗格之间几乎没有联系，所以不需要将它们放在一起。这种解决方法可能在编程中少了那么一点点优雅，但对用户可能更好。

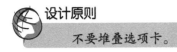

设计原则

　　不要堆叠选项卡。

扩展对话框

　　扩展对话框（Expanding Dialog），在扩展后会显示更多控件。对话框有一个"更多"或"扩展"的按钮。当用户单击它时，对话框变大，占据更多屏幕空间。扩展部分的对话框所包含的功能，通常是为高级用户提供的，更复杂且与原先显示的功能相关。我们非常熟悉的微软 Word 的"查找和替换"对话框，就是这个习惯用法的一个典型例子，如图 21-31 所示。

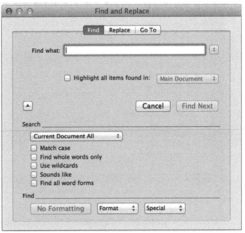

图 21-31　微软 Word 中的"查找和替换"对话框是一个典型的扩展对话框。左图显示的是它的原始状态，右图是它扩展后的界面。

　　扩展对话框使得生疏用户或新手用户不必面对那些复杂的工具，而熟练用户也不必为寻找这些工具而烦恼。你可能认为这种对话框既适用于初学者，也适用于高级用户。但是，这种类型的对话框必须小心设计。当应用有了这样一个同时服务于初学者和专家的对话框时，经常发生的情况是，它不但对初学者傲慢无礼，也给专家用户带来了麻烦。对话框最好是可以记住上次被调用时所处的使用状态。当然，这也意味着你应该在对话框上设置一个"缩简"或者"较少"命令（Shrink 或者 Less），可以让对话框返回到初学者状态。

级联对话框

　　级联对话框（Cascading Dialog），是一种很糟糕的习惯用法。级联对话框中的第一级对话框里，通常有一个按钮控件，点击它可调出另一个对话框，即二级对话框，二级对话框经常覆盖第一级，有时二级对话框还可以继续调出第三级对话框。多么混乱呀！幸好，级联对话框已经失宠，但我们仍然可以找到级联对话框的例子。图 21-32 中的例子来自 Windows Vista。

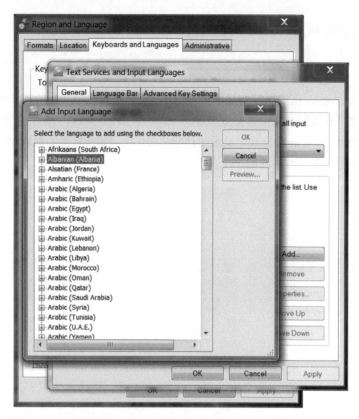

图 21-32　你仍然可以在 Windows 中找到级联对话框。每个对话框有一套终止按钮。级联对话框产生了不少附加工作，它还很模糊，这些都是没有好处的。

　　很难理解使用级联对话框会怎么样。一部分问题在于第二级对话框至少会遮盖第一级的一部分。那也不是大问题，毕竟组合框和弹出菜单也这样，而且某些对话框还可以移动。真正的混乱和模糊来自第二级对话框终止按钮的出现。每个取消按钮的范围是什么？我们确认的是什么？

　　这是界面层次太深、太过复杂的主要症状。即使如此，应用也仍需要使用级联对话框，可能仅仅是因为存在着一些模糊信息，而这些模糊信息又不是用户想要的。这时，就应该全面审查一下界面的整体设计了，你可以发现一些严重的结构问题。这些结构问题可以用一些标签对话框、侧栏、工具栏（对话框可以从这些地方调出）来解决。

　　对话框可以成为帮助用户完成目标的有用助手，而不是让他们在每一步遭受挫败的可怕绊脚石。通过保持对话框的可管理性，并且只有在它们的功能真的属于"另一个房间"的情况下才调用它们，你将很好地维持用户的工作流状态，保证他们会成功完成任务，并且满怀感激。

消除错误、警告和确认

正如我们已经讨论的，公告对话框被用于提示错误消息（Error）、警告消息（Alert）和确认消息（Confirmation），这是数字产品中问题最大的交互方式，完全称得上"臭名昭著"。实际上，我们完全可以用能更好满足用户目标和需求的其他交互方式来取代这些对话框。本章中，我们将探讨关于这个话题的"为什么"和"怎么做"。

错误对话框

在用户界面的世界里，错误对话框可能是最让人讨厌的交互方式，也是被滥用最多的。一般来说，它们设计得很差、提供不了帮助、粗暴无礼。最糟糕的是，它们在一开始根本就不打算阻止错误的发生。它们本身是罪恶的，但这里最重要的是，我们首先要尽全力在应用程序中合适的时间和地方中找到根源，并将它们清除掉。

错误对话框有什么问题

用户犯了错误时，不应当受到训斥。实际上，他们需要的是帮助，应用程序应该告诉用户如何去避免错误，以及犯错误的可能后果。应用应该有责任帮助用户把事情做好，而不应该粗暴地拒绝用户的输入。

计算机时代的早期，开发人员并没有注意到软件和人打交道时应该注意一下方式和方法，例如，在要求使用者输入时，或者使用者没有按照软件的意思去做的时候。实际上，如果软件只是一味地要求使用者必须按照软件的规则来操作，而并不是软件自己调整自己去适应使用者的行为，这种糟糕的问题就会一直存在下去。因此，错误对话框大肆流行。

人有情绪和感觉：软件应用没有。当一段代码拒绝另一段代码的输入时，输入的代码没有感觉；它不会皱眉，不会受到伤害，也不会求助于心理咨询。人则不同，当他们平白无故地被告知是傻瓜时，会很生气。不要犯错误：当用户看到这种错误消息时，就好像是有人说他很笨一样（参见图 21-33）。毫无疑问，用户讨厌这类消息。可是很多开发人员仍然熟视无睹，继续大量地使用错误消息。他们不知道还有其他更好的方法可以创造出可靠的软件。

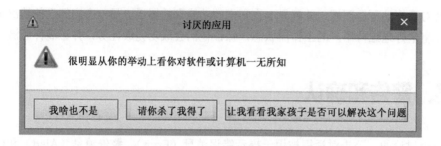

图 21-33　就算你的错误对话框的用词是十分礼貌的，但用户还是会这样理解的。

"用户需要知道他们犯了错误"，这一假设也是不对的。你输入了无效的字号大小，这条消息对你来说有多重要？大多数情况下，应用程序应该找到更合理的替代方式，而不是责备用户。

大家都知道，当别人在公共社交场合失礼时，直接告诉他们是很不礼貌的。告诉他有菜叶粘在他的牙齿上，或者裤子拉链没拉好，是让双方都很尴尬的事。聪明的人会设法引起对方注意，而不惊动其他人。但很多软件却用屏幕正中央巨大而醒目的对话框停止一切活动，并且发出责备的"嘟嘟"声，这难道是一种得体的行为吗？

许多设计者和开发人员认为，他们的错误对话框是在提醒用户一些严重的问题。这是一种普遍存在的错误认识。其实，大多数错误对话框是在告诉用户，应用程序无法灵活工作，并承认应用程序自己的愚蠢。换句话说，对于大多数用户来说，错误对话框简直就是愚蠢地停止了工作进度。我们可以通过消除错误对话框来大幅度改善界面的质量。

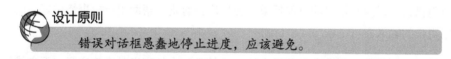

设计原则

错误对话框愚蠢地停止进度，应该避免。

到底是谁的错

传统的看法认为错误对话框的作用是在用户错了的时候通知他们。实际上，大多数错误消息的作用，是在计算机自己糊涂的时候向用户报告。用户所犯的错误比想象的要少得多。典型的"用户错误"包括用户输入了一个界限以外的数字，或者在应用程序需要数字的地方输入了一个字母。

当用户输入了一些按应用程序标准不能理解的数据时，这到底是谁的错？是因为用户不知道到底该如何正确使用应用程序，还是应用程序没有更清楚地说明选择和结果？

信息以不熟悉的顺序被输入，常被软件认为是个错误。但人类处理这种不熟悉的顺序，完全没有困难。人类知道如何等待时机，耐住性子，直到事件结束。软件则会草率地下结论，认为违反顺序就是错误的输入，并且发出讨厌的错误消息。

例如，当用户创建一张没有顾客号码的发货单时，多数应用会拒绝输入。它们愚蠢地停下来，要求用户必须立刻输入正确的顾客号码。另一种方式是：应用程序可以先接受这个任务，并期待着最终会输入有效的顾客号码，或者用户也可能会创建一个新的顾客。应用可以给用户一个视觉丰富的非模态反馈（我们在第 15 章中详细讨论过），提示这个数字无法识别，然后等待并确保用户输入了有效的顾客号码，在交易结束或者月账簿关闭时检查用户是否输入了必要的信息。

如果用户忘记了向应用程序完整地解释某事，应用程序可以经过某些合理延迟后，给用户持续的信号。在一天或一周结束时，应用程序可以将不能协调的事务转移到暂停账目中。应用程序不必用错误对话框阻止处理的进行，毕竟，应用程序会记住这个事务，并进行跟踪和修正。只要用户能够获得条目还需要整理的通知，就不应该有什么问题。这里的技巧在于通知用户而不要停止整个过程。我们将在本章后面进一步讨论这个问题。

错误消息不管用

错误对话框的终极讽刺是：它无法阻止用户犯错误，也就是说，它无法发挥它的作用。在我们的想象中，用户可以脱离麻烦，因为我们相信错误对话框可以指引他们，但这是一个错觉。错误对话框真正所做的只不过是：保护应用不陷入麻烦。在大多数软件中，错误对话框像哨兵一样在应用程序敏感的地方放哨，而不是在用户最危险的地方放哨。它有一种根深蒂固的信念，那就是应用程序比用户重要。其实无论错误消息的数量和质量如何，用户在使用软件的过程中都会有大量的麻烦，一个错误对话框所能做的就是防止用户不向数字段中输入字母，它与防止用户不输入错误数字无关，因为这个设计任务更难。

如何消除错误消息

我们不能通过简单地抛弃那些显示实际错误对话框的代码，一旦出现问题，就让应用崩溃来消除错误消息。相反，我们必须重新编程使它们不再容易出问题，必须用更苗壮的软件取代错误消息，防止错误产生，而不是让应用程序在事情与其预料的不同时，只会发牢骚。就像是预防接种抵御疾病的疫苗，我们使应用程序对问题具有免疫力，然后我们就可以抛弃报告问题的消息。为了消除错误消息，我们必须首先消除用户犯错误的可能性。不能认为错误消息是正常的，我们必须把它视为解决罕见问题的特殊方法，要把这种方法看作外科手术，而不能看成阿司匹林。我们必须把它当成最后一招。

软件设计者必须重新评估"无效数据"的概念。当它来自人类时，软件必须认为输入是正确的，原因很简单，那就是人类比代码更重要。软件不但不能拒绝输入，而且必须努力去理解和调整输入造成的混乱。应用程序能够理解计算机内部事物的状态，而人类只能理解真实世界的事物状态。从根本上说，真实世界比计算机所思考的要更有意义，也更重要。

让错误不可能发生

使用户不可能犯错是消除错误消息的最好方法。通过为所有的数据输入使用有界控件（比如微调器或者下拉列表框），可以防止用户输入错误的数字。与其迫使用户键入选择不同，不如让用户从包含可能选项的列表中选择。例如与其让用户输入州编码，不如让用户从有效的州编码列表或者地图中选择。换句话说，使用户不可能输入错误的州名。[①]

设计原则

让错误不可能发生。

另一个消除错误对话框的好方法是让应用程序变得足够聪明，使用户不再提出不必要的请求。许多错误对话框显示："无效的输入。用户必须输入 xyz。"既然应用程序知道用户必须输入什么，它为什么不自己直接输入 xyz，而不是斥责用户呢？让应用程序记住过去访问过的文件，允许用户在列表中选择，取代用户在磁盘中寻找文件的要求，因为那样用户可能选择错误的文件。另一个例子是设计从内部时钟或互联网上获取时间信息的系统，用来取代请求用户输入。

毫无疑问，所有这些解决方法都会加大开发人员的工作量。但是，开发人员的工作是为了满足用户要求，而不是反之。如果开发人员把用户仅仅当成另一种输入设备，那么在软件设计中就很容易忘记正确的主次关系。

用户不会同情开发人员的困难，不会看到错误对话框背后的技术原理，所看到的是应用程序不愿以人类的方式处理事物。他们将所有的错误对话框都当做图 21-34 所示的对话框变体。

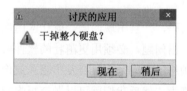

图 21-34 这是大多数用户理解错误消息对话框的方式。用户把这当成卡夫卡式的审问，每个后续的选择都会导致惩罚和悔恨。

错误对话框的一个问题在于，它经常是事后诸葛亮。它们显示："坏事发生了，你所能做的就是承认灾难的降临。"这样的报告没有任何帮助，而且这些对话框还总是带有一个"OK"按

---

① 译者注：州，指的是美国的州。

钮，要求用户承认是该错误的同谋。这些错误对话框让人联想到老战争片中的情景：一个倒霉的士兵在经过稻田的时候踩上了地雷，他和他的战友清楚地听到地雷触发机制的滴答声，士兵意识到尽管现在是安全的，但一旦脚离开，地雷就会爆炸，带走他一大部分有用的躯体。用户在看到多数错误对话框的时候都有这种感觉。

正面反馈

软件难以学习的原因之一在于正面反馈太少。人们从正面反馈中学到的知识比从负面反馈中学到的更多。人们希望正确有效地使用软件，这激励着他们学习如何使软件更好地为他们工作。他们需要的不是在失败时的象征性惩罚，而是在成功时受到奖励或至少得到认可。如果他们得到称赞就会感觉良好，这种好心情会反映到他们的成果中。

负面反馈的鼓吹者可能举出许多负面反馈有效引导人们行为的例子。这些证据是真的，但是几乎无一例外，有效惩罚反馈的场景是防止用户做他们想做但不应该做的事：例如开车不应该超过时速 80 千米，不要欺骗你的配偶，不要逃避所得税。但是回到帮助人们做他们想做的事时，正面反馈是最好的。想象一下，如果你在学习滑雪，滑雪教练冲你大嚷大叫，这不会有什么好的效果。

设计原则

当软件告诉用户他们失败时，用户会觉得很没面子。

记住，我们谈论的是计算机给予的负面反馈。来自其他人的负面反馈尽管使人不愉快，但可以在特定环境中评判。有人可能说，苛刻的教练至少可以使竞争心理更强大，专横的教授至少可以为你在现实世界中遇到的变化提前做准备。但是来自机器的负面反馈就是一种侮辱。军士教员和教授至少是人，他们有善意的经验和功绩。但软件告诉你失败会让人觉得没有面子。计算机内部发生的任何事情都没有重要到可以羞辱或贬低人类用户的地步。

难道就没有特例吗

错误消息必须要消除掉，有不需要消除的特例吗？答案是，只有很少的错误消息是不需要消除的，或者说，绝大部分的错误消息都是必须要消除的。随着我们技术力量的不断增强，计算机硬件的便携性和灵活性也不断增加。现代计算机能在不断电的情况下连接或断开网络和外围设备，硬件的增加或消失都是正常的，打印机、调制解调器和文件服务器可以像潮水一样来去自由。随着 WiFi（无线局域网）和蓝牙等无线网络的发展，我们计算机与网络的连接和断开变得很经常、很容易，而且，很快也会变得很透明。如果你在两个无线网中移动，这是个错误吗？计算机崩溃后，用户没有选择关机就自动重启了，这是个错误吗？打印一个文档，却发现没有连接打印机，这是个错误吗？如果你编辑的文件，它所在的驱动器突然不能访问，这是个错误吗？

这些现象都不应该被认为是错误。如果你在服务器上打开一个文件，开始编辑，然后带着笔记本电脑去餐馆午餐，应用应该明白文件所在的主机不再可用，它必须做些更聪明的事。比如，它可以用无线网通过 VPN 远程登录到服务器上，或者只是在本地保存一些改动，当你吃完午餐回到办公室，再和服务器上的版本同步。这些都是正常的行为，不是错误。每次遇到这种情况时，你也没有必要在计算机上告诉它应该怎么做。

几乎所有的错误对话框都可以去掉。你从"错误对话框必须消除，以及所有其他的事也得因为这个目标而改变"的角度去审视这种情况，就会发现这种判断完全正确，还会惊讶地发现，实际上实现这个目的只需要改变一点点。即使极个别情况下必须使用错误对话框也可以妥协。但是程序员们应该承认，这种妥协是他们自己的失败。

当然，也一定存在着十分紧急的情况，需要以一种突然的、吸引注意力的方式来通知用户。比如，在金融市场开市的时间段内，某投资经理在准备一些交易，当日闭市前必须完成，在闭市后把结果发给交易中心。期间一旦有情况导致他当天无法完成，则必须要把这个情况通知到他，以采取相应的措施来应对，避免可能因为交易时间的问题导致重大损失。

改进错误消息：最后一招

如果真的不可能重新设计应用去消除不必要的错误对话框，这里还有一些改进错误消息的方法。但请把这些建议当成最后一招，轻易不要直接使用，除非你真的没法消除错误。

错误对话框应该始终有礼貌、表达清楚，还要助人为乐。请不要忘记，错误对话框是应用报告自己的失败，且这样做是在干扰用户。因此，错误对话框必须要时刻对人有礼貌。无论如何，错误对话框也不能指责甚至暗示是使用者造成的这个错误，因为从使用者的角度来看根本不是这么回事。

错误对话框必须向用户说明问题。这意味着，它必须向用户提供一个解决问题所需的信息，必须澄清问题的范围，可选择的方法是什么，默认的情况下应用程序会做什么，以及丢失了哪些信息。

但是，如果应用程序只是一味地将问题堆在用户身上，撒手不管，这是不对的。在错误对话框中，最少应该直接提供一种正确的建议方法，应该提供以不同的方式处理问题的按钮。如果打印机不存在，对话框应该提供延期打印输出的选项，或选择另外的打印机。如果数据库已经删除不能使用，它应该重建数据库，让用户回到工作状态，并告诉用户该过程要花费多少时间，以及造成的负面影响。

图 21-35 展示了一个合理的错误对话框例子。请注意，它是有礼貌的、表达清晰的和有帮

助的。它甚至没有暗示用户的行为有任何缺陷。

图 21-35　如果不得不用错误对话框，那么它的外观也必须和本图相似。它礼貌而清楚地向用户说明了问题，并提出解决问题的好建议。操作按钮及其产生的结果也描述得很清楚。

警告和确认

和错误对话框一样，警告和确认对话框也愚蠢地停止了进度，也常常不报告故障。警告（Alert）将应用的行动通知给用户，而确认（Confirmation）却赋予用户忽略该行动的权力。这些对话框在大多数应用中如丛生的杂草，应该像对待错误对话框一样，运用更有用的习惯用法替换它们，正如我们在第 15 章中讨论的那样。

警告：此地无银三百两

警告违反了我们先前提到的一个基本的设计原则：对话框是另一个"房间"，去之前要有个好理由（参见第 18 章）。即使有时你把应用要执行的行动告诉了使用者，但为什么要到另一个房间去执行呢？

这种情况下，应用应该有勇气承认自己的错误，或者在没有用户的指令时不应该采取行动。例如，如果应用把用户的文件自动保存到磁盘上，它应该自信地认为自己做对了。它应该让用户了解应用做了什么，而不必愚蠢地停止进程。如果应用不能确定它是否应该保存文件，它就不应该保存文件，留给用户处理。

相反，如果用户指示应用做某事——例如拖动文件到垃圾箱——它不需要为了告诉用户已

533

经将文件拖到垃圾箱而愚蠢地停下来。应用应该确保这个行为有足够的视觉反馈；如果用户确实做了错误的动作，应用应该悄悄地为用户提供强大的撤销工具，让用户可以全身而退。

警告的原理在于告知用户。这是令人满意的目标，但不能以打断流畅的交互流作为代价。图 21-36 中所示的这个警告对话框例子，这个警告带来的是麻烦而不是帮助。"查找"对话框（下面的那个），迫使用户完成搜索时单击"取消"按钮，而重叠的提示对话框使它成为打断流的按钮的藏身之地：首先是提示对话框中的"OK"（确认）按钮，随后是"查找"对话框中的"Cancel"（取消）按钮。如果把提示信息建立在主查找对话框中，用户的负担会减少一半。

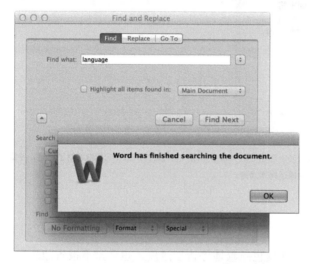

图 21-36　这是一个典型的警告对话框。它不仅不必要、不恰当，而且愚蠢地打断了进度。Word 的"查找"对话框已经完成了搜寻文档的任务。报告事实是查找功能的另一个功能吗？如果不是，那为什么要用不同的对话框呢？

如何消除警告

因为警告对话框太容易创建了，所以造成数量众多。很多语言用一行代码就可以开发出消息工具。而动画显示则需要上千行的代码。在这种情况下，我们难以指望程序员会做出正确的选择。因此，设计师必须精确地指定在应用界面上哪个位置用消息工具。接下来，设计师必须穷追不舍，确保设计不会被快速编码妥协。想象一下，如果建筑工地上的承包人单方面决定不加浴室，因为水管装置处理起来太麻烦，那后果会怎么样呢？

当然，软件需要告诉用户它的行动，应该在主屏幕上有可视化的指示，使用户立刻知道这种状态信息。启动警告对话框来宣布一个没有请求的动作已经够糟的了，为一个已经请求的动作再发起一个警告消息就更加荒谬。

软件需要灵活和宽容，但不必阿谀奉承。我们来看一下图 21-37 中的例子，这种警告是一种痛苦，应该消除这样的痛苦。它宣布应用已经成功地完成了同步——这是这个警告存在的唯一理由。我们告诉这个应用做同步，几秒钟后同步完成，但它为了宣布这个显而易见的事情而停止了我们的进程。看起来这个软件像是在宣布它在十分努力地工作，想得到我们的认可。如果一个人这样和我们打交道，我们会感觉到不太舒服，会感觉这个人有些傲慢无礼。当然，适度的反馈是可以的，但弹出来一个注定要被关闭的对话框，真的有必要吗？

图 21-37　这个对话框来自 AirSet Desktop Sync 软件，完全是没有必要的阿谀奉承。我们告诉它去做同步，它却突然弹出这条消息来打扰我们的正常工作。这个软件要求我们认可它的工作，我们有必要认可它吗？简直是在浪费我们的时间。

确认：喊"狼来了"的对话框

当应用对自己的行为不自信时，经常用对话框询问用户来征求许可，如图 21-38 所示的对话框，即被称为确认对话框。有时，应用软件让用户确认，是想让用户再考虑一下即将做出的行为。有时应用软件觉得自己无法做出这个决定，而用确认对话框让用户替它选择。

图 21-38　每次我们删除 Windows 文件时，都会见到确认对话框，它在询问我们是否确定要删除。是的，我们确定，我们总是可以确定。如果错了，我们希望 Windows 能够为我们恢复文件。Windows 用它的回收站满足了我们的愿望。既然这样，它为什么还要发起确认消息？当例行公事地发起确认对话框的时候，用户也会习惯性地批准。所以当它最终向用户报告一个即将发生的灾难时，也会出于习惯地继续批准它。请为你的用户做点好事，不要再创建多余的确认对话框了。

当程序员陷入编码僵局时，就在软件中创建一个确认对话框，因为他意识到编码可能会带领应用做某种冒险动作，并要为此承担责任而感到没有自信。有时这一举动基于应用程序发现的一些情况，但更多的时候基于用户问题。通常，在用户发起一个不可恢复或者结果将导致异常的命令后，就会启动一个确认对话框。

确认对话框把责任推卸给用户。用户信任应用程序的工作。这些工作不仅是应用程序应该做的，而且要确保做对。恰当的解决方法是使动作易于恢复，以及提供足够的非模态反馈，确保用户不致措手不及。

确认对话框显示了人类行为的一个有趣怪癖：它们只在意想不到的时候起作用。听起来可能会不以为然，除非你把它们在具体的场景中体会。如果在常规的地方提供确认对话框，用户很快就会习以为常，看也不看就习惯性地打发它。因此关闭确认对话框和发起确认对话框一样会成为例行公事。如果在某一时刻，一个真正意外的危险情况发生——一个应该引起用户注意的情况——他会因为已经形成的习惯而不假思索地关闭确认对话框。就像寓言故事里大喊"狼来了"的男孩，当最后真正有危险的时候，确认对话框不能起作用，因为它在没有危险的时候被"喊"了太多次。

确认对话框通常只能在用户明确会单击"否"或"取消"按钮后才出现。当用户可能单击"是"或"确定"按钮时，永远不应该出现。从这个角度看，它们看上去相当没有意义，对吗？

如何消除确认对话框

有三个设计原则告诉我们该如何消除确认对话框。最好的方式是遵循简单的格言：做，不要问。当你设计软件时，勇往直前地给它确信的力量（如第 2 章中讨论的那样，通过用户研究来支持）。用户会敬佩它的简短和自信。

设计原则

做，不要问。

当然，如果应用程序自信地做了用户不乐意的事，必须有能力执行撤销操作。应用程序执行的每个行为都必须是可撤销的。在某些罕见的情况下，当应用程序行为不合时宜时，让用户发起停止并撤销（Stop-and-undo）的命令，取代预先用确认对话框提问的方式。

我们当前认为的不能用撤销保护的大部分情况，实际上可以保护得相当好。删除或覆盖文件就是个很好的例子。文件可以移动到临时的目录，在那里保留一个月或者保留到你真正物理删除之前。Windows 的回收站就采用了这种策略，一个月后自动清除被删除的文件，期间用户仍然可以手工清除垃圾。

设计原则

让所有的动作都可以撤销。

比草率地迫使用户使用撤销来挽救操作的更好方法是，应用程序首先要确保为用户提供了足够的信息，以致它不会故意发起导致不恰当动作的命令（或者从来不忽略一个必要的命令）。应用程序应该用丰富的视觉反馈让用户不断获得信息，就像仪表板上的仪器告诉我们汽车的状态一样。

撤销偶尔也无法真正起到保护的作用。这是不是使用确认对话框的合理场合？不一定是。这里有更好的方法，即为用户提供类似高速公路的保护方式：用一致而清晰的标志。你可以在界面上建立清晰的非模态警示标志。图 21-39 中的 Adobe Photoshop 的对话框，告诉我们文档比可用的打印区域大。为什么应用软件要等到现在才告诉我们这个事实呢？如果在页面上显示真实可打印区域的向导任何时候都可以看得到（除非用户把它们藏了起来），那又会怎样呢？如果当用户的鼠标滑过工具栏上的打印按钮时，将那些可打印区域以外部分的图片突出显示，那又会怎样呢？清晰丰富的非模态反馈（见第 15 章）是解决这些问题的最好方式。

图 21-39　这个对话框不仅几乎没有提供什么帮助，而且太迟了。应用软件完全可以在主界面中用虚线向导直接显示可打印区域。没有理由让用户忍受这样的对话框。

设计原则

给用户提供非模态反馈，避免用户犯错。

无法撤销的动作不算常见，更常见的情况：可以撤销，但常规确认对话框不能保护的动作。图 21-38 中的确认对话框是极好的例子。没有任何理由要确认文件到回收站的移动。回收站存在的唯一理由，就是实现文件删除的撤销工具。

魔鬼在细节里

尽管本书中描述的设计原则，非常有助于创建令用户满意和满足的产品，但我们还是要始终牢记"魔鬼在细节里"这句话。

即使产品整体概念是优秀的，令人沮丧的控件或不该出现的对话框，还是会导致低级烦恼经常发生的。一定要小心谨慎，注意点点滴滴的每一处细节，确保产品在细节上的交互同样能够帮助用户达成目标、完成任务、实现愿望。

从整体框架设计到每一处细节设计，如果你都能够遵守目标导向设计方法，运用它的思想，那么你就一定能创造出超越对手的产品，吸引大批如虔诚信徒一样的用户，并且，或许会让这个世界变得更美好一些，哪怕一次只是改善一个像素。

附录 A

设计原则

第 1 章

- 用户界面应该基于用户心理模型，而不是实现模型。
- 目标导向的交互设计反映了用户的心理模型。
- 交互设计不是凭空猜测。

第 3 章

- 不要让用户感觉自己愚笨。
- 界面设计的关注点在于单个主要人物模型。

第 4 章

- 设计产品行为前，首先定义产品会做什么。
- 设计的早期阶段，假定界面是魔法。

第 5 章

- 绝对不要向涉众展现你不满意的设计方案，那可能正是他们喜欢的。
- 用户体验只有一个，即形式和行为的设计必须相互和谐。

第 8 章

- 人来思考，计算机干活。
- 软件应该像人一样体贴。
- 如果用户愿意操作，就值得程序记住。

第 9 章

- 技术平台相关的决定最好能融入交互设计的成果。
- 全屏幕使用独占应用程序，让它发挥最优效果。
- 独占界面应该采用保守的视觉风格。
- 独占式应用程序可以使用丰富的输入方式。
- 在独占应用程序中让文档视图最大化。
- 暂时应用程序必须简单、清晰并且意思明确。
- 暂时式应用程序只使用一个窗口和视图。
- 启动暂时式应用时，它应该处于上一次的位置和配置状态下。
- 信息亭应该针对首次使用者进行优化。

第 10 章

- 不要将培训工具固定化。
- 没有人愿意永远当个新手。
- 为中级用户而优化设计。
- 为常见的导航调整界面。
- 用户只有获得充分的回报，才会付出相应的努力。
- 将用户想象成为非常聪明但很忙碌的人。

第 11 章

- 不论界面多酷，越少越好。
- 不要用对话框报告。

- 请求原谅，而不是许可。

第12章

- 尽可能地消除每一种练习。
- 不要愚蠢地打断进程。
- 不要让用户请求许可。
- 任何输出之处应允许输入。
- 重大改变必须显著优秀。

第13章

- 多数人并不想知道得太多，只想成功地使用产品。
- 不要让界面强行适应隐喻。
- 所有的习惯用法都需要学习，而好的习惯用法只需学习一次。
- 丰富的视觉反馈是成功的直接操作的关键。
- 尽可能用视觉表达顺从。

第14章

- 出错可能不是程序的问题，但是程序的责任。
- 审核，不要编辑。
- 自动保存文档和设置。
- 把文件放在用户能找到的地方。

第16章

- 给用户提供一个现成模板库。

第17章

- 表明这是什么，用视觉；明确这是哪一个，用文字。

- 行为不同的元素要在视觉设计上明显区分。
- 从视觉上传达功能和行为。
- 删减东西，直到破坏了设计为止，再把最后去掉的东西加上。
- 遵守标准，除非有极好的其他选择。
- 一致不意味着僵化。

第 18 章

- 无论是运用哪种交互习惯用法，都要考虑实际运用场景的客观情况。
- 对话框是一个房间，去之前要有个好理由。
- 将功能置于需要它们的窗口中。
- 用菜单来提供一条学习的途径。
- 禁用掉不适用的菜单项。
- 相同的命令要使用相同的视觉符号。
- 工具栏为有经验的用户提供快速访问常用功能的途径。
- 所有工具栏和图标控件都应该使用工具提示。
- 浏览和选择任务要同时提供鼠标和键盘支持。
- 用光标形状变化表明元键的用法。
- 单击意味选择数据或对象，或改变控件状态。
- 双击意味着单击再加上动作。
- 在对象或者数据上按下鼠标意味着选择。
- 在控件上鼠标按下意味着预备动作；鼠标释放意味着执行动作。
- 要让选中这种状态，在视觉上明确而醒目。
- 拖放候选对象必须在视觉上表明它们的接受能力。
- 拖动光标必须在视觉上表明源对象。
- 任何可滚动的拖放目标对象都必须支持自动滚屏。
- 所有拖动都要去颤动。
- 任何要求精确对齐的程序必须提供精确滚动的游标工具。

第 19 章

- 大多数移动应用是暂态的。

- 要限制动画式屏幕转换的次数和出现的方向。
- 让导览引导首次使用的用户。
- 用覆盖层展示手势的用法。

第20章

- 采用永久固定的页眉来保持情境。
- 带有横向链接的"面包渣"让导航更快捷。
- 自动填充、自动推荐、分面搜索可以让用户更快地找到所需的东西。
- 让滚动变得更投入。
- 无限滚动与网站页脚是互斥的习惯用法。
- 如果你的网站只有一个版本，一定要把它设计成自适应。

第21章

- 链接用于导航，按钮用于动作。
- 用图标来区分列表中重要的文本项。
- 绝不要水平滚动文本。
- 有界输入要使用有界控件。
- 仅供输出的文本用非编辑控件（显示控件）显示。
- 把主要的交互操作放在主窗口内。
- 对话框适用于放那些主交互流之外的功能。
- 对话框非常适合用来整理关于单一主题或应用程序功能的信息。
- 在功能对话框的标题中使用动词。
- 在属性对话框的标题中使用对象的名字。
- 区别对待模态对话框与非模态对话框。
- 不要在非模态对话框中使用终止命令按钮。
- 不要动态地改变终止命令按钮的标签。
- 应用程序无响应状态，必须通知用户。
- 绝不要用临时性对话框作为错误对话框或确认对话框。
- 所有交互的习惯用法都有其适用范围。

- 不要堆叠选项卡。

- 错误对话框愚蠢地停止进度，应该避免。

- 让错误不可能发生。

- 当软件告诉用户他们失败时，用户会觉得很没面子。

- 做，不要问。

- 让所有的动作都可以撤销。

- 给用户提供非模态反馈，避免用户犯错。

参考文献

Adlin, Tamara and Pruitt, John. 2010. *The Essential Persona Lifecycle*. New York: Morgan Kaufmann.

Alexander, Christopher. 1964. *Notes on the Synthesis of Form*. Cambridge, MA: Harvard University Press.

Alexander, Christopher. 1979. *The Timeless Way of Building*. New York: Oxford University Press.

Alexander, Christopher, et al. 1977. *A Pattern Language*. New York: Oxford University Press.

Bertin, Jacques. 2010. *Semiology of Graphics*. Redlands, CA: Ersi Press.

Beyer, Hugh and Holtzblatt, Karen. 1998. *Contextual Design*. New York: Morgan Kaufmann.

Borchers, Jan. 2001. *A Pattern Approach to Interaction Design*. Hoboken, NJ: John Wiley & Sons.

Borenstein, Nathaniel S. 1994. *Programming as if People Mattered*. Princeton: Princeton University Press.

Buxton, Bill. 1990. "The 'Natural' Language of Interaction: A Perspective on Non-Verbal Dialogues." Laurel, Brenda, ed. *The Art of Human-Computer Interface Design*. Boston: Addison-Wesley.

Carroll, John M., ed. 1995. *Scenario-Based Design*. Hoboken, NJ: John Wiley & Sons.

Carroll, John M. 2000. *Making Use: Scenario-Based Design of Human-Computer Interactions*. Cambridge, MA: The MIT Press.

Constantine, Larry L. and Lockwood, Lucy A. D. 1999. *Software for Use*. Boston: Addison-Wesley.

Constantine, Larry L. and Lockwood, Lucy A. D. 2002. *forUse Newsletter* #26, October.

Cooper, Alan. 1999. *The Inmates Are Running the Asylum*. Indianapolis: Sams.

Crampton Smith, Gillian and Tabor, Philip. 1996. "The Role of the Artist-Designer." Winograd, Terry, ed. *Bringing Design to Software*. Boston: Addison-Wesley.

Csikszentmihalyi, Mihaly. 1990. *Flow: The Psychology of Optimal Experience*. New York: Harper & Row.

DeMarco, Tom and Lister, Timothy. 2013. *Peopleware*, Third Edition. Boston: Addison-Wesley.

Dillon, Andrew. "Beyond Usability: Process, Outcome and Affect in Human Computer Interaction." Paper presented at the Lazerow Lecture at the Faculty of Information Studies, University of Toronto, March 2001. Retrieved from www.ischool.utexas.edu/~adillon/publications/beyond_usability.html.

Dreyfuss, Henry. 2003. *Designing for People*. New York: Allworth Press.

Gamma, Erich, et al. 1995. *Design Patterns: Elements of Reusable Object-Oriented Software*. Boston: Addison-Wesley.

Garrett, Jesse James. 2011. *The Elements of User Experience*, Second Edition. San Francisco: New Riders.

Gellerman, Saul W. 1963. *Motivation and Productivity*. New York: Amacom Press.

Goodman, Elizabeth, Kuniavsky, Mike, and Moed, Andrea. 2012. *Observing the User Experience*. New York: Morgan Kaufmann.

Goodwin, Kim. 2001. "Perfecting Your Personas." *Cooper Newsletter*, July/August.

Goodwin, Kim. 2002. "Getting from Research to Personas: Harnessing the Power of Data." User Interface 7 West Conference.

Goodwin, Kim. 2002a. Cooper U Interaction Design Practicum Notes. Cooper.

Goodwin, Kim. 2009. *Designing for the Digital Age*. Hoboken, NJ: John Wiley & Sons.

Grudin, J. and Pruitt, J. 2002. "Personas, Participatory Design and Product Development: An Infrastructure for Engagement." *PDC'02: Proceedings of the Participatory Design Conference*.

Heckel, Paul. 1994. *The Elements of Friendly Software Design*. San Francisco: Sybex.

Hoober, Steven and Berkman, Eric. 2012. *Designing Mobile Interfaces*. Sebastopol, CA: O 拎 eilly.

Horn, Robert E. 1998. *Visual Language*. Bainbridge Island, WA: Macro Vu Press.

Horton, William. 1994. *The Icon Book: Visual Symbols for Computer Systems and Documentation*. Hoboken, NJ: John Wiley & Sons.

Johnson, Jeff. 2007. *GUI Bloopers 2.0*. New York: Morgan Kaufmann.

Jones, Matt and Marsden, Gary. 2006. *Mobile Interaction Design*. Hoboken, NJ: John Wiley & Sons.

Kobara, Shiz. 1991. *Visual Design with OSF/Motif*. Boston: Addison-Wesley.

Korman, Jonathan. 2001. "Putting People Together to Create Good Products." *Cooper Newsletter, September*.

Kramer, Kem-Laurin. 2012. *User Experience in the Age of Sustainability*. New York: Morgan Kaufmann.

Krug, Steve. 2014. *Don't Make Me Think, Revisited*. San Francisco: New Riders.

Kuutti, Kari. 1995. "Work Processes: Scenarios as a Preliminary Vocabulary." Carroll, John M., ed. *Scenario-Based Design*. Hoboken, NJ: John Wiley & Sons.

Laurel, Brenda. 2013. *Computers as Theatre*, Second Edition. Boston: Addison-Wesley.

Lidwell, William, Holden, Kritina, and Butler, Jill. 2010. *Universal Principles of Design*, Revised and Updated Edition. Boston: Rockport Publishers.

Macdonald, Nico. 2003. *What Is Web Design*? Brighton, UK: RotoVision.

McCloud, Scott. 1994. *Understanding Comics*. Northampton, MA: Kitchen Sink Press.

Mikkelson, N. and Lee, W. O. 2000. "Incorporating user archetypes into scenario-based design." *Proceedings of UPA 2000*.

Miller, R. B. 1968. "Response time in man-computer conversational transactions." *Proceedings of the AFIPS Fall Joint Computer Conference*, vol. 33, 267?77.

Mitchell, J. and Shneiderman, B. 1989. "Dynamic versus static menus: An exploratory comparison." *SIGCHI Bulletin*, vol. 20, no. 4, 33?7.

Moggridge, Bill. 2007. *Designing Interactions*. Cambridge, MA: The MIT Press.

Morville, Peter. 2005. *Ambient Findability*. Sebastopol, CA: O'Reilly.

Morville, Peter and Rosenfeld, Louis. 2007. *Information Architecture for the World Wide Web*, Third Edition. Sebastopol, CA: O'Reilly.

Mulder, Steve and Yaar, Ziv. 2006. *The User Is Always Right*. San Francisco: New Riders.

Mullet, Kevin and Sano, Darrell. 1995. *Designing Visual Interfaces*. Upper Saddle River, NJ: Prentice Hall.

Neil, Theresa. 2014. *Mobile Design Pattern Gallery*, Second Edition. Sebastopol, CA: O 抌 eilly.

Nelson, Theodor Holm. 1990. "The Right Way to Think About Software Design." Laurel, Brenda, ed. *The Art of Human-Computer Interface Design*. Boston: Addison-Wesley.

Newman, William M. and Lamming, Michael G. 1995. *Interactive System Design*. Boston: Addison-Wesley.

Nielsen, Jakob. 1993. *Usability Engineering*. Waltham, MA: Academic Press.

Nielsen, Jakob. 2000. *Designing Web Usability*. San Francisco: New Riders.

Nielsen, Jakob. 2002. UseIt.com.

Norman, Don. 2013. The *Design of Everyday Things*, Revised and Expanded Edition. New York: Basic Books.

Norman, Donald A. 1994. *Things That Make Us Smart*. New York: Basic Books.

Norman, Donald A. 1998. *The Invisible Computer*. Cambridge, MA: The MIT Press.

Norman, Donald A. 2005. *Emotional Design*. New York: Basic Books.

Nudelman, Greg. 2013. *Android Design Patterns*. Hoboken, NJ: John Wiley & Sons.

Papanek, Victor. 1984. *Design for the Real World*. Chicago: Academy Chicago Publishers.

Perfetti, Christine and Landesman, Lori. 2001. "The Truth About Download Times." UIE.com.

Pinker, Stephen. 1999. *How the Mind Works*. New York: Norton.

Raskin, Jeff. 2000. *The Humane Interface*. Boston: Addison-Wesley.

Reimann, Robert. 2002. "Perspectives: Learning Curves." *edesign* magazine, December.

Reimann, Robert. 2005. "Personas, Scenarios, and Emotional Design." UXMatters.com.

Reimann, Robert M. 2001. "So You Want to Be an Interaction Designer." *Cooper Newsletter*, June.

Reimann, Robert M. 2002. "Bridging the Gap from Research to Design." Panel presentation, IBM Make IT Easy Conference.

Reimann, Robert M. and Forlizzi, Jodi. 2001. "Role: Interaction Designer." Presentation to AIGA Experience Design 2001.

Rheinfrank, John and Evenson, Shelley. 1996. "Design Languages." Winograd, Terry, ed. *Bringing Design to Software*. Boston: Addison-Wesley.

Rogers, Yvonne, Sharp, Helen, and Preece, Jenny. 2011. *Interaction Design*, Third Edition. Hoboken, NJ: John Wiley & Sons.

Rombauer, Irma S. and Becker, Marion Rombauer. 1975. *The Joy of Cooking*. New York: Scribner.

Rudolf, Frank. 1998. "Model-Based User Interface Design: Successive Transformations of a Task/Object Model." Wood, Larry E., ed. *User Interface Design: Bridging the Gap from User Requirements to Design*. Boca Raton, FL: CRC Press.

Saffer, Dan. 2010. *Designing for Interaction, Second Edition*. San Francisco: New Riders.

Saffer, Dan. 2013. *Microinteractions*. Sebastopol, CA: O'Reilly.

Sauro, Jeff and Lewis, James R. 2012. *Quantifying the User Experience*. New York: Morgan Kaufmann.

Schön, D. and Bennett, J. 1996. "Reflective Conversation with Materials." Winograd, Terry, ed. *Bringing Design to Software*. Boston: Addison-Wesley.

Schumann, J., Strothotte, T., Raab, A., and Laser, S. 1996. *Assessing the Effect of Non-Photorealistic Rendered Images in CAD*, CHI 1996 Papers, 35-41.

Scott, Bill and Neil, Theresa. 2009. *Designing Web Interfaces*. Sebastopol, CA: O'Reilly.

Shneiderman, Ben, et al. 2009. *Designing the User Interface*, Fifth Edition. Upper Saddle River, NJ: Prentice Hall.

Simon, Herbert A. 1996. *The Sciences of the Artificial*, Third Edition. Cambridge, MA: The MIT Press.

Snyder, Carolyn. 2003. *Paper Prototyping*. New York: Morgan Kaufmann.

Tidwell, Jennifer. 2011. *Designing Interfaces*. Sebastopol, CA: O'Reilly.

Tufte, Edward. 1983. *The Visual Display of Quantitative Information*. Cheshire, CT: Graphic Press.

Van Duyne, Douglas K., Landay, James A., and Hong, Jason I. 2006. *The Design of Sites, Second Edition*. Upper Saddle River, NJ: Prentice Hall.

Veen, Jeffrey. 2000. *The Art and Science of Web Design*. San Francisco: New Riders.

Verplank, B., Fulton, J., Black, A., and Moggridge, B. 1993. "Observation and Invention: Use of Scenarios in Interaction Design." Tutorial Notes, InterCHI ?3, Amsterdam.

Vora, Pawan. 2009. *Web Application Design Patterns*. New York: Morgan Kaufmann.

Weiss, Michael J. 2000. *The Clustered World: How We Live, What We Buy, and What It All Means About Who We Are*. New York: Little, Brown and Company.

Wigdor, Daniel and Wixon, Dennis. 2011. *Brave NUI World*. New York: Morgan Kaufmann.

Winograd, Terry, ed. 1996. *Bringing Design to Software*. Boston: Addison-Wesley.

Wirfs-Brock, Rebecca. 1993. "Designing Scenarios: Making the Case for a Use Case Framework." Smalltalk Report, November/December.

Wixon, Dennis and Ramey, Judith, eds. 1996. *Field Methods Casebook for Software Design*. Hoboken, NJ: John Wiley & Sons.

Wood, Larry E. 1996. "The Ethnographic Interview in User-Centered Task/Work Analysis."

Young, Indi. 2008. *Mental Models*. Brooklyn, NY: Rosenfeld Media.

反侵权盗版声明

电子工业出版社依法对本作品享有专有出版权。任何未经权利人书面许可，复制、销售或通过信息网络传播本作品的行为；歪曲、篡改、剽窃本作品的行为，均违反《中华人民共和国著作权法》，其行为人应承担相应的民事责任和行政责任，构成犯罪的，将被依法追究刑事责任。

为了维护市场秩序，保护权利人的合法权益，我社将依法查处和打击侵权盗版的单位和个人。欢迎社会各界人士积极举报侵权盗版行为，本社将奖励举报有功人员，并保证举报人的信息不被泄露。

举报电话：（010）88254396；（010）88258888

传　　真：（010）88254397

E-mail：dbqq@phei.com.cn

通信地址：北京市万寿路 173 信箱　电子工业出版社总编办公室

邮　　编：100036